导航技术系列教材

自主导航技术(第2版)

Autonomous Navigation Technology(2nd Edition)

主　编　胡小平

副主编　吴美平　潘献飞　吴文启

参　编　何晓峰　张礼廉　范　晨　毛　军

陈昶昊　穆　华　唐康华　蔡劭琨

国防工业出版社

·北京·

内容简介

本书比较系统地讲述了自主导航的基础理论与应用技术。全书共分8章,前3章简要介绍自主导航的基本概念、惯性导航和天文导航的基础知识,后5章主要论述惯性/卫星组合导航、惯性/特征匹配组合导航、惯性/视觉组合导航、仿生导航,以及自主导航技术应用案例。

本书力求反映自主导航技术的最新理论成果和应用现状,突出基础理论与工程实践的结合。本书适于作为导航技术及相关专业的本科或研究生教材,也可作为相关专业技术人员的参考书。

图书在版编目(CIP)数据

自主导航技术/胡小平主编. —2版. —北京:国防工业出版社, 2024.10重印
ISBN 978-7-118-13110-9

Ⅰ. ①自… Ⅱ. ①胡… Ⅲ. ①导航-教材 Ⅳ. ①TN96

中国国家版本馆CIP数据核字(2024)第018326号

※

国防工業出版社出版发行
(北京市海淀区紫竹院南路23号 邮政编码100048)
北京凌奇印刷有限责任公司印刷
新华书店经售

*

开本 710×1000 1/16 **印张** 23¾ **字数** 420千字
2024年10月第2版第2次印刷 **印数** 1501—2500册 **定价** 165.00元

国防书店:(010)88540777 书店传真:(010)88540776
发行业务:(010)88540717 发行传真:(010)88540762

《导航技术系列教材》丛书

编委会

主　编　胡小平

副主编　吴美平　吴文启

编　委　曹聚亮　潘献飞　唐康华　何晓峰　穆　华
张礼廉　蔡劭琨　范　晨　于瑞航　毛　军
冯国虎　王茂松　郭　妍　杨柏楠

总　序

导航技术是信息化社会和武器装备信息化的支撑技术之一。今天，导航技术的发展和应用，极大地拓展了人类的活动空间，推动了军事思想和作战样式的重大变革，在人类活动的各个领域，导航技术发挥着不可或缺的作用。导航技术的发展应用了现代科学技术众多领域的最新成果，是科学技术与国家基础工业紧密结合的产物，它的发展水平是一个国家科学技术水平、工业水平和综合国力的重要标志。

在中国，导航技术的发展历史几乎可以追溯到公元前2600年左右。根据史书记载，当年黄帝部落与蚩尤部落在涿鹿（现在的河北省）发生大战，黄帝的军队凭借指南车的引导，在大风雨中仍能辨别方向，最后取得了战争的胜利。这或许是有史可查的导航技术应用于军事活动的最早的成功案例。西汉《淮南子·齐俗训》中记载："夫乘舟而惑者，不知东西，见斗极则悟矣"，意思是说在大海中乘船可以利用北极星辨别方向。这表明在中国古代航海史上，人们很早就使用了天文导航方法。到了明代（大约公元1403—1435年），我国著名航海家郑和，曾率领多达60余艘船舶的船队，远达红海和亚丁湾。在郑和的航海图中就有标明星座名称的《过洋牵星图》，可见当时我国的导航技术已经发展到了比较高的水平。

导航技术发展到今天，从技术层面讲可谓百花齐放，拥有天文导航、惯性导航、无线电导航、卫星导航、特征匹配导航（如地磁匹配、重力匹配、图像匹配等）、多传感器组合导航、基于网络的协同导航、仿生导航等诸多技术分支；从应用层面看可谓不可或缺，其应用领域涉及了航空、航海、航天、陆地交通运输等人类活动的各个领域。随着导航技术的不断发展和应用领域的不断拓展，对导航技术专业人才的需求也在日益增长。

导航技术涉及数学、物理学、力学、天文学、光学、材料学，以及微电子技术、计算机技术、通信技术等诸多学科领域，技术内涵十分丰富，发展速度可谓日新月异。因此，对于导航技术领域的专业人才来说，要求掌握扎实的专业基础理论和系统的专门知识、具有很强的科技创新意识和实际工作能力。这对导航技术领域专业人才培养工作，提出了新的更高的要求。

本系列教材力求将本科生的专业教学与研究生的专业教学统筹考虑，包括了《导航技术基础》《惯性传感器技术》《惯性导航系统技术》《卫星导航技术》《导航系统设计与综合实验》五本本科生教材，以及《自主导航技术》和《导航技术及其应用》两本本科或研究生教材。其中,本科生教材侧重介绍导航技术的基本概念、基础理论与方法、常用导航系统的基本原理及其应用等方面的内容;研究生教材主要面向武器装备应用,重点介绍自主导航和组合导航的难点问题、关键技术、典型应用案例等方面的内容。为了兼顾系列教材的系统性与每本教材的独立性,研究生教材的部分内容与本科生教材稍有重复。

《导航技术基础》主要介绍导航技术涉及的基本概念与基础知识、惯性导航、无线电导航、特征匹配导航、天文导航、组合导航等内容。《惯性传感器技术》主要介绍转子陀螺仪、光学陀螺仪、振动陀螺仪、微机械陀螺仪、摆式加速度计等典型惯性传感器的工作原理、结构特点、精度测试与环境实验等内容。《惯性导航系统技术》重点介绍了捷联惯性导航系统的基本原理、导航方程、导航算法、误差分析、初始对准、误差标定与测试等内容。《卫星导航技术》主要介绍卫星导航基本原理、卫星导航信号与处理、卫星导航定位误差分析、卫星导航差分技术、卫星导航定姿技术、卫星导航对抗技术等内容。《导航系统设计与综合实验》为课程实验教材,突出技术与应用的结合,重点介绍典型惯性传感器和捷联惯性导航系统的概要设计、结构设计、电气系统设计、软件设计,以及惯性传感器误差补偿、系统标定与测试、综合实验方法等内容。《自主导航技术》比较系统地介绍了自主导航的主要理论方法与应用技术,并对惯性/多传感器组合导航系统在陆、海、空、天等领域的应用要求和特点进行了分析。《导航技术及其应用》是面向研究生案例课程教学的教材,主要介绍惯性导航、定位定向、卫星导航、特征匹配导航等导航技术在武器装备中的典型应用案例。

在编写本系列教材的过程中,得到了国防科学技术大学导航技术实验室其他同事的大力帮助,国防工业出版社辛俊颖编辑对系列教材的出版给予了极大的支持和帮助,在此一并表示诚挚的感谢。

导航技术涉及诸多学科的前沿,理论与技术的发展也还在与时俱进,鉴于编著者水平所限,书中疏漏和不足之处在所难免,恳请读者批评指正。

《导航技术系列教材》
编委会
2015 年 4 月

前言

导航技术的发展源于人类社会早期的军事和生产活动对方位识别或位置确定的需求。今天,人类活动空间不断拓展,对导航技术的需求日益增长,导航技术得到飞速发展,拥有天文导航、惯性导航、无线电导航、卫星导航、特征匹配导航(如地磁匹配、重力匹配、图像匹配等)、视觉导航、多传感器组合导航、仿生导航等诸多技术分支,其应用领域涉及了航空、航海、航天、陆地交通运输等人类活动各个领域。

在一些特殊的应用领域,特别是军事应用领域,导航技术发挥着不可或缺的作用。例如,潜艇水下航行、远程轰炸机、远程无人侦察机、航天器星际飞行等,都要求运动载体在与外界不发生任何声、光、电等信息交互的情况下,也能够完全依靠自身所携带的设备完成导航任务。这类应用需求牵引出了导航技术的一个重要发展方向,即自主导航技术。惯性导航和天文导航是发展比较成熟的两种传统的自主导航技术,视觉导航和仿生导航是目前正在发展的新型自主导航技术。

根据不同的导航需要,运动载体有时仅采用单一的自主导航手段就能满足要求,有时则必须将多种自主导航手段组合起来使用才能满足要求。对武器装备而言,组合导航通常是以惯性导航为基础,再辅以其他导航手段,如天文导航、特征匹配导航、视觉导航等。自主导航技术涉及近代数学、物理学、力学、天文学、光学、材料学、仿生学以及微电子技术、微纳米制造技术、计算机技术、通信技术等诸多学科和技术领域,内容十分丰富。

本书作为导航技术专业的研究生教材,比较系统地介绍了自主导航的基础理论与应用技术。在 2016 年出版的第 1 版基础上,根据读者反馈的建议和近年来自主导航技术的发展,本次再版对书中的部分内容进行了重新编排,补充了视觉导航、仿生导航等新内容,全书共分 8 章。第 1 章绪论,介绍自主导航涉及的基本概念、常用坐标系和时间系统等内容。第 2 章惯性导航,包括惯性导航系统组成、惯性导航方程、惯性导航算法、惯性导航误差分析、惯性导航系统误差标定与补偿、惯性导航系统初始对准等内容。第 3 章天文导航,包括天文导航的基本概念、航海天文导航、航天天文导航等内容。第 4 章惯性/卫星组合导航,包括卫星导航原理与误差分析、惯性/卫星组合导航方程、惯性/卫星组合定姿方法等内容。第 5 章惯性/特征匹配组合导航,包括特征匹配导航基本原理与方法、地形匹配导航、地磁匹配导航、重力匹配导航等内容。第 6 章惯性/视觉组合导航,包括几何视觉基础理论、惯性/二维视觉组合导航、惯性/三维视觉组合导航等内容。第 7 章仿生导航，介绍仿生导航的基本概念与内涵、仿生导航传感器、仿生导航方法等内容。第 8 章自主导航应用案例，介绍陆用自主导航、潜航器自主导航、单兵自主导航、水面舰艇自主导航、无人机自主导航等内容。

本书第 1 章由胡小平和吴美平执笔，第 2 章由吴文启、潘献飞执笔，第 3 章由胡小平执笔，第 4 章由何晓峰执笔，第 5 章由穆华、蔡劭琨执笔，第 6 章由毛军、陈昶昊执笔，第 7 章由范晨、胡小平、毛军执笔，北京理工大学陈家斌、李磊磊、王霞亦有贡献，第 8 章由潘献飞、毛军、唐康华执笔，全书由胡小平和潘献飞统稿。

在编写本书的过程中，得到练军想、逯亮清、李涛、张开东、刘伟、范颖、周文舟等同事的大力帮助，国防工业出版社辛俊颖编辑对本书的出版给予了极大的支持和帮助，在此一并表示诚挚的谢意。

自主导航涉及多门学科领域的技术前沿，其理论与技术还在不断发展，鉴于编著者水平所限，书中疏漏和不足之处在所难免，恳请读者批评指正。

编著者

2023 年 3 月

目　录

第1章 绪 论

从技术层面讲,导航技术可谓百花齐放,包括了天文导航、惯性导航、无线电导航、卫星导航、特征匹配导航(如地磁匹配导航、重力匹配导航、图像匹配导航等)、激光导航、多传感器组合导航、基于网络的协同导航、仿生导航等。涉及数学、物理学、力学、天文学、光学、材料学,以及微电子技术、计算机技术、通信技术等多学科领域,内容非常丰富。从应用层面看,导航技术可谓不可或缺,无论是在军事领域,还是在人类活动的其他各个领域都得到了越来越广泛的应用。本章简要介绍与自主导航相关的基本概念、常用坐标和时间系统。

1.1 导航的基本概念

在导航技术学术界,并没有关于导航的普遍认同的严格定义。《简明牛津辞典》(concise Oxford dictionary)的定义是:“通过几何学、天文学、无线电信号等任何手段确定或规划船舶、飞机的位置及航迹的方法。”中国《惯性技术词典》将导航定义为:“通过测量并输出载体的运动速度和位置,引导载体按要求的速度和轨迹运动。”本书作者认为,导航的概念应当体现“引导航行”的意思,因此,将导航定义为:“引导舰船、车辆、飞机、航天器等运动载体或人员安全准确地沿着所选定的航线到达目的地的过程。”

上述关于导航的定义并无本质区别,只是从不同的侧面表述了导航所需要包含的要素。无论是哪种定义,有两点是一致的:其一,导航的对象是运动载体或人员(有时也统称为导航用户),完成导航任务需要及时确定导航对象的位置和速度,有时还需要确定运动载体的航向、加速度、姿态等其他运动参数(通常将这些运动参数统称为导航参数);其二,导航系统对用户应该有引导作用。因此,导航信息应包括导航参数和引导指令。获得导航参数的基本原理和技术措施多种多样,这就发展出了惯性导航、天文导航、无线电导航、卫星导航等多种导航手段。如果将两种或多种导航手段综合利用,就称为组合导航。

严格地说导航包含了导航科学和导航技术两类问题。导航理论、导航传感器测量原理、导航误差机理等属于导航科学的范畴,而导航传感器技术和导航系统技术及其应用、航迹规划与保持等属于导航技术的范畴。科学与技术的进步是循序渐进和相互促进的,导航科学与导航技术的发展也是如此。因此,人们习惯将导航科学与导航技术统称为导航技术。

完成导航任务所需的仪器设备统称为导航系统。导航传感器和导航计算机是导航系统的核心部件。导航传感器是用来测量与导航有关的物理量(如速度、加速度)的装置,导航计算机是完成数据采集、处理和解算并输出导航信息的装置。在惯性导航系统中,加速度计和陀螺仪是导航传感器,用于测量运动载体的视加速度和姿态角(或姿态角增量、姿态角变化率),而在卫星导航系统中,卫星接收机可视为导航传感器和导航计算机的组合体,不仅可以测量用户相对于导航卫星的距离或距离变化率,同时还能够输出用户的位置(有的接收机还可以输出速度和航向)。测量用户的运动参数可以利用各种不同的导航传感器,因此也就发展出了各种类型的导航系统,例如,惯性导航系统、天文导航系统、卫星导航系统、无线电导航系统等。导航系统有的是全部安装在运动载体上,能够独立工作,例如,惯性导航系统和天文导航系统;也有的是除用户部分外还需要借助其他外部设施才能工作,例如,卫星导航系统和无线电导航系统。

导航过程可以是人参与的也可以是自动实现的。因此,通常将导航分为自主导航与非自主导航两大类。所谓自主导航,是指运动载体完全依靠自身所携带的设备,自主地完成导航任务,与外界不发生任何声、光、电等信息交互。否则,称为非自主导航。显然自主导航具有隐蔽性好、工作不受外界条件(自然、非自然)的影响等特点,具有重要的军事应用价值。但是,应该指出的是自主导航至今没有严格和统一的定义。针对航天器自主导航问题,美国学者 Lemay 提出用下列 4 个特点来界定自主导航的概念:①自给或者独立;②实时;③无信号发射;④不依靠地面站。惯性导航和天文导航是典型的自主导航,无线电导航和声纳导航是典型的非自主导航。

1.2 常用坐标系

在简单的力学问题中,描述物体相对于地球的运动时,一般假设地球是一个惯性坐标系,而忽略它的自转,但在导航中却不能这样假设,必须考虑地球自转对于导航计算的影响。导航也是一个多坐标系问题:惯性传感器测量的是其相对于惯性坐标系的运动,全球定位系统(GPS)测量的是接收机天线相对于一组卫星星座的位置和速度,而用户想知道的是他们相对于地球的位置。因此,为了实现精确导航,必须对不同坐标系之间的关系进行严格建模。

正交坐标系有 6 个自由度:原点 O 的位置和 x、y 和 z 三个轴的方向,而这 6 个自由度只能在另外一个为之定义的坐标系中才能表示,如图 1-2-1 所示。任何导航问题至少包括两个坐标系:一个载体坐标系和一个参考坐标系。载体坐标系描述待定载体的位置或方向,而参考坐标系描述已知物体,例如地球。载体相对于参考坐标系的位置和方向是待求的。通常情况下,很多导航问题涉及的参考坐标系不止一个，甚至载体坐标系也不止一个。

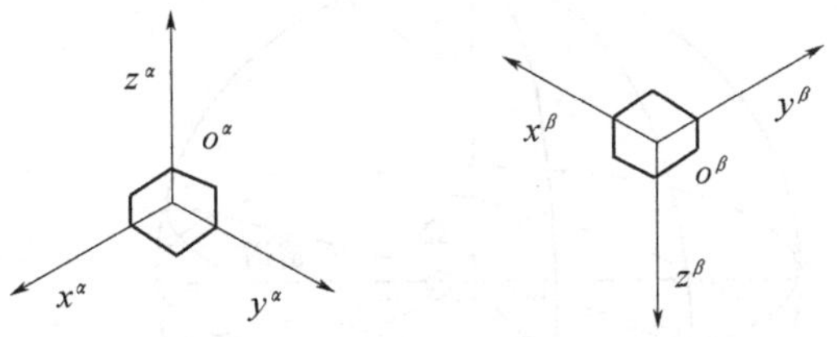

图1-2-1 两个正交坐标系

任何两个坐标系之间都可存在相对位置和姿态关系，也可存在相对速度、相对加速度和相对旋转关系等。虽然描述姿态的方法有多种，但对应具体的方法，两个坐标系之间的相对姿态是一组唯一的数字，而其他运动学参量的描述却不唯一，矢量就是其中一种。矢量可以沿着任何三个互相垂直的坐标轴分解。举例来说，坐标系 α 相对于坐标系 β 的位置可以用坐标系 α 的轴、坐标系 β 的轴，或者第三个坐标系 γ 的轴来表示。这里，矢量的上标表示在该坐标系中描述矢量，即投影坐标系。注意，定义投影坐标系时，原点的定义不是必需的。

导航中常用的坐标系包括地心惯性坐标系（earth centered inertial frame, ECI）、地心地固坐标系（earth centered earth fixed frame, ECEF）、当地地理坐标系和载体坐标系等。

1.2.1 常用坐标系的定义

1. 地心惯性坐标系 O_E-$X_IY_IZ_I$

在物理学上，惯性坐标系是指相对于宇宙其他部分而言没有加速度和转动的坐标系。但由这种定义所确定的惯性坐标系并不是唯一的，在导航中，常用的是一个专门的惯性坐标系——地心惯性坐标系，简记为 i 系。如图1-2-2所示，地心惯性坐标系以地心为原点（O_E）；O_EX_I 轴在平赤道面内指向平春分点，由于春分点随时间变化具有进动性，根据1976年国际天文协会决议，1984年起采用新的标准历元，将2000年1月15日的平春分点作为基准方向；O_EZ_I 轴垂直于赤道平面，与地球自转轴重合，指向北极；O_EY_I 轴的方向是使该坐标系成为右手直角坐标系的方向。

严格地讲，地心惯性坐标系并不是一个真正意义上的惯性坐标系，因为地球在围绕太阳运动的轨道上受到加速度影响，它的旋转轴在缓慢地移动，而且整个银河系也在旋转。但对于导航应用而言，地心惯性坐标系是惯性坐标系的一种足够精确的近似。

2. 地心地固坐标系 O_E-$X_EY_EZ_E$

地心坐标系的原点在地心 O_E，轴 O_EX_E 在赤道平面内指向某时刻 t_0 的起始

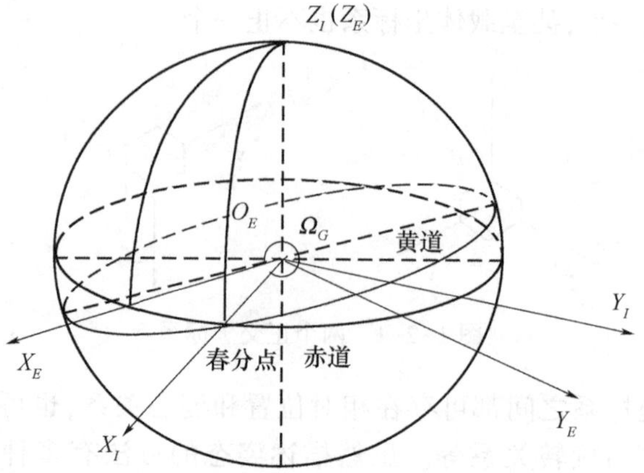

图 1-2-2　地心惯性坐标系与地心地固坐标系

子午线(通常取格林尼治天文台所在子午线),轴 O_EZ_E 垂直于赤道平面指向北极,轴 O_EY_E 的方向是使得该坐标系成为右手直角坐标系的方向,如图 1-2-2 所示。由于坐标轴 O_EX_E 与所指向的子午线随地球一起转动,因此地心坐标系是一个运动参考系,简记为 e 系,也常简称为地球系。

3. 载体坐标系 O_b-$x_by_bz_b$

载体坐标系的原点 o_b 为载体质心。o_bx_b 轴为载体对称轴,指向载体前方。o_by_b 轴垂直于主对称面,指向右方。o_bz_b 轴在载体主对称面内垂直于轴 o_bx_b,指向使得载体坐标系成为右手直角坐标系的方向,即下方,如图 1-2-3 所示。这一坐标系简记为 b 系。

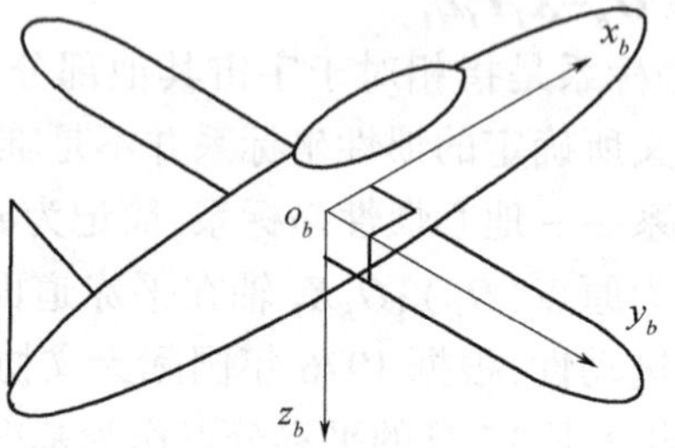

图 1-2-3　载体坐标系

4. 地理坐标系 O-NED

坐标原点 O 为载体质心,N 轴为地理真北;E 轴为地理东;D 轴垂直于参考椭球面,指向地球内部。一般简记为 g 系。

地理坐标系各轴根据不同应用有不同的取法,有时也采用"北、天、东"、"东、北、天"等不同顺序构成右手直角坐标系。由于北向轴和东向轴在地球两极处的不确定性,导致当地水平地理坐标系的一个主要缺点是在地球两极存在奇异性。因此，采用此坐标系为导航坐标系的导航方程机械编排不适合在极区附近使用。

1.2.2 坐标转换矩阵

1. 方向余弦矩阵

坐标转换矩阵是一个 3×3 的矩阵，用符号 C_α^β 表示，用于将矢量从一个投影坐标系转换到另一个投影坐标系。其中，下标表示源坐标系，上标表示转换坐标系。坐标转换矩阵的行对应转换坐标系，列对应源坐标系，即

$$x_{\delta\gamma}^\beta = C_\alpha^\beta x_{\delta\gamma}^\alpha \tag{1-2-1}$$

式中：x 为任意矢量。当坐标转换矩阵用于表示姿态时，更一般的表示方法是：用上标表示参考坐标系 β，用下标表示载体坐标系 α。因此，这个矩阵表示从载体坐标系到参考坐标系的转换，与欧拉角的习惯表示相反。同理，也可以用 C_β^α 表示从参考坐标系到载体坐标系的转换。

图 1-2-4 表示坐标转换矩阵的每个元素在将一个矢量从坐标系 α 变换到坐标系 β 投影轴上时所起的作用。整理式(1-2-1)，坐标转换矩阵可由任意一个矢量在这两个坐标系中表示的两组坐标值的乘积得到：

$$C_\alpha^\beta = \frac{x_{\delta\gamma}^\beta x_{\delta\gamma}^{\alpha\,\mathrm{T}}}{|x_{\delta\gamma}|^2} \tag{1-2-2}$$

虽然式(1-2-2)代入式(1-2-1)成立，但由于不同矢量对应的 C_α^β 不同，该方法定义的 C_α^β 不唯一，因而须采用图 1-2-4 所示的方法对 C_α^β 严格定义。

$C_\alpha^\beta =$

$\alpha_x \to \beta_x$	$\alpha_y \to \beta_x$	$\alpha_z \to \beta_x$
$\alpha_x \to \beta_y$	$\alpha_y \to \beta_y$	$\alpha_z \to \beta_y$
$\alpha_x \to \beta_z$	$\alpha_y \to \beta_z$	$\alpha_z \to \beta_z$

图 1-2-4 坐标转换矩阵各元素的功能

坐标转换矩阵各元素可由两个坐标系的单位矢量点乘得到，结果分别等于各个相应轴夹角的余弦：

$$C_\alpha^\beta = \begin{pmatrix} u_{\beta x}\cdot u_{\alpha x} & u_{\beta x}\cdot u_{\alpha y} & u_{\beta x}\cdot u_{\alpha z} \\ u_{\beta y}\cdot u_{\alpha x} & u_{\beta y}\cdot u_{\alpha y} & u_{\beta y}\cdot u_{\alpha z} \\ u_{\beta z}\cdot u_{\alpha x} & u_{\beta z}\cdot u_{\alpha y} & u_{\beta z}\cdot u_{\alpha z} \end{pmatrix} = \begin{pmatrix} \cos\mu_{\beta x,\alpha x} & \cos\mu_{\beta x,\alpha y} & \cos\mu_{\beta x,\alpha z} \\ \cos\mu_{\beta y,\alpha x} & \cos\mu_{\beta y,\alpha y} & \cos\mu_{\beta y,\alpha z} \\ \cos\mu_{\beta z,\alpha x} & \cos\mu_{\beta z,\alpha y} & \cos\mu_{\beta z,\alpha z} \end{pmatrix} \tag{1-2-3}$$

式中：u_i 为 i 轴的单位矢量；$\mu_{i,j}$ 为 i 轴和 j 轴的夹角，因此该矩阵常被称为方向余弦阵。

2. 地理坐标系相对于地心地固坐标系的位置方向余弦矩阵 C_e^n

地球地固坐标系到地理坐标系的旋转顺序为：地心地固坐标系沿 Z 轴旋转 λ，再沿 Y 轴旋转 $-(\pi/2+L)$，得到导航坐标系。其方向余弦矩阵 C_e^n 为

$$C_e^n=\begin{bmatrix}\cos(\pi/2+L) & 0 & \sin(\pi/2+L)\\ 0 & 1 & 0\\ -\sin(\pi/2+L) & 0 & \cos(\pi/2+L)\end{bmatrix}\begin{bmatrix}\cos\lambda & \sin\lambda & 0\\ -\sin\lambda & \cos\lambda & 0\\ 0 & 0 & 1\end{bmatrix} \tag{1-2-4}$$

3. 载体坐标系相对于当地地理坐标系转移矩阵，即方向余弦阵 C_n^b

地理系 $O\text{-}NED$ 通过先转偏航 ψ，再转俯仰 θ，最后转滚动 γ 来实现转换到体坐标系 $O\text{-}x_by_bz_b$。体坐标系相对于地理坐标系的转移矩阵 C_n^b 为

$$C_n^b=\begin{bmatrix}1 & 0 & 0\\ 0 & \cos\gamma & \sin\gamma\\ 0 & -\sin\gamma & \cos\gamma\end{bmatrix}\begin{bmatrix}\cos\theta & 0 & -\sin\theta\\ 0 & 1 & 0\\ \sin\theta & 0 & \cos\theta\end{bmatrix}\begin{bmatrix}\cos\psi & \sin\psi & 0\\ -\sin\psi & \cos\psi & 0\\ 0 & 0 & 1\end{bmatrix} \tag{1-2-5}$$

4. 地心惯性坐标系与地心地固坐标系之间的方向余弦阵

由定义可知，地心惯性坐标系与地心地固坐标系的 O_EZ_I 与 O_EZ_E 是重合的，而 O_EX_I 指向平春分点，O_EX_E 指向某时刻 t_0 的起始子午线与赤道的交点，O_EX_I 与 O_EX_E 的夹角可通过天文年历表查表得到，该角记为 Ω_G，如图 1-2-2 所示。显然，这两个坐标系之间仅存在一个欧拉角 Ω_G，则 t_0 时刻两个坐标系的转换关系为

$$\begin{pmatrix}X_E^0\\ Y_E^0\\ Z_E^0\end{pmatrix}=E_I\begin{pmatrix}X_I^0\\ Y_I^0\\ Z_I^0\end{pmatrix} \tag{1-2-6}$$

式中：E_I 为 t_0 时刻由地心惯性坐标系到地心地固坐标系的方向余弦阵

$$E_I=M_3[\Omega_G]=\begin{pmatrix}\cos\Omega_G & \sin\Omega_G & 0\\ -\sin\Omega_G & \cos\Omega_G & 0\\ 0 & 0 & 1\end{pmatrix} \tag{1-2-7}$$

1.3 时间系统

导航任务是在特定的时间和空间内完成的，因此，描述导航参数需要特定的时间系统。时间系统是由时间计算的起点和单位时间间隔的长度来定义的。在计算导航参数的过程中，时间是独立变量。但是，在采用不同的导航方法计算不同的物理量时，使用的时间系统往往是不同的。例如，惯性导航一般采用平太阳时，天文导航则常常使用恒星时、历书时(ET)和世界时等。各种时间系统之间有确定的转换公式。

1. 恒星时

春分点在当地上中天的时刻为当地恒星时的 0 点，春分点在当地的时角定

义为恒星时。由恒星时的定义可以看出，恒星时的变化速率就是春分点周日视运动的速度。而春分点周日视运动的速率为地球自转速率与春分点本身位移速率的合成。我们知道，春分点位移速率是受岁差和章动的影响的。当考虑岁差和章动的影响时得到的恒星时，记为 θ_g；当消除章动影响后得到的恒星时称为平恒星时，记为 θ_g。

2. 太阳时

太阳时分为真太阳时和平太阳时。真太阳时：取太阳视圆面中心上中天的时刻为 0 点，太阳视圆面中心的时角即为当地的真太阳时。由于黄道与赤道不重合以及地球绕日运动的轨道不是正圆形，使真太阳时的变化是不均匀的。因此，定义了平太阳时：首先假定在黄道上一个作等速运动的点，其运行速度等于太阳视运动的平均速度，并和太阳同时经过近地点和远地点；然后假定的赤道（天赤道）上一个作等速运动的点，其运行速度（真太阳周年运动速度的平均速度）和黄道上的假想点的运行速度不同，并同时经过春分点，这第二个假想点称为平太阳，则有

平太阳时=平太阳的时角+12 小时

或者

平太阳时=平春分点的时角-平太阳地经+12 小时

3. 世界时

格林尼治的平太阳时称为世界时。由于平太阳是个假想点，是观测不到的。因此，世界时实际上是通过观测恒星的周日运动，以恒星时为媒介得到的。世界时是地球自转的反映。由于地球自转的不均匀性和极移引起的地球子午线的变动，世界时的变化是不均匀的。根据对世界时采用的不同修正，又定义了三种不同的世界时。

UTO：通过测量恒星直接得出的世界时称为 UTO。

由于极移的影响，各地的子午线在变化，所以 UTO 与观测站的位置有关。经过极移修正之后，得到 UT1：

UT1=UTO+极移修正

由于地球自转存在长期、周期和不规则变化，所以 UT1 也呈现上述变化。将周期性季节变换修正之后，就得到 UT2：

UT2=UT1-周期变化项

4. 历书时

把太阳相对于瞬时平春分点的几何平黄经为279°41′48″.04 的时刻作为历书时的起点，1900 年 1 月 0 日 12 进（ET）的回归秒长度（即回归年长度的 1/13，556，925，9747）定义为历书时的秒长。

历书时是在太阳系质心系框架下定义的一种均匀的时间尺度，是牛顿运动方程中的独立变量，是计算太阳、月亮、行星和恒星星历表的自变量。

5. 原子时

原子时系统主要有 A1 和 TA1。A1 是美国海军天文台建立的原子时。取1958 年 1 月 1 日 0 时(UT2)为 A1 的起点,原子 133 原子基态的两个超精细结构能态间跃迁幅射振荡 9192631770 次为 A1 的秒长度。TA1 是由国际时间局(BIH)确定的原子时系统。定义与 A1 相同,只是起始历元比 A1 早 34ms。

6. 协调世界时

由世界时和原子时的定义可以看出:世界时可以很好地反映出地球自转,但其变化是不均匀的。原子时的变化虽然比世界时均匀,但其定义是与地球自转无关的。因此,原子时不能很好地反映地球自转。而建立的协调世界时 UTC 变化基本与地球自转同步。协调世界时的历元与世界时的历元相同,其秒长的定义与原子时秒长定义相同。协调世界时是卫星导航系统各地面跟踪站常用的时间同步的标准时间信号。

实际上,协调世界时的定义经过了几次变化。为了使协调时尽量接近于UT2,在 1972 年 1 月 1 日采用频率补偿的办法,使协调世界时的秒长接近于 UT的秒长。当|UTC-UT2|超过 0.1s 时,在指定日期强迫跳 0.1s。1972 年 1 月 1 日之后,协调世界时采用原子时固定秒长。当|UTC-UT1|超过 0.8s 时在年初或年中强迫跳秒。每跳一次为 1s,称闰秒。

参考文献

[1] Thompson D . The Concise Oxford Dictionary[M]. 9th ed. Oxford:Oxford University Press,1995.
[2] 肖峰. 球面天文学与天体力学基础[M]. 长沙:国防科技大学出版社,1989.
[3] 胡小平,吴美平,等. 自主导航理论与应用[M]. 长沙:国防科技大学出版社,2002.

第 2 章　惯性导航

惯性技术是惯性敏感器、惯性稳定、惯性导航、惯性制导和惯性测量等技术的统称，是一项涉及多学科的综合技术。惯性导航是惯性技术的一种典型应用，惯性导航以牛顿力学为基础，利用加速度计、陀螺仪等惯性传感器测量载体线运动、角运动信息，通过导航解算确定载体相对参考坐标系的速度、位置、姿态等导航参数，是一种典型的自主式导航技术，在陆地导航、航海、航空、航天以及水下等众多领域得到广泛应用。惯性导航和外界不发生任何声、光、电信息联系，具有隐蔽性好、自主性强、短期精度高等优点，具有重要的军事意义。

惯性导航技术涉及近代数学、物理学、力学、光学、材料学以及微电子技术、计算机技术等诸多学科领域，内容较为丰富，本章重点讨论惯性导航系统原理、力学编排方程及其数值计算方法、系统误差模型、误差标定补偿方法与精度评估以及惯性导航系统的初始对准等内容。

2.1　引言

惯性导航系统的主要器件是惯性敏感器。惯性敏感器用于测量物体在惯性空间中的运动参数，即绝对运动参数。其中测量物体角运动的为陀螺仪，测量物体线运动的为加速度计，统称为惯性敏感元件或惯性仪表。惯性敏感器按工作原理和结构特点可分为机电、光学、微机电、粒子等类型。机电式和微机电式惯性敏感器的基础是经典力学，光学和粒子惯性敏感器的理论基础是光学、波动力学和量子力学。各类惯性敏感器具有不同的结构特点和工作原理，但其所依据的基本物理规律都是惯性定律。惯性是指宇宙中物体运动状态的守恒特性，即在没有外部作用时保持其运动速度和方向不变的特性。惯性敏感器可以在整个宇宙空间工作，它以自然存在的惯性参照系作为基准，不需要任何人工参照基准或信息源，是一种完全自主，不受时间、地域限制，可以连续实时提供完整运动信息的运动敏感器，这也是惯性导航具备自主性的原因。惯性导航的核心是惯性测量装置（inertial measurement unit，IMU），将数个陀螺仪和加速度计组合在一起构成的具有综合测量功能的惯性敏感器即为惯性测量装置。

惯性导航技术的发展大概有以下四个阶段：第一阶段为基于牛顿经典力学原理的机械式陀螺。自 1687 年牛顿三大定律的建立，到 1910 年舒勒调谐原理，第一代惯性技术奠定了整个惯性导航发展的基础。典型代表为三浮陀螺、静电陀螺和动力调谐陀螺。其特点是种类多、精度高、体积和质量大、系统组成结构复杂、成本昂贵等。第二阶段为基于萨格奈克(Sagnac)效应原理的光学陀螺。典型代表是激光陀螺和光纤陀螺,特点是反应时间短、动态范围大、可靠性高、环境适应性强、易维护和寿命长。光学陀螺的出现有力推动了捷联惯性导航系统的发展,被广泛用于军用航行器中。第三阶段为基于哥氏振动效应和微米/纳米技术的微机械陀螺。典型代表是微机械(micro electromechanical system,MEMS)陀螺、MEMS加速度计及相应系统。其特点是体积小、成本低、中低精度、环境适应性强、易于大批量生产和产业化。其使得惯性系统更广泛地应用于民用领域,特别是大众消费领域。第四阶段为基于现代量子力学技术的量子陀螺。典型代表为核磁共振陀螺、原子干涉陀螺。其特点是高精度、高可靠性、微小型、环境适应性强,其目标是实现高精度、高可靠、小型化和更广泛应用领域的导航。目前,DARPA研制的核磁共振陀螺精度能达到0.01(°)/h水平,斯坦福大学开发的原子陀螺精度可达6×10^{-5}(°)/h的水平。

随着技术的发展,导航系统的种类越来越多,各有特色,优缺点并存,实际应用中常采用组合导航的方式取长补短,提高性能。惯性导航的优点是自主性强、动态性能好、导航信息全面且输出频率高,已成为载体上的一种主要导航设备,常常作为组合导航系统的基础导航方式。

2.2 基本原理

2.2.1 惯性导航的基本概念

惯性导航系统是一种通过测量运载体相对惯性空间的线运动加速度以及角运动来解算运载体姿态、速度、位置的航位推算导航系统,通常简称为“惯性导航系统”。

根据牛顿定律,当运载体相对惯性坐标系以加速度$\boldsymbol{a}$运动时,在运载体中加速度计测得的力为

$$\boldsymbol{F}=m\boldsymbol{a}-m\boldsymbol{G} \tag{2-2-1}$$

式中:$\boldsymbol{F}$为加速度计检测质量受到的作用力矢量;m为感受加速度的检测质量;$\boldsymbol{a}$为运载体运动的惯性加速度矢量;$\boldsymbol{G}$为地球引力加速度矢量。

称$\boldsymbol{f}=\dfrac{\boldsymbol{F}}{m}=\boldsymbol{a}-\boldsymbol{G}$为“比力”或“比力加速度”矢量。

惯性导航系统基本概念可由图2-2-1表示。图中,三个正交配置的加速度计构成加速度计组件,测量参考坐标系下的比力矢量$\boldsymbol{f}$;$\boldsymbol{v}$为运载体运动的速度矢量;$\boldsymbol{v}_0$为初始速度矢量;$\boldsymbol{r}$为运载体运动的位置矢量;$\boldsymbol{r}_0$为初始位置矢量。引力加速度是运载体所在位置的函数。

惯性导航的基本步骤,可概括为以下的力学关系:

(1) 建立进行比力(惯性加速度与引力加速度的向量差)测量的导航参考坐标系;

(2) 测量在所选导航参考坐标系中的比力 $\boldsymbol{f}$;

(3) 考虑引力加速度,从测量得到的比力中将惯性加速度 $\boldsymbol{a}$ 分离出来;

(4) 根据初始的速度、位置,通过对惯性加速度的积分得到速度 $\boldsymbol{v}$,进一步积分得到位置 $\boldsymbol{r}$。

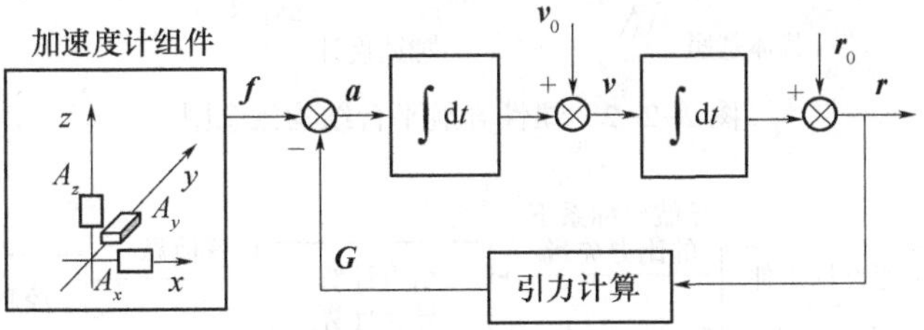

图 2-2-1 惯性导航概念图

根据上述惯性导航的基本步骤,载体的速度和位置是由测得的加速度经过积分而得到的。要进行积分,必须知道初始条件,如初始的速度和位置,更重要的是要建立初始的导航参考坐标系,提供加速度计的测量基准。这种为惯性导航系统确定初始条件、建立初始基准的过程称为惯性导航系统的初始对准。

明确上述惯性导航的力学关系,从而确定出各种导航参数的结构方案称为惯性导航系统的力学编排,惯性导航系统的力学编排的类型与导航参考坐标系的选择与实现方案密切相关。

在惯性导航系统的力学编排中,往往不能简单地根据测得的加速度直接积分得到载体的速度。因为载体相对地球运动,地球又相对惯性空间运动,对地球而言,载体的惯性加速度包含了相对加速度、哥氏加速度和牵连加速度等。要求得载体相对地球的运动,计算指定参考坐标系下载体相对地球的速度,就要确定这些加速度与比力之间的关系。

要测量在所选导航参考坐标系中的比力 $\boldsymbol{f}$,有两种实现方式:平台式惯性导航系统和捷联式惯性导航系统。

2.2.2 平台式惯性导航系统的基本原理

随着精密机械电子技术与控制技术的发展,机械转子陀螺仪、惯性导航平台等关键技术取得突破,平台式惯性导航系统于 20 世纪 50 年代开始成熟应用,基本概念和原理如图 2-2-2、图 2-2-3 所示。

陀螺仪组件和加速度计组件安装在一个惯性平台上,惯性平台是利用陀螺仪的定轴性和进动性,通过万向环架、稳定电机以及相应的伺服放大器等构成的机电装置,其主要功能是建立导航参考坐标系,为加速度计提供安装基准,根据

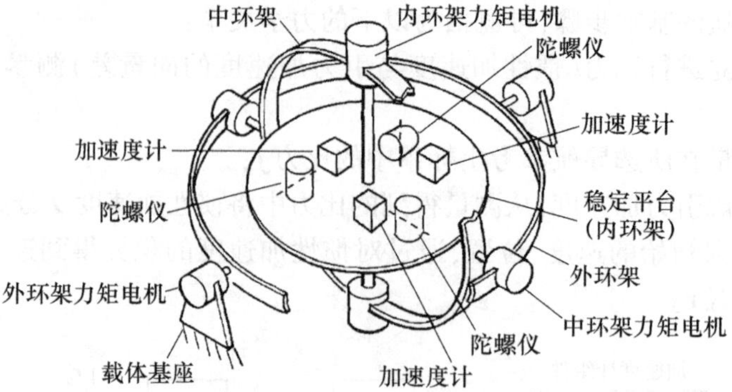

图 2-2-2　惯性导航平台结构概念图

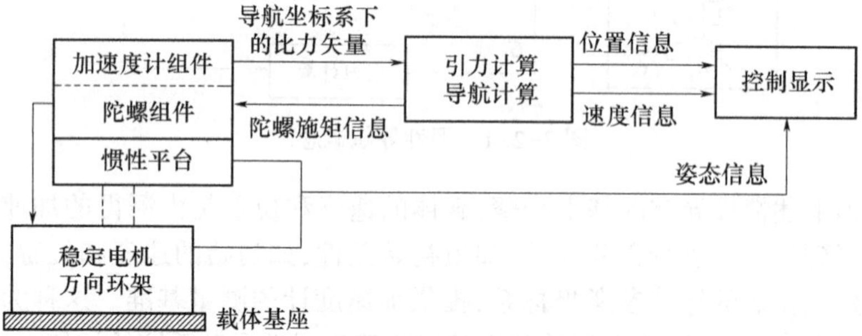

图 2-2-3　平台式惯性导航系统原理示意图

万向环架与平台的几何空间关系测量载体运动的姿态信息。理想惯性平台坐标系始终稳定地与导航坐标系(参考坐标系)保持重合,从而使 3 个陀螺的敏感轴与 3 个加速度计的敏感轴分别指向导航参考坐标系的 3 个轴,导航参考坐标系下的比力矢量进行重力补偿后,得到导航参考坐标系下的载体运动加速度,根据初始速度和位置,通过积分进而得到导航参考坐标系下的载体速度和位置。

惯性平台有稳定工作和指令角速度跟踪伺服两种工作状态。稳定工作状态是指平台在载体基座运动和干扰力矩的影响下仍能相对惯性空间保持方位稳定的工作状态;指令角速度跟踪伺服状态是指在与指令角速度成正比的指令电流的控制下,平台相对惯性空间以给定规律转动的工作状态。

在稳定工作状态,当有干扰力矩作用或载体基座运动影响时,平台台体将产生运动,使平台偏离原来相对惯性空间的方位。由于陀螺仪的定轴性,陀螺仪作为测量基准,测量台体的偏角,由陀螺仪的信号传感器输出偏差角信号,经放大校正后输出电流,使稳定电机产生驱动力矩,使台体恢复到原有的位置,姿态方向在空间保持稳定。

在指令角速度跟踪伺服状态,当要求平台按规定的规律相对惯性空间转动时,则可利用给陀螺施加控制力矩的方法实现。当给陀螺力矩器施加对应于指令角速度的控制电流时,力矩器产生控制力矩使陀螺按给定角速度相对惯性空间进动,这时陀螺信号传感器就会输出反映陀螺运动角的信号,该信号经过放大,校正后输出电流,使平台稳定电机产生驱动力矩,驱动平台按指令角速度相对惯性空间转动。当平台转动角速度与陀螺进动角速度相同时陀螺仪信号器输出信号为零,实现指令角速度稳态伺服跟踪。

平台式惯性导航系统初始对准的核心就是控制惯性平台的机电伺服机构,使平台坐标系精确地与导航参考坐标系保持一致。

2.2.3　捷联式惯性导航系统的基本原理

随着计算机技术、新材料与精密制造技术、光电传感技术、微光机电系统技术等相关学科领域的发展,相对于传统的平台式惯性导航系统而言,性价比更好、应用更广泛的捷联式惯性导航系统逐步成为惯性导航系统的发展主流。

基本原理如图 2-2-4 所示。图中,$\boldsymbol{f}^b$ 为捷联惯性传感器坐标系下的比力矢量;$\boldsymbol{f}^m$ 为导航参考坐标系下的比力矢量;$\boldsymbol{\omega}_{ib}^b$ 为捷联惯性传感器坐标系转动角速率。

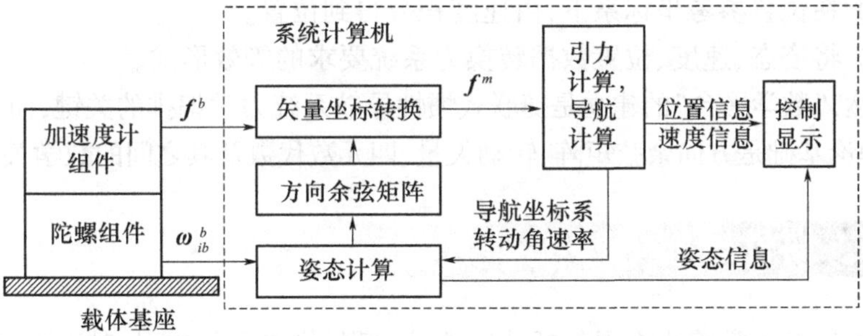

图 2-2-4　捷联式惯性导航系统原理图

捷联式惯性导航系统将陀螺和加速度计直接固联在载体上,测量出沿载体坐标系各轴相对惯性空间的角速率和比力分量。

捷联式惯性导航系统没有惯性平台实体,而是用计算机软件建立了一个数学平台来替代平台式惯性导航系统中的机电平台实体。数学平台由两部分构成:一是坐标变换方向余弦矩阵(姿态矩阵),把沿载体坐标系各轴上的比力分量转换到导航坐标系中;二是建立并根据沿载体坐标系各轴上的角速率分量更新姿态矩阵,并计算载体的姿态和方位角。可见,利用计算机硬件和软件技术构成一个数学平台同样可以实现惯性导航平台所起的作用,从而取代了结构复杂的机电平台。

与平台式惯性导航系统相比,捷联式惯性导航系统具有如下特点:

(1) 从功能上看,能够测量沿载体坐标系各轴的角速率和加速度,这些参数可送给载体控制系统和火控系统使用。

(2) 从结构上看,系统结构简单、质量轻、便于维护、故障率低。

(3) 由于取消了机电平台,采用高可靠性的惯性器件,容易采用多敏感元件,实现多余度,因而可以显著提高系统的可靠性。

(4) 对惯性器件和计算机的要求高。捷联式惯性导航系统的惯性仪表直接与载体固联,工作环境恶劣,有很高的动态范围、大的振动和冲击,这对陀螺、加速度计提出了更高的要求,随着新型惯性仪表的发展,如激光陀螺等新型陀螺的出现,该问题也得到较好的解决。此外,捷联式惯性导航系统的计算量大,尤其是载体大角速度运动时,由于计算机技术的发展,目前计算量方面的问题已经解决。

捷联式惯性导航系统的力学编排,包括如下5个方面的基本内容:

(1) 采用积分算法由陀螺采样数据计算惯性组件姿态方向。

(2) 根据惯性组件的姿态方向将加速度计测量的沿载体坐标系各轴上的比力分量转换到导航坐标系中。

(3) 在导航参考坐标系下,通过积分算法解比力方程,由转换的加速度计比力数据计算载体相对地球的速度(包括引力加速度计算补偿)。

(4) 在位置参考坐标系下,由速度积分得到位置。

(5) 将姿态、速度、位置数据转换为系统要求的等效形式。

显然,"数学平台"的建立是捷联式惯性导航系统力学编排的关键,而"数学平台"的理论基础是方向余弦矩阵、转动矢量、四元数代数及其之间的数学关系。

2.3 惯性导航力学编排方程

惯性导航力学编排方程包括速度微分方程、位置微分方程,对于平台式惯性导航系统还包括平台控制指令角速度方程,而对于捷联式惯性导航系统则包括姿态微分方程。根据应用领域的不同,选择的导航参考坐标系、导航参数表示等的不同,惯性导航力学编排方程也不同。对于地球北极、南极高纬度地区的极区导航而言,惯性导航力学编排有专门的要求。

2.3.1 速度微分方程——比力方程

惯性导航的速度微分方程也称为比力方程,描述了加速度计组件测量得到的比力矢量与载体运动加速度矢量及引力加速度矢量间的数学关系,是通过测量运载体的加速度来推算运载体速度位置的基础,是惯性导航的基本方程[1-3]。选择不同的导航参考坐标系,比力方程的具体形式会有所不同。在地球附近运动的载体,通常是描述其相对地球的速度。

设载体在地心惯性坐标系中的位置矢量为 $\boldsymbol{r}$,则根据哥氏定理,载体位置矢量 $\boldsymbol{r}$ 在地心惯性坐标系 i 中对时间的导数可表达为

$$\left.\frac{\mathrm{d}\boldsymbol{r}}{\mathrm{d}t}\right|_i=\left.\frac{\mathrm{d}\boldsymbol{r}}{\mathrm{d}t}\right|_e+\boldsymbol{\omega}_{ie}\times\boldsymbol{r} \tag{2-3-1}$$

式中：$\left.\frac{\mathrm{d}\boldsymbol{r}}{\mathrm{d}t}\right|_e$ 为载体相对地球的速度矢量；$\boldsymbol{\omega}_{ie}$ 为地球相对惯性空间的自转角速度矢量；$\boldsymbol{\omega}_{ie}\times\boldsymbol{r}$ 为地球自转产生的牵连速度矢量。

用 $\boldsymbol{v}_e$ 表示载体相对地球的运动速度矢量，即 $\boldsymbol{v}_e=\left.\frac{\mathrm{d}\boldsymbol{r}}{\mathrm{d}t}\right|_e$，则

$$\left.\frac{\mathrm{d}\boldsymbol{r}}{\mathrm{d}t}\right|_i=\boldsymbol{v}_e+\boldsymbol{\omega}_{ie}\times\boldsymbol{r} \tag{2-3-2}$$

将式(2-3-2)两边在惯性系 i 中求导，得

$$\left.\frac{\mathrm{d}^2\boldsymbol{r}}{\mathrm{d}t^2}\right|_i=\left.\frac{\mathrm{d}\boldsymbol{v}_e}{\mathrm{d}t}\right|_i+\left.\frac{\mathrm{d}}{\mathrm{d}t}(\boldsymbol{\omega}_{ie}\times\boldsymbol{r})\right|_i \tag{2-3-3}$$

考虑地球自转角速度矢量 $\boldsymbol{\omega}_{ie}$ 为常值，故 $\left.\frac{\mathrm{d}\boldsymbol{\omega}_{ie}}{\mathrm{d}t}\right|_i=0$，式(2-3-3)变为

$$\left.\frac{\mathrm{d}^2\boldsymbol{r}}{\mathrm{d}t^2}\right|_i=\left.\frac{\mathrm{d}\boldsymbol{v}_e}{\mathrm{d}t}\right|_i+\boldsymbol{\omega}_{ie}\times\left.\frac{\mathrm{d}\boldsymbol{r}}{\mathrm{d}t}\right|_i \tag{2-3-4}$$

理论上 $\boldsymbol{v}_e$ 是相对导航参考坐标系描述的，若导航参考坐标系 m 相对地球为动坐标系，则

$$\left.\frac{\mathrm{d}\boldsymbol{v}_e}{\mathrm{d}t}\right|_i=\left.\frac{\mathrm{d}\boldsymbol{v}_e}{\mathrm{d}t}\right|_m+\boldsymbol{\omega}_{im}\times\boldsymbol{v}_e \tag{2-3-5}$$

把式(2-3-2)和式(2-3-5)代入式(2-3-4)，得

$$\left.\frac{\mathrm{d}^2\boldsymbol{r}}{\mathrm{d}t^2}\right|_i=\left.\frac{\mathrm{d}\boldsymbol{v}_e}{\mathrm{d}t}\right|_m+(2\boldsymbol{\omega}_{ie}+\boldsymbol{\omega}_{em})\times\boldsymbol{v}_e+\boldsymbol{\omega}_{ie}\times(\boldsymbol{\omega}_{ie}\times\boldsymbol{r}) \tag{2-3-6}$$

式中：$2\boldsymbol{\omega}_{ie}\times\boldsymbol{v}_e$ 为由于地球坐标系 e 相对惯性坐标系 i 旋转造成的哥氏加速度；$\boldsymbol{\omega}_{em}\times\boldsymbol{v}_e$ 为由于导航参考坐标系 m 相对地球坐标系 e 旋转造成的哥氏加速度；$\boldsymbol{\omega}_{ie}\times(\boldsymbol{\omega}_{ie}\times\boldsymbol{r})$ 为由于地球坐标系 e 相对惯性坐标系 i 旋转造成的离心加速度。

表示 $\left.\frac{\mathrm{d}\boldsymbol{v}_e}{\mathrm{d}t}\right|_m=\dot{\boldsymbol{v}}_e$，则

$$\left.\frac{\mathrm{d}^2\boldsymbol{r}}{\mathrm{d}t^2}\right|_i=\dot{\boldsymbol{v}}_e+(2\boldsymbol{\omega}_{ie}+\boldsymbol{\omega}_{em})\times\boldsymbol{v}_e+\boldsymbol{\omega}_{ie}\times(\boldsymbol{\omega}_{ie}\times\boldsymbol{r}) \tag{2-3-7}$$

由比力的定义，即 $\boldsymbol{f}=\frac{\boldsymbol{F}}{m}=\boldsymbol{a}-\boldsymbol{G}=\left.\frac{\mathrm{d}^2\boldsymbol{r}}{\mathrm{d}t^2}\right|_i-\boldsymbol{G}$，得

$$\dot{\boldsymbol{v}}_e=\boldsymbol{f}+\boldsymbol{G}-(2\boldsymbol{\omega}_{ie}+\boldsymbol{\omega}_{em})\times\boldsymbol{v}_e-\boldsymbol{\omega}_{ie}\times(\boldsymbol{\omega}_{ie}\times\boldsymbol{r}) \tag{2-3-8}$$

考虑到地球的重力场是地球引力和地球自转产生的离心力的矢量和，即

$$\boldsymbol{g}=\boldsymbol{G}-\boldsymbol{\omega}_{ie}\times(\boldsymbol{\omega}_{ie}\times\boldsymbol{r}) \tag{2-3-9}$$

则式(2-3-8)可写作

$$\dot{\boldsymbol{v}}_e=\boldsymbol{f}-(2\boldsymbol{\omega}_{ie}+\boldsymbol{\omega}_{em})\times\boldsymbol{v}_e+\boldsymbol{g} \tag{2-3-10}$$

式(2-3-10)即为比力方程,它是惯性导航中的一个基本方程,说明由加速度计组件测量得到的比力矢量扣除哥氏加速度和重力加速度的影响后才能得到导航参考坐标系下载体相对地球的运动加速度。

当选择惯性系 i 为导航参考坐标系时,$\boldsymbol{\omega}_{em}=\boldsymbol{\omega}_{ei}=-\boldsymbol{\omega}_{ie}$,比力方程式(2-3-10)投影到惯性系 i 中,变换为

$$\dot{\boldsymbol{v}}_e^i=\boldsymbol{f}^i-\boldsymbol{\omega}_{ie}^i\times\boldsymbol{v}_e^i+\boldsymbol{g}^i \tag{2-3-11}$$

当选择地球系 e 为导航参考坐标系时,$\boldsymbol{\omega}_{em}=\boldsymbol{\omega}_{ee}=0$,比力方程式(2-3-10)投影到地球系 e 中,变换为

$$\dot{\boldsymbol{v}}_e^e=\boldsymbol{f}^e-2\boldsymbol{\omega}_{ie}^e\times\boldsymbol{v}_e^e+\boldsymbol{g}^e \tag{2-3-12}$$

当选择当地水平地理坐标系 n 为导航参考坐标系时,$\boldsymbol{\omega}_{em}=\boldsymbol{\omega}_{en}$,比力方程式(2-3-10)投影到当地水平地理坐标系 n 中,变换为

$$\dot{\boldsymbol{v}}_e^n=\boldsymbol{f}^n-(2\boldsymbol{\omega}_{ie}^n+\boldsymbol{\omega}_{en}^n)\times\boldsymbol{v}_e^n+\boldsymbol{g}^n \tag{2-3-13}$$

通过比力方程计算载体相对地球的速度,对于平台式惯性导航系统,惯性导航平台将加速度计组件稳定在指定的导航参考坐标系下,式(2-3-11)、式(2-3-12)、式(2-3-13)分别对应惯性系、地球系、当地水平地理坐标系下的速度微分方程。

对于捷联式惯性导航系统,通过方向余弦矩阵,将载体坐标系中的比力 $\boldsymbol{f}^b$ 转换为导航参考坐标系中的比力 $\boldsymbol{f}^m=\boldsymbol{C}_b^m\boldsymbol{f}^b$,代入式(2-3-11)~式(2-3-13)中,即可分别得到惯性系 i、地球系 e、当地水平地理坐标系 n 中的速度微分方程:

$$\dot{\boldsymbol{v}}_e^i=\boldsymbol{C}_b^i\boldsymbol{f}^b-\boldsymbol{\omega}_{ie}^i\times\boldsymbol{v}_e^i+\boldsymbol{g}^i \tag{2-3-14}$$

$$\dot{\boldsymbol{v}}_e^e=\boldsymbol{C}_b^e\boldsymbol{f}^b-2\boldsymbol{\omega}_{ie}^e\times\boldsymbol{v}_e^e+\boldsymbol{g}^e \tag{2-3-15}$$

$$\dot{\boldsymbol{v}}_e^n=\boldsymbol{C}_b^n\boldsymbol{f}^b-(2\boldsymbol{\omega}_{ie}^n+\boldsymbol{\omega}_{en}^n)\times\boldsymbol{v}_e^n+\boldsymbol{g}^n \tag{2-3-16}$$

对于地心惯性坐标系、地心固定坐标系,有

$$\boldsymbol{\omega}_{ie}^i=\boldsymbol{\omega}_{ie}^e=[0\quad 0\quad \omega_{ie}]^{\mathrm{T}} \tag{2-3-17}$$

当地水平地理坐标系采用"北东地"坐标系时,有

$$\boldsymbol{\omega}_{en}^n=\begin{bmatrix}\dfrac{v_E}{(R_E+h)\cos L}\cos L\\ -\dfrac{v_N}{(R_N+h)}\\ -\dfrac{v_E}{(R_E+h)\cos L}\sin L\end{bmatrix}=\begin{bmatrix}\dfrac{v_E}{(R_E+h)}\\ -\dfrac{v_N}{(R_N+h)}\\ -\dfrac{v_E}{(R_E+h)}\tan L\end{bmatrix},\quad \boldsymbol{\omega}_{ie}^n=\begin{bmatrix}\omega_{ie}\cos L\\ 0\\ -\omega_{ie}\sin L\end{bmatrix} \tag{2-3-18}$$

当地重力场是位置的函数。

纯惯性系统的高度通道是发散的,可用外部高度参考信息引入阻尼,抑制高

度通道的误差累积。

2.3.2 位置微分方程

运载体的位置有3种可以相互转换的表示方法:①惯性系或地球系下的直角坐标系表示方法,适合惯性系和地球系力学编排,相应的直角坐标位置微分方程如式(2-3-19)所示;②经纬度高程表示方法,适合当地水平地理坐标系力学编排,当地水平地理坐标系为"北东地"坐标系时,相应的经纬度高程位置微分方程如式(2-3-20)所示;③位置矩阵表示方法,即当地水平地理坐标系与地球坐标系间的方向余弦矩阵,相应的位置矩阵微分方程如式(2-3-21)所示。

$$\dot{\boldsymbol{r}}_e^i=\boldsymbol{v}_e^i,\ \dot{\boldsymbol{r}}_e^e=\boldsymbol{v}_e^e \tag{2-3-19}$$

即

$$\dot{L}=\frac{v_N}{R_N+h},\dot{\lambda}=\frac{v_E}{(R_E+h)\cos L},\dot{h}=-v_D \tag{2-3-20}$$

$$\dot{\boldsymbol{C}}_n^e=\boldsymbol{C}_n^e[\boldsymbol{\omega}_{en}^n\times] \tag{2-3-21}$$

当地水平地理坐标系采用"北东地"坐标系时,有

$$\begin{aligned}\boldsymbol{C}_e^n&=\begin{bmatrix}\cos\left(-\frac{\pi}{2}-L\right) & 0 & -\sin\left(-\frac{\pi}{2}-L\right)\\ 0 & 1 & 0\\ \sin\left(-\frac{\pi}{2}-L\right) & 0 & \cos\left(-\frac{\pi}{2}-L\right)\end{bmatrix}\begin{bmatrix}\cos\lambda & \sin\lambda & 0\\ -\sin\lambda & \cos\lambda & 0\\ 0 & 0 & 1\end{bmatrix}\\ &=\begin{bmatrix}-\cos\lambda\sin L & -\sin\lambda\sin L & \cos L\\ -\sin\lambda & \cos\lambda & 0\\ -\cos\lambda\cos L & -\sin\lambda\cos L & -\sin L\end{bmatrix}\end{aligned} \tag{2-3-22}$$

可通过数值计算求解上述位置微分方程。

2.3.3 平台式惯性导航系统的平台指令角速度

以指北方位平台式惯性导航系统为例,说明力学编排,介绍控制惯性平台稳定跟踪导航参考坐标系的指令角速度方程。

指北方位系统以当地水平地理坐标系为导航坐标系,理想平台坐标系 p 即为地理坐标系 n,平台上加速度计组件测量的即为地理坐标系下的比力矢量。平台应跟踪地理坐标系,即 $\boldsymbol{\omega}_{ip}=\boldsymbol{\omega}_{in}=\boldsymbol{\omega}_{ie}+\boldsymbol{\omega}_{en}$,地理坐标系的旋转角速度由两部分组成,跟随地球旋转的角速度 $\boldsymbol{\omega}_{ie}$ 和由于运载体运动而引起的相对地球的旋转角速度 $\boldsymbol{\omega}_{en}$。

当地水平地理坐标系采用北东地坐标系,R_N 为地球子午圈曲率半径,R_E 为地球卯酉圈曲率半径,则有

$$\boldsymbol{\omega}_{ie}^{p}=\boldsymbol{\omega}_{ie}^{n}=\begin{bmatrix}\omega_{ie}\cos L\\0\\-\omega_{ie}\sin L\end{bmatrix}\tag{2-3-23}$$

$$\boldsymbol{\omega}_{ep}^{p}=\boldsymbol{\omega}_{en}^{n}=\begin{bmatrix}\dfrac{v_E}{(R_E+h)\cos L}\cos L\\-\dfrac{v_N}{(R_N+h)}\\-\dfrac{v_E}{(R_E+h)\cos L}\sin L\end{bmatrix}=\begin{bmatrix}\dfrac{v_E}{(R_E+h)}\\-\dfrac{v_N}{(R_N+h)}\\-\dfrac{v_E}{(R_E+h)}\tan L\end{bmatrix}\tag{2-3-24}$$

平台指令角速度应为

$$\boldsymbol{\omega}_{cmd}^{p}=\begin{bmatrix}\omega_{cmdx}^{p}\\\omega_{cmdy}^{p}\\\omega_{cmdz}^{p}\end{bmatrix}=\boldsymbol{\omega}_{ip}^{p}=\boldsymbol{\omega}_{ie}^{p}+\boldsymbol{\omega}_{ep}^{p}=\boldsymbol{\omega}_{in}^{n}$$

$$=\boldsymbol{\omega}_{ie}^{n}+\boldsymbol{\omega}_{en}^{n}=\begin{bmatrix}\omega_{ie}\cos L+\dfrac{v_E}{R_E+h}\\-\dfrac{v_N}{R_N+h}\\-\omega_{ie}\sin L-\dfrac{v_E}{R_E+h}\tan L\end{bmatrix}\tag{2-3-25}$$

惯性导航平台可以看作是以平台指令角速度为输入的随动控制系统。

指北方位平台式惯性导航系统由于平台模拟当地地理坐标系,所以航向角、俯仰角及滚动角可从平台环架轴上直接读取,各导航参数间的关系比较简洁。但注意到式(2-3-25)中,方位陀螺的指令角速度 $\omega_{cmdz}^{p}=-\omega_{ie}\sin L-\dfrac{v_E}{R_E+h}\tan L$,随着纬度 L 的增高,$\tan L$ 迅速增大,对方位陀螺的施矩电流急剧上升,同时,速度误差被急剧放大,所以指北方位平台式惯性导航系统只适合中、低纬度地区的导航。高纬度地区应采用自由方位平台惯性导航系统或游移方位平台惯性导航系统力学编排方案,具体参见2.3.5节。

2.3.4 捷联惯性导航姿态微分方程

在捷联惯性导航力学编排方程中,姿态微分方程描述了载体坐标系与导航参考坐标系的相对姿态关系随转动角速度的动态变化[3-4]。载体坐标系 b 相对导航参考坐标系 m 的姿态微分方程通常采用3种形式:方向余弦矩阵、四元数和等效转动矢量。

1. 方向余弦矩阵微分方程

$$\dot{\boldsymbol{C}}_b^m=\boldsymbol{C}_b^m[\boldsymbol{\omega}_{mb}^b\times]=\boldsymbol{C}_b^m[\boldsymbol{\omega}_{ib}^b\times]-\boldsymbol{C}_b^m[\boldsymbol{\omega}_{im}^b\times]=\boldsymbol{C}_b^m[\boldsymbol{\omega}_{ib}^b\times]-[\boldsymbol{\omega}_{im}^m\times]\boldsymbol{C}_b^m \tag{2-3-26}$$

证明：

设矢量 $\boldsymbol{R}_b$ 固定在坐标系 b 中。由哥氏定理得

$$\frac{\mathrm{d}\boldsymbol{R}_b}{\mathrm{d}t}\Big|_m=\frac{\mathrm{d}\boldsymbol{R}_b}{\mathrm{d}t}\Big|_b+\boldsymbol{\omega}_{mb}\times\boldsymbol{R}_b \tag{2-3-27}$$

矢量 $\boldsymbol{R}_b$ 固定在坐标系 b 中不变，因而有$\frac{\mathrm{d}\boldsymbol{R}_b}{\mathrm{d}t}\Big|_b=0$

故有

$$\frac{\mathrm{d}\boldsymbol{R}_b}{\mathrm{d}t}\Big|_m=\boldsymbol{\omega}_{mb}\times\boldsymbol{R}_b \tag{2-3-28}$$

将该式在坐标系 m 内表示，$\boldsymbol{R}_b=[\boldsymbol{i}_m\quad \boldsymbol{j}_m\quad \boldsymbol{k}_m]\boldsymbol{r}_b^m$，$\boldsymbol{\omega}_{mb}=[\boldsymbol{i}_m\quad \boldsymbol{j}_m\quad \boldsymbol{k}_m]\boldsymbol{\omega}_{mb}^m$ 写成坐标投影的形式，即为

$$\dot{\boldsymbol{r}}_b^m=[\boldsymbol{\omega}_{mb}^m\times]\boldsymbol{r}_b^m=[\boldsymbol{\omega}_{mb}^m\times]\boldsymbol{C}_b^m\boldsymbol{r}_b^b \tag{2-3-29}$$

式中

$$[\boldsymbol{\omega}_{mb}^m\times]=\begin{bmatrix}0 & -\omega_{mbz}^m & \omega_{mby}^m\\ \omega_{mbz}^m & 0 & -\omega_{mbx}^m\\ -\omega_{mby}^m & \omega_{mbx}^m & 0\end{bmatrix} \tag{2-3-30}$$

为反对称阵，另外，根据矢量的坐标变换有 $\boldsymbol{r}_b^m=\boldsymbol{C}_b^m\boldsymbol{r}_b^b$

两边求导得

$$\dot{\boldsymbol{r}}_b^m=\dot{\boldsymbol{C}}_b^m\boldsymbol{r}_b^b+\boldsymbol{C}_b^m\dot{\boldsymbol{r}}_b^b \tag{2-3-31}$$

考虑矢量 $\boldsymbol{R}_b$ 固定在坐标系 b 中，故有$\dot{\boldsymbol{r}}_b^b=0$，$\dot{\boldsymbol{r}}_b^m=\dot{\boldsymbol{C}}_b^m\boldsymbol{r}_b^b$，和式(2-3-31)比较得

$$\dot{\boldsymbol{r}}_b^m=\dot{\boldsymbol{C}}_b^m\boldsymbol{r}_b^b=[\boldsymbol{\omega}_{mb}^m\times]\boldsymbol{C}_b^m\boldsymbol{r}_b^b,\quad \dot{\boldsymbol{C}}_b^m=[\boldsymbol{\omega}_{mb}^m\times]\boldsymbol{C}_b^m \tag{2-3-32}$$

$$\begin{aligned}\dot{\boldsymbol{C}}_b^m&=[\boldsymbol{\omega}_{mb}^m\times]\boldsymbol{C}_b^m=[(\boldsymbol{\omega}_{ib}^m-\boldsymbol{\omega}_{im}^m)\times]\boldsymbol{C}_b^m\\&=[\boldsymbol{\omega}_{ib}^m\times]\boldsymbol{C}_b^m-[\boldsymbol{\omega}_{im}^m\times]\boldsymbol{C}_b^m\end{aligned} \tag{2-3-33}$$

根据角速度反对称矩阵的相似变换有

$$[\boldsymbol{\omega}_{ib}^m\times]=\boldsymbol{C}_b^m[\boldsymbol{\omega}_{ib}^b\times]\boldsymbol{C}_m^b,\quad [\boldsymbol{\omega}_{im}^m\times]=\boldsymbol{C}_b^m[\boldsymbol{\omega}_{im}^b\times]\boldsymbol{C}_m^b \tag{2-3-34}$$

把式(2-3-34)代入式(2-3-33)，得到式(2-3-26)，证毕。

当导航参考坐标系分别取惯性系、地球系、当地水平地理坐标系时，对应力学编排的方向余弦姿态微分方程分别为

$$\dot{\boldsymbol{C}}_b^i=\boldsymbol{C}_b^i[\boldsymbol{\omega}_{ib}^b\times] \tag{2-3-35}$$

$$\dot{\boldsymbol{C}}_b^e=\boldsymbol{C}_b^e[\boldsymbol{\omega}_{eb}^b\times]=\boldsymbol{C}_b^e[\boldsymbol{\omega}_{ib}^b\times]-\boldsymbol{C}_b^e[\boldsymbol{\omega}_{ie}^b\times]=\boldsymbol{C}_b^e[\boldsymbol{\omega}_{ib}^b\times]-[\boldsymbol{\omega}_{ie}^e\times]\boldsymbol{C}_b^e \tag{2-3-36}$$

$$\dot{\boldsymbol{C}}_b^n=\boldsymbol{C}_b^n[\boldsymbol{\omega}_{nb}^b\times]=\boldsymbol{C}_b^n[\boldsymbol{\omega}_{ib}^b\times]-\boldsymbol{C}_b^n[\boldsymbol{\omega}_{in}^b\times]=\boldsymbol{C}_b^n[\boldsymbol{\omega}_{ib}^b\times]-[\boldsymbol{\omega}_{in}^n\times]\boldsymbol{C}_b^n \tag{2-3-37}$$

2. 四元数微分方程

$$\dot{\boldsymbol{q}}_b^m=\frac{1}{2}\boldsymbol{q}_b^m\circ\boldsymbol{\omega}_{mb}^b=\frac{1}{2}\boldsymbol{q}_b^m\circ\boldsymbol{\omega}_{ib}^b-\frac{1}{2}\boldsymbol{q}_b^m\circ\boldsymbol{\omega}_{im}^b=\frac{1}{2}\boldsymbol{q}_b^m\circ\boldsymbol{\omega}_{ib}^b-\frac{1}{2}\boldsymbol{\omega}_{im}^m\circ\boldsymbol{q}_b^m \tag{2-3-38}$$

证明：

设矢量 $\boldsymbol{R}_b$ 固定在坐标系 b 中。由哥氏定理得

$$\left.\frac{\mathrm{d}\boldsymbol{R}_b}{\mathrm{d}t}\right|_m=\left.\frac{\mathrm{d}\boldsymbol{R}_b}{\mathrm{d}t}\right|_b+\boldsymbol{\omega}_{mb}\times\boldsymbol{R}_b \tag{2-3-39}$$

矢量 $\boldsymbol{R}_b$ 固定在坐标系 b 中不变，因而有 $\left.\frac{\mathrm{d}\boldsymbol{R}_b}{\mathrm{d}t}\right|_b=0$，故有

$$\left.\frac{\mathrm{d}\boldsymbol{R}_b}{\mathrm{d}t}\right|_m=\boldsymbol{\omega}_{mb}\times\boldsymbol{R}_b \tag{2-3-40}$$

将该式在坐标系 m 内表示，$\boldsymbol{R}_b=[\boldsymbol{i}_m\quad\boldsymbol{j}_m\quad\boldsymbol{k}_m]\boldsymbol{r}_b^m$，$\boldsymbol{\omega}_{mb}=[\boldsymbol{i}_m\quad\boldsymbol{j}_m\quad\boldsymbol{k}_m]\boldsymbol{\omega}_{mb}^m$ 写成坐标投影的形式，即为

$$\dot{\boldsymbol{r}}_b^m=[\boldsymbol{\omega}_{mb}^m\times]\boldsymbol{r}_b^m \tag{2-3-41}$$

另外，根据矢量的坐标变换有

$$\boldsymbol{r}_b^m=\begin{bmatrix}0&1&0&0\\0&0&1&0\\0&0&0&1\end{bmatrix}\boldsymbol{q}_b^m\circ\begin{bmatrix}0\\\boldsymbol{r}_b^b\end{bmatrix}\circ\boldsymbol{q}_m^b \tag{2-3-42}$$

两边求导，并考虑到矢量 $\boldsymbol{R}_b$ 固定在坐标系 b 中，$\dot{\boldsymbol{r}}_b^b=0$，得

$$\dot{\boldsymbol{r}}_b^m=\begin{bmatrix}0&1&0&0\\0&0&1&0\\0&0&0&1\end{bmatrix}\left[\dot{\boldsymbol{q}}_b^m\circ\begin{bmatrix}0\\\boldsymbol{r}_b^b\end{bmatrix}\circ\boldsymbol{q}_m^b+\boldsymbol{q}_b^m\circ\begin{bmatrix}0\\\boldsymbol{r}_b^b\end{bmatrix}\circ\dot{\boldsymbol{q}}_m^b\right] \tag{2-3-43}$$

又 $\boldsymbol{q}_b^m\circ\boldsymbol{q}_m^b=[1\quad0\quad0\quad0]^{\mathrm{T}}$，$\begin{bmatrix}0\\\boldsymbol{r}_b^m\end{bmatrix}=\boldsymbol{q}_b^m\circ\begin{bmatrix}0\\\boldsymbol{r}_b^b\end{bmatrix}\circ\boldsymbol{q}_m^b$，代入式(2-3-43)得

$$\begin{aligned}\dot{\boldsymbol{r}}_b^m&=\begin{bmatrix}0&1&0&0\\0&0&1&0\\0&0&0&1\end{bmatrix}\left[\dot{\boldsymbol{q}}_b^m\circ\boldsymbol{q}_m^b\circ\left(\boldsymbol{q}_b^m\circ\begin{bmatrix}0\\\boldsymbol{r}_b^b\end{bmatrix}\circ\boldsymbol{q}_m^b\right)+\left(\boldsymbol{q}_b^m\circ\begin{bmatrix}0\\\boldsymbol{r}_b^b\end{bmatrix}\circ\boldsymbol{q}_m^b\right)\circ\boldsymbol{q}_b^m\circ\dot{\boldsymbol{q}}_m^b\right]\\&=\begin{bmatrix}0&1&0&0\\0&0&1&0\\0&0&0&1\end{bmatrix}\left[\dot{\boldsymbol{q}}_b^m\circ\boldsymbol{q}_m^b\circ\begin{bmatrix}0\\\boldsymbol{r}_b^m\end{bmatrix}+\begin{bmatrix}0\\\boldsymbol{r}_b^m\end{bmatrix}\boldsymbol{q}_b^m\circ\dot{\boldsymbol{q}}_m^b\right]\end{aligned} \tag{2-3-44}$$

式(2-3-44)和式(2-3-41)比较得

$$\dot{\boldsymbol{r}}_b^m=\begin{bmatrix}0&1&0&0\\0&0&1&0\\0&0&0&1\end{bmatrix}\left[\dot{\boldsymbol{q}}_b^m\circ\boldsymbol{q}_m^b\circ\begin{bmatrix}0\\\boldsymbol{r}_b^m\end{bmatrix}+\begin{bmatrix}0\\\boldsymbol{r}_b^m\end{bmatrix}\boldsymbol{q}_b^m\circ\dot{\boldsymbol{q}}_m^b\right]=[\boldsymbol{\omega}_{mb}^m\times]\boldsymbol{r}_b^m \tag{2-3-45}$$

注意到 $\boldsymbol{q}_b^m\circ\boldsymbol{q}_m^b=[1\quad0\quad0\quad0]^{\mathrm{T}}$，求导得

$$\dot{\boldsymbol{q}}_b^m \circ \boldsymbol{q}_m^b + \boldsymbol{q}_b^m \circ \dot{\boldsymbol{q}}_m^b = 0, \boldsymbol{q}_b^m \circ \dot{\boldsymbol{q}}_m^b = -\dot{\boldsymbol{q}}_b^m \circ \boldsymbol{q}_m^b \tag{2-3-46}$$

将式(2-3-46)代入式(2-3-45)得

$$\begin{bmatrix} 0 & 1 & 0 & 0 \\ 0 & 0 & 1 & 0 \\ 0 & 0 & 0 & 1 \end{bmatrix} \left[(\dot{\boldsymbol{q}}_b^m \circ \boldsymbol{q}_m^b) \circ \begin{bmatrix} 0 \\ \boldsymbol{r}_b^m \end{bmatrix} - \begin{bmatrix} 0 \\ \boldsymbol{r}_b^m \end{bmatrix} \circ (\dot{\boldsymbol{q}}_b^m \circ \boldsymbol{q}_m^b) \right] = [\boldsymbol{\omega}_{mb}^m \times] \boldsymbol{r}_b^m \tag{2-3-47}$$

令

$$\boldsymbol{q}_b^m = [q_0 \quad q_1 \quad q_2 \quad q_3], \boldsymbol{q}_m^b = (\boldsymbol{q}_b^m)^* = [q_0 \quad -q_1 \quad -q_2 \quad -q_3] \tag{2-3-48}$$

$$\| \boldsymbol{q}_b^m \|^2 = q_0^2 + q_1^2 + q_2^2 + q_3^2 = 1$$

两边求导得

$$q_0 \dot{q}_0 + q_1 \dot{q}_1 + q_2 \dot{q}_2 + q_3 \dot{q}_3 = 0 \tag{2-3-49}$$

则

$$(\dot{\boldsymbol{q}}_b^m \circ \boldsymbol{q}_m^b) = \begin{bmatrix} q_0 & -q_1 & -q_2 & -q_3 \\ q_1 & q_0 & -q_3 & q_2 \\ q_2 & q_3 & q_0 & -q_1 \\ q_3 & -q_2 & q_1 & q_0 \end{bmatrix} \begin{bmatrix} q_0 \\ -q_1 \\ -q_2 \\ -q_3 \end{bmatrix} = \begin{bmatrix} 0 \\ \boldsymbol{\lambda} \end{bmatrix} \tag{2-3-50}$$

$\boldsymbol{\lambda}$ 为三维矢量。注意到

$$\begin{aligned} (\dot{\boldsymbol{q}}_b^m \circ \boldsymbol{q}_m^b) \circ \begin{bmatrix} 0 \\ \boldsymbol{r}_b^m \end{bmatrix} &= \begin{bmatrix} 0 \\ \boldsymbol{\lambda} \end{bmatrix} \circ \begin{bmatrix} 0 \\ \boldsymbol{r}_b^m \end{bmatrix} = \begin{bmatrix} 0 \\ \boldsymbol{\lambda} \times \boldsymbol{r}_b^m \end{bmatrix} = -\begin{bmatrix} 0 \\ \boldsymbol{r}_b^m \times \boldsymbol{\lambda} \end{bmatrix} \\ &= -\begin{bmatrix} 0 \\ \boldsymbol{r}_b^m \end{bmatrix} \begin{bmatrix} 0 \\ \boldsymbol{\lambda} \end{bmatrix} = -\begin{bmatrix} 0 \\ \boldsymbol{r}_b^m \end{bmatrix} \circ (\dot{\boldsymbol{q}}_b^m \circ \boldsymbol{q}_m^b) \end{aligned} \tag{2-3-51}$$

将式(2-3-51)代入式(2-3-47)得

$$\begin{aligned} &\begin{bmatrix} 0 & 1 & 0 & 0 \\ 0 & 0 & 1 & 0 \\ 0 & 0 & 0 & 1 \end{bmatrix} \begin{bmatrix} 0 \\ \boldsymbol{r}_b^m \end{bmatrix} \circ [-2(\dot{\boldsymbol{q}}_b^m \circ \boldsymbol{q}_m^b)] = [\boldsymbol{\omega}_{mb}^m \times] \boldsymbol{r}_b^m \\ &= \begin{bmatrix} 0 & 1 & 0 & 0 \\ 0 & 0 & 1 & 0 \\ 0 & 0 & 0 & 1 \end{bmatrix} \begin{bmatrix} 0 \\ [\boldsymbol{\omega}_{mb}^m \times] \boldsymbol{r}_b^m \end{bmatrix} = \begin{bmatrix} 0 & 1 & 0 & 0 \\ 0 & 0 & 1 & 0 \\ 0 & 0 & 0 & 1 \end{bmatrix} \begin{bmatrix} 0 \\ \boldsymbol{r}_b^m \end{bmatrix} \circ \begin{bmatrix} 0 \\ -\boldsymbol{\omega}_{mb}^m \end{bmatrix} \end{aligned} \tag{2-3-52}$$

式(2-3-52)对于任意的 $\boldsymbol{r}_b^m$ 均成立,则有

$$2\dot{\boldsymbol{q}}_b^m \circ \boldsymbol{q}_m^b = \begin{bmatrix} 0 \\ \boldsymbol{\omega}_{mb}^m \end{bmatrix}, \text{即} \dot{\boldsymbol{q}}_b^m = \frac{1}{2} \begin{bmatrix} 0 \\ \boldsymbol{\omega}_{mb}^m \end{bmatrix} \circ \boldsymbol{q}_b^m \tag{2-3-53}$$

又 $\begin{bmatrix} 0 \\ \boldsymbol{\omega}_{mb}^m \end{bmatrix} = \boldsymbol{q}_b^m \circ \begin{bmatrix} 0 \\ \boldsymbol{\omega}_{mb}^b \end{bmatrix} \circ \boldsymbol{q}_m^b$,为简化公式,将四元数 $\begin{bmatrix} 0 \\ \boldsymbol{\omega}_{mb}^b \end{bmatrix}$ 记为 $\boldsymbol{\omega}_{mb}^b$,代入

式(2-3-53)得

$$\dot{\boldsymbol{q}}_b^m=\frac{1}{2}\boldsymbol{q}_b^m\circ\boldsymbol{\omega}_{mb}^b=\frac{1}{2}\boldsymbol{q}_b^m\circ(\boldsymbol{\omega}_{ib}^b-\boldsymbol{\omega}_{im}^b)=\frac{1}{2}\boldsymbol{q}_b^m\circ\boldsymbol{\omega}_{ib}^b-\frac{1}{2}\boldsymbol{q}_b^m\circ\boldsymbol{\omega}_{im}^b \tag{2-3-54}$$

又 $\boldsymbol{\omega}_{im}^b=\boldsymbol{q}_m^b\circ\boldsymbol{\omega}_{im}^m\circ\boldsymbol{q}_b^m$,代入式(2-3-54)即得式(2-3-38),证毕。

当导航参考坐标系分别取惯性系、地球系、当地水平地理坐标系时,对应力学编排的四元数姿态微分方程分别为

$$\dot{\boldsymbol{q}}_b^i=\frac{1}{2}\boldsymbol{q}_b^i\circ\boldsymbol{\omega}_{ib}^b \tag{2-3-55}$$

$$\dot{\boldsymbol{q}}_b^e=\frac{1}{2}\boldsymbol{q}_b^e\circ\boldsymbol{\omega}_{eb}^b=\frac{1}{2}\boldsymbol{q}_b^e\circ\boldsymbol{\omega}_{ib}^b-\frac{1}{2}\boldsymbol{q}_b^e\circ\boldsymbol{\omega}_{ie}^b=\frac{1}{2}\boldsymbol{q}_b^e\circ\boldsymbol{\omega}_{ib}^b-\frac{1}{2}\boldsymbol{\omega}_{ie}^e\circ\boldsymbol{q}_b^e \tag{2-3-56}$$

$$\dot{\boldsymbol{q}}_b^n=\frac{1}{2}\boldsymbol{q}_b^n\circ\boldsymbol{\omega}_{nb}^b=\frac{1}{2}\boldsymbol{q}_b^n\circ\boldsymbol{\omega}_{ib}^b-\frac{1}{2}\boldsymbol{q}_b^n\circ\boldsymbol{\omega}_{in}^b=\frac{1}{2}\boldsymbol{q}_b^n\circ\boldsymbol{\omega}_{ib}^b-\frac{1}{2}\boldsymbol{\omega}_{in}^n\circ\boldsymbol{q}_b^n \tag{2-3-57}$$

为简化公式,在不引起混淆的情况下四元数通常去掉上下标,用 $\boldsymbol{q}$ 表示。

通过等效转动矢量微分方程也可以描述两个坐标系之间转动关系的变化。

3. 等效转动矢量微分方程

$$\dot{\boldsymbol{\sigma}}=\boldsymbol{\omega}+\frac{1}{2}\boldsymbol{\sigma}\times\boldsymbol{\omega}+\frac{1}{\sigma^2}\left(1-\frac{\sigma\sin\sigma}{2(1-\cos\sigma)}\right)\boldsymbol{\sigma}\times(\boldsymbol{\sigma}\times\boldsymbol{\omega}) \tag{2-3-58}$$

证明:

在不引起混淆的情况下,四元数微分方程 $\dot{\boldsymbol{q}}_b^m=\frac{1}{2}\boldsymbol{q}_b^m\circ\boldsymbol{\omega}_{mb}^b$ 通常简化表示为:

$\dot{\boldsymbol{q}}=\frac{1}{2}\boldsymbol{q}\circ\boldsymbol{\omega}$

四元数与等效转动矢量间的关系可表示为

$$\boldsymbol{q}=\cos\frac{\sigma}{2}+\frac{\boldsymbol{\sigma}}{\sigma}\sin\frac{\sigma}{2}$$

令 $f_1=\cos\frac{\sigma}{2}, f_2=\frac{1}{\sigma}\sin\frac{\sigma}{2}$

则

$$\boldsymbol{q}=f_1+f_2\boldsymbol{\sigma} \tag{2-3-59}$$

则

$$\dot{\boldsymbol{q}}=\frac{1}{2}\boldsymbol{q}\circ\boldsymbol{\omega}=\frac{1}{2}(f_1+f_2\boldsymbol{\sigma})\circ\boldsymbol{\omega}=\frac{1}{2}f_1\boldsymbol{\omega}+\frac{1}{2}f_2\boldsymbol{\sigma}\circ\boldsymbol{\omega} \tag{2-3-60}$$

根据四元数乘法规则,$\boldsymbol{\sigma}\circ\boldsymbol{\omega}=\boldsymbol{\sigma}\times\boldsymbol{\omega}-\boldsymbol{\sigma}\cdot\boldsymbol{\omega}$ 代入式(2-3-60),得

$$\dot{\boldsymbol{q}}=\frac{1}{2}f_1\boldsymbol{\omega}+\frac{1}{2}f_2(\boldsymbol{\sigma}\times\boldsymbol{\omega}-\boldsymbol{\sigma}\cdot\boldsymbol{\omega}) \tag{2-3-61}$$

由式(2-3-59)两边求导得

$$\dot{\boldsymbol{q}}=\dot{f}_1+\dot{f}_2\boldsymbol{\sigma}+f_2\dot{\boldsymbol{\sigma}} \tag{2-3-62}$$

其中

$$\dot{f}_1=-\frac{1}{2}\sin\frac{\sigma}{2}\dot{\sigma}=-\frac{1}{2}\sigma\dot{\sigma}f_2 \tag{2-3-63}$$

$$\dot{f}_2=\frac{1}{2}\frac{\dot{\sigma}}{\sigma}\cos\frac{\sigma}{2}-\frac{\dot{\sigma}}{\sigma^2}\sin\frac{\sigma}{2}=\frac{\dot{\sigma}}{\sigma}\left(\frac{1}{2}f_1-f_2\right) \tag{2-3-64}$$

将式(2-3-63)、式(2-3-64)代入式(2-3-62)得

$$\dot{\boldsymbol{q}}=-\frac{1}{2}\sigma\dot{\sigma}f_2+\frac{\dot{\sigma}}{\sigma}\left(\frac{1}{2}f_1-f_2\right)\boldsymbol{\sigma}+f_2\dot{\boldsymbol{\sigma}} \tag{2-3-65}$$

由式(2-3-61)、式(2-3-65)消去$\dot{\boldsymbol{q}}$得

$$-\frac{1}{2}\sigma\dot{\sigma}f_2+\frac{\dot{\sigma}}{\sigma}\left(\frac{1}{2}f_1-f_2\right)\boldsymbol{\sigma}+f_2\dot{\boldsymbol{\sigma}}=\frac{1}{2}f_1\boldsymbol{\omega}+\frac{1}{2}f_2(\boldsymbol{\sigma}\times\boldsymbol{\omega}-\boldsymbol{\sigma}\cdot\boldsymbol{\omega})$$

整理得

$$\dot{\boldsymbol{\sigma}}=\frac{1}{2}\frac{f_1}{f_2}\boldsymbol{\omega}+\frac{1}{2}\boldsymbol{\sigma}\times\boldsymbol{\omega}-\frac{\dot{\sigma}}{\sigma}\left(\frac{1}{2}\frac{f_1}{f_2}-1\right)\boldsymbol{\sigma}+\frac{1}{2}\sigma\dot{\sigma}-\frac{1}{2}\boldsymbol{\sigma}\cdot\boldsymbol{\omega} \tag{2-3-66}$$

式(2-3-66)分为矢量和标量两部分,得

$$\dot{\boldsymbol{\sigma}}=\frac{1}{2}\frac{f_1}{f_2}\boldsymbol{\omega}+\frac{1}{2}\boldsymbol{\sigma}\times\boldsymbol{\omega}-\frac{\dot{\sigma}}{\sigma}\left(\frac{1}{2}\frac{f_1}{f_2}-1\right)\boldsymbol{\sigma} \tag{2-3-67}$$

$$\frac{1}{2}\sigma\dot{\sigma}=\frac{1}{2}\boldsymbol{\sigma}\cdot\boldsymbol{\omega},\text{即}\frac{\dot{\sigma}}{\sigma}=\frac{1}{\sigma^2}\boldsymbol{\sigma}\cdot\boldsymbol{\omega} \tag{2-3-68}$$

将式(2-3-68)代入式(2-3-67)得

$$\dot{\boldsymbol{\sigma}}=\frac{1}{2}\frac{f_1}{f_2}\boldsymbol{\omega}+\frac{1}{2}\boldsymbol{\sigma}\times\boldsymbol{\omega}-\frac{1}{\sigma^2}\left(\frac{1}{2}\frac{f_1}{f_2}-1\right)(\boldsymbol{\sigma}\cdot\boldsymbol{\omega})\boldsymbol{\sigma} \tag{2-3-69}$$

根据矢量恒等式$(\boldsymbol{R}_1\cdot\boldsymbol{R}_3)\boldsymbol{R}_2=\boldsymbol{R}_1\times(\boldsymbol{R}_2\times\boldsymbol{R}_3)+(\boldsymbol{R}_1\cdot\boldsymbol{R}_2)\boldsymbol{R}_3$

令$\boldsymbol{R}_3=\boldsymbol{\omega},\boldsymbol{R}_1=\boldsymbol{R}_2=\boldsymbol{\sigma}$,得

$$(\boldsymbol{\sigma}\cdot\boldsymbol{\omega})\boldsymbol{\sigma}=\boldsymbol{\sigma}\times(\boldsymbol{\sigma}\times\boldsymbol{\omega})+\sigma^2\boldsymbol{\omega}$$

代入式(2-3-69)得

$$\dot{\boldsymbol{\sigma}}=\frac{1}{2}\frac{f_1}{f_2}\boldsymbol{\omega}+\frac{1}{2}\boldsymbol{\sigma}\times\boldsymbol{\omega}+\left(1-\frac{1}{2}\frac{f_1}{f_2}\right)\boldsymbol{\omega}+\frac{1}{\sigma^2}\left(1-\frac{1}{2}\frac{f_1}{f_2}\right)\boldsymbol{\sigma}\times(\boldsymbol{\sigma}\times\boldsymbol{\omega}) \tag{2-3-70}$$

进而得

$$\dot{\boldsymbol{\sigma}}=\boldsymbol{\omega}+\frac{1}{2}\boldsymbol{\sigma}\times\boldsymbol{\omega}+\frac{1}{\sigma^2}\left(1-\frac{1}{2}\frac{f_1}{f_2}\right)\boldsymbol{\sigma}\times(\boldsymbol{\sigma}\times\boldsymbol{\omega}) \tag{2-3-71}$$

又$\left(1-\dfrac{1}{2}\dfrac{f_1}{f_2}\right)=1-\dfrac{\sigma\sin\sigma}{2(1-\cos\sigma)}$,代入式(2-3-71)则得式(2-3-58),证毕。

通常等效转动矢量微分方程可进一步简化为

$$\dot{\boldsymbol{\sigma}}=\boldsymbol{\omega}+\frac{1}{2}\boldsymbol{\sigma}\times\boldsymbol{\omega}+\frac{1}{12}\boldsymbol{\sigma}\times(\boldsymbol{\sigma}\times\boldsymbol{\omega}) \tag{2-3-72}$$

方向余弦矩阵微分方程、四元数微分方程、等效转动矢量微分方程分别为9参数、4参数和3参数微分方程,均可以根据载体角运动信息得到载体相对参考坐标系的姿态变化,但不同的姿态微分方程数值积分的计算量、姿态计算精度有差异。由于等效转动矢量在高动态环境下对不可交换性误差的抑制效果更好,通常先数值求解等效转动矢量微分方程,计算等效转动矢量,再计算姿态变化四元数,然后计算姿态四元数及方向余弦矩阵。

2.3.5 极区惯性导航力学编排方程

在地球的南北极区,地理子午线密集汇聚,沿纬度圈方向航行经度变化率很大,沿子午圈方向航行通过极点时航向会改变180°。地球自转角速度矢量与当地重力场矢量几乎平行,以地球自转角速度矢量的水平投影方向定义的真北方向作为航向参考的导航算法失效。

对于平台式惯性导航系统,为克服当地水平指北方位惯性导航系统方位陀螺施矩过大、方位稳定回路设计困难的问题,在不改变平台结构的前提下,可采用自由方位或游移方位平台式惯性导航系统方案。空间稳定平台式惯性导航系统由于平台指令角速度为零,极区导航情况下不存在陀螺施矩问题。

对于当地水平指北方位捷联式惯性导航系统,也存在导航坐标系相对地球转动的方位角速度过大问题,同样可采用自由方位或游移方位捷联式惯性导航系统方案解决。极区导航计算中,纬度接近±90°时,其正切和正割函数会出现数值溢出问题,通常采用方向余弦法。类似空间稳定平台式惯性导航系统,也可以在地心惯性坐标系或地心固定地球坐标系中进行导航计算。

平台式、捷联式惯性导航系统极区导航计算中,纬度接近±90°时,纬度的正切和正割函数会出现数值溢出的问题需要解决。

1941年,英国皇家空军中校K.C.麦克卢尔(Kenneth C. Maclure 1914—1988)提出了格网导航的概念,采用格网坐标系,引入“格网北”作为航向参考线,如以格林尼治子午线作为航向参考线。

1958年,美国海军核潜艇鹦鹉螺号穿越北极时,采用了N6A液浮陀螺平台式惯性导航系统,N6A在超过北纬80°后,采用了横向地球坐标系(Transverse Earth Frame),并采用逆墨卡托(Transverse Mercator)投影(圆柱或椭圆柱与纬线圈相切)制作海图。横向地球坐标系的极轴设在地球赤道平面内,其横向赤道平面通过地球的南北极点,横向地球坐标系的横经度、横纬度网格在极点处近似为方格,避免了传统的地理子午线密集汇聚于地球南北极点的问题。

1. 自由方位与游移方位平台式惯性导航系统力学编排方程

自由方位与游移方位平台式惯性导航系统与指北方位平台式惯性导航系统类似,均采用当地水平坐标系作为导航参考坐标系,同样通过稳定回路和跟踪回路将惯性导航平台稳定在导航参考坐标系上。区别在于平台指令角速度不同。

自由方位平台式惯性导航系统平台指令角速度为

$$\boldsymbol{\omega}_{cmd}^{p}=\begin{bmatrix}\omega_{cmdx}^{p}\\ \omega_{cmdy}^{p}\\ \omega_{cmdz}^{p}\end{bmatrix}=\boldsymbol{\omega}_{ip}^{p}=\begin{bmatrix}\omega_{ipx}^{p}\\ \omega_{ipy}^{p}\\ \omega_{ipz}^{p}\end{bmatrix}=\begin{bmatrix}\omega_{ipx}^{p}\\ \omega_{ipy}^{p}\\ 0\end{bmatrix}$$

$$=\begin{bmatrix}\omega_{iex}^{p}\\ \omega_{iey}^{p}\\ \omega_{iez}^{p}\end{bmatrix}+\begin{bmatrix}\omega_{epx}^{p}\\ \omega_{epy}^{p}\\ \omega_{epz}^{p}\end{bmatrix}=\boldsymbol{C}_{e}^{p}\boldsymbol{\omega}_{ie}^{e}+\begin{bmatrix}-\dfrac{1}{\tau_f} & -\dfrac{1}{R_{yp}} & 0\\ \dfrac{1}{R_{xp}} & \dfrac{1}{\tau_f} & 0\\ 0 & 0 & 1\end{bmatrix}\begin{bmatrix}v_{ex}^{p}\\ v_{ey}^{p}\\ -\omega_{iez}^{p}\end{bmatrix} \tag{2-3-73}$$

游移方位平台式惯性导航系统平台指令角速度为

$$\boldsymbol{\omega}_{cmd}^{p}=\begin{bmatrix}\omega_{cmdx}^{p}\\ \omega_{cmdy}^{p}\\ \omega_{cmdz}^{p}\end{bmatrix}=\boldsymbol{\omega}_{ip}^{p}=\begin{bmatrix}\omega_{ipx}^{p}\\ \omega_{ipy}^{p}\\ \omega_{ipz}^{p}\end{bmatrix}=\begin{bmatrix}\omega_{iex}^{p}\\ \omega_{iey}^{p}\\ \omega_{iez}^{p}\end{bmatrix}+\begin{bmatrix}\omega_{epx}^{p}\\ \omega_{epy}^{p}\\ \omega_{epz}^{p}\end{bmatrix}$$

$$=\begin{bmatrix}\omega_{iex}^{p}\\ \omega_{iey}^{p}\\ \omega_{iez}^{p}\end{bmatrix}+\begin{bmatrix}\omega_{epx}^{p}\\ \omega_{epy}^{p}\\ 0\end{bmatrix}=\boldsymbol{C}_{e}^{p}\boldsymbol{\omega}_{ie}^{e}+\begin{bmatrix}-\dfrac{1}{\tau_f} & -\dfrac{1}{R_{yp}} & 0\\ \dfrac{1}{R_{xp}} & \dfrac{1}{\tau_f} & 0\\ 0 & 0 & 0\end{bmatrix}\begin{bmatrix}v_{ex}^{p}\\ v_{ey}^{p}\\ 0\end{bmatrix} \tag{2-3-74}$$

式中：R_{xp}、R_{yp} 分别为沿平台 x 轴、y 轴方向的地球参考椭球等效曲率半径；τ_f 为扭曲率。

对比式(2-3-25)的指北方位平台式惯性导航系统的平台指令角速度，自由方位平台式惯性导航系统的平台指令角速度的垂直分量为 0，游移方位平台式惯性导航系统的平台指令角速度的垂直分量为地球自转角速度的垂直分量，均不含纬度 L 的正切函数项，解决了高纬度地区平台施矩过大的问题。

令位置矩阵 $\boldsymbol{C}_{e}^{p}=\begin{bmatrix}c_{11} & c_{12} & c_{13}\\ c_{21} & c_{22} & c_{23}\\ c_{31} & c_{32} & c_{33}\end{bmatrix}$，则 $\boldsymbol{\omega}_{iez}^{p}=[0\quad 0\quad 1]\boldsymbol{C}_{e}^{p}\boldsymbol{\omega}_{ie}^{e}=c_{33}\boldsymbol{\omega}_{ie}$

(2-3-75)

$$\begin{cases}\dfrac{1}{R_{xp}}\approx\dfrac{1}{R_0}(1-fc_{33}^2+2fc_{13}^2)-\dfrac{h}{R_0^2}(1-2fc_{33}^2+4fc_{13}^2)\\ \dfrac{1}{R_{yp}}\approx\dfrac{1}{R_0}(1-fc_{33}^2+2fc_{23}^2)-\dfrac{h}{R_0^2}(1-2fc_{33}^2+4fc_{33}^2)\\ \dfrac{1}{\tau_f}\approx-\dfrac{2fc_{13}c_{23}}{R_0}+\dfrac{4hfc_{13}c_{23}(1+f-2fc_{33}^2)}{R_0^2}\end{cases} \tag{2-3-76}$$

式中:R_0 为地球椭球长半轴;f 为扁率;h 为相对于地球参考椭球表面的高程。

自由方位与游移方位平台式惯性导航系统的速度微分方程:

$$\dot{\boldsymbol{v}}_e^p=\boldsymbol{f}^p-(2\boldsymbol{\omega}_{ie}^p+\boldsymbol{\omega}_{ep}^p)\times\boldsymbol{v}_e^p+\boldsymbol{g}^p=\boldsymbol{f}^p-(2\boldsymbol{C}_e^p\boldsymbol{\omega}_{ie}^e+\boldsymbol{\omega}_{ep}^p)\times\boldsymbol{v}_e^p+\boldsymbol{g}^p \tag{2-3-77}$$

设自由方位与游移方位坐标系的 z 轴垂直向下为正。$\boldsymbol{g}^p=[0\quad 0\quad g]$,重力值 g 为当地纬度和高度的函数。当地纬度 $L=-\arcsin c_{33}$ 可根据垂直方向的速度积分并结合高度通道的阻尼回路计算高度,抑制高度通道误差累积。

根据式(2-3-73)、式(2-3-77),对于自由方位平台式惯性导航系统,有

$$\boldsymbol{\omega}_{ep}^p=\begin{bmatrix}\omega_{epx}^p\\ \omega_{epy}^p\\ \omega_{epz}^p\end{bmatrix}=\begin{bmatrix}-\dfrac{1}{\tau_f} & -\dfrac{1}{R_{yp}} & 0\\ \dfrac{1}{R_{xp}} & \dfrac{1}{\tau_f} & 0\\ 0 & 0 & 1\end{bmatrix}\begin{bmatrix}v_{ex}^p\\ v_{ey}^p\\ -\omega_{iez}^p\end{bmatrix} \tag{2-3-78}$$

根据式(2-3-74)和式(2-3-77),对于游移方位平台式惯性导航系统,有

$$\boldsymbol{\omega}_{ep}^p=\begin{bmatrix}\omega_{epx}^p\\ \omega_{epy}^p\\ \omega_{epz}^p\end{bmatrix}=\begin{bmatrix}-\dfrac{1}{\tau_f} & -\dfrac{1}{R_{yp}} & 0\\ \dfrac{1}{R_{xp}} & \dfrac{1}{\tau_f} & 0\\ 0 & 0 & 0\end{bmatrix}\begin{bmatrix}v_{ex}^p\\ v_{ey}^p\\ 0\end{bmatrix} \tag{2-3-79}$$

自由方位与游移方位平台式惯性导航系统的位置矩阵微分方程:

$$\dot{\boldsymbol{C}}_e^p=-[\boldsymbol{\omega}_{ep}^p\times]\boldsymbol{C}_e^p \tag{2-3-80}$$

自由方位坐标系、游移方位坐标系与指北方位的地理坐标系类似,均为两个坐标轴在当地水平面而另外一个坐标轴与当地垂线方向重合,因此,自由方位与游移方位平台式惯性导航系统高程 h 的计算方法与指北方位平台式惯性导航系统一样。

由地理坐标系绕垂直轴顺时针转动与自由方位坐标系重合,向东偏离真北方向的角度称为自由方位角 α_f;由地理坐标系绕垂直轴顺时针转动与游移方位坐标系重合,向东偏离真北方向的角度称为游移方位角 α。自由方位角 α_f、游移方位角 α 为零时,自由方位坐标系、游移方位坐标系与地理坐标系(北东地坐标系 NED)重合,则对于自由方位坐标系力学编排有

$$\begin{aligned}\boldsymbol{C}_e^p&=\boldsymbol{C}_n^p\boldsymbol{C}_e^n=\begin{bmatrix}\cos\alpha_f & \sin\alpha_f & 0\\ -\sin\alpha_f & \cos\alpha_f & 0\\ 0 & 0 & 1\end{bmatrix}\begin{bmatrix}-\cos\lambda\sin L & -\sin\lambda\sin L & \cos L\\ -\sin\lambda & \cos\lambda & 0\\ -\cos\lambda\cos L & -\sin\lambda\cos L & -\sin L\end{bmatrix}\\ &=\begin{bmatrix}-\cos\alpha_f\cos\lambda\sin L-\sin\alpha_f\sin\lambda & -\cos\alpha_f\sin\lambda\sin L+\sin\alpha_f\cos\lambda & \cos\alpha_f\cos L\\ \sin\alpha_f\cos\lambda\sin L-\cos\alpha_f\sin\lambda & \sin\alpha_f\sin\lambda\sin L+\cos\alpha_f\cos\lambda & -\sin\alpha_f\cos L\\ -\cos\lambda\cos L & -\sin\lambda\cos L & -\sin L\end{bmatrix}\end{aligned} \tag{2-3-81}$$

对于游移方位坐标系力学编排有

$$\boldsymbol{C}_e^p = \boldsymbol{C}_n^p \boldsymbol{C}_e^n = \begin{bmatrix} \cos\alpha & \sin\alpha & 0 \\ -\sin\alpha & \cos\alpha & 0 \\ 0 & 0 & 1 \end{bmatrix} \begin{bmatrix} -\cos\lambda\sin L & -\sin\lambda\sin L & \cos L \\ -\sin\lambda & \cos\lambda & 0 \\ -\cos\lambda\cos L & -\sin\lambda\cos L & -\sin L \end{bmatrix}$$

$$= \begin{bmatrix} -\cos\alpha\cos\lambda\sin L-\sin\alpha\sin\lambda & -\cos\alpha\sin\lambda\sin L+\sin\alpha\cos\lambda & \cos\alpha\cos L \\ \sin\alpha\cos\lambda\sin L-\cos\alpha\sin\lambda & \sin\alpha\sin\lambda\sin L+\cos\alpha\cos\lambda & -\sin\alpha\cos L \\ -\cos\lambda\cos L & -\sin\lambda\cos L & -\sin L \end{bmatrix} \quad (2-3-82)$$

根据位置矩阵 C_e^p 可方便地计算出纬度、经度 λ、自由方位角 α_f 或游移方位角 α：

$$L = -\arcsin c_{33}, \quad \lambda = \arctan 2(-c_{32}, -c_{31}) \quad (2-3-83)$$

$$\alpha_f = \arctan 2(-c_{23}, c_{13}) \text{或} \alpha = \arctan 2(-c_{23}, c_{13}) \quad (2-3-84)$$

注意，纬度 L 的取值范围是[−90°,+90°]，纬度 L 为正值时为北纬，纬度 L 为负值时为南纬。经度 λ 的取值范围是[−180°,+180°]，经度 λ 为正值时为东经，经度 λ 为负值时为西经。自由方位角 α_f 和游移方位角 α 的取值范围是[0°,+360°)。

当纬度 L 接近南北极时，c_{13}、c_{23}、c_{31}、c_{32} 趋近于零，仍会有计算溢出问题。根本原因是在极区用经度表示位置、用真北定义方向的方法失效。

解决途径首先是用其他位置表示方法：

(1) 可用地心直角坐标系表示载体位置。

根据位置矩阵 $\boldsymbol{C}_e^p$ 计算地心直角坐标公式如下。

$$\boldsymbol{r}_e^e = \begin{bmatrix} r_{ex}^e \\ r_{ey}^e \\ r_{ez}^e \end{bmatrix} = \begin{bmatrix} (R_E+h)\cos L\cos\lambda \\ (R_E+h)\sin L\sin\lambda \\ [R_E(1-e^2)+h]\sin L \end{bmatrix} = \begin{bmatrix} -(R_E+h)c_{31} \\ -(R_E+h)c_{32} \\ -[R_E(1-e^2)+h]c_{33} \end{bmatrix} \quad (2-3-85)$$

式中：R_E 为纬度 L 的函数。

(2) 可以在以极点为原点的切平面直角坐标系 n_p 中表示载体位置。

显然该平面与赤道平面平行。以北极地区导航为例，设 n_p 的 x 轴与地心直角坐标系的 x 轴同方向，n_p 的 y 轴、z 轴与地心直角坐标系的 y 轴、z 轴分别平行但方向相反。则载体在切平面直角坐标中的位置表示为

$$\boldsymbol{r}_e^{n_p} = \begin{bmatrix} r_{ex}^{n_p} \\ r_{ey}^{n_p} \\ r_{ez}^{n_p} \end{bmatrix} = \begin{bmatrix} r_{ex}^e \\ -r_{ey}^e \\ -(r_{ez}^e - R_p) \end{bmatrix} = \begin{bmatrix} -(R_E+h)c_{31} \\ (R_E+h)c_{32} \\ [R_E(1-e^2)+h]c_{33}+R_p \end{bmatrix} \quad (2-3-86)$$

式中：R_p 为地球椭球短半轴。

(3) 可基于横向地球坐标系采用横纬度、横经度表示载体位置。

横向地球坐标系的横向赤道平面通过地球的南北极点，如图 2-3-1 所示。

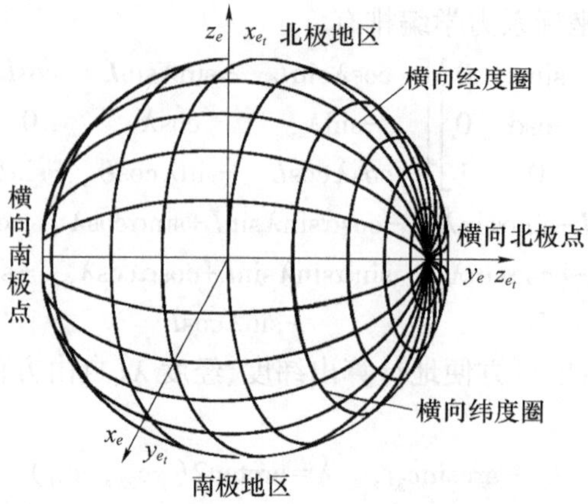

图 2-3-1 横向地球坐标系与横向经纬网格示意图

为方便讨论,如图 2-3-2 所示,以地球坐标系的 z_e 轴作为横向地球坐标系的 x_{e_t} 轴,指向地球北极点。以地球坐标系的 y_e 轴作为横向地球坐标系的 z_{e_t} 轴,该轴作为横向地球极轴,与赤道的交点为横向南北极点。地球坐标系的 x_e 轴作为横向地球坐标系的 y_{e_t} 轴。与横向地球坐标系对应的纬度、经度也称为横纬度、横经度。

则地球北极点的横纬度为 0,横经度也设为 0。

地球坐标系 e 与横向地球坐标系 e_t 之间的方向余弦矩阵为

$$\boldsymbol{C}_e^{e_t}=\begin{bmatrix}0&0&1\\1&0&0\\0&1&0\end{bmatrix} \tag{2-3-87}$$

注意到:

$$\boldsymbol{r}_e^e=\begin{bmatrix}r_{ex}^e\\r_{ey}^e\\r_{ez}^e\end{bmatrix}=\begin{bmatrix}(R_E+h)\cos L\cos\lambda\\(R_E+h)\cos L\sin\lambda\\[R_E(1-e^2)+h]\sin L\end{bmatrix}=\begin{bmatrix}(R_E+h)\cos L_t\sin\lambda_t\\(R_E+h)\sin L_t\\[R_E(1-e^2)+h]\cos L_t\cos\lambda_t\end{bmatrix}=\begin{bmatrix}-(R_E+h)c_{31}\\-(R_E+h)c_{32}\\-[R_E(1-e^2)+h]c_{33}\end{bmatrix} \tag{2-3-88}$$

则在极区的横纬度、横经度计算公式为

$$L_t=-\arcsin(c_{32}),\lambda_t=\arctan(-c_{31},-c_{33}) \tag{2-3-89}$$

横纬度 L_t 的取值范围是[- 90°,+90°],横经度 λ_t 的取值范围是[- 180°,+180°]

在极区,真北方向已经失效,需要定义新的方向基准:

(1) 可采用格网北定义方向。

如可定义零度子午线切线方向为参考格网北方向。

极区的参考格网北方向定义如下:

过载体所在位置点做平行于零度子午圈的平面,该平面与当地水平面的交线即为当地的参考格网北方向，如图 2-3-2 所示，由地理坐标系 n 绕垂直轴顺时针转动与格网坐标系 n_G 重合，向东偏离真北方向的角度称为格网角 σ，当载体在零度子午圈上时，格网北方向与当地真北方向重合。

可在格网坐标系 n_G 中表示载体的姿态和速度。

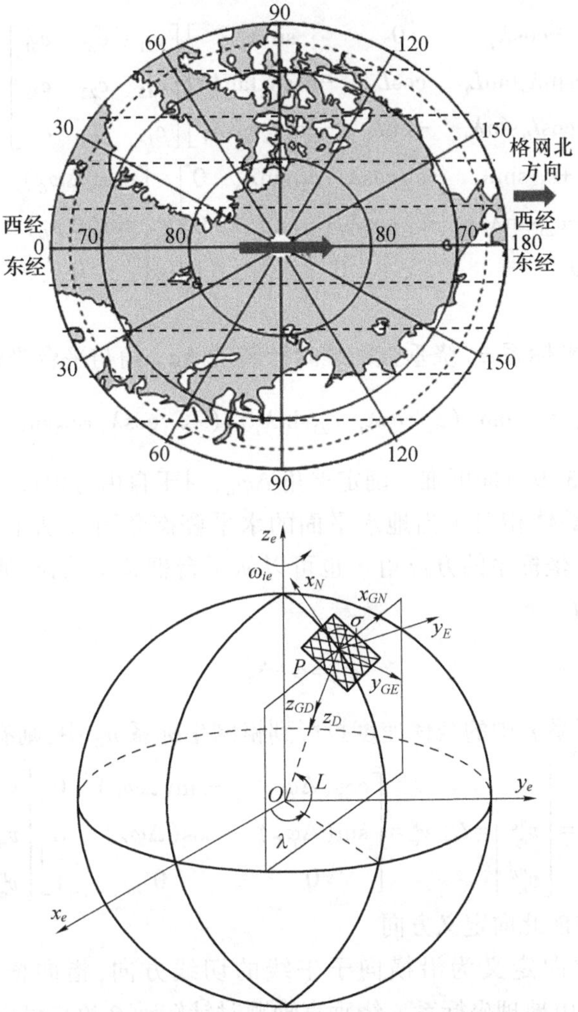

图 2-3-2　北极地区格网坐标系示意图

由格网坐标系的定义可得，地理坐标系到格网坐标系的方向余弦矩阵 $C_n^{n_G}$ 表示为

$$C_n^{n_G}=\begin{bmatrix}\cos\sigma & \sin\sigma & 0\\ -\sin\sigma & \cos\sigma & 0\\ 0 & 0 & 1\end{bmatrix} \tag{2-3-90}$$

其中，

$$\begin{cases}\sin\sigma=\dfrac{\sin L\sin\lambda}{\sqrt{1-\cos^2 L\,\sin^2\lambda}}=\dfrac{\sin L_t\cos\lambda_t}{\sqrt{1-\cos^2 L_t\,\cos^2\lambda_t}}\\ \cos\sigma=\dfrac{\cos\lambda}{\sqrt{1-\cos^2 L\,\sin^2\lambda}}=\dfrac{\sin\lambda_t}{\sqrt{1-\cos^2 L_t\,\cos^2\lambda_t}}\end{cases}\tag{2-3-91}$$

$$\begin{aligned}C_p^{n_G}&=C_e^{n_G}C_p^e=\begin{bmatrix}-\cos\lambda_t & 0 & \sin\lambda_t\\ -\sin\lambda_t\tan L_t & \cos L_t & -\cos\lambda_t\tan L_t\\ -\cos L_t\sin\lambda_t & -\sin L_t & -\cos L_t\cos\lambda_t\end{bmatrix}\begin{bmatrix}c_{11} & c_{21} & c_{31}\\ c_{12} & c_{22} & c_{32}\\ c_{13} & c_{23} & c_{33}\end{bmatrix}\\ &=\begin{bmatrix}-c_{11}\cos\lambda_t+c_{13}\sin\lambda_t & -c_{21}\cos\lambda_t+c_{23}\sin\lambda_t & 0\\ c_{21}\cos\lambda_t-c_{23}\sin\lambda_t & -c_{11}\cos\lambda_t+c_{13}\sin\lambda_t & 0\\ 0 & 0 & 1\end{bmatrix}=\begin{bmatrix}\cos(\Delta\varphi_G) & -\sin(\Delta\varphi_G) & 0\\ \sin(\Delta\varphi_G) & \cos(\Delta\varphi_G) & 0\\ 0 & 0 & 1\end{bmatrix}\end{aligned}\tag{2-3-92}$$

其中,格网坐标系 n_G 绕垂直轴顺时针转动 $\Delta\varphi_G$ 角与平台坐标系 p 重合。

$$\Delta\varphi_G=\arctan[(c_{21}\cos\lambda_t-c_{23}\sin\lambda_t),(-c_{11}\cos\lambda_t+c_{13}\sin\lambda_t)]\tag{2-3-93}$$

根据式(2-3-93)即可唯一确定夹角 $\Delta\varphi_G$,对于自由方位或游移方位平台式惯性导航系统,载体相对于当地水平面的水平姿态角可以从平台框架上读出。载体相对于平台坐标系的方位角 φ 也可以从平台框架上读出,则载体相对于格网北的方位角为

$$\varphi_G=\varphi+\Delta\varphi_G\tag{2-3-94}$$

将平台坐标系 p 中的载体速度投影到格网坐标系 n_G 中,则有

$$\boldsymbol{v}_e^{n_G}=\begin{bmatrix}v_{ex}^{n_G}\\ v_{ey}^{n_G}\\ v_{ez}^{n_G}\end{bmatrix}=C_p^{n_G}\boldsymbol{v}_e^p=\begin{bmatrix}\cos(\Delta\varphi_G) & -\sin(\Delta\varphi_G) & 0\\ \sin(\Delta\varphi_G) & \cos(\Delta\varphi_G) & 0\\ 0 & 0 & 1\end{bmatrix}\begin{bmatrix}v_{ex}^p\\ v_{ey}^p\\ v_{ez}^p\end{bmatrix}\tag{2-3-95}$$

(2) 可采用横北向定义方向。

极区的横北向定义为沿横向子午线的切线方向,指向横向北极点。如图 2-3-3 所示,由地理坐标系 n 绕垂直轴顺时针转动 β 角与横向地理坐标系 n_t 重合。可在横向地理坐标系 n_t 中表示载体的姿态和速度。

由横向地理坐标系的定义可得,地理坐标系到横向地理坐标系的方向余弦矩阵 $C_n^{n_t}$ 表示为

$$C_n^{n_t}=\begin{bmatrix}\cos\beta & \sin\beta & 0\\ -\sin\beta & \cos\beta & 0\\ 0 & 0 & 1\end{bmatrix}\tag{2-3-96}$$

其中,

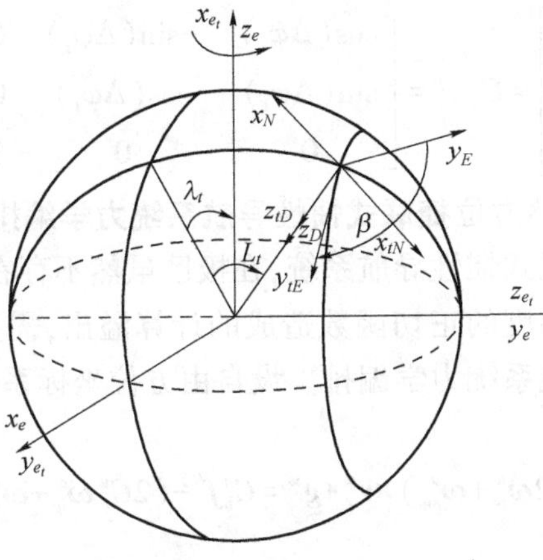

图 2-3-3　横经纬度与横向地理坐标系示意图

$$\begin{cases} \cos\beta = \dfrac{-\sin L\sin\lambda}{\sqrt{1-\cos^2 L\sin^2\lambda}} = \dfrac{-\sin L_t\cos\lambda_t}{\sqrt{1-\cos^2 L_t\cos^2\lambda_t}} \\ \sin\beta = \dfrac{\cos\lambda}{\sqrt{1-\cos^2 L\sin^2\lambda}} = \dfrac{\sin\lambda_t}{\sqrt{1-\cos^2 L_t\cos^2\lambda_t}} \end{cases} \tag{2-3-97}$$

惯性导航平台坐标系 p 到横向地理坐标系 n_t 的方向余弦矩阵为

$$\begin{aligned} \boldsymbol{C}_p^{n_t} = \boldsymbol{C}_e^{n_t}\boldsymbol{C}_p^e &= \begin{bmatrix} -\sin\lambda_t\tan L_t & \cos L_t & -\cos\lambda_t\tan L_t \\ \cos\lambda_t & 0 & -\sin\lambda_t \\ -\cos L_t\sin\lambda_t & -\sin L_t & -\cos L_t\cos\lambda_t \end{bmatrix} \begin{bmatrix} c_{11} & c_{21} & c_{31} \\ c_{12} & c_{22} & c_{32} \\ c_{13} & c_{23} & c_{33} \end{bmatrix} \\ &= \begin{bmatrix} c_{21}\cos\lambda_t - c_{23}\sin\lambda_t & -c_{11}\cos\lambda_t + c_{13}\sin\lambda_t & 0 \\ c_{11}\cos\lambda_t - c_{13}\sin\lambda_t & c_{21}\cos\lambda_t - c_{23}\sin\lambda_t & 0 \\ 0 & 0 & 1 \end{bmatrix} = \begin{bmatrix} \cos(\Delta\varphi_t) & -\sin(\Delta\varphi_t) & 0 \\ \sin(\Delta\varphi_t) & \cos(\Delta\varphi_t) & 0 \\ 0 & 0 & 1 \end{bmatrix} \end{aligned} \tag{2-3-98}$$

其中,横向地理坐标系 n_t 绕垂直轴顺时针转动 $\Delta\varphi_G$ 角与平台坐标系 p 重合。

$$\Delta\varphi_t = \arctan[(c_{11}\cos\lambda_t - c_{13}\sin\lambda_t),(c_{21}\cos\lambda_t - c_{23}\sin\lambda_t)] \tag{2-3-99}$$

根据式(2-3-99)即可唯一确定夹角 $\Delta\varphi_t$,对于自由方位或游移方位平台式惯性导航系统,载体相对于当地水平面的水平姿态角可以从平台框架上读出。载体相对于平台坐标系的方位角 φ 也可以从平台框架上读出,则载体相对于横北向的方位角为

$$\varphi_t = \varphi + \Delta\varphi_t \tag{2-3-100}$$

将平台坐标系 p 中的载体速度投影到横向地理坐标系 n_t 中,则有

$$\boldsymbol{v}_e^{n_t}=\begin{bmatrix}v_{ex}^{n_t}\\v_{ey}^{n_t}\\v_{ez}^{n_t}\end{bmatrix}=\boldsymbol{C}_p^{n_t}\boldsymbol{v}_e^p=\begin{bmatrix}\cos(\Delta\varphi_t)&-\sin(\Delta\varphi_t)&0\\\sin(\Delta\varphi_t)&\cos(\Delta\varphi_t)&0\\0&0&1\end{bmatrix}\begin{bmatrix}v_{ex}^p\\v_{ey}^p\\v_{ez}^p\end{bmatrix}\quad(2-3-101)$$

2. 自由方位与游移方位捷联式惯性导航系统力学编排方程

对于指北方位捷联式惯性导航系统,在极区虽然不存在平台施矩问题,但在姿态计算中也会出现纬度的正切函数造成的计算溢出,需要采用自由方位或游移方位捷联式惯性导航系统力学编排。设自由方位坐标系或游移方位坐标系为 w,速度微分方程为

$$\dot{\boldsymbol{v}}_e^w=C_b^w\boldsymbol{f}^b-(2\boldsymbol{\omega}_{ie}^w+\boldsymbol{\omega}_{ew}^w)\times\boldsymbol{v}_e^w+\boldsymbol{g}^w=C_b^w\boldsymbol{f}^b-(2C_e^w\boldsymbol{\omega}_{ie}^e+\boldsymbol{\omega}_{ew}^w)\times\boldsymbol{v}_e^w+\boldsymbol{g}^w\quad(2-3-102)$$

姿态微分方程为

$$\dot{C}_b^w=C_b^w[\boldsymbol{\omega}_{wb}^b\times]=C_b^w[\boldsymbol{\omega}_{ib}^b\times]-C_b^w[\boldsymbol{\omega}_{iw}^b\times]=C_b^w[\boldsymbol{\omega}_{ib}^b\times]-[\boldsymbol{\omega}_{iw}^w\times]C_b^w\quad(2-3-103)$$

或 $$\dot{\boldsymbol{q}}_b^w=\frac{1}{2}\boldsymbol{q}_b^w\circ\boldsymbol{\omega}_{wb}^b=\frac{1}{2}\boldsymbol{q}_b^w\circ\boldsymbol{\omega}_{ib}^b-\frac{1}{2}\boldsymbol{q}_b^w\circ\boldsymbol{\omega}_{iw}^b=\frac{1}{2}\boldsymbol{q}_b^w\circ\boldsymbol{\omega}_{ib}^b-\frac{1}{2}\boldsymbol{\omega}_{iw}^w\circ\boldsymbol{q}_b^w\quad(2-3-104)$$

其中,自由方位或游移方位捷联式惯性导航系统中,“数学平台”中的坐标系 w,替代了“机械平台”中的坐标系 p。$\boldsymbol{v}_e^w$ 相当于实际惯性导航平台坐标系中的 $\boldsymbol{v}_e^p$,C_e^w、$\boldsymbol{g}^w$、$\boldsymbol{\omega}_{ie}^w$、$\boldsymbol{\omega}_{ew}^w$、$\boldsymbol{\omega}_{iw}^w$ 的计算表达式分别与自由方位或游移方位平台式惯性导航系统中的 C_e^p、$\boldsymbol{g}^p$、$\boldsymbol{\omega}_{ie}^p$、$\boldsymbol{\omega}_{ep}^p$、$\boldsymbol{\omega}_{ip}^p$ 的计算表达式对应相同。

自由方位或游移方位捷联式惯性导航系统中,载体的位置矩阵 $\boldsymbol{C}_e^w$、地心直角坐标系坐标、极点的切平面坐标系坐标、横纬度、横经度以及高程的计算与对应的平台式惯性导航系统完全一致。

载体的水平姿态角、相对于坐标系 w 的方位角 φ 可以根据姿态矩阵 $\boldsymbol{C}_b^w$ 计算得出。

载体相对于格网北的方位角 φ_G 同样可以根据式(2-3-93)、式(2-3-94)计算得到,坐标系 w 中的速度也可以通过式(2-3-95)投影到格网坐标系中。

类似地,载体相对于横北向的方位角 φ_t 同样可以根据式(2-3-99)、式(2-3-100)计算得到,坐标系 w 中的速度也可以通过式(2-3-101)投影到横向地理坐标系中。

随着北极地区航海、航空航线的开辟,极区导航问题日益受到关注,针对具体应用背景,还有其他的极区惯性导航力学编排方式,如直接在格网坐标系或横向地理坐标系力学编排下进行导航。针对极区导航特点,各种力学编排方式解决问题的出发点和思路是类似的。

2.4　捷联惯性导航算法

在捷联惯性导航系统中，为了从陀螺及加速度计提供的惯性测量信息中计算出姿态、速度和位置信息，必须要求解 2.3 节描述的系统姿态、速度和位置微分方程。如果想要在导航计算机上完成导航系统微分方程的实时求解，必须首先对连续形式的微分方程进行离散化，之后用数值积分算法得到导航解算结果。捷联惯性导航解算的任务，就是如何基于输入的陀螺和加速度计测量信息通过解算得到载体的姿态、速度和位置等导航参数。

在捷联惯性导航系统中，导航解算的主要任务包括：根据陀螺测得的角速度或角增量信号计算得到载体姿态（姿态更新）；利用得到的姿态信息将由加速度计测得的比力或比力积分增量信号投影到合适的导航坐标系，然后计算得到载体的速度信息（速度更新）；对速度进行积分得到载体的位置信息（位置更新）。为了保证算法误差相对于由惯性传感器引入的误差可以忽略不计，这三个计算过程必须选择高精度的数值积分算法。为了降低捷联陀螺和加速度计的输出噪声对系统解算精度的影响，并且能够完全利用输出信息，陀螺和加速度计的输出一般采用增量形式，即加速度计输出为比力积分增量，陀螺输出为角增量。在此情况下，姿态解算和导航解算只能通过求解差分方程来完成。在高动态运行或恶劣振动环境下，刚体有限转动的不可交换性将会带来很大的负面效应，如圆锥效应和划摇效应（有时也称划船效应、划桨效应），前者引入姿态解算误差，后者引入速度解算误差，对应的姿态误差补偿方法称为圆锥算法（coning algorithm），速度误差补偿方法称为划摇算法（sculling algorithm）。

2.4.1　姿态更新算法

要实现精确导航，捷联算法精确跟踪载体姿态的能力是决定其导航性能的关键因素。确定姿态的常规方法是欧拉角法、方向余弦矩阵法和四元数法。在捷联式惯性导航解算中，常用的是后两种方法。

2.4.1.1　*方向余弦矩阵算法*

1. 方向余弦矩阵微分方程的求解

根据 2.3.4 节推导的结论，当导航参考坐标系分别取惯性系、地球系、当地水平地理坐标系时，捷联惯性导航方向余弦矩阵姿态微分方程分别为式（2-3-35）、式（2-3-36）和式（2-3-37），根据微分方程的形式，先求解以下形式的微分方程：

$$\dot{\boldsymbol{C}}_b^m = \boldsymbol{C}_b^m[\boldsymbol{\omega}_{mb}^b \times] \tag{2-4-1}$$

设 t 时刻由坐标系 b 至坐标系 m 的方向余弦转换矩阵为 $\boldsymbol{C}_b^m(t)$，则在时间间隔 (t_{k-1}, t_k) 内，经过一次积分，微分方程的解为

$$\boldsymbol{C}_b^m(t_k)=\boldsymbol{C}_b^m(t_{k-1})\exp\int_{t_{k-1}}^{t_k}[\boldsymbol{\omega}_{mb}^b\times]\mathrm{d}t \tag{2-4-2}$$

若在积分时间间隔内,b 系绕固定转轴以角速率 $\boldsymbol{\omega}_{mb}^b$ 旋转,则 b 系到 m 系的旋转矢量可记为 $[\boldsymbol{\sigma}\times]=\int_{t_{k-1}}^{t_k}[\boldsymbol{\omega}_{mb}^b\times]\mathrm{d}t$,且有

$$[\boldsymbol{\sigma}\times]==\begin{bmatrix}0&-\sigma_z&\sigma_y\\\sigma_z&0&-\sigma_x\\-\sigma_y&\sigma_x&0\end{bmatrix}$$

$$[\boldsymbol{\sigma}\times]^2=\begin{bmatrix}-(\sigma_y^2+\sigma_z^2)&\sigma_x\sigma_y&\sigma_x\sigma_z\\\sigma_x\sigma_y&-(\sigma_x^2+\sigma_z^2)&\sigma_y\sigma_z\\\sigma_x\sigma_z&\sigma_y\sigma_z&-(\sigma_x^2+\sigma_y^2)\end{bmatrix}$$

$$[\boldsymbol{\sigma}\times]^3=-(\sigma_x^2+\sigma_y^2+\sigma_z^2)[\boldsymbol{\sigma}\times]$$

$$[\boldsymbol{\sigma}\times]^4=-(\sigma_x^2+\sigma_y^2+\sigma_z^2)[\boldsymbol{\sigma}\times]^2 \tag{2-4-3}$$

则积分项可表示为

$$\begin{aligned}\exp\int_{t_{k-1}}^{t_k}[\boldsymbol{\omega}_{mb}^b\times]\mathrm{d}t&=\boldsymbol{I}+[\boldsymbol{\sigma}\times]+\frac{[\boldsymbol{\sigma}\times]^2}{2!}+\frac{[\boldsymbol{\sigma}\times]^3}{3!}+\frac{[\boldsymbol{\sigma}\times]^4}{4!}\cdots\\&=\boldsymbol{I}+\left[1-\frac{\sigma^2}{3!}+\frac{\sigma^4}{5!}-\cdots\right][\boldsymbol{\sigma}\times]+\\&\quad\left[\frac{1}{2!}-\frac{\sigma^2}{4!}+\frac{\sigma^4}{6!}-\cdots\right][\boldsymbol{\sigma}\times]^2\\&=\boldsymbol{I}+\frac{\sin\sigma}{\sigma}[\boldsymbol{\sigma}\times]+\frac{(1-\cos\sigma)}{\sigma^2}[\boldsymbol{\sigma}\times]^2\end{aligned} \tag{2-4-4}$$

式中

$$\sigma=|\boldsymbol{\sigma}|=\sqrt{\sigma_x^2+\sigma_y^2+\sigma_z^2} \tag{2-4-5}$$

为标量。把结果代入式(2-4-2),得

$$\boldsymbol{C}_b^m(t_k)=\boldsymbol{C}_b^m(t_{k-1})\left\{\boldsymbol{I}+\frac{\sin\sigma}{\sigma}[\boldsymbol{\sigma}\times]+\frac{(1-\cos\sigma)}{\sigma^2}[\boldsymbol{\sigma}\times]^2\right\} \tag{2-4-6}$$

注意式(2-4-6)中旋转矢量 $\boldsymbol{\sigma}$ 的计算。如果旋转角速率 $\boldsymbol{\omega}$ 在积分时间间隔内为定轴转动,则可直接积分得到转动角即为旋转矢量。而实际中转轴和转速往往是随时间变化的,此时旋转矢量 $\boldsymbol{\sigma}$ 则有必要采用式(2-3-58)的旋转矢量微分方程来计算。

在惯性导航系统高速采样条件下,按上式计算方向余弦矩阵包含三角函数,计算量大,耗时长。为了节省计算时间,一般将三角函数展开为泰勒级数,之后舍去高阶项进行近似计算。

2. 方向余弦矩阵的更新

根据式(2-3-26),方向余弦矩阵可表示为

$$\dot{\boldsymbol{C}}_b^m=\boldsymbol{C}_b^m[\boldsymbol{\omega}_{mb}^b\times]=\boldsymbol{C}_b^m[\boldsymbol{\omega}_{ib}^b\times]-[\boldsymbol{\omega}_{im}^m\times]\boldsymbol{C}_b^m \tag{2-4-7}$$

式中:上标 m 代表参考坐标系或导航坐标系,可以为惯性系、地球系、当地水平地理系等;而下标 b 代表载体坐标系。在捷联惯性导航系统中,一般载体旋转角速度 $\boldsymbol{\omega}_{ib}^b$ 要比导航坐标系旋转角速度 $\boldsymbol{\omega}_{im}^m$ 快得多,所以上式第一项需要更高阶的算法,且循环更新率更高。

同时考虑时间间隔(t_{k-1},t_k)内参考坐标系 m 和载体坐标系 b 的旋转,可把 t_k 时刻的方向余弦矩阵分解为

$$\boldsymbol{C}_{b_k}^{m_k}=\boldsymbol{C}_{m_{k-1}}^{m_k}\boldsymbol{C}_{b_{k-1}}^{m_{k-1}}\boldsymbol{C}_{b_k}^{b_{k-1}} \tag{2-4-8}$$

式中:b_k、b_{k-1}分别表示 t_k 时刻和 t_{k-1}时刻 b 系相对于惯性空间的方向;m_k、m_{k-1}分别表示 t_k 时刻和 t_{k-1}时刻 m 系相对于惯性空间的方向。上式表明,t_k 时刻的方向余弦矩阵 $\boldsymbol{C}_{b_k}^{m_k}$可以由 t_{k-1}时刻的方向余弦矩阵 $\boldsymbol{C}_{b_{k-1}}^{m_{k-1}}$经过两项旋转修正而得到。一项为载体坐标系 b 相对于惯性空间从 t_k 时刻到 t_{k-1}时刻的旋转矩阵 $\boldsymbol{C}_{b_k}^{b_{k-1}}$,另一项为参考坐标系或导航坐标系 m 相对于惯性空间从 t_{k-1}时刻到 t_k 时刻的旋转矩阵 $\boldsymbol{C}_{m_{k-1}}^{m_k}$。

1) 载体坐标系旋转的更新

载体坐标系 b 相对惯性空间的旋转角速度为 $\boldsymbol{\omega}_{ib}^b$,矩阵 $\boldsymbol{C}_{b_k}^{b_{k-1}}$可由坐标系 b 从 t_{k-1}时刻到 t_k 时刻的旋转矢量 $\boldsymbol{\sigma}$ 表示为

$$\boldsymbol{C}_{b_k}^{b_{k-1}}=\boldsymbol{I}+\frac{\sin\sigma}{\sigma}[\boldsymbol{\sigma}\times]+\frac{(1-\cos\sigma)}{\sigma^2}[\boldsymbol{\sigma}\times]^2 \tag{2-4-9}$$

式中:旋转矢量 $\boldsymbol{\sigma}$ 可由旋转矢量微分方程式(2-3-58)计算得到,即

$$\dot{\boldsymbol{\sigma}}=\boldsymbol{\omega}_{ib}^b+\frac{1}{2}\boldsymbol{\sigma}\times\boldsymbol{\omega}_{ib}^b+\frac{1}{12}\boldsymbol{\sigma}\times(\boldsymbol{\sigma}\times\boldsymbol{\omega}_{ib}^b) \tag{2-4-10}$$

略去高阶项,可进一步得到近似等式

$$\dot{\boldsymbol{\sigma}}\approx\boldsymbol{\omega}_{ib}^b+\frac{1}{2}\boldsymbol{\alpha}\times\boldsymbol{\omega}_{ib}^b \tag{2-4-11}$$

式中:$\boldsymbol{\alpha}=\int_{t_{k-1}}^{t}\boldsymbol{\omega}_{ib}^b\mathrm{d}\tau$ 表示陀螺从 t_{k-1}到 t_k 输出的角增量之和。实际中陀螺一般采用角增量而不是角速率的形式输出,因此上式直接求解并不方便。把上式对时间积分可得

$$\boldsymbol{\sigma}(t_k)=\boldsymbol{\alpha}(t_k)+\frac{1}{2}\int_{t_{k-1}}^{t_k}\boldsymbol{\alpha}(\tau)\times\boldsymbol{\omega}_{ib}^b\mathrm{d}\tau=\boldsymbol{\alpha}(t_k)+\delta\boldsymbol{\alpha}(t_k) \tag{2-4-12}$$

式(2-4-12)中:第一项 $\boldsymbol{\alpha}(t_k)$为陀螺输出角速度 $\boldsymbol{\omega}_{ib}^b$的积分,可由陀螺组件直接测量得到,为时间间隔$(t_{k-1},t_k)$内的陀螺输出;第二项 $\boldsymbol{\delta}\alpha(t_k)$表示等效转动矢量的修正量,即不可交换误差补偿项。

设时间间隔 $h=t_k-t_{k-1}$,为了计算积分,假设载体角速度 $\boldsymbol{\omega}_{ib}^b(t)$在时间区间内呈线性变化,即

$$\boldsymbol{\omega}_{ib}^{b}(t+\tau)=\boldsymbol{a}+2\boldsymbol{b}\tau \quad (0\leqslant\tau\leqslant h) \tag{2-4-13}$$

对 $\boldsymbol{\sigma}(h)$ 做泰勒级数展开：

$$\boldsymbol{\sigma}(h)=\boldsymbol{\sigma}(0)+h\dot{\boldsymbol{\sigma}}(0)+\frac{h^2}{2!}\ddot{\boldsymbol{\sigma}}(0)+\cdots \tag{2-4-14}$$

通过求解得到等效转动矢量的双子样算法

$$\boldsymbol{\sigma}(h)=\Delta\boldsymbol{\theta}_1+\Delta\boldsymbol{\theta}_2+\frac{2}{3}(\Delta\boldsymbol{\theta}_1\times\Delta\boldsymbol{\theta}_2) \tag{2-4-15}$$

式中：$\Delta\boldsymbol{\theta}_1$、$\Delta\boldsymbol{\theta}_2$ 分别为 $\left[t_{k-1},t_{k-1}+\frac{h}{2}\right]$、$\left[t_{k-1}+\frac{h}{2},t_k\right]$ 时间段内的陀螺输出角增量。

同理，若假设载体角速度 $\boldsymbol{\omega}_{ib}^{b}(t)$ 在时间区间内为常数，则可求得等效转动矢量的单子样算法；假设载体角速度 $\boldsymbol{\omega}_{ib}^{b}(t)$ 在时间区间内为抛物线，则可求得等效转动矢量的三子样算法。

通过上述方法求得等效转动矢量 $\boldsymbol{\sigma}$ 后，代入式(2-4-9)，可得到载体坐标系的方向余弦矩阵，式中系数中的三角函数一般做泰勒展开：

$$\begin{aligned}\frac{\sin\sigma}{\sigma}&=1-\frac{\sigma^2}{3!}+\frac{\sigma^4}{5!}-\cdots\\ \frac{(1-\cos\sigma)}{\sigma^2}&=\frac{1}{2!}-\frac{\sigma^2}{4!}+\frac{\sigma^4}{6!}-\cdots\end{aligned} \tag{2-4-16}$$

取不同的阶次，可构成不同阶的求解算法。如三阶算法为

$$\boldsymbol{C}_{b_k}^{b_{k-1}}=\boldsymbol{I}+\left(1-\frac{\sigma^2}{6}\right)[\boldsymbol{\sigma}\times]+\frac{1}{2}[\boldsymbol{\sigma}\times]^2 \tag{2-4-17}$$

2）导航坐标系旋转的更新

导航坐标系 m 相对惯性空间的旋转角速度为 $\boldsymbol{\omega}_{im}^{m}$，矩阵 $\boldsymbol{C}_{m_{k-1}}^{m_k}$ 可由坐标系 m 从 t_{k-1} 时刻到 t_k 时刻的旋转矢量 $\boldsymbol{\zeta}$ 表示为

$$\boldsymbol{C}_{m_{k-1}}^{m_k}=\boldsymbol{I}-\frac{\sin\zeta}{\zeta}[\boldsymbol{\zeta}\times]+\frac{(1-\cos\zeta)}{\zeta^2}[\boldsymbol{\zeta}\times]^2 \tag{2-4-18}$$

注意，与式(2-4-9)比较，式(2-4-18)第二项符号为负的，这是因为矩阵上下标的时间反向，敏感的旋转方向反相，从而使得该项中的反对称矩阵发生了转置的缘故。

若导航坐标系 m 选择惯性系 i，则旋转角速度 $\boldsymbol{\omega}_{im}^{m}$ 为0；若导航坐标系 m 选择地球系 e，则旋转角速度 $\boldsymbol{\omega}_{ie}^{e}$，为地球自转角速度；若导航坐标系 m 选择当地水平地理坐标系 n，则旋转角速度 $\boldsymbol{\omega}_{in}^{n}=\boldsymbol{\omega}_{ie}^{n}+\boldsymbol{\omega}_{en}^{n}$ 为地球自转角速度和载体在地球上位置变化引起的角速度之和。上述角速度在更新周期(t_{k-1},t_k)内变化很小。因此，可认为 $\boldsymbol{\omega}_{im}^{m}$ 在该时间间隔内近似为常值，则旋转矢量 $\boldsymbol{\zeta}$ 可直接近似为

$$\boldsymbol{\zeta}\approx\int_{t_{k-1}}^{t}\boldsymbol{\omega}_{im}^{m}\mathrm{d}\tau \tag{2-4-19}$$

一般不必用式(2-4-10)的旋转矢量微分方程求解。由于其幅值也为小量，

故式(2-4-18)可简化为二阶形式:

$$C_{m_{k-1}}^{m_k}=I-[\zeta\times]+\frac{1}{2}[\zeta\times]^2 \tag{2-4-20}$$

把式(2-4-20)和式(2-4-17)得到的 $C_{m_{k-1}}^{m_k}$ 和 $C_{b_k}^{b_{k-1}}$ 代入式(2-4-8),即可由上一时刻 t_{k-1} 的方向余弦矩阵 $C_{b_{k-1}}^{m_{k-1}}$ 更新得到当前时刻 t_k 的方向余弦矩阵 $C_{b_k}^{m_k}$。方向余弦矩阵的初值由惯性导航系统的初始对准得到。

3. 方向余弦矩阵的正交校验

在导航计算机中,方向余弦矩阵用的是数值计算方法,其结果可能会产生正交化误差,有必要在姿态更新时对方向余弦矩阵进行正交校验,以保证数值计算精度。方向余弦矩阵是正交矩阵,其所有的行(列)表示单位矢量在正交坐标系的每一根轴上的投影,因此其所有行(列)都是正交的,且每行(列)元素的平方和等于1。正交校验就是为了保证满足这些条件。

方向余弦矩阵第 i 行(列)和第 j 行(列)正交的条件是,它们的点积等于0,即 $C_iC_j^{\mathrm{T}}=0$。实际计算中由于数值截断等原因,往往不一定满足此条件。定义:

$$\Delta_{ij}=C_iC_j^{\mathrm{T}} \tag{2-4-21}$$

式中:Δ_{ij} 为与 C_i 和 C_j 正交的轴的角误差,即两行间的正交性误差。

因为两行中任何一行 C_i 和 C_j 都可能存在误差,实际中可按平等分配的原则对误差进行均匀分配:

$$\begin{aligned}\hat{C}_i&=C_i-\frac{1}{2}\Delta_{ij}C_j\\ \hat{C}_j&=C_j-\frac{1}{2}\Delta_{ij}C_i\end{aligned} \tag{2-4-22}$$

式中:C_i 和 C_j 为修正后的量。

归一化误差可由一行元素的平方和与单位量相比较来确定,即

$$\Delta_{ii}=1-C_iC_i^{\mathrm{T}} \tag{2-4-23}$$

其用下式做修正计算:

$$\hat{C}_i=C_i-\frac{1}{2}\Delta_{ii}C_i \tag{2-4-24}$$

列计算与行计算方法类似。

2.4.1.2 *四元数算法*

1. 四元数微分方程的求解

四元数算法的计算流程与方向余弦矩阵算法基本一致。根据2.3.4节推导的结论,当导航参考坐标系分别取惯性系、地球系、当地水平地理坐标系时,捷联惯性导航四元数微分方程分别为式(2-3-55)、式(2-3-56)和式(2-3-57),根据微分方程的形式,先求解以下形式的微分方程:

$$\dot{q}_b^m=\frac{1}{2}q_b^m\circ\begin{bmatrix}0\\ \omega_{mb}^b\end{bmatrix} \tag{2-4-25}$$

式中:$\begin{bmatrix} 0 \\ \boldsymbol{\omega}_{mb}^{b} \end{bmatrix}$为角速度矢量$\boldsymbol{\omega}_{mb}^{b}$对应的四元数。也可以由四元数计算法则等价为如下形式:

$$\dot{\boldsymbol{q}}_{b}^{m}=\frac{1}{2}[\boldsymbol{\Omega}]\boldsymbol{q}_{b}^{m} \tag{2-4-26}$$

式中

$$[\boldsymbol{\Omega}]=\begin{bmatrix} 0 & -\omega_x & -\omega_y & -\omega_z \\ \omega_x & 0 & \omega_z & -\omega_y \\ \omega_y & -\omega_z & 0 & \omega_x \\ \omega_z & \omega_y & -\omega_x & 0 \end{bmatrix} \tag{2-4-27}$$

为四元数$\begin{bmatrix} 0 \\ -\boldsymbol{\omega}_{mb}^{b} \end{bmatrix}$对应的斜对称矩阵。

设t时刻的旋转四元数为$\boldsymbol{q}_{b}^{m}(t)$,则在时间间隔$(t_{k-1},t_k)$内,经过一次积分,微分方程的解为

$$\boldsymbol{q}_{b}^{m}(t_k)=\exp\left\{\frac{1}{2}\int_{t_{k-1}}^{t_k}[\boldsymbol{\Omega}]\mathrm{d}\tau\right\}\boldsymbol{q}_{b}^{m}(t_{k-1})=\exp\left\{\frac{1}{2}\boldsymbol{\Sigma}\right\}\boldsymbol{q}_{b}^{m}(t_{k-1}) \tag{2-4-28}$$

式中

$$\boldsymbol{\Sigma}=\int_{t_{k-1}}^{t_k}[\boldsymbol{\Omega}]\mathrm{d}\tau=\begin{bmatrix} 0 & -\sigma_x & -\sigma_y & -\sigma_z \\ \sigma_x & 0 & \sigma_z & -\sigma_y \\ \sigma_y & -\sigma_z & 0 & \sigma_x \\ \sigma_z & \sigma_y & -\sigma_x & 0 \end{bmatrix} \tag{2-4-29}$$

且有

$$\begin{aligned} &\boldsymbol{\Sigma}^2=-\sigma^2\mathrm{I} \\ &\boldsymbol{\Sigma}^3=-\sigma^2\boldsymbol{\Sigma} \\ &\boldsymbol{\Sigma}^4=\boldsymbol{\Sigma}^2\cdot\boldsymbol{\Sigma}^2=\sigma^4\boldsymbol{I} \\ &\boldsymbol{\Sigma}^5=\boldsymbol{\Sigma}^4\cdot\boldsymbol{\Sigma}=\sigma^4\boldsymbol{\Sigma} \\ &\cdots \end{aligned} \tag{2-4-30}$$

式中:$\sigma=\sqrt{\sigma_x^2+\sigma_y^2+\sigma_z^2}$,则

$$\exp\left[\frac{1}{2}\boldsymbol{\Sigma}\right]=\boldsymbol{I}+\frac{\boldsymbol{\Sigma}}{2}+\frac{\boldsymbol{\Sigma}^2}{2!}+\frac{\boldsymbol{\Sigma}^3}{3!}+\cdots=\cos\frac{\sigma}{2}\boldsymbol{I}+\frac{\sin(\sigma/2)}{\sigma}\boldsymbol{\Sigma} \tag{2-4-31}$$

代入式(2-4-28),表示为矢量形式,则四元数微分方程的解为

$$\boldsymbol{q}_{b}^{m}(t_k)=\boldsymbol{q}_{b}^{m}(t_{k-1})\circ\begin{bmatrix} \cos\dfrac{\sigma}{2} \\ \dfrac{\sin(\sigma/2)}{\sigma}\boldsymbol{\sigma} \end{bmatrix} \tag{2-4-32}$$

式中：矢量 $\boldsymbol{\sigma}=[\sigma_x \quad \sigma_y \quad \sigma_z]$。根据四元数的定义，上式更新四元数表示绕单位矢量 $\frac{\boldsymbol{\sigma}}{\sigma}$ 旋转，转动角度为 σ 的四元数。注意旋转矢量 $\boldsymbol{\sigma}$ 的计算与方向余弦矩阵中计算类似。如果旋转角速率 $\boldsymbol{\omega}$ 在积分时间间隔内为定轴转动，则可直接积分得到转动角即为旋转矢量。而实际中转轴和转速往往是随时间变化的，此时旋转矢量 $\boldsymbol{\sigma}$ 则有必要采用式(2-3-58)的旋转矢量微分方程来计算。

同方向余弦矩阵的处理方法类似，一般把四元数计算中的三角函数展开为泰勒级数，再舍去高阶项进行近似计算。

2. 姿态四元数的更新

根据式(2-3-38)，代表载体姿态变化的四元数微分方程可表示为

$$\dot{\boldsymbol{q}}_b^m=\frac{1}{2}\boldsymbol{q}_b^m\circ\boldsymbol{\omega}_{mb}^b=\frac{1}{2}\boldsymbol{q}_b^m\circ\boldsymbol{\omega}_{ib}^b-\frac{1}{2}\boldsymbol{q}_b^m\circ\boldsymbol{\omega}_{im}^b=\frac{1}{2}\boldsymbol{q}_b^m\circ\boldsymbol{\omega}_{ib}^b-\frac{1}{2}\boldsymbol{\omega}_{im}^m\circ\boldsymbol{q}_b^m \quad (2-4-33)$$

式中：上标 m 代表参考坐标系或导航坐标系，可以为惯性系、地球系、当地水平地理系等；下标 b 代表载体坐标系。在捷联惯性导航系统中，一般载体旋转角速度 $\boldsymbol{\omega}_{ib}^b$ 要比导航坐标系旋转角速度 $\boldsymbol{\omega}_{im}^m$ 快得多，所以上式第一项需要更高阶的算法，且循环更新率更高。

把 t_k 时刻的四元数分解为

$$\boldsymbol{q}_{b_k}^{m_k}=\boldsymbol{q}_{m_{k-1}}^{m_k}\circ\boldsymbol{q}_{b_{k-1}}^{m_{k-1}}\circ\boldsymbol{q}_{b_k}^{b_{k-1}} \quad (2-4-34)$$

式中：b_k、b_{k-1} 分别为 t_k 时刻和 t_{k-1} 时刻 b 系相对于惯性空间的方向；m_k、m_{k-1} 分别为 t_k 时刻和 t_{k-1} 时刻 m 系相对于惯性空间的方向。上式表明，t_k 时刻的四元数 $\boldsymbol{q}_{b_k}^{m_k}$ 可以由 t_{k-1} 时刻的四元数 $\boldsymbol{q}_{b_{k-1}}^{m_{k-1}}$ 经过两项旋转修正而得到。一项为载体坐标系 b 相对于惯性空间从 t_k 时刻到 t_{k-1} 时刻的旋转四元数 $\boldsymbol{q}_{b_k}^{b_{k-1}}$，另一项为参考坐标系或导航坐标系 m 相对于惯性空间从 t_{k-1} 时刻到 t_k 时刻的旋转四元数 $\boldsymbol{q}_{m_{k-1}}^{m_k}$。

1）载体坐标系旋转的四元数更新

载体坐标系 b 相对惯性空间的旋转角速度为 $\boldsymbol{\omega}_{ib}^b$，四元数 $\boldsymbol{q}_{b_k}^{b_{k-1}}$ 可由坐标系 b 从 t_{k-1} 时刻到 t_k 时刻的旋转矢量 $\boldsymbol{\sigma}$ 表示为

$$\boldsymbol{q}_{b_k}^{b_{k-1}}=\begin{bmatrix}\cos\dfrac{\sigma}{2}\\[2mm] \dfrac{\sin(\sigma/2)}{\sigma}\boldsymbol{\sigma}\end{bmatrix} \quad (2-4-35)$$

式中：旋转矢量 $\boldsymbol{\sigma}$ 与方向余弦算法中类似，可由旋转矢量微分方程式(2-4-10)计算得到。求得等效转动矢量 $\boldsymbol{\sigma}$ 后，代入上式，可得到载体坐标系的旋转四元数，式中的三角函数一般做泰勒展开：

$$\begin{aligned}\cos\frac{\sigma}{2}&=1-\frac{(0.5\sigma)^2}{2!}+\frac{(0.5\sigma)^4}{4!}-\cdots\\ \frac{\sin(\sigma/2)}{\sigma}&=\frac{1}{2}\left[1-\frac{(0.5\sigma)^2}{3!}+\frac{(0.5\sigma)^4}{5!}-\cdots\right]\end{aligned} \quad (2-4-36)$$

取不同的阶次,可构成不同阶的求解算法。如四阶算法为

$$\boldsymbol{q}_{b_k}^{b_{k-1}}=\begin{bmatrix}1-\dfrac{\sigma^2}{8}\\ \left(\dfrac{1}{2}-\dfrac{\sigma^2}{48}\right)\boldsymbol{\sigma}\end{bmatrix} \tag{2-4-37}$$

2) 导航坐标系旋转的四元数更新

导航坐标系 m 相对惯性空间的旋转角速度为 $\boldsymbol{\omega}_{im}^m$,四元数 $\boldsymbol{q}_{m_{k-1}}^{m_k}$ 可由坐标系 m 从 t_{k-1}时刻到 t_k 时刻的旋转矢量 $\boldsymbol{\zeta}$ 表示为

$$\boldsymbol{q}_{m_{k-1}}^{m_k}=\begin{bmatrix}\cos\dfrac{\zeta}{2}\\ -\dfrac{\sin(\zeta/2)}{\zeta}\boldsymbol{\zeta}\end{bmatrix} \tag{2-4-38}$$

同方向余弦矩阵类似,与式(2-4-35)比较,式(2-4-38)第二项符号为负的,这是因为矩阵上下标的时间反向,敏感的旋转方向反相,从而使得该项中的反对称矩阵发生了转置的缘故。

若导航坐标系 m 选择惯性系 i,则旋转角速度 $\boldsymbol{\omega}_{im}^m$ 为0;若导航坐标系 m 选择地球系 e,则旋转角速度 $\boldsymbol{\omega}_{ie}^e$ 为地球自转角速度;若导航坐标系 m 选择当地水平地理坐标系 n,则旋转角速度 $\boldsymbol{\omega}_{in}^n=\boldsymbol{\omega}_{ie}^n+\boldsymbol{\omega}_{en}^n$,为地球自转角速度和载体在地球上位置变化引起的转移角速度之和。上述角速度在更新周期(t_{k-1},t_k)内变化很小。因此,可认为 $\boldsymbol{\omega}_{im}^m$ 在该时间间隔内近似为常值,则旋转矢量 $\boldsymbol{\zeta}$ 可直接近似为

$$\boldsymbol{\zeta}\approx\int_{t_{k-1}}^{t}\boldsymbol{\omega}_{im}^m\,\mathrm{d}\tau \tag{2-4-39}$$

一般不必用旋转矢量微分方程求解。由于其幅值也为小量,故式(2-4-38)可简化为二阶形式:

$$\boldsymbol{q}_{m_{k-1}}^{m_k}=\begin{bmatrix}1-\dfrac{\zeta^2}{8}\\ -\dfrac{\boldsymbol{\zeta}}{2}\end{bmatrix} \tag{2-4-40}$$

把得到的 $\boldsymbol{q}_{m_{k-1}}^{m_k}$ 和 $\boldsymbol{q}_{b_k}^{b_{k-1}}$ 代入式(2-4-34),即可由上一时刻 t_{k-1} 姿态的四元数 $\boldsymbol{q}_{b_{k-1}}^{m_{k-1}}$ 更新得到当前时刻 t_k 的姿态四元数 $\boldsymbol{q}_{b_k}^{m_k}$。四元数的初值由惯性导航系统的初始对准得到,若初始对准得到惯性导航系统的初始姿态的方向余弦矩阵,把方向余弦矩阵转换为对应的四元数即可。

3. 四元数的规范化

表征旋转的四元数应该是规范化四元数,但由于计算过程中的截断误差等因素,四元数计算中会逐渐失去规范特性,因此必须适时对四元数做归一化处

理。四元数 4 个参数的平方和为 1,归一化处理就是保证满足:

$$\hat{q}_i=\frac{q_i}{\sqrt{q_0^2+q_1^2+q_2^2+q_3^2}}\quad(i=0,1,2,3)\tag{2-4-41}$$

其中,$\hat{q}_i$ 为四元数规范化后的值。

2.4.1.3 等效转动矢量的圆锥补偿算法

无论在方向余弦矩阵法还是四元数法中,旋转矢量 $\boldsymbol{\sigma}$ 的计算精度是决定姿态算法精度的一个重要因素。当角速度矢量 $\boldsymbol{\omega}$ 的方向在计算的时间间隔内在空间保持不变时,可直接对 $\boldsymbol{\omega}$ 在该时间间隔内积分即 $\boldsymbol{\sigma}=\int_{t_k}^{t_{k+1}}\boldsymbol{\omega}\mathrm{d}t$,$\boldsymbol{\sigma}$ 是陀螺在时间间隔 t_{k-1} 到 t_k 内的角增量之和。然而,当角速度矢量 $\boldsymbol{\omega}$ 的方向在计算的时间间隔内在空间改变时,直接积分求解旋转角 $\boldsymbol{\sigma}$ 往往不能满足高精度的导航计算要求。这是由于刚体做有限转动时,刚体的空间角位置与旋转次序有关,即存在旋转的不可交换性误差。

其实,理论上即使出现高频角振动时 $\boldsymbol{\omega}$ 方向的空间改变,只要计算频率足够高,也能足够精确地计算载体姿态,但这将给计算机处理器带来极大的负担。采用旋转矢量概念描述姿态变化的补偿算法,能有效补偿姿态运动的不可交换性误差,提高姿态解算精度。等效旋转矢量法在利用角增量计算等效旋转矢量时,对这种不可交换性误差做了适当补偿。

通过假设载体角速度为常值、直线和抛物线等运动,虽可以求得等效转动矢量的值,但由于实际载体角速度的运动并不一定与假设一致,因此求得的算法系数并不能保证姿态算法漂移最小,即不能保证得到的算法系数是最优解,因此有必要研究等效转动矢量的最优解算方法。

对于捷联惯性导航系统的姿态信息更新来说,圆锥运动是其最恶劣的工作环境条件,它会诱发数学平台的严重漂移,所以对旋转矢量算法作优化处理时常以圆锥运动作为环境条件,以求得算法最优解。自 20 世纪 60 年代以来,国外学者就对高精度、高速度的圆锥补偿算法进行了大量研究[5-10]。

1. 圆锥运动下的不可交换性误差

圆锥运动是动态环境下的固有运动,当载体的两个相互垂直的输入轴有同频但不同相位的正弦角振动输入时,与它们垂直的第三轴就会产生锥形运动,这就是圆锥运动,如图 2-4-1 所示。

对于圆锥运动,其转动矢量为

$$\boldsymbol{\varphi}=\begin{bmatrix}0\\a\cos(\Omega t)\\a\sin(\Omega t)\end{bmatrix}\tag{2-4-42}$$

式中:Ω 为圆锥运动频率;a 为圆锥运动幅度。则其对应的姿态四元数为

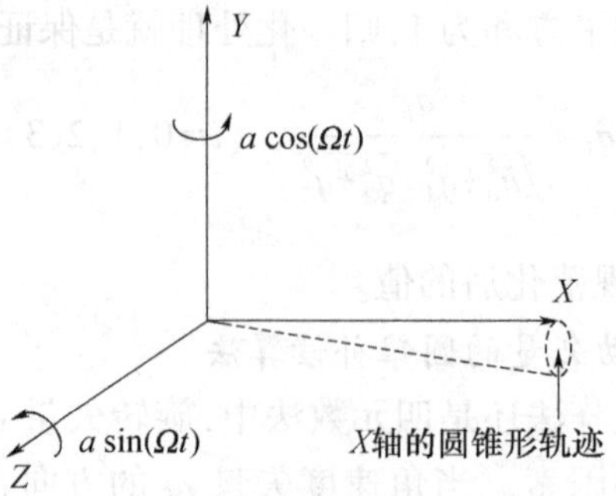

图 2-4-1　圆锥运动示意图

$$\boldsymbol{Q}(t)=\left[\cos\frac{\varphi}{2},\frac{\boldsymbol{\varphi}}{\varphi}\sin\frac{\varphi}{2}\right]'=\begin{bmatrix}\cos\dfrac{a}{2}\\0\\\sin\dfrac{a}{2}\cos(\Omega t)\\\sin\dfrac{a}{2}\sin(\Omega t)\end{bmatrix}\tag{2-4-43}$$

式中：$\varphi=(\boldsymbol{\varphi}^{\mathrm{T}}\cdot\boldsymbol{\varphi})^{1/2}$ 为矢量 $\boldsymbol{\varphi}$ 的模。设圆锥运动在一个姿态更新周期 h 内的更新四元数为 $\boldsymbol{q}(h)$，则时刻 t 到时刻 $t+h$ 之间的姿态四元数有如下关系：

$$\boldsymbol{Q}(t+h)=\boldsymbol{Q}(t)\circ\boldsymbol{q}(h)\tag{2-4-44}$$

可得更新四元数为

$$\boldsymbol{q}(h)=\boldsymbol{Q}(t)^{-1}\circ\boldsymbol{Q}(t+h)=\begin{bmatrix}1-2\left(\sin\dfrac{a}{2}\sin\left(\dfrac{\Omega h}{2}\right)\right)^2\\-\sin^2\dfrac{a}{2}\sin(\Omega h)\\-\sin a\sin\left[\Omega\left(t+\dfrac{h}{2}\right)\right]\sin\left(\dfrac{\Omega h}{2}\right)\\\sin a\cos\left[\Omega\left(t+\dfrac{h}{2}\right)\right]\sin\left(\dfrac{\Omega h}{2}\right)\end{bmatrix}\tag{2-4-45}$$

根据四元数的定义，姿态更新的等效转动矢量 $\boldsymbol{\Phi}$ 与更新四元数 $\boldsymbol{q}(h)$ 有以下关系：

$$\begin{aligned}q_0&=\cos\frac{\phi}{2}\\q_i&=\sin\frac{\phi}{2}\frac{\boldsymbol{\Phi}_i}{\phi}\quad(i=1,2,3)\end{aligned}\tag{2-4-46}$$

式中：ϕ 代表矢量 $\boldsymbol{\Phi}$ 的幅度。一般算法中姿态更新频率很高，可合理假设转动矢量的幅度 ϕ 为小量，有 $\sin(\phi/2)\approx\phi/2$，则

$$\boldsymbol{\Phi}_i=2q_i\quad(i=1,2,3)\tag{2-4-47}$$

可得一个姿态更新周期内的等效转动矢量为

$$\boldsymbol{\Phi}=\begin{bmatrix}-2\sin^2(a/2)\sin(\Omega h)\\-2\sin(a)\sin(\Omega h/2)\sin[\Omega(t+h/2)]\\2\sin(a)\sin(\Omega h/2)\cos[\Omega(t+h/2)]\end{bmatrix}\tag{2-4-48}$$

根据四元数微分方程：

$$\dot{\boldsymbol{Q}}(t)=\frac{1}{2}\boldsymbol{Q}(t)\circ\boldsymbol{\omega}^q(t)\tag{2-4-49}$$

$\boldsymbol{\omega}^q(t)$是体坐标系的角速度向量构造的四元数，则

$$\boldsymbol{\omega}^q(t)=2\boldsymbol{Q}^{-1}(t)\circ\dot{\boldsymbol{Q}}(t)=\begin{bmatrix}0\\-2\Omega\sin^2\dfrac{a}{2}\\-\Omega\sin a\sin(\Omega t)\\\Omega\sin a\cos(\Omega t)\end{bmatrix}\tag{2-4-50}$$

可得，体坐标系的转动角速度矢量为

$$\boldsymbol{\omega}=\begin{bmatrix}-2\Omega\sin^2(a/2)\\-\Omega\sin a\sin(\Omega t)\\\Omega\sin a\cos(\Omega t)\end{bmatrix}\tag{2-4-51}$$

可见，尽管转速 $\boldsymbol{\omega}$ 相对 y 轴和 z 轴是随时间周期振荡的，但在 x 轴却产生了一个常值漂移角速率，其大小与振幅和振动角速率大小有关，相当于圆锥运动产生的等效陀螺漂移。

实际系统中陀螺输出是角增量的量化值，姿态解算过程是一个离散过程。由于刚体的有限转动不是矢量，其转动次序不可交换，因此，姿态解算过程将产生转动的不可交换性误差。

一个姿态更新周期 h 内的陀螺角增量为

$$\Delta\boldsymbol{\theta}=\int_t^{t+h}\boldsymbol{\omega}(\tau)\,\mathrm{d}\tau=\begin{bmatrix}-2\Omega h\sin^2(a/2)\\-2\sin(a)\sin(\Omega h/2)\sin[\Omega(t+h/2)]\\2\sin(a)\sin(\Omega h/2)\cos[\Omega(t+h/2)]\end{bmatrix}\tag{2-4-52}$$

在第 m 个姿态更新周期 t 到 $t+h$ 间，等效转动矢量：

$$\boldsymbol{\Phi}_m=\Delta\boldsymbol{\theta}+\delta\boldsymbol{\Phi}_m\tag{2-4-53}$$

圆锥不可交换性误差为式(2-4-48)的等效转动矢量与式(2-4-52)的角增量之间的差值：

$$\delta\boldsymbol{\Phi}_m=\boldsymbol{\Phi}_m-\Delta\boldsymbol{\theta}=\begin{bmatrix}2\sin^2(a/2)[\Omega h-\sin(\Omega h)]\\0\\0\end{bmatrix}\tag{2-4-54}$$

可以看出,当姿态更新周期 h 很小或圆锥运动频率 Ω 很小时,有 $\Omega h \approx \sin\Omega h$,则圆锥不可交换性误差近似为0。因此,只要提高姿态更新频率就能有效减小不可交换性误差。

2. 不可交换性误差的补偿算法

由捷联系统导航算法的发展历程可知,经过多年的发展,圆锥算法有多种不同的表达形式,但大部分圆锥算法都是基于 Miller 经典算法[5]框架的扩展。在目前的理论研究和工程应用中,Miller 算法成为最常用的圆锥算法。式(2-4-54)得到了圆锥运动下诱发的圆锥不可交换性误差,圆锥算法的目标就是补偿此圆锥不可交换误差,得到尽可能精确的姿态信息。

在早期的姿态算法设计中,为了既减小算法计算量又保证算法精度,一般采用姿态双速算法。即一个四元数更新周期 h 内有多个圆锥补偿周期 T,快速的圆锥补偿频率可以保证算法的动态性能,慢速的四元数更新周期可以有效减小算法计算量。随着计算机技术的飞速发展,在目前的计算机速度下算法计算量已不再是主要问题。因此,为了便于实现,一般直接采用单速算法,四元数更新周期等于圆锥补偿周期,即 $h=T$。

设陀螺信号采样周期为 Δt,则三者关系如图2-4-2所示。

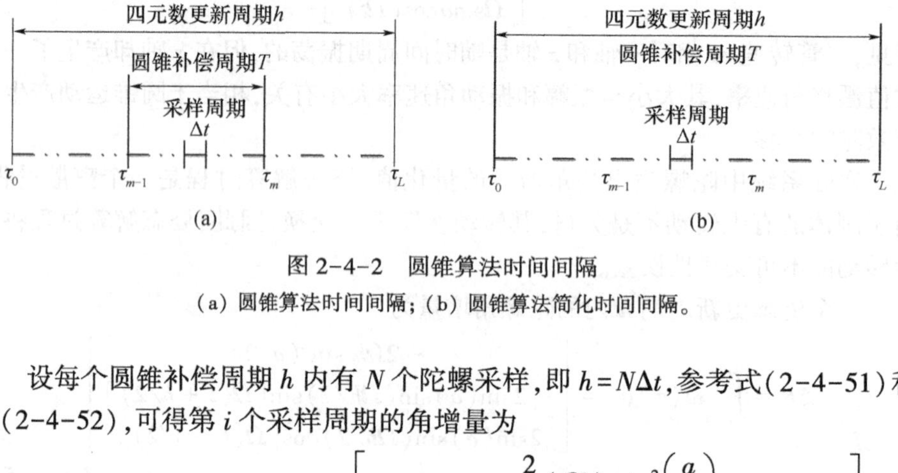

图2-4-2 圆锥算法时间间隔

(a) 圆锥算法时间间隔;(b) 圆锥算法简化时间间隔。

设每个圆锥补偿周期 h 内有 N 个陀螺采样,即 $h=N\Delta t$,参考式(2-4-51)和式(2-4-52),可得第 i 个采样周期的角增量为

$$\Delta\boldsymbol{\theta}(i)=\int_{t+(i-1)h/N}^{t+ih/N}\boldsymbol{\omega}(\tau)\,\mathrm{d}\tau=\begin{bmatrix}-\dfrac{2}{N}(\Omega h)\sin^2\left(\dfrac{a}{2}\right)\\ -2\sin(a)\sin\left(\dfrac{\Omega h}{2N}\right)\sin\left[\Omega\left(t+\dfrac{2i-1}{2N}h\right)\right]\\ 2\sin(a)\sin\left(\dfrac{\Omega h}{2N}\right)\cos\left[\Omega\left(t+\dfrac{2i-1}{2N}h\right)\right]\end{bmatrix} \tag{2-4-55}$$

不同采样周期的叉乘为

$$\boldsymbol{\Delta\theta}(\boldsymbol{i})\times\boldsymbol{\Delta\theta}(\boldsymbol{j})=$$

$$\begin{bmatrix} 4\sin^2(a)\sin^2\left(\dfrac{\Omega h}{2N}\right)\sin\left(\dfrac{j-i}{N}\Omega h\right) \\ -\dfrac{8}{N}(\Omega h)\sin^2\left(\dfrac{a}{2}\right)\sin(a)\sin\left(\dfrac{\Omega h}{2N}\right)\sin\left(\dfrac{j-i}{2N}\Omega h\right)\sin\left[\Omega\left(t+\dfrac{j+i-1}{2N}h\right)\right] \\ \dfrac{8}{N}(\Omega h)\sin^2\left(\dfrac{a}{2}\right)\sin(a)\sin\left(\dfrac{\Omega h}{2N}\right)\sin\left(\dfrac{j-i}{2N}\Omega h\right)\cos\left[\Omega\left(t+\dfrac{j+i-1}{2N}h\right)\right] \end{bmatrix} \tag{2-4-56}$$

设 $\lambda=\Omega\Delta t$,则有

$$\begin{aligned}[\boldsymbol{\Delta\theta}(\boldsymbol{i})\times\boldsymbol{\Delta\theta}(\boldsymbol{j})]_x&=4\sin^2(a)\sin^2(\lambda/2)\sin[(j-i)\lambda]\\&=2\sin^2(a)(1-\cos\lambda)\sin(l\lambda)\end{aligned} \tag{2-4-57}$$

式中:$l=j-i$ 表示两个角增量采样之间的距离。y 轴、z 轴分量是绝对时间 t 的周期函数,不会引起直流漂移,因此圆锥漂移误差主要体现在 x 轴。

可见,角增量叉乘项的 x 轴分量与绝对时间无关,只与两个叉乘项的时间间距 l 的大小有关。若用“间距”表示一个或多个圆锥补偿周期内不同陀螺采样的时间间距,对于标准圆锥运动,只要陀螺采样角增量“间距”相等,则其叉乘结果相等。

利用这个特点,可以得到圆锥补偿量的通式。在第 m 个圆锥补偿周期 h 内,圆锥补偿的估计值为

$$\delta\hat{\boldsymbol{\Phi}}_m=\left[\sum_{j=N-p+1}^{N}k_{2N-j}\boldsymbol{\Delta\theta}_{m-1}(j)+\sum_{i=1}^{N-1}k_{N-i}\boldsymbol{\Delta\theta}_m(i)\right]\times\boldsymbol{\Delta\theta}_m(N) \tag{2-4-58}$$

式中:$\boldsymbol{\Delta\theta}_m(i)$ 为第 m 个圆锥补偿周期的第 i 个角增量输出;$\boldsymbol{\Delta\theta}_{m-1}(j)$ 为第 $m-1$ 个圆锥补偿周期的第 j 个角增量输出;p 为前一圆锥补偿周期的角增量个数;N 为本圆锥补偿周期的角增量个数;k_j 为待求的圆锥算法系数。

把式(2-4-57)代入式(2-4-58)中,只考虑 x 轴漂移分量,可设 a 为小量,得圆锥补偿估计值为

$$\delta\hat{\Phi}_{mx}=2\sin^2(a)(1-\cos\lambda)\sum_{l=1}^{L-1}k_l\sin(l\lambda) \tag{2-4-59}$$

式中:$L=N+p$ 为算法用到的总的角增量个数;k_l 为待求的圆锥补偿算法叉乘项系数。

令圆锥补偿估计值 $\delta\hat{\Phi}_{mx}$ 等于式(2-4-54)待补偿的圆锥不可交换性误差 $\delta\Phi_{mx}$:

$$\delta\Phi_{mx}=\delta\hat{\Phi}_{mx} \tag{2-4-60}$$

即 $$2\sin^2(a/2)[\Omega T-\sin\Omega T]=2\sin^2(a)(1-\cos\lambda)\sum_{l=1}^{L-1}k_l\sin(l\lambda) \tag{2-4-61}$$

可简化为

$$\Omega T-\sin\Omega T=4(1-\cos\lambda)\sum_{l=1}^{L-1}k_l\sin(l\lambda) \tag{2-4-62}$$

这就是圆锥算法的系数计算公式。将等式两边以 λ 作泰勒展开,两边对应项相等,可得到不同子样圆锥算法系数 k_l,代入式(2-4-58)即可得到圆锥算法公式。

在上述算法理论的基础上,也可以考虑利用前一圆锥补偿周期角增量之和的修正项来提高圆锥算法的精度,把其算法与上述算法公式(2-4-58)综合,可得圆锥算法通式如下:

$$\delta\hat{\boldsymbol{\Phi}}_m=G(\boldsymbol{\theta}_{m-1}\times\boldsymbol{\theta}_m)+\left[\sum_{j=n-p+1}^{n}k_{2n-j}\Delta\boldsymbol{\theta}_{m-1}(j)+\sum_{i=1}^{n-1}k_{n-i}\Delta\boldsymbol{\theta}_m(i)\right]\times\Delta\boldsymbol{\theta}_m(N) \tag{2-4-63}$$

式中:G 为前一圆锥补偿周期角增量之和叉乘项的待求系数。由式(2-4-57)很容易得到($\boldsymbol{\theta}_{m-1}\times\boldsymbol{\theta}_m$)的表达式,把式(2-4-63)代入式(2-4-60)推导可得到不同算法子样下的 G 值。

根据算法通式(2-4-63),可把算法分为单周期多子样算法和多周期多子样算法两种。前者指只采用本周期的角增量叉乘项的算法;后者指利用前一周期角增量采样或前一周期角增量采样累加和叉乘项的算法。算法中把本周期的角增量个数定义为算法的子样数。对于式(2-4-63),当 $G=0$ 时,就得到算法式(2-4-58);当 $p=0$ 时,就得到单周期多子样算法。

利用式(2-4-63)可推导得到不同的圆锥补偿算法系数如表2-4-1所列。为了便于区别,把本周期叉乘项系数表示为 $b_i=k_{n-i}$,前一周期叉乘项系数表示为 $a_j=k_{2n-j}$。

表2-4-1 圆锥算法系数

子样	算法	G	a_3	a_2	a_1	b_1	b_2	b_3	误差
二子样	1					$\frac{2}{3}$			5
	2				$-\frac{1}{30}$	$\frac{11}{15}$			7
	3			$\frac{1}{140}$	$-\frac{13}{210}$	$\frac{323}{420}$			9
	4	$-\frac{1}{180}$				$\frac{32}{45}$			7
	5	$\frac{1}{140}$			$-\frac{8}{105}$	$\frac{16}{21}$			9

续表

子样	算法	G	a_3	a_2	a_1	b_1	b_2	b_3	误差
三子样	6					$\frac{9}{20}$	$\frac{27}{20}$		7
	7				$\frac{3}{280}$	$\frac{57}{140}$	$\frac{393}{280}$		9
	8			$-\frac{1}{420}$	$\frac{1}{40}$	$\frac{157}{420}$	$\frac{1207}{840}$		11
	9		$\frac{1}{1848}$	$-\frac{31}{4620}$	$\frac{61}{1540}$	$\frac{1607}{4620}$	$\frac{13487}{9240}$		13
	10	$\frac{1}{3360}$				$\frac{243}{560}$	$\frac{1539}{1120}$		9
	11	$-\frac{1}{4200}$			$\frac{27}{1400}$	$\frac{27}{70}$	$\frac{999}{700}$		11
	12	$\frac{1}{1848}$		$-\frac{3}{385}$	$\frac{117}{3080}$	$\frac{267}{770}$	$\frac{321}{220}$		13
四子样	13					$\frac{54}{105}$	$\frac{92}{105}$	$\frac{214}{105}$	9
	14				$-\frac{1}{315}$	$\frac{168}{315}$	$\frac{262}{315}$	$\frac{656}{315}$	11
	15			$\frac{1}{1386}$	$-\frac{31}{3465}$	$\frac{1277}{2310}$	$\frac{2762}{3465}$	$\frac{7321}{3465}$	13
	16		$-\frac{1}{6006}$	$\frac{43}{18018}$	$-\frac{733}{45045}$	$\frac{5717}{10010}$	$\frac{69337}{90090}$	$\frac{96163}{45045}$	15
	17	$-\frac{1}{69300}$				$\frac{8992}{17325}$	$\frac{14912}{17325}$	$\frac{1696}{825}$	11
	18	$\frac{1}{108108}$			$-\frac{64}{12285}$	$\frac{73312}{135135}$	$\frac{109888}{135135}$	$\frac{283744}{135135}$	13
	19	$-\frac{1}{84084}$		$\frac{8}{4851}$	$-\frac{4336}{315315}$	$\frac{19832}{35035}$	$\frac{34976}{45045}$	$\frac{671536}{315315}$	15

3. 圆锥算法的误差特性

圆锥算法精度的评定方法一种是相对圆锥误差，即采用圆锥补偿后剩余误差与未补偿的全部圆锥误差的百分比来评定圆锥补偿算法的精度。另一种常用的方法是剩余误差，即采用将圆锥运动下第三轴圆锥补偿后剩余误差表示为圆锥补偿周期的幂次的方法，幂次数表示该算法的精度表征数，即“圆锥算法误差”，定义为圆锥补偿后的误差余项：

$$\varepsilon = \delta\Phi_{mx} - \delta\hat{\Phi}_{mx} \tag{2-4-64}$$

算法误差 ε 是圆锥补偿后残余的直流误差量，表示算法精度水平。ε 越小，算法精度越高。把算法系数 k_l 代入式(2-4-63)，可得圆锥算法误差为

$$\varepsilon = \frac{N^{-2L} \times L!}{2^{L+1} \times \prod_{k=1}^{L+1}(2k-1)} a^2 (\Omega T)^{2L+1} \tag{2-4-65}$$

可以看出算法误差主要决定于总的采样个数 L,总采样个数越多,算法误差越小。一般用 λ 的幂次来表示算法精度水平,即

$$\varepsilon = o(\lambda^{2L+1}) \tag{2-4-66}$$

由此可得各不同算法的误差量级见表 2-4-1 所列。可以看出,算法误差量级只与总采样个数 L 有关。

关于圆锥算法的误差特性,文献中已有很多研究,简单总结如下。

圆锥运动的特性有:

(1) 由式(2-4-54)可知,圆锥误差与陀螺信号采样时间间隔 Δt 无关,而仅与姿态更新周期 h 有关,姿态更新率越高,圆锥误差越小。

(2) 由式(2-4-57)可知,具有相等时间间隔的角增量子样的叉乘 $[\Delta\boldsymbol{\theta}(i)\times\Delta\boldsymbol{\theta}(j)]_x$ 结果相等,与绝对时间无关,仅仅与采样频率 Δt 和两者之间的时间间隔$(j-i)$有关。

由式(2-4-65)可知,圆锥算法的误差特性有:

(1) 圆锥算法误差与其利用的总的角增量采样个数 L 有关,采样个数越多,误差越小;采样个数相等,则误差在同一量级。

(2) 圆锥算法误差随着圆锥补偿周期 T 的减小而减小,随着陀螺信号采样率的增加而减小。

可见,在同样的圆锥补偿周期 T 下,对于单周期多子样算法,子样数越多,相当于陀螺信号采样率越高,则圆锥误差越小,圆锥算法精度必然越高;对于相等子样数的算法,利用前一周期角增量或前一周期角增量累加和的算法可以提高算法精度;算法精度取决于所有角增量叉乘项的总个数。只要叉乘项个数相等,则算法具有相等的精度等级。例如表 2-4-1 中算法 2、4 和 6 的采样个数为 2,精度量级都为 7;算法 3、5、7、10 和 13 的采样个数都为 3,精度量级都为 9 等。

2.4.2 速度更新算法

1. 速度微分方程的求解

由 2.3.1 节式(2-3-13)可知,当导航参考坐标系为当地水平地理坐标系 n 时,捷联惯性导航系统的速度微分方程为

$$\dot{\boldsymbol{v}}_o^n = \boldsymbol{f}^n - (2\boldsymbol{\omega}_{ie}^n + \boldsymbol{\omega}_{en}^n) \times \boldsymbol{v}_e^n + \boldsymbol{g}^n \tag{2-4-67}$$

在一个速度更新周期 t_{k-1} 到 t_k 内,速度微分方程的解为

$$\begin{aligned}\boldsymbol{v}_k^n &= \boldsymbol{v}_{k-1}^n + \int_{t_{k-1}}^{t_k} \boldsymbol{f}^n \mathrm{d}t + \int_{t_{k-1}}^{t_k} [\boldsymbol{g}^n - (2\boldsymbol{\omega}_{ie}^n + \boldsymbol{\omega}_{en}^n) \times \boldsymbol{v}_e^n] \mathrm{d}t \\ &= \boldsymbol{v}_{k-1}^n + \Delta\boldsymbol{v}_{sfk} + \Delta\boldsymbol{v}_{g/cork}\end{aligned} \tag{2-4-68}$$

式中:$\boldsymbol{v}_k^n$ 和 $\boldsymbol{v}_{k-1}^n$ 分别为 t_k 时刻和 t_{k-1} 时刻的速度。第二项为比力积分增量

$$\Delta\boldsymbol{v}_{sfk} = \int_{t_{k-1}}^{t_k} \boldsymbol{f}^n \mathrm{d}t \tag{2-4-69}$$

第三项为重力加速度和哥氏加速度积分增量

$$\Delta \boldsymbol{v}_{g/cork} = \int_{t_{k-1}}^{t_k} [\boldsymbol{g}^n - (2\boldsymbol{\omega}_{ie}^n + \boldsymbol{\omega}_{en}^n) \times \boldsymbol{v}_e^n] \mathrm{d}t \tag{2-4-70}$$

通常第三项比第二项变化缓慢，一般可直接采用欧拉积分或梯形积分的一阶算法，即被积函数可以取积分间隔(t_{k-1},t_k)的初值或终点值。而第二项一般必须采用专门的高阶算法。

2. 比力积分增量的计算

同时考虑时间间隔(t_{k-1},t_k)内参考坐标系 n 和载体坐标系 b 的旋转，则比力积分增量可进一步改写为

$$\Delta \boldsymbol{v}_{sfk}^n = \int_{t_{k-1}}^{t_k} \boldsymbol{f}^n \mathrm{d}\tau = \int_{t_{k-1}}^{t_k} \boldsymbol{C}_{b_\tau}^{n_\tau} \boldsymbol{f}^b(\tau) \mathrm{d}\tau = \int_{t_{k-1}}^{t_k} \boldsymbol{C}_{n_{k-1}}^{n_\tau} \boldsymbol{C}_{b_{k-1}}^{n_{k-1}} \boldsymbol{C}_{b_\tau}^{b_{k-1}} \boldsymbol{f}^b(\tau) \mathrm{d}\tau \tag{2-4-71}$$

考虑导航坐标系 n 相对惯性空间的角速度 $\boldsymbol{\omega}_{in}^n$ 一般为缓慢变化的小量，可以将 $\boldsymbol{C}_{n_{k-1}}^{n_\tau}$ 在时间间隔内的变化忽略，于是积分后变为

$$\Delta \boldsymbol{v}_{sfk}^n = \boldsymbol{C}_{n_{k-1}}^{n_k} \boldsymbol{C}_{b_{k-1}}^{n_{k-1}} \int_{t_{k-1}}^{t_k} \boldsymbol{C}_{b_\tau}^{b_{k-1}} \boldsymbol{f}^b(\tau) \mathrm{d}\tau = \boldsymbol{C}_{n_{k-1}}^{n_k} \boldsymbol{C}_{b_{k-1}}^{n_{k-1}} \Delta \boldsymbol{v}_{sfk}^{b_{k-1}} \tag{2-4-72}$$

式中

$$\Delta \boldsymbol{v}_{sfk}^{b_{k-1}} = \int_{t_{k-1}}^{t_k} \boldsymbol{C}_{b_\tau}^{b_{k-1}} \boldsymbol{f}^b(\tau) \mathrm{d}\tau \tag{2-4-73}$$

根据式(2-4-9)，被积函数中矩阵可用等效转动矢量 $\boldsymbol{\sigma}$ 表示为

$$\boldsymbol{C}_{b_k}^{b_{k-1}} = \boldsymbol{I} + \frac{\sin\sigma}{\sigma}[\boldsymbol{\sigma}\times] + \frac{(1-\cos\sigma)}{\sigma^2}[\boldsymbol{\sigma}\times]^2 \tag{2-4-74}$$

取一阶近似，则

$$\begin{aligned}
\Delta \boldsymbol{v}_{sfk}^{b_{k-1}} &= \int_{t_{k-1}}^{t_k} (\boldsymbol{I} + [\boldsymbol{\sigma}\times]) \boldsymbol{f}^b(\tau) \mathrm{d}\tau \\
&= \int_{t_{k-1}}^{t_k} \boldsymbol{f}^b(\tau) \mathrm{d}\tau + \int_{t_{k-1}}^{t_k} \boldsymbol{\sigma} \times \boldsymbol{f}^b(\tau) \mathrm{d}\tau \\
&= \boldsymbol{v}_k + \int_{t_{k-1}}^{t_k} \boldsymbol{\sigma} \times \boldsymbol{f}^b(\tau) \mathrm{d}\tau
\end{aligned} \tag{2-4-75}$$

式中：$\boldsymbol{v}_k = \int_{t_{k-1}}^{t_k} \boldsymbol{f}^b(\tau) \mathrm{d}\tau$。

由于

$$\frac{\mathrm{d}}{\mathrm{d}t}(\boldsymbol{\sigma}\times\boldsymbol{v}) = \boldsymbol{\sigma}\times\dot{\boldsymbol{v}} + \dot{\boldsymbol{\sigma}}\times\boldsymbol{v} \tag{2-4-76}$$

可得

$$\begin{aligned}
\boldsymbol{\sigma}\times\boldsymbol{f}^b &= \boldsymbol{\sigma}\times\dot{\boldsymbol{v}} \\
&= \frac{\mathrm{d}}{\mathrm{d}t}(\boldsymbol{\sigma}\times\boldsymbol{v}) - \dot{\boldsymbol{\sigma}}\times\boldsymbol{v} \\
&= \frac{1}{2}\frac{\mathrm{d}}{\mathrm{d}t}(\boldsymbol{\sigma}\times\boldsymbol{v}) + \frac{1}{2}(\boldsymbol{\sigma}\times\dot{\boldsymbol{v}} + \dot{\boldsymbol{\sigma}}\times\boldsymbol{v}) - \dot{\boldsymbol{\sigma}}\times\boldsymbol{v}
\end{aligned}$$

$$=\frac{1}{2}\frac{\mathrm{d}}{\mathrm{d}t}(\boldsymbol{\sigma}\times\boldsymbol{v})+\frac{1}{2}(\boldsymbol{\sigma}\times\dot{\boldsymbol{v}}-\dot{\boldsymbol{\sigma}}\times\boldsymbol{v})$$

$$=\frac{1}{2}\frac{\mathrm{d}}{\mathrm{d}t}(\boldsymbol{\sigma}\times\boldsymbol{v})+\frac{1}{2}(\boldsymbol{\sigma}\times\boldsymbol{f}^b-\boldsymbol{\omega}^b\times\boldsymbol{v}) \tag{2-4-77}$$

因此,式(2-4-75)可改写为

$$\begin{aligned}\Delta\boldsymbol{v}_{sfk}^{b_{k-1}}&=\boldsymbol{v}_k+\int_{t_{k-1}}^{t_k}\boldsymbol{\sigma}\times\boldsymbol{f}^b(\tau)\mathrm{d}\tau\\&=\boldsymbol{v}_k+\frac{1}{2}(\boldsymbol{\sigma}_k\times\boldsymbol{v}_k)+\frac{1}{2}\int_{t_{k-1}}^{t_k}[\boldsymbol{\sigma}(\tau)\times\boldsymbol{f}^b(\tau)-\boldsymbol{\omega}^b(\tau)\times\boldsymbol{v}(\tau)]\mathrm{d}\tau\end{aligned} \tag{2-4-78}$$

式中:$\boldsymbol{v}_k$ 为在(t_{k-1},t_k)时间段内的常速度增量;$\boldsymbol{\sigma}_k=\int_{t_{k-1}}^{t_k}\boldsymbol{\omega}_{ib}^b\mathrm{d}\tau$ 为在(t_{k-1},t_k)时间段内的角速度增量。

等式右边的第二项为常速度旋转分量

$$\Delta\boldsymbol{V}_{\mathrm{rot}}=\frac{1}{2}(\boldsymbol{\sigma}_k\times\boldsymbol{v}_k) \tag{2-4-79}$$

是由载体的线运动方向在空间旋转引起的,故称为速度的旋转效应补偿项。等式右边的第三项

$$\Delta\boldsymbol{V}_{\mathrm{scul}}=\frac{1}{2}\int_{t_{k-1}}^{t_k}[\boldsymbol{\sigma}(\tau)\times\boldsymbol{f}^b(\tau)-\boldsymbol{\omega}^b(\tau)\times\boldsymbol{v}(\tau)]\mathrm{d}\tau \tag{2-4-80}$$

是速度的动态积分项,也称为划摇效应或划船效应补偿项,因为此项在划摇运动下能得到最大的激励。

由于导航坐标系 n 相对惯性空间的旋转角速度 $\boldsymbol{\omega}_{in}^n$ 很小,故式(2-4-72)中导航参考坐标系旋转校正矩阵 $\boldsymbol{C}_{n_{k-1}}^{n_k}$ 可直接用一阶近似式

$$\boldsymbol{C}_{n_{k-1}}^{n_k}=\boldsymbol{I}-\frac{\sin\zeta}{\zeta}[\boldsymbol{\zeta}\times]+\frac{(1-\cos\zeta)}{\zeta^2}[\boldsymbol{\zeta}\times]^2\approx\boldsymbol{I}-[\boldsymbol{\zeta}\times] \tag{2-4-81}$$

式中:旋转矢量 $\boldsymbol{\zeta}$ 近似为

$$\boldsymbol{\zeta}\approx\int_{t_{k-1}}^{t}\boldsymbol{\omega}_{in}^n\mathrm{d}\tau \tag{2-4-82}$$

实际上,导航坐标系 n 也可以选择为不同的参考坐标系。若导航坐标系 n 选择惯性系 i,则旋转角速度 $\boldsymbol{\omega}_{in}^n$ 为0;若导航坐标系 n 选择地球系 e,则旋转角速度 $\boldsymbol{\omega}_{ie}^e$ 为地球自转角速度;若导航坐标系 n 选择当地水平地理坐标系 n,则旋转角速度 $\boldsymbol{\omega}_{in}^n=\boldsymbol{\omega}_{ie}^n+\boldsymbol{\omega}_{en}^n$,为地球自转角速度和载体在地球上位置变化引起的角速度之和。由于通常 $\boldsymbol{\omega}_{in}^n$ 变化缓慢,一般旋转矢量 $\boldsymbol{\zeta}$ 可直接采用欧拉积分或梯形积分的一阶算法,即被积函数可以取积分间隔(t_{k-1},t_k)的初值或终点值。

3. 划摇补偿算法

自捷联系统的概念提出以来,捷联算法研究主要集中在姿态解算(圆锥算

法)的分析与设计上,而对速度解算(划摇算法)的研究相对较少,这是因为划摇误差对系统精度的影响相对稍小的缘故。实际上,对于运动状态变化剧烈和导航定位精度要求特别高的应用场合,对划摇效应作补偿也是必要的,也就是补偿式(2-4-80)表示的 $\Delta \boldsymbol{v}_{\text{scul}}$ 项。对此,Savage 做了系统研究[8]。Ignagni[6]指出了划摇算法与圆锥算法之间的“等价”性,可以通过简单的数学变换把圆锥算法变成“对偶”的划摇算法。

与圆锥运动的定义类似,定义划摇运动。划摇运动的特征是:相对于两个正交轴的同相角振荡和线振荡运动同时发生。若计算频率太低或不加划摇补偿,这类运动能引入严重的速度漂移误差。设载体作同频同相的角振动和线振动,则载体各轴的角速度和比力为

$$\boldsymbol{\omega}=\begin{bmatrix} b\Omega\cos(\Omega t) \\ 0 \\ 0 \end{bmatrix} \qquad \boldsymbol{f}=\begin{bmatrix} 0 \\ c\sin(\Omega t) \\ 0 \end{bmatrix} \tag{2-4-83}$$

式中:b 和 c 为沿机体系两坐标轴的角振动和线振动幅度;Ω 为角振动频率。则有

$$\Delta\boldsymbol{\theta}(t)=\begin{bmatrix} b\sin(\Omega t) \\ 0 \\ 0 \end{bmatrix} \qquad \Delta\boldsymbol{v}(t)=\begin{bmatrix} 0 \\ -\dfrac{c}{\Omega}\cos(\Omega t) \\ 0 \end{bmatrix} \tag{2-4-84}$$

根据式(2-4-80),在(t_{k-1},t_k)时间段内,可以得到

$$\begin{aligned}\Delta\boldsymbol{V}_{\text{scul}}(t_k) &= \frac{1}{2}\int_{t_{k-1}}^{t_k}\left\{\begin{bmatrix} b\sin(\Omega t) \\ 0 \\ 0 \end{bmatrix}\times\begin{bmatrix} 0 \\ c\sin(\Omega t) \\ 0 \end{bmatrix}+\begin{bmatrix} 0 \\ -\dfrac{c}{\Omega}\cos(\Omega t) \\ 0 \end{bmatrix}\times\begin{bmatrix} b\Omega\cos(\Omega t) \\ 0 \\ 0 \end{bmatrix}\right\}\mathrm{d}t \\ &=\begin{bmatrix} 0 \\ 0 \\ \dfrac{1}{2}bcT \end{bmatrix}\end{aligned} \tag{2-4-85}$$

式(2-4-85)表明:当载体沿纵轴作线振动的同时又沿横轴作同频同相的角振动时,在载体的立轴方向存在速度整流量 $bcT/2$。载体的上述线振动和角振动形式与划船运动类似:一方面桨绕船的侧向轴作周期摇动,另一方面船沿纵轴作间歇性前进,所以称为划摇运动补偿项。

如果载体不存在线振动和角振动,假设只存在常值线加速度和常值角速度,则角增量和速度增量就等于角速度和线速度与时间的乘积,则划摇补偿项为 0。即载体不作线振动和角振动而只做常值运动时,速度计算中的划摇效应补偿为 0。

划摇运动对于划摇算法是最恶劣的运动,可以诱发最大的速度漂移。因此,划摇算法一般是以划摇运动作为输入的运动模型。相对于圆锥算法,划摇算法的研究相对较晚。随着圆锥算法的不断成熟,划摇算法借助圆锥算法的思想,不断得到理论完善。

设系统的时间间隔定义如图2-4-2(b)所示,各相同变量的定义与圆锥算法的推导过程一致。

在划摇运动式(2-4-83)下,根据式(2-4-84),陀螺输出的角度增量$\Delta\theta(t)$和加速度计输出的速度增量$\Delta v(t)$的非0分量分别为

$$[\Delta\boldsymbol{\theta}(t)]_x=\left[\int_{t_{k-1}}^{t}\boldsymbol{\omega}\mathrm{d}t\right]_x=ib(\sin(\Omega t)-\sin(\Omega t_{k-1})) \tag{2-4-86}$$

$$[\Delta\boldsymbol{v}(t)]_y=\left[\int_{t_{k-1}}^{t}\boldsymbol{f}\mathrm{d}t\right]_y=-j\frac{c}{\Omega}(\cos(\Omega t)-\cos(\Omega t_{k-1})) \tag{2-4-87}$$

式中:$\boldsymbol{i}$和$\boldsymbol{j}$为沿载体坐标系相应轴的单位矢量。将式(2-4-87)代入式(2-4-80),得到在划摇运动下划摇效应补偿项的精确值为

$$[\Delta\boldsymbol{V}_{\mathrm{scull}}]_z=\left[\int_{t_{k-1}}^{t_k}\frac{1}{2}[\Delta\boldsymbol{\theta}(t)\times\boldsymbol{f}+\Delta\boldsymbol{V}(t)\times\boldsymbol{\omega}]\mathrm{d}t\right]_z=\frac{bc}{2\Omega}(\Omega T-\sin(\Omega T)) \tag{2-4-88}$$

其中,$T=t_k-t_{k-1}$表示划摇算法更新周期。

与圆锥效应补偿项式(2-4-54)对比,可见划摇补偿和圆锥补偿项形式基本一致。如果划摇算法更新率很高即T很小,则有$\Omega T\approx\sin(\Omega T)$,此时划摇效应接近于0。

上述结果都是基于连续过程推导的,而实际捷联惯性导航系统中的陀螺和加速度计输出是离散的角增量信号和速度增量信号,与圆锥运动下推导圆锥算法的思路类似,可以推导在划摇运动条件下的划摇补偿算法。

则在第m个划摇补偿周期内,有如下性质:

$$[\Delta\boldsymbol{v}_m(k)\times\Delta\boldsymbol{\theta}_m(k+l)]_{\mathrm{rect}}=\boldsymbol{k}\frac{bc}{\Omega}(1-\cos(l\lambda))\sin(l\lambda) \tag{2-4-89}$$

式中:rect为直流分量;k为载体坐标系第三轴的单位向量。与圆锥效应类似,只关心划摇效应的直流漂移项补偿,因此上式只考虑直流分量,忽略与时间有关的交流时变项。

且有性质

$$[\Delta\boldsymbol{v}_m(k)\times\Delta\boldsymbol{\theta}_m(k+l)]_{\mathrm{rect}}=[\Delta\boldsymbol{\theta}_m(k)\times\Delta\boldsymbol{v}_m(k+l)]_{\mathrm{rect}} \tag{2-4-90}$$

划摇补偿估计值的一般形式为

$$\begin{aligned}\Delta\hat{\boldsymbol{V}}_{\mathrm{scul}}=&\left[\sum_{i=N-p+1}^{N}k_{2N-i}\Delta\boldsymbol{\theta}_{m-1}(i)+\sum_{i=1}^{N-1}k_{N-i}\Delta\boldsymbol{\theta}_m(i)\right]\times\Delta\boldsymbol{v}_m(N)+\\&\left[\sum_{i=N-p+1}^{N}k_{2N-i}\Delta\boldsymbol{v}_{m-1}(i)+\sum_{i=1}^{N-1}k_{N-i}\Delta\boldsymbol{v}_m(i)\right]\times\Delta\boldsymbol{\theta}_m(N)\end{aligned} \tag{2-4-91}$$

式中：$\Delta\boldsymbol{\theta}_m(i)$为第 m 个划摇效应补偿周期的第 i 个角增量输出；$\Delta\boldsymbol{\theta}_{m-1}(i)$为第 $m-1$ 个划摇效应补偿周期的第 i 个角增量输出；$\Delta\boldsymbol{v}_m(i)$为第 m 个划摇效应补偿周期的第 i 个速度增量输出；$\Delta\boldsymbol{v}_{m-1}(i)$为第 $m-1$ 个划摇效应补偿周期的第 i 个速度增量输出；p 为利用前一划摇效应补偿周期的数据采样个数；N 为本划摇补偿周期的角增量或速度增量个数。

根据式(2-4-89)、式(2-4-90)，可得到式(2-4-91)的 z 轴分量为

$$[\Delta\hat{\boldsymbol{V}}_{\text{scul}}]_z = 2\frac{bc}{\Omega}(1-\cos\lambda)\sum_{l=1}^{L-1}k_l\sin(l\lambda) \tag{2-4-92}$$

式中：$\lambda=\Omega\Delta t$、$L=N+p$ 为算法用到的总的角增量个数；k_l 为待求的划摇补偿算法叉乘项系数。

令划摇补偿估计值 $\Delta\hat{\boldsymbol{V}}_{\text{scul}}$ 的 z 轴直流分量等于待补偿的划摇效应精确值 $\Delta\boldsymbol{V}_{\text{scul}}$ 的 z 轴直流分量

$$[\Delta\boldsymbol{V}_{\text{scul}}]_z = [\Delta\hat{\boldsymbol{V}}_{\text{scul}}]_z \tag{2-4-93}$$

即

$$\frac{bc}{2\Omega}(\Omega T-\sin(\Omega T)) = 2\frac{bc}{\Omega}(1-\cos\lambda)\sum_{l=1}^{L-1}k_l\sin(l\lambda) \tag{2-4-94}$$

可简化为

$$\Omega T-\sin(\Omega T) = 4(1-\cos\lambda)\sum_{l=1}^{L-1}k_l\sin(l\lambda) \tag{2-4-95}$$

这就是划摇算法的系数计算公式。把等式两边以 λ 做泰勒展开，两边对应项相等，可得到不同子样划摇算法系数 k_l，代入式(2-4-91)，即可得到划摇算法公式。

4. 划摇算法与圆锥算法的对偶关系

由积分关系

$$\begin{aligned}&\int_{t_{k-1}}^{t_k}\frac{1}{2}\{[\Delta\boldsymbol{\theta}(t)+\Delta\boldsymbol{v}(t)]\times[\boldsymbol{\omega}+\boldsymbol{f}]\}\mathrm{d}t=\\&\frac{1}{2}\int_{t_{k-1}}^{t_k}[\Delta\boldsymbol{\theta}(t)\times\boldsymbol{f}(t)+\Delta\boldsymbol{v}(t)\times\boldsymbol{\omega}(t)]\mathrm{d}t+\frac{1}{2}\int_{t_{k-1}}^{t_k}[\Delta\boldsymbol{\theta}(t)\times\boldsymbol{\omega}(t)]\mathrm{d}t+\\&\frac{1}{2}\int_{t_{k-1}}^{t_k}[\Delta\boldsymbol{v}(t)\times\boldsymbol{f}(t)]\mathrm{d}t\end{aligned} \tag{2-4-96}$$

对比式(2-4-80)，可得

$$\begin{aligned}\Delta\boldsymbol{V}_{\text{scul}} &= \int_{t_{k-1}}^{t_k}\frac{1}{2}\{[\Delta\boldsymbol{\theta}(t)+\Delta\boldsymbol{V}(t)]\times[\boldsymbol{\omega}+\boldsymbol{f}]\}\mathrm{d}t-\\&\quad\frac{1}{2}\int_{t_{k-1}}^{t_k}[\Delta\boldsymbol{\theta}(t)\times\boldsymbol{\omega}(t)]\mathrm{d}t-\frac{1}{2}\int_{t_{k-1}}^{t_k}[\Delta\boldsymbol{v}(t)\times\boldsymbol{f}(t)]\mathrm{d}t\\&=\boldsymbol{U}_3-\boldsymbol{U}_1-\boldsymbol{U}_2\end{aligned} \tag{2-4-97}$$

其中,$\boldsymbol{U}_3$、$\boldsymbol{U}_1$、$\boldsymbol{U}_2$ 分别等于从左到右的3个积分项,即

$$\boldsymbol{U}_3=\int_{t_{k-1}}^{t_k}\frac{1}{2}\{[\Delta\boldsymbol{\theta}(t)+\Delta\boldsymbol{v}(t)]\times[\boldsymbol{\omega}+\boldsymbol{f}]\}\mathrm{d}t$$

$$\boldsymbol{U}_1=\frac{1}{2}\int_{t_{k-1}}^{t_k}[\Delta\boldsymbol{\theta}(t)\times\boldsymbol{\omega}(t)]\mathrm{d}t$$

$$\boldsymbol{U}_2=\frac{1}{2}\int_{t_{k-1}}^{t_k}[\Delta\boldsymbol{v}(t)\times\boldsymbol{f}(t)]\mathrm{d}t$$

这就是划摇效应精确值的计算公式。

由

$$[\Delta\boldsymbol{\theta}(t)+\Delta\boldsymbol{v}(t)]=\int_{t_{k-1}}^{t}[\boldsymbol{\omega}+\boldsymbol{f}]\mathrm{d}t \tag{2-4-98}$$

可知,式(2-4-97)右边的三项形式是完全一样的。

可见,式(2-4-97)右边的三项等效于三个圆锥补偿项,因此,划摇误差补偿项的推导与圆锥误差补偿是等价的,可以直接采用圆锥补偿公式对偶得到。由式(2-4-97)可得到划摇补偿的估计值为

$$\Delta\hat{\boldsymbol{V}}_{\mathrm{scul}}=\hat{\boldsymbol{U}}_3-\hat{\boldsymbol{U}}_1-\hat{\boldsymbol{U}}_2 \tag{2-4-99}$$

式中:$\hat{\boldsymbol{U}}_1$ 等于圆锥补偿的估计值,可由式(2-4-59)计算得到。$\hat{\boldsymbol{U}}_3$ 和 $\hat{\boldsymbol{U}}_2$ 不必逐步推导,只需用上述简单的替换即可得到结果:

$$\hat{\boldsymbol{U}}_2=\left[\sum_{i=N-p+1}^{N}k_{2N-i}\Delta\boldsymbol{v}_{m-1}(i)+\sum_{i=1}^{N-1}k_{N-i}\Delta\boldsymbol{v}_m(i)\right]\times\Delta\boldsymbol{v}_m(N) \tag{2-4-100}$$

$$\hat{\boldsymbol{U}}_3=\left[\sum_{i=N-p+1}^{N}k_{2N-i}(\Delta\boldsymbol{\theta}_{m-1}(i)+\Delta\boldsymbol{v}_{m-1}(i))+\sum_{i=1}^{N-1}k_{N-i}(\Delta\boldsymbol{\theta}_m(i)+\Delta\boldsymbol{v}_m(i))\right]\times[\Delta\boldsymbol{\theta}_m(N)+\Delta\boldsymbol{v}_m(N)] \tag{2-4-101}$$

代入式(2-4-99)整理即可得到标准划摇补偿估计值的计算公式(2-4-91)。

例如,由表2-4-1的算法系数和式(2-4-58)可知,单周期三子样的圆锥补偿公式为

$$\delta\hat{\boldsymbol{\Phi}}_m=\left[\frac{9}{20}\Delta\boldsymbol{\theta}_m(1)+\frac{27}{20}\Delta\boldsymbol{\theta}_m(2)\right]\times\Delta\boldsymbol{\theta}_m(3) \tag{2-4-102}$$

用上述代换方法可得到划摇补偿公式为

$$\begin{aligned}\Delta\hat{\boldsymbol{V}}_{\mathrm{scul}}&=\hat{\boldsymbol{U}}_3-\hat{\boldsymbol{U}}_1-\hat{\boldsymbol{U}}_2\\&=\left[\frac{9}{20}[\Delta\boldsymbol{\theta}_m(1)+\Delta\boldsymbol{v}_m(1)]+\frac{27}{20}[\Delta\boldsymbol{\theta}_m(2)+\Delta\boldsymbol{v}_m(2)]\right]\times\\&\quad[\Delta\boldsymbol{\theta}_m(3)+\Delta\boldsymbol{v}_m(3)]-\left[\frac{9}{20}\Delta\boldsymbol{\theta}_m(1)+\frac{27}{20}\Delta\boldsymbol{\theta}_m(2)\right]\times\end{aligned}$$

$$\Delta\boldsymbol{\theta}_m(3)-\left[\frac{9}{20}\Delta\boldsymbol{v}_m(1)+\frac{27}{20}\Delta\boldsymbol{v}_m(2)\right]\times\Delta\boldsymbol{v}_m(3)$$
$$=\left[\frac{9}{20}\Delta\boldsymbol{\theta}_m(1)+\frac{27}{20}\Delta\boldsymbol{\theta}_m(2)\right]\times\Delta\boldsymbol{v}_m(3)+$$
$$\left[\frac{9}{20}\Delta\boldsymbol{v}_m(1)+\frac{27}{20}\Delta\boldsymbol{v}_m(2)\right]\times\Delta\boldsymbol{\theta}_m(3) \quad (2-4-103)$$

与划摇补偿算法公式(2-4-91)对比可知,这就是单周期三子样划摇算法补偿公式。

可见,划摇算法与圆锥算法具有“对偶”性,用圆锥算法的结论可以直接推得划摇算法公式,两者本质上具有“等价”性。实际上,对比划摇算法系数计算公式(2-4-95)和圆锥算法系数计算公式(2-4-62),两者在运动参数一样的情况下,公式是完全相同的。因此,划摇算法系数与圆锥算法系数是相同的。这里仅列出单周期多子样算法的系数见表 2-4-2 所列。

表 2-4-2 划摇算法系数

算法子样	$K1$	$K2$	$K3$	$K4$
2	$\frac{2}{3}$			
3	$\frac{27}{20}$	$\frac{9}{20}$		
4	$\frac{214}{105}$	$\frac{92}{105}$	$\frac{54}{105}$	
5	$\frac{1375}{504}$	$\frac{650}{504}$	$\frac{525}{504}$	$\frac{250}{504}$

5. 划摇算法的误差特性

由划摇算法与圆锥算法的对偶性可以得到,划摇算法式(2-4-91)的系数在同等的信号采样下与圆锥算法系数完全一样,见表 2-4-2 所列。

类似于圆锥误差,此处也采用剩余误差的评定方法,即采用将划摇运动下第三轴划摇补偿后剩余误差表示为划摇补偿周期的幂次的方法,幂次数就表示该算法的精度表征数。即“划摇算法误差”定义为划摇补偿后的误差余项

$$\delta v=[\Delta \boldsymbol{V}_{\text{scul}}-\Delta\hat{\boldsymbol{V}}_{\text{scul}}]_{\text{rect}} \quad (2-4-104)$$

其中,算法误差 δv 是划摇补偿后残余的直流误差量,随时间积累,表示算法精度水平。δv 越小,算法精度越高。把算法系数 k_l 代入式(2-4-104),可得划摇算法误差为

$$\delta v=\frac{N^{-2L}\times L!}{2^{L+1}\times\prod_{k=1}^{L+1}(2k-1)}bc\Omega^{2L}T^{2L+1} \quad (2-4-105)$$

与圆锥误差余项式(2-4-65)相比,仅差了一个 $1/\Omega$,因此两者的误差变化特性基本相同。算法误差主要决定于总的采样个数 L,总采样个数越多,算法误差

越小。

2.4.3 位置更新算法

对速度矢量进行积分即可得到位置矢量,积分方式可以选取矩形积分、梯形积分、辛普森法则或龙格—库塔积分等,由于目前的导航解算更新率较高,一般直接采用梯形积分即可。

在惯性系或地球系等直角坐标系下,位置方程如式(2-3-19),采用梯形积分可得惯性系下的位置

$$\boldsymbol{r}_k^i=\boldsymbol{r}_{k-1}^i+\left(\frac{\boldsymbol{v}_k^i+\boldsymbol{v}_{k-1}^i}{2}\right)T \tag{2-4-106}$$

地球系下的位置

$$\boldsymbol{r}_k^e=\boldsymbol{r}_{k-1}^e+\left(\frac{\boldsymbol{v}_k^e+\boldsymbol{v}_{k-1}^e}{2}\right)T \tag{2-4-107}$$

在地理系下表示如式(2-3-20),采用梯形积分可得

$$\begin{aligned}L_k&=L_{k-1}+\left[\frac{v_N(k)+v_N(k-1)}{2(R_N+h)}\right]T\\\lambda_k&=\lambda_{k-1}+\left[\frac{v_E(k)+v_E(k-1)}{2(R_E+h)\cos L}\right]T\\h_k&=h_{k-1}+\frac{1}{2}[v_D(k)+v_D(k-1)]T\end{aligned} \tag{2-4-108}$$

2.4.4 捷联惯性导航算法的新发展

捷联系统导航算法研究中也涌现了一些新的思路。武元新[9]完善并发展了基于对偶四元数代数的导航算法,揭示了传统算法中圆锥算法和划船算法之间存在对偶性/等价性的根本原因,从理论上证明了在高精度和高动态环境中,对偶四元数算法优于传统导航算法。Soloviev 提出了在频域实现导航算法的思路,测试结果显示频域算法能有效抑制不可交换性误差,改善导航精度。

Savage[7-8]指出,以目前的计算机水平和软件技术,捷联系统导航算法误差应该控制在惯性器件引起的系统误差的5%以内。也就是说,对于目前大多数的捷联系统,相对于惯性器件引起的系统误差,算法误差应该达到可以忽略的水平。

为了减小捷联系统伪圆锥和伪划摇误差的影响,在进行姿态解算和导航解算前通常利用抗混叠滤波器对信号进行滤波,以滤除干扰信号,消除伪圆锥误差和伪划摇误差。而在信号滤波后,滤波器使信号频域特性发生改变,圆锥算法不能达到最优的补偿效果。在机械抖动激光陀螺捷联系统中,常用对陀螺输出信号低通滤波的方法消除抖动偏频,实现抖动解调。经过低通滤波后,虽然抖动偏频被滤除,但处于滤波器通带内的陀螺有效信号的幅频相频特性也不可避免地

发生变化，信号的微小畸变可能引入较大的姿态算法误差，潘献飞[10]研究了机抖激光陀螺捷联惯性导航系统中基于信号频域特性的导航算法优化问题，减小了信号滤波对导航算法精度的影响。

2.5　惯性导航系统误差分析

在导航过程中，希望惯性导航系统能够准确地提供各种导航信息，但是，在实际的惯性导航系统中，由于各种误差的存在以及各种干扰因素的影响，导航信息会带有一定的误差。对惯性导航系统进行误差分析的目的在于研究各种误差源对导航精度的影响。惯性导航系统误差模型也是惯性导航系统误差标定补偿、初始对准以及组合导航的基础。

对于捷联式惯性导航系统，在惯性系、地球系、当地水平地理系、游动方位坐标系、自由方位坐标系下的导航方程，虽然力学编排不同，其误差建模方法、误差特性分析方法仍是类似的。因此本节重点讨论当地水平地理系下捷联惯性导航系统的误差建模和误差特性分析方法。

2.5.1　惯性器件误差模型

1. 惯性导航系统的主要误差因素

惯性系统中既有电子设备，又有机械结构，在外部冲击、振动等力学环境、温度环境、电磁环境的作用下，会产生以下主要误差源。

(1) 陀螺仪和加速度计的测量误差；

(2) 传感器信号处理过程中的转换误差及量化误差；

(3) 安装误差：主要指陀螺仪、加速度计敏感轴在惯性组合或平台台体上安装不准确所引起的误差；

(4) 尺寸效应误差：加速度计敏感元件有一定的尺寸，安装位置受到物理限制，使加速度计组件中三个加速度计相对于理想位置出现物理偏移，其检测到的切向力和向心力被称作“尺寸效应”；

(5) 初始条件误差：主要是指惯性系统进入导航状态之前，初始的经纬度误差以及初始对准结束时存在的姿态方位误差；

(6) 平台式惯性导航系统的惯性平台误差和捷联式惯性导航系统的算法误差，如载体摇摆振动过程中产生的圆锥划摇等造成的动态误差；

(7) 力学编排方程中数学模型的近似，重力异常等因素的影响。

由于捷联式系统中的陀螺仪和加速度计直接固联在载体上，直接承受载体的角运动、线运动和振动冲击的干扰，工作环境差，所以捷联式惯性系统的陀螺仪和加速度计的动态误差要比平台式系统的陀螺仪和加速度计的动态误差大得多，对陀螺仪、加速度计的动态性能及误差建模补偿提出了更高的要求。

陀螺仪和加速度计的测量误差是主要误差源,不同惯性器件工作原理不同,受外部环境影响机理不同,因而表现出不同的误差特性,需要针对惯性器件误差机理进行建模。

2. 典型陀螺仪误差模型

按动量矩形式对陀螺仪可进行如下分类。

(1) 无角动量陀螺:激光陀螺、光纤陀螺和冷原子陀螺等。

(2) 振动陀螺:微机电陀螺(MEMS 陀螺)、压电振动陀螺和半球谐振陀螺等。

(3) 角动量陀螺:单自由度陀螺、典型的有液浮陀螺等;二自由度陀螺,典型的有动力调谐陀螺、挠性陀螺、静电陀螺等。

陀螺仪、加速度计测量值误差通常表示为一阶小量,$\tilde{\boldsymbol{\omega}}_{ib}^{b}=\boldsymbol{\omega}_{ib}^{b}+\delta\boldsymbol{\omega}_{ib}^{b}$,$\tilde{\boldsymbol{f}}^{b}=\boldsymbol{f}^{b}+\delta\boldsymbol{f}^{b}$,为简化公式,将$\tilde{\boldsymbol{\omega}}_{ib}^{b}$、$\boldsymbol{\omega}_{ib}^{b}$、$\delta\boldsymbol{\omega}_{ib}^{b}$简化为$\tilde{\boldsymbol{\omega}}$、$\boldsymbol{\omega}$、$\delta\boldsymbol{\omega}$,将$\tilde{\boldsymbol{f}}^{b}$、$\boldsymbol{f}^{b}$、$\delta\boldsymbol{f}^{b}$简化为$\tilde{\boldsymbol{f}}$、$\boldsymbol{f}$、$\delta\boldsymbol{f}$。

由于各种惯性器件误差机理复杂,工程上一般采用简化的数学模型描述主要误差因素的影响,同时模型参数是否足够稳定,能够通过实验进行标定,是否具有可补偿性,也是需要考虑的因素。模型中参数一般与温度环境相关。以下讨论的是简化的数学模型。

1) 采用3个单自由度液浮陀螺仪的惯性测量组合误差模型

$$\tilde{\boldsymbol{\omega}}=\begin{bmatrix}\tilde{\omega}_x\\ \tilde{\omega}_y\\ \tilde{\omega}_z\end{bmatrix}=\begin{bmatrix}1+S_x & 0 & 0\\ 0 & 1+S_y & 0\\ 0 & 0 & 1+S_z\end{bmatrix}\begin{bmatrix}\omega_x\\ \omega_y\\ \omega_z\end{bmatrix}+\begin{bmatrix}0 & m_{xy} & m_{xz}\\ m_{yx} & 0 & m_{yz}\\ m_{zx} & m_{zy} & 0\end{bmatrix}\begin{bmatrix}\omega_x\\ \omega_y\\ \omega_z\end{bmatrix}+\begin{bmatrix}B_x\\ B_y\\ B_z\end{bmatrix}+$$
$$\begin{bmatrix}B_{gxi} & 0 & B_{gxsz}\\ B_{gysx} & B_{gyi} & 0\\ 0 & B_{gzsy} & B_{gzi}\end{bmatrix}\begin{bmatrix}f_x\\ f_y\\ f_z\end{bmatrix}+\begin{bmatrix}B_{fxz}f_xf_z\\ B_{fyx}f_yf_x\\ B_{fzy}f_zf_y\end{bmatrix}+\begin{bmatrix}n_x\\ n_y\\ n_z\end{bmatrix} \tag{2-5-1}$$

式中:$\boldsymbol{\omega}=\begin{bmatrix}\omega_x\\ \omega_y\\ \omega_z\end{bmatrix}$为3个陀螺沿输入轴的角速率;$\boldsymbol{f}=\begin{bmatrix}f_x\\ f_y\\ f_z\end{bmatrix}$为沿3个陀螺输入轴及自转轴的比力;$B_x$、$B_y$、$B_z$为与比力无关的陀螺漂移参数,$B_{gxi}$、$B_{gyi}$、$B_{gzi}$分别为正比于沿各陀螺输入轴比力的漂移参数,$B_{gxsz}$、$B_{gysx}$、$B_{gzsy}$分别为正比于沿各陀螺自转轴比力的漂移参数,两类误差项统称为不等惯性漂移误差(或质量不平衡漂移误差)。上述模型中陀螺安装方式为:x陀螺自转轴沿z方向,y陀螺自转轴沿x方向,z陀螺自转轴沿y方向;B_{fxz}、B_{fyx}、B_{fzy}分别为正比于沿各陀螺输入轴及自转轴比力乘积的漂移参数,相关误差项称为不等刚性漂移误差(或非等弹性漂移误差);S_x、S_y、S_z分别为3个陀螺的标度因数误差;m_{xy}、m_{xz}、m_{yx}、m_{yz}、m_{zx}、m_{zy}分别为相应的不对准误差参数(或非正交安装误差参数);n_x、n_y、n_z分别为3个陀螺的零均值随机漂移误差项。

国外某型单自由度液浮陀螺仪的典型参数如下:B_x、B_y、B_z:0.05(°)/h;不等惯性漂移误差系数：1(°)/h/g，不等刚性漂移误差系数：1(°)/h/g^2；S_x、S_y、S_z：温度系数 400ppm/℃，高转速下非线性 0.01%~0.1%；带宽：60Hz，最大输入角速率：400(°)/s。

2）采用两个二自由度动力调谐陀螺仪的惯性测量组合误差模型

$$\tilde{\boldsymbol{\omega}}=\begin{bmatrix}\tilde{\omega}_x\\ \tilde{\omega}_y\\ \tilde{\omega}_z\end{bmatrix}=\begin{bmatrix}1+S_x & 0 & 0\\ 0 & 1+S_y & 0\\ 0 & 0 & 1+S_z\end{bmatrix}\begin{bmatrix}\omega_x\\ \omega_y\\ \omega_z\end{bmatrix}+\begin{bmatrix}0 & m_{1y} & m_{1z}\\ m_{1x} & 0 & m_{1z}\\ m_{2x} & m_{2y} & 0\end{bmatrix}\begin{bmatrix}\omega_x\\ \omega_y\\ \omega_z\end{bmatrix}+\begin{bmatrix}B_x\\ B_y\\ B_z\end{bmatrix}+$$
$$\begin{bmatrix}B_{g1x} & B_{g1y} & 0\\ -B_{g1x} & B_{g1y} & 0\\ B_{g2x} & 0 & B_{g2z}\end{bmatrix}\begin{bmatrix}f_x\\ f_y\\ f_z\end{bmatrix}+\begin{bmatrix}B_{f1xz}f_xf_z\\ B_{f1yz}f_yf_z\\ B_{f2zy}f_zf_y\end{bmatrix}+\begin{bmatrix}n_x\\ n_y\\ n_z\end{bmatrix}\tag{2-5-2}$$

其中陀螺 1 的两个敏感轴分别沿 x 轴和 y 轴，自转轴沿 z 轴；陀螺 2 的两个敏感轴分别沿 x 轴和 z 轴，自转轴沿 y 轴。

国外某型动力调谐陀螺仪的典型参数如下：B_x、B_y、B_z：0.05(°)/h；不等惯性漂移误差系数：1(°)/h/g，不等刚性漂移误差系数：0.1(°)/h/g^2；S_x、S_y、S_z：温度系数 400ppm/℃，高转速下非线性 0.01%~0.1%；带宽：100Hz，最大输入角速率：1000(°)/s。

3）采用两个二自由度挠性陀螺仪的惯性测量组合误差模型

挠性陀螺也和动力调谐陀螺一样具有两个敏感轴，误差模型与动力调谐陀螺具有相同形式。

国外某型挠性陀螺仪的典型参数如下：B_x、B_y、B_z：1(°)/h；不等惯性漂移误差系数：1(°)/h/g，不等刚性漂移误差系数：0.05(°)/h/g^2；S_x、S_y、S_z：温度系数 400ppm/℃，高转速下非线性 0.01%~0.1%；带宽：100Hz，最大输入角速率：500(°)/s。

4）振动陀螺、激光陀螺、光纤陀螺惯性测量组合的误差模型

对于振动陀螺（硅微机械陀螺、石英微机械陀螺、压电振动陀螺和半球谐振陀螺等）及激光陀螺、光纤陀螺，一般进行温度误差建模。振动陀螺的力学环境误差机理复杂，工程上一般不采用复杂的力学误差模型进行补偿。对于一般的工程应用，激光陀螺、光纤陀螺也常采用简化的误差模型。具有 3 个陀螺的惯性测量组合误差模型形式如下：

$$\tilde{\boldsymbol{\omega}}=\begin{bmatrix}\tilde{\omega}_x\\ \tilde{\omega}_y\\ \tilde{\omega}_z\end{bmatrix}=\begin{bmatrix}1+S_x & 0 & 0\\ 0 & 1+S_y & 0\\ 0 & 0 & 1+S_z\end{bmatrix}\begin{bmatrix}\omega_x\\ \omega_y\\ \omega_z\end{bmatrix}+$$
$$\begin{bmatrix}0 & m_{xy} & m_{xz}\\ m_{yx} & 0 & m_{yz}\\ m_{zx} & m_{zy} & 0\end{bmatrix}\begin{bmatrix}\omega_x\\ \omega_y\\ \omega_z\end{bmatrix}+\begin{bmatrix}B_x\\ B_y\\ B_z\end{bmatrix}+\begin{bmatrix}n_x\\ n_y\\ n_z\end{bmatrix}\tag{2-5-3}$$

标度因数及漂移误差一般与温度变化有关。

激光陀螺仪的精度覆盖范围较宽。国外激光陀螺仪的典型参数范围如下：

与 g 无关的陀螺漂移(B_x、B_y、B_z)：<0.001~10(°)/h；与 g、g^2 相关的陀螺漂移误差对于大多数应用一般可忽略；标度因数误差：远小于 1~100ppm(对于最大转动角速率)；带宽：200Hz(可以做得非常大)；最大输入角速率：几千度/秒。

光纤陀螺仪精度覆盖范围也较宽，国外某型低精度光纤陀螺仪的典型参数如下：

与 g 无关的陀螺漂移(B_x、B_y、B_z)：0.5(°)/h；与 g 相关的陀螺漂移：1(°)/h/g，与 g^2 相关的陀螺漂移系数：0.1(°)/h/g^2；标度因数误差参数(S_x、S_y、S_z)：0.05~0.5%；带宽：100Hz，最大输入角速率：1000(°)/s。

国外某型高精度光纤陀螺仪的典型参数如下：漂移稳定性：0.0003(°)/h，标度因数误差：0.5ppm。

国外某 MEMS 陀螺的典型参数如下：逐次启动零偏重复性：10(°)/h，单次启动零偏稳定性：3(°)/h。标度因数逐次启动重复性：500ppm，标度因数单次启动稳定性：300ppm。与 g 相关的陀螺漂移：10(°)/h/g。

国外某导航级半球谐振陀螺的典型参数如下：漂移稳定性：0.01(°)/h，标度因数稳定性：小于 1ppm。

静电陀螺仪精度非常高，优于 0.0001(°)/h，高于一般的测试设备精度。冷原子陀螺潜在精度更高，目前还在原理实验阶段，在此不讨论这些陀螺仪的误差模型问题。

3. 典型加速度计误差模型

可以从不同角度对加速度计进行不同分类，如按输出与输入的关系可分为加速度计(输出正比于加速度输入)、积分加速度计(输出正比于加速度输入的积分值)以及二次积分加速度计(输出正比于加速度输入的二次积分值)，也可以按物理原理分类，通常分为摆式和非摆式两类。

典型的摆式加速度计有液浮摆式加速度计、石英挠性加速度计、硅微加速度计和摆式积分加速度计，典型的非摆式加速度计有石英振梁加速度计和静电加速度计等。

惯性测量组合中典型的 3 个石英挠性加速度计组件误差模型为

$$\tilde{\boldsymbol{f}}=\begin{bmatrix}\tilde{f}_x\\ \tilde{f}_y\\ \tilde{f}_z\end{bmatrix}=\begin{bmatrix}1+k_{1x} & 0 & 0\\ 0 & 1+k_{1y} & 0\\ 0 & 0 & 1+k_{1z}\end{bmatrix}\begin{bmatrix}f_x\\ f_y\\ f_z\end{bmatrix}+\begin{bmatrix}0 & k_{xy} & k_{xz}\\ k_{yx} & 0 & k_{yz}\\ k_{zx} & k_{zy} & 0\end{bmatrix}\begin{bmatrix}f_x\\ f_y\\ f_z\end{bmatrix}+\begin{bmatrix}k_{0x}\\ k_{0y}\\ k_{0z}\end{bmatrix}+$$

$$\begin{bmatrix}k_{2x} & 0 & 0\\ 0 & k_{2y} & 0\\ 0 & 0 & k_{2z}\end{bmatrix}\begin{bmatrix}f_x^2\\ f_y^2\\ f_z^2\end{bmatrix}+\begin{bmatrix}k_{fxy} & 0 & k_{fxz}\\ k_{fyx} & k_{fyz} & 0\\ 0 & k_{fzy} & k_{fzx}\end{bmatrix}\begin{bmatrix}f_xf_y\\ f_yf_z\\ f_zf_x\end{bmatrix}+\begin{bmatrix}n_{fx}\\ n_{fy}\\ n_{fz}\end{bmatrix}\tag{2-5-4}$$

式中：k_{2x}、k_{2y}、k_{2z} 为加速度计二次项误差系数，单位为($1/g_0$)；k_{fxy}、k_{fxz}、k_{fyx}、k_{fyz}、

k_{fzy}、k_{fzx}为交叉耦合项，单位为$(1/g_0)$；k_{0x}、k_{0y}、k_{0z}为加速度计零偏，单位为 g_0；k_{1x}、k_{1y}、k_{1z}为加速度计标度因数误差，实际上还应包括标度因数正负不对称误差；k_{xy}、k_{xz}、k_{yx}、k_{yz}、k_{zy}、k_{zx}为安装误差角，单位为 rad；f_x、f_y、f_z 为真实比力，$\tilde{f}_x$、$\tilde{f}_y$、$\tilde{f}_z$为测量比力，单位为 g_0。

误差模型参数一般与温度变化有关。

4. 陀螺仪、加速度计随机误差的数学模型

陀螺仪、加速度计的随机误差除白噪声外，重要的是有色噪声，包括随机常数、随机斜坡、随机游走和马尔可夫过程（指数相关的随机过程）。

1）随机常数

陀螺仪、加速度计的逐次启动漂移就属于随机常数。一个连续的随机常数可表示为

$$\dot{x}=0 \tag{2-5-5}$$

相应的离散模型为

$$x(k+1)=x(k) \tag{2-5-6}$$

随机常数表示初始条件是一个随机值，相当于一个设有输入但随机初值的积分器的输出，见图 2-5-1(a)。

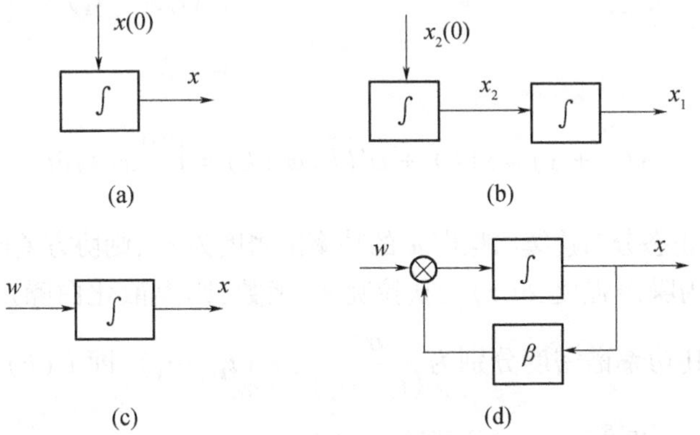

图 2-5-1　有色噪声框图

(a) 随机常数；(b) 随机斜坡；(c) 随机游走；(d) 马尔可夫过程。

通常可将随机常数描述为符合正态分布，用均值和方差确定其统计特性。

随机常数是平稳随机过程，但时间平均不等于总体平均，不是各态历经的随机过程。

2）随机斜坡

随机过程随时间线性增长，其增长的斜率是一个具有一定概率分布的随机常值。随机斜坡可用下列方程描述：

$$\begin{cases}\dot{x}_1=x_2\\ \dot{x}_2=0\end{cases} \tag{2-5-7}$$

相应的离散方程为

$$x_1(k+1)=x_1(k)+x_2(k)(t_{k+1}-t_k),x_2(k+1)=x_2(k) \tag{2-5-8}$$

随机斜坡的框图见图2-5-1(b)

通常可将随机斜坡的随机常值斜率描述为符合正态分布,用均值和方差确定随机常值斜率统计特性,从而确定随机斜坡的统计特性,随机斜坡是非平稳随机过程。

3) 随机游走

一个白噪声过程通过一个积分器,则积分器的输出是一个有色噪声过程,称为随机游走,见图2-5-1(c)。如果白噪声具有零均值且是正态分布的,则积分器的输出称为维纳过程。

随机游走可表示为

$$\dot{x}=w \tag{2-5-9}$$

其离散形式为

$$x(k+1)=x(k)+w(k)(t_{k+1}-t_k)w(k)=\frac{1}{(t_{k+1}-t_k)}\int_{t_k}^{t_{k+1}}w(t)\mathrm{d}t \tag{2-5-10}$$

或

$$x(k+1)=x(k)+w'(k)w'(k)=\int_{t_k}^{t_{k+1}}w(t)\mathrm{d}t \tag{2-5-11}$$

若零均值正态分布连续白噪声 w 的功率谱密度为 σ^2,则协方差函数为 $\sigma^2\delta(\tau)$,在此 σ^2 又称为噪声强度,$\delta(\tau)$ 为狄拉克 δ-函数,则离散化白噪声 $w(k)$、$w'(k)$ 也是零均值,其功率谱密度分别为 $\frac{\sigma^2}{(t_{k+1}-t_k)}$、$\sigma^2(t_{k+1}-t_k)$,即 $w(k)$、$w'(k)$ 的协方差函数分别为:$\frac{\sigma^2\delta_{ij}}{(t_{k+1}-t_k)}$、$\sigma^2(t_{k+1}-t_k)\delta_{ij}$,$\delta_{ij}$ 为狄拉克 δ-函数。

积分得到的随机游走 x 也是零均值的,方差为 σ^2t,离散形式的 $x(k)$ 为零均值,方差为 σ^2t_k,即随机游走的方差随时间线性增长,在此 σ^2 也称为随机游走系数。

σ^2 从不同的分析角度分别称为功率谱密度、噪声强度、随机游走系数,采用国际单位制时是一样的,采用非国际单位制时可以进行转换。

除了陀螺仪、加速度计本身的角速率随机游走、比力随机游走外,陀螺仪、加速度计输出的白噪声经过时间积分就分别成为角度随机游走、线速度随机游走。

4）一阶马尔可夫过程

一阶马尔可夫过程是指数相关的随机过程，其相关函数为

$$R(\tau)=\sigma^2 e^{-\beta\tau} \tag{2-5-12}$$

式中：σ^2 为随机过程的方差；$1/\beta$ 为过程的相关时间。这种指数相关的随机过程可以用由白噪声输入的线性系统输出来表示，其框图见图 2-5-1(d)。

一阶马尔可夫过程可表示为

$$\dot{x}=-\beta x+w \tag{2-5-13}$$

其离散形式为

$$x(k+1)=e^{-\beta\tau}x(k)+w(k)(t_{k+1}-t_k) \tag{2-5-14}$$

$$\tau=t_{k+1}-t_k, w(k)=\frac{1}{(t_{k+1}-t_k)}\int_{t_k}^{t_{k+1}} e^{-\beta(t_{k+1}-\tau)}w(\tau)d\tau \tag{2-5-15}$$

$$\text{或 } x(k+1)=e^{-\beta\tau}x(k)+w'(k) \tag{2-5-16}$$

$$w'(k)=\int_{t_k}^{t_{k+1}} e^{-\beta(t_{k+1}-\tau)}w(\tau)d\tau \tag{2-5-17}$$

若零均值正态分布连续白噪声 w 的功率谱密度为 σ^2，则离散化后的白噪声 $w(k)$、$w'(k)$ 功率谱密度分别为 $\frac{\sigma^2}{2\beta(t_{k+1}-t_k)^2}[1-e^{-2\beta(t_{k+1}-t_k)}]$、$\frac{\sigma^2}{2\beta}[1-e^{-2\beta(t_{k+1}-t_k)}]$，即 $w(k)$、$w'(k)$ 的协方差函数分别为：$\frac{\sigma^2\delta_{ij}}{2\beta(t_{k+1}-t_k)^2}[1-e^{-2\beta(t_{k+1}-t_k)}]$、$\frac{\sigma^2\delta_{ij}}{2\beta}[1-e^{-2\beta(t_{k+1}-t_k)}]$，$\delta_{ij}$ 为狄拉克 δ-函数。

显然，当 $\beta=0$ 时，一阶马尔可夫过程就退化为随机游走过程。

陀螺漂移的随机模型，通常由几种随机过程组合而成。当然，陀螺类型不同，其随机漂移的模型也不同。陀螺随机漂移的建模工作，是惯性技术领域中一个重要的课题。在进行一般分析时，对刚体转系陀螺仪，可以认为其随机漂移模型是由白噪声、随机常数和一阶马尔可夫过程的组合，二频机抖激光陀螺随机漂移误差一般认为主要是动态锁区引起的随机游走。

对摆式加速度计，其随机误差模型和刚体转系陀螺仪随机漂移模型类似。通常考虑为随机常数和一阶马尔可夫过程的组合。陀螺、加速度计随机误差的数学模型和其内部误差机理密切相关。

5. Allan 方差法

对于这些随机误差，利用常规的分析方法，例如计算样本均值和方差，并不能揭示出潜在的误差源。另外，虽然自相关函数和功率谱密度函数分别从时域和频域描述了随机误差的统计特性，但是在实际工作中通过对自相关函数和功率谱密度函数加以分析将随机误差分离出来是很困难的。

Allan 方差法最初是由美国国家标准局的 David Allan 为研究振荡稳定性建立起来的一种基于时域的分析方法，既可以作为单独的数据分析方法，也可以作

为频域分析技术的补充。它是 IEEE 公认的陀螺参数分析的标准方法，不仅适用于分析陀螺的误差特性，而且也适用于任何精密仪器的噪声研究。这种方法的突出特点是利用它能非常容易地对各种类型的误差源和整个噪声统计特性进行细致的表征与辨识，从而确定产生数据噪声的基本随机过程的特性，同时，也可以用于分析识别给定噪声项的来源。下面采用这种方法分析激光陀螺的随机误差，根据噪声的 Allan 方差与功率谱密度之间的定量关系，在时域上直接从陀螺的输出数据得到陀螺中各种误差源的类型和幅度。

设陀螺信号的采样周期为 T_s，共采集了 N 个点，将整个采样数据分为 I 个组，每个组有 L 个采样点，$1 \leqslant L \leqslant \frac{N}{2}$，有 $I=\frac{N}{L}$，则每一组的平均角速度值的计算公式为

$$\overline{\omega}_j(L) = \frac{1}{L}\sum_{i=1}^{L}\omega_{i+(j-1)L} \quad (j = 1,2,\cdots,I) \tag{2-5-18}$$

每一组的相关时间

$$\tau = L \times T_s \tag{2-5-19}$$

Allan 方差定义为

$$\sigma^2(\tau) = \frac{1}{2} < (\overline{\omega}_{j+1}(L) - \overline{\omega}_j(L))^2 > \cong \frac{1}{2(I-1)}\sum_{j=1}^{I-1}(\overline{\omega}_{j+1}(L) - \overline{\omega}_j(L))^2 \tag{2-5-20}$$

其中，<>表示总体平均。

若陀螺直接输出的是角度测量值，即

$$\theta(t) = \int \omega(t')\mathrm{d}t' \tag{2-5-21}$$

设采样时间为 τ_0，则角度测量值是在离散时刻 $t_k = k\tau_0 (k=1,2,\cdots,N)$ 上进行的，简记为 $\theta_k = \theta(k\tau_0)$。时刻 t_k 与 $t_k+\tau$ 间的平均角速率为

$$\overline{w}_k(\tau) = \frac{\vartheta_{k+m} - \theta_k}{\tau} \tag{2-5-22}$$

式中：$\tau = m\tau_0$。由角度测量值定义的 Allan 方差为

$$\sigma^2(\tau) = \frac{1}{2} < (\overline{\omega}_{k+1}(L) - \overline{\omega}_k(L))^2 > \cong \frac{1}{2\tau^2} < (\theta_{k+2L} - 2\theta_{k+L} + \theta_k)^2 > \tag{2-5-23}$$

Allan 方差的估计公式为

$$\sigma^2(\tau) = \frac{1}{2\tau^2(N-2m)}\sum_{k=1}^{N-2m}(\theta_{k+2m} - 2\theta_{k+m} + \theta_k)^2 \tag{2-5-24}$$

Allan 方差的平方根 $\sigma(t)$ 通常被称为 Allan 标准差。

Allan 方差的估计精度随着数组 I 的增加而提高，通过选取不同的数组长度，即相关时间，就可以得到相应的 Allan 方差。

由 Allan 方差的定义可知，它是陀螺仪稳定性的一个度量，它和影响陀螺仪性能的固有随机过程统计特性有关。Allan 方差与原始采样数据中噪声项的双

边功率谱密度$S_{\Omega}(f)$的关系为

$$\sigma^2(\tau)=4\int_0^{\infty}S_{\Omega}(f)\ \frac{\sin^4(\pi f\tau)}{(\pi f\tau)^2}\mathrm{d}f \tag{2-5-25}$$

在最小均方意义下，通过最小二乘拟合函数$\sigma_A(\tau)$可以求出A_n。再通过下面的计算，可以得到量化误差(Q)、角度随机游走(N)、零偏不稳定性(B)、角速率随机游走(K)和速率斜坡(R)的估计值为

$$Q=\frac{A_{-2}}{\sqrt{3}}\mu\text{rad} \tag{2-5-26}$$

$$N=\frac{A_{-1}}{60}\ (^{\circ})/\sqrt{\text{h}} \tag{2-5-27}$$

$$B=\frac{A_0}{0.6643}\ (^{\circ})/\text{h} \tag{2-5-28}$$

$$K=60\sqrt{3}A_1(^{\circ})/\text{h}/\sqrt{\text{h}} \tag{2-5-29}$$

$$R=3600\sqrt{2}A_2(^{\circ})/\text{h}/\text{h} \tag{2-5-30}$$

为了估计的准确，陀螺仪输出数据的样本必须足够长。当样本长度比较短时，Allan 方差的可信度低，从而导致误差系数估计的可信度不高。当样本时间很长、积分时间也较长时，速率斜坡系数 R 才能辨识出来。

图 2-5-2 所示为某微惯性系统中 3 个 MEMS 陀螺静态测试数据的 Allan 方差曲线。

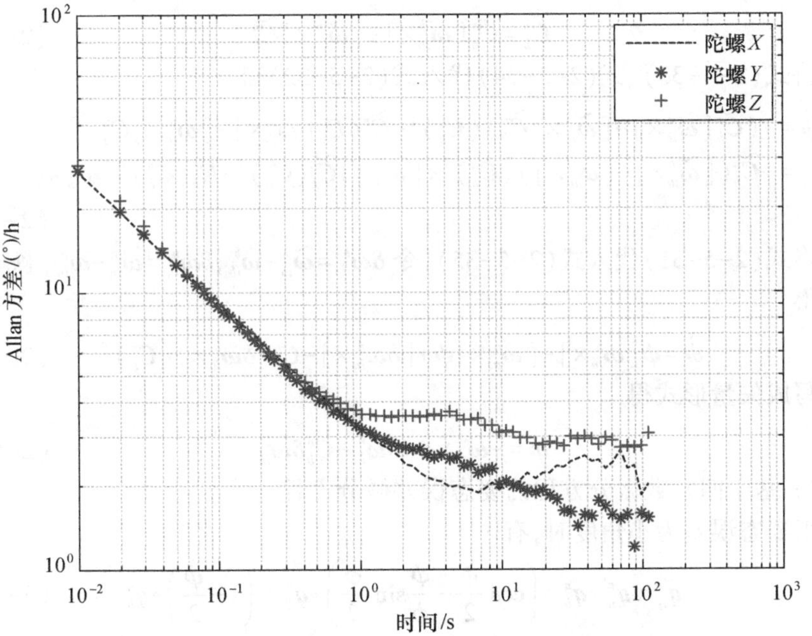

图 2-5-2 MEMS 陀螺的 Allan 方差测试曲线

2.5.2 捷联惯性导航系统误差模型

对捷联惯性导航系统微分方程进行误差分析,将方程中实际参数表示为真实值叠加小的误差量,通过一阶近似,忽略高阶小量,可得到误差量的微分方程,即误差随时间变化的模型,可以作为研究各种误差源对导航精度影响的依据。

对于有些实际问题,部分误差参数不能作为小量,即误差二阶量不能忽略,此时需要建立误差的非线性微分方程。

1. 姿态误差微分方程

以当地水平地理坐标系下的捷联惯性导航系统姿态误差微分方程推导分析为例。

1) 基于方向余弦矩阵微分方程的姿态误差微分方程

当姿态误差为小角度时,有

$$\widetilde{\boldsymbol{C}}_b^n=\boldsymbol{C}_n^{n\prime}\boldsymbol{C}_b^n=[\boldsymbol{I}-\boldsymbol{\psi}]\boldsymbol{C}_b^n,\text{其中 }\boldsymbol{\psi}=\boldsymbol{\phi}\times=\begin{bmatrix}0 & -\phi_z & \phi_y\\ \phi_z & 0 & -\phi_x\\ -\phi_y & \phi_x & 0\end{bmatrix}\tag{2-5-31}$$

则有 $\boldsymbol{\psi}=\boldsymbol{I}-\widetilde{\boldsymbol{C}}_b^n(\boldsymbol{C}_b^n)^{\mathrm{T}}$,两边求导得

$$\dot{\boldsymbol{\psi}}=-\dot{\widetilde{\boldsymbol{C}}}_b^n(\boldsymbol{C}_b^n)^{\mathrm{T}}-\widetilde{\boldsymbol{C}}_b^n(\dot{\boldsymbol{C}}_b^n)^{\mathrm{T}}\tag{2-5-32}$$

根据姿态微分方程

$$\dot{\boldsymbol{C}}_b^n=\boldsymbol{C}_b^n[\boldsymbol{\omega}_{ib}^b\times]-[\boldsymbol{\omega}_{in}^n\times]\boldsymbol{C}_b^n\tag{2-5-33}$$

$$\dot{\widetilde{\boldsymbol{C}}}_b^n=\widetilde{\boldsymbol{C}}_b^n[\widetilde{\boldsymbol{\omega}}_{ib}^b\times]-[\widetilde{\boldsymbol{\omega}}_{in}^n\times]\widetilde{\boldsymbol{C}}_b^n\tag{2-5-34}$$

将式(2-5-33)、式(2-5-34)代入式(2-5-32)得

$$\begin{aligned}\dot{\boldsymbol{\psi}}&=-(\widetilde{\boldsymbol{C}}_b^n[\widetilde{\boldsymbol{\omega}}_{ib}^b\times]-[\widetilde{\boldsymbol{\omega}}_{in}^n\times]\widetilde{\boldsymbol{C}}_b^n)(\boldsymbol{C}_b^n)^{\mathrm{T}}-\widetilde{\boldsymbol{C}}_b^n(\boldsymbol{C}_b^n[\boldsymbol{\omega}_{ib}^b\times]-[\boldsymbol{\omega}_{ib}^b\times]\boldsymbol{C}_b^n)^{\mathrm{T}}\\&=-\widetilde{\boldsymbol{C}}_b^n([\widetilde{\boldsymbol{\omega}}_{ib}^b\times]-[\boldsymbol{\omega}_{ib}^b\times])(\boldsymbol{C}_b^n)^{\mathrm{T}}+[\widetilde{\boldsymbol{\omega}}_{in}^n\times]\widetilde{\boldsymbol{C}}_b^n(\boldsymbol{C}_b^n)^{\mathrm{T}}-\widetilde{\boldsymbol{C}}_b^n(\boldsymbol{C}_b^n)^{\mathrm{T}}[\boldsymbol{\omega}_{in}^n\times]\end{aligned}\tag{2-5-35}$$

将式(2-5-31)代入式(2-5-35),令 $\delta\boldsymbol{\omega}_{ib}^b=\widetilde{\boldsymbol{\omega}}_{ib}^b-\boldsymbol{\omega}_{ib}^b$,$\delta\boldsymbol{\omega}_{in}^n=\widetilde{\boldsymbol{\omega}}_{in}^n-\boldsymbol{\omega}_{in}^n$,忽略二阶小量得

$$\dot{\boldsymbol{\psi}}=\boldsymbol{\psi}[\boldsymbol{\omega}_{in}^n\times]-[\boldsymbol{\omega}_{in}^n\times]\boldsymbol{\psi}+[\delta\boldsymbol{\omega}_{in}^n\times]-\boldsymbol{C}_b^n[\delta\boldsymbol{\omega}_{ib}^b\times](\boldsymbol{C}_b^n)^{\mathrm{T}}\tag{2-5-36}$$

写成矢量形式得

$$\dot{\boldsymbol{\phi}}=-\boldsymbol{\omega}_{in}^n\times\boldsymbol{\phi}+\delta\boldsymbol{\omega}_{in}^n-\boldsymbol{C}_b^n\delta\boldsymbol{\omega}_{ib}^b\tag{2-5-37}$$

2) 基于四元数微分方程的姿态误差微分方程

当姿态误差为小角度时,有

$$\widetilde{\boldsymbol{q}}_b^n=\boldsymbol{q}_n^{n'}\circ\boldsymbol{q}_b^n=\left(\cos\frac{\phi}{2}-\frac{\boldsymbol{\phi}}{\phi}\sin\frac{\phi}{2}\right)\circ\boldsymbol{q}_b^n\approx\left(1-\frac{\boldsymbol{\phi}}{2}\right)\circ\boldsymbol{q}_b^n\tag{2-5-38}$$

得 $\boldsymbol{\phi}=-2\widetilde{\boldsymbol{q}}_b^n\circ\boldsymbol{q}_b^{n\,*}+2=-2\widetilde{\boldsymbol{q}}_b^n\circ\boldsymbol{q}_n^b+2$,两边求导得

$$\dot{\boldsymbol{\phi}}=-2\,\dot{\tilde{\boldsymbol{q}}}_b^n\circ\boldsymbol{q}_n^b-2\,\tilde{\boldsymbol{q}}_b^n\circ\dot{\boldsymbol{q}}_n^b \tag{2-5-39}$$

注意到$\dot{\boldsymbol{q}}_b^n=\frac{1}{2}\boldsymbol{q}_b^n\circ\boldsymbol{\omega}_{ib}^b-\frac{1}{2}\boldsymbol{\omega}_{in}^n\circ\boldsymbol{q}_b^n$，有

$$\dot{\tilde{\boldsymbol{q}}}_b^n=\frac{1}{2}\tilde{\boldsymbol{q}}_b^n\circ\tilde{\boldsymbol{\omega}}_{ib}^b-\frac{1}{2}\tilde{\boldsymbol{\omega}}_{in}^n\circ\tilde{\boldsymbol{q}}_b^n,\ \dot{\boldsymbol{q}}_n^b=-\frac{1}{2}\boldsymbol{\omega}_{ib}^b\circ\boldsymbol{q}_n^b+\frac{1}{2}\boldsymbol{q}_n^b\circ\boldsymbol{\omega}_{in}^n \tag{2-5-40}$$

将式(2-5-40)代入式(2-5-39)得

$$\begin{aligned}\dot{\boldsymbol{\phi}}&=-(\tilde{\boldsymbol{q}}_b^n\circ\tilde{\boldsymbol{\omega}}_{ib}^b-\tilde{\boldsymbol{\omega}}_{in}^n\circ\tilde{\boldsymbol{q}}_b^n)\circ\boldsymbol{q}_n^b-\tilde{\boldsymbol{q}}_b^n\circ(-\boldsymbol{\omega}_{ib}^b\circ\boldsymbol{q}_n^b+\boldsymbol{q}_n^b\circ\boldsymbol{\omega}_{in}^n)\\&=-\tilde{\boldsymbol{q}}_b^n\circ(\tilde{\boldsymbol{\omega}}_{ib}^b-\boldsymbol{\omega}_{ib}^b)\circ\boldsymbol{q}_n^b+\tilde{\boldsymbol{\omega}}_{in}^n\circ\tilde{\boldsymbol{q}}_b^n\circ\boldsymbol{q}_n^b-\tilde{\boldsymbol{q}}_b^n\circ\boldsymbol{q}_n^b\circ\boldsymbol{\omega}_{in}^n\end{aligned} \tag{2-5-41}$$

将式(2-5-38)代入式(2-5-41)，忽略二阶小量得

$$\dot{\boldsymbol{\phi}}=-\boldsymbol{q}_b^n\circ\delta\boldsymbol{\omega}_{ib}^b\circ\boldsymbol{q}_n^b+\tilde{\boldsymbol{\omega}}_{in}^n\circ\left(1-\frac{\boldsymbol{\phi}}{2}\right)\circ\boldsymbol{q}_b^n\circ\boldsymbol{q}_n^b-\left(1-\frac{\boldsymbol{\phi}}{2}\right)\circ\boldsymbol{q}_b^n\circ\boldsymbol{q}_n^b\circ\boldsymbol{\omega}_{in}^n \tag{2-5-42}$$

$$\text{即}\ \dot{\boldsymbol{\phi}}=-\boldsymbol{\omega}_{in}^n\times\boldsymbol{\phi}+\delta\boldsymbol{\omega}_{in}^n-\boldsymbol{q}_b^n\circ\delta\boldsymbol{\omega}_{ib}^b\circ\boldsymbol{q}_n^b \tag{2-5-43}$$

式(2-5-43)与式(2-5-37)是等价的。

2. 速度误差微分方程

对 2.3.1 节中式(2-3-16)进行微分运算，得

$$\delta\dot{\boldsymbol{v}}_e^n=\delta\boldsymbol{C}_b^n\boldsymbol{f}^b+\boldsymbol{C}_b^n\delta\boldsymbol{f}^b+\delta\boldsymbol{g}^n-(2\delta\boldsymbol{\omega}_{ie}^n+\delta\boldsymbol{\omega}_{en}^n)\times\boldsymbol{v}_e^n-(2\boldsymbol{\omega}_{ie}^n+\boldsymbol{\omega}_{en}^n)\times\delta\boldsymbol{v}_e^n \tag{2-5-44}$$

注意到 $\delta\boldsymbol{C}_b^n=\tilde{\boldsymbol{C}}_b^n-\boldsymbol{C}_b^n=[\boldsymbol{I}-\boldsymbol{\psi}]\boldsymbol{C}_b^n-\boldsymbol{C}_b^n=-\boldsymbol{\psi}\boldsymbol{C}_b^n=-\boldsymbol{\phi}\times\boldsymbol{C}_b^n$，代入式(2-5-44)得

$$\delta\dot{\boldsymbol{v}}_e^n=(\boldsymbol{C}_b^n\boldsymbol{f}^b)\times\boldsymbol{\phi}-(2\boldsymbol{\omega}_{ie}^n+\boldsymbol{\omega}_{en}^n)\times\delta\boldsymbol{v}_e^n-(2\delta\boldsymbol{\omega}_{ie}^n+\delta\boldsymbol{\omega}_{en}^n)\times\boldsymbol{v}_e^n+\boldsymbol{C}_b^n\delta\boldsymbol{f}^b+\delta\boldsymbol{g}^n \tag{2-5-45}$$

3. 位置误差微分方程

根据位置计算微分方程 $\dot{L}=\frac{v_N}{R_N+h},\dot{\lambda}=\frac{v_E}{(R_E+h)\cos L},\dot{h}=-v_D$ 求微分运算得

$$\delta\dot{L}=\frac{\delta v_N}{R_N+h}-\frac{v_N}{(R_N+h)^2}\delta h \tag{2-5-46}$$

$$\delta\dot{\lambda}=\frac{\delta v_E}{(R_E+h)\cos L}-\frac{v_E\sin L}{(R_E+h)\cos^2 L}\delta L-\frac{v_E}{(R_E+h)^2\cos L}\delta h \tag{2-5-47}$$

$$\delta\dot{h}=-\delta v_D \tag{2-5-48}$$

4. 状态空间形式的惯性导航系统误差微分方程

上述惯性导航系统姿态、速度、位置误差微分方程可整理为如下状态空间形式：

$$\delta\dot{\boldsymbol{x}}=\boldsymbol{F}\delta\boldsymbol{x}+\boldsymbol{G}\boldsymbol{u} \tag{2-5-49}$$

式中：

$$\delta\boldsymbol{x}=[\phi_x\quad\phi_y\quad\phi_z\quad\delta v_N\quad\delta v_E\quad\delta v_D\quad\delta L\quad\delta\lambda\quad\delta h]^{\mathrm{T}} \tag{2-5-50}$$

$$\boldsymbol{u}=\begin{bmatrix}\delta\omega_{ibx}^{b} & \delta\omega_{iby}^{b} & \delta\omega_{ibz}^{b} & \delta f_{x}^{b} & \delta f_{y}^{b} & \delta f_{z}^{b}\end{bmatrix}^{\mathrm{T}} \tag{2-5-51}$$

$$\boldsymbol{F}=\begin{bmatrix}\boldsymbol{F}_{11} & \boldsymbol{F}_{12} & \boldsymbol{F}_{13}\\ \boldsymbol{F}_{21} & \boldsymbol{F}_{22} & \boldsymbol{F}_{23}\\ \boldsymbol{F}_{31} & \boldsymbol{F}_{32} & \boldsymbol{F}_{33}\end{bmatrix},\quad \boldsymbol{G}=\begin{bmatrix}-\boldsymbol{C}_{b}^{n} & 0_{3\times3}\\ 0_{3\times3} & \boldsymbol{C}_{b}^{n}\end{bmatrix} \tag{2-5-52}$$

$$\boldsymbol{F}_{11}=\begin{bmatrix}0 & -\left(\omega_{ie}\sin L+\dfrac{v_E}{R_E+h}\tan L\right) & \dfrac{v_N}{R_N+h}\\ \left(\omega_{ie}\sin L+\dfrac{v_E}{R_E+h}\tan L\right) & 0 & \omega_{ie}\cos L+\dfrac{v_E}{R_E+h}\\ -\dfrac{v_N}{R_N+h} & -\omega_{ie}\cos L-\dfrac{v_E}{R_E+h} & 0\end{bmatrix} \tag{2-5-53}$$

$$\boldsymbol{F}_{21}=\begin{bmatrix}0 & -f_D & f_E\\ f_D & 0 & -f_N\\ -f_E & f_N & 0\end{bmatrix},\quad \boldsymbol{F}_{31}=0_{3\times3} \tag{2-5-54}$$

$$\boldsymbol{F}_{12}=\begin{bmatrix}0 & \dfrac{1}{R_E+h} & 0\\ -\dfrac{1}{R_N+h} & 0 & 0\\ 0 & -\dfrac{\tan L}{R_E+h} & 0\end{bmatrix},\quad \boldsymbol{F}_{32}=\begin{bmatrix}\dfrac{1}{R_N+h} & 0 & 0\\ 0 & \dfrac{1}{(R_E+h)\cos L} & 0\\ 0 & 0 & -1\end{bmatrix} \tag{2-5-55}$$

$$\boldsymbol{F}_{22}=\begin{bmatrix}\dfrac{v_D}{R_N+h} & -2\left(\omega_{ie}\sin L+\dfrac{v_E}{R_E+h}\tan L\right) & \dfrac{v_N}{R_N+h}\\ \left(2\omega_{ie}\sin L+\dfrac{v_E}{R_E+h}\tan L\right) & \dfrac{v_N\tan L+v_D}{R_E+h} & 2\omega_{ie}\cos L+\dfrac{v_E}{R_E+h}\\ -\dfrac{2v_N}{R_N+h} & -2\left(\omega_{ie}\cos L+\dfrac{v_E}{R_E+h}\right) & 0\end{bmatrix} \tag{2-5-56}$$

$$\boldsymbol{F}_{13}=\begin{bmatrix}-\omega_{ie}\sin L & 0 & -\dfrac{v_E}{(R_E+h)^2}\\ 0 & 0 & \dfrac{v_N}{(R_N+h)^2}\\ -\omega_{ie}\cos L-\dfrac{v_E}{(R_E+h)\cos^2 L} & 0 & \dfrac{v_E\tan L}{(R_E+h)^2}\end{bmatrix} \tag{2-5-57}$$

$$
\boldsymbol{F}_{23}=\begin{bmatrix}
-v_E\left(2\omega_{ie}\cos L+\dfrac{v_E}{(R_E+h)\cos^2 L}\right) & 0 & \dfrac{v_E^2\tan L}{(R_E+h)^2}-\dfrac{v_N v_D}{(R_N+h)^2} \\
2\omega_{ie}(v_N\cos L-v_D\sin L)+\dfrac{v_N v_E}{(R_E+h)\cos^2 L} & 0 & -\dfrac{v_E}{(R_E+h)^2}(v_N\tan L+v_D) \\
2\omega_{ie}v_E\sin L & 0 & \dfrac{v_N^2}{(R_N+h)^2}+\dfrac{v_E^2}{(R_E+h)^2}
\end{bmatrix}
$$

(2-5-58)

$$
\boldsymbol{F}_{33}=\begin{bmatrix}
0 & 0 & -\dfrac{v_N}{(R_N+h)^2} \\
\dfrac{v_E\tan L}{(R_E+h)\cos L} & 0 & -\dfrac{v_E}{(R_E+h)^2\cos L} \\
0 & 0 & 0
\end{bmatrix} \tag{2-5-59}
$$

可以观察到经度误差 $\delta\lambda$ 不影响其他误差状态。

2.5.3 惯性导航系统误差特性分析

惯性导航系统导航参数误差随时间变化的特点和规律称为惯性导航系统误差特性,一方面与误差源有关,另一方面与载体姿态动态变化过程及运动轨迹有关。惯性导航系统的误差源有两类:一类是系统性的,另一类是随机性的。两类误差源引起的系统误差特性不同。

惯性导航系统的误差分析主要采用两种方法,一种是通过分析和求解系统误差方程分析具体的误差源在特定的载体运动条件下对惯性系统的姿态、速度和位置等导航参数的影响,另一种是通过计算机仿真分析各种误差源在复杂的载体运动条件下对惯性导航系统的综合影响。

1. 系统性误差源引起的惯性导航系统误差特性

通过一个例子讨论系统性的误差源引起的惯性导航系统基本误差特性。

为了简单起见,将惯性导航系统误差微分方程进行简化,并考虑静基座的情况。由于惯性系统的垂直通道是不稳定的,可以不考虑。经度误差在系统回路之外,不影响系统的动态特性,也不予以考虑。同时,假设载体的姿态矩阵为单位阵,即 $\boldsymbol{C}_b^n=\boldsymbol{I}$,将地球曲率半径视为常值 R,忽略高度 h,当地水平地理坐标系采用“北东地”坐标系,系统误差方程(2-5-49)中只考虑常值陀螺漂移、加速度计常值零偏:

$$
\begin{aligned}
\boldsymbol{u}&=\begin{bmatrix}\delta\omega_{ibx}^b & \delta\omega_{iby}^b & \delta\omega_{ibz}^b & \delta f_x^b & \delta f_y^b & 0\end{bmatrix}^{\mathrm{T}} \\
&=\begin{bmatrix}\varepsilon_x & \varepsilon_y & \varepsilon_z & \nabla_x & \nabla_y & 0\end{bmatrix}^{\mathrm{T}}
\end{aligned} \tag{2-5-60}
$$

这样,系统误差方程(2-5-49)就可简化为

$$\begin{bmatrix}\dot{\phi}_x\\ \dot{\phi}_y\\ \dot{\phi}_z\\ \delta\dot{v}_N\\ \delta\dot{v}_E\\ \delta\dot{L}\end{bmatrix}=\begin{bmatrix}0 & -\omega_{ie}\sin L & 0 & 0 & \frac{1}{R} & -\omega_{ie}\sin L\\ \omega_{ie}\sin L & 0 & \omega_{ie}\cos L & -\frac{1}{R} & 0 & 0\\ 0 & -\omega_{ie}\cos L & 0 & 0 & -\tan L/R & -\omega_{ie}\cos L\\ 0 & g & 0 & 0 & -2\omega_{ie}\sin L & 0\\ -g & 0 & 0 & 2\omega_{ie}\sin L & 0 & 0\\ 0 & 0 & 0 & \frac{1}{R} & 0 & 0\end{bmatrix}\begin{bmatrix}\phi_x\\ \phi_y\\ \phi_z\\ \delta v_N\\ \delta v_E\\ \delta L\end{bmatrix}+\begin{bmatrix}\varepsilon_x\\ \varepsilon_y\\ \varepsilon_z\\ \nabla_x\\ \nabla_y\\ 0\end{bmatrix} \tag{2-5-61}$$

式中:ω_{ie}为地球自转角速度;g 为重力加速度。

式(2-5-61)写成简化形式为

$$\dot{\boldsymbol{X}}(t)=\boldsymbol{F}\boldsymbol{X}(t)+\boldsymbol{W}(t) \tag{2-5-62}$$

取拉氏变换得 $s\boldsymbol{X}(s)-\boldsymbol{X}(0)=\boldsymbol{F}\boldsymbol{X}(s)+\boldsymbol{W}(s)$

$$\boldsymbol{X}(s)=(s\boldsymbol{I}-\boldsymbol{F})^{-1}[\boldsymbol{X}(0)+\boldsymbol{W}(s)] \tag{2-5-63}$$

系统的特征方程为

$$\begin{aligned}\Delta(s)&=|s\boldsymbol{I}-\boldsymbol{F}|\\ &=(s^2+\omega_{ie}^2)[(s^2+\omega_s^2)^2+4s^2\omega_{ie}^2\sin^2 L]=0\end{aligned}$$

式中:$\omega_s^2=g/R$,ω_s 为舒勒角频率。

由特征方程得

$$s^2+\omega_{ie}^2=0 \tag{2-5-64}$$

$$(s^2+\omega_s^2)^2+4s^2\omega_{ie}^2\sin^2 L=0 \tag{2-5-65}$$

由式(2-5-64)得

$$s_{1,2}=\pm \boldsymbol{j}\omega_{ie}$$

这是一个等幅振荡,振荡周期为 $T_e=\dfrac{2\pi}{\omega_{ie}}=24\text{h}$(即地球自转周期)。

考虑到 $\omega_s\approx1.24\times10^{-3}\text{rad/s}$,$\omega_{ie}\approx0.729\times10^{-4}\text{rad/s}$,即 $\omega_s\gg\omega_{ie}$,故式(2-5-65)可近似分解为

$$[s^2+(\omega_s+\omega_{ie}\sin L^2)][s^2+(\omega_s-\omega_{ie}\sin L)^2]=0$$

由此得

$$s_{3,4}=\pm \boldsymbol{j}(\omega_s+\omega_{ie}\sin L)$$

$$s_{5,6}=\pm \boldsymbol{j}(\omega_s-\omega_{ie}\sin L)$$

这 4 个根说明系统中还包括角频率为($\omega_s+\omega_{ie}\sin L$)和($\omega_s-\omega_{ie}\sin L$)的两种振荡运动。由于 $\omega_s\gg\omega_{ie}\sin L$ 说明系统中包括两种频率相近的正弦分量,它们合

在一起产生差频,例如:

$$\begin{aligned}\alpha&=\alpha(0)\sin(\omega_s+\omega_{ie}\sin L)t+\alpha(0)\sin(\omega_s-\omega_{ie}\sin L)t\\&=2\alpha(0)\cos(\omega_{ie}\sin L)t\sin\omega_s t\end{aligned}$$

即产生一个角频率为 ω_s 的振荡,共幅值为 $[2\alpha(0)\cos(\omega_{ie}\sin L)t]$。因此,合成的振荡具有调幅性质。

对应角频率 ω_s 的振荡称为舒勒振荡,振荡周期为 $T_s=\dfrac{2\pi}{\omega_s}$ 为 84.4min。

对应角频率 $\omega_f=\omega_{ie}\sin L$ 的振荡称为傅科振荡,得

$$T_f=\frac{2\pi}{\omega_{ie}\sin L} \tag{2-5-66}$$

当 $L=45°$ 时,$T_f=34\text{h}$。

可见,惯性导航系统的误差特性包括 3 种振荡,即舒勒周期振荡、地球周期振荡和傅科周期振荡。这些基本特性,捷联式系统和平台式系统都是相同的。

系统的误差传播特性可按式(2-5-64)求解,通过拉氏反变换得到误差状态的时域解,从而能够比较清晰地比较每一种系统性误差源引起的系统误差特性。

动态情况下,误差微分方程是时变的,一般采用数学仿真计算的方法分析多种误差因素作用下的系统误差特性。

当给定应用背景下惯性导航系统设计指标要求时,可根据系统性误差源引起的系统误差特性,明确影响系统精度的主要因素,进行系统优化设计。

2. 随机误差源引起的惯性导航系统误差特性

系统性的误差可以设法通过补偿加以消除。在补偿了系统性误差之后,随机误差源成为影响系统精度的重要因素。系统的随机误差也很多,其中主要的还是陀螺漂移和加速度计的零位偏差。这里主要考虑这两种随机误差源。

分析随机误差源引起的惯性导航系统误差特性,需要根据惯性导航系统误差微分方程由随机误差源的随机统计特性确定导航参数随机误差统计特性随时间的变化规律。对于高斯分布的误差向量,随机误差的协方差分析是重要的技术途径。

假定陀螺漂移的随机模型为随机常数和一阶马尔可夫过程的组合,即

$$\boldsymbol{\varepsilon}=\boldsymbol{\varepsilon}_b+\boldsymbol{\varepsilon}_r,\ \dot{\boldsymbol{\varepsilon}}_b=0 \tag{2-5-67}$$

$$\dot{\boldsymbol{\varepsilon}}_r=-\boldsymbol{\beta}\boldsymbol{\varepsilon}_r+\boldsymbol{w}_1 \tag{2-5-68}$$

$$\boldsymbol{\varepsilon}=[\varepsilon_x\quad\varepsilon_y\quad\varepsilon_z]^{\mathrm T},\boldsymbol{\varepsilon}_b=[\varepsilon_{bx}\quad\varepsilon_{by}\quad\varepsilon_{bz}]^{\mathrm T},\boldsymbol{\varepsilon}_r=[\varepsilon_{rx}\quad\varepsilon_{ry}\quad\varepsilon_{rz}]^{\mathrm T} \tag{2-5-69}$$

假定加速度计的随机误差模型为一阶马尔可夫过程,即

$$\dot{\nabla}=-\boldsymbol{\mu}\nabla+\boldsymbol{w}_2 \tag{2-5-70}$$

$$\boldsymbol{\nabla}=[\nabla_x\quad\nabla_y]^{\mathrm T} \tag{2-5-71}$$

式中$\boldsymbol{\beta}=\begin{bmatrix}\beta_x & 0 & 0\\ 0 & \beta_y & 0\\ 0 & 0 & \beta_z\end{bmatrix}$、$\boldsymbol{\mu}=\begin{bmatrix}\mu_x & 0\\ 0 & \mu_y\end{bmatrix}$为反相关时间常数。

$\boldsymbol{w}_1=[w_{1x}\quad w_{1y}\quad w_{1z}]^{\mathrm{T}}$、$\boldsymbol{w}_2=[w_{2x}\quad w_{2y}]^{\mathrm{T}}$为零均值白噪声。

仍以静基座下系统简化模型式(2-5-61)为例,把这些有色噪声作为状态扩充到误差方程式(2-5-61)中。此时取状态矢量为

$$\boldsymbol{X}_I=[\phi_x\quad \phi_y\quad \phi_z\quad \delta v_N\quad \delta v_E\quad \delta L\quad \varepsilon_{bx}\quad \varepsilon_{by}\quad \varepsilon_{bz}\quad \varepsilon_{rx}\quad \varepsilon_{ry}\quad \varepsilon_{rz}\quad \nabla_x\quad \nabla_y]^{\mathrm{T}} \tag{2-5-72}$$

$$\boldsymbol{W}_I=[w_{1x}\quad w_{1y}\quad w_{1z}\quad w_{2x}\quad w_{2y}]^{\mathrm{T}} \tag{2-5-73}$$

则扩充状态后的误差方程变为

$$\dot{\boldsymbol{X}}_I=\boldsymbol{F}_I\boldsymbol{X}_I+\boldsymbol{G}_I\boldsymbol{W}_I \tag{2-5-74}$$

$E[\boldsymbol{W}_I(t)]=0$,$E[\boldsymbol{W}_I(t)\boldsymbol{W}_I^{\mathrm{T}}(\tau)]=\boldsymbol{q}\delta(t-\tau)$,式中$E[\cdot]$为数学期望符号。

$$\boldsymbol{F}_I=\begin{bmatrix} & \boldsymbol{I}_{3\times3} & \boldsymbol{I}_{3\times3} & \boldsymbol{0}_{3\times2}\\ \boldsymbol{F}_{6\times6} & \boldsymbol{0}_{2\times3} & \boldsymbol{0}_{2\times3} & \boldsymbol{I}_{2\times2}\\ & \boldsymbol{0}_{1\times3} & \boldsymbol{0}_{1\times3} & \boldsymbol{0}_{1\times3}\\ & \boldsymbol{0}_{3\times3} & \boldsymbol{0}_{3\times3} & \boldsymbol{0}_{3\times3}\\ \boldsymbol{0}_{8\times6} & \boldsymbol{0}_{3\times3} & -\boldsymbol{\beta} & \boldsymbol{0}_{3\times3}\\ & \boldsymbol{0}_{3\times3} & \boldsymbol{0}_{3\times3} & -\boldsymbol{\mu}\end{bmatrix} \tag{2-5-75}$$

$$\boldsymbol{G}_I=\begin{bmatrix}\boldsymbol{0}_{9\times3} & \boldsymbol{0}_{9\times2}\\ \boldsymbol{I}_{3\times3} & \boldsymbol{0}_{3\times2}\\ \boldsymbol{0}_{2\times3} & \boldsymbol{I}_{2\times2}\end{bmatrix} \tag{2-5-76}$$

$$\boldsymbol{F}_{6\times6}=\begin{bmatrix}0 & -\omega_{ie}\sin L & 0 & 0 & \dfrac{1}{R} & -\omega_{ie}\sin L\\ \omega_{ie}\sin L & 0 & \omega_{ie}\cos L & -\dfrac{1}{R} & 0 & 0\\ 0 & -\omega_{ie}\cos L & 0 & 0 & -\tan L/R & -\omega_{ie}\cos L\\ 0 & -g & 0 & 0 & -2\omega_{ie}\sin L & 0\\ g & 0 & 0 & 2\omega_{ie}\sin L & 0 & 0\\ 0 & 0 & 0 & \dfrac{1}{R} & 0 & 0\end{bmatrix} \tag{2-5-77}$$

当离散化时间间隔很短时,可近似采用如下离散化形式:

$$\boldsymbol{X}_I(k+1)=\boldsymbol{\Phi}(k+1,k)\boldsymbol{X}_I(k)+\boldsymbol{\Gamma}(k+1,k)\boldsymbol{W}(k) \tag{2-5-78}$$

式中:$\boldsymbol{\Phi}(k+1,k)$为系统状态转移阵;$\boldsymbol{\Gamma}(k+1,k)$为系统噪声转移阵。

$$\boldsymbol{\Phi}(k+1,k)=\boldsymbol{\Phi}(t_{k+1},t_k)=\exp\left(\int_{t_k}^{t_{k+1}}\boldsymbol{F}_I\mathrm{d}t\right) \tag{2-5-79}$$

注意到静基座下 $\boldsymbol{F}_I$ 为常值矩阵，令 $T=t_{k+1}-t_k$，因此有

$$\boldsymbol{\Phi}(k+1,k)=\exp\left(\int_{t_k}^{t_{k+1}}\boldsymbol{F}_I\mathrm{d}t\right)=\boldsymbol{I}+\boldsymbol{F}_IT+\frac{1}{2!}\boldsymbol{F}_I^2T^2+\frac{1}{3!}\boldsymbol{F}_I^3T^3+\cdots \tag{2-5-80}$$

$$\boldsymbol{\Gamma}(k+1,k)=\int_{t_k}^{t_{k+1}}\boldsymbol{\Phi}(t_{k+1},\tau)\boldsymbol{G}_I\mathrm{d}\tau \tag{2-5-81}$$

$$\begin{aligned}\int_{t_k}^{t_{k+1}}\boldsymbol{\Phi}(t_{k+1},\tau)\boldsymbol{G}_I\mathrm{d}\tau&=\int_{t_k}^{t_{k+1}}\exp\left(\int_{\tau}^{t_{k+1}}\boldsymbol{F}_I\mathrm{d}t\right)\boldsymbol{G}_I\mathrm{d}\tau\\&=\int_{t_k}^{t_{k+1}}\boldsymbol{G}_I\mathrm{d}\tau+\int_{t_k}^{t_{k+1}}\boldsymbol{F}_I(t_{k+1}-\tau)\boldsymbol{G}_I\mathrm{d}\tau+\\&\int_{t_k}^{t_{k+1}}\boldsymbol{G}_I\frac{1}{2!}\boldsymbol{F}_I^2(t_{k+1}-\tau)^2\mathrm{d}\tau+\\&\int_{t_k}^{t_{k+1}}\boldsymbol{G}_I\frac{1}{3!}\boldsymbol{F}_I^3(t_{k+1}-\tau)^3\mathrm{d}\tau+\cdots\end{aligned}$$

式中：$\boldsymbol{G}_I$ 为常值矩阵，$T=t_{k+1}-t_k$。因此有

$$\boldsymbol{\Gamma}(k+1,k)=T\left(\boldsymbol{I}+\frac{1}{2!}\boldsymbol{F}_IT+\frac{1}{3!}\boldsymbol{F}_I^2T^2+\frac{1}{4!}\boldsymbol{F}_I^3T^3+\cdots\right)\boldsymbol{G}_I \tag{2-5-82}$$

计算等效的离散化噪声及其协方差：

$$\boldsymbol{W}(k)=\frac{1}{T}\int_{t_k}^{t_{k+1}}\boldsymbol{W}_I\mathrm{d}t=\frac{1}{T}\int_{t_k}^{t_{k+1}}\boldsymbol{W}_I(t)\mathrm{d}t \tag{2-5-83}$$

由于是零均值高斯分布噪声，因此有

$$\begin{aligned}E[\boldsymbol{W}(k)\boldsymbol{W}^{\mathrm{T}}(j)]&=E\left[\frac{1}{T}\int_{t_k}^{t_{k+1}}\boldsymbol{W}_I(t)\mathrm{d}t\cdot\frac{1}{T}\int_{t_j}^{t_{j+1}}\boldsymbol{W}_I^{\mathrm{T}}(\tau)\mathrm{d}\tau\right]\\&=\frac{1}{T^2}\int_{t_k}^{t_{k+1}}\int_{t_j}^{t_{j+1}}E[\boldsymbol{W}_I(t)\boldsymbol{W}_I^{\mathrm{T}}(\tau)]\mathrm{d}\tau\mathrm{d}t=\frac{1}{T^2}\int_{t_k}^{t_{k+1}}\int_{t_j}^{t_{j+1}}\boldsymbol{q}\delta(t-\tau)\mathrm{d}\tau\mathrm{d}t\\&=\frac{1}{T}\boldsymbol{q}\delta_{kj}\end{aligned} \tag{2-5-84}$$

则 k 时刻的系统噪声方差阵为

$$\boldsymbol{Q}(k)=E[\boldsymbol{W}(k)\boldsymbol{W}^{\mathrm{T}}(k)]=\frac{1}{T}\boldsymbol{q} \tag{2-5-85}$$

定义系统 k 时刻、$k+1$ 时刻的状态均方差阵为

$$\boldsymbol{P}(k)=E\{[\boldsymbol{X}_I(k)-E[\boldsymbol{X}_I(k)]][\boldsymbol{X}_I^{\mathrm{T}}(k)-E[\boldsymbol{X}_I^{\mathrm{T}}(k)]]\} \tag{2-5-86}$$

$$\boldsymbol{P}(k+1)=E\{[\boldsymbol{X}_I(k+1)-E[\boldsymbol{X}_I(k+1)]][\boldsymbol{X}_I^{\mathrm{T}}(k+1)-E[\boldsymbol{X}_I^{\mathrm{T}}(k+1)]]\} \tag{2-5-87}$$

当随机误差状态视为零均值随机误差时，可认为

$$\boldsymbol{P}(k)=E[\boldsymbol{X}_I(k)\boldsymbol{X}_I^{\mathrm{T}}(k)],\ \boldsymbol{P}(k+1)=E[\boldsymbol{X}_I(k+1)\boldsymbol{X}_I^{\mathrm{T}}(k+1)] \tag{2-5-88}$$

把式(2-5-78)代入式(2-5-88),得

$$\begin{aligned}\boldsymbol{P}(k+1)=&\boldsymbol{\Phi}(k+1,k)E[\boldsymbol{X}_I(k)\boldsymbol{X}_I^{\mathrm{T}}(k)]\boldsymbol{\Phi}^{\mathrm{T}}(k+1,k)+\\&\boldsymbol{\Phi}(k+1,k)E[\boldsymbol{X}_I(k)\boldsymbol{W}^{\mathrm{T}}(k)]\boldsymbol{\Gamma}^{\mathrm{T}}(k+1,k)+\\&\boldsymbol{\Gamma}(k+1,k)E[\boldsymbol{W}(k)\boldsymbol{X}_I^{\mathrm{T}}(k)]\boldsymbol{\Phi}^{\mathrm{T}}(k+1,k)+\\&\boldsymbol{\Gamma}(k+1,k)E[\boldsymbol{W}(k)\boldsymbol{W}^{\mathrm{T}}(k)]\boldsymbol{\Gamma}^{\mathrm{T}}(k+1,k)\end{aligned} \tag{2-5-89}$$

考虑到$\{\boldsymbol{W}(k),k\geqslant0\}$与$\boldsymbol{X}_I(0)$不相关,因此,对一切$k\geqslant0$,$\boldsymbol{W}(k)$与$\boldsymbol{X}_I(k)$也不相关,由此得

$$\begin{aligned}\boldsymbol{P}(k+1)=&\boldsymbol{\Phi}(k+1,k)\boldsymbol{P}(k)\boldsymbol{\Phi}^{\mathrm{T}}(k+1,k)+\\&\boldsymbol{\Gamma}(k+1,k)\boldsymbol{Q}(k)\boldsymbol{\Gamma}^{\mathrm{T}}(k+1,k)\end{aligned} \tag{2-5-90}$$

式(2-5-90)即为随机噪声作用下系统的均方差阵方程,$\boldsymbol{P}(k+1)$对角线元素即为相应状态的均方差值,随着时间的推移,惯性导航系统误差状态的均方差将逐渐增大。

以式(2-5-90)为基础,通过仿真计算,可定量分析随机误差对导航参数误差统计特性的影响。例如,以惯性导航系统为动态位置姿态基准的高分辨率对地观测等应用领域,要求惯性导航系统短时间内的姿态误差噪声小,对于给定的陀螺仪和加速度计随机误差统计特性,可以仿真分析相应的姿态误差噪声统计特性,为系统分析和设计提供依据。

2.5.4 惯性导航系统的精度评估

从研究、设计、制造、运输、存储到使用的各个阶段,通过实验确定惯性导航系统及其主要部件(陀螺仪、加速度计、陀螺稳定平台等)的功能和精度指标、环境适应性和可靠性指标等是否满足设计规定与应用需求的方法,涉及测试设备、测试原理与方法、数据采集记录与处理技术等三个方面,测试结果作为评价鉴定系统性能、改进系统设计、完善制造工艺、误差建模补偿、制定使用规范、可靠性评估和抽样验收等的依据。

精度分析是惯性导航系统设计规范过程的重要工作。在设计阶段,确定预期的精度十分重要,通过精度分析可确定能否满足设计要求。在系统投入使用以后,用试验结果进行精度分析和评定,可以评定系统实际达到的性能水平。评价惯性导航系统精度最常用的是圆概率误差 CEP(circular error probablity)。

惯性导航系统精度的评定方法,包括位置、首向、横摇(或横滚)、纵摇(或俯仰)以及速度等5个导航参数的精度评定。在评定系统精度前,需要对实测数据进行预处理,剔除因判读错误、显示出错等原因造成的奇异点,通常采用汤普森(Thompson)奇异值剔除方法。

设从实验中已经得到N个数据为$x_1,x_2,x_3,\cdots,x_N$,为了检验是否有奇异值,首先按照下式计算:

$$\bar{x} = \frac{1}{N}\sum_{i=1}^{N} x_i \tag{2-5-91}$$

$$S^2 = \frac{1}{N}\sum_{i=1}^{N} (x_i - \bar{x})^2 \tag{2-5-92}$$

$$\tau = \frac{x_k - \bar{x}}{S} \tag{2-5-93}$$

然后求统计量

$$t' = \frac{\tau\sqrt{N-2}}{\sqrt{N-1-\tau^2}} \tag{2-5-94}$$

式中：$\bar{x}$ 为子样平均值；S^2 为子样方差；N 为数据个数；k 为数据序号。

若 $|t'| > t_{(N-2,\alpha)}$，则 x_k 被剔除，否则保留。这里，$t_{(N-2,\alpha)}$ 为学生式分布的分位点，可根据自由度($N-2$)和显著度水平 α 从学生式分布表查得。例如，$N=10$，$\alpha=0.05$，可查得 $t_{(10-2,0.05)}=2.306$。

1. 系统定位精度评定方法

方法一：系统定位精度用径向误差率的圆概率误差半径($\bar{R}$)衡量，圆概率误差半径($\bar{R}$)按式(2-5-95)计算。

$$\bar{R} = K\sqrt{\frac{1}{n}\sum_{i=1}^{n}\frac{1}{m_i}\sum_{j=1}^{m_i} RER^2(t_{ij})} \tag{2-5-95}$$

式中：$\bar{R}$ 为圆概率误差半径；K 为系数。例如，计算通常专用技术规范中所规定的 50%圆概率误差半径时，$K=0.83$；计算 95%圆概率误差半径时，$K=1.73$。n 为有效试验次数；m_i 为第 i 次试验数据采样点数；$RER(t_{ij})$ 为第 i 次试验第 j 个采样点的径向误差率，按式(2-5-96)计算。

$$RER(t_{ij}) = \frac{1}{T_{ij}}\sqrt{(\Delta\varphi_{ij})^2 + (\Delta\lambda_{ij}\cos\varphi_{ij})^2} \tag{2-5-96}$$

式中：T_{ij} 为第 i 次试验，系统从零时刻至第 j 个采样时刻所经过的导航时间，单位为 h；$\Delta\varphi_{ij}$ 为第 i 次试验第 j 个采样时刻的纬度误差，单位为(′)；$\Delta\lambda_{ij}$ 为第 i 次试验第 j 个采样时刻的经度误差，单位为(′)；φ_{ij} 为第 i 次试验第 j 个采样时刻的纬度观测值，单位为(°)。

实际中常用静基座条件下的纯惯性导航定位精度来评估惯性导航系统精度，例如，某惯性导航系统静态测试 5h 的纯惯性导航位置误差如图 2-5-3。

若采用 CEP95 指标，一次实验，每隔 10min 取一个采样点，则根据公式可计算得到 $\bar{R}=0.65$n mile/h。

方法二：系统定位精度用评定时间间隔(系统每一次实验中的连续运行时间即为评定时间间隔)内各采样点上位置误差的圆概率误差半径(R_{pj})中的最大值(R_p)衡量，其表达式见式(2-5-97)。

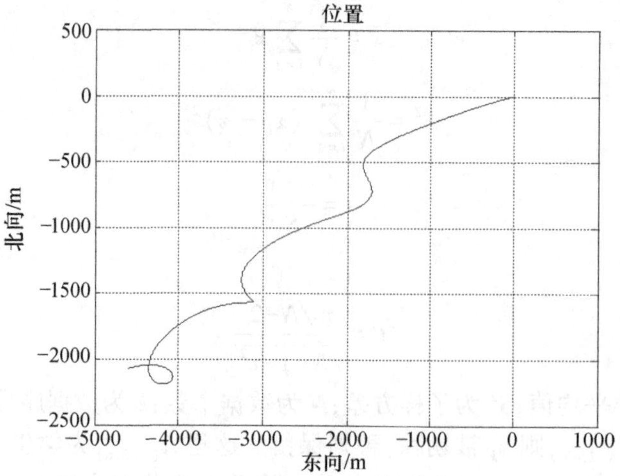

图 2-5-3　某惯性导航系统的静态纯惯性导航位置误差曲线

$$R_p = \max R_{pj} \quad 0 \leqslant j \leqslant m_i \tag{2-5-97}$$

式中:m_i 为每一次实验的数据采样点数;j 为采样时刻。

某一采样时刻(j)位置误差的圆概率误差半径按式(2-5-98)计算。

$$R_{pj} = \sqrt{\eta_j\ (\sigma_{zj} Z'_p + \mu_{zj})^3} \tag{2-5-98}$$

式中:R_{pj}为第 j 个时刻 n 次实验的位置误差在概率为 p 时的圆概率误差半径,单位为 n mile;η_j 为计算参量,按式(2-5-99)计算;σ_{zj}为计算参量,按式(2-5-100)计算;Z'_p 为标准正态分布 $N(0,1)$的 p 分位点,当评定的是通常专用技术规范中规定的50%圆概率误差半径精度指标时,$Z'_p=0$;评定90%圆概率误差半径精度指标时,$Z'_p=1.2817$;若需计算其他概率的圆概率误差半径时,可从附录 C(参考件)的 Z'_p 值表查得;μ_{zj}为计算参量,按式(2-5-101)计算。

$$\eta_j = \mu_{\lambda j}^2 + \mu_{\varphi j}^2 + \sigma_{\lambda j}^2 + \sigma_{\varphi j}^2 \tag{2-5-99}$$

式中:$\mu_{\lambda j}$为第 j 个采样时刻 n 次试验的经度误差算数平均值,单位为 n mile,按式(2-5-102)计算;$\mu_{\varphi j}$为第 j 个采样时刻 n 次试验的纬度误差算数平均值,单位为 n mile,按式(2-5-103)计算;$\sigma_{\lambda j}$ 为第 j 个采样时刻 n 次试验的经度误差均方根值,单位为 n mile,按式(2-5-104)计算;$\sigma_{\varphi j}$ 为第 j 个采样时刻 n 次试验的纬度误差均方根值,单位为 n mile,按式(2-5-105)计算。

$$\sigma_{zj} = \sqrt{\frac{2\rho_j}{9\eta_j^2}} \tag{2-5-100}$$

式中:ρ_j 为计算参量,按式(2-5-106)计算;η_j 为计算参量,按式(2-5-99)计算。

$$\mu_{zj} = 1 - \frac{2\rho_j}{9\eta_j^2} \tag{2-5-101}$$

式中:ρ_j 为计算参量,按式(2-5-106)计算;η_j 为计算参量,按式(2-5-99)计算。

$$\mu_{\lambda j}=\frac{1}{n}\sum_{i=1}^{n}(\Delta\lambda_{ij}\cos\varphi_{ij}) \tag{2-5-102}$$

式中：$\Delta\lambda_{ij}$为第 i 次试验第 j 个采样时刻的经度误差，单位为($'$)；φ_{ij}为第 i 次试验第 j 个采样时刻的纬度观测值，单位为($^\circ$)；n 为有效实验次数。

$$\mu_{\varphi j}=\frac{1}{n}\sum_{i=1}^{n}\Delta\varphi_{ij} \tag{2-5-103}$$

式中：$\Delta\varphi_{ij}$为第 i 次试验第 j 个采样时刻的纬度误差，单位为($'$)；n 为有效试验次数。

$$\sigma_{\lambda j}=\sqrt{\frac{1}{n-1}\sum_{i=1}^{n}(\Delta\lambda_{ij}\cos\varphi_{ij}-\mu_{\lambda j})^2} \tag{2-5-104}$$

式中：$\Delta\lambda_{ij}$为第 i 次试验第 j 个采样时刻的经度误差，单位为($'$)；φ_{ij}为第 i 次试验第 j 个采样时刻的纬度观测值，单位为($^\circ$)；$\mu_{\lambda j}$为第 j 个采样时刻 n 次试验的经度误差算数平均值，单位为 n mile，按式(2-5-102)计算；n 为有效试验次数。

$$\sigma_{\varphi j}=\sqrt{\frac{1}{n-1}\sum_{i=1}^{n}(\Delta\varphi_{ij}-\mu_{\varphi j})^2} \tag{2-5-105}$$

式中：$\Delta\varphi_{ij}$为第 i 次试验第 j 个采样时刻的纬度误差，单位为($'$)；$\mu_{\varphi j}$为第 j 个采样时刻 n 次试验的纬度误差算数平均值，单位为 n mile，按式(2-5-103)计算；n 为有效试验次数。

$$\rho_j=\sigma_{\lambda j}^4+\sigma_{\mu j}^4+2(\sigma_{\lambda j}^2\mu_{\lambda j}^2+\sigma_{\mu j}^2\mu_{\mu j}^2) \tag{2-5-106}$$

式中：$\sigma_{\lambda j}$为第 j 个采样时刻 n 次试验的经度误差均方根值，单位为 n mile，按式(2-5-104)计算；$\mu_{\lambda j}$为第 j 个采样时刻 n 次试验的经度误差算数平均值，单位为 n mile，按式(2-5-102)计算；$\sigma_{\varphi j}$为第 j 个采样时刻 n 次试验的纬度误差均方根值，单位为 n mile，按式(2-5-105)计算；$\mu_{\varphi j}$为第 j 个采样时刻 n 次试验的纬度误差算数平均值，单位为 n mile，按式(2-5-103)计算。

2. 系统航向精度

系统航向精度用航向误差值 RMS_H 衡量。除非另有规定，RMS_H 值按下面式计算，即

$$RMS_H=\sqrt{\frac{1}{n}\sum_{i=1}^{n}\frac{1}{m_i}\sum_{j=1}^{m_i}\Delta H_{ij}^2} \tag{2-5-107}$$

式中：RMS_H 为航向误差的平方平均均方根值，单位为($'$)；ΔH_{ij}为第 i 次试验第 j 个采样时刻的航向误差，单位为($'$)；m_i 为第 i 次试验的数据采样点数；n 为有效试验次数。

3. 系统横摇(或横滚)精度

系统横摇(或横滚)精度用横摇(或横滚)误差 RMS_θ 值衡量。RMS_θ 值的计算式如下：

$$\mathrm{RMS}_{\theta} = \sqrt{\frac{1}{n}\sum_{i=1}^{n}\frac{1}{m_i}\sum_{j=1}^{m_i}\Delta\theta_{ij}^2} \tag{2-5-108}$$

式中:RMS_{θ} 为横摇(或横滚)误差的平方平均均方根值,单位为(′)或(″);$\Delta\theta_{ij}$为第 i 次试验第 j 个采样时刻的横摇(或横滚)误差,单位为(′)或(″);m_i 为第 i 次试验的数据采样点数;n 为有效试验次数。

4. 系统纵摇(或俯仰)精度

系统纵摇(或俯仰)精度用纵摇(或俯仰)误差 RMS_{ψ} 值衡量。RMS_{ψ} 值的计算式如下:

$$\mathrm{RMS}_{\psi} = \sqrt{\frac{1}{n}\sum_{i=1}^{n}\frac{1}{m_i}\sum_{j=1}^{m_i}\Delta\psi_{ij}^2} \tag{2-5-109}$$

式中:RMS_{ψ} 为纵摇(或俯仰)误差的平方平均均方根值,单位为(′)或(″);$\Delta\psi_{ij}$为第 i 次试验第 j 个采样时刻的纵摇(或俯仰)误差,单位为(′)或(″);m_i 为第 i 次试验的数据采样点数;n 为有效试验次数。

5. 系统速度精度

系统速度精度由系统速度误差 RMS_v 衡量。RMS_v 值计算公式如下:

$$\mathrm{RMS}_{v} = \sqrt{\frac{1}{n}\sum_{i=1}^{n}\frac{1}{m_i}\sum_{j=1}^{m_i}\Delta V_{ij}^2} \tag{2-5-110}$$

式中:RMS_v 为速度误差的平方平均均方根值,单位为 K_n 或 m/s;ΔV_{ij}为第 i 次试验第 j 个采样时刻的速度误差,单位为 K_n 或 m/s;m_i 为第 i 次试验的数据采样点数;n 为有效试验次数。

2.6 惯性导航系统标定

惯性测量组合(IMU)是惯性导航系统的核心部件,对系统的标定主要是对IMU的标定。所谓IMU的标定就是通过反复比较惯性器件的输出与已知参考输入,进而确定一组参数使IMU输出与输入相吻合的过程。IMU标定的理论基础是系统辨识和参数估计,其目的是确定惯性器件组合的数学模型或误差模型的参数。IMU的标定主要包括以下工作[11-12]:

(1) 建立与应用环境相适应的惯性仪表的数学模型或误差模型;

(2) 给惯性器件提供精确已知的输入量;

(3) 观测并记录惯性器件的输出;

(4) 确定惯性器件的输入、输出关系和传递函数。

IMU标定是惯性导航的前提,标定结果将对导航精度产生直接影响。

2.6.1 基于高精度转台的标定

惯性器件的标定有一系列比较成熟的标准和规范,如IEEE标准、国军标,

IMU 作为惯性器件组合也有许多比较成熟的标定方案,但这些标准、规范和方案都要求利用转台提供姿态和转动基准,一般要在实验室完成,这类方法称为基于转台的标定方法。基于转台的 IMU 标定最常用的手段是速率测试和多位置静态测试。通常是利用速率测试标定陀螺仪参数,利用多位置静态测试标定加速度计参数,借助温箱等设备标定惯性器件的温变特性。

1. IMU 标定的参数模型

这里以激光陀螺捷联惯性导航系统为例讨论 IMU 的标定问题。IMU 通常由 3 个激光陀螺仪和 3 个石英挠性加速度计组成,待标定参数一般仅考虑 IMU 的零阶项和一阶项参数,包括陀螺仪和加速度计的零偏、刻度因子和安装误差角等。

由于激光陀螺对载体运动的加速度不敏感,在陀螺输入输出模型中忽略加速度项。记载体坐标系(b 系)的 3 个坐标轴分别为 $\boldsymbol{x}^b$、$\boldsymbol{y}^b$、$\boldsymbol{z}^b$,IMU 中 3 个陀螺敏感轴单位矢量分别为 $\boldsymbol{x}^g$、$\boldsymbol{y}^g$、$\boldsymbol{z}^g$,则单位时间陀螺输出脉冲可写成

$$\begin{bmatrix} N_x^g \\ N_y^g \\ N_z^g \end{bmatrix} = \begin{bmatrix} S_x^g & 0 & 0 \\ 0 & S_y^g & 0 \\ 0 & 0 & S_z^g \end{bmatrix} \begin{bmatrix} \boldsymbol{x}^g \cdot \boldsymbol{x}^b & \boldsymbol{x}^g \cdot \boldsymbol{y}^b & \boldsymbol{x}^g \cdot \boldsymbol{z}^b \\ \boldsymbol{y}^g \cdot \boldsymbol{x}^b & \boldsymbol{y}^g \cdot \boldsymbol{y}^b & \boldsymbol{y}^g \cdot \boldsymbol{z}^b \\ \boldsymbol{z}^g \cdot \boldsymbol{x}^b & \boldsymbol{z}^g \cdot \boldsymbol{y}^b & \boldsymbol{z}^g \cdot \boldsymbol{z}^b \end{bmatrix} \begin{bmatrix} \omega_x^b \\ \omega_y^b \\ \omega_z^b \end{bmatrix} + \begin{bmatrix} b_x^g \\ b_y^g \\ b_z^g \end{bmatrix} + \begin{bmatrix} n_x^g \\ n_y^g \\ n_z^g \end{bmatrix} \tag{2-6-1}$$

式中:$\boldsymbol{\omega}_{ib}^b = [\omega_x^b \quad \omega_y^b \quad \omega_z^b]^{\mathrm{T}}$ 为输入角速度矢量在 b 系的表示,$\boldsymbol{N}^g = [N_x^g \quad N_y^g \quad N_z^g]^{\mathrm{T}}$ 为单位时间的陀螺脉冲输出,S_j^g、$b_j^g(j=x,y,z)$ 分别表示 j 轴陀螺的刻度因子和零偏,n_j^g 指代 j 轴陀螺测量噪声。矩阵 $\begin{bmatrix} \boldsymbol{x}^g \cdot \boldsymbol{x}^b & \boldsymbol{x}^g \cdot \boldsymbol{y}^b & \boldsymbol{x}^g \cdot \boldsymbol{z}^b \\ \boldsymbol{y}^g \cdot \boldsymbol{x}^b & \boldsymbol{y}^g \cdot \boldsymbol{y}^b & \boldsymbol{y}^g \cdot \boldsymbol{z}^b \\ \boldsymbol{z}^g \cdot \boldsymbol{x}^b & \boldsymbol{z}^g \cdot \boldsymbol{y}^b & \boldsymbol{z}^g \cdot \boldsymbol{z}^b \end{bmatrix}$ 的各元素是陀螺敏感轴矢量和载体系坐标轴矢量的点乘,矩阵实现了矢量从载体系到陀螺敏感轴系的转换,体现了陀螺的安装关系。

与陀螺相似,记 3 个加速度计敏感轴单位矢量分别为 $\boldsymbol{x}^a$、$\boldsymbol{y}^a$、$\boldsymbol{z}^a$,单位时间加速度计输出脉冲可写成

$$\begin{bmatrix} N_x^a \\ N_y^a \\ N_z^a \end{bmatrix} = \begin{bmatrix} S_x^a & 0 & 0 \\ 0 & S_y^a & 0 \\ 0 & 0 & S_z^a \end{bmatrix} \begin{bmatrix} \boldsymbol{x}^a \cdot \boldsymbol{x}^b & \boldsymbol{x}^a \cdot \boldsymbol{y}^b & \boldsymbol{x}^a \cdot \boldsymbol{z}^b \\ \boldsymbol{y}^a \cdot \boldsymbol{x}^b & \boldsymbol{y}^a \cdot \boldsymbol{y}^b & \boldsymbol{y}^a \cdot \boldsymbol{z}^b \\ \boldsymbol{z}^a \cdot \boldsymbol{x}^b & \boldsymbol{z}^a \cdot \boldsymbol{y}^b & \boldsymbol{z}^a \cdot \boldsymbol{z}^b \end{bmatrix} \begin{bmatrix} f_x^b \\ f_y^b \\ f_z^b \end{bmatrix} + \begin{bmatrix} b_x^a \\ b_y^a \\ b_z^a \end{bmatrix} + \begin{bmatrix} n_x^a \\ n_y^a \\ n_z^a \end{bmatrix} \tag{2-6-2}$$

式中:$\boldsymbol{f}^b = [f_x^b \quad f_y^b \quad f_z^b]^{\mathrm{T}}$ 为比力矢量在 b 系的表示;$\boldsymbol{N}^a = [N_x^a \quad N_y^a \quad N_z^a]^{\mathrm{T}}$ 为单位时间的加速度计脉冲输出;S_j^a 和 $b_j^a(j=x,y,z)$ 分别为 j 轴加速度计的刻度因子和零偏;$\begin{bmatrix} \boldsymbol{x}^a \cdot \boldsymbol{x}^b & \boldsymbol{x}^a \cdot \boldsymbol{y}^b & \boldsymbol{x}^a \cdot \boldsymbol{z}^b \\ \boldsymbol{y}^a \cdot \boldsymbol{x}^b & \boldsymbol{y}^a \cdot \boldsymbol{y}^b & \boldsymbol{y}^a \cdot \boldsymbol{z}^b \\ \boldsymbol{z}^a \cdot \boldsymbol{x}^b & \boldsymbol{z}^a \cdot \boldsymbol{y}^b & \boldsymbol{z}^a \cdot \boldsymbol{z}^b \end{bmatrix}$ 为加速度计安装关系矩阵;n_j^a 为 j 轴加速度计

测量噪声。

理想安装条件下，陀螺、加速度计各敏感轴与载体系各轴分别重合，即安装关系矩阵 $\begin{bmatrix} \boldsymbol{x}^g\cdot\boldsymbol{x}^b & \boldsymbol{x}^g\cdot\boldsymbol{y}^b & \boldsymbol{x}^g\cdot\boldsymbol{z}^b \\ \boldsymbol{y}^g\cdot\boldsymbol{x}^b & \boldsymbol{y}^g\cdot\boldsymbol{y}^b & \boldsymbol{y}^g\cdot\boldsymbol{z}^b \\ \boldsymbol{z}^g\cdot\boldsymbol{x}^b & \boldsymbol{z}^g\cdot\boldsymbol{y}^b & \boldsymbol{z}^g\cdot\boldsymbol{z}^b \end{bmatrix}$ 和 $\begin{bmatrix} \boldsymbol{x}^a\cdot\boldsymbol{x}^b & \boldsymbol{x}^a\cdot\boldsymbol{y}^b & \boldsymbol{x}^a\cdot\boldsymbol{z}^b \\ \boldsymbol{y}^a\cdot\boldsymbol{x}^b & \boldsymbol{y}^a\cdot\boldsymbol{y}^b & \boldsymbol{y}^a\cdot\boldsymbol{z}^b \\ \boldsymbol{z}^a\cdot\boldsymbol{x}^b & \boldsymbol{z}^a\cdot\boldsymbol{y}^b & \boldsymbol{z}^a\cdot\boldsymbol{z}^b \end{bmatrix}$ 都为单位阵 $\boldsymbol{I}_3$。但系统组装时必然存在安装误差，假设安装误差角为小角度，则安装关系矩阵近似满足

$$\begin{bmatrix} \boldsymbol{x}^g\cdot\boldsymbol{x}^b & \boldsymbol{x}^g\cdot\boldsymbol{y}^b & \boldsymbol{x}^g\cdot\boldsymbol{z}^b \\ \boldsymbol{y}^g\cdot\boldsymbol{x}^b & \boldsymbol{y}^g\cdot\boldsymbol{y}^b & \boldsymbol{y}^g\cdot\boldsymbol{z}^b \\ \boldsymbol{z}^g\cdot\boldsymbol{x}^b & \boldsymbol{z}^g\cdot\boldsymbol{y}^b & \boldsymbol{z}^g\cdot\boldsymbol{z}^b \end{bmatrix} \approx \begin{bmatrix} 1 & -\gamma_{xz}^g & \gamma_{xy}^g \\ \gamma_{yz}^g & 1 & -\gamma_{yx}^g \\ -\gamma_{zy}^g & \gamma_{zx}^g & 1 \end{bmatrix},$$

$$\begin{bmatrix} \boldsymbol{x}^a\cdot\boldsymbol{x}^b & \boldsymbol{x}^a\cdot\boldsymbol{y}^b & \boldsymbol{x}^a\cdot\boldsymbol{z}^b \\ \boldsymbol{y}^a\cdot\boldsymbol{x}^b & \boldsymbol{y}^a\cdot\boldsymbol{y}^b & \boldsymbol{y}^a\cdot\boldsymbol{z}^b \\ \boldsymbol{z}^a\cdot\boldsymbol{x}^b & \boldsymbol{z}^a\cdot\boldsymbol{y}^b & \boldsymbol{z}^a\cdot\boldsymbol{z}^b \end{bmatrix} \approx \begin{bmatrix} 1 & -\gamma_{xz}^a & \gamma_{xy}^a \\ \gamma_{yz}^a & 1 & -\gamma_{yx}^a \\ -\gamma_{zy}^a & \gamma_{zx}^a & 1 \end{bmatrix} \tag{2-6-3}$$

式中：γ_{ij}^g、$\gamma_{ij}^a(i,j=x,y,z)$ 通常被称作陀螺仪和加速度计的安装误差角。

根据式(2-6-1)、式(2-6-2)表示的输入输出关系，可以从 IMU 的脉冲输出得到角速度和比力测量结果

$$\boldsymbol{\omega}_{ib}^b = \begin{bmatrix} \boldsymbol{x}^g\cdot\boldsymbol{x}^b & \boldsymbol{x}^g\cdot\boldsymbol{y}^b & \boldsymbol{x}^g\cdot\boldsymbol{z}^b \\ \boldsymbol{y}^g\cdot\boldsymbol{x}^b & \boldsymbol{y}^g\cdot\boldsymbol{y}^b & \boldsymbol{y}^g\cdot\boldsymbol{z}^b \\ \boldsymbol{z}^g\cdot\boldsymbol{x}^b & \boldsymbol{z}^g\cdot\boldsymbol{y}^b & \boldsymbol{z}^g\cdot\boldsymbol{z}^b \end{bmatrix}^{-1} \begin{bmatrix} S_x^g & 0 & 0 \\ 0 & S_y^g & 0 \\ 0 & 0 & S_z^g \end{bmatrix}^{-1} \begin{bmatrix} N_x^g-b_x^g-n_x^g \\ N_y^g-b_y^g-n_y^g \\ N_z^g-b_z^g-n_z^g \end{bmatrix}$$

$$\triangleq \boldsymbol{K}^g\boldsymbol{N}^g-\boldsymbol{\omega}_0-\boldsymbol{\delta}_\omega \tag{2-6-4}$$

$$\boldsymbol{f}^b = \begin{bmatrix} \boldsymbol{x}^a\cdot\boldsymbol{x}^b & \boldsymbol{x}^a\cdot\boldsymbol{y}^b & \boldsymbol{x}^a\cdot\boldsymbol{z}^b \\ \boldsymbol{y}^a\cdot\boldsymbol{x}^b & \boldsymbol{y}^a\cdot\boldsymbol{y}^b & \boldsymbol{y}^a\cdot\boldsymbol{z}^b \\ \boldsymbol{z}^a\cdot\boldsymbol{x}^b & \boldsymbol{z}^a\cdot\boldsymbol{y}^b & \boldsymbol{z}^a\cdot\boldsymbol{z}^b \end{bmatrix}^{-1} \begin{bmatrix} S_x^a & 0 & 0 \\ 0 & S_y^a & 0 \\ 0 & 0 & S_z^a \end{bmatrix}^{-1} \begin{bmatrix} N_x^a-b_x^a-n_x^a \\ N_y^a-b_y^a-n_y^a \\ N_z^a-b_z^a-n_z^a \end{bmatrix}$$

$$\triangleq \boldsymbol{K}^a\boldsymbol{N}^a-\boldsymbol{f}_0-\boldsymbol{\delta}_f \tag{2-6-5}$$

其中，$\boldsymbol{K}^g$、$\boldsymbol{K}^a$ 分别包含了陀螺仪和加速度计的刻度因子及安装关系项，具体可写成

$$\boldsymbol{K}^g = \begin{bmatrix} S_x^g(\boldsymbol{x}^g\cdot\boldsymbol{x}^b) & S_x^g(\boldsymbol{x}^g\cdot\boldsymbol{y}^b) & S_x^g(\boldsymbol{x}^g\cdot\boldsymbol{z}^b) \\ S_y^g(\boldsymbol{y}^g\cdot\boldsymbol{x}^b) & S_y^g(\boldsymbol{y}^g\cdot\boldsymbol{y}^b) & S_y^g(\boldsymbol{y}^g\cdot\boldsymbol{z}^b) \\ S_z^g(\boldsymbol{z}^g\cdot\boldsymbol{x}^b) & S_z^g(\boldsymbol{z}^g\cdot\boldsymbol{y}^b) & S_z^g(\boldsymbol{z}^g\cdot\boldsymbol{z}^b) \end{bmatrix}^{-1} \tag{2-6-6}$$

$$\boldsymbol{K}^a = \begin{bmatrix} S_x^a(\boldsymbol{x}^a\cdot\boldsymbol{x}^b) & S_x^a(\boldsymbol{x}^a\cdot\boldsymbol{y}^b) & S_x^a(\boldsymbol{x}^a\cdot\boldsymbol{z}^b) \\ S_y^a(\boldsymbol{y}^a\cdot\boldsymbol{x}^b) & S_y^a(\boldsymbol{y}^a\cdot\boldsymbol{y}^b) & S_y^a(\boldsymbol{y}^a\cdot\boldsymbol{z}^b) \\ S_z^a(\boldsymbol{z}^a\cdot\boldsymbol{x}^b) & S_z^a(\boldsymbol{z}^a\cdot\boldsymbol{y}^b) & S_z^a(\boldsymbol{z}^a\cdot\boldsymbol{z}^b) \end{bmatrix}^{-1} \tag{2-6-7}$$

假设安装误差角为小角度，则 $\boldsymbol{K}^g$、$\boldsymbol{K}^a$ 可近似写成

$$\boldsymbol{K}^g \approx \begin{bmatrix} S_x^g & -S_x^g\gamma_{xz}^g & S_x^g\gamma_{xy}^g \\ S_y^g\gamma_{yz}^g & S_y^g & -S_y^g\gamma_{yx}^g \\ -S_z^g\gamma_{zy}^g & S_z^g\gamma_{zx}^g & S_z^g \end{bmatrix}^{-1}, \boldsymbol{K}^a \approx \begin{bmatrix} S_x^a & -S_x^a\gamma_{xz}^a & S_x^a\gamma_{xy}^a \\ S_y^a\gamma_{yz}^a & S_y^a & -S_y^a\gamma_{yx}^a \\ -S_z^a\gamma_{zy}^a & S_z^a\gamma_{zx}^a & S_z^a \end{bmatrix}^{-1} \tag{2-6-8}$$

常分别称 $\boldsymbol{K}^g$、$\boldsymbol{K}^a$ 为陀螺仪和加速度计的刻度因子与安装关系矩阵。$\boldsymbol{\omega}_0$ 和 $\boldsymbol{f}_0$ 可写成

$$\boldsymbol{\omega}_0 = \boldsymbol{K}^g \begin{bmatrix} b_x^g \\ b_y^g \\ b_z^g \end{bmatrix}, \boldsymbol{f}_0 = \boldsymbol{K}^a \begin{bmatrix} b_x^a \\ b_y^a \\ b_z^a \end{bmatrix} \tag{2-6-9}$$

$\boldsymbol{\omega}_0$、$\boldsymbol{f}_0$ 也常称作陀螺仪和加速度计的零偏。$\boldsymbol{\delta}_\omega$ 和 $\boldsymbol{\delta}_f$ 是噪声部分：

$$\boldsymbol{\delta}_\omega = \boldsymbol{K}^g \begin{bmatrix} n_x^g \\ n_y^g \\ n_z^g \end{bmatrix}, \boldsymbol{\delta}_f = \boldsymbol{K}^a \begin{bmatrix} n_x^a \\ n_y^a \\ n_z^a \end{bmatrix} \tag{2-6-10}$$

式(2-6-4)、式(2-6-5)是 IMU 标定参数模型，矩阵 $\boldsymbol{K}^g$、$\boldsymbol{K}^a$ 和零偏矢量 $\boldsymbol{\omega}_0$、$\boldsymbol{f}_0$ 是待估计的标定参数。

利用高精度三轴转台的角速率和姿态基准，可为 IMU 提供精确的角速度和比力输入，分别比较陀螺仪、加速度计的脉冲输出和角速度、比力输入，可估计各标定参数，实现标定。这里采用三轴正反转速率实验和 24 位置静态测试结合的标定编排方式。

如图 2-6-1 所示，设转台零位时，内框、中框、外框的转轴分别指向东、北、天，安装于内框的 IMU 的载体系 X、Y、Z 轴分别指向北、天、东，与转台中框、外框、内框转轴平行。

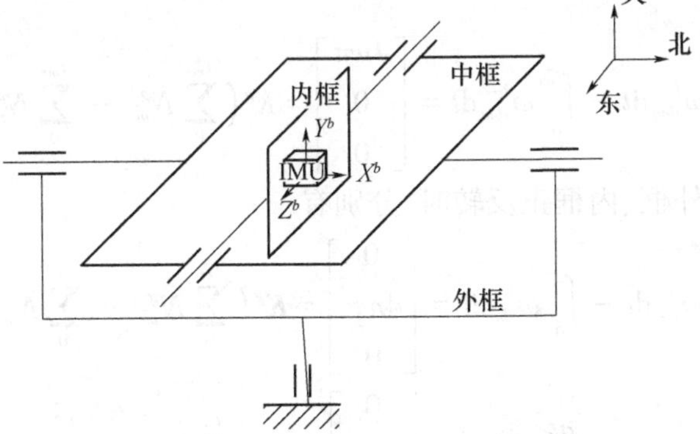

图 2-6-1 转台零位各轴方向示意图

2. 陀螺仪到刻度因子和安装关系矩阵的标定

$\boldsymbol{K}^g$ 标定采用三轴正反转速率实验,分别绕载体系的 X、Y、Z 轴正反转相同时间,具体标定编排为:

绕 X 轴旋转:控制内框、外框为 0°,中框正反转各 n 周,并使正反转时间相同 $t_{mr}^{+}=t_{mr}^{-}$;

绕 Y 轴旋转:控制内框、中框为 0°,外框正反转各 n 周,并使正反转时间相同 $t_{or}^{+}=t_{or}^{-}$;

绕 Z 轴旋转:控制中框、外框为 0°,内框正反转各 n 周,并使正反转时间相同 $t_{ir}^{+}=t_{ir}^{-}$。

设中框正转时转动角速度为 $\boldsymbol{\omega}_m^{b+}=\begin{bmatrix}\omega_{mr}^{+}\\0\\0\end{bmatrix}$,则根据标定参数模型,忽略噪声,此时输入角速度 $\boldsymbol{\omega}_{ibm}^{b}$ 和陀螺脉冲输出 $\boldsymbol{N}_m^g$ 之间的关系为

$$\boldsymbol{\omega}_{ibm}^{b+}=\boldsymbol{\omega}_m^{b+}+\boldsymbol{\omega}_{iem}^{b+}=\boldsymbol{K}^g\boldsymbol{N}_m^{g+}-\boldsymbol{\omega}_0 \tag{2-6-11}$$

式中:上角标"+"表示正转;$\boldsymbol{\omega}_{iem}^{b+}$ 为中框正转时地球自转角速度在载体系的投影。

将 $\boldsymbol{\omega}_{ibm}^{b+}$ 对旋转时间积分,则有

$$\int_0^{t_{mr}^{+}}\boldsymbol{\omega}_{ibm}^{b+}\mathrm{d}t=\begin{bmatrix}2n\pi\\0\\0\end{bmatrix}+\int_0^{t_{mr}^{+}}\boldsymbol{\omega}_{iem}^{b+}\mathrm{d}t=\boldsymbol{K}^g\sum_0^{t_{mr}^{+}}\boldsymbol{N}_m^{g+}-\boldsymbol{\omega}_0 t_{mr}^{+} \tag{2-6-12}$$

同理,中框反转时输入角速度积分有

$$\int_0^{t_{mr}^{-}}\boldsymbol{\omega}_{ibm}^{b-}\mathrm{d}t=\begin{bmatrix}-2n\pi\\0\\0\end{bmatrix}+\int_0^{t_{mr}^{-}}\boldsymbol{\omega}_{iem}^{b-}\mathrm{d}t=\boldsymbol{K}^g\sum_0^{t_{mr}^{-}}\boldsymbol{N}_m^{g-}-\boldsymbol{\omega}_0 t_{mr}^{-} \tag{2-6-13}$$

其中,上角标"-"表示反转。

由于 $t_{mr}^{+}=t_{mr}^{-}$,从式(2-6-12)中减去式(2-6-13),抵消地球自转和陀螺零偏的影响,可得

$$\int_0^{t_{mr}^{+}}\boldsymbol{\omega}_{ibm}^{b+}\mathrm{d}t-\int_0^{t_{mr}^{-}}\boldsymbol{\omega}_{ibm}^{b-}\mathrm{d}t=\begin{bmatrix}4n\pi\\0\\0\end{bmatrix}=\boldsymbol{K}^g\left(\sum_0^{t_{mr}^{+}}\boldsymbol{N}_m^{g+}-\sum_0^{t_{mr}^{-}}\boldsymbol{N}_m^{g-}\right) \tag{2-6-14}$$

同理,转台外框、内框正反转时,分别有

$$\int_0^{t_{or}^{+}}\boldsymbol{\omega}_{ibo}^{b+}\mathrm{d}t-\int_0^{t_{or}^{-}}\boldsymbol{\omega}_{ibo}^{b-}\mathrm{d}t=\begin{bmatrix}0\\4n\pi\\0\end{bmatrix}=\boldsymbol{K}^g\left(\sum_0^{t_{or}^{+}}\boldsymbol{N}_o^{g+}-\sum_0^{t_{or}^{-}}\boldsymbol{N}_o^{g-}\right) \tag{2-6-15}$$

$$\int_0^{t_{ir}^{+}}\boldsymbol{\omega}_{ibi}^{b+}\mathrm{d}t-\int_0^{t_{ir}^{-}}\boldsymbol{\omega}_{ibi}^{b-}\mathrm{d}t=\begin{bmatrix}0\\0\\4n\pi\end{bmatrix}=\boldsymbol{K}^g\left(\sum_0^{t_{ir}^{+}}\boldsymbol{N}_i^{g+}-\sum_0^{t_{ir}^{-}}\boldsymbol{N}_i^{g-}\right) \tag{2-6-16}$$

由式(2-6-14)~式(2-6-16)可得

$$\begin{bmatrix} 4n\pi & 0 & 0 \\ 0 & 4n\pi & 0 \\ 0 & 0 & 4n\pi \end{bmatrix} = \boldsymbol{K}^g \left[\left(\sum_0^{t_{mr}^+} \boldsymbol{N}_m^{g+} - \sum_0^{t_{mr}^-} \boldsymbol{N}_m^{g-} \right) \right.$$

$$\left. \left(\sum_0^{t_{or}^+} \boldsymbol{N}_o^{g+} - \sum_0^{t_{or}^-} \boldsymbol{N}_o^{g-} \right) \quad \left(\sum_0^{t_{ir}^+} \boldsymbol{N}_i^{g+} - \sum_0^{t_{ir}^-} \boldsymbol{N}_i^{g-} \right) \right] \tag{2-6-17}$$

故陀螺仪刻度因子和安装关系矩阵标定计算公式为

$$\boldsymbol{K}^g = 4n\pi \left[\left(\sum_0^{t_{mr}^+} \boldsymbol{N}_m^{g+} - \sum_0^{t_{mr}^-} \boldsymbol{N}_m^{g-} \right) \quad \left(\sum_0^{t_{or}^+} \boldsymbol{N}_o^{g+} - \sum_0^{t_{or}^-} \boldsymbol{N}_o^{g-} \right) \quad \left(\sum_0^{t_{ir}^+} \boldsymbol{N}_i^{g+} - \sum_0^{t_{ir}^-} \boldsymbol{N}_i^{g-} \right) \right]^{-1} \tag{2-6-18}$$

3. 陀螺仪零偏的标定

陀螺仪零偏标定采用 24 位置取平均抵消地球自转的方法。记标定中转台内框、中框、外框的角度设置分别为 ϕ_i、ϕ_m、ϕ_o,具体编排如下:控制转台内框和中框,使载体系的 X、Y、Z 轴分别朝上朝下,共 6 组位置:

X 轴朝上:$\phi_i=\pi/2,\phi_m=0$;X 轴朝下:$\phi_i=-\pi/2,\phi_m=0$;

Y 轴朝上:$\phi_i=0,\phi_m=0$;Y 轴朝下:$\phi_i=0,\phi_m=\pi$;

Z 轴朝上:$\phi_i=0,\phi_m=-\pi/2$;Z 轴朝下:$\phi_i=0,\phi_m=\pi/2$

对应每组位置,外框都有 $\phi_o=0,\phi_o=\pi/2,\phi_o=\pi,\phi_o=-\pi/2$ 四个位置,共 24 个位置。

此 24 个位置载体系 3 个坐标轴对应的地理方向如表 2-6-1 所列。

表 2-6-1 位置编排载体系 3 个坐标轴的地理方向

载体系 X-Y-Z 轴的地理方向	外框 0°	外框 90°	外框 180°	外框 270°
X 轴朝上	天—南—东	天—东—北	天—北—西	天—西—南
X 轴朝下	地—北—东	地—西—北	地—南—西	地—东—南
Y 轴朝上	北—天—东	西—天—北	南—天—西	东—天—南
Y 轴朝下	北—地—西	西—地—南	南—地—东	东—地—北
Z 轴朝上	北—西—天	西—南—天	南—东—天	东—北—天
Z 轴朝下	北—东—地	西—北—地	南—西—地	东—南—地

设第 $j(j=1,2,\cdots,24)$ 个位置上单位时间的陀螺脉冲输出为 $\boldsymbol{N}_j^g$,则陀螺仪零偏标定计算公式为

$$\omega_0 = \frac{1}{24}\boldsymbol{K}^g \sum_{j=1}^{24} \boldsymbol{N}_j^g \tag{2-6-19}$$

4. 加速度计参数的标定

加速度计的参数标定也采用24位置静态测试方法,将地球重力加速度作为输入激励,控制转台,使载体系的X、Y和Z轴分别朝上朝下与重力方向平行,具体编排与陀螺仪零偏标定编排相同。各位置的比力输入为(g为重力加速度大小)

X轴朝上时:$\boldsymbol{f}_1^b=[g \quad 0 \quad 0]^{\mathrm{T}}$; X轴朝下时:$\boldsymbol{f}_2^b=[-g \quad 0 \quad 0]^{\mathrm{T}}$;

Y轴朝上时:$\boldsymbol{f}_3^b=[0 \quad g \quad 0]^{\mathrm{T}}$;$Y$轴朝下时:$\boldsymbol{f}_4^b=[0 \quad -g \quad 0]^{\mathrm{T}}$;

Z轴朝上时:$\boldsymbol{f}_5^b=[0 \quad 0 \quad g]^{\mathrm{T}}$;$Z$轴朝下时:$\boldsymbol{f}_6^b=[0 \quad 0 \quad -g]^{\mathrm{T}}$。

记6组中每组位置对应的外框$\phi_o=0,\phi_o=\pi/2,\phi_o=\pi,\phi_o=-\pi/2$四个位置上加速度计输出脉冲的均值为$\overline{\boldsymbol{N}}_j^a(j=1,2,\cdots,6)$,即

$$\overline{\boldsymbol{N}}_j^a=\frac{1}{4}(\boldsymbol{N}_j^a|_{\phi_o=0}+\boldsymbol{N}_j^a|_{\phi_o=\pi/2}+\boldsymbol{N}_j^a|_{\phi_o=\pi}+\boldsymbol{N}_j^a|_{\phi_o=-\pi/2}) \tag{2-6-20}$$

其中,$\boldsymbol{N}_j^a|_{\phi_o=\alpha}$表示第$j$组位置外框角为$\alpha$时单位时间的加速度计脉冲输出,则根据标定参数模型,有

$$\boldsymbol{f}_j^b=\boldsymbol{K}^a\overline{\boldsymbol{N}}_j^a-\boldsymbol{f}_0 \quad (j=1,2,\cdots,6) \tag{2-6-21}$$

将6组位置的比力输入表达式代入式(2-6-21),适当变换得到

$$\begin{bmatrix} g & -g & 0 & 0 & 0 & 0 \\ 0 & 0 & g & -g & 0 & 0 \\ 0 & 0 & 0 & 0 & g & -g \end{bmatrix}=[\boldsymbol{K}^a \quad \boldsymbol{f}_0]\begin{bmatrix} \overline{\boldsymbol{N}}_1^a & \overline{\boldsymbol{N}}_2^a & \overline{\boldsymbol{N}}_3^a & \overline{\boldsymbol{N}}_4^a & \overline{\boldsymbol{N}}_5^a & \overline{\boldsymbol{N}}_6^a \\ -1 & -1 & -1 & -1 & -1 & -1 \end{bmatrix} \tag{2-6-22}$$

利用最小二乘法可以得到

$$[\boldsymbol{K}^a \quad \boldsymbol{f}_0]=\begin{bmatrix} g & -g & 0 & 0 & 0 & 0 \\ 0 & 0 & g & -g & 0 & 0 \\ 0 & 0 & 0 & 0 & g & -g \end{bmatrix}\begin{bmatrix} \overline{\boldsymbol{N}}_1^{aT} & -1 \\ \overline{\boldsymbol{N}}_2^{aT} & -1 \\ \overline{\boldsymbol{N}}_3^{aT} & -1 \\ \overline{\boldsymbol{N}}_4^{aT} & -1 \\ \overline{\boldsymbol{N}}_5^{aT} & -1 \\ \overline{\boldsymbol{N}}_6^{aT} & -1 \end{bmatrix}\begin{bmatrix} \sum_{j=1}^{6}(\overline{\boldsymbol{N}}_j^a\overline{\boldsymbol{N}}_j^{aT}) & -\sum_{j=1}^{6}\overline{\boldsymbol{N}}_j^a \\ -\sum_{j=1}^{6}\overline{\boldsymbol{N}}_j^{aT} & 6 \end{bmatrix}^{-1} \tag{2-6-23}$$

2.6.2 基于模观测的标定

基于转台的IMU标定方法主要存在如下两大弊端:一是标定过程依赖转台,一般只能在实验室进行。惯性器件的输出受器件老化和环境因素的影响,需要周期性地标校和测试。将IMU频繁地返回实验室标定会耗费巨大的成本,且影响武器系统的效能发挥。二是标定精度依赖转台精度。标定高精度IMU,通

常需要在更高精度(比如高一个数量级)的转台上进行。由于机械加工和控制误差的影响,短时间内转台精度难以有较大提高,随着惯性器件精度的提高,转台越来越不能满足标定要求。这两个弊端影响 IMU 的标定,制约着高精度惯性导航系统的性能提升。为克服传统标定方法的两大弊端,必须减少标定过程对转台的依赖,降低标定对精确姿态控制的要求。模观测标定方法为高精度惯性导航系统 IMU 的标定提供了可行的选择。

模观测标定方法是指基于 IMU 输入加速度、角速度激励的模分别和加速度计比力测量、陀螺仪角速度测量的模相等的原理,以输入加速度、角速度的模作为观测,计算惯性系统 IMU 参数的方法。模观测标定方法可看作一种"Shape-from-Motion"的标定方法,以模的大小作为"Motion"的约束。国外学者将这种方法应用于低精度 IMU(如 MEMS)的标定,以期采用低精度转台甚至不采用转台标定惯性导航系统,从而降低标定测试成本。国内的一些研究将这种方法用于陀螺仪或加速度计零偏的现场标定中,取得了不错的效果。这种方法的最大优点在于标定过程对 IMU 姿态和转轴方向不做精确要求,因而降低了对转台精度的要求,减小了转台误差对标定的影响。

1. IMU 模观测标定的参数模型

静态条件下,IMU 的测量满足

$$\boldsymbol{C}_b^n\boldsymbol{f}^b=-\boldsymbol{g}_l^n,\boldsymbol{C}_b^n\boldsymbol{\omega}_{ib}^b=\boldsymbol{\omega}_{ie}^n \tag{2-6-24}$$

其中,$\boldsymbol{C}_b^n$ 为载体系到导航系的方向余弦阵,$\boldsymbol{g}_l^n$ 为重力加速度,$\boldsymbol{\omega}_{ie}^n$为地球自转角速度。

根据式(2-6-24),对陀螺仪和加速度计的测量分别取模得

$$|\boldsymbol{f}^b|=|\boldsymbol{C}_b^n\boldsymbol{f}^b|=|-\boldsymbol{g}_l^n|=g_0 \tag{2-6-25}$$

$$|\boldsymbol{\omega}_{ib}^b|=|\boldsymbol{C}_b^n\boldsymbol{\omega}_{ib}^b|=|\boldsymbol{\omega}_{ie}^n|=\Omega \tag{2-6-26}$$

式(2-6-25)和式(2-6-26)表明,静态条件下,无论 IMU 处于什么姿态,加速度和角速度测量的模都是已知的,分别等于当地重力加速度和地球自转角速度大小。以加速度和角速度的模作为观测,理论上可以实现加速度计和陀螺仪的标定。但由于地球自转角速度值量级较小,对陀螺标定的激励不足,导致陀螺参数标定精度不高,难以满足高精度惯性导航系统的标定要求,故实际中一般采用转台转动来增大陀螺激励,以提高陀螺标定精度。

定义 OX_g、OY_g、OZ_g 分别为 3 个陀螺仪的敏感轴方向。将受陀螺仪安装约束的载体系 b 定义为如下形式:正交坐标系 $O-X_bY_bZ_b$,OX_b 轴与 OX_g 轴重合;OY_b 轴在 OX_gY 所在的平面内,OY_b 轴垂直于 OX_b 轴,OY_b 轴与 OY_g 轴的夹角记为 θ_z;OZ_b 则按正交系右手定则定义,OZ_b 垂直于 OY_g。OZ_b 与 OZ_g 之间的关系,可以用两个分别投影在 OY_gZ_b 平面内的夹角 θ_x 以及投影在 OX_bZ_b 平面内的夹角 θ_y 确定。则存在如下关系:

$$\begin{bmatrix} X_g \\ Y_g \\ Z_g \end{bmatrix} = T_b^g \begin{bmatrix} X_b \\ Y_b \\ Z_b \end{bmatrix} = \begin{bmatrix} 1 & 0 & 0 \\ OY_g \cdot OX_b & OY_g \cdot OY_b & 0 \\ OZ_g \cdot OX_b & OZ_g \cdot OY_b & OZ_g \cdot OZ_b \end{bmatrix} \begin{bmatrix} X_b \\ Y_b \\ Z_b \end{bmatrix} \tag{2-6-27}$$

陀螺仪和加速度计的输出模型同式(2-6-4)和式(2-6-5)所示。

2. 陀螺仪刻度因子和安装关系矩阵的标定

定义 $\omega_X, \omega_Y, \omega_Z$ 分别为 IMU 的惯性空间角速度在载体系 b 中 3 个轴上的投影,N_1、N_2、N_3 是 3 个陀螺的脉冲输出,ω_{01}、ω_{02}、ω_{03} 为 3 个陀螺仪的零偏,测量时间为 T。参考陀螺输出模型式(2-6-4),忽略测量噪声,则陀螺有如下的测量模型:

$$\begin{bmatrix} \omega_X \\ \omega_Y \\ \omega_Z \end{bmatrix} = \begin{bmatrix} G_{X1} & 0 & 0 \\ G_{Y1} & G_{Y2} & 0 \\ G_{Z1} & G_{Z2} & G_{Z3} \end{bmatrix} \begin{bmatrix} N_1/T \\ N_2/T \\ N_3/T \end{bmatrix} - \begin{bmatrix} \omega_{01} \\ \omega_{02} \\ \omega_{03} \end{bmatrix} \tag{2-6-28}$$

式中:$\begin{bmatrix} G_{X1} & 0 & 0 \\ G_{Y1} & G_{Y2} & 0 \\ G_{Z1} & G_{Z2} & G_{Z3} \end{bmatrix}$为陀螺仪的刻度因子和安装关系矩阵。

右上标 j+表示绕 j 轴正转 n 圈,j−表示绕 j 轴负转 n 圈。将绕 j 轴的正反转动相减以扣除零偏,并将绕 j 轴的转动单位化,则有 j 轴单位矢量在载体系 b 中的投影:

$$\begin{cases} e_X^j = (\omega_X^{j+} - \omega_X^{j-}) T^j / (4n\pi) \\ e_Y^j = (\omega_Y^{j+} - \omega_Y^{j-}) T^j / (4n\pi) \\ e_Z^j = (\omega_Z^{j+} - \omega_Z^{j-}) T^j / (4n\pi) \end{cases} \tag{2-6-29}$$

单位矢量满足模为 1 的约束,即

$$(e_X^j)^2 + (e_Y^j)^2 + (e_Z^j)^2 = 1 \tag{2-6-30}$$

因此,将式(2-6-28)、式(2-6-29)代入式(2-6-30)中,有

$$\begin{aligned} &[G_{X1}(N_1^{j+} - N_1^{j-})]^2 + [G_{Y1}(N_1^{j+} - N_1^{j-}) + G_{Y2}(N_2^{j+} - N_2^{j-})]^2 \\ &+ [G_{Z1}(N_1^{j+} - N_1^{j-}) + G_{Z2}(N_2^{j+} - N_2^{j-}) + G_{Z3}(N_3^{j+} - N_3^{j-})]^2 = (4n\pi)^2 \end{aligned} \tag{2-6-31}$$

选取空间不同的轴系 j,可以组成多个类似式(2-6-31)的方程。通过至少 6 个方程,即可求取陀螺仪的刻度因子和安装关系矩阵中的 6 个参数:

$$\begin{bmatrix} G_{X1} & 0 & 0 \\ G_{Y1} & G_{Y2} & 0 \\ G_{Z1} & G_{Z2} & G_{Z3} \end{bmatrix}$$

因此,选取 6 个不同位置,通过在各个位置转台正反转得到的陀螺输出脉冲数,即可用数值方法计算出陀螺的刻度因子和安装关系矩阵。

3. 加速度计刻度因子和安装关系矩阵的标定

加速度计参数估计采用静态多位置模观测标定法,以重力作为加速度计的输入激励。

若 IMU 处在 j 位置,参考加速度计的输出模型式(2-6-5),忽略测量噪声,则重力单位矢量在载体系 b 的投影,可表示为

$$\begin{bmatrix} e_X^j \\ e_Y^j \\ e_Z^j \end{bmatrix} = \begin{bmatrix} f_X^j \\ f_Y^j \\ f_Z^j \end{bmatrix} \frac{1}{g_0} = \begin{bmatrix} A_{X1} & A_{X2} & A_{X3} \\ A_{Y1} & A_{Y2} & A_{Y3} \\ A_{Z1} & A_{Z2} & A_{Z3} \end{bmatrix} \begin{bmatrix} P_1^j/T_a \\ P_2^j/T_a \\ P_3^j/T_a \end{bmatrix} \frac{1}{g_0} - \begin{bmatrix} f_{01} \\ f_{02} \\ f_{03} \end{bmatrix} \frac{1}{g_0} \tag{2-6-32}$$

式(2-6-32)中:g_0 为重力标量;T_a 为加速度计采数的时间。

而载体坐标系的单位矢量,可由陀螺正反向转动得到,类似于式(2-6-29),转动轴单位矢量在载体系投影为

$$\begin{bmatrix} e_X^j \\ e_Y^j \\ e_Z^j \end{bmatrix} = \begin{bmatrix} G_{X1} & 0 & 0 \\ G_{Y1} & G_{Y2} & 0 \\ G_{Z1} & G_{Z2} & G_{Z3} \end{bmatrix} \begin{bmatrix} (N_1^{j+} - N_1^{j-}) \\ (N_2^{j+} - N_2^{j-}) \\ (N_3^{j+} - N_3^{j-}) \end{bmatrix} \frac{1}{4n\pi} \tag{2-6-33}$$

根据式(2-6-32)和式(2-6-33),有

$$\begin{bmatrix} A_{X1} & A_{X2} & A_{X3} \\ A_{Y1} & A_{Y2} & A_{Y3} \\ A_{Z1} & A_{Z2} & A_{Z3} \end{bmatrix} \begin{bmatrix} P_1^j/T_a \\ P_2^j/T_a \\ P_3^j/T_a \end{bmatrix} \frac{1}{g_0} - \begin{bmatrix} f_{01} \\ f_{02} \\ f_{03} \end{bmatrix} \frac{1}{g_0} = \begin{bmatrix} G_{X1} & 0 & 0 \\ G_{Y1} & G_{Y2} & 0 \\ G_{Z1} & G_{Z2} & G_{Z3} \end{bmatrix} \begin{bmatrix} N_1^{j+} - N_1^{j-} \\ N_2^{j+} - N_2^{j-} \\ N_3^{j+} - N_3^{j-} \end{bmatrix} \frac{1}{4n\pi} \tag{2-6-34}$$

再次转动转台的中框和内框,使 IMU 处在 k 位置。

同理,可得到

$$\begin{bmatrix} A_{X1} & A_{X2} & A_{X3} \\ A_{Y1} & A_{Y2} & A_{Y3} \\ A_{Z1} & A_{Z2} & A_{Z3} \end{bmatrix} \begin{bmatrix} P_1^k/T_a \\ P_2^k/T_a \\ P_3^k/T_a \end{bmatrix} \frac{1}{g_0} - \begin{bmatrix} f_{01} \\ f_{02} \\ f_{03} \end{bmatrix} \frac{1}{g_0} = \begin{bmatrix} G_{X1} & 0 & 0 \\ G_{Y1} & G_{Y2} & 0 \\ G_{Z1} & G_{Z2} & G_{Z3} \end{bmatrix} \begin{bmatrix} N_1^{k+} - N_1^{k-} \\ N_2^{k+} - N_2^{k-} \\ N_3^{k+} - N_3^{k-} \end{bmatrix} \frac{1}{4n\pi} \tag{2-6-35}$$

将式(2-6-34)、式(2-6-35)两式相减,加表的零偏可以约掉:

$$\begin{aligned} &\begin{bmatrix} A_{X1} & A_{X2} & A_{X3} \\ A_{Y1} & A_{Y2} & A_{Y3} \\ A_{Z1} & A_{Z2} & A_{Z3} \end{bmatrix} \begin{bmatrix} (P_1^j - P_1^k)/T_a \\ (P_2^j - P_2^k)/T_a \\ (P_3^j - P_3^k)/T_a \end{bmatrix} \frac{1}{g_0} \\ &= \begin{bmatrix} G_{X1} & 0 & 0 \\ G_{Y1} & G_{Y2} & 0 \\ G_{Z1} & G_{Z2} & G_{Z3} \end{bmatrix} \begin{bmatrix} (N_1^{j+} - N_1^{j-}) - (N_1^{k+} - N_1^{k-}) \\ (N_2^{j+} - N_2^{j-}) - (N_2^{k+} - N_2^{k-}) \\ (N_3^{j+} - N_3^{j-}) - (N_3^{k+} - N_3^{k-}) \end{bmatrix} \frac{1}{4n\pi} \end{aligned} \tag{2-6-36}$$

得到以$\begin{bmatrix} A_{X1} & A_{X2} & A_{X3} \\ A_{Y1} & A_{Y2} & A_{Y3} \\ A_{Z1} & A_{Z2} & A_{Z3} \end{bmatrix}$为未知数的3个方程。

再转动中框和内框,使IMU处在j_2、k_2位置。可以得到一组类似式(2-6-36)的新的3个方程。通过多个位置建立最小二乘关系,可以求解得到加表刻度因子和安装误差矩阵。

4. 加速度计零偏的标定

由式(2-6-35),IMU在j位置时,加速度计的零偏可表示为

$$\begin{bmatrix} f_{01} \\ f_{02} \\ f_{03} \end{bmatrix} = \begin{bmatrix} A_{X1} & A_{X2} & A_{X3} \\ A_{Y1} & A_{Y2} & A_{Y3} \\ A_{Z1} & A_{Z2} & A_{Z3} \end{bmatrix} \begin{bmatrix} P_1^j/T_a \\ P_2^j/T_a \\ P_3^j/T_a \end{bmatrix} - \begin{bmatrix} G_{X1} & 0 & 0 \\ G_{Y1} & G_{Y2} & 0 \\ G_{Z1} & G_{Z2} & G_{Z3} \end{bmatrix} \begin{bmatrix} N_1^{j+}-N_1^{j-} \\ N_2^{j+}-N_2^{j-} \\ N_3^{j+}-N_3^{j-} \end{bmatrix} \frac{g_0}{4n\pi} \tag{2-6-37}$$

根据上式,结合中框和内框多位置编排的数据,即可建立加速度计零偏的最小二乘关系,进而求取加速度计的零偏。实际标定中,为了减小主轴回转误差的影响,加表采样值可通过转动外框4个对称位置,每个位置静态采样后取均值得到。

5. 陀螺仪零偏的标定

陀螺仪零偏标定采用静态多位置模观测方法,由式(2-6-4)和式(2-6-26)可得

$$\Omega^2 = (\boldsymbol{K}^g\boldsymbol{N}^g)^{\mathrm{T}}\boldsymbol{K}^g\boldsymbol{N}^g - 2(\boldsymbol{K}^g\boldsymbol{N}^g)^{\mathrm{T}}\boldsymbol{\omega}_0 + \boldsymbol{\omega}_0^{\mathrm{T}}\boldsymbol{\omega}_0 + \Delta^g \tag{2-6-38}$$

假设两个静态位置的陀螺脉冲输出分别为$(\boldsymbol{N}^g)_1$和$(\boldsymbol{N}^g)_2$,分别代入式(2-6-38),两者相减整理得

$$2((\boldsymbol{N}^g)_2-(\boldsymbol{N}^g)_1)^{\mathrm{T}}\boldsymbol{K}^{g\,\mathrm{T}}\boldsymbol{\omega}_0 = |\boldsymbol{K}^g(\boldsymbol{N}^g)_2|^2 - |\boldsymbol{K}^g(\boldsymbol{N}^g)_1|^2 + (\Delta^g)_2 - (\Delta^g)_1 \tag{2-6-39}$$

观测$J_p(J_p \geqslant 4)$个静态位置的测量,定义

$$\boldsymbol{A} = \begin{bmatrix} 2((\boldsymbol{N}^g)_2-(\boldsymbol{N}^g)_1)^{\mathrm{T}}\boldsymbol{K}^{g\,\mathrm{T}} \\ 2((\boldsymbol{N}^g)_3-(\boldsymbol{N}^g)_1)^{\mathrm{T}}\boldsymbol{K}^{g\,\mathrm{T}} \\ \vdots \\ 2((\boldsymbol{N}^g)_{J_p}-(\boldsymbol{N}^g)_1)^{\mathrm{T}}\boldsymbol{K}^{g\,\mathrm{T}} \end{bmatrix}, \boldsymbol{Y} = \begin{bmatrix} |\boldsymbol{K}^g(\boldsymbol{N}^g)_2|^2 - |\boldsymbol{K}^g(\boldsymbol{N}^g)_1|^2 \\ |\boldsymbol{K}^g(\boldsymbol{N}^g)_3|^2 - |\boldsymbol{K}^g(\boldsymbol{N}^g)_1|^2 \\ \vdots \\ |\boldsymbol{K}^g(\boldsymbol{N}^g)_{J_p}|^2 - |\boldsymbol{K}^g(\boldsymbol{N}^g)_1|^2 \end{bmatrix} \tag{2-6-40}$$

利用最小二乘法可以计算得到陀螺仪零偏

$$\boldsymbol{\omega}_0 = (\boldsymbol{A}^{\mathrm{T}}\boldsymbol{A})^{-1}\boldsymbol{A}^{\mathrm{T}}\boldsymbol{Y} \tag{2-6-41}$$

相比传统基于高精度转台的标定方法,转动激励模和矢量观测标定方法降低了对转台的依赖,减小了转台误差的影响,减小了惯性导航系统内减振形变的

影响,可有效提高标定精度。

表 2-6-2 对比总结了新的基于模的标定方法和传统的基于高精度转台的标定方法。

表 2-6-2 转动激励模、矢量观测标定方法和基于高精度转台的标定方法的比较

	转动激励模和矢量观测标定方法	基于高精度转台的标定方法
标定编排	静态多位置和多轴旋转	静态多位置和多轴旋转
对转台的要求	不要求提供静态多位置的精确姿态; 不要求转动方向精确指向; 静态多位置可以不用转台; 多轴转动可以采用单轴速率转台	要求根据载体系提供精确姿态; 要求绕载体系坐标轴转动; 需要高精度双轴或三轴转台
转台误差的影响	加速度计标定不受转台误差影响; 陀螺仪参数、陀螺仪和加速度计安装关系受转台转动误差影响	所有标定参数受到转台误差的影响
依赖转台的程度	低	高

2.6.3 系统级标定

1. 系统级标定的原理

系统级标定方法主要基于导航解算误差的原理:惯性导航系统进入导航状态后,其参数误差(惯性器件参数误差、初始对准姿态误差、初始位置误差等)经由导航解算会传递到导航结果(位置、速度、姿态等)中,表现为导航误差,如果能获取导航误差的全部或部分信息,就可能对惯性导航系统参数做出估计。

系统级标定方法降低了对转台的精度要求,利用低精度转台就可以达到较高的标定精度,因此是现场标定的理想方法。系统级标定方法有四大优点:可以实现惯性导航系统现场标定;可以实现惯性导航系统的自标定;不需要高精度转台等测试设备;不需要测量记录陀螺仪或加速度计的输出。

目前系统级标定方法主要有两种思路:一种是拟合的思路,建立特定运动激励后导航位置、速度、比力等误差与惯性导航系统各误差参数之间的关系,观测导航误差,拟合估计系统误差参数,常用的拟合方法是最小二乘法;另一种是滤波的思路,设计卡尔曼滤波器,将惯性导航系统各误差参数作为滤波器状态,通过观测导航误差,滤波估计各误差参数。系统级标定方法从 20 世纪 80 年代提出以来,一直是人们研究的热点。

2. 系统级标定的滤波模型

定义导航系为当地地理坐标系(北-东-地坐标系)。惯性导航系统导航误差方程可写成 2.5.2 节的姿态、速度和位置误差微分方程。其中,$\delta\boldsymbol{\omega}_{ib}^{b}$、$\delta\boldsymbol{f}^{b}$ 分别为角速度和比力测量误差,可写为

$$\delta\boldsymbol{\omega}_{ib}^{b}=\delta\boldsymbol{K}^{g}\boldsymbol{N}^{g}+\boldsymbol{\varepsilon} \tag{2-6-42}$$

$$\delta\boldsymbol{f}^{b}=\delta\boldsymbol{K}^{a}\boldsymbol{N}^{a}+\nabla \tag{2-6-43}$$

式中:$\delta\boldsymbol{K}^{g}$、$\delta\boldsymbol{K}^{a}$、$\boldsymbol{\varepsilon}$、∇为标定参数误差,若假设标定参数误差为固定常值,则

$$\delta\dot{\boldsymbol{K}}^{a}=\boldsymbol{0}_{3\times3},\quad \delta\dot{\boldsymbol{K}}^{g}=\boldsymbol{0}_{3\times3} \tag{2-6-44}$$

$$\dot{\nabla}=\boldsymbol{0}_{3\times1},\quad \dot{\boldsymbol{\varepsilon}}=\boldsymbol{0}_{3\times1} \tag{2-6-45}$$

为保证标定结果的唯一性,必须对载体系做出约束。按照陀螺仪敏感轴定义载体系,则

$$\boldsymbol{K}^{g}=\begin{bmatrix} k_{11}^{g} & 0 & 0\\ k_{21}^{g} & k_{22}^{g} & 0\\ k_{31}^{g} & k_{32}^{g} & k_{33}^{g}\end{bmatrix},\ \delta\boldsymbol{K}^{g}=\begin{bmatrix} \delta k_{11}^{g} & 0 & 0\\ \delta k_{21}^{g} & \delta k_{22}^{g} & 0\\ \delta k_{31}^{g} & \delta k_{32}^{g} & \delta k_{33}^{g}\end{bmatrix}$$

不考虑杆臂时,观测点的速度和位置即为惯性导航系统的速度和位置:$\boldsymbol{v}_{obv}=\boldsymbol{v}_{e}^{n}$,$\boldsymbol{p}_{obv}=\boldsymbol{p}$。

设计30维卡尔曼滤波器状态为

$$\boldsymbol{X}=[\boldsymbol{\varphi}^{\mathrm{T}}\quad \delta\boldsymbol{v}_{e}^{n\,\mathrm{T}}\quad \delta\boldsymbol{p}^{\mathrm{T}}\quad \boldsymbol{X}_{g}{}^{\mathrm{T}}\quad \boldsymbol{X}_{a}{}^{\mathrm{T}}]^{\mathrm{T}} \tag{2-6-46}$$

式中:$\delta\boldsymbol{p}$为位置误差$\delta\boldsymbol{p}=[\delta L\quad \delta\lambda\quad \delta h]^{\mathrm{T}}$;$\boldsymbol{X}_{g}$、$\boldsymbol{X}_{a}$为陀螺仪和加速度计的标定参数误差:

$$\boldsymbol{X}_{g}=[\delta k_{11}^{g}\quad \delta k_{21}^{g}\quad \delta k_{31}^{g}\quad \delta k_{22}^{g}\quad \delta k_{32}^{g}\quad \delta k_{33}^{g}\quad \varepsilon_{1}\quad \varepsilon_{2}\quad \varepsilon_{3}]^{\mathrm{T}} \tag{2-6-47}$$

$$\boldsymbol{X}_{a}=[\delta k_{11}^{a}\quad \delta k_{21}^{g}\quad \delta k_{31}^{g}\quad \delta k_{12}^{g}\quad \delta k_{22}^{g}\quad \delta k_{32}^{g}\quad \delta k_{13}^{a}\quad \delta k_{23}^{a}\quad \delta k_{33}^{a}\quad \nabla_{1}\quad \nabla_{2}\quad \nabla_{3}]^{\mathrm{T}} \tag{2-6-48}$$

忽略重力加速度误差和地球半径误差,则滤波器状态方程可写成

$$\dot{\boldsymbol{X}}=\boldsymbol{F}\boldsymbol{X}+\boldsymbol{G}\boldsymbol{u} \tag{2-6-49}$$

其中,

$$\boldsymbol{F}=\begin{bmatrix} -[\boldsymbol{\omega}_{in}^{n}\times] & \boldsymbol{F}_{12} & \boldsymbol{F}_{13} & \boldsymbol{F}_{14} & \boldsymbol{0}_{3\times12}\\ [(\boldsymbol{C}_{b}^{n}\boldsymbol{f}^{b})\times] & \boldsymbol{F}_{22} & \boldsymbol{F}_{23} & \boldsymbol{0}_{3\times9} & \boldsymbol{F}_{25}\\ \boldsymbol{0}_{3\times3} & \boldsymbol{F}_{32} & \boldsymbol{F}_{33} & \boldsymbol{0}_{3\times9} & \boldsymbol{0}_{3\times12}\\ \boldsymbol{0}_{9\times3} & \boldsymbol{0}_{9\times3} & \boldsymbol{0}_{9\times3} & \boldsymbol{0}_{9\times9} & \boldsymbol{0}_{9\times12}\\ \boldsymbol{0}_{12\times3} & \boldsymbol{0}_{12\times3} & \boldsymbol{0}_{12\times3} & \boldsymbol{0}_{12\times9} & \boldsymbol{0}_{12\times12}\end{bmatrix} \tag{2-6-50}$$

$\boldsymbol{F}$矩阵中,$\boldsymbol{F}_{12}$、$\boldsymbol{F}_{13}$、$\boldsymbol{F}_{22}$、$\boldsymbol{F}_{23}$、$\boldsymbol{F}_{32}$、$\boldsymbol{F}_{33}$的定义与式(2-5-49)定义相同,

$$\boldsymbol{F}_{14}=-\boldsymbol{C}_{b}^{n}\begin{bmatrix} N_{x}^{g}\boldsymbol{I}_{3} & \begin{bmatrix}\boldsymbol{0}_{1\times2}\\ N_{y}^{g}\boldsymbol{I}_{2}\end{bmatrix} & \begin{bmatrix}\boldsymbol{0}_{2\times1}\\ N_{z}^{g}\end{bmatrix} & \boldsymbol{I}_{3}\end{bmatrix}$$

$$\boldsymbol{F}_{25}=\boldsymbol{C}_{b}^{n}[N_{x}^{g}\boldsymbol{I}_{3}\quad N_{y}^{g}\boldsymbol{I}_{3}\quad N_{z}^{g}\boldsymbol{I}_{3}\quad \boldsymbol{I}_{3}]$$

滤波器输入$\boldsymbol{u}$为陀螺仪和加速度计的测量噪声:$\boldsymbol{u}=[\boldsymbol{u}_{g}{}^{\mathrm{T}}\quad \boldsymbol{u}_{a}{}^{\mathrm{T}}]^{\mathrm{T}}$,输入矩阵为

$$G=\begin{bmatrix} -C_b^n & 0_{3\times3} \\ 0_{3\times3} & C_b^n \\ 0_{24\times3} & 0_{24\times3} \end{bmatrix} \tag{2-6-51}$$

滤波器观测方程为

$$Z=\begin{bmatrix} \widetilde{v}_e^n-v_{\text{obv}} \\ \widetilde{p}-p_{\text{obv}} \end{bmatrix}=HX+V \tag{2-6-52}$$

式中：$\widetilde{v}_e^n$、$\widetilde{p}$ 分别为惯性导航系统速度、位置导航结果；V 为观测噪声，观测矩阵

$$H=\begin{bmatrix} 0_{3\times3} & I_3 & 0_{3\times3} & 0_{3\times21} \\ 0_{3\times3} & 0_{3\times3} & I_3 & 0_{3\times21} \end{bmatrix} \tag{2-6-53}$$

滤波估计结果的反馈补偿形式为

$$C_b^n=(I_3+[\varphi\times])\widetilde{C}_b^n \tag{2-6-54}$$

$$v_e^n=\widetilde{v}_e^n-\delta v_e^n \tag{2-6-55}$$

$$L=\widetilde{L}-\delta L,\quad \lambda=\widetilde{\lambda}-\delta\lambda,\quad h=\widetilde{h}-\delta h \tag{2-6-56}$$

$$K^g=\widetilde{K}^g-\begin{bmatrix} \delta k_{11}^g & 0 & 0 \\ \delta k_{21}^g & \delta k_{22}^g & 0 \\ \delta k_{31}^g & \delta k_{32}^g & \delta k_{33}^g \end{bmatrix},\quad \omega_0=\widetilde{\omega}_0+\begin{bmatrix} \varepsilon_1 \\ \varepsilon_2 \\ \varepsilon_3 \end{bmatrix} \tag{2-6-57}$$

$$K^a=\widetilde{K}^a-\begin{bmatrix} \delta k_{11}^a & \delta k_{12}^a & \delta k_{13}^a \\ \delta k_{21}^a & \delta k_{22}^a & \delta k_{23}^a \\ \delta k_{31}^a & \delta k_{32}^a & \delta k_{33}^a \end{bmatrix},\quad f_0=\widetilde{f}_0+\begin{bmatrix} \nabla_1 \\ \nabla_2 \\ \nabla_3 \end{bmatrix} \tag{2-6-58}$$

式中：$\widetilde{C}_b^n$ 为姿态矩阵导航结果；$\widetilde{K}^g$、$\widetilde{\omega}_0$、$\widetilde{K}^a$、$\widetilde{f}_0$ 为标定参数初值。

采用滤波模型系统级标定的效果取决于运动激励和待标定参数的可观性。在实验室环境下，可以采用转台转动作为激励，以转台转动中心的速度或位置作为观测，对待标定参数进行估计。在外场环境下，可以通过载体自身的运动作为激励，载体获取的其他运动参数作为观测，对全部或部分待标定参数进行估计。参数估计的精度和速度取决于在该运动激励下对应参数的可观测度。

2.7 惯性导航系统初始对准

2.7.1 初始对准基本原理

从宏观层面考察惯性导航系统的工作原理，本质上可以将惯性导航看作求解积分的过程：一方面，对加速度计测量的比力（或速度增量）进行积分，可以得

到载体的速度,再对速度积分,可获取载体位置;另一方面,对陀螺仪测量的角速度(或角增量)进行积分,可得到载体的姿态。数学上,如果想要准确求解积分值,需要事先确定积分初值;同样,惯性导航系统中开始导航计算(积分)前,也必须事先获取载体的初始位置、初始速度和初始姿态(包括水平姿态和方位)。一般情况下,载体的初始位置和初始速度由外部测量设备输入。比如,飞机、车辆、舰船等载体在出发之前,初始位置可以通过地标测量给定,或者通过卫星导航等其他手段给出当前的经度、纬度和高程。载体启动前,对地初始速度可以认为是0。因此,通常仅将初始姿态的确定过程称为初始对准。

对准精度和对准速度是初始对准的两项重要技术指标。初始对准的精度对惯性导航系统的导航精度至关重要。对武器系统而言,其快速反应能力在很大程度上是取决于惯性导航系统初始对准的速度,因此,要求惯性导航系统对准精度要高、对准时间要短,既精又快。

在平台式惯性导航系统中,初始对准过程是使实际物理平台的轴向与导航参考坐标系的坐标轴平行的过程;在捷联式惯性导航系统中,初始对准的任务是确定载体坐标系与导航参考坐标系的相对姿态关系。通常,采用方向余弦矩阵、欧拉角或四元数等方式描述这一相对姿态关系。考虑到平台式与捷联式惯性导航系统的初始对准从原理上没有本质区别,而且当前大量广泛使用的是捷联式惯性导航系统,本书以捷联式惯性导航系统为例,展开讨论。

按不同的划分标准可以把惯性导航系统初始对准方式作如下分类:按对外部信息的依赖程度,可分为主动式对准和非主动式对准;按是否需要更高精度主惯性导航提供匹配参数,可分为传递对准和自对准;按对准的阶段,一般可分为粗对准和精对准;按基座的运动状态,可分为静基座对准和动基座对准。在复杂的海洋环境中,由于阵风、洋流、浪涌的影响,舰艇无法对地静止,因而只能采取动基座对准的方法完成初始对准。同样,地面车辆在行进过程中、飞机起飞前在跑道上滑行都需要采用动基座对准方法完成初始对准。机载导弹、舰载导弹、鱼雷等制导武器的传递对准也属于动基座对准的范畴。传递对准所研究的重点是如何准确估计主惯性导航与子惯性导航的安装误差、臂杆矢量、船体或机翼变形等参数。

2.7.2 自对准

典型的捷联惯性导航系统初始自对准方法有解析对准、罗经效应对准以及最优估计对准等方法。新的自对准方法有凝固惯性系自对准、速度积分惯性系自对准等。

1. 解析对准

由于重力矢量和地球转动角速度矢量在地理系中精确已知,并可通过陀螺仪和加速度计测量得到,这两个不共线的矢量常被用于解析对准。重力矢量和地球转动角速度矢量的测量值中不可避免地包含基座运动的干扰，因而解析对准方法常用于静基座对准，或者动基座条件下的粗对准。多位置对准可以归入解析对准的范畴，通过转动不同的位置，消除陀螺漂移影响，静态多位置对准的结果一般可以达到较高的精度。

利用重力矢量 $\boldsymbol{g}$、地球自转角速度矢量 $\boldsymbol{\omega}_{ie}$ 及两者的叉乘矢量 $\boldsymbol{g}\times\boldsymbol{\omega}_{ie}$ 作为参考，分别在地理系中计算这三个矢量的投影，在载体系中测量这三个矢量的投影值，经过矩阵求逆和相乘运算，可以确定出地理系和载体系之间的相对关系。载体系记为 b，导航参考系记为 n，利用方向余弦矩阵 $\boldsymbol{C}_n^b$ 表示相对姿态关系。则有

$$\boldsymbol{g}^b=\boldsymbol{C}_n^b\boldsymbol{g}^n \tag{2-7-1}$$

$$\boldsymbol{\omega}_{ie}^b=\boldsymbol{C}_n^b\boldsymbol{\omega}_{ie}^n \tag{2-7-2}$$

令 $\boldsymbol{v}=\boldsymbol{g}\times\boldsymbol{\omega}_{ie}$，有

$$\boldsymbol{v}^b=\boldsymbol{C}_n^b\boldsymbol{v}^n \tag{2-7-3}$$

具有正交特性的方向余弦矩阵可以表示为

$$\boldsymbol{C}_b^n=(\boldsymbol{C}_n^b)^{-1}=(\boldsymbol{C}_n^b)^{\mathrm{T}}=\begin{bmatrix}(\boldsymbol{g}^n)^{\mathrm{T}}{}_{1\times3}\\(\boldsymbol{\omega}_{ie}^n)^{\mathrm{T}}{}_{1\times3}\\(\boldsymbol{v}^n)^{\mathrm{T}}_{1\times3}\end{bmatrix}_{3\times3}^{-1}\begin{bmatrix}(\boldsymbol{g}^b)^{\mathrm{T}}_{1\times3}\\(\boldsymbol{\omega}_{ie}^b)^{\mathrm{T}}_{1\times3}\\(\boldsymbol{v}^b)^{\mathrm{T}}_{1\times3}\end{bmatrix}_{3\times3} \tag{2-7-4}$$

选取当地水平地理坐标系（NED—*XYZ*）作为参考导航系，可知

$$\boldsymbol{g}^n=[0\quad 0\quad g]^{\mathrm{T}} \tag{2-7-5}$$

$$\boldsymbol{\omega}_{ie}^n=[\omega_{ie}\cos L\quad 0\quad -\omega_{ie}\sin L]^{\mathrm{T}} \tag{2-7-6}$$

利用陀螺仪和加速度计的测量值，确定 $\boldsymbol{g}^b$ 和 $\boldsymbol{\omega}_{ie}^b$，结合式（2-7-4）、式（2-7-5）和式（2-7-6），可以确定载体坐标系与参考导航系之间的相对姿态关系，即实现了初始对准。

2. 罗经效应反馈对准

罗经效应对准方法的理论基础是经典控制理论，依据捷联惯性导航系统的误差模型，建立各个环节的传递函数，形成一个多阶的反馈控制回路，设计反馈控制参数，先进行水平调平，再利用罗经效应进行方位对准，先粗调再精调，使得姿态矩阵中的误差逐渐趋于零，从而实现动基座对准。

（1）水平调平。水平调平的原理可以解释如下：捷联式惯性导航系统中，如果捷联姿态矩阵中的水平姿态角和真实水平姿态不一致，即存在水平姿态角误差，那么，水平加速度计测量值经过含误差的姿态矩阵投影、分解后，在水平方向将会产生加速度误差分量。对此加速度误差进行积分，即可得到速度误差，二次积分得到位置误差。通过外部观测获取准确的速度或位置参数之后，利用速度或位置误差形成反馈控制量，建立负反馈控制回路，逐步修正水平姿态。当惯性导航系统的水平姿态角趋于真实值时，速度误差和位置误差也趋于 0。如果水平姿态满足精度要求，即可认为实现了水平初始对准。沿用平台式惯性导航系

统中的概念,这一过程通常称为“水平调平”。

(2) 四阶罗经方位对准。罗经效应方位对准的基本原理如下:假定水平对准已实现、方位粗对准已完成,但仍存在小的方位失准角,导致地球自转角速度矢量在东向轴上存在投影分量,引起北向轴不再位于水平内,从而可以利用北向加速度计测量的误差来修正方位角,最终达到方位精对准的目的。

罗经效应项为 $\omega_{ie}\cos L\delta\gamma$,它与北向速度误差有密切关系。可以从控制的角度,利用北向速度误差作为测量信号,设计控制回路,使得方位误差角 $\delta\gamma$ 的值逐渐减小,直到最后达到允许的精度范围。不妨把这一控制环节记为 $K(s)$,在水平对准的北向回路的基础上,再引入方位陀螺的漂移项 ε_D,构成罗经对准如图2-7-1所示。

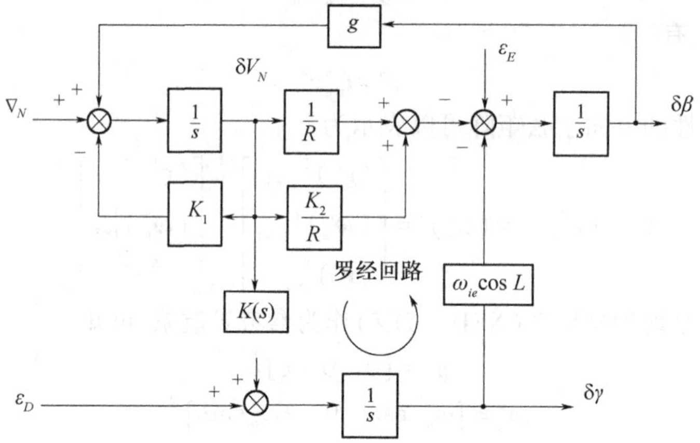

图 2-7-1　水平调平+罗经方位对准误差方框图

图 2-7-1 所示系统的特征多项式为:

$$D_4(s)=s^3+K_1s^2+(1+K_2)\omega_s^2s+g\omega_{ie}\cos L\cdot K(s) \tag{2-7-7}$$

由于 $\omega_{ie}\cos L$ 是随纬度 L 变化的,为了使上述特征多项式成为常系数多项式,一般将 $K(s)$ 设计成

$$K(s)=\frac{K_4}{R\omega_{ie}\cos L(s+K_5)} \tag{2-7-8}$$

则式(2-7-7)的特征多项式变为

$$D_5(s)=s^4+(K_1+K_5)s^3+[K_1K_5+(1+K_2)\omega_s^2]s^2+(1+K_2)K_5\omega_s^2s+K_4\omega_s^2 \tag{2-7-9}$$

其中,$\omega_s^2=g/R$,从式(2-7-9)可以看出,罗经方位对准回路为四阶系统,通常称为四阶罗经回路。

根据经典控制理论高阶系统闭环主导极点的设计方法,根据对准反馈控制系统的时域要求,确定时间常数、最佳阻尼比等参数,然后利用比较特征多项式的方法确定参数 $K_1\sim K_5$。

3. 最优估计对准

以卡尔曼滤波为代表的状态空间最优估计对准方法是当前 SINS 初始对准研究的热点，而可观性分析则是最优估计对准方法的难点。系统状态可观测性分析包括两个方面的内容：①判断系统是否完全可观测；②对于不完全可观测的系统，进一步判断哪些状态量可观测，哪些状态量不可观测，以及状态的可观测程度。线性定常系统的可观测性分析相对比较容易，可以通过计算观测矩阵的秩来确定；对于线性时变系统的可观测性分析，Goshen-Meskin 和 Bar-Itzhack 提出了将时变系统分解为分段线性定常系统的可观测性分析方法，指出当载体机动状态发生变化时，系统状态变量的可观性会增强，从而提高对准精度和缩短对准时间。对于系统状态变量的可观测度分析，常用的有两类方法：一类是基于估计误差协方差阵的特征值方法，另一类是基于系统矩阵奇异值分解的奇异值方法。

最优估计初始对准的基本手段是：根据状态空间模型，构建滤波估计的系统方程和观测方程，利用以卡尔曼滤波为代表的估计手段，对误差状态进行估计，从而实现初始对准。下面就从惯性导航系统误差微分方程入手，建立滤波模型，讨论最优估计对准问题。

以当地水平地理坐标系作为参考导航系，捷联惯性导航姿态误差方程为

$$\dot{\boldsymbol{\psi}}=-\boldsymbol{\omega}_{in}^{n}\times\boldsymbol{\psi}+\delta\boldsymbol{\omega}_{in}^{n}-\boldsymbol{C}_{b}^{n}\delta\boldsymbol{\omega}_{ib}^{b} \tag{2-7-10}$$

速度误差方程为

$$\delta\dot{\boldsymbol{V}}=[\boldsymbol{f}^{n}\times]\boldsymbol{\psi}-(2\boldsymbol{\omega}_{ie}^{n}+\boldsymbol{\omega}_{en}^{n})\times\delta\boldsymbol{V}-(2\delta\boldsymbol{\omega}_{ie}^{n}+\delta\boldsymbol{\omega}_{en}^{n})\times\boldsymbol{V}+\boldsymbol{C}_{b}^{n}\delta\boldsymbol{f}^{b}-\delta\boldsymbol{g} \tag{2-7-11}$$

位置误差微分方程：

$$\begin{cases}\delta\dot{L}=\dfrac{\delta V_{N}}{R_{N}+h}\\ \delta\dot{\lambda}=\dfrac{\sec L}{R_{E}+h}\delta V_{E}+\dfrac{V_{E}\sec^{2}L\sin L}{R_{E}+h}\delta L\end{cases} \tag{2-7-12}$$

现给出北东地坐标系下，初始对准的状态空间模型

$$\delta\dot{\boldsymbol{X}}=\boldsymbol{F}\delta\boldsymbol{X}+\boldsymbol{G}\boldsymbol{u} \tag{2-7-13}$$

其中

$$\delta\boldsymbol{X}=[\delta\alpha\quad\delta\beta\quad\delta\gamma\quad\delta V_{N}\quad\delta V_{E}\quad\delta V_{D}\quad\delta L\quad\delta\lambda\quad\delta h]^{\mathrm{T}}$$

$$\boldsymbol{u}=[\varepsilon_{X}\quad\varepsilon_{Y}\quad\varepsilon_{Z}\quad\nabla_{X}\quad\nabla_{Y}\quad\nabla_{Z}]^{\mathrm{T}}$$

矩阵 $\boldsymbol{F}$ 和 $\boldsymbol{G}$ 的定义参考 2.5.2 节。

在上述状态空间表达式的基础上，最优估计初始对准方法引入外部传感器测量值（速度、位置等），构建观测方程，估计初始的方位和水平失准角，实现初始对准。

4. 惯性系对准

1) 静基座条件下的惯性系对准

捷联惯性导航初始对准的目的在于确定导航坐标系(n 系)与载体坐标系(b 系)之间的相对姿态关系($\boldsymbol{C}_b^n$)。对于车辆、舰船这类在地球表面附近运动的载体,一般选取当地水平地理坐标系作为导航坐标系。定义导航坐标系为北(N)-东(E)-地(D)右手正交系,载体坐标系为前(X_b)-右(Y_b)-下(Z_b)右手正交系。定义惯性坐标系(i 系)与任意起始时刻(t_0)的载体坐标系重合,即 $\boldsymbol{C}_{b(t_0)}^i=\boldsymbol{I}$。此后载体系连同地球一起转动,而惯性系则保持不动,如图 2-7-2 所示。那么,载体系相对于惯性系的关系可以通过捷联陀螺仪的测量值进行计算,即 $\boldsymbol{C}_b^i$ 可以实时算出。由于 $\boldsymbol{C}_b^n=\boldsymbol{C}_i^n\boldsymbol{C}_b^i$,初始对准的问题转变为求解 i 系和 n 系的相对姿态关系。下面先就静止条件,说明如何求取 $\boldsymbol{C}_i^n$。

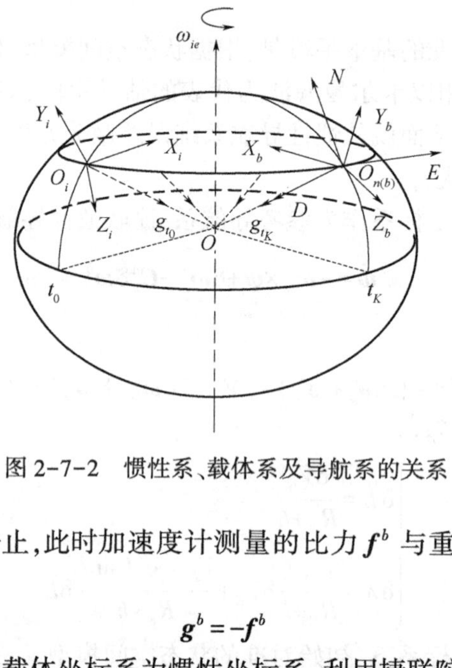

图 2-7-2　惯性系、载体系及导航系的关系

假定载体对地静止,此时加速度计测量的比力 $\boldsymbol{f}^b$ 与重力矢量大小相等,方向相反,即

$$\boldsymbol{g}^b=-\boldsymbol{f}^b \tag{2-7-14}$$

定义初始时刻的载体坐标系为惯性坐标系,利用捷联陀螺仪的输出,可以根据下面的矩阵微分方程实时求取 $\boldsymbol{C}_b^i$:

$$\dot{\boldsymbol{C}}_b^i=\boldsymbol{C}_b^i\boldsymbol{\Omega}_{ib}^b \tag{2-7-15}$$

那么,重力矢量在惯性系的投影可以实时计算

$$\boldsymbol{g}^i=\boldsymbol{C}_b^i\boldsymbol{g}^b \tag{2-7-16}$$

注意到重力矢量平行于 n 系的地向。当 n 系相对地球静止时,重力矢量在惯性坐标系中随地球自转而形成一个锥面,而重力矢量在惯性系中导数的反方向,指向 n 系的东向。根据右手定则,n 系中东向与地向的叉乘则指向北向。n 系中的北东地三个方向的单位矢量在惯性系中可以表示为式(2-7-17):

$$\begin{cases} \boldsymbol{N}_0^i = \boldsymbol{E}_0^i \times \boldsymbol{D}_0^i \\ \boldsymbol{E}_0^i = -\dfrac{\mathrm{d}\boldsymbol{g}^i}{\mathrm{d}t} \Big/ \left\| \dfrac{\mathrm{d}\boldsymbol{g}^i}{\mathrm{d}t} \right\| \\ \boldsymbol{D}_0^i = \boldsymbol{g}^i / \| \boldsymbol{g}^i \| \end{cases} \tag{2-7-17}$$

根据式(2-7-17),i 系和 n 系之间的方向余弦矩阵可以表示为

$$\boldsymbol{C}_i^n = [\boldsymbol{N}_0^i \quad \boldsymbol{E}_0^i \quad \boldsymbol{D}_0^i]^{\mathrm{T}} \tag{2-7-18}$$

至此,在载体对地静止的条件下,可以计算 n 系和 b 系之间的相对姿态关系 $\boldsymbol{C}_b^n$,即实现了静基座对准。

2）动基座条件下的惯性系对准

考虑摇摆基座情况,主要针对系泊状态的舰船环境以及受阵风和人为干扰的停靠状态的机载、车载环境。此时,加速度计测量到的比力包含两部分,转换到惯性系中($\boldsymbol{f}^i = \boldsymbol{C}_b^i \boldsymbol{f}^b$),表示为

$$\boldsymbol{f}^i = -\boldsymbol{g}^i + \boldsymbol{f}_d^i \tag{2-7-19}$$

式中:$\boldsymbol{f}_d^i$ 为扰动加速度。在舰载系泊条件下,大部分扰动加速度的频率都在 1/15Hz 以上;停靠状态的车载和机载环境所受干扰的频率更高。考虑如果能引入数字低通滤波器将高频的扰动加速度滤除,而保持低频的重力加速度矢量不变,那么摇摆基座环境下的对准就能够像静基座环境一样实现。

对于频率响应性能相近的低通滤波器而言,无限冲击响应(infinite impulse response,IIR)滤波器比有限冲击响应(finite impulse response,FIR)滤波器阶次要低,相应地,IIR 实现的复杂程度低,计算量比 FIR 小。但 FIR 滤波器具有线性相位特性,时延能够被精确计算出,IIR 滤波器则不具有这一特点。为了能够准确地计算滤波时延,选择 FIR 低通滤波器作为频域处理手段。滤波器的输入为包含重力加速度和高频扰动的 $\boldsymbol{f}^i$,经 FIR 滤波器处理后,高频扰动得到有效削弱和抑制,低频的重力加速度 $\boldsymbol{g}^i$ 则基本保持不变。对于当前 t 时刻的输入 $\boldsymbol{f}^i$,滤波器的输出结果则对应 t_M($t_M = t - \Delta T$,其中 t 为当前时刻,ΔT 为 FIR 滤波器时延)时刻的值,如图 2-7-3 所示。

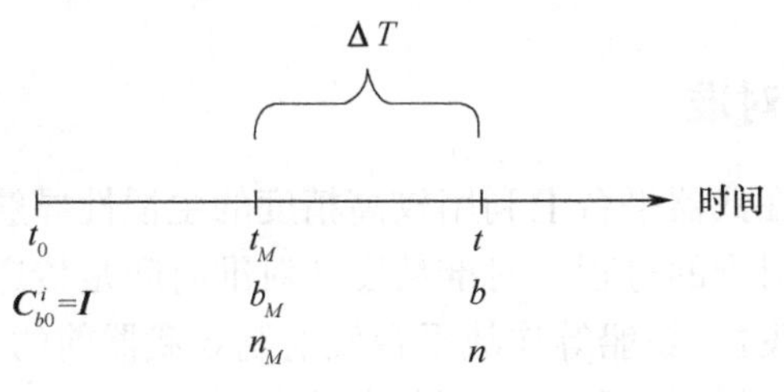

图 2-7-3　FIR 滤波器的时延

以惯性系 i 作为基本参考系,载体系 b 和导航系 n 都随地球一起转动。经过 FIR 滤波器处理后,在当前 t 时刻,可以得到 t_M 时刻的重力加速度 $\boldsymbol{g}_M^i$。根据

前述静基座对准的原理,可以得到惯性系 i 和 t_M 时刻的导航系 n_M 之间的方向余弦矩阵:

$$C_i^{n_M}=[\boldsymbol{N}_{0,M}^i \quad \boldsymbol{E}_{0,M}^i \quad \boldsymbol{D}_{0,M}^i]^{\mathrm{T}} \tag{2-7-20}$$

其中,t_M 时刻北东地三个方向的单位矢量在惯性系中可表示为

$$\begin{cases}\boldsymbol{N}_{0,M}^i=\boldsymbol{E}_{0,M}^i\times\boldsymbol{D}_{0,M}^i\\ \boldsymbol{E}_{0,M}^i=-\dfrac{\mathrm{d}\boldsymbol{g}^i}{\mathrm{d}t}\Big/\left\|\dfrac{\mathrm{d}\boldsymbol{g}^i}{\mathrm{d}t}\right\|_{t=t_M}\\ \boldsymbol{D}_{0,M}^i=\boldsymbol{g}_M^i/\|\boldsymbol{g}_M^i\|\end{cases} \tag{2-7-21}$$

以惯性系做参考,t_M 时刻的导航系 n_M 与当前 t 时刻的导航系 n 之间的相对姿态关系可以通过时延 ΔT、地球自转角速度 ω_{ie} 以及当地纬度 L 计算得到。两个坐标系之间的姿态四元数 $\boldsymbol{Q}_{n_M}^n$ 可表示为

$$\boldsymbol{Q}_{n_M}^n=\begin{bmatrix}\cos(\omega_{ie}\cdot\Delta T/2)\\ \cos L\sin(\omega_{ie}\cdot\Delta T/2)\\ 0\\ -\sin L\sin(\omega_{ie}\cdot\Delta T/2)\end{bmatrix} \tag{2-7-22}$$

根据四元数可以求得对应的方向余弦矩阵 $\boldsymbol{C}_{n_M}^n$。

至此,对准过程可以分解为三个矩阵的乘积,从而实现了摇摆基座条件下的初始对准。

$$\boldsymbol{C}_b^n=\boldsymbol{C}_{n_M}^n\boldsymbol{C}_i^{n_M}\boldsymbol{C}_b^i \tag{2-7-23}$$

通过式(2-7-23)可以看出,导航坐标系和载体坐标系之间的姿态关系,可以通过惯性坐标系和中间导航坐标系转换之后,以姿态矩阵相乘的形式得到。

本小节介绍了自对准的几种方法。由于解析对准使用的观测量为直接测量的陀螺和加速度计的输出,对准结果受基座扰动和器件误差影响较大,因此,该方法一般只用于准静态条件下的粗对准;罗经效应对准和最优估计对准是两种常用的对准方法,可以根据实际情况选用;惯性系对准方法的优势在于可以提高对准的快速性。

2.7.3 传递对准

传递对准是指在武器平台上利用较高精度的主惯性导航信息实现较低精度的子惯性导航初始对准的过程。对准精度和对准时间是传递对准的两个重要指标。传递对准作为飞机、舰船等作战平台发射制导武器前的一个重要步骤,其对准精度和对准时间直接制约制导武器的打击精度和反应速度,因此也对整个作战系统的综合作战能力有着重要影响。

对于动基座传递对准问题的研究,大致可分为两个阶段。在20世纪80年代中期以前,研究内容主要集中于各种传递匹配方法以及各种卡尔曼滤波模型

的探讨;80 年代中期以后,主要寻求快速传递匹配法。1989 年,Kain 和 Cloutier 将传统的速度匹配法加以改造,首次提出了"速度+姿态"的匹配法,为捷联惯性导航系统应用于战术型武器进一步扫清了技术上的障碍,使传递对准时间缩短到 10s,而对准精度可达到 1 mrad 以下。此后,快速传递对准技术进入实际的应用阶段,而且精度和快速性也有改进。

在理论上,可以利用运载体上的主惯性导航和弹体上的子惯性导航的多种参数进行匹配实现传递对准。根据匹配参数性质的不同,可将传递对准匹配方法分为两类:一类是利用惯性导航计算的导航参数进行传递匹配,称为计算参数匹配法,如位置匹配法、速度匹配法、姿态匹配法都是计算参数匹配法;另一类是利用惯性元件测量参数进行传递匹配,称为测量参数匹配法,如加速度匹配法、角速率匹配法。

传递对准的匹配方案,有速度匹配、角速度匹配、速度+角速度匹配以及速度+姿态匹配等常用匹配方案,下面将逐一展开讨论。在讨论匹配方案之前,先介绍传递对准的常用坐标系。

1. 传递对准坐标系定义

记主惯性导航为 m(master),子惯性导航为 s(slave);主惯性导航载体坐标系记为 a 系,子惯性导航载体坐标系记为 b 系。主惯性导航准确导航坐标系为 n_a,主惯性导航计算导航坐标系为 $\widetilde{n}_a$;子惯性导航准确导航坐标系为 n_b,子惯性导航计算导航坐标系为 $\widetilde{n}_b$。

进行传递对准时,一般认为主惯性导航的精度比子惯性导航高出 1 个数量级以上,并且主惯性导航已精确对准,作为基准的主惯性导航不存在姿态误差,即 $\widetilde{n}_a=n_a$。考虑到主、子惯性导航之间距离相距不远(10m 量级),可以认为主惯性导航的导航系与子惯性导航准确的导航系对应轴相互平行,即 $\boldsymbol{C}_{n_a}^{n_b}=\boldsymbol{I}$,统一记为 n 系;而将子惯性导航计算导航系记为 $\widetilde{n}$。

子惯性导航准确的姿态矩阵为 $\boldsymbol{C}_b^n$,计算的姿态矩阵为 $\widetilde{\boldsymbol{C}}_b^n$。一般认为子惯性导航计算导航系 $\widetilde{n}$ 和准确导航系 n 之间存在姿态误差 ψ,表示为

$$\boldsymbol{C}_n^{\widetilde{n}}=\boldsymbol{I}-[\boldsymbol{\psi}\times] \tag{2-7-24}$$

由于本质上是子惯性导航的姿态矩阵存在误差,换个角度考虑,也可认为导航系无误差,对准的过程就是修正 b 和 $\widetilde{b}$($\widetilde{b}$ 为计算的子惯性导航载体系)之间的误差,类似有

$$\boldsymbol{C}_b^{\widetilde{b}}=\boldsymbol{I}-[\boldsymbol{\psi}\times] \tag{2-7-25}$$

在姿态匹配传递对准中,认为主子惯性导航载体坐标系之间存在安装偏差,记为 $\boldsymbol{\theta}$

$$\boldsymbol{C}_a^b=\boldsymbol{I}-[\boldsymbol{\theta}\times] \tag{2-7-26}$$

还将定义主、子惯性导航方向余弦矩阵的乘积,偏差角记为 $\boldsymbol{\xi}$

$$\boldsymbol{C}_{\widetilde{n}}^b\boldsymbol{C}_a^n=\boldsymbol{I}-[\boldsymbol{\xi}\times] \tag{2-7-27}$$

这两个角度在姿态匹配对准中将会用到。

2. 速度匹配

速度匹配是一种计算参数匹配方法。子惯性导航的器件误差和子惯性导航的姿态误差角两者都会引起速度误差的传播,而且惯性传感器的直接测量值(角速度、比力)与速度之间存在积分过程的平滑作用。因此,在速度匹配中,挠曲和惯性器件的误差对对准精度的影响比在加速度、角速度匹配中要小得多。此外,速度匹配容易对臂杆误差进行修正。速度匹配的不足之处在于要求载体作机动,以提高方位误差角的可观测度。

对于是否估算子惯性导航的惯性器件误差,一般来说,根据滤波精度和惯性导航系统工作时间长短的要求来定。如果惯性器件误差很小、子惯性导航工作时间短、对准期间载体有较大的机动以及对准精度要求适中,那么就不必估算惯性器件误差。相反,如果子惯性导航陀螺、加速度计误差较大、子惯性导航工作时间长、对准期间载体角速度小以及最终的对准精度要求高,那么就需考虑将器件误差也作为状态,予以估计并加以修正。

从本质上讲,速度匹配传递对准是将主惯性导航传递的参考速度值与子惯性导航的计算速度进行比较,以两者的速度误差作为观测量,构建卡尔曼滤波器对子惯性导航的姿态误差进行估计、补偿,逐步修正子惯性导航的姿态误差角$\boldsymbol{\psi}=[\delta\alpha \quad \delta\beta \quad \delta\gamma]^{\mathrm{T}}$,使子惯性导航的计算姿态矩阵 $\boldsymbol{C}_b^{\tilde{n}}$ 逐渐趋于准确值 $\boldsymbol{C}_b^n$。可以看出:在原理上,速度匹配传递对准和以速度误差为观测量的最优估计自对准是一致的。子惯性导航对准的系统方程以式(2-7-13)为基础建立,此处不再赘述。

考虑到主子惯性导航之间臂杆,获取主惯性导航速度后,要进行臂杆补偿。基于下面的测量方程

$$\delta\boldsymbol{V}^n=\widetilde{\boldsymbol{V}}_s^n-[\boldsymbol{V}_m^n+\boldsymbol{C}_a^n(\boldsymbol{\omega}_{ea}^a\times\boldsymbol{r}^a)] \tag{2-7-28}$$

建立观测方程。由于惯性导航的高度通道不稳定,一般取两个水平速度误差作为观测量。如果选取两个水平速度误差、三个姿态误差作为状态

$$\delta\boldsymbol{X}=[\delta\alpha \quad \delta\beta \quad \delta\gamma \quad \delta V_N \quad \delta V_E]^{\mathrm{T}} \tag{2-7-29}$$

那么,观测方程为

$$\boldsymbol{Z}=\boldsymbol{H}\delta\boldsymbol{X}+v=\begin{bmatrix}0 & 0 & 0 & 1 & 0\\0 & 0 & 0 & 0 & 1\end{bmatrix}\delta\boldsymbol{X}+v \tag{2-7-30}$$

式中:v 为观测噪声。

3. "速度+角速度"匹配

"速度+角速度"匹配的系统方程和速度匹配的系统方程相同,都可以基于式(2-7-13)为基础建立,所不同的是观测方程。下面给出观测的推导过程。

角速度匹配,取主惯性导航相对于惯性系的角速度 $\boldsymbol{\omega}_{ia}^a$ 为匹配量,那么子惯性导航测量的角速度在 a 系里投影为

$$
\begin{aligned}
\widetilde{C}_b^a\,\widetilde{\boldsymbol{\omega}}_{ib}^b &= [\boldsymbol{I}-\boldsymbol{\psi}\times]\boldsymbol{C}_b^a(\boldsymbol{\omega}_{ib}^b+\delta\boldsymbol{\omega}_{ib}^b)\\
&\approx \boldsymbol{C}_b^a\boldsymbol{\omega}_{ib}^b+(\boldsymbol{C}_b^a\boldsymbol{\omega}_{ib}^b)\times\boldsymbol{\psi}+\boldsymbol{C}_b^a\delta\boldsymbol{\omega}_{ib}^b\\
&=\boldsymbol{\omega}_{ib}^a+\boldsymbol{\omega}_{ib}^a\times\boldsymbol{\psi}+\boldsymbol{C}_b^a\delta\boldsymbol{\omega}_{ib}^b\\
&=\boldsymbol{\omega}_{ia}^a+\boldsymbol{\omega}_f+\boldsymbol{\omega}_{ib}^a\times\boldsymbol{\psi}+\boldsymbol{C}_b^a\delta\boldsymbol{\omega}_{ib}^b
\end{aligned}
\tag{2-7-31}
$$

其中，忽略二阶以上误差小量，并设主、子惯性导航之间的挠曲变形角速度为 $\boldsymbol{\omega}_f$，角速度匹配的测量方程可以写为

$$
\boldsymbol{Z}_\omega=\boldsymbol{\omega}_{ia}^a-\widetilde{C}_b^a\,\widetilde{\boldsymbol{\omega}}_{ib}^b=-\boldsymbol{\omega}_{ib}^a\times\boldsymbol{\psi}-\boldsymbol{C}_b^a\delta\boldsymbol{\omega}_{ib}^b-\boldsymbol{\omega}_f \tag{2-7-32}
$$

结合速度匹配的观测方程，仍以五状态滤波模型为例，将 $(-\boldsymbol{C}_b^a\delta\boldsymbol{\omega}_{ib}^b-\boldsymbol{\omega}_f)$ 视为观测噪声，那么，“速度+角速度”匹配的观测方程表示为

$$
\boldsymbol{Z}=\boldsymbol{H}\delta\boldsymbol{X}+v=\begin{bmatrix}0 & \omega_Z & -\omega_Y & 0 & 0\\ -\omega_Z & 0 & \omega_X & 0 & 0\\ \omega_Y & -\omega_X & 0 & 0 & 0\\ 0 & 0 & 0 & -1 & 0\\ 0 & 0 & 0 & 0 & -1\end{bmatrix}\delta\boldsymbol{X}+v \tag{2-7-33}
$$

其中，ω_X、ω_Y、ω_Z 为 $\boldsymbol{\omega}_{ib}^a$ 的三个分量。在实际计算时，一般以 $\widetilde{C}_b^a\boldsymbol{\omega}_{ib}^b$ 代替 $\boldsymbol{\omega}_{ib}^a$ 进行滤波计算。随着滤波补偿进行，子惯性导航的姿态矩阵 $\widetilde{C}_b^n$ 逐步趋于准确值 $\boldsymbol{C}_b^n$，$\widetilde{C}_b^a$（$\widetilde{C}_b^a=\boldsymbol{C}_n^a\,\widetilde{C}_b^n$）也将趋于准确值 $\boldsymbol{C}_b^a$。

4. “速度+姿态”匹配

在上述“速度+角速度”匹配模型中，如果主、子惯性导航之间是刚性连接，则可以认为主、子惯性导航相对于的惯性系的角速度是相同的，即：$\boldsymbol{\omega}_{ia}^a=\boldsymbol{\omega}_{ib}^a$。事实上，主、子惯性导航之间总存在挠曲变形，变形角速度用 $\boldsymbol{\omega}_f$ 表示。相应地，在分析“速度+姿态”匹配模型时，必须将主、子惯性导航载体坐标系之间的相对姿态角 $\boldsymbol{\theta}$ 考虑在内，观测方程和系统方程都有改变，下面进一步展开分析。

根据子惯性导航姿态误差定义：

$$
\widetilde{C}_b^n=\boldsymbol{C}_b^{\tilde{n}}=\boldsymbol{C}_n^{\tilde{n}}\boldsymbol{C}_b^n=[\boldsymbol{I}-\boldsymbol{\psi}\times]\boldsymbol{C}_b^n \tag{2-7-34}
$$

主、子惯性导航的安装关系定义为

$$
\boldsymbol{C}_a^b=\boldsymbol{I}-[\boldsymbol{\theta}\times] \tag{2-7-35}
$$

可以近似认为主、子惯性导航之间的姿态变化率为 0，即 $\dot{\boldsymbol{\theta}}=0$。

记：主惯性导航准确的方向余弦矩阵与子惯性导航计算的方向余弦阵的乘积为

$$
\boldsymbol{C}_{\tilde{n}}^b\boldsymbol{C}_a^n=\boldsymbol{I}-[\boldsymbol{\xi}\times] \tag{2-7-36}
$$

则有

$$\begin{aligned}\boldsymbol{C}_{\tilde{n}}^{b}\boldsymbol{C}_{a}^{n}&=\boldsymbol{C}_{\tilde{n}}^{b}\boldsymbol{C}_{\tilde{n}}^{n}\boldsymbol{C}_{b}^{\tilde{n}}\boldsymbol{C}_{a}^{b}=\boldsymbol{C}_{\tilde{n}}^{b}(\boldsymbol{I}+\boldsymbol{\psi}\times)\boldsymbol{C}_{b}^{\tilde{n}}(\boldsymbol{I}-\boldsymbol{\theta}\times)\\&=\boldsymbol{C}_{\tilde{n}}^{b}\boldsymbol{C}_{b}^{\tilde{n}}+\boldsymbol{C}_{\tilde{n}}^{b}(\boldsymbol{\psi}\times)\boldsymbol{C}_{b}^{\tilde{n}}-\boldsymbol{C}_{\tilde{n}}^{b}\boldsymbol{C}_{b}^{\tilde{n}}(\theta\times)-\boldsymbol{C}_{\tilde{n}}^{b}(\boldsymbol{\psi}\times)\boldsymbol{C}_{b}^{\tilde{n}}(\theta\times)\\&=\boldsymbol{I}+\boldsymbol{C}_{\tilde{n}}^{b}(\boldsymbol{\psi}\times)\boldsymbol{C}_{b}^{\tilde{n}}-(\boldsymbol{\theta}\times)-\boldsymbol{C}_{\tilde{n}}^{b}(\boldsymbol{\psi}\times)\boldsymbol{C}_{b}^{\tilde{n}}(\boldsymbol{\theta}\times)\end{aligned}\tag{2-7-37}$$

将式(2-7-36)代入式(2-7-37)左端,并忽略高阶小量,得

$$\boldsymbol{I}-[\boldsymbol{\xi}\times]=\boldsymbol{I}+\boldsymbol{C}_{\tilde{n}}^{b}(\boldsymbol{\psi}\times)\boldsymbol{C}_{b}^{\tilde{n}}-(\boldsymbol{\theta}\times)\tag{2-7-38}$$

化简

$$[\boldsymbol{\xi}\times]=(\boldsymbol{\theta}\times)-\boldsymbol{C}_{\tilde{n}}^{b}(\boldsymbol{\psi}\times)\boldsymbol{C}_{b}^{\tilde{n}}\tag{2-7-39}$$

将矩阵形式转化为矢量形式,得

$$\boldsymbol{\xi}=-\boldsymbol{C}_{\tilde{n}}^{b}\boldsymbol{\psi}+\boldsymbol{\theta}\tag{2-7-40}$$

式(2-7-40)即为姿态匹配传递对准的测量方程。其物理意义可理解为:测量值 $\boldsymbol{C}_{\tilde{n}}^{b}\boldsymbol{C}_{a}^{n}$ 所对应的误差角 $\boldsymbol{\xi}$ 由两部分组成,①主、子惯性导航载体坐标系之间的固定安装夹角 $\boldsymbol{\theta}$;②子惯性导航的姿态误差角 $\boldsymbol{\psi}$ 在子惯性导航载体系中的投影。

根据上述分析,选取“速度+姿态”匹配的传递对准的状态为

$$\delta\boldsymbol{X}=[\boldsymbol{\psi}^{\mathrm{T}}\quad\boldsymbol{\theta}^{\mathrm{T}}\quad(\delta\boldsymbol{V}^{n})^{\mathrm{T}}]^{\mathrm{T}}\tag{2-7-41}$$

结合速度匹配传递对准的系统方程以及 $\dot{\boldsymbol{\theta}}=0$ 条件,以式(2-7-13)为基础,适当简化和调整,形成“速度+姿态”匹配传递对准的系统方程:

$$\delta\dot{\boldsymbol{X}}=\boldsymbol{F}\delta\boldsymbol{X}+\boldsymbol{G}w\tag{2-7-42}$$

其中:

$$\boldsymbol{F}=\begin{bmatrix}-\boldsymbol{\omega}_{in}^{n}\times & 0_{3\times3} & 0_{3\times3}\\0_{3\times3} & 0_{3\times3} & 0_{3\times3}\\0_{3\times3} & 0_{3\times3} & \boldsymbol{f}^{n}\times\end{bmatrix},\ \boldsymbol{G}=\begin{bmatrix}-\widetilde{\boldsymbol{C}}_{b}^{n} & 0_{3\times3} & 0_{3\times3}\\0_{3\times3} & \boldsymbol{I} & 0_{3\times3}\\0_{3\times3} & 0_{3\times3} & \widetilde{\boldsymbol{C}}_{b}^{n}\end{bmatrix}$$

式中:w 为系统噪声。

为了表述简洁和统一,把水平速度误差和垂直速度误差均列为状态,涉及速度误差项、加速度计噪声项的系数矩阵都用3×3矩阵表示。实际应用中可略去垂直通道的速度误差。

“速度+姿态”匹配传递对准的观测方程如下:

$$\boldsymbol{Z}=\boldsymbol{H}\delta\boldsymbol{X}+v=\begin{bmatrix}-\boldsymbol{C}_{\tilde{n}}^{b} & \boldsymbol{I}_{3\times3} & 0_{3\times3}\\0_{3\times3} & 0_{3\times3} & -\boldsymbol{I}_{3\times3}\end{bmatrix}\delta\boldsymbol{X}+v\tag{2-7-43}$$

其中,测量量为

$$\widetilde{\boldsymbol{Z}}=\begin{bmatrix}\xi\\\delta\boldsymbol{V}^{n}\end{bmatrix}。\tag{2-7-44}$$

根据上述系统方程和观测方程,设计传递对准滤波器,可以实现“速度+姿

态”匹配传递对准。

5. 匹配方案的对比分析

上面重点介绍的 3 种匹配方法中“速度”匹配和“速度+姿态”匹配属于计算参数匹配方法,而“速度+角速度”匹配则属于计算参数和测量参数相结合的匹配方法。

“速度”匹配需要考虑臂杆效应的影响,“角速度”匹配需要对挠曲变形角速度进行建模分析,“姿态”匹配则需要研究主、子惯性导航载体系之间的误差角关系。

单独的“速度”匹配方法,子惯性导航方位误差角的可观性不够,需要载机提供较为复杂的“*S*”形机动,以实现快速传递对准。而“速度+角速度”匹配、“速度+姿态”匹配则不需复杂机动,研究表明只需简单的“摇翼”机动即可实现快速传递对准。

参 考 文 献

[1] 袁信,俞济祥,陈哲．导航系统[M]．北京:航空工业出版社,1993.

[2] 秦永元．惯性导航[M]．北京:科学出版社,2006.

[3] 高钟毓．惯性导航系统技术[M]．北京:清华大学出版社,2012.

[4] Titterton D H, Weston J L. Strapdown Inertial Navigation Technology: Peter Peregrinus Ltd. 2nd ed. on behalf of the Institute of Electrical Engineers London: 2004.

[5] Miller R B. A New Strapdown Attitude Algorithms[J]. Journal of Guidance, Control, and Dynamics, 1983, 6(4): 287-291.

[6] Ignagni M B. Duality of Optimal Strapdown Sculling and Coning Compensition Algorithms[J]. Journal of the Insititute of Navigation, 1998, 45(2): 85-95.

[7] Savage P G. Strapdown inertial navigation integration algorithm design part 1: attitude algorithms[J]. Journal of Guidance, Control, and Dynamics, 1998, 21(1): 19-28.

[8] Savage P G. Strapdown inertial navigation integration algorithm design part 2: velocity and position algorithm[J]. Journal of Guidance, Control, and Dynamics, 1998, 21(2): 208-221.

[9] 武元新．对偶四元数导航算法与非线性高斯滤波[D]．长沙:国防科技大学,2005.

[10] 潘献飞．基于机抖激光陀螺信号频域特性的 SINS 动态误差分析与补偿算法研究[D]．长沙:国防科技大学,2008.

[11] 张开东．激光陀螺捷联惯性导航系统连续自动标定技术[D]．长沙:国防科技大学,2002.

[12] 张红良．陆用高精度激光陀螺捷联惯性导航系统误差参数估计方法研究[D]．长沙:国防科技大学,2010.

第3章 天文导航

天文导航是通过观测天体来确定运动载体所在位置和航向的一种导航技术。天体是宇宙空间中各种星体的总称,包括自然天体(恒星、行星、卫星、彗星、流星等)和人造天体(人造地球卫星、人造行星等),自然天体按人类难以干预的恒定规律运动。在天文导航中,通常把太阳系内的天体(如太阳、行星、地球、月球等)称为近天体,而将太阳系外的恒星称为远天体,且将远天体视为距地球无限远处的点。在无数自然天体中,那些便于用专用设备进行观测的自然天体构成了天文导航的“信标”。通过对信标观测所获得的数据进行处理后,可获得运动载体的位置和航向。六分仪、星体跟踪器、天文罗盘等,均为常见的天文导航设备。天文导航系统通常由惯性平台、信息处理装置、时间基准器等组成。这里所说的运动载体是各类舰船、飞机、航天器等载体的统称。

天文导航最先用于航海,起源于中国。在飞机和航天器问世后,在航海天文导航的基础上先后发展起来了航空天文导航和航天天文导航。在中国古代航海史上,人们很早就知道通过观察天体来辨别方向。西汉《淮南子·齐俗训》中记载:“夫乘舟而惑者,不知东西,见斗极则悟矣”。意思是说,在大海中乘船可以通过观察北极星来辨别方向。远在2000多年前,中国就有船舶渡海与日本和东南亚诸国进行交往,那时在航海中就已经使用了天文导航方法。到了明代(1403—1435年),我国著名航海家郑和曾率领60余艘船舶的船队七下西洋,最远到达了现在的红海和亚丁湾。在郑和的航海图中就有标明星座名称的“过洋牵星图”,可见当时我国天文导航技术已经发展到相当高的程度。这个时期,欧洲的航海事业还处于萌芽状态。随着资本主义掠夺海外殖民地的需要,海上交通和贸易逐渐得到发展,天文导航技术也随之发展起来。1730年研制出了航海六分仪,1761年天文钟在海上试用成功,1837年美国人沙姆纳发明了航海导航的等高线法,用来确定船舶的经纬度,1875年法国人圣·希勒尔提出了高度差原理,为近代天文导航奠定了理论和实践基础。

每一种导航技术都有各自的特点。天文导航精度高,并且精度与航行的持续时间、距离、高度、速度、地理位置等无关,同时也具有较强的自主性和隐蔽性。但是,天文导航技术的使用会受到天体能见度的限制,因而只能从离散地获取定位定向信息。将各种导航技术有机地结合起来形成组合导航技术,则可以集中各种导航技术的长处,避免各自的短处,进而提高导航精度和可靠性。例如,在航海和航空中广泛采用天文/惯性组合导航技术,将惯性导航作为载体的主要导航手段,天文导航作为辅助,利用天文导航装置的测量误差不随时间积累的优点,在一定时间间隔内用天文导航信息对惯性导航系统的累积误差进行修正。这样,既可以克服惯性器件的测量误差随时间累积而导致系统长时间工作后精度明显降低甚至不能满足要求的弱点,又可以发挥惯性导航系统组成简单、自主性和隐蔽性好、能够全天候提供连续实时导航信息的优点,进而使得组合导航系统的综合性能最佳。

本章重点介绍天文导航的基本概念、基本原理、航海天文导航和航天天文导航等内容。对天文导航使用的相关仪器设备、天文/惯性组合导航技术等不作深入讨论。航空天文导航与航海天文导航的基本原理大致相同,因此,对航空天文导航也不作专门讨论。

3.1 球面天文学的基本概念

3.1.1 天球与天球坐标

1. 天球的概念

天球是球面天文学中的一个重要概念。球面天文学是天文学的一个分支,主要研究天体在天球上的视位置和视运动,因而也是研究天体(包括人造天体,如人造地球卫星等)实际运动规律的基础理论。

当我们站在地球上观测天空时,总有一种“天似穹庐,笼盖四野”的感觉,无论是白天的太阳还是夜晚的明月或繁星,我们分辨不出与它们之间的距离,似乎它们都位于天空这个巨大圆球的内壁上。而且,不管我们站在地面上什么位置,总感觉是站在这个圆球的中心。

实际上,这个圆球并不存在,我们之所以会有这种感觉,是因为天体距离我们非常遥远,肉眼无法分辨出它们的远近,从而产生了一切天体都与我们等距离的错觉。同时,天体到观测者的距离与观测者在地球上移动的距离相比要大得多,因此在地球上任何地方观测,似乎总是在圆球的中心。

虽然人类早已知道各个天体并不在同一球面上,而且它们到地球上观测者的距离彼此相差很大,但由于在球面上引入一些假想的点和弧段以后,利用它们来确定天体的视位置比在空间处理视线方向之间的角度要简便得多,因此,在球面天文学中保留了这个假想圆球,并引入了天球的概念。所谓天球是指以空间任意一点为中心,以任意长为半径(或把半径看作数学上的无穷大)形成的圆球。

天体在天球上的投影,即天球中心和天体的连线与天球相交的点,称为天体在天球上的位置,或称为天体的视位置。例如在图3-1-1中,天体A_1与A_2、B和C在天球上的位置分别为a、b和c。

一般将天球中心设置在地面观测点上。有时为了研究方便,也将天球中心设置在地球中心或太阳中心,相应的天球分别称为地心天球或日心天球。

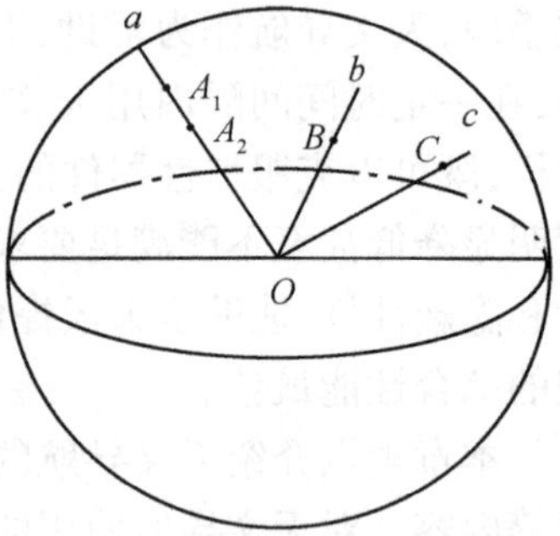

图 3-1-1　天体在天球上的位置

球面天文学的基础是球面几何学,天球具有圆球的一切几何特性:

(1) 通过球心的任一平面,划分该球为两个半球,与球表面相交所得的圆称为大圆,大圆半径等于球的半径,而球心就是大圆的圆心。若该平面不通过球心,则与球表面相交所得的圆称为小圆,显然,小圆的圆心就不可能是球心,小圆半径小于球的半径。

(2) 通过球面上不在同一直径的两点只能做出一个大圆,它的较小弧段就是球面上所有连接这两点诸线中的最短线。

(3) 两个大圆必定相交,相交而成的角称为球面角;而交点是同一直径的两个端点,称为球面角的顶点;大圆弧本身称为球面角的边。在球面角的顶点分别作两个大圆弧的切线,球面角的大小就等于两条切线的夹角。

(4) 如图 3-1-2 所示,球面上任意一个圆 ABC(不论大圆或小圆),通过其圆心 O_1 作一条垂直于该圆平面的垂线,则该垂线必经过球心 O 并与球表面交于直径的两端点 P 和 P',两端点 P 和 P' 称为圆 ABC 的极,极到该圆上任意一点的角距称为极距,显然,圆上任一点的极距都相等。

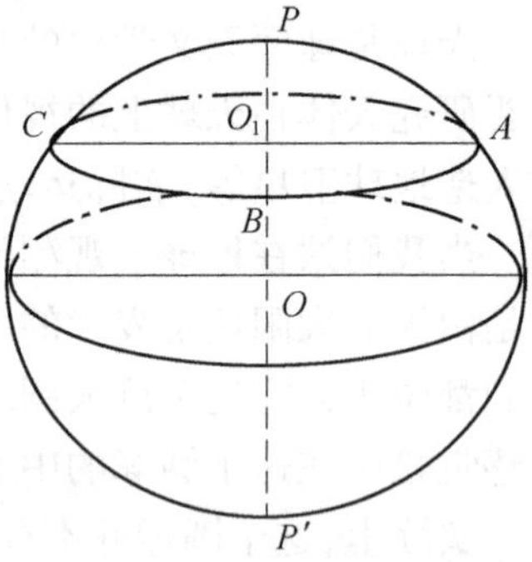

图 3-1-2　天球和天球的极

(5) 大圆的极距为一象限(=90°)。反之,如果球面上一点至其他两点(不是直径的两端点)的角距都是一象限,则前一点必为通过后两点的大圆的极。

(6)大圆的极到该大圆上任意一点的大圆弧必与该大圆正交。

此外,天球还具有一个重要性质:所有互相平行的直线向同一方向延伸时,将与天球相交于一点。这与平面几何学中的平行线在无穷远处相交的概念是相似的。

2. 天球坐标系

在球面天文学中,通常采用天球坐标来确定天体在天球上的位置。天球坐标系的定义如图 3-1-3 所示,大圆 $BCDE$ 称为天球坐标系的基圈,所在的平面称为基面。基圈有两个几何极 A 和 A',可任选其中一个(比如选 A)作为天球坐标系的极,选天球的半个大圆 ACA' 作为天球坐标系的始圈,它与基圈的交点 C

称为天球坐标系的原点。为了确定球面上某点 σ 的位置，可通过几何极 A 和点 σ 作一大圆弧，与基圈交于 D，则点 σ 的位置可由大圆弧 $D\sigma$ 和 CD 来确定。大圆弧 $D\sigma$ 称为天球坐标系的第一坐标，大圆弧 CD 则称为第二坐标。显然，选择不同的基圈、始圈和原点，可以定义不同的天球坐标系。地平坐标系和赤道坐标系是常用的天球坐标系。

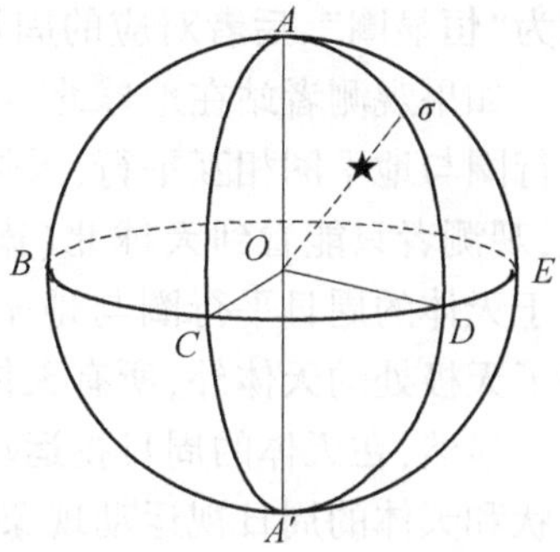

图 3-1-3　天球坐标系

地平坐标系的定义。基圈为天球的地平圈，始圈为天球的子午圈，原点为南点（或北点）。地平坐标系的第一坐标称为地平纬度或地平高度，用 h 表示（$z=90°-h$，称为天顶距）；第二坐标称为地平经度或天文方位角，用 A 表示（A_S 表示原点为南点，A_N 表示原点为北点，$A_N=A_S\pm180°$）。

赤道坐标系的定义。基圈为天球赤道，始圈为过春分点的赤经圈，原点为春分点。赤道坐标系的第一坐标称为赤纬（用 δ 表示），第二坐标称为赤经（用 α 表示）。

3.1.2　天体的视运动

由于地球自西向东自转，所以人们能直观地看到天体有自东向西的视运动，并且，在一日之内每个天体沿各自的赤纬圈转过一周，这就是所谓的天体的周日视运动。

1. 天体出没

天体出没是天体周日视运动的现象之一。如图 3-1-4 所示，$SWNE$ 是观测者所在的地平圈，Z 为天顶，P 为天极。设观测者所在的地理纬度为 φ，天体的赤纬为 δ。

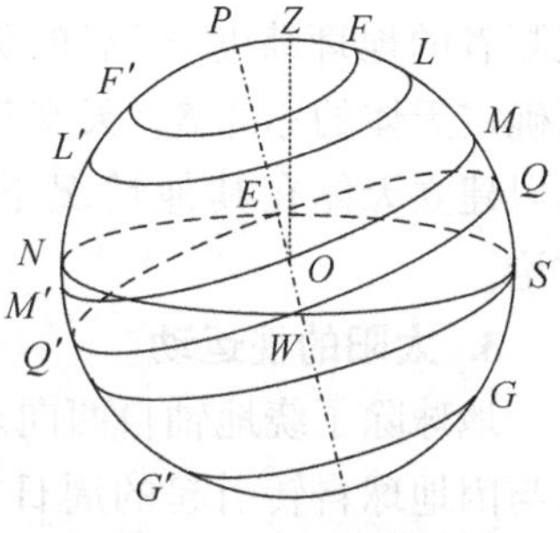

图 3-1-4　天体的周日视运动

当 $\delta>90°-\varphi$ 时，则天体的周日平行圈全部在地平圈以上（如平行圈 LL'），天体永不下落，称其为不落的星，也称为“拱极星”。

若天体的赤纬满足 $90°-\varphi>\delta>-(90°-\varphi)$，则天体的周日平行圈部分在地平圈以上，部分在地平圈以下（如平行圈 QQ'），观测者会看到天体有东升西落现象。天体从观测者的地平圈以下升到地平圈以上时，称为“出”，反之称为“没”。

若 $\delta<-(90°-\varphi)$，则天体的周日平行圈全部在地平圈以下（如平行圈 GG'），天体永不上升，故称为“不升的星”。

还有两种特殊情况，即 $\delta=90°-\varphi$ 和 $\delta=-(90°-\varphi)$，前者对应的周日平行圈

称为"恒显圈",后者对应的周日平行圈称为"恒隐圈"。

如果观测者站在地球北(南)极,由于天顶与北(南)天极重合,天体的周日平行圈与地平圈相互平行,天体既不升起,也不下落,永远保持同一地平高度,因此,观测者只能看到天球北(南)半部的天体。对于地处赤道上的观察者来说,由于天体的周日平行圈与地平圈相互垂直,所以能够看见天球上的全部天体。除了天极处的天体外,所有天体都有东升西落现象。

显然,在天体的周日视运动过程中,站在不同纬度上的观测者所看到的星空形状和天体的周日视运动现象是不同的。

2. 天体中天

天体经过观测者所在的子午圈时称为中天;经过包括天极和天顶的那半个子午圈时,天体到达最高位置,称为上中天;经过包括天极和天底的那半个子午圈时,天体到达最低位置,称为下中天。如图 3-1-5 所示,假设天体 σ 在天顶以南、天赤道以北上中天,若记观测者的地理纬度为 φ,天体的赤纬为 δ,其上中天时的天顶距为 z_m,不难得出三者的关系如下:

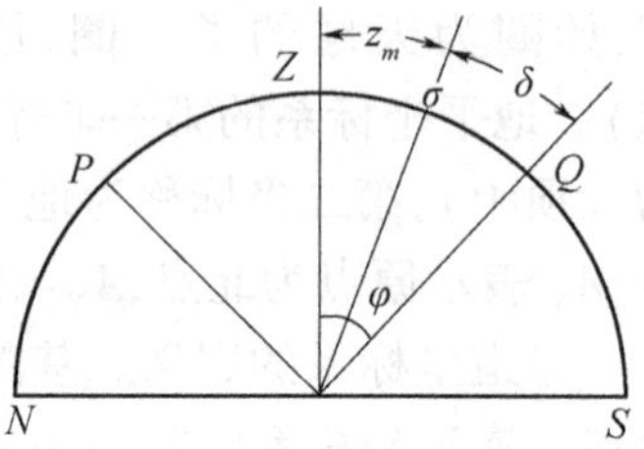

图 3-1-5 天体中天

$$\varphi = z_m + \delta \tag{3-1-1}$$

上述关系具有很大的实用价值。观测时刻天体的赤纬 δ 可以通过天文年历获得,那么利用天文观测仪器测量出天体上中天时的天顶距 z_m(一般测量天体的地平高度角 h_m,$h_m = 90° - z_m$)以后,就可以确定观测者的地理纬度 φ;反之,如果观测者的地理纬度 φ 已知,天文观测得到天体上中天时的天顶距 z_m,那么就可以确定天体的赤纬 δ。天文年历就是通过大量的这类天文观测形成的。同样,可以建立天体在其他情况下上中天时 φ、δ 和 z_m 之间的关系,这里不再一一讨论。

3. 太阳的视运动

地球除了绕地轴自西向东自转运动外,还绕太阳作公转运动。因此,太阳除参与因地球自转引起的周日视运动外,还存在因地球公转引起的周年视运动。太阳因为存在周年视运动,在黄道上自西向东平均每天移动 1°,移动周期为一年。在一年内,太阳依次在黄道上经过春分点、夏至点、秋分点和冬至点,分别对应中国农历的 24 个节气中的春分日、夏至日、秋分日和冬至日;在太阳周年视运动过程中,由于其赤经和赤纬的变化,从而引起昼夜长短的变化和寒来暑往四季的变更。例如在北半球,春季从春分日开始,这天昼夜一样长,此后白昼变长、黑夜缩短,到夏至日这天白天最长、黑夜最短;夏至日阳光直射北回归线(北纬23°27′),夏季开始,之后白昼逐日变短,黑夜逐日增长,到秋分日这天昼夜变为一样长;秋分以后白昼逐日变短,黑夜逐日增长,到冬至日这一天白昼最短、黑夜最长;冬至日阳光直射南回归线(南纬23°27′),冬季开始,此后白天变长、黑夜变短,到春分日昼夜再次相等,太阳完成一年一周的运动;此外,对于地球上的观测者而言,纬度不同,所看到的太阳周年视运动的变化情况也有所不同。纬度越高,夏季白天越长,冬季白天越短;在极圈以北会出现"白夜"和"黑昼"现象,在北极则是半年白天、半年黑夜。南半球情况与北半球类似,只是冬季与夏季、春季与秋季刚好相反。在赤道上,一年四季昼夜的长短则基本不变。

4. 月球的视运动

月球绕地球运转,而地球绕太阳运转,这样使得月球、地球和太阳三者的相对位置不断发生变化,因此,月球除了参与因地球自转而引起的周日视运动外,由于月球绕地球每月(按中国的农历)做公转一周,地球上的观测者还会看到它从西向东在星空中移动。月球的这种运动,会引起月球的赤经和赤纬的变化,使月球的周日视运动轨迹发生相应的改变。由于月球的自转周期恰好与月球绕地球公转的周期相等,使得月球总是以相同的一面朝向地球,所以地球上的观测者只能看到月球的半个表面。

5. 行星的视运动

行星是太阳系内的天体,它们除了参与因地球自转引起的周日视运动外,还因地球和行星皆绕太阳公转而不断改变行星对于恒星的相对位置。行星在天球恒星背景中的相对运动与太阳和月球的情况不同,对于太阳和月球来说,这种运动的方向始终是朝东的。对于行星来说,则有时朝东,有时朝西。这是地球和行星二者的公转运动合成后在天球上的反映。行星的朝东视运动称为顺行,朝西视运动称为逆行。顺行与逆行之间的转折点称为"留",在"留"的附近行星相对恒星背景的运动是很慢的。同样,行星的视运动也具有周期性。按照行星相对于太阳的视运动,可将行星分为地内行星和地外行星两类,运行轨道在地日之间的行星称为地内行星,如水星和金星,否则称为地外行星,如火星、木星、土星等。

3.1.3 天文年历与天文钟

1. 天文年历

天文导航需要知道被观测天体的投影点位置。人们通过长期的观测与研究,掌握了自然天体的运动规律,可以给出按年度出版、反映自然天体运动规律的历表,即天文年历。天文年历是天文导航的重要资源,它的内容主要包括3个方面:首先是太阳、月球、各大行星和千百颗基本恒星在一年内不同时刻、相对于不同参考系的精确位置;其次是日食、月食、行星动态、日月出没和晨光昏影等天象的预报;最后是用于天体在各种坐标系之间换算时必要的数据,如岁差、章动、极移、蒙气差、视差、光行差等。依据这些资料,根据不同的应用需求,可以单独出版航海天文年历或航空天文年历。早期的天文年历大多数是纸质版的,随着信息技术的发展,现在天文年历在出版纸质版的同时,也出版电子版。在天文导航中,怎样正确使用天文年历提供的资源,是一项专门的技术,在此不作深入讨论。

2. 天文钟

准确的时间信息对于天文导航来说十分重要,因为如果已知了世界时,就可以从天文年历中获取被观测天体当前的空间位置。天文钟是用来指示世界时的装置,目前常用的天文钟主要包括机械天文钟和石英天文钟两大类。显然,天文钟的准确性直接影响天文导航的精度。机械天文钟与一般的民用机械钟表相比,结构基本相似,但走时要准确得多。钟内配有保持水平的装置,以保证在发条松紧不同情况下的等时性;此外,钟内还配有温度补偿装置,以降低温度变化对钟摆摆动周期的影响。这两项措施有利于提高机械天文钟的走时精度。机械天文钟被设置成世界时,钟面也是12小时,因此每天下午的钟面时间应加上12小时才等于世界时。天文钟与世界时之间的偏差称为钟差,钟差一天的变化值称为日差。日差的稳定性是衡量天文钟走时精度的重要指标,如果日差出现不稳定现象,说明天文钟有故障,需要维修。通常采取两项措施来保证机械天文钟日差的稳定性,一是每天定时上发条,而且要求上发条的位置是固定的;二是定期进行清洗和检修,时间间隔不超过三年。石英天文钟是由石英晶体振荡器和电子电路构成的电子钟,其优点是成本低廉、计时精度高、不怕载体的倾斜和摇摆。石英天文钟通常配有自动调时装置,可以通过无线电时间信号来消除钟差,因此,在天文导航中得到日益广泛的应用,已逐步替代了机械天文钟。随着原子时钟技术的发展,具有更高精度的原子天文钟将逐步成为天文钟发展的主流。

3.2 航海天文导航

航海天文导航的发展至今已有六七百年的历史。在惯性导航和无线电导航出现之前,简单实用的天文导航是舰船航海的唯一导航手段。在航海中一般要在早晚晨昏时段对天体进行观测,因为此时既可观测到天体,又便于户外作业。航海常用的天文导航仪器有六分仪和天文钟。六分仪有千分尺鼓轮六分仪、游标尺六分仪和人造地平六分仪等类型。本节主要介绍航海天文定位和定向的基本原理,其中太阳偏振光定向技术尚处于研究阶段,在航海导航中还没有得到实际应用,因此只介绍一些基本概念。

3.2.1 航海天文定位

1. 基本原理

确定运动载体的空间位置通常需要3个坐标参数,即所谓的三维定位。对航海导航而言,由于舰船相对于海平面的高度为零,此时三维定位问题退化为二维定位问题。航海天文定位的基本原理如图 3-2-1 所示。

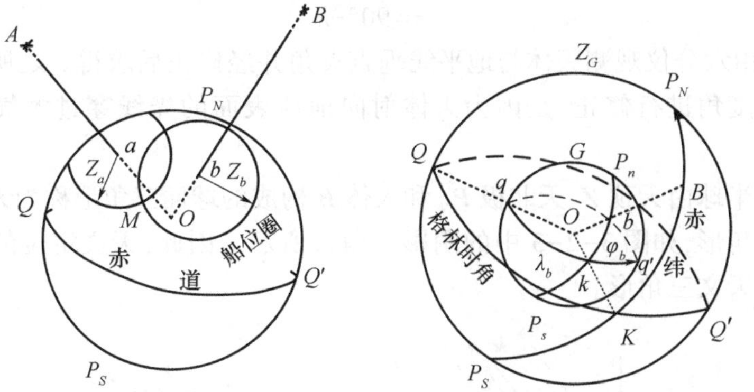

图 3-2-1 天文定位原理图

假设 A、B 为两个已知的天体,天体 A、B 与地心 O 的连线与地球表面交于 a、b,这两个交点称为天体投影点,如果能够知道这两个投影点的经度和地心纬度,并且观测者能测出舰船到投影点的地心角分别为 z_a 和 z_b,则以 a、b 为极点,分别以 z_a、z_b 为半径,在地球圆球上做出两个平行圈,这两个平行圈称为等高圆(有时也称作等高圈或位置圆),两个等高圆交于 M 和 M' 两点。这两点何为真实船位,这就是所谓的模糊度问题,通常可以根据舰船的先验位置信息来判断。

根据上述定位原理,确定舰船位置的方法大致可分为解析法和图解法两类,早期的航海导航通常采用图解法,现代航海导航则主要采用解析法。

2. 解析法求舰船位置

所谓解析法就是根据天体投影点与船位之间构成几何关系,利用球面天文学的基本原理,通过解天文三角形来求得舰船位置。如图 3-2-1 所示,观测时刻天体投影点的经度和纬度可以借助天文钟和天文年历获得。具体步骤是:天文钟给出观测时刻的世界时,从天文年历中查出天体的赤纬 δ 和格林时角 t_G。在航海天文导航中通常使用的格林时角是由格林尼治午半圈起算的地方时角,简称为格林时角。格林时角的度量方法有两种:一种称为格林西行时角 t_G,这是在天赤道由格林尼治午半圈向西度量到天体时圈的角度;另一种称为格林半圈时角,当 t_G 小于180°时,半圈时角即为西行时角,并将时角命名为西(W),当西行时角 t_G 大于180°时,用360°减去西行时角即为半圈时角,并将时角命名为东(E)。在已知 δ 和 t_G 后,由于投影点的地心纬度与赤纬 δ 相等,经度与格林半圈时角相等,则可求出天体投影点的经度和纬度。

在求解舰船到已知天体投影点间的地心角时,注意到天体 B 距地球很远,因此,可以将从天体射向地球表面的光线看作为一束平行光,如图 3-2-2 所示。由图可知,舰船 M 到天体投影点的地心角即为天体对舰船的天顶距 z,若天体相

对于当地水平线的高度角为 h,则有

$$z=90°-h \tag{3-2-1}$$

h 可用六分仪观测天体与地平线垂直夹角并经修正后求得。之所以要对观测到的高度角进行修正,是因为天体射向地球表面的光线穿过大气时会发生折射。

在北半球由天顶 Z、天北极 P_N 和天体 B 构成的球面三角形称为天文三角形或定位三角形,如图 3-2-3 中的阴影三角形所示。因此,天文定位的基本算法就是求解天文三角形。

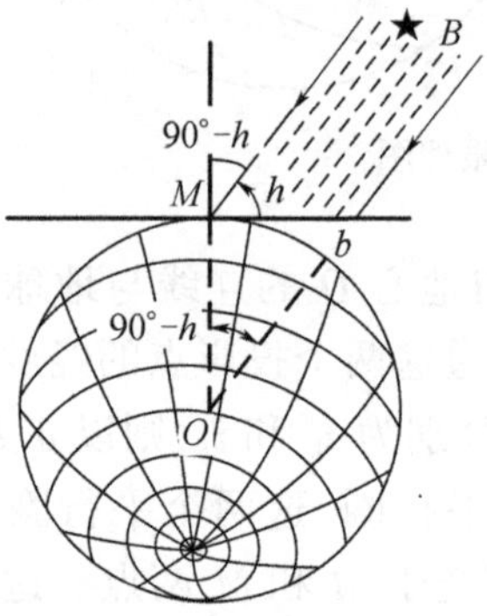

图 3-2-2　天体高度角

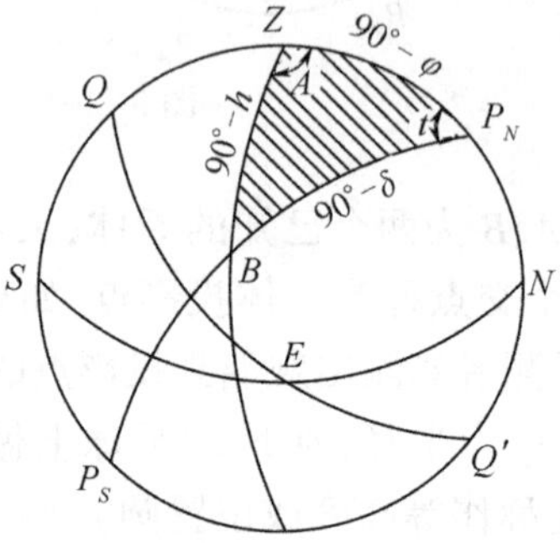

图 3-2-3　天文三角形

在天文三角形中的三边为

$ZP_N=90°-\varphi$,φ 为观测者纬度;

$P_NB=90°-\delta$,δ 为天体赤纬;

$BZ=90°-h$,h 为天体高度角。

三角形的三角为

$\angle P_NZB=A$,A 为天体方位角;

$\angle ZP_NB=t$,t 为天体时角;

$\angle ZBP_N=q$,q 为天体星位角。

天文三角形建立了天体在天球上的位置与观测者的地理位置之间的联系,天文三角形在天文导航中有广泛的用途。在天文三角形中常用的球面三角形公式为

$$\sin h=\sin\varphi\sin\delta+\cos\varphi\cos\delta\cos t \tag{3-2-2}$$

和

$$\sin A\cos h=\cos\delta\sin t$$

$$\cos A\cos h=\cos\varphi\sin\delta-\sin\varphi\cos\delta\cos t \tag{3-2-3}$$

上述利用 A、B 两个天体对舰船进行定位的方法称为双星定位法。由式(3-2-2)可以得出以下定位算法公式

$$\sin h_A=\sin\varphi\sin\delta_A+\cos\varphi\cos\delta_A\cos t_A$$
$$\sin h_B=\sin\varphi\sin\delta_B+\cos\varphi\cos\delta_B\cos t_B$$
$$t_A=t_{GA}\pm\lambda_W^E \tag{3-2-4}$$
$$t_B=t_{GB}\pm\lambda_W^E$$

式中：h_A，h_B；δ_A，δ_B；t_{GA}，t_{GB}分别为A、B两天体的高度角、赤纬和格林西行时角，而φ和λ为舰船待求的经纬度，求解上述方程可求出φ和λ。式中$\pm\lambda_W^E$表示当观测者在东经时，λ前符号为“+”，当观测者在西经时，λ前符号取为“-”。

式(3-2-3)和式(3-2-4)由两组球面三角形公式组成，包含了φ和λ两个未知数，理论上讲是可以求解的。然而，这是两组超越方程，若想得到其解析解则非常复杂，实际应用中通常采用迭代的方法进行数值求解。双星定位算法流程如图3-2-4所示。

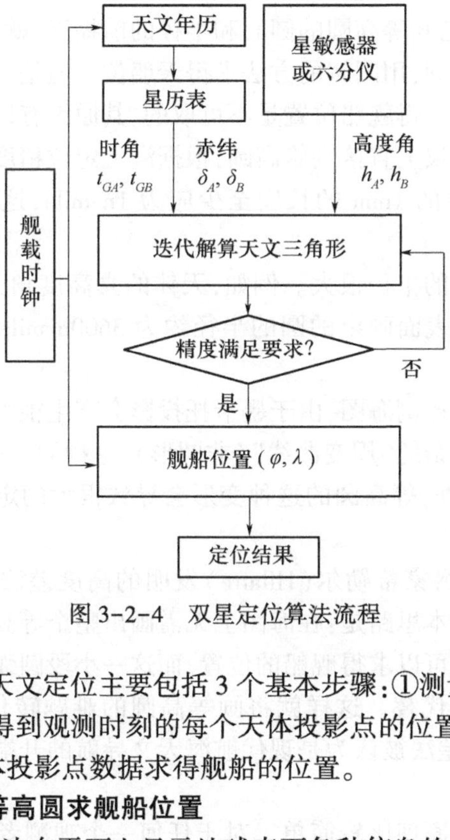

图3-2-4 双星定位算法流程

综上所述，航海天文定位主要包括3个基本步骤：①测量两个或更多天体的高度角或天顶距；②得到观测时刻的每个天体投影点的位置；③依据天体的高度角(或天顶距)和天体投影点数据求得舰船的位置。

3. 在海图上画等高圆求舰船位置

地图是用数学方法在平面上显示地球表面各种信息的一种图解形式。当地球表面上的经纬线(球面坐标曲线)形成的网格与地图平面上的网格建立了相互对应的数学关系后，则地球表面各网格内的要素(如长度、角度、面积等)也以满足这种数学关系的形式表示在平面上。因此，地图投影是指以一定的数学关系将地球表面上的经纬线网格表示到平面上去的投影方法。常用的地图投影有圆柱投影、圆锥投影、透视方位投影等。航海专用地图简称为海图,大约95%以上的海图是采用墨卡托投影,所绘制的海图称为墨卡托海图。墨卡托投影是一种等角正圆柱地图投影,其经纬线网格(球面坐标 λ、φ)与平面网格(平面坐标 X、Y)之间有如下的数学关系:

$$X=R\lambda$$

$$Y=R\ln\left[\tan\left(45°+\frac{\varphi}{2}\right)\right]$$

式中:R 为地球半径。墨卡托投影的特点可以概括为:①地球上所有经线成为与赤道垂直的直线,所有纬线成为与赤道平行的直线;②地球上不同纬度的纬线在地图上拉长得与赤道纬线一样长,纬度越高,地图上的经线和纬线就被拉长得越多,到两极地区,经线被拉长得在地图上无法表示;③地球上的等角航线在地图上是一条直线,因此,墨卡托投影地图在航海和航空中得到广泛应用。

从理论上讲,在已知等高圆的圆心和半径的前提下,就可以在地球仪或墨卡托海图上直接画等高圆,用图解的方法求得天船位。但是,实践证明通过在海图上画等高圆的方法来求得舰船位置是不可取的,其原因有以下几点:

(1) 如果在地球仪上直接画等高圆,根据海上定位精度的要求,在地球仪的表面上用肉眼能分辨的1mm的长度至少应为1n mile,这样,地球仪的直径约为6.9m。

(2) 通常等高圆的半径很大。例如,天体的真高度角为30°时,等高圆的半径为60°,在地球圆球表面画出的圆的半径约为3600n mile,大比例海图根本容不下。

(3) 如果采用小比例海图,由于墨卡托投影会产生很大的变形,等高圆在海图上的投影是一条复杂的"周变曲线"(非圆形),这种周变曲线用一般的作图方法绘制十分困难,此外,等高圆的这种变形会导致很大的定位误差,不能满足航用的要求。

1875年,法国航海家希勒尔(Hilaire)发明的高度差法,解决了等高圆作图的问题。该方法的基本思路是:在海图上无需画出整个等高圆,只需使用每个等高圆的一小段圆弧就可以求得舰船的位置,而这一小段圆弧通常比较短,可以用圆周的割线或切线来代替。这样就将画等高圆的难题转化成了画船位线的问题,简单易行。高度差法被认为是现代航海天文导航的开端,逐渐成为天文定位的标准方法。

高度差法的基本原理比较简单。对于任何一个观测者来说,天体的高度角与观测者所在的地理纬度、天体的赤纬和格林时角有确定的函数关系,如果在实际船位附近任选一点(称为假定船位,或称计算点,记为 O),则根据式(3-2-2),可以计算出天体在该点的高度角,如此获得的天体高度角叫做天体的计算高度 h_c。显然,它与在实际船位处获得的天体观测高度(记为 h_t)是有差别的,通常把观测高度与计算高度之差称为高度差，记为 $dh(dh=h_t-h_c)$。当 O 点在实际船位附近(偏差在几十海里以内)时，dh 为小量，对式(3-2-2)两边做微分，dh 可以表示成如下形式

$$dh=\frac{\partial h}{\partial \varphi}d\varphi+\frac{\partial h}{\partial t_G}dt_G$$

对式(2-2-2)两边求微分，可以得到

$$\cos h \cdot dh=(\cos\varphi\sin\delta-\sin\varphi\cos\delta\cos t_G)\cdot d\varphi-\cos\varphi\cos\delta\sin t_G\cdot dt_G$$

因为 dh 和两个微分参数都是常数，上式可以简化为如下形式：

$$d\varphi=a+b\cdot dt_G$$

这是一个直线方程，即所谓的船位线方程，如图 3-2-5 所示。下面分别讨论 $dt_G=0$ 和 $d\varphi=0$ 时的两种特殊情况。

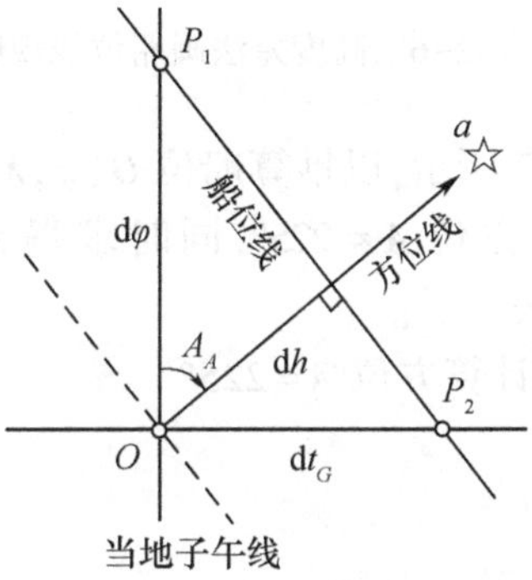

图 3-2-5 高度差法原理图

当 $dt_G=0$ 时，t_G 保持不变，实际船位与计算点 O 在同一条子午线上，dh 完全由纬度的变化量 $d\varphi$ 决定。增加 $d\varphi$，可得到 P_1 点，该点位于观测者等高圆上。

当 $d\varphi=0$ 时，φ 保持不变，实际船位与计算点 O 在同一条纬度圈上，dh 完全由子午线角的变化量 dt_G 决定。增加 dt_G，可得到 P_2 点，同样 P_2 点也位于观测者等高圆上。

在 P_1 点和 P_2 点观测到的天体高度均为 h_t，直线 P_1P_2 是等高圆的切线，即我们所求的位置线。连接计算点 O 和天体投影点 a 的直线称为方位线，方位线与位置线的交点到 O 的距离即为高度差 dh。方位线与过 O 点当地子午线之间的夹角称为方位角 A_A，显然，它等于位置线与过 O 点的纬度圈之间的夹角。

下面讨论高度差法求船位的作图规则，如图 3-2-6 所示。

(1) 高度差 dh 为“+”，计算点 O 在等高圆之外。过计算点 O 作天体的计算方位线(方位角为 A)，在该线上，以 O 为原点，朝向天体(沿天体计算方位的方向)截取 dh，得截点 K；过 K 点作计算方位线的垂线，即位置线。

(2) 高度差 dh 为“-”，计算点 O 在等高圆之内。过计算点 O 作天体的计算

方位线(方位角为 A),在该线上,以 O 为原点,背向天体(沿天体计算方位的反方向)截取 dh,得截点 K;过 K 点作计算方位线的垂线,即位置线。

(3) 高度差 dh=0,计算点 O 在等高圆之上。过计算点 O 作天体的计算方位线(方位角为 A);再过 O 点作计算方位线的垂线,即位置线。

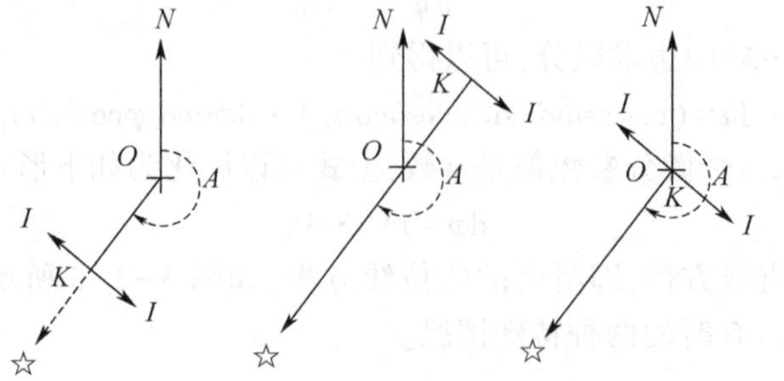

图 3-2-6 高度差法画船位线规则

例 3-2-1:如图 3-2-7 所示,以推算船位 $O(\varphi,\lambda)$ 为计算点,若求得天体计算高度 $h_c=46°27.5'$,计算方位 $A=225°$,同时求得天体真高度 $h_t=46°25.2'$,则可画出位置线,具体方法如下:

已知计算点 $O(\varphi,\lambda)$,计算方位 $A=225°$

真高度 $h_t=46°25.2'$

计算高度 $h_c=46°27.5'$

则得到高度差 d$h=-2.3'$

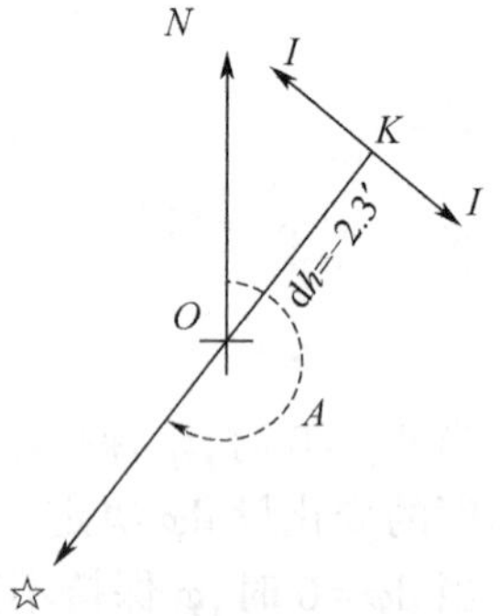

图 3-2-7 高度差法画船位线

为保证定位精度,通常选择的计算点偏离实际船位不应超过 30n mile,通常以推算船位为基准,规定选择船位的经纬度与其经纬度的差值限制在30′之内。为保证利用高度差法画出的位置线所必需的精度,应选择观测高度低于70°的天体为宜;高度越高,等高圆的半径就越小,等高圆的曲率就越大,这时在墨卡托海图上用恒向线直线代替等高圆曲线所产生的误差也相应地增大。如果在求得观测船位之后发现计算点偏离观测船位大于 30n mile,可把求得的观测船位作为新的计算点重新计算(迭代计算)和作图,这样做可以进一步提高舰船的定位精度。

4. 定位误差分析

在实际应用中,从航海天文年历中得到的天体赤纬和时角与实际值之间的误差很小,通常可以忽略。天体高度角误差包括了天文观测仪器的标定误差、地平俯角测量误差、大气折射误差等,要获得精确的天体高度角就需要对测量值进行修正。关于测量误差的修正问题,这里不作深入讨论。天体高度角误差相当于等高圆半径的不确定度,由于等高圆半径通常很大,因此在误差分析时可以将

图 3-2-1 中的等高圆等效为船位线,如图 3-2-8(a)图所示。

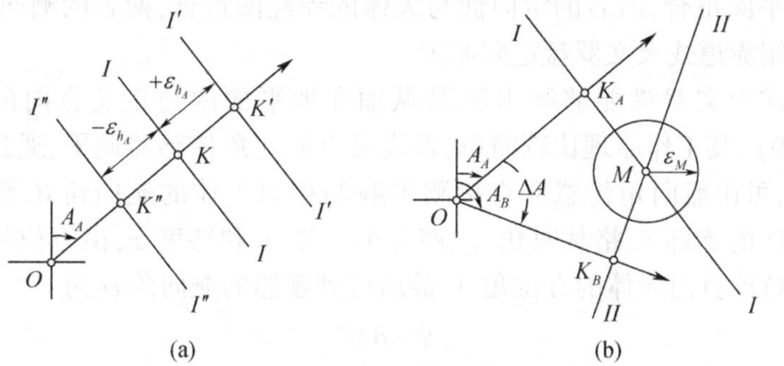

图 3-2-8 双星定位的船位线误差及误差圆

(a)图中的 ε_{h_A} 表示由观测天体 A 引起的船位线误差,(b)图中误差圆的半径 ε_M 表示双星定位的均方误差。因此双星定位的均方误差可以近似地表示为

$$\varepsilon_M=\frac{\sqrt{\varepsilon_{h_A}^2+\varepsilon_{h_B}^2}}{\sin(A_A-A_B)} \tag{3-2-5}$$

式中:ε_M 为定位误差的圆半径;ε_{h_A},ε_{h_B} 分别为两个天体高度角的测量误差;A_A,A_B 为两个天体的方位角,(A_A-A_B) 表示了所观测天体的空间几何分布特征。若舰船与两个天体的投影点共线,则 $\sin(A_A-A_B)=0$,此时,双星定位误差为无穷大;若 $A_A-A_B=90°$,即,两个投影点相对于测量点的方位角差值为 90°,则有 $\varepsilon_M=\sqrt{\varepsilon_{h_A}^2+\varepsilon_{h_B}^2}$。因此,选择位置较好的观测天体的空间几何分布特征,可以有效地减小双星定位法的误差。如果 $A_A-A_B=90°$,两个天体高度角的测量误差均为 $\varepsilon_{h_A}=\varepsilon_{h_B}=30''$,此时双星定位法的误差圆半径 $\varepsilon_M\approx0.7$n mile。换句话说,若要获得 1n mile 量级的定位精度,天体高度角的测量误差必须控制在几十角秒的量级。需要指出的是这里只简单讨论了用均方误差圆来评定舰船定位误差的方法,还有一些评定方法诸如均方误差椭圆和均方误差四边形等,感兴趣的读者可参阅相关资料。

由于双星定位的两个等高圆相交于两点,需要解所谓的模糊度问题,在实际应用中通常是再增加对第三个天体的观测,称为三星定位。三星定位的三个等高圆必交于一点,即真实船位,这样,既避免了求解模糊度问题,又可提高定位精度。此外,还可以利用对第三个天体的观测值来检查前两个观测值的可信度。

3.2.2 航海天文定向

航海天文定向是通过对天体观测来确定舰船航向的技术,天文罗盘是天文定向常用的仪表。天文罗盘的工作原理是通过对天体定向来获得舰船的航向,按其测量方法可分为地平式天文罗盘和赤道式天文罗盘两种,前者的定向面与天体的地平圈重合,后者的定向面与天体的赤经圈重合,两者的测向原理相同。这里只介绍赤道式天文罗盘定向原理。

赤道式天文罗盘能够测出舰船纵轴在地平面内与正北方向的航向角 ψ(图 3-2-9),其工作原理比较简单,首先要将航向角传感器调平,通过精确跟踪天体中心,可由航向角传感器直接测出舰船相对天体的航向角 β,然后根据观测时刻天体的赤纬 δ、格林时角 t_G、舰船的经度 λ 和纬度 φ,由方位计算器按照式(3-2-3)计算出天体的方位角 A,最后得到舰船的航向角 ψ 为

$$\psi = A \pm \beta \tag{3-2-6}$$

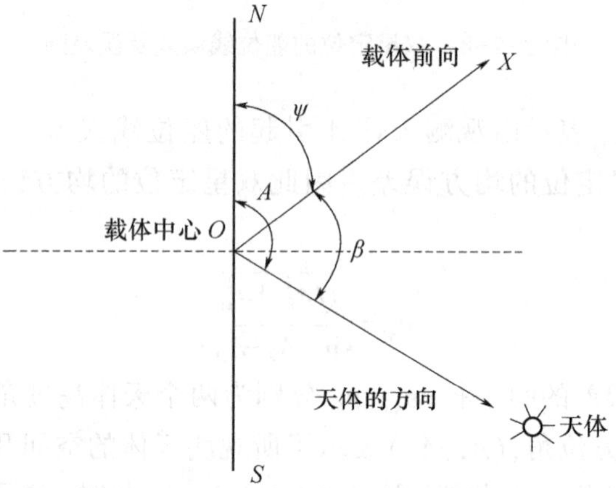

图 3-2-9　赤道式天文罗盘定向原理

需要指出的是天体的周日运动与当地地平面并不平行,这就是说在地平圈上对天体方向的直接读数只适用于每一个瞬间天体方位角的计算。利用天体周日运动的均匀性可以避免这些复杂的计算。因此,在赤道式天文罗盘内,除了在水平面上装有一个天体航向测角器的刻度盘以外,还装有一个可以按照当地纬度调节而平行于天球赤道的时角刻度盘。

图 3-2-10 所示为赤道式天文罗盘的结构外形图。在仪器的下部为基座 1,依靠这个基座可以将天文罗盘固定在舰船上。水准器 2 和固定仪器于水平位置的定位螺旋 3 都固定在仪器的基座上。在仪器基座上的圆形平板是可以旋转的天体航向测角器刻度盘 4,根据这个盘上标有"航向"字样的分度线 5 来进行航向的读数。支持纬度调节螺旋 7、8(7 是粗调螺旋,8 是精调螺旋)和时角刻度盘 9 的两个支柱 6 固定在航向测角器刻度盘上。时角刻度盘通过螺旋 10 的调节可以绕自身的转轴自由旋转。通过纬度调节螺旋 7、8,调节时角刻度盘的倾斜度为当地纬度,可以保持时角刻度盘与天体赤道平面的平行。照门(由 12~15 共同构成)通过赤纬刻度盘 11 与时角刻度盘连接。借助照门中的横梁 12 在半透明承影板13 上的阴影,或者是经过透镜 14 及缺口 15 来直接观测天体,都可

以测定天体的方向。在利用照门观测天体之前,需要调节赤纬刻度盘 11,将它调整在观测天体的赤纬数值上。

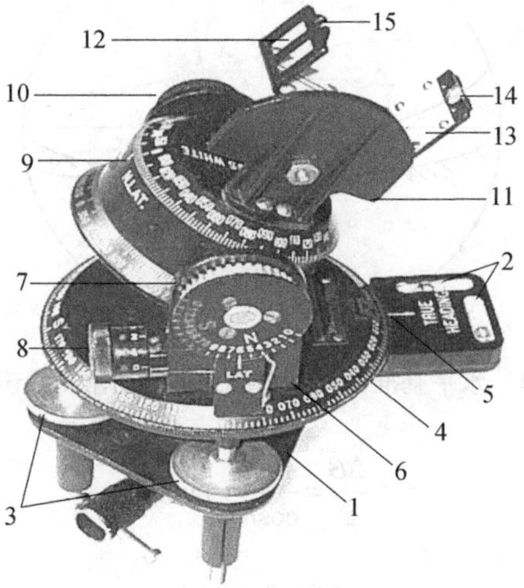

图 3-2-10　赤道式天文罗盘

1—基座；2—水准器；3—定位螺旋；4—航向测角器刻度盘；5—分度线读数；6—支柱，7—纬度粗调螺旋；8—纬度精调螺旋；9—时角刻度盘；10—时角调节螺旋；11—赤纬刻度盘；12—横梁；13—半透明承影板；14—透镜；15—缺口。

赤道式天文罗盘在使用过程中,必须要将航向测角器刻度盘(由它读取舰船相对天体的航向角 β)调平(与当地地平面平行),同时时角刻度盘(由它读取天体的时角)要按照当地纬度倾斜,这样就使得时角刻度盘与天球赤道面保持平行。

在舰船的航行过程中,根据水准器将天文罗盘调至水平位置后,安置所有计算出的数据于天文罗盘的刻度盘上(包括纬度、时角和赤纬),再将仪器旋转到照门正对天体的方向,对着航向标线就可以直接读出舰船相对天体的航向角 β。

由式(3-2-6)可知,天文罗盘测定舰船航向的精度取决于天文罗盘观测得到的航向角 β 和运用天文三角形解算得到的天体方位角 A 这两方面的精度。

舰船相对天体的航向角 β 是由天文罗盘测量得到的,观测时天文罗盘水平基准面的倾斜将会引起航向角的测量误差。如图 3-2-11 所示,设 Z 为测量天体时理想水平基准面的天顶,X 为所观测的天体,此时可以测得一个准确的航向角 β。假定水平基准面倾斜了一个 θ 角,则航向角的测量值变为 β_1,这就产生了一个航向角的测量误差 $\Delta\beta$,即 $\angle\beta_1 Z_1 \beta$。

因为 θ 和 $\Delta\beta$ 皆为小量,故可以认为 $X\beta_1 = X\beta = h$,其中 h 为天体的高度角。在球面三角形 $Z_1X\beta$ 中有

$$\frac{\sin\Delta\beta}{\sin\theta}=\frac{\sin X\beta}{\sin Z_1 X}$$

又 $Z_1X_1 = 90°-X_1\beta_1 = 90°-h$,$\sin\Delta\beta \approx \Delta\beta$,$\sin\theta \approx \theta$。则上式简化为

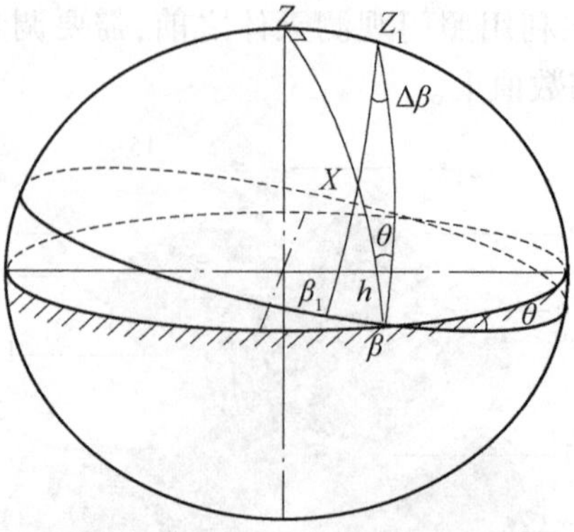

图 3-2-11　水平基准面倾斜造成天体航向角测量误差示意图

$$\frac{\Delta\beta}{\theta}=\frac{\sin h}{\cos h}=\tan h$$

可以得到

$$\Delta\beta=\theta\cdot\tan h \tag{3-2-7}$$

上式表明,所测天体的高度角 h 越小,则水平基准面的倾斜误差所引起的航向角的观测误差 $\Delta\beta$ 也就越小。

由式(3-2-3)可知,天体方位角 A 的计算公式为

$$\tan A=\frac{\cos\delta\sin t}{\cos\varphi\sin\delta-\sin\varphi\cos\delta\cos t} \tag{3-2-8}$$

通过变分运算,可以求得天体的方位角估计误差 ΔA 来源于舰船所在的纬度误差 $\Delta\varphi$、天体赤纬误差 $\Delta\delta$ 和天体时角误差 Δt 这几种误差源的线性累加,即

$$\Delta A=\frac{\mathrm{d}A}{\mathrm{d}\varphi}\Delta\varphi+\frac{\mathrm{d}A}{\mathrm{d}t}\Delta t+\frac{\mathrm{d}A}{\mathrm{d}\delta}\Delta\delta \tag{3-2-9}$$

其中,

$$\begin{aligned}
\frac{\mathrm{d}A}{\mathrm{d}\varphi}&=\frac{\cos\delta\sin t(\cos\delta\cos\varphi\cos t+\sin\delta\sin\varphi)}{(\cos\varphi\sin\delta-\cos\delta\cos t\sin\varphi)^2+\cos^2\delta\sin^2 t}\\
\frac{\mathrm{d}A}{\mathrm{d}t}&=\frac{\cos\delta(\cos\varphi\cos t\sin\delta-\cos\delta\sin\varphi)}{(\cos\varphi\sin\delta-\cos\delta\cos t\sin\varphi)^2+\cos^2\delta\sin^2 t}\\
\frac{\mathrm{d}A}{\mathrm{d}\delta}&=\frac{-\cos\varphi\sin t}{(\cos\varphi\sin\delta-\cos\delta\cos t\sin\varphi)^2+\cos^2\delta\sin^2 t}
\end{aligned} \tag{3-2-10}$$

化简可得

$$\begin{aligned}
\frac{\mathrm{d}A}{\mathrm{d}\varphi}&=\sin A\cdot\tan h\\
\frac{\mathrm{d}A}{\mathrm{d}t}&=\frac{\cos\delta(\cos\varphi\cos t\sin\delta-\cos\delta\sin\varphi)}{\cos^2 h}\\
\frac{\mathrm{d}A}{\mathrm{d}\delta}&=\frac{-\cos\varphi\sin t}{\cos^2 h}
\end{aligned} \tag{3-2-11}$$

式(3-2-11)表明,天体的高度角 h 越低,载体的纬度误差 $\Delta\varphi$、天体赤纬误差 $\Delta\delta$ 和天体时角误差 Δt 对天体的方位角估计误差 ΔA 的影响也就越小,相反,天体的高度角较高时,这些误差对天体方位角的误差影响就较大了。

因而,利用天文罗盘进行航向角测量时,应选择天体高度角较低的天体,但是天体的高度角过低,地球大气对光的折射又会影响观测精度。因此,从这两个方面来看,天体的高度角一般选择35°左右为宜。水平基准面的倾斜误差对航向角的测量精度影响也是明显的,由式(3-2-7)可知,当水平基准误差为20″,被测天体高度角为35°时,航向角误差 $\Delta\beta$ 约为14″。因此,在利用天文罗盘进行测量时,应严格控制水平基准面误差。同时,依式(3-2-8)和式(3-2-10),舰船的位置误差会对天体方位角的计算误差造成影响,当舰船纬度误差 $\Delta\varphi$ 为30″(等同于地球表面0.5n mile的距离),被测天体高度角为35°时,造成的天体方位估计误差 ΔA 约为20″。因而,在进行天体方位角解算时,应尽可能地采用高精度的位置信息。

对于地球上的观测者而言,由于太阳圆盘面有大约32′的视场角,因此,通过观测太阳来确定舰船航向的天文罗盘精度较低,一般在1°~2°的水平。这类天文罗盘的航向角传感器通常只能用于跟踪太阳。夜间导航时,可用全景潜望式六分仪代替航向角传感器,通过对月球、行星或恒星定向的方法确定航向角,由方位计算器算出给定天体的方位,同样可获得真实航向。另一种以星体跟踪器作天文罗盘的航向仪表,用光电倍增管、光导摄像管或电荷耦合摄像器件(CCD)和电荷注入器件(CID)等作为敏感元件,能跟踪星体或精确跟踪太阳中心,精度可达角秒级或角分级。天文罗盘还能与其他多种导航设备(例如惯性导航设备)组成功能较全、精度更高的组合导航系统。

3.3 航天天文导航

航天飞行任务大致可分为深空探测飞行和近地飞行两类。深空探测航天飞行的特点之一是飞行距离远、飞行速度大。以火星着陆飞行为例,地球与火星之间的距离在(78~378)×10^6km的范围内。在这一范围内,电磁波往返一次的时间在4~21min,而航天器又处于高速运动状态,这一特点使得由地面站进行遥测与遥控十分困难,因而要求航天器具有自主导航能力。深空探测航天飞行的特点之二是自由飞行时间长,在自由飞行过程中,航天器无法利用惯性导航技术进行定位。深空探测航天飞行的特点之三是导航精度要求相对较高,例如火星着陆飞行时,若在地球附近进入转移轨道时速度误差为0.3m/s,方向误差为1′,则到达火星距离偏差可达20000km,约为火星直径的3倍,因此在飞行途中航天器必须进行自主导航,并对运动误差加以校正才能完成飞行任务。深空探测航天飞行的特点之四是要求航天器携带的设备功耗要小、质量要轻、可靠性要高。

由以上特点可知,在现有的导航技术中,天文导航技术特别适用于这一类型的飞行任务。美国喷气推进实验室采用星体跟踪器研制出航天器自主制导与导航系统(AGN),并成功应用于1982年的木星飞行任务。20世纪80年代初,美国空军针对自主导航系统的轨道演示计划,专门研制了空间六分仪,经过改进也可用于深空探测飞行任务。

对于近地飞行航天器而言,虽然目前主要采用地基轨道确定技术进行定位,但由于自主轨道位置保持以及在星上对卫星收集的数据与图像进行预处理的需要,同样要求航天器具有自主定位能力。因此,天文导航在近地航天飞行中也有广阔的应用前景。例如,1975年美国空军在林肯实验卫星LES8/9上用天文导航方法实现了地球静止卫星的东西向自主位置保持,虽然精度有限,但设计证明了星上应用天文导航技术的可行性。

在航天天文导航中,航天器的自主轨道确定与姿态确定可以是相互关联的,也可以是相互独立的。一般来说由于轨道变化比姿态变化缓慢,在精度要求高的情况下,希望轨道确定和姿态确定相互独立。一些天文导航设备,如空间六分仪、星体跟踪器等既可确定轨道,同时也可确定姿态,即根据天体测量得到的数据,设计相应的软件,经数据处理和计算后,获得航天器的定位与定向信息,在这种情况下,两者是相互关联的。航天常用的天文导航仪器有恒星敏感器、空间六分仪、太阳敏感器、地球敏感器等。姿态确定是一项专门的技术,本章不作讨论。

3.3.1 航天天文导航的位置面

天文导航中的一个基本概念是位置面。所谓位置面是指当被测参数为常值时,由飞行器可能的位置所形成的曲面。因此,航天天文导航方法就是通过对天体的测量获得位置面,将位置面进行适当组合来确定飞行器空间位置的方法。

1. 对天体进行观测时的假设

为了讨论问题方便,在对天体进行观测时,这里作如下简化假设:

(1) 用来进行导航的天体,在观测时刻相对已知坐标系的位置可从天文年历中获得。

(2) 忽略光速以及恒星与飞行器之间距离的有限性,认为光速和飞行器与恒星的距离均为无穷大。

(3) 当载体运动状态产生变化时,仪表能精确测量出这种变化。

目前天文导航中用来确定位置面的测量方法有近天体/飞行器/远天体的夹角测量、近天体/飞行器/近天体夹角测量、飞行器/近天体视角测量、掩星测量4种。

2. 近天体/飞行器/远天体夹角测量的位置面

如图3-3-1中若V为飞行器,p为近天体,在t时刻由飞行器的仪表对近天体和恒星进行天文测量,通过测量可求得飞行器到近天体的视线与飞行器到远天体的视线之间的夹角为 A。

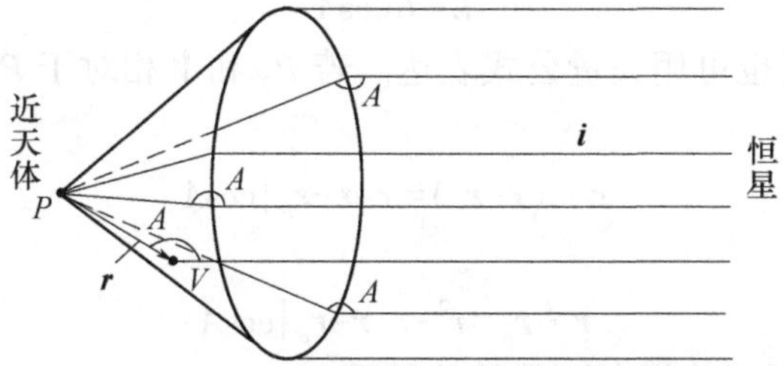

图 3-3-1 近天体/飞行器/远天体夹角测量的位置面

由于恒星在无限远处，恒星照射到近天体的光线与照射到飞行器上的光线相互平行，因而可获得 $A=A(t)$ 位置面，此位置为一圆锥面，圆锥顶点在近天体上，圆锥轴线为近天体到恒星的视线方向，圆锥的顶角为 $(180°-A)$。

这一几何描述也可用矢量公式表达。设 $\boldsymbol{i}$ 为由近天体到恒星视线的单位矢量，这一矢量的方向可由天文年历计算出来，$\boldsymbol{r}$ 为近天体到飞行器的位置矢量，$\boldsymbol{r}$ 为未知量，由矢量关系可得

$$\boldsymbol{r} \cdot \boldsymbol{i} = -r\cos A$$

式中：A 为已知量。

3. 近天体/飞行器/近天体夹角测量的位置面

在图 3-3-2 中 V 为飞行器，P_1、P_2 为两个近天体，在 t 时刻由飞行器的仪表对 P_1 和 P_2 进行天文测量，通过测量可求得 VP_1 与 VP_2 间的夹角 A。由几何关系可知，这时的位置面是以两近天体连线为轴线，旋转通过这两点的一段圆弧而获得的超环面，这段圆弧的中心 O 在 P_1P_2 连线的垂直平分线上，圆弧半径 R 与两近天体之间的距离 r_P 以及 A 的关系为

$$R = \frac{r_P}{2\sin A} \tag{3-3-1}$$

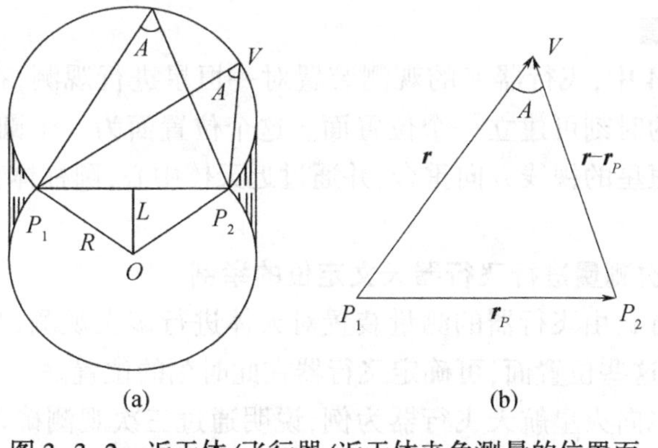

图 3-3-2 近天体/飞行器/近天体夹角测量的位置面

圆心到 P_1P_2 连线的距离为

$$L=R\cos A \tag{3-3-2}$$

上述几何描述也可用矢量公式表达。若 P_2 和 V 相对于 P_1 的位置矢量分别为 $\boldsymbol{r}_p$ 和 $\boldsymbol{r}$，则有

$$\boldsymbol{r}\cdot(\boldsymbol{r}-\boldsymbol{r}_p)=r\,|\boldsymbol{r}-\boldsymbol{r}_p|\cos A$$

因而有

$$\boldsymbol{r}\cdot\boldsymbol{r}_p=r^2-r\,|\boldsymbol{r}-\boldsymbol{r}_p|\cos A \tag{3-3-3}$$

4. 飞行器到近天体视角测量的位置面

在图 3-3-3 中，V 为飞行器，已知近天体的直径为 D，由飞行器的测量装置测得天体可见图面的角度为 A，则飞行器与近天体中心的距离 Z 为

$$Z=\frac{D}{2\sin\dfrac{A}{2}} \tag{3-3-4}$$

则位置面是以近天体中心为球心，以 Z 为半径的圆球面。

只有当飞行器接近近天体时，视角的测量才是可行的，因而这一测量适用于星际航行的末段导航。

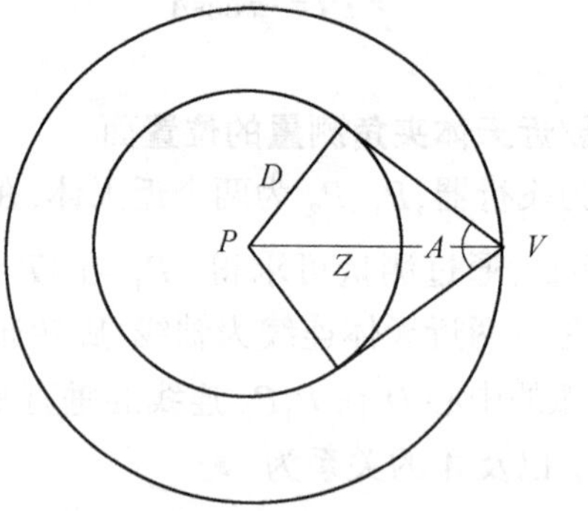

图 3-3-3　近天体视角测量的位置面

5. 掩星测量

在图 3-3-4 中，飞行器 V 的观测装置对一恒星进行观测，在视线正好为一个近天体掩盖的时刻可建立一个位置面。这个位置面为一个圆柱体，圆柱体轴线与飞行器到恒星的视线方向重合，并通过近天体中心，圆柱体直径等于近天体的直径。

6. 采用三次测量进行飞行器天文定位的举例

在任一瞬时 t，由飞行器的测量装置对天体进行多次观测，当获得足够的位置面，通过组合这些位置面，可确定飞行器在此时刻的位置。

以从地球飞向火星航天飞行器为例，说明通过三次观测确定飞行器相对于太阳定位的原理。

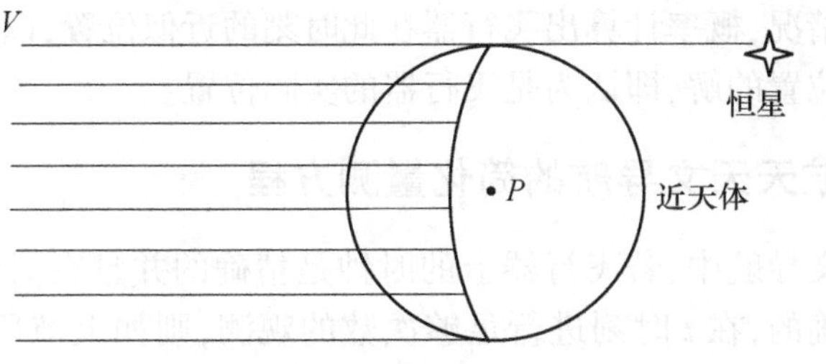

图 3-3-4 掩星测量的位置面

为求得 t 时刻飞行器相对于太阳的位置矢量 $\boldsymbol{r}$，进行三次天文观测。若第一次观测得到太阳/飞行器/恒星 1 的夹角 A_1，第二次观测得到太阳/飞行器/恒星 2 的夹角 A_2，第三次观测得到太阳/飞行器/地球的夹角 A_3。前两次观测确定了以太阳为顶点的两个圆锥面，在图 3-3-5 中给出了这两次观测形成的圆锥位置面。后一次观测确定了以太阳与地球连线为轴线的超环面。当用矢量公式表示时，飞行器的空间位置可通过求解下列方程组获得，即

$$
\begin{aligned}
\boldsymbol{r}\cdot\boldsymbol{i}_1 &= -r\cos A_1\\
\boldsymbol{r}\cdot\boldsymbol{i}_2 &= -r\cos A_2\\
\boldsymbol{r}\cdot\boldsymbol{r}_p &= r^2-r\left|\boldsymbol{r}-\boldsymbol{r}_p\right|\cos A_3
\end{aligned}
\tag{3-3-5}
$$

式中：$\boldsymbol{i}_1$、$\boldsymbol{i}_2$ 分别为太阳到恒星 1、恒星 2 方向的单位矢量；$\boldsymbol{r}_p$ 为地球相对于太阳的位置矢量，均为已知矢量；A_1、A_2、A_3 为通过观测得到的已知量，由上述方程求解未知矢量 $\boldsymbol{r}$，可得到飞行器相对于太阳的位置矢量。

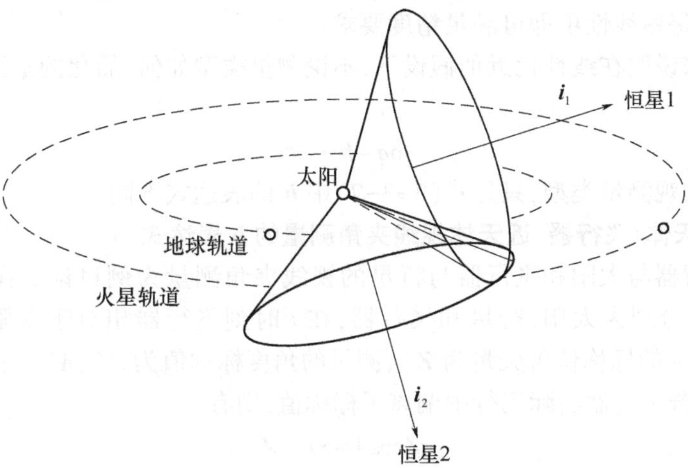

图 3-3-5 三次观测确定飞行器位置

在求解上述方程时，满足方程的解不是唯一的，从几何上看，两个圆锥面的交线有两条，这两条交线与超环面的交点也不是唯一的，因而在求解时出现了解模糊度问题。由于这些交点相距较远，求解决这一问题的方法通常是根据飞行

器的轨道运动情况,概率计算出飞行器在此时刻的近似位置,以此在这些解中找出最接近近似位置的解,即认为是飞行器的实际位置。

3.3.2 航天天文导航的简化量测方程

在航天天文导航中,若飞行器上的时钟是精确的并且在对天体观测获得的测量值也是精确的,在 t 时刻进行足够次数的观测,则如上节所述,利用飞行器计算机解类似于式(3-3-5)给出的量测方程,就可确定飞行器在 t 时刻的位置矢量。但在求解式(3-3-5)类型的量测方程时存在两个困难,第一是量测方程为非线性代数方程,求解较为复杂,第二是存在解模糊度问题。为解决这些困难,本节在引入适当的近似假设后,可以给出线性化的量测方程。

考虑到飞行器完成给定任务的标称轨道是事先设计好的,因而是已知的。在实际飞行中为完成任务而携带的推进系统的燃料是有限的,并且作用在飞行器上的摄动力是小量,因而实际轨道相对标称轨道的偏差为小量,在 t 时刻的实际观测量相对标称观测量的偏差也是小量。

设在 t 时刻飞行器相对于太阳中心的标称位置矢量为 $\boldsymbol{r}^*$,对天体进行观测量所获得的标称观测量为 q^*,同一时刻飞行器的实际位置矢量为 $\boldsymbol{r}$,实际观测量为 q,两者的等时偏差为

$$\begin{aligned}\delta\boldsymbol{r}(t)&=\boldsymbol{r}(t)-\boldsymbol{r}^*(t)\\ \delta q(t)&=q(t)-q^*(t)\end{aligned}\tag{3-3-6}$$

因为 $\delta\boldsymbol{r}(t)$ 和 $\delta q(t)$ 相对 q^* 和 $\boldsymbol{r}^*$ 均为小量,将实际值在标称值近傍作泰勒展开时,只保留线性项即可满足精度要求。

下面来说明在线性化近似假设下,不论测量类型如何,简化的量测方程均可表示为

$$\delta q=\boldsymbol{h}\cdot\delta\boldsymbol{r}\tag{3-3-7}$$

对于不同的观测量类型,只是式(3-3-7)中 $\boldsymbol{h}$ 的表达式不同。

1. 近天体/飞行器/近天体视线夹角测量的 $\boldsymbol{h}$ 表达式

以飞行器与太阳和飞行器与行星的视线夹角测量为例讨论。在图 3-3-6 中 s、p 和 V 分别为太阳、行星和飞行器,在 t 时刻飞行器相对于太阳的矢量为 $\boldsymbol{r}^*$,由 V 到 p 的标称位置矢量为 $\boldsymbol{Z}^*$,测量的角度标称值为 A^*,A^* 所在平面称为测量平面,若飞行器实际飞行中偏离了标称值,则有

$$\begin{aligned}rZ\cos A&=-\boldsymbol{r}\cdot\boldsymbol{Z}\\ \boldsymbol{r}+\boldsymbol{Z}&=\text{常矢量}\end{aligned}\tag{3-3-8}$$

在线性化假设下,由上式第一式和第二式有

$$\begin{aligned}\delta(rZ\cos A)&=\delta(-\boldsymbol{r}\cdot\boldsymbol{Z})=-\boldsymbol{r}^*\cdot\delta\boldsymbol{Z}-\boldsymbol{Z}^*\cdot\delta\boldsymbol{r}\\ \delta\boldsymbol{Z}&=-\delta\boldsymbol{r}\end{aligned}\tag{3-3-9}$$

再注意到恒等式

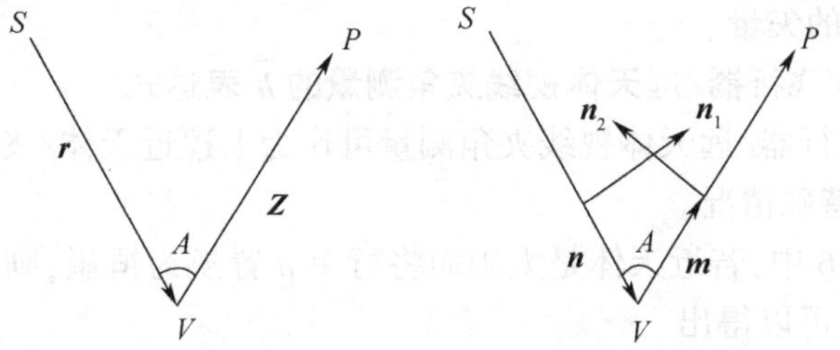

图 3-3-6 近天体/飞行器/近天体视线夹角测量

$$r^2 = \boldsymbol{r} \cdot \boldsymbol{r}$$
$$Z^2 = \boldsymbol{Z} \cdot \boldsymbol{Z}$$

则有

$$\delta r = \frac{\boldsymbol{r}^* \cdot \delta \boldsymbol{r}}{r^*}$$
$$\delta Z = \frac{\boldsymbol{Z}^* \cdot \delta \boldsymbol{Z}}{Z^*} \tag{3-3-10}$$

由于式(3-3-9)左端为

$$\delta(rZ\cos A) = Z^* \cos A^* \delta r + r^* \cos A^* \delta Z - r^* Z^* \sin^* A \delta A$$

将式(3-3-9)和式(3-3-10)代入,则有

$$\delta A = \left(\frac{\boldsymbol{m} - (\boldsymbol{n} \cdot \boldsymbol{m})\boldsymbol{n}}{r^* \sin A^*} + \frac{\boldsymbol{n} - (\boldsymbol{n} \cdot \boldsymbol{m})\boldsymbol{m}}{Z^* \sin A^*} \right) \cdot \delta \boldsymbol{r} \tag{3-3-11}$$

式中:$\boldsymbol{n}$ 和 $\boldsymbol{m}$ 分别为标称情况下由飞行器指向太阳和飞行器指向行星的视线单位矢量。

在式(3-3-11)中,令

$$\boldsymbol{n}_1 = \frac{[\boldsymbol{m} - (\boldsymbol{n} \cdot \boldsymbol{m})\boldsymbol{n}]}{\sin A^*}$$
$$\boldsymbol{n}_2 = \frac{[\boldsymbol{n} - (\boldsymbol{n} \cdot \boldsymbol{m})\boldsymbol{m}]}{\sin A^*} \tag{3-3-12}$$

由图 3-3-6 可知,$\boldsymbol{n}_1$、$\boldsymbol{n}_2$ 为标称测量平面内的单位矢量。$\boldsymbol{n}_1$ 垂直于飞行器到太阳的视线,指向测量角的内侧。$\boldsymbol{n}_2$ 垂直于飞行器到行星的视线,也指向测量角的内侧。由于标称情况已知,因而为已知的单位矢量。

将式(3-3-12)代入式(3-3-11)则有

$$\delta A = \left(\frac{\boldsymbol{n}_1}{r^*} + \frac{\boldsymbol{n}_2}{Z^*} \right) \cdot \delta \boldsymbol{r} \tag{3-3-13}$$

在这一类型的测量中,式(3-3-7)中的 $\boldsymbol{h}$ 为

$$\boldsymbol{h} = \frac{\boldsymbol{n}_1}{r^*} + \frac{\boldsymbol{n}_2}{Z^*} \tag{3-3-14}$$

式中:$\boldsymbol{h}$ 为已知的矢量。

2. 近天体/飞行器/远天体视线夹角测量的 $\bar{h}$ 表达式

近天体/飞行器/远天体视线夹角测量可作为上述近天体/飞行器/近天体视线夹角测量的特殊情况。

在图 3-3-6 中,若近天体是太阳而将行星 p 置换为恒星,则在式(3-3-13)中,由 $Z^*\to\infty$,可以得出

$$\delta A=\frac{\boldsymbol{n}_1}{r^*}\delta\boldsymbol{r} \tag{3-3-15}$$

在图 3-3-6 中,若近天体为行星而将太阳置换为恒星,则在式(3-3-13)中,由 $r^*\to\infty$,可以得出

$$\delta A=\frac{\boldsymbol{n}_2}{Z^*}\delta\boldsymbol{r} \tag{3-3-16}$$

因此,综合式(3-3-15)和式(3-3-16)后可知,对于这一类型的测量可将 $\boldsymbol{h}$ 矢量记为

$$\boldsymbol{h}=\frac{\boldsymbol{n}}{Z^*} \tag{3-3-17}$$

式中:Z^* 为飞行器与近天体之间的距离;$\boldsymbol{n}$ 为在测量平面内垂直于飞行器到近天体视线的单位矢量,指向朝向测量角内部。

3. 近天体可见图面视角测量的 $\bar{h}$ 表达式

在实际飞行中由飞行器上测量装置对近天体可见图面视角进行测量时(图 3-3-7)有下列关系

$$\sin\frac{A}{2}=\frac{D}{2Z} \tag{3-3-18}$$

式中:A 为测量角;Z 为飞行器与近天体中心的距离;D 为近天体直径。

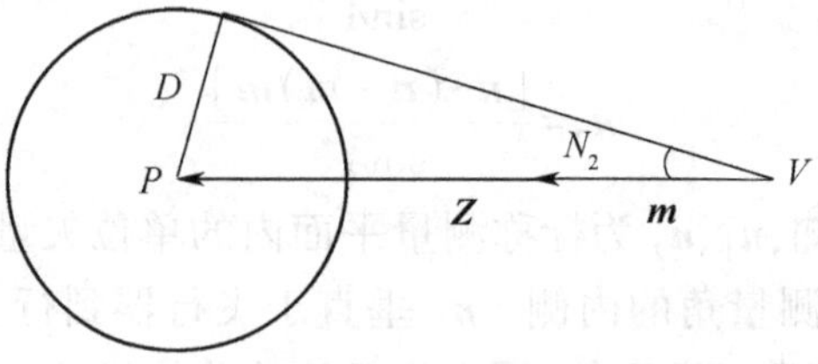

图 3-3-7 近天体可见图面视角测量

在线性化假设下,由式(3-3-18)可知

$$\delta A=\frac{-D\delta Z}{Z^{*2}\cos\frac{A^*}{2}} \tag{3-3-19}$$

将式(3-3-9)和式(3-3-10)代入后,则有

$$\delta A=\frac{-\boldsymbol{Dm}}{Z^{*2}\cos\frac{A^*}{2}}\cdot\delta\boldsymbol{r} \tag{3-3-20}$$

因此,这一类型测量的 $\boldsymbol{h}$ 表达式为

$$\boldsymbol{h}=\frac{\boldsymbol{Dm}}{Z^{*2}\cos\frac{A}{2}} \tag{3-3-21}$$

式中:$\boldsymbol{m}$ 为从飞行器指向近天体中心的单位矢量。

4. 恒星仰角测量的 $\boldsymbol{h}$ 表达式

在图 3-3-8 中,V 为飞行器,p 为行星中心,$\boldsymbol{m}$、$\boldsymbol{m}_1$ 分别为从 V 到行星中心和到行星边缘视线的单位矢量,两单位矢量的夹角为 γ。在这一类型的测量中,测量角为飞行器到恒星的视线边缘视线间的夹角 A,A 称为恒星仰角。

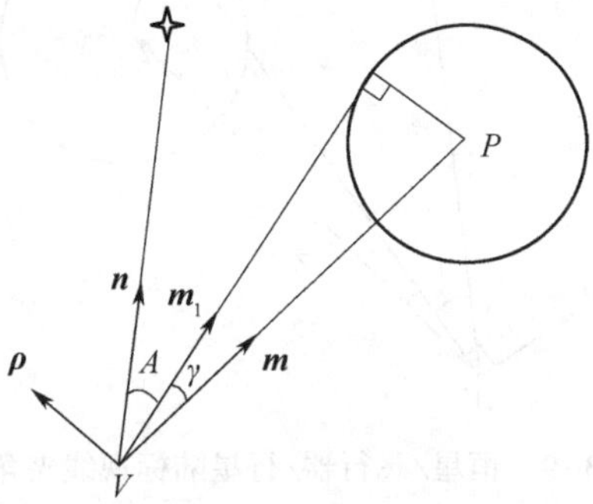

图 3-3-8 恒星仰角测量

在上图中,若认为测量角是飞行器到恒星视线与飞行器到行星中心的夹角 $A+\gamma$,则由式(3-3-16)可知

$$\delta(A+r)=\frac{\boldsymbol{n}_2}{Z^*}\cdot\delta\boldsymbol{r} \tag{3-3-22}$$

式中:$\boldsymbol{n}_2$ 为垂直于 $\overline{m}$ 的单位矢量,指向测量角内部。由式(3-3-20)可知

$$\delta\gamma=\frac{\boldsymbol{Dm}}{Z^{*2}\cos\gamma^*}\cdot\delta\boldsymbol{r}=\frac{\tan\gamma}{Z^*}\boldsymbol{m}\cdot\delta\boldsymbol{r}$$

将上式代入式(3-3-17)可得

$$\delta A=\frac{1}{Z^*}(\boldsymbol{n}_2-\boldsymbol{m}\tan\gamma)\cdot\delta\boldsymbol{r}=\frac{\boldsymbol{\rho}}{Z^*\cos\gamma^*}\cdot\delta\boldsymbol{r} \tag{3-3-23}$$

式中:$\boldsymbol{\rho}$ 为在测量平面内垂直于 $\boldsymbol{m}_1$ 的单位矢量,指向测量角内部。因而这一类型测量 $\boldsymbol{h}$ 的表达式为

$$\boldsymbol{h}=\frac{\boldsymbol{\rho}}{Z^*\cos\gamma^*} \tag{3-3-24}$$

将式(3-3-24)与式(3-3-22)比较可知,这一类型测量相当于将行星边缘当作一颗行星进行测量。

5. 恒星/飞行器/行星陆标视线夹角测量的 $\boldsymbol{h}$ 表达式

在图 3-3-9 中,V 为飞行器,p 为行星中心,若在行星表面放置陆标 L,陆标 L 相对于行星中心的位置矢量 $\boldsymbol{R}$ 为已知量。这一类型测量角为飞行器到恒星视线与飞行器到陆标视线之间的夹角 A。这相当于在式(3-3-23)中将陆标看作行星,因而有

$$\delta A=\frac{\boldsymbol{\rho}}{|\boldsymbol{Z}^{*}+\boldsymbol{R}|}\cdot\delta\boldsymbol{r} \tag{3-3-25}$$

式中:$\boldsymbol{\rho}$ 为测量平面内垂直于飞行器到陆标视线的单位矢量,指向测量角内部。

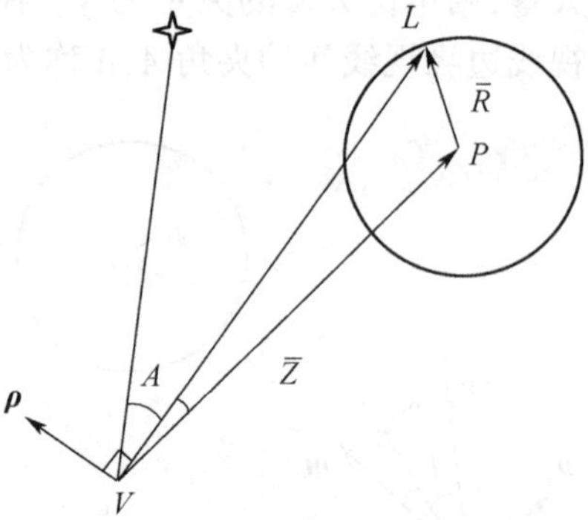

图 3-3-9 恒星/飞行器/行星陆标视线夹角测量

在这一类型测量中 $\boldsymbol{h}$ 表达式为

$$\boldsymbol{h}=\frac{\boldsymbol{\rho}}{|\boldsymbol{Z}^{*}+\boldsymbol{R}|} \tag{3-3-26}$$

6. 三次独立观测的 $\boldsymbol{H}$ 矩阵

若在 t 时刻进行上述类型的三次独立观测,$\delta q_i(i=1\sim3)$ 为第 i 次观测的观测值,$\boldsymbol{h}_i(i=1\sim3)$ 为第 i 次观测所对应的观测矢量,$\delta\boldsymbol{r}$ 为 t 时刻的位置偏差列矢量,令

$$\delta\boldsymbol{Q}=\begin{bmatrix}\delta q_1\\ \delta q_2\\ \delta q_3\end{bmatrix},\ \boldsymbol{H}=\begin{bmatrix}\boldsymbol{h}_1^{\mathrm{T}}\\ \boldsymbol{h}_2^{\mathrm{T}}\\ \boldsymbol{h}_2^{\mathrm{T}}\end{bmatrix} \tag{3-3-27}$$

$\boldsymbol{H}$ 为 3×3 矩阵。则

$$\delta\boldsymbol{Q}=\boldsymbol{H}\delta\boldsymbol{r} \tag{3-3-28}$$

由于观测独立,$\boldsymbol{H}$ 为可逆阵,因而 t 时刻位置偏差列矢量为

$$\delta\boldsymbol{r}=\boldsymbol{H}^{-1}\delta\boldsymbol{Q} \tag{3-3-29}$$

7. 误差分析及最优观测方案

天文导航的观测量不可避免地存在误差，若令：$\delta \boldsymbol{Q}^*$ 为观测列矢量的真值；$\delta \boldsymbol{Q}$ 为观测列矢量的实际值；$\boldsymbol{\alpha}$ 为观测列矢量的误差。
则

$$\delta \boldsymbol{Q}=\delta \boldsymbol{Q}^*+\boldsymbol{\alpha} \tag{3-3-30}$$

在下面的讨论中，假定通过任一瞬时的 3 个观测值（无冗余测量），进行定位，并假定观测误差列矢量 $\boldsymbol{\alpha}$ 满足下列条件：

$$E[\boldsymbol{\alpha}]=0$$

$$\text{var}\boldsymbol{\alpha}=E[\boldsymbol{\alpha}\boldsymbol{\alpha}^{\mathrm{T}}]=\begin{bmatrix}\sigma_1^2 & & 0\\ & \sigma_2^2 & \\ 0 & & \sigma_3^2\end{bmatrix}=\boldsymbol{R} \tag{3-3-31}$$

由于存在观测误差，飞行器位置矢量的估值也将出现误差，若令：$\delta \hat{\boldsymbol{r}}$ 为飞行器位置列矢量的估值；$\delta \boldsymbol{r}$ 为飞行器位置列矢量的真值；ε 为飞行器定位的误差列矢量。
则 $\delta \hat{\boldsymbol{r}}$ 无偏估计为

$$\delta \hat{\boldsymbol{r}}=\boldsymbol{H}^{-1}\delta \boldsymbol{Q} \tag{3-3-32}$$

$\delta \hat{\boldsymbol{r}}$ 的协方差阵 $\boldsymbol{p}$ 为

$$\boldsymbol{p}=E(\boldsymbol{\varepsilon}\boldsymbol{\varepsilon}^{\mathrm{T}})=\boldsymbol{H}^{-1}\boldsymbol{R}\boldsymbol{H}^{-\mathrm{T}}=(\boldsymbol{H}^{\mathrm{T}}\boldsymbol{R}^{-1}\boldsymbol{H})^{-1} \tag{3-3-33}$$

协方差阵的迹 $t_r\boldsymbol{p}$ 为 $\boldsymbol{p}$ 矩阵对角线元素之和，并有

$$t_r\boldsymbol{p}=E(\boldsymbol{\varepsilon}^{\mathrm{T}}\boldsymbol{\varepsilon})=E(\boldsymbol{\alpha}^{\mathrm{T}}\boldsymbol{H}^{-1}\boldsymbol{H}^{-1}\boldsymbol{\alpha}) \tag{3-3-34}$$

式中：$t_r\boldsymbol{p}$ 为估值误差长度平方的数学期望，若 $t_r\boldsymbol{p}$ 越小，则估值在随机意义上越接近真值。当观测误差矢量的统计特性给定后，选择的最佳观测方案可以使

$$t_r\boldsymbol{p}=\min \tag{3-3-35}$$

即选择观测方案使估值在随机意义上最接近真值，减少估值误差。

下面讨论几种典型情况。

1) 行星/飞行器/恒星 1、行星/飞行器/恒星 2、行星可见图面视角测量三次观测的情况

对于这一情况建立坐标系 $Oxyz$，坐标原点与飞行器重合，y 轴为飞行器与行星的连线，由飞行器指向行星为正向，过原点作垂直于 y 轴的 xy 平面，行星/飞行器/恒星 1 构成的测量平面与 xy 平面的交线为 x 轴，其单位矢量为 $\boldsymbol{n}_1$，y 轴由右手规则确定，如图 3-3-10 所示。行星/飞行器/恒星 2 构成的测量平面与 xy 平面的交线上的单位矢量为 $\boldsymbol{n}_2$。$\boldsymbol{n}_1$ 与 $\boldsymbol{n}_2$ 之间的夹角为 θ。

在这一情况中，对于行星/飞行器/恒星 1 测量，由式(3-3-17)可知，在 $Oxyz$ 坐标系中有

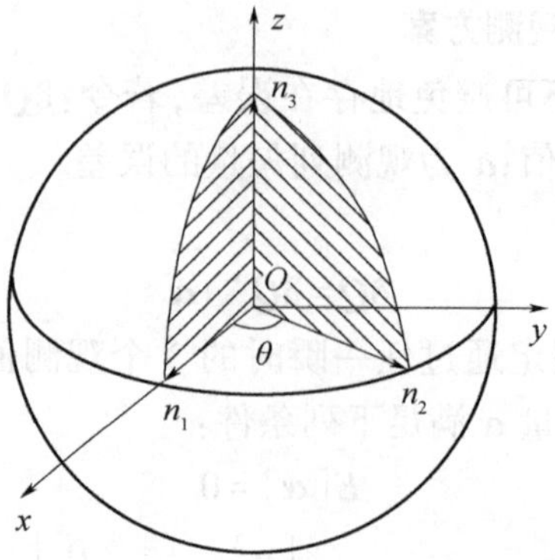

图 3-3-10　Oxyz 坐标系(一)

$$h_1=\begin{bmatrix}\dfrac{1}{Z^*}\\0\\0\end{bmatrix}\tag{3-3-36}$$

对于行星/飞行器/恒星 2 观测,在 Oxyz 坐标系中有

$$h_2=\begin{bmatrix}\dfrac{\cos\theta}{Z^*}\\\dfrac{\sin\theta}{Z^*}\\0\end{bmatrix}\tag{3-3-37}$$

对于行星可见图面视角测量由式(3-3-11),在 Oxyz 坐标系中有

$$h_3=\begin{bmatrix}0\\0\\\dfrac{1}{S^*}\end{bmatrix}\tag{3-3-38}$$

式中

$$S^*=\frac{Z^{*2}}{D}\cos\frac{A}{2}=\frac{Z^*}{2D}\sqrt{4Z^{*2}-D^2}\tag{3-3-39}$$

式中:Z^* 为飞行器到行星的标称距离;D 为行星半径;A 为行星可见图面视角。

3 次独立观测的观测矩阵 $\boldsymbol{H}$ 为

$$\boldsymbol{H}=\begin{bmatrix}\boldsymbol{h}_1^{\mathrm{T}}\\\boldsymbol{h}_2^{\mathrm{T}}\\\boldsymbol{h}_3^{\mathrm{T}}\end{bmatrix}\tag{3-3-40}$$

因而可得

$$H=\begin{bmatrix} \frac{1}{Z^*} & 0 & 0 \\ \frac{\cos\theta}{Z^*} & \frac{\sin\theta}{Z^*} & 0 \\ 0 & 0 & \frac{1}{S^*} \end{bmatrix} \tag{3-3-41}$$

由上式可得

$$H^{-1}=\begin{bmatrix} Z^* & 0 & 0 \\ -Z^*\cot\theta & Z^*\cos\theta & 0 \\ 0 & 0 & S^* \end{bmatrix} \tag{3-3-42}$$

将上式代入估值协方差 $\boldsymbol{p}$,则有

$$\boldsymbol{p}^{-1}=\boldsymbol{H}^{-1}\boldsymbol{R}\boldsymbol{H}^{-\mathrm{T}}=\begin{bmatrix} Z^{*2}\sigma_1^2 & -Z^{*2}\cot\theta\sigma_1^2 & 0 \\ -Z^{*2}\cot\theta\sigma_1^2 & Z^{*2}(\cot^2\theta\sigma_1^2+\cos^2\theta\sigma_2^2) & 0 \\ 0 & 0 & S^{*2}\sigma_3^2 \end{bmatrix} \tag{3-3-43}$$

式中:σ_1、σ_2、σ_3、分别为上述3次观测相应的观值误差的方差。

协方差阵 $\boldsymbol{p}$ 的迹为对角线元素之和,因而有

$$t_r\boldsymbol{p}=Z^{*2}\csc^2\theta(\sigma_1^2+\sigma_2^2)+S^{*2}\sigma_3^2 \tag{3-3-44}$$

将式(3-3-39)代入上式,则有

$$t_r\boldsymbol{p}=Z^{*2}\left[\csc^2\theta(\sigma_1^2+\sigma_2^2)+\left(\frac{Z^{*2}}{D^2}-\frac{1}{4}\right)\sigma_3^2\right] \tag{3-3-45}$$

当 σ_1、σ_2、σ_3 为给定值时,$t_r\boldsymbol{p}$ 为 θ 与 Z 的函数,选择 θ 与 Z 的数值可使 $t_r\boldsymbol{p}$ 为最小值,即相应于选择的 θ 与 Z 值的观测方案为最优观测方案。

由式(3-3-45)可知,由于 $Z^*>D/2$,因此在选择行星/飞行器/恒星1/测量平面与行星/飞行器/恒星2测量平面之间的关系时,应使这两个测量平面相互垂直,即 $\theta=90°$或$270°$以减小协方差阵的迹。在选择可见图面视角观测的行星时,一般应取与飞行器相距最近的行星,这样可以减小 Z^* 值,使协方差阵的迹减小。

2) 行星/飞行器/恒星1、行星/飞行器/恒星2、太阳/飞行器/恒星3三次观测的情况

在这三次独立观测中,引入如图3-3-11所示的 $Oxyz$ 坐标系,该坐标系及 $\boldsymbol{n}_1$、$\boldsymbol{n}_2$ 的定义与图3-3-10相同,但 $\boldsymbol{n}_3$ 在太阳/飞行器/恒星3的测量平面内并垂直于飞行器到太阳连线的方向,图中 S 为太阳,$\boldsymbol{n}_3$ 与 xy 平面的夹角为 γ,$\boldsymbol{n}_3$ 在 xy 平面上投影与 $\boldsymbol{n}_1$ 的夹角为 β。飞行器到行星与太阳的视线夹角为 A。

由图3-3-11及式(3-3-17)可知,三次观测的观测矩阵 $\boldsymbol{H}$ 为

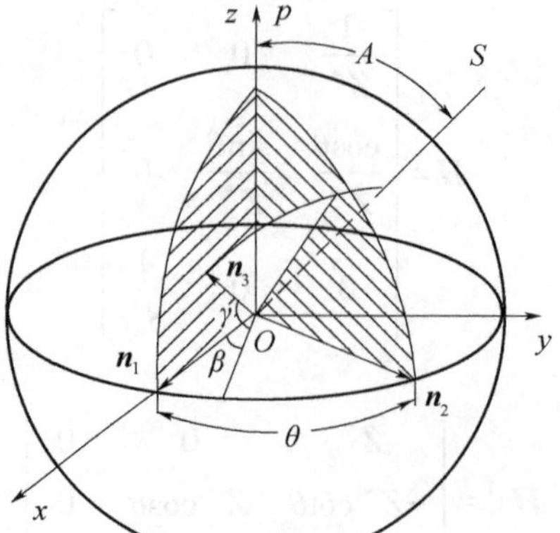

图 3-3-11 *Oxyz* 坐标系(二)

$$
\boldsymbol{H}=\begin{bmatrix} \dfrac{1}{Z^*} & 0 & 0 \\ \dfrac{\cos\theta}{Z^*} & \dfrac{\sin\theta}{Z^*} & 0 \\ \dfrac{\cos\gamma\cos\beta}{r^*} & \dfrac{\cos\gamma\sin\beta}{r^*} & \dfrac{\sin\gamma}{r^*} \end{bmatrix} \tag{3-3-46}
$$

式中:r^* 为飞行器到太阳的标称距离。

由上式可知

$$
\boldsymbol{H}^{-1}=\begin{bmatrix} Z^* & 0 & 0 \\ -Z^*\cot\theta & Z^*\csc\theta & 0 \\ Z^*\cot\gamma\csc\theta\sin\theta(\beta-\theta) & -Z^*\cot\gamma\csc\theta\sin\beta & r^*\csc\gamma \end{bmatrix} \tag{3-3-47}
$$

协方差阵 $\boldsymbol{P}$ 为

$$
\boldsymbol{P}=\boldsymbol{H}^{-1}\boldsymbol{R}\boldsymbol{H}^{-\mathrm{T}} \tag{3-3-48}
$$

由协方差阵可求得其迹为

$$
\begin{aligned} t_r\boldsymbol{p}=&Z^{*2}\csc^2\theta[1+\cot^2\gamma\sin^2(\beta-\theta)]\sigma_1^2+ \\ &Z^{*2}\csc^2\theta(1+\cot^2\gamma\sin^2\beta)\sigma_2^2+r^{*2}\csc\gamma\sigma_3^2 \end{aligned} \tag{3-3-49}
$$

在上式中 $t_r\boldsymbol{p}=f(r,\beta,\theta,r^*,Z^*)$,下面分别就各影响因素进行分析,以便选取最佳观测方案。

在式(3-3-49)中,使 $r=r_{\max}$ 可减小 $t_r\boldsymbol{p}$。在图 3-3-11 的球面三角形中可知

$$
\sin\gamma=\sin A\cos\beta'
$$

因而当 $\beta'=0$ 时,可得

$$
\gamma=\gamma_{\max}=A \tag{3-3-50}
$$

即太阳/飞行器/恒星 3 观测平面的最佳选择为使行星也在这一平面内,即飞行器、太阳、恒星 3、行星四者共面。

β 角的最佳选择可通过

$$\frac{\partial t_r \boldsymbol{p}}{\partial \beta}=0$$

求得。若假定

$$\sigma_1^2=\sigma_2^2=\sigma_0^2 \tag{3-3-51}$$

则 β 角的最佳选择为

$$\beta=\frac{\theta}{2} \tag{3-3-52}$$

即太阳/飞行器/恒星 3/行星测量平面平分行星/飞行器/恒星 1/与行星/飞行器/恒星 2 两测量平面的夹角。

将式(3-3-50)~式(3-3-52)代入式(3-3-33),则

$$t_r \boldsymbol{p}=Z^{*2}\csc^2\theta[2+\cot^2 A(1-\cos\theta)]\sigma_0^2+r^{*2}\csc^2 A\sigma_3^2 \tag{3-3-53}$$

将上式对 θ 求偏导数并令其为 0,可求得

$$\cos\theta_{\text{opt}}=\frac{1-\sin A}{1+\sin A} \tag{3-3-54}$$

将式(3-3-54)代入式(3-3-37),则有

$$t_r \boldsymbol{p}=\csc^2 A\left[\frac{Z^{*2}}{2}(1+\sin A)^2\sigma_0^2+r^{*2}\sigma_3^2\right] \tag{3-3-55}$$

由上式可知,当飞行器愈接近行星和太阳,则随 Z^* 和 r^* 的减小,$t_r \boldsymbol{p}$ 也将减小。

3) 行星/飞行器/恒星 1、行星/飞行器/恒星 2、行星/飞行器/太阳 3 次观测的情况

在图 3-3-12 中,*Oxyz* 坐标系的定义与图 3-3-10 相同,在图中的单位矢量 $\boldsymbol{n}_1,\boldsymbol{n}_2,\boldsymbol{n}_3,\boldsymbol{n}_4$ 的定义为

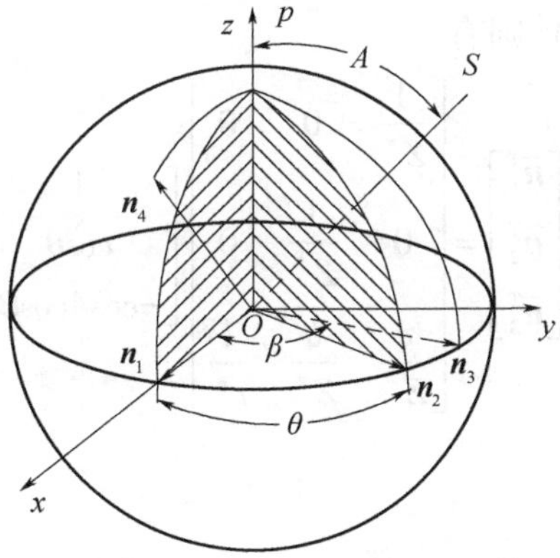

图 3-3-12　*Oxyz* 坐标系(三)

$\boldsymbol{n}_1$ 为在行星/飞行器/恒星 1 测量平面内垂直于飞行器到行星方向;

$\boldsymbol{n}_2$ 为在行星/飞行器/恒星 2 测量平面内垂直于飞行器到行星方向;

$\boldsymbol{n}_3$ 为在行星/飞行器/太阳测量平面内垂直于飞行器到行星的方向；

$\boldsymbol{n}_4$ 为在行星/飞行器/太阳测量平面内垂直于飞行器到太阳的方向。

r^*,Z^* 分别为飞行器到太阳和行星的距离。

在这一情况下,由式(3-3-13)~式(3-3-17)可知,3 次独立观测的观测矩阵 $\boldsymbol{H}$ 为

$$\boldsymbol{H}=\begin{bmatrix} \dfrac{\boldsymbol{n}_1^{\mathrm{T}}}{Z^*} \\ \dfrac{\boldsymbol{n}_2^{\mathrm{T}}}{Z^*} \\ \dfrac{\boldsymbol{n}_3^{\mathrm{T}}}{Z^*}+\dfrac{\boldsymbol{n}_4^{\mathrm{T}}}{r^*} \end{bmatrix} \tag{3-3-56}$$

在上式中,由于 $\boldsymbol{n}_1,\boldsymbol{n}_2,\boldsymbol{n}_3$ 均在 xy 平面内垂直于 z 轴,这 3 个矢量不独立,并且在 $Z^* \ll r^*$ 时,$\boldsymbol{H}$ 矩阵出现求逆困难。

在图 3-3-12 中令

$$\boldsymbol{n}_3=a\boldsymbol{n}_1+b\boldsymbol{n}_2 \tag{3-3-57}$$

由图可知

$$\frac{\sin\beta}{b}=\frac{\sin(\theta-\beta)}{a}=\sin\theta \tag{3-3-58}$$

因此有

$$a=\frac{\sin(\theta-\beta)}{\sin\theta}$$

$$b=\frac{\sin\beta}{\sin\theta} \tag{3-3-59}$$

将上式代入式(3-3-56),则有

$$\boldsymbol{H}=\left|\begin{matrix} \dfrac{1}{Z^*} & 0 & 0 \\ 0 & \dfrac{1}{Z^*} & 0 \\ \dfrac{a}{Z^*} & \dfrac{b}{Z^*} & \dfrac{1}{r^*} \end{matrix}\right| \begin{bmatrix} \bar{\boldsymbol{n}}_1^{\mathrm{T}} \\ \bar{\boldsymbol{n}}_2^{\mathrm{T}} \\ \bar{\boldsymbol{n}}_3^{\mathrm{T}} \end{bmatrix}=\begin{bmatrix} \dfrac{1}{Z^*} & 0 & 0 \\ 0 & \dfrac{1}{Z^*} & 0 \\ \dfrac{a}{Z^*} & \dfrac{b}{Z^*} & \dfrac{1}{r^*} \end{bmatrix}\begin{bmatrix} 1 & 0 & 0 \\ \cos\theta & \sin\theta & 0 \\ -\cos A\cos\beta & -\cos A\sin\beta & \sin A \end{bmatrix} \tag{3-3-60}$$

对上式求逆可得

$$\boldsymbol{H}^{-1}=\begin{bmatrix} Z^* & 0 & 0 \\ -Z^*\cot\theta & -Z^*\csc\theta & 0 \\ a(Z^*\cot A-r^*\csc A) & b(Z^*\cot A-r^*\csc A) & r^*\csc A \end{bmatrix} \tag{3-3-61}$$

估值协方差阵为

$$p=H^{-1}RH^{-T}$$

若假定

$$\sigma_1^2=\sigma_2^2=\sigma_0^2$$

则可求得

$$t_r p=\left\{2Z^{*2}\csc^2\theta+(Z^*\cot A-r^*\csc A)^2\left[\frac{\sin^2(\theta-\beta)+\sin^2\beta}{\sin^2\theta}\right]\right\}\sigma_0^2+r^{*2}\csc^2 A\sigma_3^2 \tag{3-3-62}$$

由上式可知 $t_r p=f(\beta,\theta,A,r^*,Z^*)$

在上式中可看出,当

$$\beta=\frac{\theta}{2} \tag{3-3-63}$$

时,β 为的最优值。

将式(3-3-63)代入式(3-3-62),则

$$t_r p=\left[2Z^{*2}\csc^2\theta+\frac{(Z^*\cot A-r^*\csc A)^2}{1+\cos\theta}\right]\sigma_0^2+r^*\csc^2 A\sigma_3^2 \tag{3-3-64}$$

由

$$\frac{\partial t_r p}{\partial\theta}=0$$

可知,θ 的最优值 θ_{opt} 为下列方程的解

$$\frac{4Z^{*2}\cos\theta_{opt}}{(1-\cos\theta_{opt})^2}=(Z^*\cot A-r^*\csc A)^2$$

由上式可解得

$$\cos\theta_{opt}=\frac{\sqrt{1-2p\cos A+p^2}-\sin A}{\sqrt{1-2p\cos A+p^2}+\sin A} \tag{3-3-65}$$

其中

$$p=\frac{r^*}{Z^*} \tag{3-3-66}$$

将式(3-3-65)代入式(3-3-64),则有

$$t_r p=\frac{Z^{*2}}{2}\csc^2 A\left(\sin A+\sqrt{1-2p\cos A+p^2}\right)^2\sigma_0^2+r^{*2}\csc^2 A\sigma_3^2 \tag{3-3-67}$$

由上式可知,A 的最佳值 A_{opt} 为

$$A_{opt}=90° \tag{3-3-68}$$

$t_r p$ 随着 Z^*、r^* 的减小而减小。

8. 时钟误差及测量时间间隔的校正

如上节所述,为求得 t_0 时刻飞行器的位置误差列矢量的估值 $\delta\hat{r}$,必须先获

得 t_0 时刻的观测值列矢量 $\delta\boldsymbol{Q}$,其中观测时刻 t_0 可由飞行器载时钟给出。考虑到时钟有系统误差 δt_c,δt_c 为未知量,并且还要考虑观测不可能瞬时完成,从观测开始到输出测量值这一个过程所需的时间间隔为 δt_d,由于飞行器上的计算机可以精确地记录完成观测过程的时间间隔 δt_d,因而 δt_d 为已知量。若在上节所述的三次观测之外,再加上第四次独立观测,则通过四次观测可求得 δt_c 和 $\delta\boldsymbol{r}$ 的估值。

下面以前述的行星/飞行器/太阳视线夹角观测为例进行讨论。

若在时钟钟面上指示的 t_0 时刻进行观测,则有开始观测的实际时刻为 $t_0-\delta t_c$,此时刻飞行器位置偏差矢量记为 $\delta\boldsymbol{r}''(t_0-\delta t_c)$。

在结束观测并输出测量结果的时刻为 $t_0-\delta t_c+\delta t_d$,此时刻飞行器位置偏差矢量记为 $\delta\boldsymbol{r}'(t_0-\delta t_c+\delta t_d)$。

若飞行器在 t_0 时刻标称速度为 $\boldsymbol{v}^*$,则在线性化假设下有

$$\delta\boldsymbol{r}'=\delta\boldsymbol{r}''+\boldsymbol{v}^*\delta t_d \tag{3-3-69}$$

由图 3-3-13 可知,在 $t_0-\delta t_c+\delta t_d$ 时刻实际观测角与标称观测角之差 $\delta A'$ 由两部分组成,一部分为仅考虑由于位置误差 $\delta\boldsymbol{r}'$引起的 δA_1,另一部分为仅考虑由于行星以速度运动使得行星位置变化引起的 δA_2,则有

$$\delta A'=\delta A_1+\delta A_2 \tag{3-3-70}$$

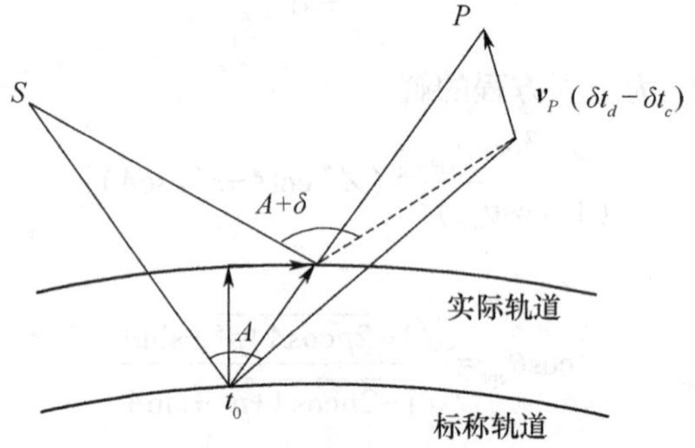

图 3-3-13 考虑时钟误差和测量时间间隔时的观测角

由式(3-3-12)可知,在线性化假设下 $t_0-\delta t_c+\delta t_d$ 时刻的 δA_1 为

$$\delta A_1=\left(\frac{\boldsymbol{n}_1}{r^*}+\frac{\boldsymbol{n}_2}{Z^*}\right)\cdot\delta\boldsymbol{r}'=\left(\frac{\boldsymbol{n}_1}{r^*}+\frac{\boldsymbol{n}_2}{Z^*}\right)(\delta\boldsymbol{r}''+\boldsymbol{v}^*\delta t_d) \tag{3-3-71}$$

由行星位置变化引起的 $t_0-\delta t_c+\delta t_d$ 时刻的 δA_2 为

$$\delta A_2=-\frac{\boldsymbol{n}_2}{Z^*}\cdot\boldsymbol{v}_p(\delta t_d-\delta t_c) \tag{3-3-72}$$

式中的负号表示当矢量点乘积为正时 A 角将减小。

将式(3-3-71)和式(3-3-72)代入式(3-3-70),则 $t_0-\delta t_c+\delta t_d$ 时刻的观测值 $\delta A'$为

$$\delta A'=\left(\frac{\boldsymbol{n}_1}{r^*}+\frac{\boldsymbol{n}_2}{Z^*}\right)\cdot\delta\boldsymbol{r}''+\frac{\boldsymbol{n}_2}{Z^*}\cdot\boldsymbol{v}_p\delta t_c+\left[\frac{\boldsymbol{n}_1\cdot\boldsymbol{v}^*}{r^*}+\frac{\boldsymbol{n}_2}{Z^*}\cdot(\boldsymbol{v}^*-\boldsymbol{v}_p)\right]\delta t_d \tag{3-3-73}$$

上式中最后一项,由于 δt_d 为已知量,故这一项为已知量,可以预先扣除,扣除此项后,记为

$$\delta A=\left(\frac{\boldsymbol{n}_1}{r^*}+\frac{\boldsymbol{n}_2}{Z^*}\right)\cdot\delta\boldsymbol{r}''+\frac{\boldsymbol{n}_2}{Z^*}\cdot\boldsymbol{v}_p\delta t_c \tag{3-3-74}$$

将上式与(3-3-11)比较可知,当存在时钟误差 δt_c 时,观测过程结束时刻的观测量既包含有位置偏差信息又包含有时钟误差 δt_c 的信息,因而可将状态偏差矢量扩充为包含位置偏差和时钟误差 δt_c 的列矢量,即

$$\boldsymbol{X}''=\begin{bmatrix}\delta\boldsymbol{r}''\\ \vdots\\ \delta t_c\end{bmatrix} \tag{3-3-75}$$

式中:$\delta\boldsymbol{r}''$为 $t_0-\delta t_c$ 时刻的位置偏差列矢量。

由(3-3-74)可知,观测的 $\boldsymbol{h}$ 矢量可记为 1×4 的矩阵,即

$$\boldsymbol{h}=\left[\frac{\boldsymbol{n}_1^{\mathrm{T}}}{r^*}+\frac{\boldsymbol{n}_2^{\mathrm{T}}}{Z^*}\ \vdots\ \frac{\boldsymbol{n}_2\cdot\boldsymbol{v}_p}{Z^*}\right] \tag{3-3-76}$$

则式(3-3-74)可写为

$$\delta A=\boldsymbol{h}\boldsymbol{X}'' \tag{3-3-77}$$

式中:δA 为 $t_0-\delta t_c+\delta t_d$ 时刻的扣除 δt_d 影响后的观测值。

9. 有冗余测量时的状态估值

在考虑了时钟误差后,单点定位至少要有 4 次观测,当有 $m(m>4)$ 个观测值时,则有冗余测量。例如单点定位时可用 6 个角度的观测值,即在飞行器上观测太阳和两个行星与最近行星的视线的夹角,可得 3 个角度,同时在飞行器上测量太阳与两个恒星视线的夹角,可得到两个角度。再加上飞行器上测量最近行星可见图面的视角,可得一个角度。最后加上观测开始时刻飞行器上时钟指示的时刻这一观测值,一共是 7 个测量值。

若在单点定位时进行了 $m(m>4)$ 观测,其中包括时钟指示时刻的观测,记

$$\delta\boldsymbol{Q}=\begin{bmatrix}\delta q_1\\ \delta q_2\\ \delta q_3\\ 0\\ \vdots\\ \delta q_m\end{bmatrix},\boldsymbol{\alpha}=\begin{bmatrix}\alpha_1\\ \alpha_2\\ \alpha_3\\ \overline{C}\\ \vdots\\ \alpha_m\end{bmatrix},\delta\boldsymbol{X}=\begin{bmatrix}\delta\boldsymbol{r}''\\ \cdots\\ \delta t_c\end{bmatrix} \tag{3-3-78}$$

式中:$\delta\boldsymbol{Q}$ 为在 $t_0-\delta t_c+\delta t_d$ 时刻的观测误差矢量并已扣除了 δt_d 的影响。其中的零

元素表示读出钟面时刻的偏差为零。

$\boldsymbol{\alpha}$ 为观测误差矢量,其中 τ 为时钟的随机误差。假定观测误差矢量的各分量均值为零,且互不相关,则 $\boldsymbol{\alpha}$ 的协方差阵为

$$\boldsymbol{R}=\begin{bmatrix}\sigma_1^2 & & & 0\\ & \sigma_2^2 & & \\ & & \ddots & \\ 0 & & & \sigma_m^2\end{bmatrix} \tag{3-3-79}$$

$\delta\boldsymbol{X}_{4\times1}$ 为 $t_0-\delta t_c$ 时刻的位置偏差 $\delta\boldsymbol{r}''$ 和时钟系统误差 δt_c 所组成的状态矩阵。由于

$$\delta\boldsymbol{Q}=\boldsymbol{H}\delta\boldsymbol{X}''+\boldsymbol{\alpha} \tag{3-3-80}$$

式中:$\boldsymbol{H}_{(m\times4)}$ 为与 m 次观测对应的 $\boldsymbol{h}$ 矢量构成的矩阵,矩阵中元素可由 t_0 时刻的标称轨道运动参数计算后得出。

由 $\delta\boldsymbol{X}''$ 的最小二乘估值可得

$$\delta\hat{\boldsymbol{X}}''=(\boldsymbol{H}^{-\mathrm{T}}\boldsymbol{R}^{-1}\boldsymbol{H})^{-1}\boldsymbol{H}^{-\mathrm{T}}\boldsymbol{R}^{-1}\delta\boldsymbol{Q} \tag{3-3-81}$$

通过上式可求 $t_0-\delta t_c$ 时刻位置偏差的估值和时钟系统差的估值,为求得 t_0 时刻的位置偏差估值 $\delta\boldsymbol{r}$,则应对 $\delta\boldsymbol{r}''$ 进行修正,即将飞行器在时间内飞过的距离矢量加到位置偏差估值中去。即令

$$\delta\hat{\boldsymbol{X}}=\begin{bmatrix}\delta\hat{\boldsymbol{r}}(t_0)\\ \vdots\\ \delta t_c\end{bmatrix}\quad \boldsymbol{T}=\begin{bmatrix} & \boldsymbol{I} & & \vdots & \boldsymbol{v}^*\\ \cdots & \cdots & \cdots & \vdots & \cdots\\ 0 & 0 & 0 & \vdots & 1\end{bmatrix} \tag{3-3-82}$$

式中:$\boldsymbol{v}^*$ 为 t_0 时刻飞行器的标称速度,则有

$$\delta\hat{\boldsymbol{X}}=\boldsymbol{T}(\boldsymbol{H}^{-\mathrm{T}}\boldsymbol{R}^{-1}\boldsymbol{H})^{-1}\boldsymbol{H}^{-\mathrm{T}}\boldsymbol{R}^{-1}\delta\boldsymbol{Q} \tag{3-3-83}$$

3.3.3 脉冲星导航原理

1967年,剑桥大学卡文迪许实验室的研究人员乔丝琳-贝尔在检测射电望远镜收到的信号时无意中发现了一些奇怪的信号,它们很有规律,周期也十分稳定。经过仔细分析,研究人员认为这是一种未知的天体,因为这种星体不断地发出电磁脉冲信号,所以命名为脉冲星。进一步研究表明,脉冲星是大质量恒星演化、坍缩、超新星爆发的遗迹。恒星因为长期的燃烧而导致核原料匮乏,致使恒星内部的辐射压力小于自身的引力作用,这样在引力作用下恒星开始逐渐向内部坍缩,核外的电子被挤进原子核内部,与核内的质子中和形成中子星。其典型直径在 20 ~ 30km,而质量约为太阳的 1.4 倍,核心密度达到 $10^{12}\mathrm{kg/cm^3}$。

脉冲星属于高速自转的中子星,如图 3-3-14 所示。在恒星的整个坍缩的过程当中,角动量是守恒的,这样坍缩后的中子星因为半径减小,其自转的角速度就变得非常大。其自转周期范围从 1.4ms~11.766s,且具有良好的周期稳定

性,毫秒脉冲星的自转周期变化率达到 $10^{-19} \sim 10^{-21}$,可与目前最稳定的铯原子钟相媲美。

脉冲星周围环绕着非常强的电磁场($10^{9} \sim 10^{12}$G)和引力场,因此脉冲星的辐射只能沿着磁轴方向发射出来,形成一个圆锥形辐射区。由于脉冲星的自转轴和磁极轴间存在夹角,导致脉冲星的磁极辐射在空间周期性扫描,这样通过探测器就可以接收到非常具有规律性的周期性脉冲信号,可谓是天然的导航信标。

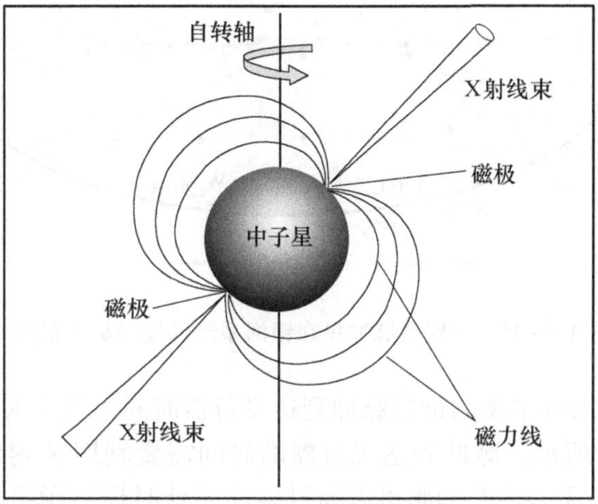

图 3-3-14　脉冲星示意图

脉冲星通常在光学、射电、红外、X 射线和 γ 射线波段辐射电磁波。大多数脉冲星的脉冲辐射位于射电波段,少数同时具有光学、X 射线甚至 γ 射线辐射。不同波段观测的脉冲轮廓不完全相同。其中射电和红外波段可穿过地球大气层,利用大口径望远镜,实现地面观测。X 波段和 γ 波段辐射被大气层吸收,只能在地球大气层之外观测。然而,与射电观测不同,X 射线探测设备易于做到小型化、低功耗,适于空间搭载应用,因此,X 射线脉冲星天文导航可能率先变为现实。

1. X 射线脉冲星导航的基本原理

X 射线脉冲星导航就是在飞行器上安装 X 射线探测器,探测脉冲星辐射的 X 射线光子,测量脉冲到达时间(TOA)和提取脉冲星影像信息,经过相应的处理,为飞行器提供高精度位置、姿态、时间等导航信息。

目前,已发现和编目的脉冲星达到 2000 多颗,其中约有 140 颗脉冲星具有良好的 X 射线信号周期稳定辐射特性,可以作为导航候选星。X 射线脉冲星大多集中在银道面附近,并靠近银心,如图 3-3-15 所示,图中包含低质量 X 射线双星(low-mass X-ray binaries,LMXB)、高质量 X 射线双星(high-mass X-ray binaries,HMXB)和中子星(neutron star,NS),以及蟹状星云脉冲星(crab puslar)。对X射线脉冲星导航而言,脉冲星几何分布不佳,将会影响导航定位精度。因此发现更多X射线脉冲星,特别是高银纬脉冲星,具有十分重要的意义。

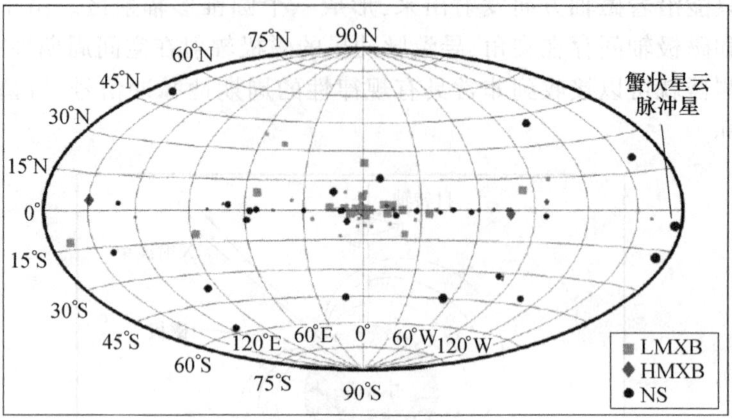

图 3-3-15 X射线脉冲星在银河系经纬度坐标下的分布

脉冲星导航的基本观测量是脉冲到达飞行器时间与到达太阳系质心时间之差,如图3-3-16所示。脉冲到达飞行器的时间需要利用X射线探测器观测获得,而达到太阳系质心的时间则可以通过脉冲星计时模型预报得到。假设:c为光速,$\boldsymbol{n}$为脉冲星的方向矢量,$\boldsymbol{r}_{sc}$为飞行器相对于太阳系质心的位置矢量。则飞行器在脉冲星视线方向上的距离$c(t_b-t_{sc})$可看作是$\boldsymbol{r}_{sc}$在n上的投影:

$$c(t_b-t_{sc})=\boldsymbol{r}_{sc}\cdot\boldsymbol{n} \tag{3-3-84}$$

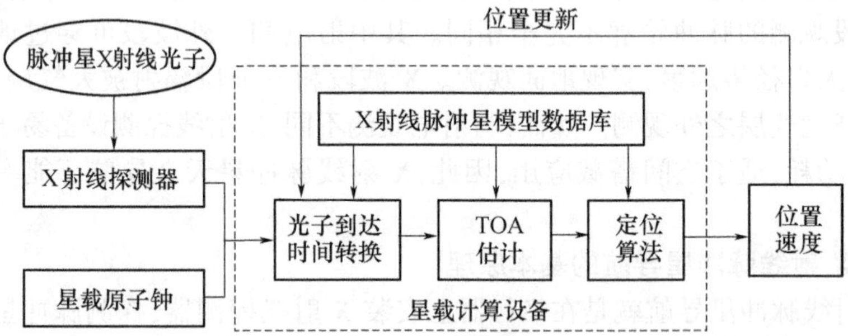

图 3-3-16 脉冲星导航的基本流程

考虑到广义相对论的影响,上式可修正为

$$c(t_b-t_{sc})=\boldsymbol{r}_{sc}\cdot\boldsymbol{n}+\frac{1}{2D_0}[-r_{sc}^2+(\boldsymbol{r}_{sc}\cdot\boldsymbol{n})^2-2\boldsymbol{r}_{sc}\cdot\boldsymbol{b}+2(\boldsymbol{b}\cdot\boldsymbol{n})(\boldsymbol{r}_{sc}\cdot\boldsymbol{n})]+\frac{2\mu_s}{c^2}\ln\left|\frac{\boldsymbol{r}_{sc}\cdot\boldsymbol{n}+\boldsymbol{r}_{sc}}{\boldsymbol{b}\cdot\boldsymbol{n}+\boldsymbol{b}}+1\right| \tag{3-3-85}$$

式中：D_0 为脉冲星到太阳系质心的距离；$\boldsymbol{b}$ 为太阳系质心相对于太阳的位置矢量；μ_s 为太阳引力常数。

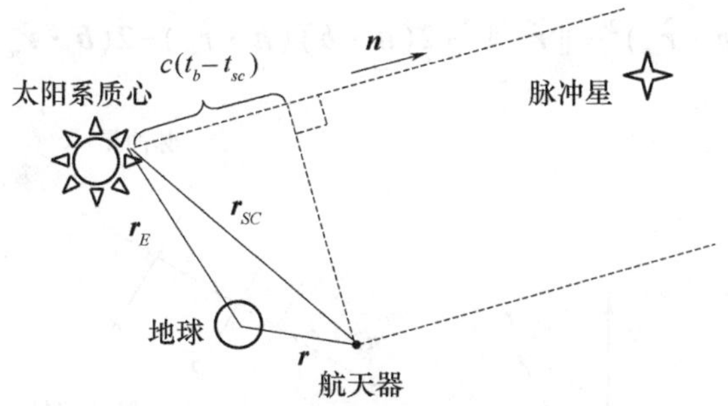

图 3-3-17 X 射线脉冲星导航原理图

为了得到飞行器的三维位置信息，需要对多个脉冲星从不同的方向进行测量，如图 3-3-18 所示。

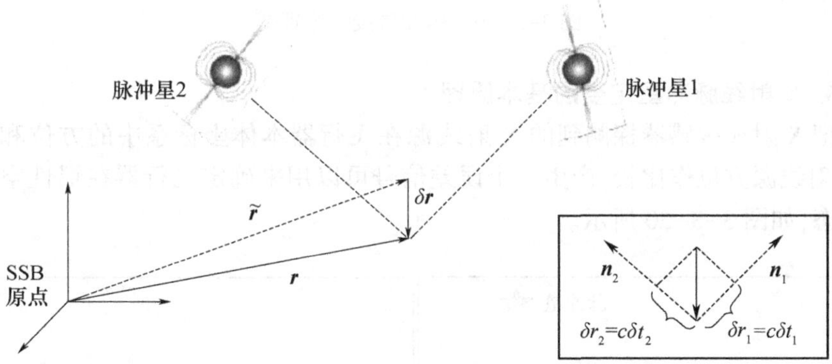

图 3-3-18 估计位置与真实位置的偏差与时间偏差的关系

根据美国在 X 射线脉冲星天文导航实验方面获得的初步结果，应用 1000cm^2 有效面积的 X 射线探测器观测蟹状星云脉冲星，积分时间约 500s，估计出的飞行器沿脉冲星方向投影位置的内符合精度约 2km，外符合精度约 10km。这表明，X 射线脉冲星导航为深空探测飞行器提供定位精度达到 10km 的导航服务是可行的。

2. X 射线脉冲星授时的基本原理

到达太阳系质心（SSB）原点的外推到达时间与真实的到达时间之差反映了飞行器载时钟误差，利用观测到的钟差信息便可以对其时钟误差进行修正，如图 3-3-19所示。

脉冲星的到达时间为

$$\tilde{t}_{SSB}=t_{sc}+\frac{\boldsymbol{n}\cdot\tilde{\boldsymbol{r}}_{sc}}{c}+\frac{2\mu_S}{c^3}\ln\left|\frac{\boldsymbol{n}\cdot\tilde{\boldsymbol{r}}_{sc}+\|\tilde{\boldsymbol{r}}_{sc}\|}{\boldsymbol{n}\cdot\boldsymbol{b}+\|\boldsymbol{b}\|}+1\right|+ \frac{1}{2cD_0}[(\boldsymbol{n}\cdot\tilde{\boldsymbol{r}}_{sc})^2-\|\tilde{\boldsymbol{r}}_{sc}\|^2+2(\boldsymbol{n}\cdot\boldsymbol{b})(\boldsymbol{n}\cdot\tilde{\boldsymbol{r}}_{sc})-2(\boldsymbol{b}\cdot\tilde{\boldsymbol{r}}_{sc})] \tag{3-3-86}$$

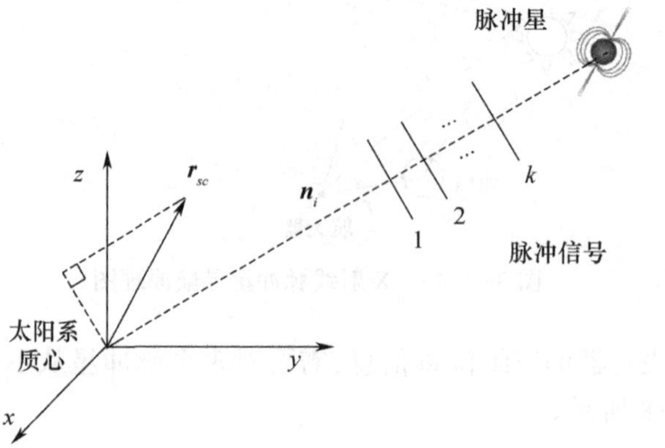

图 3-3-19　脉冲星授时原理图

3. X 射线脉冲星定姿的基本原理

把 X 射线敏感器探测到的 X 射线源在飞行器本体坐标系中的方位和已知的 X 射线源方位作比较,产生一个误差信号可以用来确定飞行器在惯性空间中的姿态,如图 3-3-20 所示。

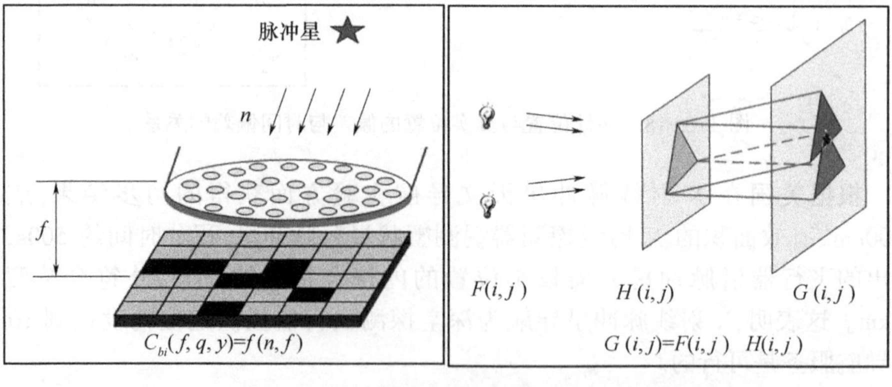

图 3-3-20　X 射线脉冲星定姿的基本原理

由 X 射线探测器可以直接得到选定的两颗导航星在探测器像平面内的坐标(x_1,y_1)、(x_2,y_2),即原始的观测量,其在像空间坐标系中的坐标可写为

$$\boldsymbol{Z}_1^{(S)}=\frac{1}{\sqrt{x_1^2+y_1^2+f^2}}\begin{bmatrix}x_1\\y_1\\f\end{bmatrix},\boldsymbol{Z}_2^{(S)}=\frac{1}{\sqrt{x_2^2+y_2^2+f^2}}\begin{bmatrix}x_2\\y_2\\f\end{bmatrix} \tag{3-3-87}$$

式中：f 为焦距。且其在体坐标系中的矢量表示为

$$\boldsymbol{Z}_1^{(B)}=\boldsymbol{B}_s\boldsymbol{Z}_1^{(S)},\boldsymbol{Z}_2^{(B)}=\boldsymbol{B}_s\boldsymbol{Z}_2^{(S)} \tag{3-3-88}$$

式中：$\boldsymbol{B}_s$ 为像空间坐标系到体坐标系的方向余弦矩阵，可以通过标定得到。同时，两颗导航星的赤经赤纬为已知量，其在惯性系中的矢量表示为 $\boldsymbol{Z}_1^{(I)},\boldsymbol{Z}_2^{(I)}$。

由于 $\boldsymbol{Z}_1,\boldsymbol{Z}_2$ 不共向，记 $\boldsymbol{W}=\boldsymbol{Z}_1\times\boldsymbol{Z}_2$，则其在惯性系和体坐标系中的分量分别为

$$\boldsymbol{W}^{(I)}=\boldsymbol{Z}_1^{(I)}\times\boldsymbol{Z}_2^{(I)},\quad \boldsymbol{W}^{(B)}=\boldsymbol{Z}_1^{(B)}\times\boldsymbol{Z}_2^{(B)} \tag{3-3-89}$$

假设惯性系到体坐标系的变换矩阵为 $\boldsymbol{C}_I^B$，根据以上分析，则有如下关系

$$\begin{cases}\boldsymbol{Z}_1^{(B)}=\boldsymbol{C}_I^B\boldsymbol{Z}_1^{(I)}\\ \boldsymbol{Z}_2^{(B)}=\boldsymbol{C}_I^B\boldsymbol{Z}_2^{(I)}\\ \boldsymbol{W}^{(B)}=\boldsymbol{C}_I^B\boldsymbol{W}^{(I)}\end{cases} \tag{3-3-90}$$

通过计算，得到姿态矩阵如下：

$$\boldsymbol{C}_I^B=[\boldsymbol{Z}_1^{(B)},\boldsymbol{Z}_2^{(B)},\boldsymbol{W}^{(B)}][\boldsymbol{Z}_1^{(I)},\boldsymbol{Z}_2^{(I)},\boldsymbol{W}^{(I)}]^{\mathrm{T}} \tag{3-3-91}$$

对于承担深空探测和星际飞行任务的飞行器的导航需求而言，现代卫星导航系统无能为力，而 X 射线脉冲星导航却可以很好地满足要求，3 种导航系统的导航性能指标比较见表 3-3-1。

表 3-3-1 3 种导航系统的导航性能指标比较

项　目	XPNAVS（脉冲星导航）	美国深空网	GPS
导航信号数量	>50	3（地面站）	≥24
跟踪信号数量	≥1	1~2	12
定位精度/m	10~100	1000~100000	20
测速精度/m/s	0.1	1.0	0.1
定姿精度/(°)	0.001~0.1	—	0.3
授时精度/μs	0.001~0.3	100	0.03
适用范围	近地轨道、深空和星际空间以及无稠密大气行星表面	近地轨道和有限深空范围	地球表面和近地空间

表中 XPNAVS 精度指标是基于脉冲星惯性角位置精度为 10^{-3} 角秒，脉冲计时模型精度、时间转换模型精度和 TOA 测量精度均为 1μs 推算的，因此飞行器轨道精度只能达到 100m 量级，这是近期可能实现的目标。如果脉冲星惯性角位置精度达到 10^{-4} 角秒，脉冲计时模型精度、时间转换模型精度和 TOA 测量精度均达到 0.1μs，那么，飞行器轨道确定精度就可以达到 10m 量级，授时精度可以达到 1ns 量级，与此同时，姿态测量精度也能达到角秒量级。

参考文献

[1] 房建成,宁晓琳. 天文导航原理及应用[M]. 北京:北京航空航天大学出版社,2006.
[2] 胡小平,吴美平,等. 自主导航理论与应用[M]. 长沙:国防科技大学出版社,2002.
[3] 程禄,焦传道,黄德鸣. 船舶导航定位系统[M]. 北京:国防工业出版社,1991.
[4] 赵开春. 仿生偏振导航传感器原理样机与性能测试研究[D]. 大连:大连理工大学,2008.
[5] 曹鹤. 基于X射线源的航天器自主定位/定姿方法研究[D]. 长沙:国防科技大学,2009.
[6] Battin R H. An Introduction to the Mathematics and Methods of Astrodynamics [M]. AIAA Education Series,1999.

第4章 惯性/卫星组合导航

惯性导航系统(INS)能够全天候、连续实时地提供高带宽(50~1000Hz)的位置、速度、姿态、角速率和加速度等导航信息,具有隐蔽性好、抗干扰、短时间精度高等优点,主要不足是导航误差随时间累积。卫星导航系统(GNSS)能为全球陆、海、空、天的各类用户提供全天候24小时连续高精度的三维位置、速度和精密时间信息,主要不足是输出频率低(典型值为1~10Hz)、基于码的位置输出具有较大的短时噪声、信号易受干扰和遮挡。INS和GNSS的优缺点具有良好的互补特性,因此将二者组合在一起,构成惯性/卫星组合导航系统,能够取长补短,为用户提供连续实时、全天候、高带宽、高精度的导航服务。

本章主要介绍卫星导航系统及其误差源、不同的惯性/卫星组合导航方式、惯性/卫星组合定姿方法,此外还简要介绍了Micro-PNT技术。

当前,惯性/卫星组合导航已广泛应用于国民经济和国防建设各个领域,包括无人车辆、无人机、农用车辆、渔船、精确制导武器、无人战车、察打一体无人机、海面舰艇等。特别是随着MEMS惯性测量单元的兴起,微惯性/卫星组合导航具有成本低、体积小、动态性能好、抗干扰能力强、功耗低等优点,十分适合战术类精确制导武器、中小型无人机应用,因此受到军方的高度关注。

本章主要介绍卫星导航系统及其误差源、不同的惯性/卫星组合导航方式、惯性/卫星组合定姿方法。

4.1 引言

4.1.1 卫星导航系统

目前,已经投入使用的卫星导航系统有美国的GPS、俄罗斯的GLONASS和我国的BDS,正在建设中的卫星导航系统有欧盟的伽利略。

GPS是美国陆海空三军联合研制的全球卫星导航系统,该系统全称为“授时与测距导航系统/全球定位系统”(navigation system timing and ranging/global positinoning system,NAVSTAR/GPS),简称为“全球定位系统”。系统于1994年正式投入运行,卫星星座由均匀分布在平均高度为20200km的6个轨道面内的24颗卫星组成,截至2022年2月2日在轨卫星数量已达到30颗。GPS具有全球覆盖、被动式全天候、高精度、连续实时三维定位等特点,因此在海陆空天等各个领域得到广泛应用。

GLONASS是由苏联开始研制后由俄罗斯继续完善的全球卫星导航系统。1996年1月18日,24颗工作卫星正常发射信号,标志着GLONASS正式建成并投入运行。苏联解体后,由于缺乏资金支持,有效卫星曾一度降低到10颗以下。近年来俄罗斯着手修复GLONASS系统,至2015年5月已有26颗卫星在轨运行,已实现全球导航定位,并开展了GLONASS现代化的改进工作,截至2021年可用卫星数目已达到24颗,已实现全球导航定位,并开展了GLONASS现代化的改进工作,定位精度已提高到5m左右。

北斗卫星导航系统(beidounavigation satellite system,BDS)是中国自主研发、独立运行的全球卫星导航系统。BDS建设实施"三步走"规划:第一步是2000年建成了北斗一号,即利用2~3颗地球同步静止轨道(GEO)卫星完成了区域有源定位,因此也被称为双星定位系统;第二步是北斗二号,2012年已建成了包含14颗卫星的星座组网,实现了覆盖亚太区域无源定位的卫星导航系统(即北斗区域系统);第三步是北斗三号,2020年7月31日建成了包括3颗地球静止轨道卫星、3颗倾斜地球同步轨道(IGSO)卫星、24颗中圆地球轨道(MEO)卫星的卫星星座,实现了全球范围内的无源导航定位和我国范围内的短报文服务。

1999年2月10日,欧盟公布了欧洲导航卫星系统Galileo,该系统与GPS和GLONASS兼容,是民用全球卫星导航系统。欧盟之所以积极筹划Galileo,主要是为了摆脱对美国GPS系统的依赖,打破美国对全球卫星导航产业的垄断。2002年3月26日,欧盟15国交通部长会议一致决定正式启动伽利略卫星导航系统计划,欧盟宣称伽利略将是第一个专门面向民用的卫星导航系统。该系统的星座由均匀分布在3个轨道中的30颗卫星组成,每个轨道上9颗工作卫星和1颗备用卫星,轨道离地高约24000km,计划总投资35亿欧元。目前已有26颗卫星在轨运行,系统已为全球提供导航定位和授时服务。

4.1.2 卫星定位方式

卫星定位的方式有多种,按照观测点的坐标是相对地固坐标系(如GPS的WGS-84坐标系、BDS的CGCS2000坐标系)还是相对基准点,可分为绝对定位和相对定位;按观测点相对地固坐标系的运动状态,可分为静态定位和动态定位;按照观测点是否仅仅依靠自身接收卫星导航信号完成定位,可分为单点定位和差分定位;按照观测点定位采用的观测量,可分为码相位定位、积分多普勒定位和载波相位定位。

绝对定位。在一个观测点上,利用接收机观测4颗以上的GNSS卫星,独立确定观测点在地固坐标系的位置,称为绝对定位。其优点是:仅需一台接收机即可独立定位,观测的组织与实施简便,数据处理简单。其主要不足在于:受卫星星历误差和卫星信号在传播过程中的大气延迟误差的影响显著,一般定位精度较低。

相对定位。在两个或若干个测量站上同时设置接收机,同步跟踪观测相同的导航卫星,通过对相同卫星观测值进行处理来测定测量站之间的相对位置,称为相对定位。由于相对定位采用多个测量站同步观测导航卫星,统一处理观测数据,因此可以有效地削弱甚至消除相同的或基本相同的误差,如卫星钟差、卫星星历误差、电离层延迟误差和对流层延迟误差等,从而可以获得很高的相对定位精度。但相对定位要求各站接收机必须同步跟踪观测相同的卫星,因而其作业组织和实施较为复杂,且两点间的距离受到限制,一般在 1000km 以内。现阶段正大力发展的多基准站网络相对定位技术在提高定位精度和可靠性的前提下,将有效地扩展相对定位的范围。相对定位是高精度定位的基本方法,广泛应用于高精度大地控制网、精密工程测量、地球动力学、地震监测网、航空重力测量和导弹火箭等外弹道测量等方面。

静态定位。若观测点相对于地固坐标系没有运动,或者虽有运动,但在一次观测期间(数小时或若干天)无法觉察或测量到,确定这样的观测点位置,称为静态定位。静态定位的基本特点是在对卫星观测数据处理时,观测点的位置参数(坐标)是个常量,速度分量为零,也就是说,静态定位的基本任务就是确定点位坐标。在静态定位中可进行大量的重复观测,以提高定位精度。

动态定位。若观测点相对于地固坐标系有明显的运动,则以一定频度求解观测点位置和速度的过程称为动态定位。动态定位可分为两种情况:一是导航动态定位,它要求在用户运动时,实时地确定用户的位置和速度,并根据预先选定的终点和运动路线,引导用户沿预定航线到达目的地,如舰船、飞机和车辆等的导航以及武器的制导等。另一种则是精密动态定位,其主要目的是精确确定用户各个时刻的位置和速度,如测定航天器轨道、飞机精密进场、航空摄影测量定位、导弹或火箭试验的外弹道测量等。精密动态定位精度要求比较高,典型的技术指标为定位误差小于 0.1m,测速误差小于 0.05m/s。

差分定位。差分定位是相对定位的一种特殊实现形式。差分定位是改善定位和授时性能的一种方法,它利用一个或多个位置已知的基准站,每个站至少设置一个接收机。基准站通过数据链路为终端用户提供信息,包括:

- 终端用户原始伪距测量值的校正值,导航卫星提供的时钟和星历数据的校正值,或用来取代广播时钟和星历信息的数据;
- 基准站原始测量值(例如伪距和载波相位);
- 完好性数据(例如每颗星的“可用”或“不可用”指示,或所提供校正值精度的统计指示);
- 辅助数据,包括基准站的位置、健康状况和气象数据。

差分定位可以按不同的方式进行分类,如绝对差分定位和相对差分定位;局域、区域和广域差分;伪距差分定位和载波相位差分定位。

4.1.3 卫星导航的主要误差源

影响 GNSS 用户接收机的定位、测速、授时精度的因素非常多且错综复杂,一般情况下,其精度性能主要取决于伪距和载波相位测量值以及广播导航数据的质量。按照误差来源的不同,可将 GNSS 定位的主要误差分为以下 3 个部分:

(1) 与卫星有关的误差:主要包括卫星星历误差和卫星钟差;

(2) 与接收机有关的误差:主要有观测误差、接收机钟差、计算误差和天线相位中心误差等;

(3) 与信号传播有关的误差:主要是卫星信号在大气传播过程中所产生的误差,包括电离层传播延迟、对流层传播延迟和多路径效应等。当接收机用于航天器导航时,可以不考虑对流层传播延迟和电离层传播延迟的影响。

图 4-1-1 所示为北斗 MEO 卫星的误差源示意图。

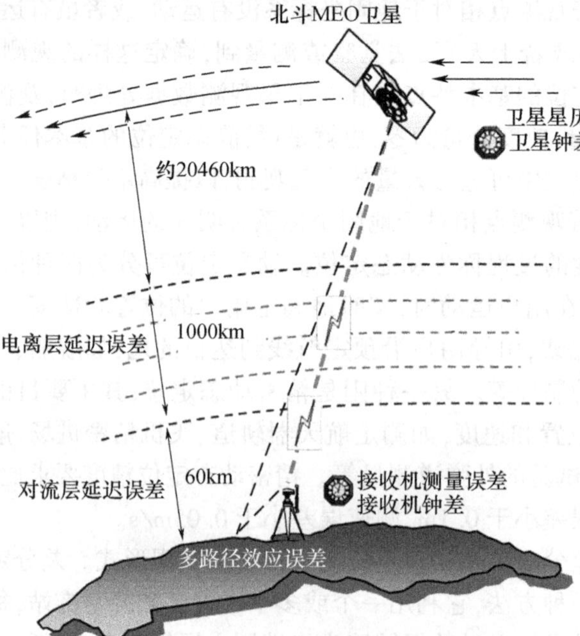

图 4-1-1 北斗定位误差源示意图

1. 卫星星历误差

星历误差是指由导航电文所给出的卫星星历中的位置与实际位置之间的误差。星历误差实际上是地面控制段对卫星位置的预测或者事后估计误差。卫星星历主要包括广播星历和精密星历两类。

广播星历一般由地面控制段对卫星进行定轨,然后拟合推算出若干参数,再随同卫星的导航电文一起播发给接收机,接收机根据广播星历参数和轨道模型计算得到卫星的位置和速度。广播卫星位置误差会导致伪距和载波相位测量误差。广播星历误差随时间变化非常缓慢,三维星历误差典型的增长率为2~6cm/min。对于多达30min的时间间隔,观测到的误差增长与逝去时间近似成线性比例。因此,一般广播星历均有有效期,以GPS为例,在有效期2h内能够保证卫星位置精度2m左右,2005年的L-AII后,GPS平均星历测距误差为0.45m。

精密星历是地面控制段根据若干卫星跟踪站的观测数据,经事后处理得到的供卫星精密定位等使用的卫星轨道信息。精密星历的精度优于5cm。对于同一颗卫星,可以通过对接收机之间的差分运算大大削弱星历误差的影响。

IGS组织定期向用户提供GPS卫星的精密星历和快速预报星历。精密星历一般是每隔15min给出卫星的位置,实际解算中可以进行精密钟差的估计或内插,以提高其可使用的历元数。快速预报星历精度约为25cm。

2. 卫星时钟误差

卫星钟差(记为Δt_s)定义为卫星钟面时与GNSS时的差值。卫星时钟误差是GNSS需要校正的误差之一,卫星时钟误差对接收机的伪距和载波相位测量值所造成的影响是相同的。如果经广播导航数据校正后的卫星时钟误差为10ns,则它会给任何位置的用户带来3m的伪距和载波相位测量误差。GNSS地面主控站不断预报此项误差,并通过导航电文发播出钟差多项式系数的估计值a_0、a_2、a_2,用户按以下公式对卫星钟差进行改正:

$$\Delta t_s = a_0 + a_1(t-t_{0c}) + a_2(t-t_{0c})^2 \tag{4-1-1}$$

式中:t为GNSS时间;t_{0c}为卫星钟差系数相应的参考时间。

卫星钟差Δt_s最大可达1ms(约引起$c\cdot\Delta t_s=300$km的测距误差),但卫星钟差改正公式的精度可达8ns(大约引起2.4m的测距误差)。由于相对于同一颗卫星的各个同步观测值都含有相同的卫星钟差影响,所以对接收机求差分运算可以消除此项误差的影响。

3. 接收机钟差

接收机钟差Δt_r是指接收机钟面时间与GNSS时间的偏差,其误差取决于钟漂大小。钟漂表示接收机钟差的漂移率,其大小取决于所采用的时钟质量。对于定位型接收机,钟漂相对而言比较稳定,接收机的钟差一般为毫秒量级。

接收机钟差与卫星钟差不同,同一接收机观测的全部卫星相应于相同的钟差参数,所以在解算位置参数时可以一并估计出此项误差。

4. 接收机测量误差

接收机观测噪声ε与接收机元件、跟踪环路带宽、载体动态情况、信噪比等有关。对C/A码伪距,此项误差约为1~3m;对于P码接收机,此项误差约10~30cm;对于载波相位观测,此项误差约3~5mm。

5. 多路径效应误差

多路径效应 $\varepsilon_{\mathrm{multi}}$ 是指由于天线周围其他表面反射的卫星信号迭加进接收信号中而引起的误差。相位观测值的多路径效应误差通常小于载波波长的25%，比如，对于 L_1 载波，此项误差约5cm。伪码观测值的多路径效应误差一般小于293m(C/A码)或29.3m(P码)。静态定位时，此项误差呈现出系统性误差特点，但却难以用模型描述。动态情况下，由于载体的运动影响，使此项误差较多地表现为随机性误差特点。利用地面RF吸收板、调整天线的位置等措施可以减弱此项误差的影响。

6. 电离层延迟误差

电离层是指地面上空50~100km之间大气层。信号在传播过程中，由于受电离层折射的影响，会产生附加的信号传播延迟，从而使接收机所观测到的信号传播时间产生偏差，也就使观测量附加了一项误差。这项误差对伪码观测值和相位观测值都有影响。

电离层引起的误差主要与沿卫星至接收机视线主向上分布的电子密度有关，其影响大小取决于信号频率、观测方向的仰角、观测时的电离层情况等因素。这项误差影响显著时可达150m，不仅如此，在电离层活动剧烈时，由于总电子含量的迅速变化，可以引起多普勒频移的变化，这样可能会导致接收机相位失锁。另一方面，电离层延迟与卫星高度角有关，仰角越大，延迟越小；仰角越小，延迟越大。

7. 对流层传播延迟误差

当电磁波信号通过对流层时，由于其传播速度不同于真空中光速 c，从而产生延迟，其大小取决于对流层本身及卫星高度角。对流层误差由干分量和湿分量两部分组成。一般是利用数学模型，根据气压温度、湿度等气象数据的地面观测值来估计对流层误差并加以改正。常用的模型有Hopfield模型、Saastamoinen模型等。这些模型可以有效地减小干分量部分的影响，而干分量约占总误差的80%。湿分量难以精确估计，需用到气象数据的垂直变化梯度参数。静态定位时，可以利用水蒸气梯度仪等办法来解决这一问题，但在动态情况下难以实施。

对流层模型改正精度还取决于卫星高度角。当卫星高度大于10°时，模型改正精度可达分米量级，卫星高度角较小时，改正精度可降至几米。因此，实际应用中应尽可能采用大的高度角；另一方面，差分处理技术也可有效减弱对流层误差的影响。

综上所述，考虑到上述各类误差源的共同影响，GNSS的伪距观测量 p 和载波相位观测量 Φ，可以表示成如下形式。

伪距：

$$p=\rho+c(\mathrm{d}t-\mathrm{d}T)+d_{\mathrm{ion}}+d_{\mathrm{trop}}+\varepsilon_p+\varepsilon_{\mathrm{multi}} \tag{4-1-2}$$

相位：

$$\Phi=\rho+c(\mathrm{d}t-\mathrm{d}T)+\lambda N-d_{\mathrm{ion}}+d_{\mathrm{trop}}+\varepsilon_{\varphi}+\varepsilon_{\mathrm{multi}} \tag{4-1-3}$$

式中：N 为初始整周模糊度参数(周)；ε_{φ} 为载波相位观测噪声；ε_{p} 为伪距观测噪声；$\varepsilon_{\mathrm{multi}}$ 为多路径效应；d_{ion} 的符号对伪距观测值为正，对相位观测值为负，这是因为电离层对伪距测量和相位测量的影响正好相反。

4.1.4　惯性/卫星组合导航

惯性/卫星组合导航系统的优点主要表现为：GNSS 接收机可以辅助 INS 完成对准，保持高度通道的稳定，从而提高 SINS 的精度；对于 GNSS 接收机，INS 的辅助可以提高接收机的跟踪能力、动态特性和抗干扰性能，实现 GNSS 的完整性监测。

最初的惯性/卫星组合导航系统采用一些简单的组合方式，如使用 GNSS 输出的位置、速度重调 INS 输出等。而现代惯性/卫星组合导航系统均采用了先进的数据融合技术和滤波技术。根据信息融合方式的不同，惯性/卫星组合导航可分为松组合、紧组合、深组合等几种模式。

1. 松组合(Loosely-Coupled Integration)

松组合又称级联卡尔曼滤波(Cascaded Kalman Filter)组合方式。它以 INS 和 GNSS 输出的速度和位置信息的差值作为观测量，以 INS 线性化的误差方程作为系统方程，通过 EKF 对 INS 的速度、位置、姿态以及传感器的误差进行最优估计，并根据估计结果对 INS 进行输出或者反馈校正。

松组合方式的优点是计算量较小，易于实现，能够提供冗余的导航信息，能够有效地提高系统导航精度。其缺点是一旦任一子系统误差增大，组合导航系统精度将下降，滤波器容易发散。

20 世纪 80 年代，美国 TI 公司、Honeywell 公司、英国 Ferranti 公司、法国 SAGEM 公司、德国联邦国防军大学、加拿大 Calgary 大学、美国 Ohio 大学等科研机构开始进行组合导航研究，当时的组合系统主要采用松组合导航方式。例如 Honeywell 公司使用自己生产的激光陀螺惯性系统、大气数据传感器和 GPS 接收机组成组合导航系统，应用于德国汉莎航空公司的波音 747 飞机。1985 年至 1987 年，Northrop 公司研制的 GPS/INS 组合导航系统装备了 AMRAAM。法国 SAGEM 公司于 1986 年为法国空军 ATL.2 海上巡逻机提供 GPS/INS 组合导航方案。2000 年美国 NASA 飞行研究中心与波音公司及相关大学采用差分 GPS/INS 组合导航成功应用于 F-18 飞机的编队飞行。

2. 紧组合(Tightly-Coupled Integration)

紧组合方式是一种更高层次的组合方式，其主要特点是将卫星接收机与 SINS 系统的软硬件通过组合模块有机结合，达到相互辅助的作用。组合模块采用卫星接收机的伪距、伪距率进行组合，通过组合滤波器估计 SINS 和卫星接收机的误差量，然后对于子系统进行开环或者闭环校正。

紧组合方式的优点是导航精度进一步提高,能够校正 SINS 的器件误差和对准误差,通过 SINS 或者组合后的速度信息,可有效地辅助卫星信号的捕获与跟踪,提高卫星导航的抗干扰性和动态性能,在少于 4 颗观测卫星时组合导航系统仍能正常工作。其缺点是系统设计更为复杂,组合滤波器状态量更多,计算量较大。随着计算机与电子技术的发展,紧组合导航方式的小型化组合导航系统已成为现实。因此,紧组合将逐渐代替松组合,广泛应用于制导武器和高动态载体。

MIMU 具有高抗冲击性、体积小、价格低、启动快等优点,因此,GNSS/MIMU 嵌入式组合导航成为导航领域研究的热点。20 世纪 90 年代末,国外开始研究与开发 GNSS/MIMU 嵌入式组合导航系统,现阶段已有部分产品装备了制导武器。1997 年 Honeywell 公司发展的小型 GPS/INS 组合导航系统采用由光纤陀螺和固态硅微加速度计组成的导航级 IMU 和 Trimble 12 通道的 C/A 或 P(Y)接收机的小型 GPS 接收机,利用惯性辅助 GPS 码环和载波环跟踪,系统满足冲击为 $15g/\mathrm{s}$,加速度为 $44g$,速度为 12000m/s 的高动态环境。美军的宝石路Ⅳ制导炸弹采用了 GPS/MIMU 紧组合方式导航,由于价格更加低廉、精度更高、抗干扰性更强,2007 年英国军队已经开始装备该型制导炸弹。美国海军采用差分 GPS/MIMU 组合系统对于众多制导炸弹的落点精度进行评测,定位精度约为 1m。

3. 深组合(Deeply-Coupled Integration)

深组合方式是近十年来新出现的一种组合方式,由于采用卫星接收机与 SINS 的软硬件一体化设计,因此被称为深组合或者超紧组合(Ultra-tight Integration)。深组合模块采用 SINS 与卫星接收机信号相关器输出的同相(I)、正交相(Q)信号进行数据融合,接收机内部不需要进行信号跟踪,信号跟踪的最优化是在数据融合时统一进行设计,因此深组合方式在理论上性能更优于前两种组合方式。

深组合方式的优点是通过全局优化设计,能够在准确校正 SINS 器件误差的同时,得到最优的信号跟踪带宽,可以增强卫星导航接收机的抗干扰性和动态性能,进一步提高组合导航系统的整体性能。其缺点是组合滤波器设计复杂、计算量比较大。

21 世纪初,以 Draper 实验室为代表的研究机构开始研究 GNSS/INS 深组合导航理论与技术。美国的 GPS/MIMU 组合导航技术已经走向产品化,发展的目标是将 MIMU、GPS 和 GNC 的功能集成为一个芯片,使用同一个处理器、同一个自适应滤波器对数据进行处理。这一系统将具有更小的体积和良好的性能,便于大批量生产,成本控制可以在 1000~2000 美元。未来的 GPS/INS 系统设计者可以通过选择不同芯片就能轻松地实现不同性能的系统。2003 年美国空军第 746 飞行试验中队进行了 GPS 与 SINS 的嵌入式半实物仿真,验证了深组合的可行性。美国 Ohio 大学的有关研究人员于 2004 年描述了 GPS/IMU 深组合系统在低信噪比动态码跟踪中的应用,采集了真实的GPS射频信号和惯性测量数据,验证了嵌入式深组合能够捕获跟踪信噪比低至15 dB-Hz的信号。2005年7月18日,IEC公司发布了新一代用于精确制导武器、导弹、无人轰炸机的FaSTAPTM抗干扰技术和GPS/INS嵌入式组合系统。2006年Honeywell公司与Rockwell Collins公司联合研制了抗冲击、抗干扰的深组合INS/GPS飞行器导航制导与控制管理模块,该模块将抗干扰GPS接收机与MEMS IMU进行组合,采用深组合导航算法,定位为精度5m(CEP),可抗击2000g的冲击,仿真表明可承受58 dB的干扰。

4. 组合导航系统的时间同步

对于惯性/卫星组合导航,包括下文4.3节要论述的惯性/卫星组合定姿,能够使得两种导航手段顺利组合的一个前提条件,是必须确保校正时刻卫星导航信息与IMU数据采样时刻保持一致,即保证IMU与卫星接收机的信息是同一时刻的数据。如果在组合滤波计算时,信息不能同步,则基于卫星观测信息的校正将导致状态估计误差,同步误差越大,载体动态性越高,则误差也越大,严重时将导致滤波器无法正常工作。因此提出了惯性/卫星组合导航数据同步采集的技术要求。同步采集即要求两个独立的子系统的信息采样时刻要一致。导致两者导航信息时间不同步的主要因素包括:①IMU与GNSS两个子系统分别具有独立的时间系统;②IMU内部晶振会随着温度的变化而发生漂移;③两者的数据更新率不一样。GNSS的更新率一般在1~20Hz,而IMU的更新率在20~1000Hz。IMU与卫星接收机的数据采集时间同步是实际工程应用当中必须要解决的一个关键问题。

不同运动载体对时间同步的要求不尽相同,一般的规律是载体运动动态性越高,则时间同步的要求也越高。工程应用中根据组合的方式不同,可以采用不同的时间同步方法。对于低动态载体,如地面车辆,时间同步要求不是很高,可以考虑采用软件同步法,即数据对齐法。通过GNSS单元特有的1PPS秒脉冲信号作为基准,寻找最为接近的惯性导航数据进行匹配,以尽可能减小数据不对准误差。或者将1PPS信号作为惯性导航数据采集的触发信号,这样就实现了较高精度的时间同步,称为硬同步法。两种方法可以根据具体应用背景合理选择。对于高动态应用,必须采用硬件方式实现严格同步。

随着技术的发展,惯性/卫星组合硬件同步将逐步成为主流。下面介绍一种用于组合导航处理器的硬件同步脉冲合成方法及同步脉冲合成器,如图4-1-2所示。同步脉冲合成方法包括:①频率跟踪方法。是在每一个整秒周期连续利用卫星接收机输出的相邻两个1PPS秒脉冲测量出本地晶振的实际频率,然后计算出由本地晶振频率生成采集触发脉冲频率的分频比,最后改变分频器的分频比,实现下一个1s期间的准确分频。此方法可以实现频率跟踪。②相位跟踪方法。通过检测比较第0个采集触发脉冲的上升沿与1PPS的上升沿的时刻差,修正分频计数器的相位,实现立即校正第1个采集触发脉冲的上升沿时刻。这样就实现了整个200个脉冲序列的初始相位对准。同步脉冲合成器包括了本地晶振、基于DDS原理的分频器、频率测量单元、定点除法器和相位修正单元。

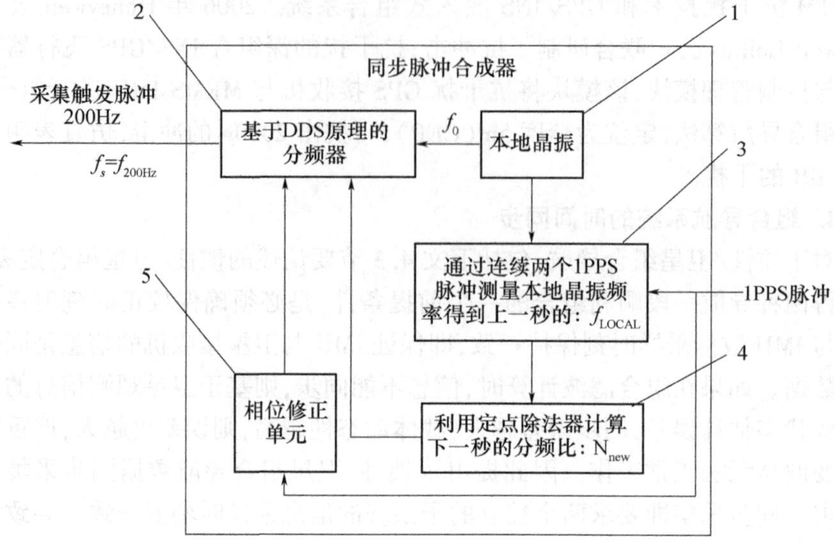

图4-1-2 同步脉冲合成器结构图

上述时间同步方法可以修正由本地晶振生成的合成脉冲与1PPS脉冲的相位差以及与理想频率的频率误差,生成的合成脉冲在两个相邻的1PPS脉冲上升沿之间严格为200个,且第一个脉冲的上升沿与1PPS脉冲上升沿对齐。其效果如图4-1-3所示。

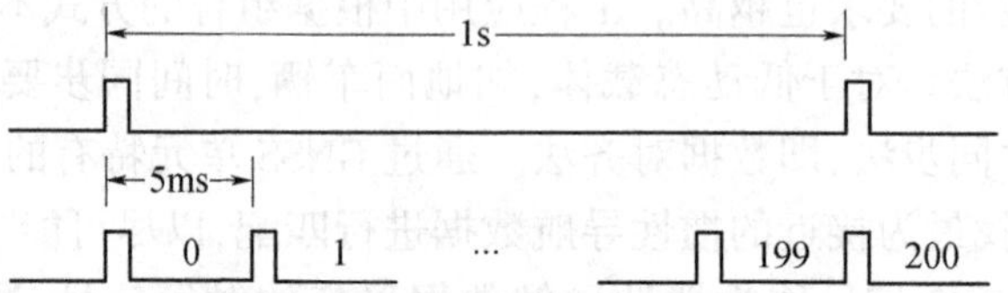

图4-1-3 合成的200Hz同步脉冲效果图

通过上述脉冲同步方法,可以精确控制IMU数据采集机制,从而实现惯性导航子系统与卫星导航子系统之间信息的严格同步。

4.2 惯性/卫星组合方程

图4-2-1为惯性/卫星组合导航的基本框架,GNSS接收模块对于卫星信号进行接收并处理后得到测量信号,随同SINS导航解算后的信息一起输入至数据融合模块进行滤波,从而得到最优或近似最优的导航结果。同时,滤波后的导航

信息能够辅助 GNSS 信号处理或者反馈校正 IMU 器件误差。

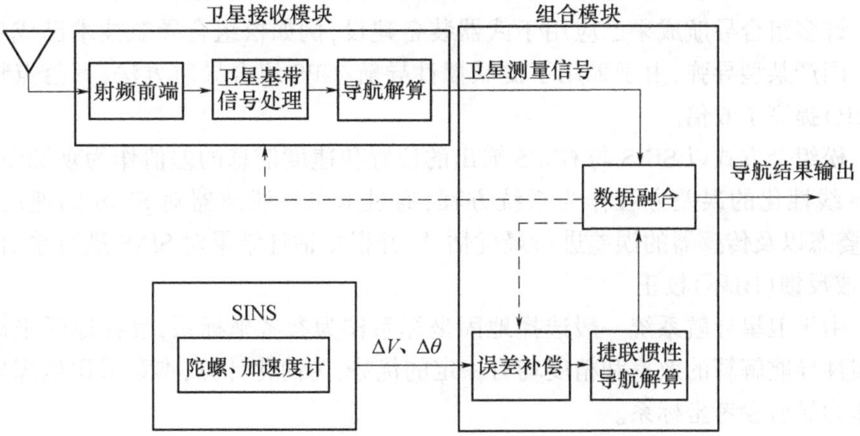

图 4-2-1 惯性/卫星组合导航基本框架

4.2.1 惯性/卫星松组合导航方程

在松组合方式中,卫星接收机与 SINS 的硬件都不需要改变,只需要组合模块对于来自两个子系统的导航信息进行融合计算,如图 4-2-2 所示。由于卫星接收机的硬件相对于组合模块是独立的,组合导航信息无法反馈回接收机内部进行辅助与修正;而是否利用数据融合后的信息对 SINS 的惯性器件进行误差补偿,并且该补偿是否需要取决于系统设计的综合考虑,故在图中用虚线表示。

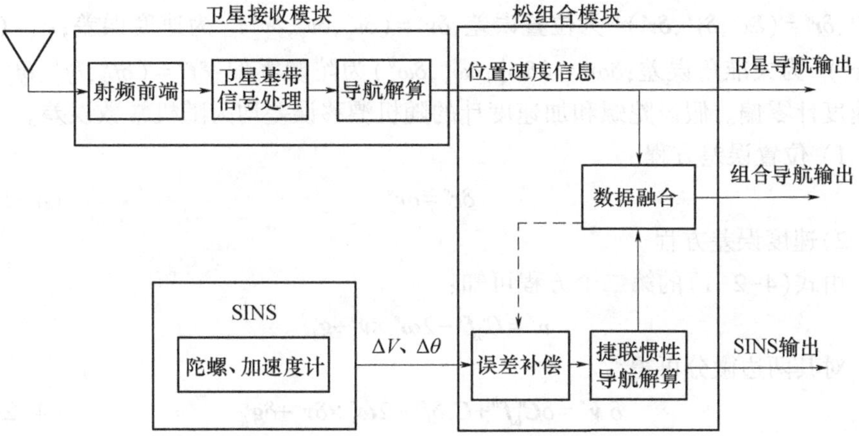

图 4-2-2 惯性/卫星松组合导航方式

近年来,国内在捷联惯性导航/GPS 松组合导航方面的研究取得了长足的进步。采用“当前模型”的卡尔曼滤波算法能够提高约 30%的定位精度;基于小波阈值消噪的自适应卡尔曼滤波可以提高组合系统的精度与可靠性;H∞ 滤波技术能够有效地抑制滤波器的发散;对低成本的 GPS/MIMU 进行了深入研究与实验。许多组合导航成果已应用于武器装备建设,例如松组合导航技术已成功应用于国产某型导弹,由于采用了捷联惯性导航/GPS 组合导航方法,其落点精度(CEP)提高了6倍。

松组合方式以 SINS 与 GNSS 输出的位置和速度信息的差值作为观测量,以 SINS 线性化的误差方程作为系统方程,通过卡尔曼滤波器对 SINS 的速度、位置、姿态以及传感器的误差进行最优估计,并根据估计结果对 SINS 进行输出(开环)或反馈(闭环)校正。

由于卫星导航系统一般选择地固坐标系作为参考坐标系,且在地固坐标系下惯性导航解算的效率和精度均有一定的优势,为简化计算,本章采用地固坐标系作为导航参考坐标系。

1. 地固坐标系中的导航方程

地固坐标系中的导航方程是由在惯性坐标系中的导航方程,根据哥氏方程,进行等式变换而得到。

$$\dot{Y}^e=\begin{bmatrix}\dot{\boldsymbol{r}}^e\\ \dot{\boldsymbol{v}}^e\\ \dot{\boldsymbol{C}}_b^e\end{bmatrix}=\begin{bmatrix}\boldsymbol{v}^e\\ \boldsymbol{C}_b^e\boldsymbol{f}^b-2\boldsymbol{\omega}_{ie}^e\times\boldsymbol{v}_e^e+\boldsymbol{g}_l^e\\ \boldsymbol{C}_b^e(\boldsymbol{\Omega}_{ib}^b-\boldsymbol{\Omega}_{ie}^b)\end{bmatrix}\tag{4-2-1}$$

2. 地固坐标系中的误差状态方程

根据地固坐标系中的导航方程,选取相应的误差状态矢量为

$$\boldsymbol{X}^e=(\delta\boldsymbol{r}^e,\delta\boldsymbol{v}^e,\boldsymbol{\varepsilon}^e,\delta\boldsymbol{\omega}^b,\delta\boldsymbol{f}^b)^{\mathrm{T}}\tag{4-2-2}$$

式中:$\delta\boldsymbol{r}^e=(\delta x^e,\delta y^e,\delta z^e)^{\mathrm{T}}$ 为位置误差;$\delta\boldsymbol{v}^e=(\delta v_x^e,\delta v_y^e,\delta v_z^e)^{\mathrm{T}}$ 为速度误差;$\boldsymbol{\varepsilon}^e=(\varepsilon_x^e,\varepsilon_y^e,\varepsilon_z^e)^{\mathrm{T}}$ 为失准角误差;$\delta\boldsymbol{\omega}^b=(\delta\omega_x^b,\delta\omega_y^b,\delta\omega_z^b)$ 为陀螺零偏;$\delta\boldsymbol{f}^b=(\delta f_x^b,\delta f_y^b,\delta f_z^b)$ 为加速度计零偏。假设陀螺和加速度计的随机漂移误差均为随机常数误差。

1) 位置误差方程

$$\delta\boldsymbol{r}^e=\delta\boldsymbol{v}^e\tag{4-2-3}$$

2) 速度误差方程

由式(4-2-1)的第二个方程可知:

$$\dot{v}^e=C_b^e\boldsymbol{f}^b-2\boldsymbol{\omega}_{ie}^e\times\boldsymbol{v}^e+\boldsymbol{g}_l^e$$

对其两边微分可得

$$\delta\,\dot{\boldsymbol{v}}^e=\delta\boldsymbol{C}_b^e\boldsymbol{f}^b+\boldsymbol{C}_b^e\delta\boldsymbol{f}^b-2\boldsymbol{\omega}_{ie}^e\times\delta\boldsymbol{v}^e+\delta\boldsymbol{g}_l^e\tag{4-2-4}$$

由于观测误差及陀螺漂移的影响,使得姿态转移矩阵 $\boldsymbol{C}_b^e$ 存在计算误差 $\delta\boldsymbol{C}_b^e$,其满足关系式:

$$\delta\boldsymbol{C}_b^e=\boldsymbol{E}^e\boldsymbol{C}_b^e\tag{4-2-5}$$

矩阵 $\boldsymbol{E}^e$ 为失准角 $\boldsymbol{\varepsilon}^e=(\varepsilon_x^e,\varepsilon_y^e,\varepsilon_z^e)^{\mathrm{T}}$ 所构成的反对称阵。

根据上式，可将式(4-2-4)的 $\delta\boldsymbol{C}_b^e\boldsymbol{f}^b$ 项展开：

$$\delta\boldsymbol{C}_b^e\boldsymbol{f}^b=E^e\boldsymbol{C}_b^e\boldsymbol{f}^b=E^e\boldsymbol{f}^e=\begin{bmatrix}0&-\varepsilon_z^e&\varepsilon_y^e\\ \varepsilon_z^e&0&-\varepsilon_x^e\\ -\varepsilon_y^e&\varepsilon_x^e&0\end{bmatrix}\begin{bmatrix}f_x^e\\ f_y^e\\ f_z^e\end{bmatrix}=\begin{bmatrix}0&-f_z^e&f_y^e\\ f_z^e&0&-f_x^e\\ -f_y^e&f_x^e&0\end{bmatrix}\begin{bmatrix}\varepsilon_x^e\\ \varepsilon_y^e\\ \varepsilon_z^e\end{bmatrix}$$

记 $\begin{bmatrix}0&-f_z^e&f_y^e\\ f_z^e&0&-f_x^e\\ -f_y^e&f_x^e&0\end{bmatrix}$，其为比力信息 $\boldsymbol{f}^b$ 在地固坐标系中的投影。将上式整理后得

$$\delta\boldsymbol{C}_b^e\boldsymbol{f}^b=-F^e\boldsymbol{\varepsilon}^e \tag{4-2-6}$$

式(4-2-4)中 $\delta\boldsymbol{g}_l^e$ 为重力矢量误差，包含重力扰动矢量和正常重力计算误差两部分，在单纯定位问题中，不估计重力矢量，常把重力扰动矢量作为系统噪声处理，而正常重力计算是由位置误差引起的，其满足关系：

$$\delta\boldsymbol{g}_l^e=\frac{kM}{r^3}\begin{bmatrix}-1+\dfrac{3x^2}{r^2}+\omega_{ie}^{e2}&\dfrac{3xy}{r^2}&\dfrac{3xz}{r^2}\\ \dfrac{3xy}{r^2}&-1+\dfrac{3y^2}{r^2}+\omega_{ie}^{e2}&\dfrac{3yz}{r^2}\\ \dfrac{3xz}{r^2}&\dfrac{3yz}{r^2}&-1+\dfrac{3z^2}{r^2}\end{bmatrix}\delta\boldsymbol{r}^e=N^e\delta\boldsymbol{r}^e \tag{4-2-7}$$

式中：kM 为万有引力常数与地球质量乘积；ω_{ie}^e 为地球自转角速度；位置坐标为 $\boldsymbol{r}^e=(x,y,z)$，并且 $r=\|\boldsymbol{r}^e\|$。

将式(4-2-6)和式(4-2-7)代入式(4-2-4)，重新整理后得速度误差方程：

$$\delta\dot{\boldsymbol{v}}^e=-F^e\boldsymbol{\varepsilon}^e+\boldsymbol{C}_b^e\delta\boldsymbol{f}^b-2\boldsymbol{\omega}_{ie}^e\times\delta\boldsymbol{v}^e+N^e\delta\boldsymbol{r}^e \tag{4-2-8}$$

3) 失准角误差方程

对式(4-2-5)微分：

$$\delta\dot{\boldsymbol{C}}_b^e=\dot{E}^e\boldsymbol{C}_b^e+E^e\dot{\boldsymbol{C}}_b^e=\dot{E}^e\boldsymbol{C}_b^e+E^e\boldsymbol{C}_b^e\boldsymbol{\Omega}_{eb}^e \tag{4-2-9}$$

另一方面，姿态转移矩阵 $\boldsymbol{C}_b^e$ 满足下式微分关系：

$$\dot{\boldsymbol{C}}_b^e=\boldsymbol{C}_b^e\boldsymbol{\Omega}_{eb}^b \tag{4-2-10}$$

对上式两边微分可得

$$\delta\dot{\boldsymbol{C}}_b^e=\delta\boldsymbol{C}_b^e\boldsymbol{\Omega}_{eb}^e+\boldsymbol{C}_b^e\delta\boldsymbol{\Omega}_{eb}^e=E^e\boldsymbol{C}_b^e\boldsymbol{\Omega}_{eb}^e+\boldsymbol{C}_b^e\delta\boldsymbol{\Omega}_{eb}^e \tag{4-2-11}$$

比较式(4-2-9)与式(4-2-11)可得

$$\dot{E}^e=\boldsymbol{C}_b^e\delta\boldsymbol{\Omega}_{eb}^e\boldsymbol{C}_e^b \tag{4-2-12}$$

写成矢量形式：

$$\dot{\boldsymbol{\varepsilon}}^e=\boldsymbol{C}_b^e\delta\boldsymbol{\omega}_{eb}^b \tag{4-2-13}$$

其中角速度矢量 $\boldsymbol{\omega}_{eb}^b$ 可由下式计算得到：

$$\boldsymbol{\omega}_{eb}^{b}=\boldsymbol{\omega}_{ib}^{b}-\boldsymbol{\omega}_{ie}^{b}=\boldsymbol{\omega}_{ib}^{b}-\boldsymbol{C}_{e}^{b}\boldsymbol{\omega}_{ie}^{e}$$

两边微分可得

$$\delta\boldsymbol{\omega}_{eb}^{b}=\delta\boldsymbol{\omega}_{ib}^{b}-\boldsymbol{C}_{e}^{b}\delta\boldsymbol{\omega}_{ie}^{e}-\delta\boldsymbol{C}_{e}^{b}\boldsymbol{\omega}_{ie}^{e}=\delta\boldsymbol{\omega}_{ib}^{b}-\boldsymbol{C}_{e}^{b}\delta\boldsymbol{\omega}_{ie}^{e}+\boldsymbol{C}_{e}^{b}E^{e}\boldsymbol{\omega}_{ie}^{e}$$

代入式(4-2-13)可得

$$\dot{\boldsymbol{\varepsilon}}^{e}=E^{e}\boldsymbol{\omega}_{ie}^{e}-\delta\boldsymbol{\omega}_{ie}^{e}+\boldsymbol{C}_{b}^{e}\delta\boldsymbol{\omega}_{ib}^{b}=-\boldsymbol{\Omega}_{ie}^{e}\boldsymbol{\varepsilon}^{e}-\delta\boldsymbol{\omega}_{ie}^{e}+\boldsymbol{C}_{b}^{e}\delta\boldsymbol{\omega}_{ib}^{b} \tag{4-2-14}$$

可认为地球自转角速度 $\boldsymbol{\omega}_{ie}^{e}$ 为常数,即 $\delta\boldsymbol{\omega}_{ie}^{e}=0$,则式(4-2-14)可变为

$$\dot{\boldsymbol{\varepsilon}}^{e}=-\boldsymbol{\Omega}_{ie}^{e}\boldsymbol{\varepsilon}^{e}+\boldsymbol{C}_{b}^{e}\delta\boldsymbol{\omega}_{ib}^{b} \tag{4-2-15}$$

式中:$\boldsymbol{\Omega}_{ie}^{e}$ 为地球自转角速度 $\boldsymbol{\omega}_{ie}^{e}$ 的反对称阵。上式即为失准角误差方程。

4) 陀螺和加速度计的误差方程

陀螺的误差主要考虑零偏和随机常数误差两部分,如下式:

$$\delta\boldsymbol{\omega}_{ib}^{b}=\boldsymbol{B}_{0}+\boldsymbol{n} \tag{4-2-16}$$

式中:$\boldsymbol{B}_0$ 为陀螺的固定零偏;$\boldsymbol{n}$ 为随机常数误差。

加速度计测量误差包含固定零偏和随机常数误差,满足如下关系式:

$$\delta\boldsymbol{f}^{b}=\boldsymbol{D}_{0}+\nabla \tag{4-2-17}$$

式中:$\boldsymbol{D}_0$ 为加速度计的固定零偏;∇ 为随机常数误差。

对式(4-2-16)和式(4-2-17)分别求微分,可得陀螺和加速度计的误差方程如下表示:

$$\delta\dot{\boldsymbol{\omega}}_{ib}^{b}=\boldsymbol{0} \tag{4-2-18}$$

$$\delta\dot{\boldsymbol{f}}^{b}=\boldsymbol{0} \tag{4-2-19}$$

可得到地固坐标系中误差状态矢量 $\boldsymbol{X}^e$ 所满足的误差状态方程:

$$\dot{\boldsymbol{X}}^{e}(t)=\begin{bmatrix}\delta\dot{\boldsymbol{r}}^{e}\\ \delta\dot{\boldsymbol{v}}^{e}\\ \dot{\boldsymbol{\varepsilon}}^{e}\\ \delta\dot{\boldsymbol{\omega}}^{b}\\ \delta\dot{\boldsymbol{f}}^{b}\end{bmatrix}=\begin{bmatrix}\delta\boldsymbol{v}^{e}\\ -F^{e}\boldsymbol{\varepsilon}^{e}+\boldsymbol{C}_{b}^{e}\delta\boldsymbol{f}^{b}-2\boldsymbol{\omega}_{ie}^{e}\times\delta\boldsymbol{v}^{e}+N^{e}\delta\boldsymbol{r}^{e}\\ -\boldsymbol{\Omega}_{ie}^{e}\boldsymbol{\varepsilon}^{e}+\boldsymbol{C}_{b}^{e}\delta\boldsymbol{\omega}_{ib}^{b}\\ \boldsymbol{0}\\ \boldsymbol{0}\end{bmatrix} \tag{4-2-20}$$

3. 松组合导航方程

松组合以 IMU 和 GNSS 输出的速度和位置信息的差值作为观测量,以 IMU 线性化的误差方程作为系统方程,通过卡尔曼滤波器对 IMU 的速度、位置、姿态以及传感器的误差进行最优估计,并根据估计结果对 IMU 进行反馈校正。

1) 状态方程

由于组合导航系统在地固坐标系下运行,选取位置误差 $\delta\dot{\boldsymbol{r}}^{e}$、速度误差 $\delta\dot{\boldsymbol{v}}^{e}$、失准角误差 $\dot{\boldsymbol{\varepsilon}}^{e}$、陀螺零偏 $\delta\dot{\boldsymbol{\omega}}_{ib}^{b}$ 和加速度计零偏 $\delta\dot{\boldsymbol{f}}^{b}$ 共 15 个作为组合导航系统的状态变量,根据导航误差方程式(4-2-20),写成滤波器系统方程如下:

$$\dot{\boldsymbol{X}}^{e}(t)=\boldsymbol{F}(t)\boldsymbol{X}^{e}(t)+\boldsymbol{W}(t) \tag{4-2-21}$$

式中：$\dot{\boldsymbol{X}}^e(t)$定义与式(4-2-2)定义相同；$\boldsymbol{F}(t)$为系统状态转移矩阵；$\boldsymbol{W}(t)$为系统噪声矢量。

设

$$\boldsymbol{F}(t)=\begin{bmatrix}\boldsymbol{F}_1 & \boldsymbol{F}_2\\ \boldsymbol{F}_3 & \boldsymbol{F}_4\end{bmatrix} \tag{4-2-22}$$

式中：$\boldsymbol{F}_1$ 为位置误差、速度误差和失准角误差共 9 个参数组成的系统动态矩阵，其表达形式为 $\boldsymbol{F}_1=\begin{bmatrix}0_{3\times3} & I_{3\times3} & 0_{3\times3}\\ N^e & -2\boldsymbol{\Omega}_{ie}^e & -F^e\\ 0_{3\times3} & 0_{3\times3} & -\boldsymbol{\Omega}_{ie}^e\end{bmatrix}$；$\boldsymbol{F}_2$ 矩阵为 $\boldsymbol{F}_2=\begin{bmatrix}0_{3\times3} & 0_{3\times3}\\ 0_{3\times3} & \boldsymbol{C}_b^e\\ \boldsymbol{C}_b^e & 0_{3\times3}\end{bmatrix}$，$\boldsymbol{C}_b^e$ 为从载体坐标系到地固坐标系的姿态转移矩阵；$\boldsymbol{F}_3$ 矩阵为 6×9 的零矩阵；由于假设陀螺和加速度计的随机漂移误差均为随机常数，因此 $\boldsymbol{F}_4$ 矩阵为 6×6 的零矩阵。

系统噪声 $\boldsymbol{W}(t)$为高斯白噪声，其表达形式为

$$\boldsymbol{W}(t)=[\boldsymbol{w}_r \quad \boldsymbol{w}_v \quad \boldsymbol{w}_\varepsilon \quad 0_{1\times3} \quad 0_{1\times3}]^{\mathrm{T}} \tag{4-2-23}$$

式中：$\boldsymbol{w}_r$、$\boldsymbol{w}_v$ 和 $\boldsymbol{w}_\varepsilon$ 分别为位置、速度和失准角的高斯白噪声。

2）观测方程

选取位置误差和速度误差作为组合系统的观测量。IMU 输出陀螺和加速度信息通过惯性导航解算得到载体的位置和速度信息，GNSS 通过接收机也可提供载体的位置和速度信息，将两种来自于不同源的信息相减即可得到组合系统的观测信息。系统观测方程如下表示：

$$\boldsymbol{Z}(t)=\boldsymbol{H}(t)\boldsymbol{X}^e(t)+\boldsymbol{N}(t) \tag{4-2-24}$$

式中：$\boldsymbol{Z}(t)=[\delta\boldsymbol{r}^e \quad \delta\boldsymbol{v}^e]^{\mathrm{T}}$ 为系统的观测量；$\boldsymbol{H}(t)=\begin{bmatrix}\boldsymbol{I}_{3\times3} & \boldsymbol{0}_{3\times3} & \boldsymbol{0}_{3\times9}\\ \boldsymbol{0}_{3\times3} & \boldsymbol{I}_{3\times3} & \boldsymbol{0}_{3\times9}\end{bmatrix}$为系统的观测矩阵；$\boldsymbol{N}(t)=[\boldsymbol{N}_r \quad \boldsymbol{N}_v \quad \boldsymbol{0}_{1\times3} \quad \boldsymbol{0}_{1\times3} \quad \boldsymbol{0}_{1\times3}]^{\mathrm{T}}$ 为系统的观测噪声阵。

4.2.2 惯性/卫星紧组合导航方程

紧组合方式如图 4-2-3 所示，组合导航系统的状态方程与松组合的相同，这里不再叙述，只介绍其观测方程。

利用 MIMU 的位置信息（$x_{SI} \quad y_{SI} \quad z_{SI}$）估计接收机至第 i 颗卫星（$x_{si} \quad y_{si} \quad z_{si}$）的伪距为

$$\rho_{SIi}=[(x_{SI}-x_{si})^2+(y_{SI}-y_{si})^2+(z_{SI}-z_{si})^2]^{1/2} \tag{4-2-25}$$

对于该时刻的真实位置（$x \quad y \quad z$），接收机测量得到的伪距为

$$\rho_{Gi}=r_i+\delta t_u+v_{\rho i} \tag{4-2-26}$$

式中：$r_i=[(x-x_{si})^2+(y-y_{si})^2+(z-z_{si})^2]^{1/2}$；$v_{\rho i}$为测量噪声。

结合式(4-2-25)与式(4-2-26)并且线性化后，得到接收机至第 i 颗卫星

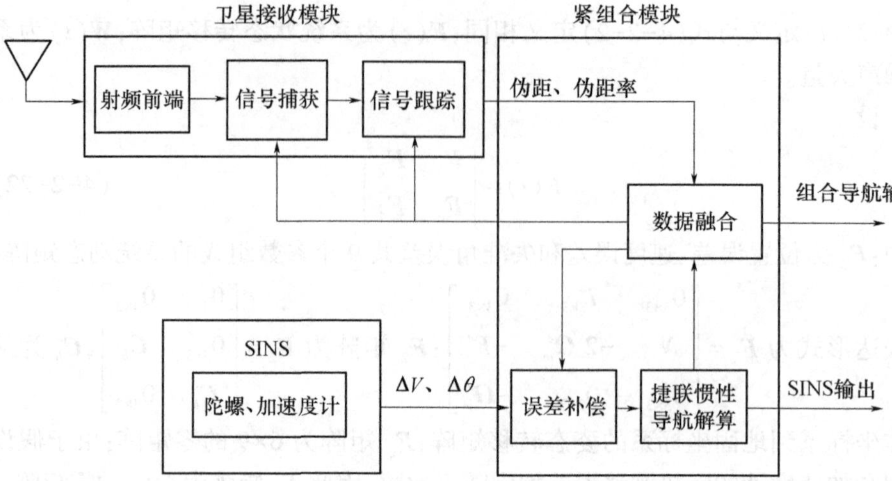

图 4-2-3　惯性/卫星紧组合导航方式

伪距的观测方程

$$\delta\rho_i = e_{i1}\delta x + e_{i2}\delta y + e_{i3}\delta z + \delta t_u + v_{\rho i} \tag{4-2-27}$$

式中：$e_{i1}=\dfrac{x-x_{si}}{r_i}$，$e_{i2}=\dfrac{y-y_{si}}{r_i}$，$e_{i3}=\dfrac{z-z_{si}}{r_i}$，$e_i=[e_{i1}\quad e_{i2}\quad e_{i3}]$。

同理可以推导得到接收机至第 i 颗卫星伪距率的观测方程

$$\delta\dot{\rho}_i = e_{i1}\delta\dot{x} + e_{i2}\delta\dot{y} + e_{i3}\delta\dot{z} + \delta t_{ru} + v_{\dot{\rho} i} \tag{4-2-28}$$

对于接收到的 N 颗卫星，系统总的观测方程可写成

$$\boldsymbol{Y} = \boldsymbol{H}\boldsymbol{X} + \boldsymbol{V}_m \tag{4-2-29}$$

式中：$\boldsymbol{V}_m$ 为测量噪声。

$$\boldsymbol{X} = \begin{bmatrix} \boldsymbol{X}_{SINS} \\ \boldsymbol{X}_{BD} \end{bmatrix}$$

$$\boldsymbol{Y} = [\delta\rho_1 \quad \delta\dot{\rho}_1 \quad \cdots \quad \cdots \quad \delta\rho_N \quad \delta\dot{\rho}_N]^{\mathrm{T}}$$

$$\boldsymbol{H} = \begin{bmatrix} e_1 & \boldsymbol{0} & \boldsymbol{0}_{1\times9} & 1 & 0 \\ \boldsymbol{0} & e_1 & \boldsymbol{0}_{1\times9} & 0 & 1 \\ \vdots & \vdots & \vdots & \vdots & \vdots \\ e_N & \boldsymbol{0} & \boldsymbol{0}_{1\times9} & 1 & 0 \\ \boldsymbol{0} & e_N & \boldsymbol{0}_{1\times9} & 0 & 1 \end{bmatrix}$$

4.2.3　惯性/卫星深组合导航方程

深组合导航方式如图 4-2-4 所示，与紧组合框架相比，深组合中没有单独的卫星信号跟踪环路，而是采用先进的矢量跟踪环（vector delay lock loop，VDLL）结构与滤波器相结合，因此不用设计跟踪环路参数。但是由此而付出的

代价是需要对于基带信号进行预滤波处理，由于基带 I、Q 信号速率较高（250～1000Hz），相对于导航滤波周期（1～10Hz）高得多，若直接输入至导航滤波器将导致计算量过大而难以实现。对于基带信号进行预滤波能够降低信号频率，减小导航滤波器的计算量，便于与 SINS 信号（典型值为 100Hz）进行滤波计算。

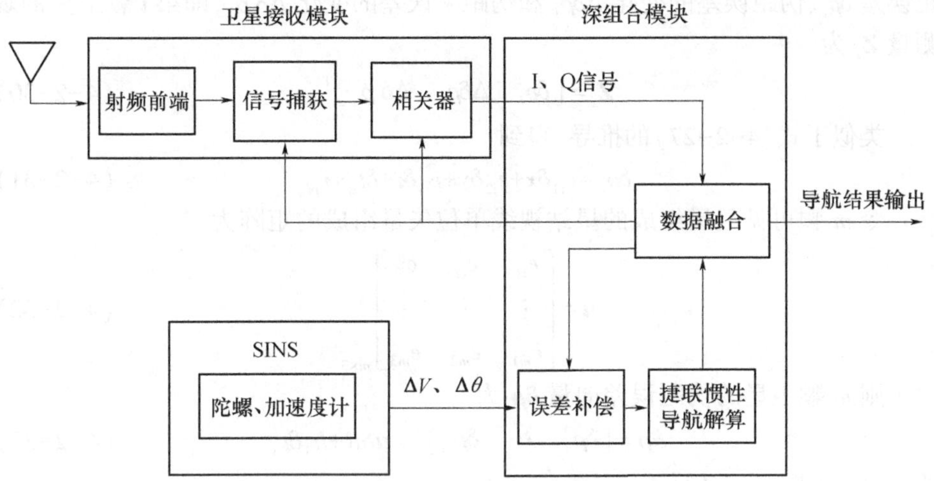

图 4-2-4 惯性/卫星深组合导航方式

如图 4-2-5 所示，在矢量跟踪环结构的基础上，融合 SINS 信息进行深组合导航设计。在此过程中，可以采用集中滤波，也可以采用序贯滤波。采用序贯滤波方式具有两个优势：一是主滤波器的维数相对于集中滤波方式明显减少了，二是预滤波器能够有效降低卫星信号输出的频率，降低了主滤波器的计算量，实现相对容易。在每路信号可以使用预滤波器进行反馈校正，一般主要应用于载波

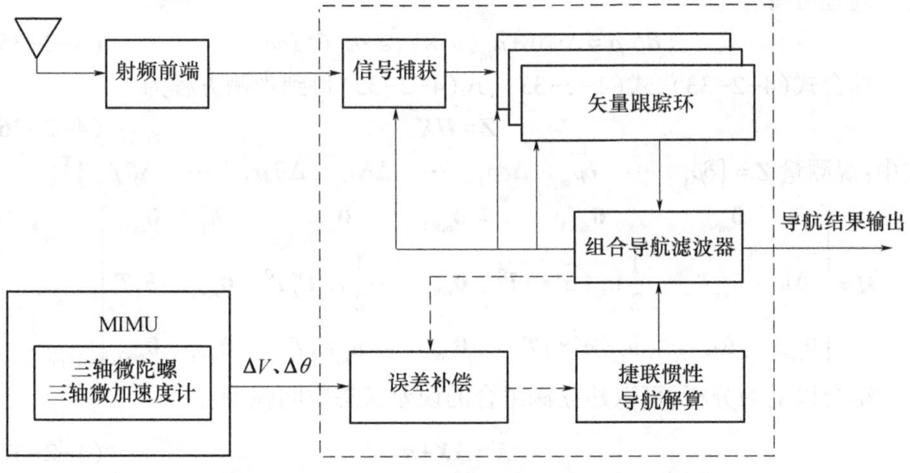

图 4-2-5 微惯性/卫星深组合导航系统结构图

相位,因为组合导航输出直接辅助载波环路跟踪要求较高。

以下重点讨论深组合导航的观测方程。

令 t 时刻观测到 m 颗可见卫星,则组合导航滤波器的测量值包含了 m 组基带预处理模块的输出值,每个预处理模块的输出包括接收机至第 i 颗卫星的伪距误差 $\delta\rho_i$、伪距误差的变化 $\Delta\delta\rho_i$ 和伪距率误差的变化 $\Delta\delta\dot{\rho}_i$,即第 i 颗卫星的观测量 $\boldsymbol{Z}_i$ 为

$$\boldsymbol{Z}_i=[\delta\rho_i \quad \Delta\delta\rho_i \quad \Delta\delta\dot{\rho}_i]^{\mathrm{T}} \tag{4-2-30}$$

类似于式(4-2-27)的推导,得到

$$\delta\rho_i=e_{i1}\delta x+e_{i2}\delta y+e_{i3}\delta z+\delta t_u+v_{\rho i} \tag{4-2-31}$$

令 m 颗可见卫星组成的星站视线单位矢量组成的矩阵为

$$\boldsymbol{u}=\begin{bmatrix} e_{i1} & e_{i2} & e_{i3} \\ \vdots & \vdots & \vdots \\ e_{m1} & e_{m2} & e_{m3} \end{bmatrix}_{m\times 3} \tag{4-2-32}$$

则 m 颗卫星的伪距误差向量 $\boldsymbol{\delta\rho}$ 为

$$\boldsymbol{\delta\rho}=[\delta\rho_1 \quad \cdots \quad \delta\rho_m]^{\mathrm{T}}=\boldsymbol{u}\delta R+\boldsymbol{h}_1\delta t_u \tag{4-2-33}$$

式中:$\boldsymbol{h}_1=[1 \quad \cdots \quad 1]_{m\times 1}^{\mathrm{T}}$。

令矢量跟踪环结构的预检测积分时间为 T,一个积分周期内的初始时刻为 t_0,则

$$\delta\Delta\rho=\Delta u\delta R+u_{t_0}T\delta V-\frac{1}{2}u_{t_0}(a^e\times)T^2\boldsymbol{\varepsilon}-\frac{1}{2}u_{t_0}C_b^eT^2\delta a^b+h_1T\delta t_{ru} \tag{4-2-34}$$

式中:$\delta\Delta\rho=[\Delta\rho_1^{SINS}-\Delta\rho_1 \quad \cdots \quad \Delta\rho_m^{SINS}-\Delta\rho_m]^{\mathrm{T}}$,$\Delta u=u_t-u_{t_0}$,$a^e\times$ 为 ECEF 系下加速度矢量的反对称阵。

同理可得

$$\delta\Delta\dot{\rho}=\Delta u\delta V+u_{t_0}(a^e\times)T\boldsymbol{\varepsilon}+u_{t_0}C_b^eT\delta a^b \tag{4-2-35}$$

综合式(4-2-33)、式(4-2-33)、式(4-2-35)得到观测方程为

$$\boldsymbol{Z}=\boldsymbol{HX} \tag{4-2-36}$$

式中:观测量 $\boldsymbol{Z}=[\delta\rho_1 \quad \cdots \quad \delta\rho_{\mathrm{m}} \quad \Delta\delta\rho_1 \quad \cdots \quad \Delta\delta\rho_{\mathrm{m}} \quad \Delta\delta\dot{\rho}_1 \quad \cdots \quad \Delta\delta\dot{\rho}_{\mathrm{m}}]^{\mathrm{T}}$,

$$\boldsymbol{H}=\begin{bmatrix} u & \mathbf{0}_{m\times 3} & \mathbf{0}_{m\times 3} & \mathbf{0}_{m\times 3} & \mathbf{0}_{m\times 3} & h_1 & \mathbf{0}_{m\times 1} \\ \Delta u & u_{t_0}T & -\frac{1}{2}u_{t_0}(a^e\times)T^2 & \mathbf{0}_{m\times 3} & -\frac{1}{2}u_{t_0}C_b^eT^2 & \mathbf{0}_{m\times 1} & h_1T \\ \mathbf{0}_{m\times 3} & \Delta u & u_{t_0}(a^e\times)T & \mathbf{0}_{m\times 3} & u_{t_0}C_b^eT & \mathbf{0}_{m\times 1} & \mathbf{0}_{m\times 1} \end{bmatrix}_{3m\times 17}。$$

结合以上的分析,可以建立深组合的误差状态空间模型:

$$\dot{\boldsymbol{X}}=\boldsymbol{AX}+\boldsymbol{\varepsilon} \tag{4-2-37}$$

$$\boldsymbol{Z}=\boldsymbol{HX}+\boldsymbol{\nu} \tag{4-2-38}$$

式中:$\boldsymbol{X}$ 为系统状态;$\boldsymbol{A}$ 为状态矩阵;$\boldsymbol{H}$ 为测量矩阵;$\boldsymbol{Z}$ 为观测量;$\boldsymbol{\varepsilon}$、$\boldsymbol{\nu}$ 分别为系统

噪声向量和测量噪声向量，且满足以下关系：

$$E[\boldsymbol{\varepsilon}(t)]=E[\boldsymbol{\nu}(t)]=0$$

$$E[\boldsymbol{\varepsilon}^{\mathrm{T}}\boldsymbol{\nu}]=0$$

$$E[\boldsymbol{\varepsilon}(t)\boldsymbol{\varepsilon}^{\mathrm{T}}(\tau)]=\boldsymbol{F}\delta(t-\tau)$$

$$E[\boldsymbol{\nu}(t)\boldsymbol{\nu}^{\mathrm{T}}(\tau)]=R\delta(t-\tau)$$

状态向量采用 17 状态，包括姿态误差、位置误差、速度误差、陀螺漂移、加速度计漂移、时钟漂移、时钟漂移率：

$$\boldsymbol{X}=(\varphi_x,\varphi_y,\varphi_z,\mathrm{d}x,\mathrm{d}y,\mathrm{d}z,\mathrm{d}\dot{x},\mathrm{d}\dot{y},\mathrm{d}\dot{z},\boldsymbol{\omega}_x,\boldsymbol{\omega}_y,\boldsymbol{\omega}_z,\boldsymbol{a}_x,\boldsymbol{a}_y,\boldsymbol{a}_z,\boldsymbol{c}_b,\boldsymbol{c}_d)^{\mathrm{T}} \tag{4-2-39}$$

$$\boldsymbol{F}=\begin{bmatrix} F^e & & 0_{15\times 2} \\ & 0 & 1 \\ 0_{2\times 15} & 0 & -\beta_{cd} \end{bmatrix} \tag{4-2-40}$$

测量值为 MIMU 测量得到的 IQ 信号与卫星测量得到的 IQ 信号之差：

$$Z=(\mathrm{d}I+\eta_I,\mathrm{d}Q+\eta_Q)_i \tag{4-2-41}$$

式中：i 为接收机锁定卫星的第 i 个通道。

对于第 i 个锁定通道，有

$$\boldsymbol{H}_i=\begin{bmatrix} \boldsymbol{0}_{1\times 3} & h_i & \boldsymbol{0}_{1\times 3} & \boldsymbol{0}_{1\times 6} & 1 & 0 \\ \boldsymbol{0}_{1\times 3} & \boldsymbol{0}_{1\times 3} & \dot{h}_i & \boldsymbol{0}_{1\times 6} & 0 & 1 \end{bmatrix} \tag{4-2-42}$$

其中：

$$h_i=\left[\frac{\partial E[I]}{\partial \phi_e}\cdot\frac{\partial \varphi_e}{\partial x}\right]$$

$$\dot{h}_i=\left[\frac{\partial E[Q]}{\partial \omega_e}\cdot\frac{\partial \omega_e}{\partial \dot{x}}\right]$$

另外假设观测噪声为高斯噪声且 I、Q 信号相互独立，即

$$\eta_I=N(0,1)$$

$$\eta_Q=N(0,1)$$

则观测噪声方差阵为

$$\boldsymbol{R}=\begin{bmatrix} \sigma_{I1}^2 & 0 & \cdots & \cdots & \cdots & 0 \\ 0 & \sigma_{Q1}^2 & \cdots & \cdots & \cdots & 0 \\ \vdots & \vdots & \ddots & \cdots & \cdots & 0 \\ 0 & 0 & \cdots & \cdots & \sigma_{Ii}^2 & 0 \\ 0 & 0 & \cdots & \cdots & 0 & \sigma_{Qi}^2 \end{bmatrix}$$

式中：i 为跟踪的卫星数目；$\boldsymbol{R}$ 阵为 $2i\times 2i$ 维。

假设$\hat{\omega}$、$\hat{\phi}$分别为本地接收机产生的频率、相位值。将本地信号与接收到的

信号相乘并且在 T 时间间隔内积分得到

$$I=\int_{kT}^{(K+1)T}\sin(\hat{w}t+\hat{\phi})[A\cos(w't+\phi')+\eta]\mathrm{d}t \tag{4-2-43}$$

$$Q=\int_{kT}^{(K+1)T}\cos(\hat{w}t+\hat{\phi})[A\cos(w't+\phi')+\eta]\mathrm{d}t \tag{4-2-44}$$

积分内第一项为本地产生的信号,第二项为接收到的信号,对上两式整理得

$$I=\frac{A}{2}\int_{kT}^{(K+1)T}[\sin((\hat{w}+\omega')t+\hat{\phi}+\phi')+\sin((\hat{\omega}-w')t+\hat{\phi}-\phi')]\mathrm{d}t+\eta_I \tag{4-2-45}$$

$$Q=\frac{A}{2}\int_{kT}^{(K+1)T}[\cos((\hat{w}+\omega')t+\hat{\phi}+\phi')+\cos((\hat{\omega}-w')t+\hat{\phi}-\phi')]\mathrm{d}t+\eta_Q \tag{4-2-46}$$

由于载波环、码环中的滤波器均为低通滤波器,将高频部分滤除,于是上两式可以简化为

$$I=\int_{kT}^{(K+1)T}\frac{A}{2}\sin(w_e t+\phi_e)\mathrm{d}t+\eta_I \tag{4-2-47}$$

$$Q=\int_{kT}^{(K+1)T}\frac{A}{2}\cos(w_e t+\phi_e)\mathrm{d}t+\eta_Q \tag{4-2-48}$$

式中:$\omega_e=\hat{\omega}-\omega'$、$\phi_e=\hat{\phi}-\phi'$ 分别为频率误差和相位误差。

计算式(4-2-47)、式(4-2-48)得到 I、Q 信号的数学期望值:

$$E[I]=\frac{-A}{2\omega_e}[\cos(\omega_e(k+1)T+\phi_e)-\cos(\omega_e kT+\phi_e)] \tag{4-2-49}$$

$$E[Q]=\frac{A}{2\omega_e}[\sin(\omega_e(k+1)T+\phi_e)-\sin(\omega_e kT+\phi_e)] \tag{4-2-50}$$

从上两式可以看出 I、Q 信号与 ω_e、ϕ_e 的数学关系,可以得到 ω_e、ϕ_e 与位置、速度误差的关系:

$$\omega_e=\omega|\boldsymbol{V}-\hat{\boldsymbol{V}}|/c=\omega V_e/c \tag{4-2-51}$$

$$\phi_e=-\omega[|X_u(t)-\hat{X}_u(t)|-|\boldsymbol{V}-\hat{\boldsymbol{V}}|t_0]/c=-\omega[X_e-V_e t_0]/c \tag{4-2-52}$$

式中:X_e 和 V_e 分别为位置误差、速度误差,于是 ω_e、ϕ_e 成为了联系 X_e、V_e 与 I、Q 信号的中间变量。

根据 I、Q 信号与位置速度的关系:

$$\mathrm{d}E[I]=\left[\frac{\partial E[I]}{\partial\phi_e}\cdot\frac{\partial\phi_e}{\partial x}+\frac{\partial E[I]}{\partial\omega_e}\cdot\frac{\partial\omega_e}{\partial x}\right]\mathrm{d}x \tag{4-2-53}$$

$$\mathrm{d}E[Q]=\left[\frac{\partial E[Q]}{\partial\omega_e}\cdot\frac{\partial\omega_e}{\partial\dot{x}}+\frac{\partial E[Q]}{\partial\phi_e}\cdot\frac{\partial\phi_e}{\partial\dot{x}}\right]\mathrm{d}\dot{x} \tag{4-2-54}$$

分别对式(4-2-49)、式(4-2-52)求偏导:

$$\frac{\partial E[I]}{\partial \phi_e}=\frac{-A}{2\omega_e}[-\sin(\omega_e(k+1)T+\phi_e)+\sin(\omega_e kT+\phi_e)] \tag{4-2-55}$$

$$\frac{\partial \phi_e}{\partial x}=\frac{-\omega}{c}\frac{X_u(t)-\hat{X}_u(t)}{\rho_e} \tag{4-2-56}$$

$$\frac{\partial \omega_e}{\partial x}=0 \tag{4-2-57}$$

分别对式(4-2-50)、式(4-2-51)求偏导：

$$\frac{\partial E[Q]}{\partial \omega_e}=\frac{-A}{2\omega_e^2}[\sin(\omega_e(k+1)T+\phi_e)-\sin(\omega_e kT+\phi_e)+\omega_e\cos(\omega_e(k+1)T+\phi_e)-\omega_e\cos(\omega_e kT+\phi_e)] \tag{4-2-58}$$

$$\frac{\partial \omega_e}{\partial \dot{x}}=\frac{\omega}{c}\cdot\frac{V-\hat{V}}{|V-\hat{V}|} \tag{4-2-59}$$

$$\frac{\partial E[Q]}{\partial \phi_e}=\frac{A}{2\omega_e}[\cos(\omega_e(k+1)T+\phi_e)-\cos(\omega_e kT+\phi_e)] \tag{4-2-60}$$

$$\frac{\partial \phi_e}{\partial \dot{x}}=\frac{\omega}{c}\cdot\frac{V-\hat{V}}{|V-\hat{V}|}t_0 \tag{4-2-61}$$

式中：$\rho_e=|X_u-\hat{X}_u|$。

将式(4-2-55)~式(4-2-57)代入式(4-2-53)，将式(4-2-58)~式(4-2-61)代入式(4-2-54)得I&Q信号与位置速度的数学关系。其中的ω_e、ϕ_e在滤波中可从相位、频率锁相环中得到。

4.2.4 组合方式的比较分析

表4-2-1给出了松组合、紧组合和深组合3种工作方式的性能比较。根据以上分析，不难得出以下结论：

(1) 提高组合导航精度是以设计复杂度和计算量的增加为代价的。深组合方式最为复杂，相同条件下能够达到最优的精度；松组合方式简单，但是相对于其他两种方式精度提高有限。因此，对于精度需求相同的应用载体，采用深组合方式和紧组合方式，相对于松组合方式而言可以降低对SINS系统的精度要求，进而降低了成本，提高了性价比。

(2) 紧组合与深组合由于采用SINS提供的先验信息来辅助卫星接收机的信号处理，能够提高组合导航系统的抗干扰能力和动态性能。因此，对于机载、弹载、星载等应用背景，通常采用紧组合和深组合方式。

(3) 深组合直接通过I/Q信号估计导航参数，从更深入的层次利用了卫星测量信息，使组合导航数据融合全局最优，相对于紧组合能够进一步提高高动态环境下的导航精度与抗干扰能力,是未来 INS/GNSS 组合导航,特别是 GNSS/MIMU 组合导航的发展趋势。

表 4-2-1 三种组合方式性能比较

性能	松组合	紧组合	深组合
定位精度	差	较好	好
动态性能	差	较好	好
抗干扰能力	差	较好	好
计算量	小	较大	很大
设计复杂性	容易	较复杂	十分复杂
性价比	低	较高	高

由于三种组合方式各有其优缺点,针对不同的应用对象,究竟采用何种组合导航方式,需要从性价比、复杂度、精度需求等各方面综合考虑。

以下通过作者所在团队研制的微惯性/北斗深组合导航系统样机(图 4-2-6)的车载试验和半实物仿真试验,分析深组合导航的高动态等优势。车载试验以激光陀螺组合系统输出的姿态为基准(水平姿态角精度 0.05°,航向角精度优于 0.1°)。

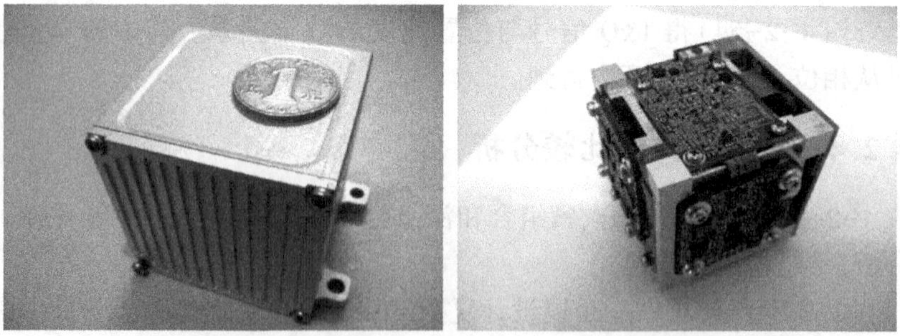

图 4-2-6 微惯性/北斗深组合导航系统样机

某一次车载试验的运行轨迹如图 4-2-7 所示,其姿态角误差如图 4-2-8 所示。

通过卫星/惯性复合模拟源的内场测试和车载试验测试(表 4-2-2、表 4-2-3和图 4-2-9、图 4-2-10),结果表明,在 50g 高动态轨迹下定位精度优于 10m、测速精度优于 0.2m/s。

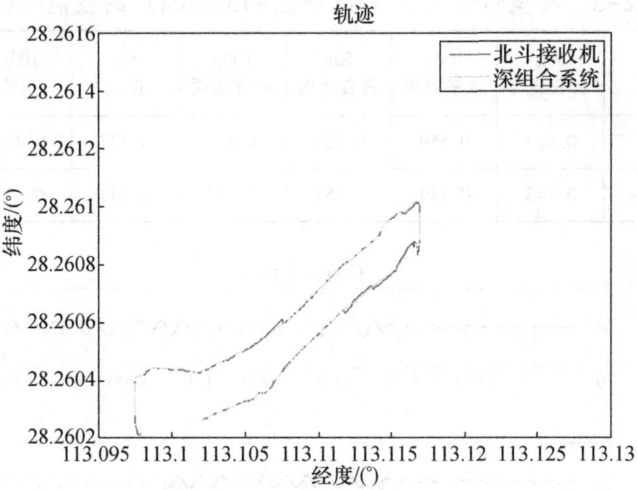

图 4-2-7 车载试验运行轨迹

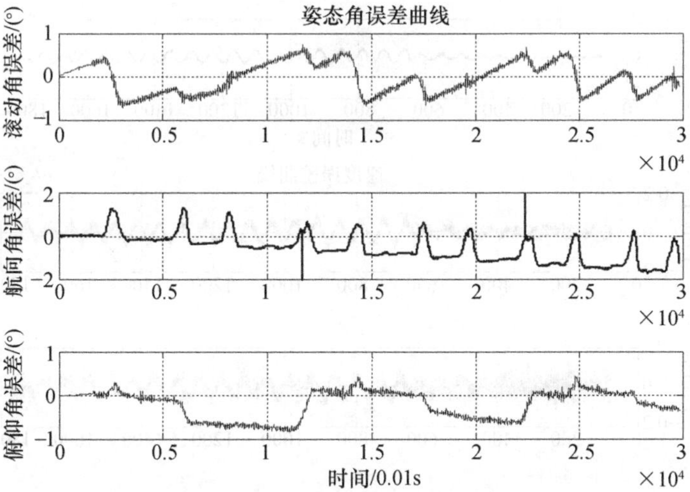

图 4-2-8 车载试验姿态角误差曲线

表 4-2-2 车载试验测试数据

实验次数	位置精度(1σ)：m			速度精度(1σ)：m/s			姿态精度(1σ)：(°)		
	北向	东向	高度	北	天	东	方位	俯仰	滚动
1	0.59	0.73	4.18	0.06	0.10	0.11	0.94	0.16	0.10
2	0.58	0.52	1.41	0.07	0.12	0.07	0.88	0.13	0.11
3	0.28	0.86	0.49	0.07	0.09	0.13	1.86	0.20	0.09

表 4-2-3　典型信噪比下（B3 频点-133dBm）的性能指标数据

指标	50g 水平圆周	100g 水平圆周	50g 垂直圆周	100g 垂直圆周	50g 正弦	100g 正弦	50g 直线
定位精度/m	0.664	0.559	0.520	1.073	0.577	0.440	7.031
测速精度/（m/s）	0.143	0.149	0.154	0.197	0.144	0.179	0.147

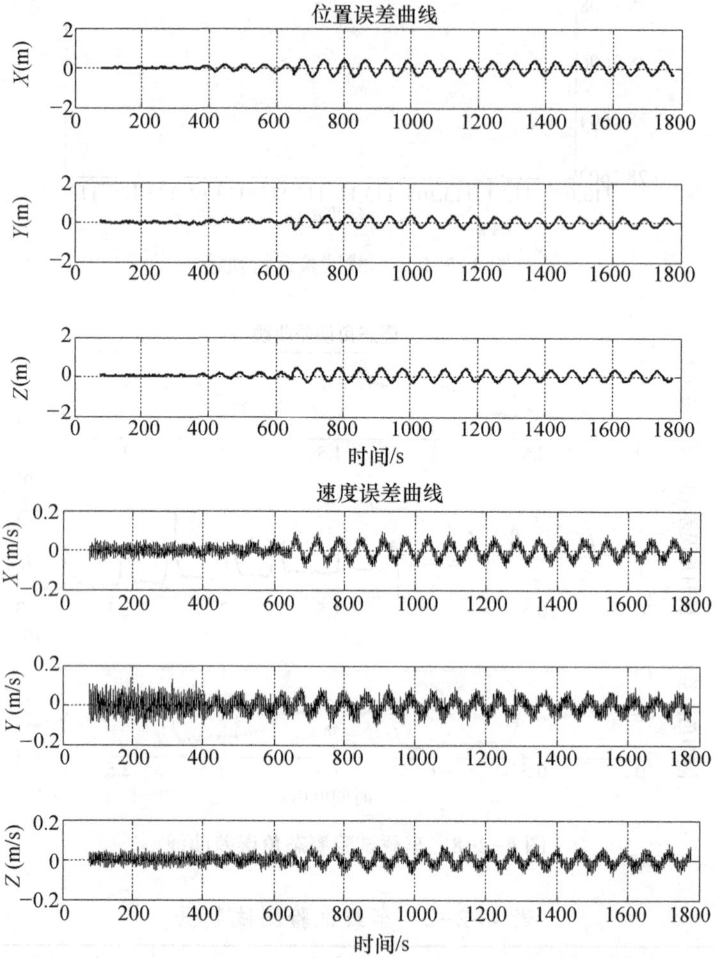

图 4-2-9　半实物仿真测试 50g 水平圆周场景下的位置速度误差曲线

如图 4-2-9、图 4-2-10 所示，分别为半实物仿真测试 50g、100g 水平圆周场景下的位置速度误差曲线。在高动态条件下，深组合导航系统能够在卫星信号-140dBm 正常工作。

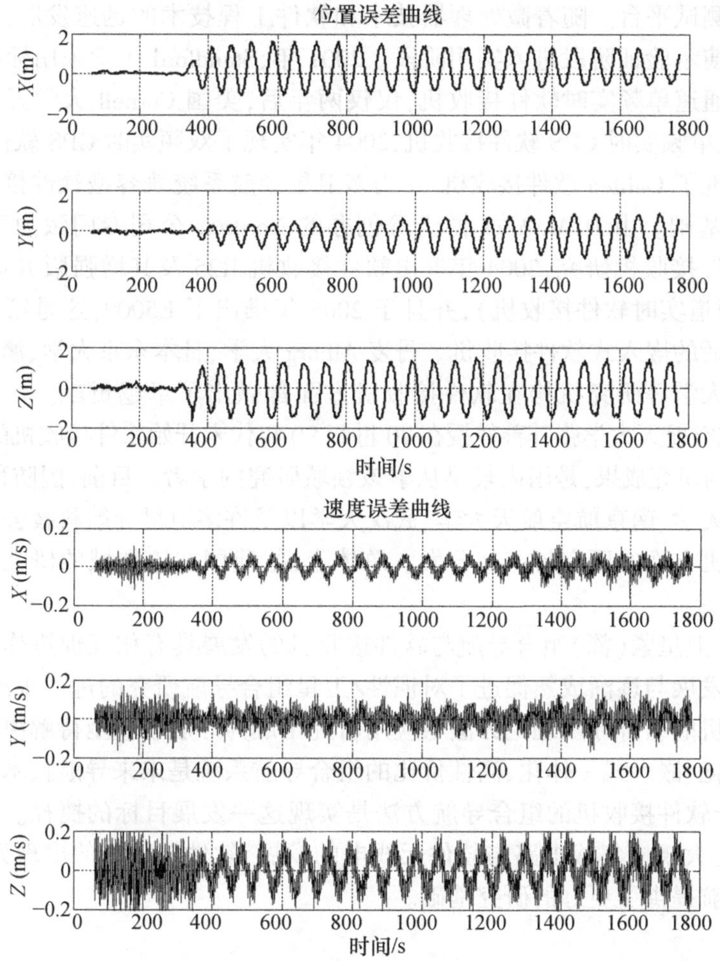

图 4-2-10 半实物仿真测试 100g 水平圆周场景下的位置速度误差曲线

4.2.5 基于软件接收机的组合导航

随着软件无线电概念的出现,卫星导航领域的软件接收机(software based receiver,SBR)成为研究热点。软件接收机是将接收到的卫星射频信号下变频后生成的中频信号,全部采用软件手段进行信号捕获、跟踪等处理。因此,软件接收机在信号处理算法实现方面,相对于传统接收机具有灵活性好、实现简单、适应性强等优点。

1997 年,美国 Ohio 大学 D. M. Akos 的博士学位论文系统研究了软件接收机的信号处理方法,重点研究与实现了信号的软件捕获与跟踪方法。2000 年美国空军研究实验室(Air Force Research Lab)出版了有关 GPS 软件接收机的专著,并于 2005 年再版。这两篇标志性文献开启了软件接收机研究的先河。2001 年美国 Data Fusion 公司利用 C 语言和 Matlab 软件构建了完整的单频 GPS 软件接收机开发测试平台。随着微处理器技术和软件工程技术的迅速发展,软件接收机从原理演示验证阶段进入实用阶段。2001年,Standford大学采用标准C语言实现了4通道单频实时软件接收机,仅仅两年后,美国Cornell大学开发成功一套12通道单频实时GPS软件接收机,2004年实现了双频实时GPS软件接收机,两年后实现了Galileo软件接收机,这为多卫星导航系统兼容型软件接收机的研究打下了基础。由D. M. Akos博士等创办的Nordnav公司专门致力于GPS与Galileo软件接收机研究,2004年推出软件接收机R25及其增强版R30(R30可实现12通道实时软件接收机),并且于2006年推出了E5000,这是第一款可用于移动电话的嵌入式软件接收机。丹麦Alborg大学、日本东京大学、澳大利亚新南威尔士大学等研究机构在软件接收机方面都做出了卓越贡献。值得一提的是,北京航空航天大学张其善教授在20世纪90年代末开始软件接收机的研究,取得了丰硕的研究成果,是国内较早从事该领域研究的学者。目前,国防科技大学、上海交通大学、南京航空航天大学、武汉大学以及许多卫星导航科技公司致力于软件接收机方面的研究与产品开发。总体上说,我国在该领域的研究仍处于起步阶段。

惯性/卫星紧(深)组合导航与软件接收机的发展具有相互促进作用。软件接收机的发展与逐渐成熟促进了对惯性/卫星组合导航研究的进一步深入,基于软件接收机的组合导航理论方法与应用研究正成为导航领域亟待解决的焦点问题。微型化、嵌入式一体化、高性价比的组合导航系统是未来导航技术的发展趋势,而基于软件接收机的组合导航方法是实现这一发展目标的捷径。特别是近年来,随着大规模集成电路与软件无线电的发展,软件接收机的出现为紧组合、深组合导航提供了更好的研究基础。

4.3 惯性/卫星组合定姿

惯性/卫星组合定姿更关注航姿输出信息的精度与连续性,而对于位置、速度等导航信息并没有更高精度的指标要求,这一点不同于一般意义上的惯性/卫星组合导航。基于惯性/卫星定姿组合的航姿参考系统(attitude&heading reference system,AHRS)主要为运动载体的控制系统或显示系统提供连续的高精度高更新率的三轴姿态信息,如车载移动卫星通信馈源控制系统、车辆运动显控系统、航空弹药制导控制系统、小型飞行器飞行控制系统等。基于多天线的惯性/卫星组合定姿系统可充分利用卫星子系统的位置、速度和姿态信息,既可以实现快速姿态初始对准,也可以在导航过程中不断利用卫星定姿信息修正惯性导航姿态矩阵、惯性测量单元误差,从而保证组合系统长期的航姿稳定性。本节主要介绍卫星载波相位测姿原理、重调式与滤波式两种典型的惯性/卫星组合定姿方式等内容。

4.3.1　卫星载波相位定姿原理

卫星载波相位定姿就是利用卫星载波相位干涉测量原理，测量运动载体上不同天线之间在参考坐标系下的相对位置，并结合各天线相对载体的安装关系解算出载体相对参考坐标系的姿态信息。

卫星测姿至少由 3 个天线构成两个非共线矢量才能完成，两个天线只能实现单轴二维姿态测量。下面主要讨论三天线全维姿态测量原理及精度。

1. 三天线测姿基本原理

在载体上固定布置 3 个 GNSS 接收天线 1、2、3，组成基线 1−2、1−3 和 2−3，如图 4−3−1 所示。各个天线分别连接独立接收机，测量所有可见卫星的载波相位，组成单差观测方程，如式(4−3−1)所示。

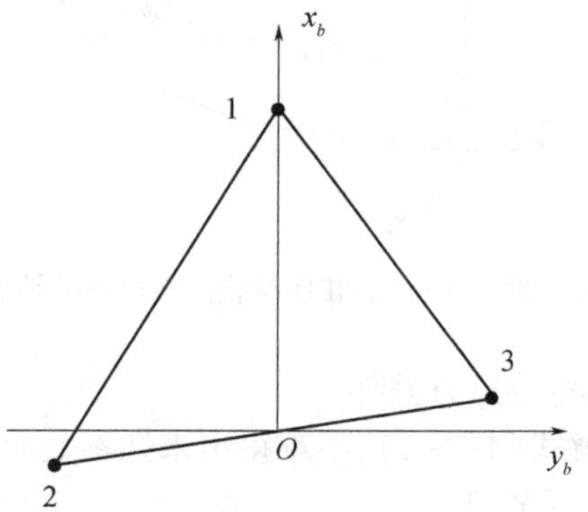

图 4−3−1　测姿三天线安置示意图

不失一般性，这里设载体坐标系原点 O 为基线 2−3 的中点，O−1 方向为 x_b 轴，与载体纵轴方向重合，y_b 轴指向载体右侧，z_b 轴满足右手准则，垂直于三天线所在平面向内。

$$\begin{cases}\boldsymbol{\phi}_{12}=A\cdot\begin{bmatrix}\boldsymbol{X}_{12}\\ \delta t_{12}\end{bmatrix}+\boldsymbol{N}_{12}+\boldsymbol{\varepsilon}_{12}\\ \boldsymbol{\phi}_{13}=A\cdot\begin{bmatrix}\boldsymbol{X}_{13}\\ \delta t_{13}\end{bmatrix}+\boldsymbol{N}_{13}+\boldsymbol{\varepsilon}_{13}\end{cases}\tag{4-3-1}$$

其中，下标 1、2、3 代表天线编号。设 $\boldsymbol{X}_{12}$、$\boldsymbol{X}_{13}$ 为待定基线矢量，δt_{12}、δt_{13} 为接收机间钟差，$\boldsymbol{\varepsilon}_{12}$、$\boldsymbol{\varepsilon}_{13}$ 为单差观测误差向量。单差观测向量、观测矩阵、整周模糊度向量分别为

$$\boldsymbol{\phi}_{12}=\begin{bmatrix}\phi_{12}^{1}\\ \vdots\\ \phi_{12}^{n}\end{bmatrix},\boldsymbol{A}=\begin{bmatrix}\dfrac{1}{\lambda}(\boldsymbol{r}^{01})^{\mathrm{T}},1\\ \vdots\\ \dfrac{1}{\lambda}(\boldsymbol{r}^{0n})^{\mathrm{T}},1\end{bmatrix},\boldsymbol{N}_{12}=\begin{bmatrix}N_{12}^{1}\\ \vdots\\ N_{12}^{n}\end{bmatrix}$$

式中:上标 $1,2,\cdots,n$ 为卫星编号($n\geqslant4$);λ 为卫星信号载波波长,$\boldsymbol{r}^{0j}$ 为1号天线至 j 号卫星的视线方向单位矢量($j=1,2\cdots,n$)。

应用整周模糊数求解方法解算 $\boldsymbol{N}_{12}$、$\boldsymbol{N}_{13}$,并代入式(4-3-1),按最小二乘法求解参考坐标系中的 $\boldsymbol{X}_{12}$、$\boldsymbol{X}_{13}$,再进而求得载体姿态偏航角 ψ、俯仰角 θ 和滚动角(或横滚角、侧倾角)γ,如图4-3-2所示。这就是三天线测姿的基本原理。下面对测姿解算中的基线矢量精度进行分析。

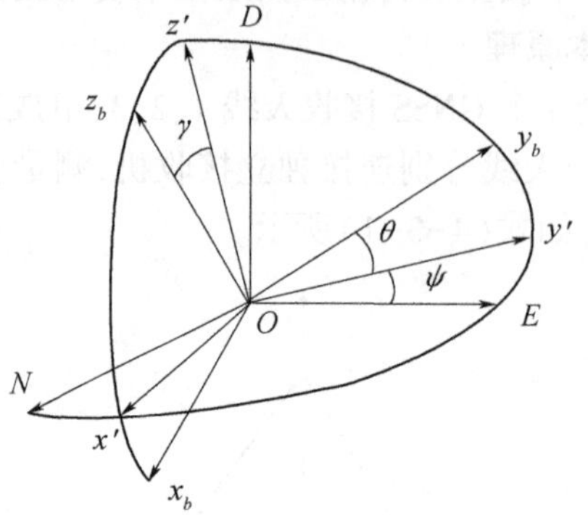

图4-3-2 地理坐标系NED与载体坐标系的转换关系图

1)基线矢量解及其(协)方差阵

按最小二乘法求解式(4-3-1),不难得出未知参数向量及其方差阵为

$$\begin{bmatrix}\boldsymbol{X}_{12}\\ \delta t_{12}\end{bmatrix}=(\boldsymbol{A}^{\mathrm{T}}\boldsymbol{P}\boldsymbol{A})^{-1}\boldsymbol{A}^{\mathrm{T}}\boldsymbol{P}(\boldsymbol{\phi}_{12}-\boldsymbol{N}_{12}) \tag{4-3-2}$$

$$\begin{bmatrix}\boldsymbol{X}_{13}\\ \delta t_{13}\end{bmatrix}=(\boldsymbol{A}^{\mathrm{T}}\boldsymbol{P}\boldsymbol{A})^{-1}\boldsymbol{A}^{\mathrm{T}}\boldsymbol{P}(\boldsymbol{\phi}_{13}-\boldsymbol{N}_{13}) \tag{4-3-3}$$

$$\sum\begin{bmatrix}x_{12}\\ \delta t_{12}\end{bmatrix}=\sum\begin{bmatrix}x_{13}\\ \delta t_{13}\end{bmatrix}=\sigma_0^2\,(\boldsymbol{A}^{\mathrm{T}}\boldsymbol{P}\boldsymbol{A})^{-1} \tag{4-3-4}$$

式中:$\boldsymbol{P}$ 为单差向量权矩阵;$\boldsymbol{\sigma}_0$ 为单位权均方差。$\boldsymbol{P}$ 和 $\boldsymbol{\sigma}_0$ 在设备检定(或测定基线长度和夹角)时求出,此处取

$$\boldsymbol{P}=\begin{bmatrix}S^1 & & 0\\ & \ddots & \\ 0 & \cdots & S^n\end{bmatrix}$$

式中:S^i 为 j 号卫星信噪比($j=1,2,\cdots,n$)。

考虑到

$$\begin{cases}\boldsymbol{\varepsilon}_{12}=\boldsymbol{\varepsilon}_2-\boldsymbol{\varepsilon}_1\\ \boldsymbol{\varepsilon}_{13}=\boldsymbol{\varepsilon}_3-\boldsymbol{\varepsilon}_1\end{cases}$$

其中,$\boldsymbol{\varepsilon}_1$、$\boldsymbol{\varepsilon}_2$、$\boldsymbol{\varepsilon}_3$ 为非差载波相位观测值向量的随机测量噪声,相互独立,未知参数向量协方差阵为

$$\sum_{\begin{bmatrix} x_{12} \\ \delta t_{12} \end{bmatrix}, \begin{bmatrix} x_{13} \\ \delta t_{13} \end{bmatrix}} = \frac{1}{2}\sigma_0^2 (\boldsymbol{A}^{\mathrm{T}}\boldsymbol{PA})^{-1} \tag{4-3-5}$$

则基线矢量解 $\boldsymbol{X}_{12}$、$\boldsymbol{X}_{13}$ 的方差阵、协方差阵分别为式(4-3-4)、式(4-3-5)的左上角 3×3 子矩阵。

2）基线长度及夹角的测定

由于天线相对载体安装关系基本不变，忽略载体变形，则各基线长度与基线之间夹角可视为固定值，这对载波整周模糊度的解算可起到有效的约束作用，因此，需要事先对基线长度进行精密静态测定，并在测姿算法中作为已知参数处理。通常在载体处于相对参考坐标系的静止状态下，对 GNSS 卫星的载波相位进行长时间（一般为 1h）观测，然后按静态差分方法求得载体的基线矢量 $\boldsymbol{X}_{12}$、$\boldsymbol{X}_{13}$，及相应方差阵 $\boldsymbol{\Sigma}$，由下式求解基线长度 d_{12}、d_{13} 和夹角 α：

$$\begin{cases} d_{12} = |\boldsymbol{X}_{12}| \\ d_{13} = |\boldsymbol{X}_{13}| \\ \alpha = \arccos \dfrac{\boldsymbol{X}_{12} \cdot \boldsymbol{X}_{13}}{|\boldsymbol{X}_{12}| \cdot |\boldsymbol{X}_{13}|} \end{cases} \tag{4-3-6}$$

定义

$$A_{12} \triangleq \frac{\mathrm{d}}{\mathrm{d}\boldsymbol{X}_{12}}(d_{12}) A_{\alpha 12} \triangleq \frac{\partial \alpha}{\partial \boldsymbol{X}_{12}}$$

$$A_{13} \triangleq \frac{\mathrm{d}}{\mathrm{d}\boldsymbol{X}_{13}}(d_{13}) A_{\alpha 13} \triangleq \frac{\partial \alpha}{\partial \boldsymbol{X}_{13}}$$

其中

$$\begin{cases} A_{12} = \dfrac{1}{|\boldsymbol{X}_{12}|} \cdot [x_{12}, y_{12}, z_{12}] \\ A_{13} = \dfrac{1}{|\boldsymbol{X}_{13}|} \cdot [x_{13}, y_{13}, z_{13}] \\ A_{\alpha 12} = \dfrac{-1}{\sqrt{1-\left(\dfrac{\boldsymbol{X}_{12} \cdot \boldsymbol{X}_{13}}{|\boldsymbol{X}_{12}| \cdot |\boldsymbol{X}_{13}|}\right)^2}} \cdot \dfrac{(\boldsymbol{X}_{13})^{\mathrm{T}}}{|\boldsymbol{X}_{13}|} \cdot \dfrac{1}{|\boldsymbol{X}_{12}|} \cdot \left[\underset{3.3}{\boldsymbol{I}} - \dfrac{\boldsymbol{X}_{12}}{|\boldsymbol{X}_{12}|} \cdot \left(\dfrac{\boldsymbol{X}_{12}}{|\boldsymbol{X}_{12}|}\right)^{\mathrm{T}}\right] \\ A_{\alpha 13} = \dfrac{-1}{\sqrt{1-\left(\dfrac{\boldsymbol{X}_{12} \cdot \boldsymbol{X}_{13}}{|\boldsymbol{X}_{12}| \cdot |\boldsymbol{X}_{13}|}\right)^2}} \cdot \dfrac{(\boldsymbol{X}_{12})^{\mathrm{T}}}{|\boldsymbol{X}_{12}|} \cdot \dfrac{1}{|\boldsymbol{X}_{13}|} \cdot \left[\underset{3.3}{\boldsymbol{I}} - \dfrac{\boldsymbol{X}_{13}}{|\boldsymbol{X}_{13}|} \cdot \left(\dfrac{\boldsymbol{X}_{13}}{|\boldsymbol{X}_{13}|}\right)^{\mathrm{T}}\right] \end{cases}$$

式中：x_{12}、y_{12}、z_{12}、x_{13}、y_{13}、z_{13} 为 $\boldsymbol{X}_{12}$、$\boldsymbol{X}_{13}$ 的 3 个分量。

最后得到基线 1-2、1-3 长度和夹角 α 的均方差为

$$\begin{cases}\sigma_{d_{12}}=(A_{12}\cdot\boldsymbol{\Sigma}\cdot A_{12}^{\mathrm{T}})^{1/2}\\ \sigma_{d_{13}}=(A_{13}\cdot\boldsymbol{\Sigma}\cdot A_{13}^{\mathrm{T}})^{1/2}\\ \sigma_{\alpha}=(A_{\alpha_{12}}\cdot\boldsymbol{\Sigma}\cdot A_{\alpha_{12}}^{\mathrm{T}}+A_{\alpha_{13}}\cdot\boldsymbol{\Sigma}\cdot A_{\alpha_{13}}^{\mathrm{T}}+A_{\alpha_{12}}\cdot\boldsymbol{\Sigma}\cdot A_{\alpha_{13}}^{\mathrm{T}})^{1/2}\end{cases}\tag{4-3-7}$$

式中:$\boldsymbol{\Sigma}$ 为 $\boldsymbol{X}_{12}$(或 $\boldsymbol{X}_{13}$)的方差阵。

2. 姿态角求解及精度分析

1) 偏航角 ψ 和俯仰角 θ

如图 4-3-1 所示,矢量 $O-1$ 为

$$\boldsymbol{X}_{01}=\boldsymbol{X}_1-\frac{1}{2}(\boldsymbol{X}_2+\boldsymbol{X}_3)=-\frac{1}{2}(\boldsymbol{X}_{12}+\boldsymbol{X}_{13})$$

式中:$\boldsymbol{X}_1$、$\boldsymbol{X}_2$、$\boldsymbol{X}_3$ 为天线 1、2、3 相对载体坐标系的坐标矢量。

有

$$\begin{cases}\psi=\arctan(z_{01}/x_{01})\quad(\psi\in[-\pi,\pi])\\ \theta=\arctan\left(y_{01}/\sqrt{x_{01}^2+z_{01}^2}\right)\quad\left(\theta\in\left[-\frac{\pi}{2},\frac{\pi}{2}\right]\right)\end{cases}\tag{4-3-8}$$

式中:x_{01}、y_{01}、z_{01} 为 $\boldsymbol{X}_{01}$ 的 3 个分量。

根据向量导数的定义,有

$$\begin{cases}\dfrac{\mathrm{d}\psi}{\mathrm{d}\boldsymbol{X}_{01}}=\dfrac{1}{1+\left(\dfrac{z_{01}}{x_{01}}\right)^2}\cdot\left[\dfrac{-z_{01}}{x_{01}^2},0,\dfrac{1}{x_{01}}\right]\\ \dfrac{\mathrm{d}\theta}{\mathrm{d}\boldsymbol{X}_{01}}=\dfrac{1}{1+\dfrac{y_{01}^2}{x_{01}^2+z_{01}^2}}\cdot\left[\dfrac{-y_{01}x_{01}}{(x_{01}^2+z_{01}^2)^{3/2}},\dfrac{1}{(x_{01}^2+z_{01}^2)^{1/2}},\dfrac{-y_{01}z_{01}}{(x_{01}^2+z_{01}^2)^{3/2}}\right]\end{cases}\tag{4-3-9}$$

定义:

$$A_{\psi12}\triangleq\frac{\partial\psi}{\partial\boldsymbol{X}_{12}},A_{\psi13}\triangleq\frac{\partial\psi}{\partial\boldsymbol{X}_{13}}$$

$$A_{\theta12}\triangleq\frac{\partial\phi}{\partial\boldsymbol{X}_{12}},A_{\theta13}\triangleq\frac{\partial\phi}{\partial\boldsymbol{X}_{13}}$$

则

$$\begin{cases}A_{\psi12}=\dfrac{\mathrm{d}\psi}{\mathrm{d}\boldsymbol{X}_{01}}\cdot\dfrac{\partial\boldsymbol{X}_{01}}{\partial\boldsymbol{X}_{12}}=-\dfrac{1}{2}\dfrac{\mathrm{d}\psi}{\mathrm{d}\boldsymbol{X}_{01}}\\ A_{\psi13}=A_{\psi12}\\ A_{\theta12}=-\dfrac{1}{2}\dfrac{\mathrm{d}\theta}{\mathrm{d}\boldsymbol{X}_{01}}\\ A_{\theta13}=A_{\theta12}\end{cases}\tag{4-3-10}$$

记 $\boldsymbol{X}_{12}$(或 $\boldsymbol{X}_{13}$)的方差阵为 $\boldsymbol{\Sigma}$,则 ψ、θ 的均方差分别为

$$\begin{cases}\sigma_{\psi}=(3A_{\psi12}\cdot\boldsymbol{\Sigma}\cdot A_{\psi12}^{\mathrm{T}})^{1/2}\\ \sigma_{\theta}=(3A_{\theta12}\cdot\boldsymbol{\Sigma}\cdot A_{\theta12}^{\mathrm{T}})^{1/2}\end{cases} \tag{4-3-11}$$

2）滚动角 γ

定义

$$\boldsymbol{F}\triangleq\boldsymbol{X}_{12}\times\boldsymbol{X}_{13}$$

向量 $\boldsymbol{F}$ 在图 4-3-2 中 $o\text{-}x'y'z'$ 上的投影为

$$\boldsymbol{F}'=R_z(\theta)\cdot R_y(-\psi)\cdot\boldsymbol{F}$$

则

$$\gamma=\arctan(z'/y'),\gamma\in[-\pi,\pi] \tag{4-3-12}$$

式中：x'、y'、z' 为 $\boldsymbol{F}$ 的 3 个分量。

于是有

$$\frac{\mathrm{d}\gamma}{\mathrm{d}\boldsymbol{F}'}=\frac{1}{1+\left(\dfrac{z'}{y'}\right)^2}\cdot\left[0,\frac{-z'}{y'^2},\frac{1}{y'}\right]$$

$$\frac{\mathrm{d}\boldsymbol{F}'}{\mathrm{d}\boldsymbol{F}}=R_z(\theta)\cdot R_y(-\psi)$$

$$\frac{\partial\boldsymbol{F}}{\partial\boldsymbol{X}_{12}}=\Omega(\boldsymbol{X}_{13})$$

$$\frac{\partial\boldsymbol{F}}{\partial\boldsymbol{X}_{13}}=\Omega(-\boldsymbol{X}_{12})$$

$$\begin{cases}\dfrac{\partial\gamma}{\partial\boldsymbol{X}_{12}}=\left(\dfrac{\mathrm{d}\gamma}{\mathrm{d}\boldsymbol{F}'}\right)_{1.3}\cdot\left(\dfrac{\mathrm{d}\boldsymbol{F}'}{\mathrm{d}\boldsymbol{F}}\right)_{3.3}\cdot\left(\dfrac{\partial\boldsymbol{F}}{\partial\boldsymbol{X}_{12}}\right)_{3.3}\\ \dfrac{\partial\gamma}{\partial\boldsymbol{X}_{13}}=\dfrac{\mathrm{d}\gamma}{\mathrm{d}\boldsymbol{F}'}\cdot\dfrac{\mathrm{d}\boldsymbol{F}'}{\mathrm{d}\boldsymbol{F}}\cdot\dfrac{\partial\boldsymbol{F}}{\partial\boldsymbol{X}_{13}}\end{cases}$$

定义

$$A_{\gamma12}\triangleq\frac{\partial\gamma}{\partial\boldsymbol{X}_{12}}$$

$$A_{\gamma13}\triangleq\frac{\partial\gamma}{\partial\boldsymbol{X}_{13}}$$

则滚动角 γ 的均方差为

$$\sigma_{\gamma}=(A_{\gamma12}\cdot\boldsymbol{\Sigma}\cdot A_{\gamma12}^{\mathrm{T}}+A_{\gamma13}\cdot\boldsymbol{\Sigma}\cdot A_{\gamma13}^{\mathrm{T}}+A_{\gamma12}\cdot\boldsymbol{\Sigma}\cdot A_{\gamma13}^{\mathrm{T}})^{1/2} \tag{4-3-13}$$

4.3.2　定姿模糊度求解

整周模糊度求解是利用载波相位实现 GNSS 姿态测量以及高精度相对定位的核心问题。根据所采用的方法及其发展历程，可以将整周模糊度求解技术分

成4类:

(1) 第一类为需要专门操作的模糊度求解,是GNSS载波相位差分技术发展早期的成果,要求专门操作来获得模糊度,通常称这些操作为模糊度初始化过程。

最常用的方法是初始化时已经知道基线的矢量值,即所谓的静态初始化。由于基准接收机和移动接收机均设置在已知点上,所以利用短时间观测值(如2~5min)便可准确地解算出整周未知数。理论上,只要简化模型中非模型化的双差残余项与噪声项的误差和不超过半周,简单地比较相位观测值和基线坐标,代入观测方程,便可获得正确的模糊度。采用这种方法,要求已知基线的精度优于±5cm。

根据载波相位观测的双差方程,考虑到对流层延迟、电离层延迟已经基本对消,并忽略其他小量的情况下,得到简化模型

$$\phi_{1,2}^{i,j}=\frac{1}{\lambda}(\boldsymbol{S}^i-\boldsymbol{S}^j)\cdot\boldsymbol{b}_{1,2}-n_{1,2}^{i,j} \tag{4-3-14}$$

因为两个测站为已知点,卫星星历已知,故$\boldsymbol{S}^i$、$\boldsymbol{S}^j$、$\boldsymbol{b}_{1,2}$皆为已知量,因此,由式(4-3-14)可求得整周未知数:

$$n_{1,2}^{i,j}=\mathrm{int}\left(\frac{1}{\lambda}(\boldsymbol{S}^i-\boldsymbol{S}^j)\cdot\boldsymbol{b}_{1,2}-\phi_{1,2}^{i,j}\right) \tag{4-3-15}$$

式中:int( )为浮点数取整函数。

Remond*i* 提出一种交换天线的操作方法实现载波相位观测值在动态环境中的应用。该方法是在基准站A附近5~10m处选一点B,首先将基准接收机天线设置在基准站A点上,活动接收机天线设置在B点上,两点同步观测4颗以上相同的GNSS卫星1~2min,然后将两天线对换位置(注意在对换位置过程中仍保持对卫星的跟踪),再观测1~2min。

这种方法的原理同“已知基线法”相似,只是基线矢量$\boldsymbol{b}_{1,2}$要由观测值来确定。由第一次观测数据可得双差观测方程

$$\phi_{1,2}^{i,j}(t_1)=\frac{1}{\lambda}(\boldsymbol{S}^i(t_1)-\boldsymbol{S}^j(t_1))\cdot\boldsymbol{b}_{1,2}(t_1)-n_{1,2}^{i,j} \tag{4-3-16}$$

天线交换后,由第二次观测数据得到

$$\phi_{1,2}^{i,j}(t_2)=\frac{1}{\lambda}(\boldsymbol{S}^i(t_2)-\boldsymbol{S}^j(t_2))\cdot\boldsymbol{b}_{1,2}(t_2)-n_{1,2}^{i,j} \tag{4-3-17}$$

注意到

$$\boldsymbol{b}_{1,2}(t_2)=-\boldsymbol{b}_{1,2}(t_1) \tag{4-3-18}$$

将式(4-3-18)代入式(4-3-17)并与式(4-3-16)求和消去整周模糊度$n_{1,2}^{i,j}$,可得

$$\phi_{1,2}^{i,j}(t_1)+\phi_{1,2}^{i,j}(t_2)=\frac{1}{\lambda}[(\boldsymbol{S}^i(t_1)-\boldsymbol{S}^j(t_1))+(\boldsymbol{S}^i(t_2)-\boldsymbol{S}^j(t_2))]\cdot\boldsymbol{b}_{1,2}(t_1)\tag{4-3-19}$$

只要得到这样三个互不相关的方程,也即只要同时观测到四颗卫星,便可求得基线矢量 $\boldsymbol{b}_{12}(t_1)$。当基线矢量求出后,就可求得所有可见卫星相对参考卫星的初始双差整周未知数。当两天线恢复至原位置后,第三次观测数据可用于检核校验。

此外,Hwang 分析了在初始化阶段求解整周模糊度的另一种交换天线的思想,并对确定初始模糊度后的实时位置和模糊度解给出了详细的滤波方法。其他的专门操作方法如两次设站法,为了改变卫星几何图形,要求接收机天线至少在观测点分两次设站,该方法不要求运动接收机移动中保持对卫星的跟踪,适合于信号易阻挡地区的 GNSS 定位。

(2) 第二类为在观测域里搜索的模糊度求解。

该方法直接利用伪距观测值来确定载波相位观测值的模糊度,只要平滑伪距与载波相位观测值的差就可以获得模糊度的实值估计。1982 年 Hatch 将之运用于非差分环境,1986 年直接运用于差分导航。当能测量两个频率的伪距和相位观测值时,可以形成不同的线性组合,从而加强了这种技术的运用。一个极为重要的组合是超宽巷技术,宽巷相位观测值波长较长,简化观测方程残差项对求解模糊度的影响相对小。许多研究表明,每个历元的双差宽巷模糊度不超过三周,故可认为短时间内的平均解就是要确定的模糊度。一旦宽巷模糊度正确求解,就容易求解其他波长较短的相位观测值的模糊度。

(3) 第三类为在位置域里搜索的模糊度求解。

1981 年 Counselman 和 Gourevitch 提出的模糊度函数法,从那时开始,它逐渐运用于静态定位、伪动态定位和动态定位。但是,Hatch 和 Euler 于 1994 年指出,模糊度函数技术有许多不利之处,模糊度函数方法不仅浪费了相位观测值中大量的信息,也是所有模糊度求解技术中计算量最大的一种。

(4) 第四类为搜索模糊度空间的模糊度求解。

这是当前国际和国内重点研究的一种模糊度求解方法,典型方法有最小二乘搜索(least squares search,LSS)方法、快速动态模糊度求解方法(fast ambiguity resolution approach, FARA)、快速模糊度搜索滤波技术(fast ambiguity search filter,FASF)和最小二乘模糊度去相关方法(least squares ambiguity decorrelation adjustment,LAMBDA)。

此外,根据模糊度求解过程中接收机的运动状况,可以将模糊度求解技术分为静态求解和动态求解,其中动态求解是目前研究的重点,相应的算法称为 OTF (on the fly)算法。

另外,针对短基线定姿定向应用,根据模糊度确定所需的观测时间长短,模糊度求解技术可分为瞬时法和基于运动法。瞬时法就是仅需要一个时刻的观测数据来确定模糊度参数,这种方法的最大好处就是不受周跳的影响,尤其适合于高动态环境,是未来的发展趋势。应用多种约束条件,对于较短基线以及处于良好的观测环境下,是可能实现瞬时模糊度解算的,但可靠性难以保证。基于运动法求解模糊度的基本原理是通过载体主动运动的方式,令短时间内卫星与基线间的相对关系发生显著变化,利用由此带来的丰富信息进行模糊度解算。基于运动的思想最先由 Brown 与 Ward 提出并应用于单基线的情况,然后 Cohen 将其扩展至多基线情况,并根据卫星与载体运动的相对时间尺度区分为 3 种情况:①运动:载体姿态运动明显快于卫星运动,包括大角度及小角度运动;②静态:载体静止;③准静态:载体姿态及卫星视运动二者变化速度相当。Cohen 针对这 3 种情况分别进行了模糊度解算方法的系统阐述。由于 Cohen 的方法要求非共面天线阵及主从天线共视卫星不得少于 3 颗,Conway 等提出了前述基于运动的"伪全局迭代算法"新方法,摒弃了首先确定基线矢量然后再确定载体姿态的传统思路,直接将各基线矢量在体系中的已知形式、卫星视线单位矢量及差分相位观测值统一表示成一个以载体姿态矩阵为参数的代价函数,令该代价函数取最小值相应的姿态矩阵即为所求姿态真值,其中模糊度参数隐含在相位观测值中,分别在当前姿态矩阵估计值基础之上迭代得到偏航、俯仰、滚动的最优差值。该方法可适用于卫星可见度差及基线共面的情况,并利用直升机自主样机和飞机进行了测姿试验的成功验证。台湾大学的 Peng 等通过二自由度的转动平台采用旋转基线的方法解决单基线定向中的模糊度确定问题,实际上也是利用了基于运动的思想,并针对两个旋转轴与基线之间 3 种不同的几何关系,分别讨论了详细的实现步骤,最复杂的情况是分别绕两个旋转轴转动两次,而最简单的则是绕同一个轴转动两次即可。

短基线定姿模糊度技术的发展趋势是单历元单频无辅助解算,但依赖于良好的观测环境。惯性测量器件的辅助将极大地改善模糊度解算的成功率与可靠性,尤其在恶劣环境下。

4.3.3 惯性/卫星重调式组合定姿

这是惯性/卫星组合定姿最简单的一种组合方式,用 GNSS 给出的位置、速度、姿态信息直接定期重调惯性导航系统的输出,即对惯性导航系统进行输出校正。当 GNSS 因故暂时停止工作时,惯性导航即以 GNSS 停止工作瞬时的位置、速度和姿态作为惯性导航系统的初值进行导航参数的递推与保持。具体重调周期视惯性导航器件精度而定,一般而言,惯性器件精度越低则重调周期越短。另外,对于中高精度惯性导航系统而言,因为姿态保持精度较高,此时姿态重调周期可以适当延长,甚至整个导航工作期间仅需要航向重调而取消水平姿态的校正。惯性姿态辅助用于提供卫星定姿模糊度解算的姿态约束,实现单历元模糊度确定,从而有效避免了载波相位周跳的影响。

下面以某型车载航姿保持系统应用中的低成本光纤陀螺惯性测量单元与 GNSS 定姿组合为例进行介绍,整个组合姿态确定系统分为两个子系统,即 GNSS 多天线定姿系统和光纤陀螺 IMU,前者可以提供位置、速度、姿态及时间信息,典型数据更新率为 1Hz,而后者启动后输出三个方向的比力和角速率信息,一般数据更新率为 100~200Hz。当完成位置、速度和姿态的初始对准后,可通过典型的双子样导航程序计算得到位置、速度和姿态等导航信息。重调式松散组合定姿优势为组合方案简单、易实现且可靠性较高,这种方式的主要特点是两个子系统独立工作,当 GNSS 信息可用时,定期重调 IMU 导航参数,不可用时则由 IMU 独立提供导航参数,同时 IMU 导航解算确保了高更新率的较为平滑的航姿信息输出。其组合如图 4-3-3 所示。

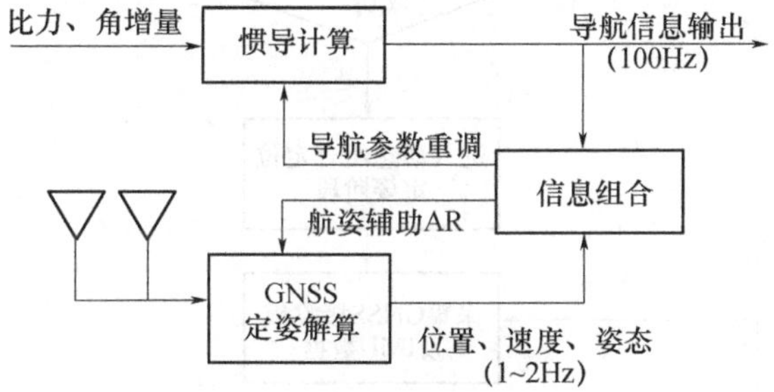

图 4-3-3　重调式松散组合定姿

由以上论述可知,重调式组合定姿系统的主线程为 IMU 导航解算程序,用以确保各种外部环境下的自主导航性能,以及向运动载体相关系统提供高更新率导航信息,但需要 GNSS 定姿系统提供初始位置、速度和姿态信息以完成初始对准,并且定期提供无漂移的高精度航向与水平姿态信息以确保 IMU 航姿长期稳定性。

组合定姿系统的一般工作流程为:

(1) 系统上电,系统硬件初始化,包括导航计算机开机初始化、GNSS 卫星接收板卡初始化以及光纤陀螺 IMU 加电预热;

(2) 硬件初始化结束后,系统进入静态/动态定姿初始化阶段;

(3) 静态/动态初始化结束后系统转入组合定姿模态,并输出 IMU 体坐标系相对当地水平坐标系的方位、俯仰、滚动角信息以及位置、速度等导航参数。

重调式组合定姿软件详细流程如图 4-3-4 所示。

惯性/卫星重调式组合定姿滤波方法的优点是惯性导航子模块和卫星定姿子模块硬件和算法均相互独立,根据卫星可观测性来调整工作模式,实现简单,可靠性高;不足之处是没有实现所有观测信息的最优利用,非最优组合方案。

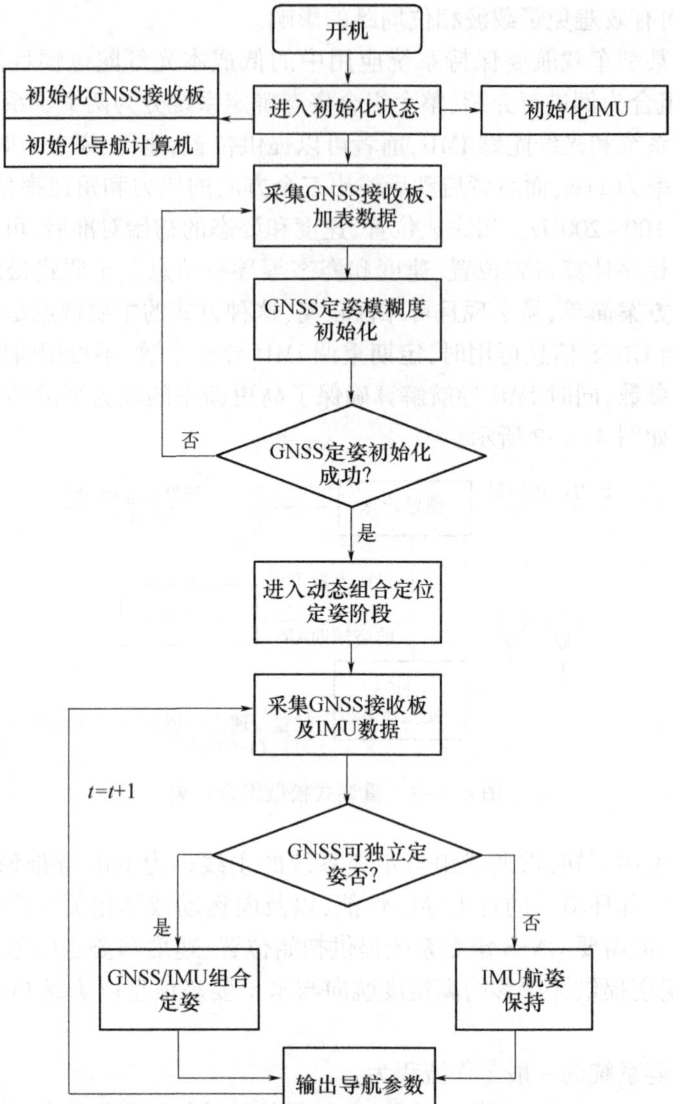

图 4-3-4　GNSS/光纤陀螺重调式组合定姿软件流程

4.3.4　惯性/卫星滤波式组合定姿

与前面的重调式输出校正不同,滤波式组合定姿实时估计惯性器件以及导航参数误差状态并采用反馈校正,如图 4-3-5 所示,图中航姿辅助 AR 为组合导航滤波器提供姿态信息以辅助 GNSS 定姿模糊度解算(ambiguity resolution, AR),这一点与前述重调方式相同。同时惯性/卫星组合定姿滤波在基于位置、速度观测的普通组合导航滤波基础之上,进一步增加姿态观测信息,一方面提升了惯性导航误差状态可观性,另一方面卫星定姿结果尤其航向信息也可用于辅助惯性导航单元的快速初始对准。本小节重点介绍 INS/GNSS 组合定姿滤波器的设计,包括状态方程和观测方程的构建。

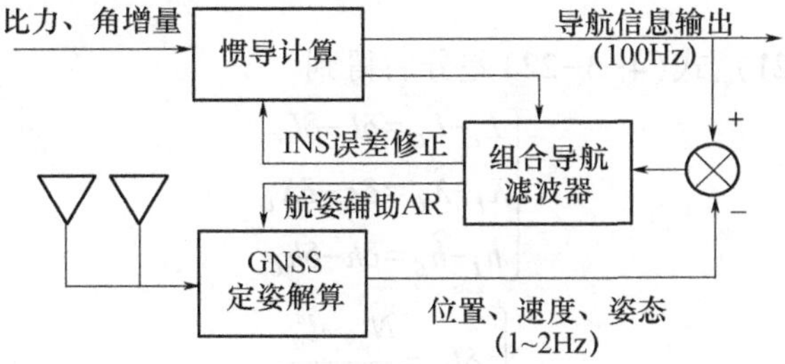

图 4-3-5 组合定姿滤波器结构

1. 滤波器状态方程

取捷联惯性导航系统的位置、速度和姿态角解算结果误差,以及陀螺测量误差和加速度计比力测量误差作为组合导航滤波器的状态变量,写成向量形式为

$$\boldsymbol{X}=[\boldsymbol{\delta p}^{\mathrm{T}}\quad \boldsymbol{\delta v}_e^{n\ \mathrm{T}}\quad \boldsymbol{\psi}^{\mathrm{T}}\quad \boldsymbol{\delta\omega}_{ib}^{b\ \mathrm{T}}\quad \boldsymbol{\delta f}^{b\ \mathrm{T}}]^{\mathrm{T}} \tag{4-3-20}$$

式中:$\boldsymbol{\delta p}=\tilde{\boldsymbol{p}}-\boldsymbol{p}=[\delta L\quad \delta\lambda\quad \delta h]^{\mathrm{T}}$;$\boldsymbol{p}=[L\quad \lambda\quad h]^{\mathrm{T}}$ 为载体中心的位置,其三个分量为载体中心处的纬度、经度和高程;$\tilde{\boldsymbol{p}}=[\tilde{L}\quad \tilde{\lambda}\quad \tilde{h}]^{\mathrm{T}}$ 为载体中心的位置估算矢量,其三个分量为载体中心处的纬度、经度和高程估计值;$\delta\omega_{ib}^{b}=[\boldsymbol{\delta\omega}_x\quad \delta\omega_y\quad \delta\omega_z]^{\mathrm{T}}$ 为陀螺测量误差;$\boldsymbol{\delta f}^{b}=[\delta f_x\quad \delta f_y\quad \delta f_z]^{\mathrm{T}}$ 为加速度计比力测量误差。

滤波器状态方程包括位置误差状态方程、姿态误差状态方程、速度误差状态方程以及传感器误差方程,具体参考第 2 章,此处不再重复。

2. 滤波器观测方程

组合导航系统中,将捷联惯性导航解算得到的位置、速度和姿态信息以及卫星定姿模块的位置、速度和姿态信息进行差分便可以得到定姿组合滤波器观测方程,包括位置观测方程、速度观测方程和姿态观测方程。

1) 位置观测方程

GNSS 定姿模块解算的位置结果为$\tilde{\boldsymbol{p}}_G=[\tilde{L}_G\quad \tilde{\lambda}_G\quad \tilde{h}_G]^{\mathrm{T}}$,$\tilde{p}_G$ 的 3 个分量分别为卫星定位得到的纬度、经度和高程;捷联惯性导航单元解算的位置结果为 $\boldsymbol{p}_I=[L_I\quad \lambda_I\quad h_I]^{\mathrm{T}}$,且 $\boldsymbol{p}_I=\tilde{\boldsymbol{p}}$。$\bar{\boldsymbol{p}}_G$ 和 $\boldsymbol{p}_I$ 的各分量可以表示为

$$\begin{cases}L_I=L+\delta L\\ \lambda_I=\lambda+\delta\lambda\\ h_I=h+\delta h\end{cases} \tag{4-3-21}$$

$$\begin{cases}\tilde{L}_G=L+\delta L_G\\ \tilde{\lambda}_G=\lambda+\delta\lambda_G\\ \tilde{h}_G=h+\delta h_G\end{cases} \tag{4-3-22}$$

式中:L、λ 和 h 为载体中心真实的纬度、经度和高程;δL、$\delta\lambda$ 和 δh 为捷联惯性导航系统输出的纬度、经度和高程误差值;δL_G、$\delta\lambda_G$ 和 δh_G 为卫星定姿模块输出纬度、经度和高程偏差值。此偏差主要由主天线与惯性测量单元安装关系和卫星定位误差产生。

将式(4-3-21)、式(4-3-22)差分后得到

$$\begin{cases} L_I-\widetilde{L}_G=\delta L-\delta L_G \\ \lambda_I-\widetilde{\lambda}_G=\delta\lambda-\delta\lambda_G \\ h_I-\widetilde{h}_G=\delta h-\delta h_G \end{cases} \tag{4-3-23}$$

$$\begin{cases} \delta L_G=\dfrac{N_{pN}-l_N^n}{R_N} \\ \delta l_G=\dfrac{N_{pE}-l_E^n}{R_E\cdot\cos L} \\ \delta h_G=N_{pD}-l_D^n \end{cases} \tag{4-3-24}$$

令 $\boldsymbol{l}^n=C_b^n\cdot\boldsymbol{l}^b=[l_N^n \quad l_E^n \quad l_D^n]^{\mathrm{T}}$,$\boldsymbol{l}^b$ 为 b 系中卫星主天线相位中心相对于载体中心的位置矢量,称为天线杆臂;令 $\boldsymbol{\nu}_p=[N_{pN} \quad N_{pE} \quad N_{pD}]^{\mathrm{T}}$ 为北、东、地3个方向上的卫星定位误差。将式(4-3-24)代入式(4-3-23)中,整理后得到

$$\begin{cases} R_N\cdot(L_I-\widetilde{L}_G)=R_N\cdot\delta L+l_N^n-N_{pN} \\ R_E\cdot\cos L\cdot(\lambda_I-\widetilde{\lambda}_G)=R_E\cdot\cos L\cdot\delta\lambda+l_E^n-N_{pE} \\ h_I-\widetilde{h}_G=\delta h+l_D^n-N_{pD} \end{cases} \tag{4-3-25}$$

式中:$\cos L\approx\cos\widetilde{L}+\sin\widetilde{L}\cdot\delta L$,$\boldsymbol{l}^n=\boldsymbol{C}_b^n\cdot\boldsymbol{l}^b=[\boldsymbol{I}+\boldsymbol{\psi}\times]\cdot\widetilde{\boldsymbol{C}}_b^n\cdot\boldsymbol{l}^b$,将其代入式(4-3-25),忽略误差乘积项并整理得到滤波器位置观测方程为

$$\begin{gathered} \boldsymbol{Z}_p=\boldsymbol{H}_p\cdot\boldsymbol{\delta p}-(\widetilde{\boldsymbol{C}}_b^n\cdot\boldsymbol{l}^b\times)\cdot\boldsymbol{\psi}-\boldsymbol{\nu}_p \\ \boldsymbol{Z}_p=\begin{bmatrix} R_N\cdot(L_I-\widetilde{L}_G) \\ R_E\cdot\cos\widetilde{L}\cdot(\lambda_I-\widetilde{\lambda}_G) \\ h_I-\widetilde{h}_G \end{bmatrix}-\widetilde{\boldsymbol{C}}_b^n\cdot\boldsymbol{l}^b \\ \boldsymbol{H}_p=\begin{bmatrix} R_N & 0 & 0 \\ -R_E\cdot\sin\widetilde{L}\cdot(\lambda_I-\widetilde{\lambda}_G) & R_E\cdot\cos\widetilde{L} & 0 \\ 0 & 0 & 1 \end{bmatrix} \end{gathered} \tag{4-3-26}$$

式中:$\boldsymbol{\nu}_p=[N_{pN} \quad N_{pE} \quad N_{pD}]^{\mathrm{T}}$ 为量测噪声并可视为白噪声,方差为 σ_{pN}^2、σ_{pE}^2、σ_{pD}^2。

$$\begin{cases} \sigma_{pN}=\sigma_p\cdot\mathrm{HDOP}_N \\ \sigma_{pE}=\sigma_p\cdot\mathrm{HDOP}_E \\ \sigma_{pD}=\sigma_p\cdot\mathrm{VDOP} \end{cases} \tag{4-3-27}$$

式中:σ_p 为卫星接收机伪距测量误差;HDOP_N、HDOP_E、VDOP 分别为北向、东

向、高程精度衰减因子。

2) 速度观测方程

e-系下卫星天线测量速度$\tilde{\boldsymbol{v}}_G$与载体中心真实速度$\boldsymbol{v}_I^e$的关系式为

$$\tilde{\boldsymbol{v}}_G=\boldsymbol{v}_I^e+\boldsymbol{C}_b^e\cdot(\boldsymbol{\omega}_{eb}^b\times)\cdot\boldsymbol{l}^b+\boldsymbol{\nu}_v^e \tag{4-3-28}$$

式中:$\boldsymbol{\nu}_v^e=[N_{vN}\quad N_{vE}\quad N_{vD}]^{\mathrm{T}}$是在$e$-系下的天线速度测量噪声,可当作白噪声,其均方差典型值为 0.2m/s。

将式(4-3-28)两端同时乘以$\boldsymbol{C}_e^n$,得到

$$\tilde{\boldsymbol{v}}_G^n=\boldsymbol{v}_e^n+\boldsymbol{C}_b^n\cdot(\boldsymbol{\omega}_{eb}^b\times)\cdot\boldsymbol{l}^b+\boldsymbol{\nu}_v^n \tag{4-3-29}$$

将式(4-3-29)中除$\boldsymbol{l}^b$、$\boldsymbol{\nu}_v^n$外的各项用其对应的估算值和估算误差进行代换,忽略误差乘积项,再经移项整理后变为

$$\begin{cases}\boldsymbol{Z}_v=\boldsymbol{H}_{v1}\cdot\boldsymbol{\psi}-\delta\boldsymbol{v}_e^n+\boldsymbol{H}_{v2}\cdot\delta\boldsymbol{p}+\boldsymbol{H}_{v3}\cdot\delta\boldsymbol{\omega}_{ib}^b+\boldsymbol{\nu}_v^n\\ \boldsymbol{Z}_v=\tilde{\boldsymbol{v}}_G^n-\tilde{\boldsymbol{v}}_e^n-\tilde{\boldsymbol{C}}_b^n\cdot(\tilde{\boldsymbol{\omega}}_{ib}^b\times)\cdot\boldsymbol{l}^b+(\tilde{\boldsymbol{\omega}}_{ie}^n\times)\cdot\tilde{\boldsymbol{C}}_b^n\cdot\boldsymbol{l}^b\\ \boldsymbol{H}_{v1}=\{(\tilde{\boldsymbol{\omega}}_{ie}^n\times)\cdot(\tilde{\boldsymbol{C}}_b^n\cdot\boldsymbol{l}^b\times)-[\tilde{\boldsymbol{C}}_b^n\cdot(\tilde{\boldsymbol{\omega}}_{ib}^b\times)\cdot\boldsymbol{l}^b]\times\}\\ \boldsymbol{H}_{v2}=(\tilde{\boldsymbol{C}}_b^n\cdot\boldsymbol{l}^b)\times]\cdot\begin{bmatrix}\Omega\cdot\sin\tilde{L}&0&0\\0&0&0\\\Omega\cdot\cos\tilde{L}&0&0\end{bmatrix}\\ \boldsymbol{H}_{v3}=\tilde{\boldsymbol{C}}_b^n\cdot(\boldsymbol{l}^b\times)\end{cases} \tag{4-3-30}$$

式中:$\delta\boldsymbol{\omega}_{ie}^n=[-\Omega\cdot\sin\tilde{L}\cdot\delta L\quad 0\quad -\Omega\cdot\cos\tilde{L}\cdot\delta L]^{\mathrm{T}}$。

这样式(4-3-30)左侧均为组合导航系统的观测量,右侧为滤波器状态变量和天线速度量测噪声的线性组合,即为滤波器速度观测方程。

3) 姿态观测方程

在n系下,利用卫星载波相位干涉测量解算得到的测姿结果为$\tilde{\boldsymbol{\phi}}_G=[\tilde{\alpha}_G\quad\tilde{\beta}_G\quad\tilde{\gamma}_G]^{\mathrm{T}}$与捷联惯性导航系统输出的姿态信息$\tilde{\boldsymbol{\phi}}_I=[\tilde{\alpha}_I\quad\tilde{\beta}_I\quad\tilde{\gamma}_I]^{\mathrm{T}}$可表示为

$$\begin{cases}\tilde{\alpha}_I=\alpha+\delta\alpha\\ \tilde{\beta}_I=\beta+\delta\beta\\ \tilde{\gamma}_I=\gamma+\delta\gamma\end{cases} \tag{4-3-31}$$

$$\begin{cases}\tilde{\alpha}_G=\alpha+N_\alpha\\ \tilde{\beta}_G=\beta+N_\beta\\ \tilde{\gamma}_G=\gamma+N_\gamma\end{cases} \tag{4-3-32}$$

式中:$\varphi=[\alpha\quad\beta\quad\gamma]^{\mathrm{T}}$为载体的真实姿态,$\boldsymbol{\nu}_\varphi=[N_\alpha\quad N_\beta\quad N_\gamma]^{\mathrm{T}}$为卫星定姿量测噪声,可当作白噪声处理,均方差典型值为 0.2(°)/L,L为基线长度(单位:m)。上两式相减得到

$$\begin{cases}\widetilde{\alpha}_G-\widetilde{\alpha}_I=-\delta\alpha+N_\alpha\\ \widetilde{\beta}_G-\widetilde{\beta}_I=-\delta\beta+N_\beta\\ \widetilde{\gamma}_G-\widetilde{\gamma}_I=-\delta\gamma+N_\gamma\end{cases} \tag{4-3-33}$$

记为

$$\begin{cases}\boldsymbol{Z}_\varphi=-\boldsymbol{\psi}+\boldsymbol{\nu}_\varphi^n\\ \boldsymbol{Z}_v=\widetilde{\boldsymbol{\varphi}}_G-\widetilde{\boldsymbol{\varphi}}_I\end{cases} \tag{4-3-34}$$

式(4-3-34)即为滤波器姿态观测方程。

4.4 Micro-PNT 技术

4.4.1 应用需求

国家 PNT(positioning,navigation and timing)体系通常是以卫星导航系统为核心,具有覆盖范围广、全天候全天时、精度高、应用便捷、用户数量无限制等优点。然而,当前受限于卫星导航系统自身技术体制,卫星导航系统在若干应用场景如地下、水下、室内、深空等难以提供 PNT 服务。Micro-PNT(micro-technology for positioning,navigation and timing)是解决该难题的有效途径和最新的思路,因此 Micro-PNT 将成为国家 PNT 体系的重要组成部分。

美国在 2008 年公布了《国家 PNT 体系结构研究最终报告》,并于 2010 年公布了《国家 PNT 体系实施计划》。报告给出了 2025 年美国期望达到的 PNT 体系结构,如图 4-4-1 所示。

目前 GPS 系统是美国 PNT 体系结构的基石。然而,在未来电子环境日益复杂、频谱对抗日趋激烈的战场中,卫星导航系统由于其信号功率低、穿透能力差等固有弱点,将会受到来自电磁频谱、网络空间等领域的严重威胁。为了确保继续掌握战场制导航权,维持在导航定位领域的技术优势,避免由于过度依赖 GPS 而带来的巨大风险,美国已经多次提出 GPS 备份能力,并将 GPS 拒止环境下的导航定位技术列为未来重点发展方向,从而确保未来美军在 GPS 不可用时的精确 PNT 能力。

2010 年,美国国防高级研究计划局(DARPA)在高精度时钟与惯性导航器件微型化的趋势下提出了 Micro-PNT 项目,其目标是满足 24 小时以内的导航、定位与时间需求。该项目集中了当时已经正在进行的微惯性相关项目:芯片级原子钟(CSAC);集成微型原子钟技术(IMPACT);导航级微陀螺(NGIMG);微惯性导航技术(MINT);信息约束的微型自动旋转平台(IT-MARS)。在此基础上增加了 5 个新的项目:微速率积分陀螺(MRIG);芯片级授时与惯性测量单元(TIMU);芯片级组合式原子导航仪(C-SCAN);一级与二级主动校准层(PASCAL);惯性导航与授时芯片的测试、分析平台(PALADIN&T)。

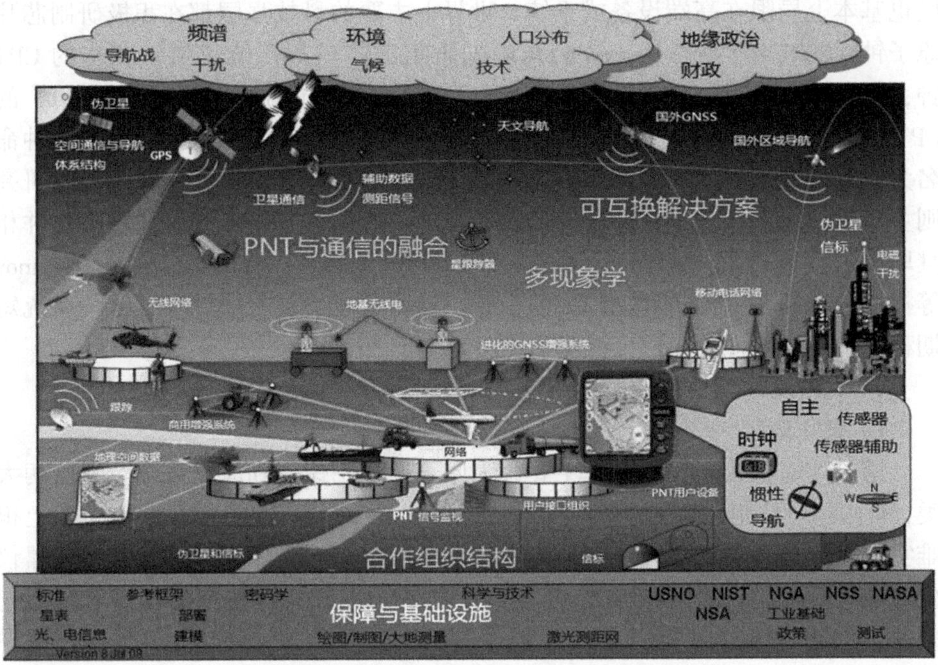

图 4-4-1　美国 2025 年 PNT 体系结构图

4.4.2　Micro-PNT 的关键技术

Micro-PNT 的关键技术主要包含微小时钟系统技术、微惯性系统技术、微小尺度下的系统集成技术以及系统测试与评估技术。如图 4-4-2 所示为美国研制 Micro-PNT 系统的预期目标的示意图。

图 4-4-2　Micro-PNT 系统示意图

1. 芯片级原子钟

Micro-PNT 系统中的时钟系统主要由芯片级原子钟构成。CPT 原子钟是利用激光与原子相互作用产生的 CPT 共振信号作为微波鉴频信号的一种新型原子钟。CPT 原子钟由于不需要传统微波腔，其体积、功耗与恒温晶振相当，而具有原子钟输出频率长期特性好、准确度高的优点。由于氢钟、铯钟和铷钟等传统原子钟的体积、功耗偏大，其应用形式为单独设备或内置于设备的部件，应用范围也基本上局限在高端设备或系统。世界上主要的科技强国都在积极研制芯片原子钟。2001年,美国 Kernco 公司率先研制出体积与传统小铷钟相当的 CPT 钟;美国国家标准局(NIST)采用 MEMS 工艺于2002年研制出了体积仅 $1cm^3$ 的 CPT 钟量子物理部分,并将这种制造工艺与体积、功耗与芯片相似的 CPT 钟命名为芯片级原子钟(chip-scaleatomic clock, CSAC)。此后的 CPT 原子钟的研究则主要围绕能够实现芯片原子钟的设计技术、制作工艺和新物理机制开展,并相继取得了较大进展。2006年,Colorado 大学的 Alan Brannon, Vladislav Gerginov 等提出一款基于 CPT 的微型 Cs 原子钟。这种原子钟的尺寸小于 $1cm^3$,系统短期稳定性优于 $6\times10^{-10}/\tau^{1/2}$,物理系统功耗小于35mW。

2. 高精度微惯性系统技术

1) 微陀螺仪

原子陀螺仪按照工作原理主要分为原子干涉陀螺仪和原子自旋陀螺仪两大类,其中原子干涉陀螺仪的理论极限精度可优于 10^{-10}(°)/h,但目前从技术上很难实现微型化。原子自旋陀螺仪分为 SERF 自旋陀螺仪和核磁共振陀螺仪(NMRG)两类。当前,核磁共振陀螺仪技术是在核磁共振技术的基础上发展起来的,在美国等西方发达国家受到相当的重视。早在20世纪60年代美国的一些高等院校和研究机构即开始研究 NMRG。从世界各国的研制情况来看,主要有室温光泵浦 NMRG 和低温超导 NMRG 两个方向。

21世纪以来,随着微米、纳米技术和 MEMS 制造工艺的快速发展,微型核磁共振陀螺仪的研发成为惯性技术领域的新热点。以 Micro-PNT 项目为背景,DARPA 与偌斯罗普·格鲁曼公司签约研发微型、导航级核磁共振陀螺仪。格鲁曼公司研发的核磁共振陀螺仪的第一阶段始于2005年10月,并于2007年研制出第一个核磁共振陀螺仪样机,其性能、体积与功耗与导航级光纤陀螺相当,随后分别于2010年和2012年完成了第二和第三阶段原理样机的研制工作。图4-4-3为三个阶段的样机。

图4-4-3 NGMIG 项目三个阶段样机图片

2) 微惯性系统

DARPA 支持的 TIMU 项目致力于使得单芯片 IMU 在尺寸、重量与功耗方面显著降低,因此可在更广泛的操作条件下使各类武器平台及单兵装备具有更强的导航制导能力。TIMU 项目目前正处在第二个研究阶段,最终目标是使定位圆概率误差(CEP)低于1nmile/h,且系统体积小于$10mm^3$,功耗低于200mW。

密歇根大学近期在TIMU方面的研究取得了重要进展。单芯片的TIMU样机包含6坐标轴惯性测量装置(3个陀螺仪和3个加速度计),并集成了高精度的主时钟,这7种装置构成了一套独立的微型导航系统,尺寸比1美分的硬币还小。其先进的设计方案是通过新型制造工艺、利用高质量材料才得以完成,全部的组件都集成在了$10mm^3$的狭小空间里。TIMU共有6层用微技术加工的二氧化硅结构层,每层厚度仅为50μm,与人类头发的直径相当,每层都可实现不同的功能。

3. 微小尺度下的系统集成

系统集成是基于精密加工技术,其主要目的在于实现Micro-PNT系统的微小型化、低功耗、大批量生产、模块化。在实现传感器芯片化的加工工艺中,同时需考虑克服微惯性传感器与时钟的长时间漂移误差问题,这类Micro-PNT系统加工工艺和系统集成技术需要实现以下条件:

(1)通过极大地提高零偏和标度因数的长时间稳定性,进而提高器件的精度,使之适应于高性能要求的应用场合;

(2)允许零维护或现场标定。如果研制成功,将消除昂贵的召回、厂内标定和元器件替换流程。

4. 系统测试与评估

研究用以获取、记录及分析Micro-PNT系统的平台,其最终目的是要开发出一种通用的测试平台,可以快速地、规范地对Mircro-PNT原型系统进行测试与评估。当前,PNT原型系统的测试与评估是非常繁琐的过程,需要为每一个独立设备制定其配置方案。这种对每个设备都特殊配置的测试评估模式消耗大量的时间和资源,并且还可能因为各设备接口微小的差异而引起测量中的不一致问题。与上述传统模式不同,Mircro-PNT系统的测试与评估方式将传统的"一次性"的测量评估模式变换为"即插即测试"的模式,使得测量评估更加规范,同时也将减小用于测试前配置设备的时间及资源开销。

参考文献

[1] Groves, P. D. Principles of GNSS, Inertial and Multisensor Integrated Navigation Systems (Second Edition) [M]: Artech House, INC., 2013.

[2] Kaplan, Elliott D., Christopher J. Hegarty, eds. Understanding GPS Principles and Applications. Artech House. 2005.

[3] Schmidt, G. T., Phillips, R. E., INS/GPS Integration Architectures[R], in Advances in Navigation Sensors and Integration Technology, AC/323(SET-064)TP/43, Editor. 2003, NATO TRO. p. 5-1-5-15.

[4] 董绪荣,张守信,华仲春. GPS/INS组合导航定位及其应用[M]. 长沙:国防科技大学出版社,1998.

[5] 何晓峰,胡小平,等. 北斗/微惯导组合导航方法研究[M]. 北京:国防工业出版社,2015.

[6] 袁洪,魏东岩,等. 多源融合导航技术及其演进[M]. 北京:国防工业出版社,2021.

第5章　惯性/特征匹配组合导航

特征匹配导航技术是通过将测量的环境特征信息与参考数据库进行比较来获得导航参数的一门技术。人们经常通过在地图上查找身边地标来确定自身位置,这是一种简单的特征匹配导航方法。特征匹配技术可以利用的环境特征包括地形高度、环境图像、地球磁场、地球重力场、自然天体等。地形匹配、图像匹配、地磁匹配、重力匹配、地图匹配等特征匹配技术可以确定用户的位置。有的特征匹配技术还可以确定用户的姿态,如星际航行中利用星敏感器测量实际星图,与事前存储的星图相匹配,从而确定星敏感器相对于惯性系的姿态。有的特征匹配技术可以确定用户的速度,如通过对比连续图像来获得载体的速度信息,进而完成航位推算。特征匹配导航系统需要一定的导航信息来辅助工作,因此一般与其他导航系统组合使用,与惯性导航系统组合是一种常见的组合导航方式。

惯性/特征匹配组合导航系统原理如图5-1-1所示。通常需要事先对特征数据库的适配性进行分析,选取适配性好的区域进行特征匹配。当特征匹配模块启动时,特征传感器对某种环境特征进行实时测量,然后在惯性导航系统提供的导航信息的辅助下,通过实测值与特征数据库的匹配,获得载体的位置(或姿态或速度)相关信息;匹配结果输入到组合导航模块,利用组合导航结果对惯性导航系统进行输出校正或反馈校正,抑制惯性导航解算误差增长。

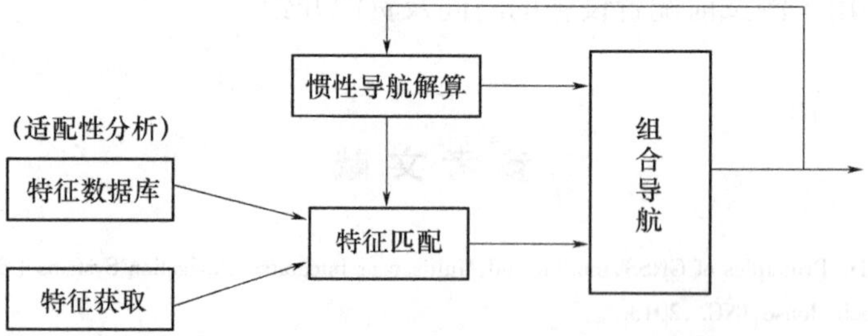

图5-1-1　惯性/特征匹配组合导航系统原理框图

对于不同的特征匹配组合导航系统,适配性分析方法、特征匹配及组合导航算法具有一定的通用性,这些共性技术在5.1节介绍。5.2节~5.5节具体讨论了惯性/地形匹配组合导航、惯性/图像匹配组合导航、惯性/地磁匹配组合导航、惯性/重力匹配组合导航等 4 种组合导航系统的特征获取技术、特征匹配及组合导航的具体模型以及系统应用。

5.1　基本方法

5.1.1　适配性分析

惯性/特征匹配组合导航系统的可用性与环境特征表征地理位置的能力密切相关,通常将这种表征能力称为适配性(matching suitability)。适配性好的区域,环境特征明显、信息丰富、独特性强。在这样的区域进行特征匹配,才能够获得高精度、高可靠且唯一的定位结果。

1. 基本适配特征

首先介绍与适配性相关的几个基本概念。基准图(reference map)是指预存在导航计算机中的环境特征参考数据库,它是适配性分析的重要数据来源之一。候选匹配区(candidate matching area)是在基准图中截取的小块图,它是适配性分析的基本对象。通过对候选匹配区适配性能的分析,将适配性优良的候选匹配区作为适配区(suitable-matching area)。

在适配性分析中,通常将从环境特征参考数据库(地形图、图像、地磁图、重力图等)中提取出的特征度量称作基本适配特征(basic suitable-matching feature)。每个基本适配特征都反映了参考数据库适配性能的一个方面。考虑网格数目为 $M\times N$ 的候选匹配区,其中 M 为纬度跨度,N 为经度跨度;网格 (i,j) 的特征值(如地形高度)记为 $f(i,j)$,下面介绍几种常用的适配特征。

1) 费歇信息量

费歇信息量出自克拉美-劳(Cramer-Rao)不等式,定义如下:

$$FIC=\sqrt{\frac{1}{MN}\sum_{i=1}^{M}\sum_{j=1}^{N}\|\nabla h(i,j)\|^{2}} \tag{5-1-1}$$

式中:$\nabla h(i,j)$ 为在候选匹配区内网格点 (i,j) 处的梯度。FIC 的值越大,表示该区域的特征越丰富。

2) 标准差

标准差反映了候选匹配区的总体起伏。标准差越大,该区域的特征越明显。其定义为

$$\sigma=\sqrt{\frac{1}{MN-1}\sum_{i=1}^{M}\sum_{j=1}^{N}(f(i,j)-\bar{f})^{2}} \tag{5-1-2}$$

式中:$\bar{f}=\frac{1}{MN}\sum_{i=1}^{M}\sum_{j=1}^{N}f(i,j)$ 为该区域特征数据的均值。

3）信息熵

20世纪50年代，Shannon将热力学中熵的概念引入到信息论中，信息熵可以作为平均信息量的度量。特征数据库信息熵越小，特征越独特，越有利于特征匹配。其定义为

$$H = -\sum_{i=1}^{M}\sum_{j=1}^{N} p(i,j)\cdot \log_2 p(i,j) \tag{5-1-3}$$

式中：$p(i,j)=\dfrac{f(i,j)}{\sum_{i=1}^{M}\sum_{j=1}^{N} f(i,j)}$。

4）粗糙度

粗糙度反映候选匹配区的平均光滑程度和局部起伏。粗糙度越大，特征越丰富。其定义为

$$r=\frac{r_x+r_y}{2} \tag{5-1-4}$$

$$r_x=\sqrt{\frac{1}{M(N-1)}\sum_{i=1}^{M}\sum_{j=1}^{N-1}\left[f(i,j)-f(i,j+1)\right]^2} \tag{5-1-5}$$

$$r_y=\sqrt{\frac{1}{(M-1)N}\sum_{i=1}^{M-1}\sum_{j=1}^{N}\left[f(i,j)-f(i+1,j)\right]^2} \tag{5-1-6}$$

式中：r_x为该区域x方向的粗糙度；r_y为该区域y方向的粗糙度。

5）坡度方差

特征在网格点(i,j)纬度方向的变化率$S_x(i,j)$定义为

$$\begin{aligned}S_x(i,j)=[&f(i+1,j+1)+f(i,j+1)+f(i-1,j+1)-\\&f(i+1,j-1)-f(i,j-1)-f(i-1,j-1)]/6\end{aligned} \tag{5-1-7}$$

经度方向的变化率$S_y(i,j)$定义为

$$\begin{aligned}S_y(i,j)=[&f(i+1,j+1)+f(i+1,j)+f(i+1,j-1)-\\&f(i-1,j+1)-f(i-1,j)-f(i-1,j-1)]/6\end{aligned} \tag{5-1-8}$$

网格点(i,j)的坡度$S(i,j)$由$S_x(i,j)$和$S_y(i,j)$确定，

$$S(i,j)=\sqrt{S_x(i,j)^2+S_y(i,j)^2} \tag{5-1-9}$$

对于整个候选匹配区的坡度情况，定义坡度方差如下：

$$S_\sigma=\sqrt{\frac{1}{(M-2)(N-2)-1}\sum_{i=2}^{M-1}\sum_{j=2}^{N-1}\left(S(i,j)-\bar{S}\right)^2} \tag{5-1-10}$$

其中，

$$\bar{S}=\frac{1}{(M_1-2)(M_2-2)}\sum_{i=2}^{M_1-1}\sum_{j=2}^{M_2-1}S(i,j) \tag{5-1-11}$$

2. 适配性分析方法

适配性分析主要从基于图像本身相关运算和基于适配特征两个角度展开。

前者是图像适配性领域中的专有方法，后者是各种特征匹配系统的通用方法，其基本思路如图 5-1-2 所示。

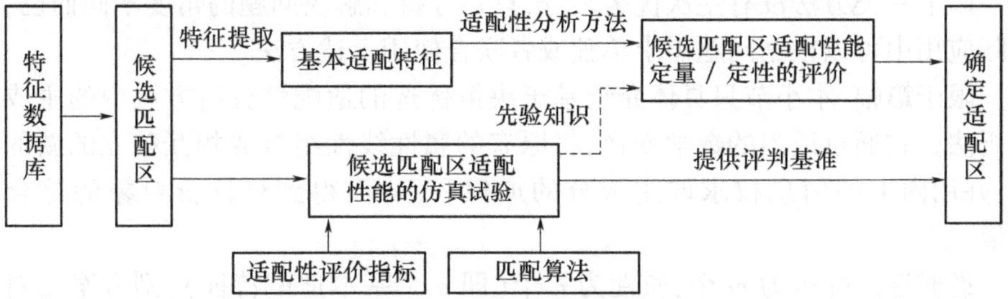

图 5-1-2　适配性分析的基本思路

可见，基于适配特征的适配性分析方法通过分析基准图的自身特性，建立基本适配特征与适配性评价指标之间定量或定性的关系，从而实现对基准图适配性能定量或定性的评价。值得说明的是，图中虚线部分所提及的先验知识是指有些适配性分析方法需要事先知道候选匹配区的适配性能才可以得出适配区选取的结论；而有的分析方法则可以基于基本适配特征直接得出相应结论，因此图中的"先验知识"处用虚线表示。

需要指出的是，适配性分析方法是建立适配特征和适配性评价指标之间关系的桥梁，也是核心所在。当前，依据任务需求的不同，适配性分析方法主要从以下 3 个角度展开。

1）基于决策选优的适配性分析方法（定量角度）

此类分析方法的基本思想是以基本适配特征作为决策的基本属性，利用特定的决策算法构造新的综合适配特征。该综合适配特征具有如下特点：一是由基本适配特征通过特定的数学运算构造而成；二是与适配性评价指标之间存在着较好的一致性（或称为同态关系）。综合适配特征所具备的特点使得基于决策选优的适配性分析方法可以对若干个候选匹配区按照适配性能进行排序，并从中选取性能相对优良的区域作为适配区。

2）基于建模预测的适配性分析方法（定量角度）

此类方法的基本思想是利用建模的方法挖掘基本适配特征与适配性评价指标之间的关系，目的是实现基本适配特征和评价指标之间的对应关系，从而实现对候选匹配区适配性能的预测。

3）基于筛选分类的适配性分析方法（定性角度）

此类方法的基本思想是以基本适配特征作为分类依据，将候选匹配区划分成可以用于匹配的适配区和不适于匹配的非适配区。可见，与基于决策选优和基于建模预测的适配性分析方法不同，基于筛选分类的适配性分析方法是从定性的角度对候选匹配区的适配性能进行评价。这类方法的优势在于，实际应用中有时并不需要知道某区域确切的适配性能值，只需了解该区域是否适合匹配即可。常用的分类策略有:单一基本适配特征策略、“交集”策略、层次筛选策略、公式判定策略和分类器策略等。

以上三类方法没有主次优劣之分,只是分析和解决问题的角度不同而已,在实际应用中可以根据问题需求单独或者联合使用上述方法。

限于篇幅,本小节只具体介绍基于决策优选的适配性分析方法中的主成分分析法。它通过适当的数学变换,将原有的属性线性组合成相互独立的新的成分,并用内生的信息权求取主成分的加权和,从而得到待评价对象的综合属性值。

设候选匹配区为 m 个,属性为 n 个(即 n 个基本适配特征),则方案集对属性的评价矩阵为

$$\boldsymbol{X}=\begin{bmatrix} x_{11} & x_{12} & \cdots & x_{1n} \\ \vdots & \vdots & \ddots & \vdots \\ x_{m1} & x_{m2} & \cdots & x_{mn} \end{bmatrix} =[x_{ij}]_{m\times n} \quad (i=1,2,\cdots,m;j=1,2,\cdots,n) \tag{5-1-12}$$

式中:x_{ij}为第 i 个候选匹配区对第 j 个属性的评价值。

利用主成分分析法综合评价各候选匹配区的适配性能,具体步骤如下:

步骤 1 属性的同趋势化处理。

基本适配特征中有的属于高优指标(如标准差),有的属于低优指标(如信息熵),为了保证求得的主成分具有相同的趋势性,需要对各属性进行同趋势化处理。将低优指标转化为高优指标的常用方法为取负法,公式为

$$x'_{ij}=-x_{ij} \tag{5-1-13}$$

式中:x'_{ij}为 x_{ij} 同趋势化处理后的值。记同趋势化处理后的评价矩阵为

$$\boldsymbol{X}'=[x'_{ij}]_{m\times n} \quad (i=1,2,\cdots,m;j=1,2,\cdots,n) \tag{5-1-14}$$

步骤 2 属性的标准化处理。

由于各属性的量纲不尽相同,为了消除不同属性量纲和量纲单位不同所带来的不可公度性,需要进行标准化处理,使标准化后的评价值平均值为 0,方差为 1。公式为

$$z_{ij}=\frac{x'_{ij}-m_j}{\sigma_j} \tag{5-1-15}$$

$$m_j=\frac{1}{m}\sum_{i=1}^{m}x'_{ij} \tag{5-1-16}$$

$$\sigma_j=\sqrt{\frac{1}{m-1}\sum_{i=1}^{m}(x'_{ij}-m_j)^2} \tag{5-1-17}$$

式中:m_j 为第 j 个属性的均值;σ_j 为第 j 个属性的均方差。记标准化处理后的评价矩阵为

$$Z=[z_{ij}]_{m\times n}\quad (i=1,2,\cdots,m;j=1,2,\cdots,n) \tag{5-1-18}$$

步骤 3　计算标准化评价值 z_{ij} 的相关矩阵 $\boldsymbol{R}$。

$$\boldsymbol{R}=[r_{kj}]_{n\times n}\quad (k,j=1,2,\cdots,n) \tag{5-1-19}$$

式中：$r_{kj}=\dfrac{1}{m}\sum\limits_{i=1}^{m}z_{ik}z_{ij}$，且有 $r_{jj}=1$，$r_{kj}=r_{jk}$。

步骤 4　求相关矩阵 $\boldsymbol{R}$ 的特征值、特征向量和贡献率。

对应 $\boldsymbol{R}$ 的特征方程为 $|\lambda I-R|=0$，求解特征方程得到特征根并按从大到小排序，即 $\lambda_g(g=1,2,\cdots,n)$；并由方程组 $[\boldsymbol{\lambda}_g I-R]\boldsymbol{L}_g=0$ 求得特征根 $\boldsymbol{\lambda}_g$ 对应的特征向量 $\boldsymbol{L}_g$。值得说明的是，特征根 $\boldsymbol{\lambda}_g$ 是主成分的方差，其大小表征各主成分在综合评价中的作用大小；特征向量 $\boldsymbol{L}_g$ 表征标准化评价指标向量 $\boldsymbol{Z}_j=[z_{1j},z_{2j},\cdots,z_{mj}]^{\mathrm{T}}$ 在新坐标系下个分量的系数。

贡献率（也称方差贡献率）表示每个主成分表征原评价指标变量的信息量，其定义为

$$\alpha_g=\boldsymbol{\lambda}_g/\sum_{g=1}^{n}\boldsymbol{\lambda}_g \tag{5-1-20}$$

步骤 5　确定主成分的个数。

为了既能减少工作量，又能使损失的信息量尽可能减少，通常只取前 k 个主成分。通过累计贡献率 $\alpha(k)$ 可以确定 k 值，判定准则如下：

$$\alpha(k)=\sum_{g=1}^{k}\alpha_g=\sum_{g=1}^{k}(\lambda_g/\sum_{g=1}^{n}\lambda_g)\geqslant 85\% \tag{5-1-21}$$

步骤 6　综合评价。

先分别求出每个主成分的线性加权值，

$$T_{ig}=\sum_{j=1}^{n}L_{gj}z_{ij}\quad (i=1,2,\cdots,m;g=1,2,\cdots,k) \tag{5-1-22}$$

然后再用每个主成分的贡献率 α_g 作为权重，求 T_{ig} 的加权和，即可得到综合评价值 T_i：

$$T_i=\sum_{g=1}^{k}\alpha_g T_{ig}\quad (i=1,2,\cdots,m) \tag{5-1-23}$$

T_i 越大，表明第 i 个候选匹配区的适配性能越优；将 T_i 由大到小进行排序即可完成候选匹配区适配性综合评价的目的。

3. 基于主成分分析法的地磁适配性分析试验

在某区域实测地磁图上，选取 20 块网格大小为 15×15 的候选匹配区作为研究对象，网格精度为 200m。选用 5 个常用的基本适配特征（费歇信息量、标准差、信息熵、粗糙度、坡度方差）作为评价候选匹配区适配性能的属性。计算各区域的地磁图特征，结果如表 5-1-1 所列。

表 5-1-1 候选匹配区的地磁图特征

候选匹配区	地磁标准差/nT	地磁粗糙度/nT	地磁坡度标准差/nT	地磁信息熵/位	地磁费歇信息量
01	107.8868	29.2580	24.9625	7.794692	41.3561
02	34.8033	7.4079	5.0742	7.809775	10.6770
03	102.7096	23.8330	18.7296	7.807567	33.8250
04	73.3335	11.1283	3.8869	7.805415	17.0438
05	121.8309	34.7090	23.3528	7.793331	45.9646
06	35.1207	5.7793	2.9111	7.810226	8.4631
07	72.1964	13.5179	5.5964	7.803198	19.7604
08	37.9729	6.3362	2.5517	7.809652	9.2310
09	120.4792	40.0978	27.4925	7.794948	57.4800
10	27.2048	5.3235	2.9814	7.812212	7.5736
11	89.8904	14.7959	5.6401	7.804423	21.7413
12	92.7987	38.4476	29.6148	7.80597	51.6010
13	28.1693	5.3722	2.7717	7.811614	8.0555
14	101.4895	18.0326	10.3905	7.788774	25.1615
15	42.8213	8.4419	5.6620	7.809666	12.2011
16	111.0257	34.8295	26.1297	7.80758	53.1005
17	61.1446	9.5284	3.7189	7.803636	14.5897
18	56.7246	10.0530	4.4760	7.805696	14.2243
19	125.4530	37.5312	28.8466	7.80541	53.7479
20	23.6317	5.0171	2.7095	7.812359	7.1198

为了评价适配性分析的正确性,定义匹配概率作为评价指标。选择候选匹配区中的每一点作为参考点 p,将点 p 向某一方向 i 延伸出长度为 l 的一条序列作为模板,并将参考点 p 作为待匹配点。将与模板序列相对应的实时测量序列在候选匹配区内通过相关匹配算法进行搜索匹配,如果配准点(即真实定位点)p_m 和待匹配点 p 的距离小于既定误差 ε,则认为匹配成功;反之认为匹配失败。将匹配结果定义为参考点 p 的配准度 $\mathrm{CMP}(p)$,若匹配成功,则 $\mathrm{CMP}(p)=1$;若匹配失败,则 $\mathrm{CMP}(p)=0$。则 i 方向上配准率的定义为

$$P_{\mathrm{CMA}}(i)=\frac{\sum\limits_{p\in \mathrm{CMA}}\mathrm{CMP}(p)}{N_{\mathrm{CMA}}} \tag{5-1-24}$$

其中,CMA 为候选匹配区; $\sum\limits_{p\in \mathrm{CMA}}\mathrm{CMP}(p)$ 为所有匹配试验成功的次数;N_{CMA}

为试验总次数。

同时,考虑到“一维序列”的方向性问题,对候选匹配区不同方向上的配准率进行加权求和来得到区域的匹配概率。定义方向分布概率密度函数 $P_d(i)$,它表示序列延伸方向为 i 时的概率,则候选匹配区的匹配概率为

$$P_r = \sum_i P_{\mathrm{CMA}}(i) \cdot P_d(i) \tag{5-1-25}$$

计算各候选匹配区的匹配概率,用以检验主成分分析法的适配性分析结果。图 5-1- 3 给出了各区域的综合评价值与匹配概率之间的对应关系。

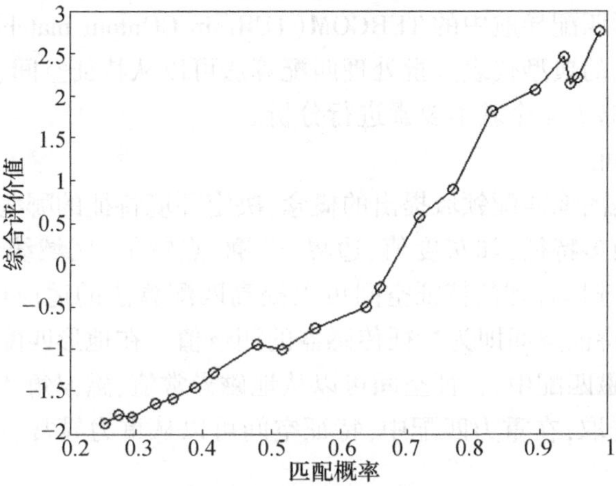

图 5-1- 3　综合评价值与匹配概率的对应关系

试验结果验证了综合评价值与匹配概率之间存在较好的一致性,说明利用主成分分析法进行候选匹配区的适配性评价是有效的,可以实现对候选匹配区适配性的综合评价。评价结果能够正确地在候选匹配区中挑选出适配性能最优的区域作为匹配区,用于支持地磁匹配导航应用。

5.1.2　特征匹配及组合导航算法

通过特征匹配,可以获得载体的某种导航状态信息,如位置、速度或姿态;匹配结果可以进一步与惯性导航系统组合,以校正惯性导航解算误差,这种组合方式称为松组合。也可以直接将特征测量值(如地形高度、相机到特征的视线角等)与惯性导航系统组合,对应的组合方式称为紧组合。

松组合算法包含两个级联的部分:一部分是特征匹配算法;另一部分是组合导航滤波,通常采用卡尔曼滤波(KF),其观测输入是特征匹配算法的输出。由于特征匹配模块的输出误差是时间相关的,这种级联结构会影响估计精度;同时这种级联结构可以为系统设计带来便利。当增加其他辅助导航方式时,仅需对组合导航滤波部分略作改动即可。同时,级联结构便于进行故障诊断和完好性监测。松组合算法的核心是特征匹配模块。特征匹配算法可以分为批处理和序

贯处理两大类。

紧组合算法的典型代表有扩展卡尔曼滤波(EKF)和边缘化粒子滤波(Marginalized PF)。紧组合算法不存在输入信号噪声时间相关的问题,算法精度理论上优于松组合算法。另一方面,紧组合算法不具有松组合算法在系统设计方面的优势。

1. 批处理匹配算法

批处理匹配算法的基本思路是:积累一段航迹上的特征实测值,得到一个特征实测序列,然后将该序列与特征参考数据库进行相关计算,进而确定载体位置修正信息。地形匹配导航中的TERCOM(TERrain COntour matching)系统是采用批处理匹配算法的典型代表。批处理匹配算法可以从特征空间、搜索空间、相似性度量、搜索策略等4个基本要素进行分析。

1) 特征空间

特征空间是图像匹配领域提出的概念,决定环境特征的哪些特性参与匹配。一幅图像包含很多特征,如灰度值、边界、轮廓、点特征、区域统计特征(如矩不变量、中心)等,选择合理的特征空间可以提高匹配算法的适应性。推广到其他特征匹配领域,特征空间即为特征传感器的测量值。在地形匹配中,特征空间为地形高程;在地磁匹配中,特征空间可以从地磁异常值、磁偏角和磁倾角、地磁梯度等地磁特性选取;在重力匹配中,特征空间可以从重力异常、重力梯度等重力场特性中选取。

2) 搜索空间

基于参考数据库生成的所有待匹配对象组成搜索空间。在地形匹配相关算法中,待匹配对象是一组可能航迹的地形高程序列,可能航迹依据惯性导航系统输出的航迹以及惯性导航解算误差确定,地形高程序列从地形图读取。类似地,在地磁匹配和重力匹配相关算法中,待匹配对象是一组可能航迹的地磁特征序列和重力特征序列。在图像匹配相关算法中,搜索空间是所有可能区域的图像;如果图像校正参数(缩放比例和旋转因子等)未知,搜索空间还要考虑图像所有可能的变换。

3) 相似性度量

相似性度量用来衡量特征实测值与待匹配对象之间的相似性。常用的相似性准则有互相关(cross correlation, COR)、平均绝对差(mean absolute difference, MAD)、均方差(mean square difference, MSD)、Hausdorff距离度量等。以地形匹配为例,各种准则的数学描述如表5-1-2所列。其中,$\boldsymbol{H}_t=\{h_t(l)\mid l=1,2,\cdots,L\}$为地形高程测量序列,$\boldsymbol{H}_m^i=\{h_m^i(l)\mid l=1,2,\cdots,L\}$($i=1,2,\cdots,N$)为$N$个待匹配序列;$\|\cdot\|$表示距离范数,如欧氏范数、和范数、极大范数等。

表 5-1-2 常用相似性准则

相关算法	定义	最佳度量
互相关 COR	$J_{\mathrm{COR}}=\frac{1}{L}\sum_{l=1}^{L}h_t(l)h_m^i(l)$	极大值
平均绝对差 MAD	$J_{\mathrm{MAD}}=\frac{1}{L}\sum_{l=1}^{L}\lvert h_t(l)-h_m^i(l)\rvert$	极小值
均方差 MSD	$J_{\mathrm{MSD}}=\frac{1}{L}\sum_{l=1}^{L}[h_t(l)-h_m^i(l)]^2$	极小值
Hausdorff 距离	$J_H=\max(d_1,d_2)$ $d_1=\max\limits_{a\in H_t}\min\limits_{b\in H_m^i}\lVert a-b\rVert$ $d_2=\max\limits_{b\in H_m^i}\min\limits_{a\in H_t}\lVert a-b\rVert$	极小值

4）搜索策略

搜索策略在搜索空间中找到一个最优的变换，使得相似性度量达到最大值。搜索策略直接影响匹配结果的可靠性和匹配计算量。搜索空间越复杂，选择合理的搜索策略越重要。常用的搜索策略有穷举搜索、层次性搜索、多尺度搜索、序贯判决、松弛算法、启发式搜索等。

2. 多重匹配及解决方案

匹配算法按照某种相似性度量准则，采用一定的搜索策略，在搜索空间中找到的能够取得极值的待匹配对象即为匹配结果。然而，当搜索空间上存在多个相近极值时，将难以选定单一匹配结果，这种现象称为多重匹配。造成多重匹配的原因包括所选环境特征不够独特、环境特征测量误差过大、环境特征数据库精度不高等 3 个方面。

要避免或者降低出现多重匹配的概率，除了提高环境特征测量精度和数据库精度外，还要采取措施增强所选环境特征的独特性。一种方法是延长测量的时间，增加参与匹配的环境特征信息量。比如，在地形匹配中可以增加匹配高程序列的长度，直至似然函数出现一个具有明显优势的极值。然而，增加序列长度会降低更新率，增大速度误差对组合定位精度的影响。速度误差还会造成匹配序列末端的位置修正量偏离匹配序列起始端的位置修正量，从而降低待匹配对象与匹配序列的相似度。另一种方法是增加单次测量获取的信息量。例如，与单波束测深声纳相比，多波束测深声纳可以大大降低出现多重匹配的概率。又如，地磁异常与地磁梯度组合与仅利用单一地磁特征相比，出现多重匹配的概率会降低。

当多重匹配难以避免时，位置修正量的确定可以采用以下几种途径。一种方法是用混合高斯分布来拟合似然函数。拟合的结果是得到多位置修正假设，每个假设对应一个高斯分布和一个权值。对于多假设观测输入,组合导航算法有3种处理方式:最优假设、加权假设、多假设卡尔曼滤波。最优假设只接受满足某种最优标准的单一假设,而拒绝其他假设,组合导航算法可以采用标准卡尔曼滤波。加权假设是将所有的假设都用来更新状态估计,然后融合得到一个状态估计。多假设卡尔曼滤波则是采用一组并行卡尔曼滤波,保持多个状态估计结果。对于较平坦地形上的地形匹配导航,加权假设组合导航算法和多假设卡尔曼滤波组合导航算法性能相当,它们比最优假设组合导航算法具有更好的鲁棒性。在错误假设时间相关的情况下,3种处理方式中通常只有多假设卡尔曼滤波组合导航算法能够获得好的导航性能。

另外一种较复杂的方法是将整个似然函数作为一个观测量输入到组合导航模块,此时组合导航不能在卡尔曼滤波的框架下求解,可以采用无需高斯近似的蒙特卡洛估计算法,如粒子滤波、中心耦合的蒙特卡洛-马尔可夫链(Metropolis-coupled Monte Carlo Markov chain)方法等。

3. 序贯处理匹配算法

序贯处理匹配算法每获得一个特征测量值,就对载体导航状态进行一次递推估计。与批处理算法相比,序贯处理算法的优势在于可以更好地利用到惯性导航信息,对导航系统进行几乎连续实时的更新。序贯处理算法包括EKF算法和非线性、非高斯估计算法。EKF算法的典型代表是由美国Sandia国家实验室研制的SITAN系统(Sandia Inertial Terrain Aided Navigation)。与批处理方法相比,该方法的突出优势是计算量小。此方法成功的关键是准确地对特征参考数据库进行线性化,即求特征量关于位置的偏导数。这一方面要求数据库的精度足够高,另一方面要求特征量在估计位置与真实位置的偏导数同号。实际应用中,要求载体位置误差不能过大。非线性、非高斯估计算法可以避免对特征数据库的线性化,例如Viterbi算法、点群滤波(Point-Mass Filter,PMF)、粒子滤波等。挪威HUGIN AUV经过5个小时的航行,地形辅助导航定位误差小于5m。HUGIN AUV采用RDI公司的WHN 300kHz的多普勒测速仪进行速度辅助同时进行AUV高度测量,采用Paroscientific Digquartz压力传感器进行AUV深度测量,惯性导航系统采用的是霍尼韦尔公司的HG9900 IMU。HUGIN AUV的地形匹配算法采用了点群滤波和粒子滤波。点群滤波和粒子滤波都是用离散点来近似非高斯概率分布,从而将连续概率空间上的积分运算转化为离散点上的求和运算。

考虑系统模型:

$$\begin{cases}\delta r_{k+1}=\delta r_k+w_k\\ z_k=B_m(r_k)+v_k\\ \delta r_k=\hat{r}_k-r_k\end{cases}\tag{5-1-26}$$

式中:r_k 为载体在 k 时刻的真实位置;$\hat{r}_k$ 为惯性导航系统估计的位置;δr_k 为相应

的位置估计误差；w_k 为惯性导航系统解算误差；z_k 为特征测量值；$B_m(r_k)$ 为由特征数据库提供的特征值；v_k 为数据库误差。

针对上述系统模型，给出 PMF 算法。用 Z_k 表示 t_1 时刻到 t_k 时刻系统观测量的集合，即 $Z_k=\{z_1,z_2,\cdots,z_k\}$。根据贝叶斯估计原理，对系统状态进行估计的概率推演公式为

$$P(\delta r_k \mid Z_{k-1}) = \int P_{w_k}(\delta r_k - \delta r_{k-1})P(\delta r_{k-1} \mid Z_{k-1})\,\mathrm{d}\delta r_{k-1} \tag{5-1-27}$$

$$P(\delta r_k \mid Z_k) = \alpha_k^{-1} P_{v_k}(z_k - B_m(r_k))P(\delta r_k \mid Z_{k-1}) \tag{5-1-28}$$

其中，$\alpha_k = \int P_{v_k}(z_k - B_m(r_k))P(\delta r_k \mid Z_{k-1})\,\mathrm{d}\delta r_k$。

获得 δr_k 的概率分布函数 $P(\delta r_k \mid z_k)$ 之后，其均值 $\delta\hat{r}_k$ 与方差 C_k 计算如下：

$$\delta\hat{r}_k = \int \delta r_k P(\delta r_k \mid Z_k)\,\mathrm{d}\delta r_k \tag{5-1-29}$$

$$C_k = \int (\delta r_k - \delta\hat{r}_k)(\delta r_k - \delta\hat{r}_k)^{\mathrm{T}} P(\delta r_k \mid Z_k)\,\mathrm{d}\delta r_k \tag{5-1-30}$$

在上述计算中，P_{w_k} 和 P_{v_k} 由噪声的统计特性决定。由于观测方程是非线性的，所以 $P(\delta r_{k-1} \mid Z_{k-1})$ 是非高斯的。为了进行式(5-1-27)~式(5-1-30)中的积分运算，需要对 $P(\delta r_{k-1} \mid Z_{k-1})$ 进行近似。在 PMF 中用离散网格点对状态 δr_{k-1} 的概率分布进行近似，假设选定 N 个网格点 $\delta r_{k-1}(i)\,(i=1,2,\cdots,M)$，网格间距为 δ，每个网格点与一个概率值 $P(\delta r_{k-1}(i) \mid Z_{k-1})$ 相关联，那么连续概率空间上的积分运算可以转化为离散网格点上的求和：

$$\int P(\delta r_{k-1} \mid Z_{k-1})\,\mathrm{d}\delta r_{k-1} \approx \sum_{i=1}^{M} P(\delta r_{k-1}(i) \mid Z_{k-1})\delta^2 \tag{5-1-31}$$

基于式(5-1-31)，PMF 执行状态预测即式(5-1-27)如下：

$$P(\delta r_k(j) \mid Z_{k-1}) = \sum_{i=1}^{M} P_{w_k}(\delta r_k(j) - \delta r_{k-1}(i)P(\delta r_{k-1}(i) \mid Z_{k-1})\delta^2 \quad (j=1,2,\cdots,N) \tag{5-1-32}$$

PMF 执行观测更新即式(5-1-28)如下：

$$P(\delta r_k(j) \mid Z_k) = \alpha_k^{-1} P_{v_k}(z_k - B_m(r_k(j)))P(\delta r_k(j) \mid Z_{k-1}) \tag{5-1-33}$$

其中，$\alpha_k = \sum_{j=1}^{N} P_{v_k}(z_k - B_m(r_k(j)))P(\delta r_k(j) \mid Z_{k-1})\delta^2$，$r_k(j) = \hat{r}_k(j) = \hat{r}_k + \delta r_k(j)$。

δr_k 的均值与方差分别计算如下：

$$\delta\hat{r}_k = \sum_{j=1}^{N} \delta r_k(j) P(\delta r_k(j) \mid Z_k)\delta^2 \tag{5-1-34}$$

$$C_k = \sum_{j=1}^{N} (\delta r_k(j) - \delta\hat{r}_k)(\delta\hat{r}_k(j) - \delta\hat{r}_k)^{\mathrm{T}} P(\delta\hat{r}_k(j) \mid Z_k)\delta^2 \tag{5-1-35}$$

对 PMF 算法，说明以下问题：

(1) 设 $k-1$ 时刻状态的网格点数为 M,利用式(5-1-32)预测 k 时刻状态,所得网格点数为 N,则恒有 $N>M$。增加的点数由 M 和 $P_{w_k}(\cdot)$ 的离散化状态空间的大小决定。

(2) 为了避免状态的网格点数不断增加,需要控制网格点数的上限,可以在每个滤波周期结束时将概率值很小的网格点清除,也就是将其概率值置零。

(3) 网格间距 δ 影响计算量和估计精度,在滤波过程中可以动态调整。

5.2 惯性/地形匹配组合导航

地形匹配导航,也称作地形参考导航、地形辅助导航、地形等高线导航和地形等高线匹配等,是惯性/地形匹配组合导航的简称,是一种通过比较地形特征的实际测量值与地形特征的数据库来确定载体位置的特征匹配导航技术。地形可以是陆地或者海床,地形特征可以是地形高度,也可以是地形地貌特征。利用地形地貌特征的特征匹配导航技术将获取的地形地貌图像与参考图像数据库进行比较,从而确定载体位置;其中,利用陆地地貌的称作景象匹配,利用海床地貌的称作海床地貌匹配。

地形匹配导航技术已经成功应用于巡航导弹和飞机导航。投入实际应用的地形匹配导航系统包括 TERCOM 系统、SITAN 系统和 TERPROM(terrain profile matching)系统等。飞行器地形匹配导航系统适用于比较低的飞行高度,超过 300m 时导航精度会明显降低,到 800m 以上高度则无法使用。

利用海底地形匹配辅助导航是水下航行器导航的重要研究方向。与飞行器相比,水下航行器地形匹配导航有以下不利因素。一方面,水下航行器的航行速度(0.5~10m/s)远低于飞行器的飞行速度,因此在相同时间内水下航行器测得的用于匹配的地形数据要少得多。另一方面,水深测量精度不及地形高度测量。但是,随着水深测量技术的不断发展,海底地形匹配定位的精度和稳定性得到大大改善,粗糙地形区域的定位精度可达 1m。

除了导航功能外,地形匹配导航系统还具有地形跟踪、威胁回避、地形掩蔽、障碍告警等扩展功能。

5.2.1 高度测量传感器

1. 雷达高度表

雷达高度表测量载体到地面的垂直距离,也就是载体的高度。雷达高度表有一对小型天线,分别用于发射和接收。发射系统向地面发射一个电磁波信号,这个信号经地面反射后被其接收系统接收,接收的反射信号相对发射信号的时间延迟,就是该电磁波信号从载体到地面再返回载体的时间,按照“距离等于速度乘以时间”这个公式,就可确定载体当时的高度。

雷达高度表天线的波束宽度必须宽到足以与载体的仰角及倾斜角相适应，防止收不到回波信号。干涉雷达高度表的波束宽度较小，从而降低了测距误差。

2. 激光测距仪

激光测距仪是利用激光对目标距离进行测定的仪器。激光测距仪工作时向目标射出一束很细的激光，目标反射的激光束由光电元件接收，计时器测定激光束从发射到接收的时间，从而计算出观测者到目标的距离。激光测距仪可以避免雷达高度表大的地面照射范围(footprint)引起的测距误差，提供厘米级精度的高度测量值。与雷达高度表相比，激光测距仪的不足之处在于测距范围较小，同时受天气的影响较大。

可以扫描的激光测距仪，也就是激光雷达(laser detection and ranging，LADAR)，或者叫激光扫描仪，可以获得一个二维平面的高度地形图。与激光测距仪相比，激光雷达在相同的飞行距离内可以提供更多的地形高度数据，增加的数据量可以有效提高地形匹配的可靠性和定位精度。如果飞行器前后装有两个激光雷达，那么对两个激光雷达的测量数据进行相关计算，可以确定飞行器的速度。此时不需要地形数据库，便可以进行航位推算。

采用雷达高度表和 1 级精度的 DTED，传统地形匹配导航的水平定位误差约为 50m(1σ)；改用激光测距仪后，可使平均水平定位误差降低 50%。对于激光雷达，需要更高精度的地形数据库才能充分发挥其性能。采用 5 m 网格间距和亚米级精度的地形数据库，可使水平定位精度达到 10 m(1σ)；使用 1 m 网格间距的地形数据库和航空级惯性导航系统时，每个方向可以达到大约 2m(1σ)的定位精度。采用激光雷达和高精度地形数据库时，传统批处理算法计算量非常大。为解决计算量大的问题，可以采用基于梯度的匹配算法，或者对激光雷达数据进行抽样，采样率与地形相关长度相匹配。

3. 水下测深传感器

测深声纳(bathymetric sonar)利用声波在水中的传播特性来测量水体深度。声波在均匀介质中作匀速直线传播，在不同界面上产生反射。利用这一原理，选择对水穿透能力最佳的超声波，垂直向海底或者河床发射声信号，并记录从发射声波到接收反射信号的时间，便可以确定水体深度。测深声纳包括单波束回声测深仪(single beam echosounder)、多波束回声测深仪(multibeam echosounder)、干涉合成孔径声纳(interferometric synthetic aperture sonar，InSAS)和 3D 声纳等。单波束回声测深仪每一次信号收发只能得到一个点的水深数据；当载体航行时，获取的是一条载体航迹上的水深线。多波束回声测深仪也叫条带回声测深仪(swath echosounder)，每一次信号收发能同时测得航迹垂面内多个点的水深值；当载体航行时，获取的是沿航迹方向一定宽度的水深条带。干涉合成孔径声纳和 3D 声纳则可以通过一次信号收发得到一个区域内的水深信息。干涉合成孔径声纳和 3D 声纳除了获得水深信息外，还可以获得海底图像，参见 5.3.1 节。

5.2.2 TERCOM 系统

TERCOM 系统由美国 E-Systems 公司于 20 世纪 50 年代开始研制,采用 TERCOM 系统进行导航的"战斧"巡航导弹在 90 年代海湾战争中投入使用,其良好的实战效果令地形辅助导航系统名噪一时。TERCOM 系统是一种典型的特征匹配导航系统,其原理如图 5-2-1 所示。该系统将气压高度表所测到的绝对高度(或海波高度)与雷达高度表所测到的相对高度求差,得到一个实际地形高程序列;在位置估计误差范围内平移 INS 指示航迹得到一组待匹配航迹,并进一步由地形高程数据库得到相应的待匹配地形高程序列;将实际地形高程序列与这组待匹配地形高程序列作相关分析,由最优匹配对应的航迹得最优位置估计。将该位置估计与载体 INS 指示位置之差作为组合导航卡尔曼滤波器的观测量,估算并修正 INS 导航误差。这种修正过程一般要连续进行多次。在用卡尔曼滤波进行组合导航时,需要知道观测噪声,也就是匹配位置估计的误差。由于匹配算法不能给出位置估计误差,通常需要通过大量仿真试验对匹配定位误差进行统计分析。

由于待匹配航迹是平移 INS 指示航迹得到的,所以要求飞行器在匹配区内飞行时按固定航向和恒定速度飞行,而不能做机动飞行。算法对飞行器的航向误差较敏感。

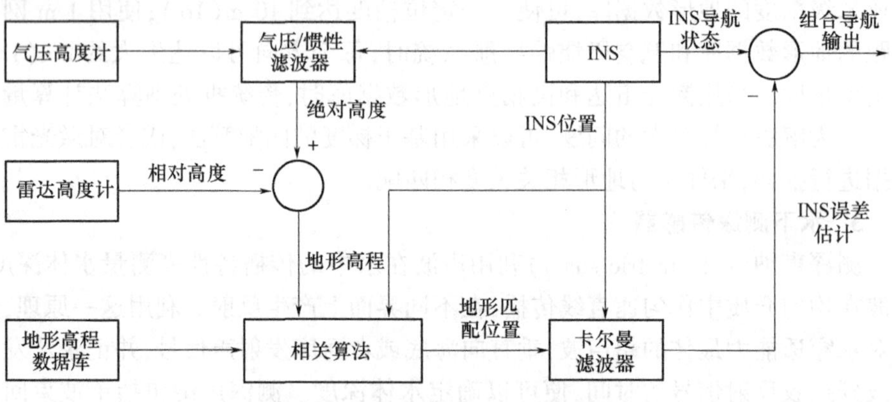

图 5-2-1 TERCOM 系统原理框图

5.2.3 SITAN 系统

1. 算法模型

SITAN 系统主要应用对象是直升机和战斗机,其原理如图 5-2-2 所示。EKF 的状态变量取为 INS 的误差状态。根据 INS 输出的位置可在数字高程图上找到地形高程,而 INS 输出的绝对高度与地形高程之差即为飞行器相对高度的估计值,它与雷达高度表实测相对高度之差就是 EKF 的观测新息。地形的非线性导致了观测方程的非线性,采用随机线性化技术可以获得地形斜率,从而得到观测新息的线性方程。EKF 提供 INS 误差状态的估值,采用输出校正或闭环反馈的方式修正 INS 的导航参数,从而获得最优导航状态。SITAN 算法比 TERCOM 算法具有更好的实时性,更适合高机动性的战术飞机使用。

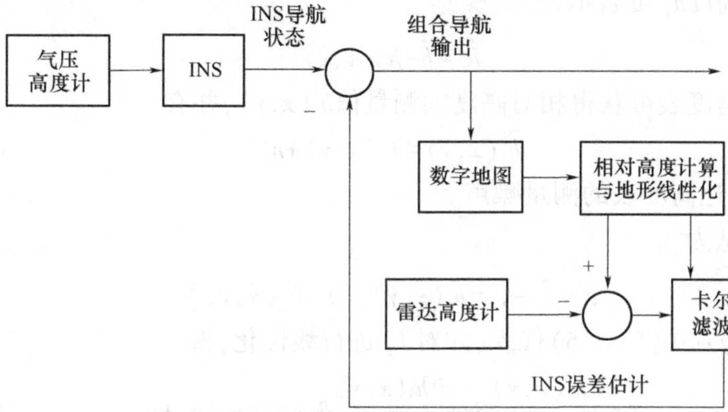

图 5-2-2　SITAN 系统原理框图

定义 INS 的误差状态为 INS 输出值与真实值之差,取三维位置误差和两个水平速度误差为滤波状态,记

$$\delta \boldsymbol{X}=[\delta x \quad \delta y \quad \delta h \quad \delta v_x \quad \delta v_y]^{\mathrm{T}}$$

由于地形匹配导航的时间较短,不考虑地球自转及地球曲率的影响,建立简化的运动方程如下:

$$\begin{cases}\delta \dot{x}=\delta v_x+w_x \\ \delta \dot{y}=\delta v_y+w_y \\ \delta \dot{h}=w_z \\ \delta \dot{v}_x=w_{vx} \\ \delta \dot{v}_y=w_{vy}\end{cases} \tag{5-2-1}$$

其中,w_x、w_y、w_z、w_{vx} 及 w_{vy} 为高斯白噪声。离散化后,得到系统的状态方程如下:

$$\delta \boldsymbol{X}_k=\boldsymbol{\Phi}_{k,k-1}\delta \boldsymbol{X}_{k-1}+\boldsymbol{W}_{k-1} \tag{5-2-2}$$

式中:$\delta \boldsymbol{X}_k=[\delta x_k \quad \delta y_k \quad \delta h_k \quad \delta v_{xk} \quad \delta v_{yk}]^{\mathrm{T}}$; $\boldsymbol{W}_k=[w_{xk} \quad w_{yk} \quad w_{zk} \quad w_{vxk} \quad w_{vyk}]^{\mathrm{T}}$;

$$\boldsymbol{\Phi}_{k,k-1}=\begin{bmatrix}1&0&0&\Delta t&0\\0&1&0&0&\Delta t\\0&0&1&0&0\\0&0&0&1&0\\0&0&0&0&1\end{bmatrix}$$;Δt 为滤波计算周期。

INS 指示的三维位置记为$(\hat{x},\hat{y},\hat{h})$,其中$\hat{h}$为绝对高度。根据$(\hat{x},\hat{y})$,从数字高程图中可查出地形高度$h_d(\hat{x},\hat{y})$,且

$$h_d(\hat{x},\hat{y})=h_t(\hat{x},\hat{y})+n_d \tag{5-2-3}$$

式中:h_t为真实的地形高度函数;n_d为数字高程图制作噪声及读图噪声。于是,估算的相对高度$\hat{h}_r$可表示为

$$\hat{h}_r=\hat{h}-h_d(\hat{x},\hat{y}) \tag{5-2-4}$$

从雷达高度表可获得相对高度的测量值$\tilde{h}_r(x,y)$,并有

$$\tilde{h}_r(x,y)=h_r(x,y)+n_r \tag{5-2-5}$$

式中:n_r为雷达高度表的测量噪声。

观测新息为

$$Z=\tilde{h}_r-\hat{h}_r=\tilde{h}_r(x,y)-[\hat{h}-h_d(\hat{x},\hat{y})] \tag{5-2-6}$$

将式(5-2-3)~式(5-2-5)代入,并对h_t进行线性化,得

$$Z=\frac{\partial h_t(x,y)}{\partial x}\delta x+\frac{\partial h_t(x,y)}{\partial y}\delta y-\delta h+n_l+n_d+n_r \tag{5-2-7}$$

式中:n_l为线性化过程产生的噪声。用h_x和h_y分别表示地形高程在x和y方向上的斜率,即

$$\frac{\partial h_t(x,y)}{\partial x}=h_x,\frac{\partial h_t(x,y)}{\partial y}=h_y$$

并记

$$n=n_l+n_d+n_r$$

为观测噪声,包含与数字高程图相关的噪声、高度测量噪声和线性化噪声。可得线性方程

$$Z=\boldsymbol{H}\delta X+n \tag{5-2-8}$$

式中:$\boldsymbol{H}=[h_x \quad h_y \quad -1 \quad 0 \quad 0]$。

式(5-2-2)和式(5-2-8)组成卡尔曼滤波模型。在每次修正时,用滤波状态的估值$\delta\hat{\boldsymbol{X}}$去修正 INS 指示的导航参数$\boldsymbol{X}_{\text{INS}}$,即$\boldsymbol{X}=\boldsymbol{X}_{\text{INS}}-\delta\hat{\boldsymbol{X}}$。

EKF 算法成功的关键是正确进行地形高程的线性化。实践表明,当位置与数据库综合误差超过几百米时,采用 EKF 算法很难进行有效的地形匹配导航。

2. SITAN 系统工作模式

SITAN 系统可工作于 3 种模式,即搜索模式(或捕获模式)、跟踪模式和丢失模式。当系统位置误差大于设定阈值时,系统进入搜索模式。在飞机的概略位置所在的一个较大的不确定区域内,配置多个并行 EKF,它们处理的是相同

的雷达高度表测量值,不同的是位置估计,因此采用的是不同的地形斜率。在搜索模式中,为了满足实时处理的要求,并行滤波器可以采用 3 状态而不是 5 状态。此时,滤波模型为

$$\begin{bmatrix}\delta x_{k+1}\\ \delta y_{k+1}\\ \delta h_{k+1}\end{bmatrix}_j=\begin{bmatrix}1&0&0\\0&1&0\\0&0&1\end{bmatrix}\begin{bmatrix}\delta x_k\\ \delta y_k\\ \delta h_k\end{bmatrix}_j+\begin{bmatrix}w_{xk}\\ w_{yk}\\ w_{zk}\end{bmatrix}_j \tag{5-2-9}$$

$$Z_{kj}=\begin{bmatrix}-h_x & -h_y & 1\end{bmatrix}_j\begin{bmatrix}\delta x_k\\ \delta y_k\\ \delta h_k\end{bmatrix}_j+n_k \tag{5-2-10}$$

式中:$j=1,2,\cdots$为并行滤波器的序号。

当并行滤波器中某滤波器在飞机真实位置附近被初始化时,地形线性化接近实际情况,该滤波器收敛到真实位置的概率就会比较高。经过多次迭代修正之后,认为测量新息最小的滤波器提供正确的位置估计。系统的模式控制逻辑将会在此滤波器估计位置上开启一个 5 状态滤波器,转入跟踪模式。在跟踪模式中,系统要连续地检查跟踪滤波器给出的位置误差方差,同时定期检查测量信息。当位置误差方差估计或测量新息过大时,SITAN 将返回搜索模式。检查位置误差方差估计是为了防止滤波器使用过大的平面进行拟合,以免在平坦地形上空长时间保持跟踪模式。检查测量新息是故障诊断的一种手段,可以及时判断系统故障。在搜索模式中,如果模式控制逻辑确认飞机不在设定搜索半径范围内,那么 SITAN 系统将进入丢失模式。在丢失模式中,地形匹配导航系统不提供位置估计,必须用其他辅助导航设备修正 INS。SITAN 系统将在条件允许时重新启动。SITAN 系统的性能用进入跟踪模式的可靠性及飞机位置的估计精度来衡量。

3. SITAN 系统与 TERCOM 系统比较

SITAN 系统与 TERCOM 系统各有优缺点,两者的主要区别有以下几点:

(1) SITAN 系统对惯性导航信息的修正是实时和连续的,TERCOM 系统是对一定长度的地形高度序列做相关分析,对惯性导航信息的修正有一定的延迟。

(2) TERCOM 系统要求飞行器在匹配区测量地形高度期间做非机动飞行,而 SITAN 系统没有此限制,因此,SITAN 系统耐航向偏差的能力比 TERCOM 系统强。

(3) SITAN 系统需要对地形进行线性化,当线性化误差过大时,SITAN 算法可能发散。

(4) 在高信噪比的情况下,二者定位精度相当;在低信噪比的情况下,SITAN 系统精度略高。

5.3 惯性/地磁匹配组合导航

地球磁场为人类提供了天然的导航资源。中国古代发明的导航车和指南针,利用的是地磁场的方向性。地磁匹配导航是随着地磁测量技术的进一步发展而出现的一种新兴导航技术,它利用实测的地磁场特征量与地磁参考数据库进行匹配,以实现载体的自主定位。地磁匹配导航可以利用的地磁场特征量包括磁场总强度、分量强度、强度梯度、磁倾角和磁偏角等。地磁匹配导航技术的突出优势是磁探测既不需要接收外部信息,又不向外发射信号,隐蔽性好,可以广泛应用于航天、航空、航海和水下航行等领域,具有重要的军事应用价值。

5.3.1 地磁场特征

地磁场是地球的一个天然物理场,由各种不同起源、不同变化规律的磁场成分叠加而成。地磁场的特征是随时间而变化的,通常将随时间变化较快的地磁场成分称为变化磁场,将随时间变化缓慢或基本不变的地磁场成分称为稳定磁场。

变化磁场的产生原因是受地球外部的各种电流体系的影响所致,周期从几分之一秒到几天不等,变化强度远小于稳定磁场,只占地磁场总量的千分之一到百分之一。变化磁场主要包括平静变化和扰动变化两种类型。平静变化是指在时间上连续、平缓的周期性变化,一般分为太阳静日变化和太阴日变化两类。太阳静日变化是以一个太阳日为周期,平均变化幅度约为几到几十纳特;太阴日变化是以太阴日为周期,一个太阴日是地球相对于月球自转一周所经历的时间,比一个太阳日长50min28s,太阴日变化幅度约为1~2nT。地磁场的平静变化是由电离层中的稳定电流体系造成的,这些电流体系相对于太阳(或月亮)的位置几乎保持不变,强度也几乎保持不变。于是,当地球由于自转而相对于这些电流体系运动时,就在地面上观测到依地方时而变化的平静变化。扰动变化包括磁暴、地磁亚暴、太阳扰日变化和地磁脉动等。磁暴是一种强烈的磁扰动,几乎是全球同时发生,持续时间约为1~3天,变化幅度可达几十到几百纳特;地磁亚暴持续时间约为1~3小时,变化幅度可达几百到几千纳特(nT);太阳扰日变化是在磁扰期间叠加在静日变化之上的一种太阳日变化,主要影响极光区,变化幅度约为几十到几百纳特;地磁脉动是指各种短周期的地磁变化,其周期在0.2~600s范围内,幅度从10^{-2}~10^{2}nT不等。

稳定磁场包括主磁场和异常场两部分。一般认为主磁场是由处于地幔之下、地核外层的高温液态铁镍环流引起的,所以又称为地核场,其空间分布为行星尺度,时间变化周期以千年计,强度占地磁场总量的95%以上,在地表处的强度为 30000～60000nT,水平面分量强度每千米变化 20～30nT,垂直分量每升高 1km 减小 20nT。异常场由地壳中磁性岩石产生,所以又称为地壳场、局部场。异常场的最大特点是空间结构极其复杂,而在时间上却非常稳定,它的变化比地核主磁场的长期变化(与气候变化的尺度相当,即千年至万年量级)还要慢很多。

值得注意的是,主磁场和异常场是相对而言的。在考虑大尺度异常场时,把地核主磁场作为背景场;在考虑小尺度区域异常场时,更好的处理方法是将地核主磁场加上大尺度的异常场作为背景场。为了能够反映所有尺度的异常场,一般按照空间尺寸从大到小建立一系列局部区域地磁场模型,绘制一系列地磁图,每一级模型都是对上一级模型的细化,即建立地磁场的嵌套模型。目前分辨率最高的全球模型是美国国家地理数据中心(national geophysical data center)建立的 NGDC-720 模型,可以反映波长大于 56km 的地磁异常。要获得更高分辨率的区域地磁信息,需要根据航空测量、航海测量以及地面测量结果绘制区域地磁图。地磁匹配导航需要载体航行区域的分辨率地磁图作为特征数据库。

5.3.2　地球位场延拓方法

地球磁场和地球重力场都是地球位场。地磁图和重力图一般是航空测量图或地球表面测量图(统称为基图)。基图提供某一高度的位场信息。通常情况下载体所在高度与获得基图的高度并不一致,因此,需要将基图的相关信息通过特定的方法变换到载体所在高度,以得到载体所在高度的位场信息,这种变换过程称为位场延拓。地磁图延拓方法与重力图延拓方法大致相同,因此,这里就统称为地球位场延拓方法。

根据观测面与载体所在高度的关系,位场延拓问题可以分为向上延拓和向下延拓。根据观测面的几何形状,位场延拓又可以细分为平面向上延拓、平面向下延拓、曲面向上延拓和曲面向下延拓。从数学上讲,向上延拓属于适定问题,在理论上已得到很好解决,而向下延拓属于不适定问题,至今没有得到很好解决。这里只简要介绍求解位场延拓问题的理论基础和数值方法。

根据经典场论可知,地球位场可以表示成某标量函数的梯度,其标量函数称为位函数,简称位。引入位函数,将对矢量函数分布规律的研究转变为标量函数分布规律的研究,使得位场问题得到简化,便于理论分析和数值计算。位函数 u 的一个重要性质是在无源空间满足拉普拉斯方程,即

$$\frac{\partial^2 u}{\partial x^2}+\frac{\partial^2 u}{\partial y^2}+\frac{\partial^2 u}{\partial z^2}=0 \tag{5-3-1}$$

位场向上延拓可以表示成如下偏微分方程边值问题

$$\begin{cases}\dfrac{\partial^2 u}{\partial x^2}+\dfrac{\partial^2 u}{\partial y^2}+\dfrac{\partial^2 u}{\partial z^2}=0 & (x,y,z)\in\Omega \\ u=f(x,y,z) & (x,y,z)\in\Gamma_s \\ u=0 & (x,y,z)\in\Gamma_\infty\end{cases} \tag{5-3-2}$$

如图 5-3-1 所示,无源区域 Ω 是封闭区域,它的边界包括观测面 Γ_s 和无穷远边界 Γ_∞ 两部分。按照位场随距离衰减规律,无穷远边界 Γ_∞ 上的位场值取为 0,称为自然边界条件;边界 Γ_s 代表实际的观测面,Γ_s 上的数据为实际的观测数据。

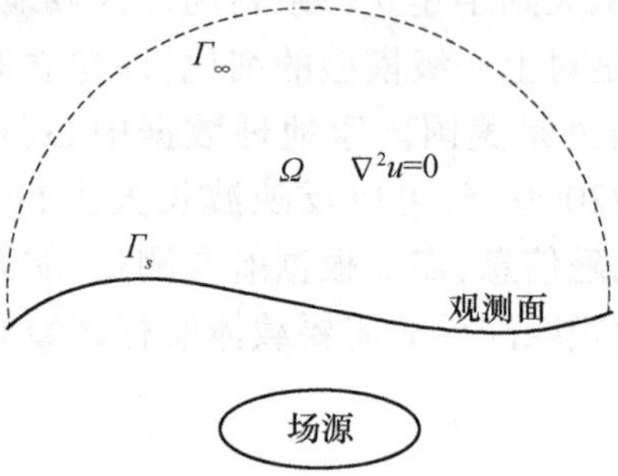

图 5-3-1 位场向上延拓无源区域及其边界示意图

可以采用有限单元法等数值方法,直接对式(5-3-2)给出的偏微分方程边值问题进行求解。但目前更常用的作法是先将式(5-3-2)给出的边值问题由偏微分方程转化为边界积分方程,所采用的数学工具是格林公式和拉普拉斯方程基本解。当观测面为平面时,如图 5-3-2 所示,边界积分方程具有如下形式

$$u(x,y,z_0-\Delta z)=\frac{\Delta z}{2\pi}\int_{-\infty}^{\infty}\int_{-\infty}^{\infty}\frac{u(x',y',z_0)}{[(x-x')^2+(y-y')^2+\Delta z^2]^{3/2}}\mathrm{d}x'\mathrm{d}y' \tag{5-3-3}$$

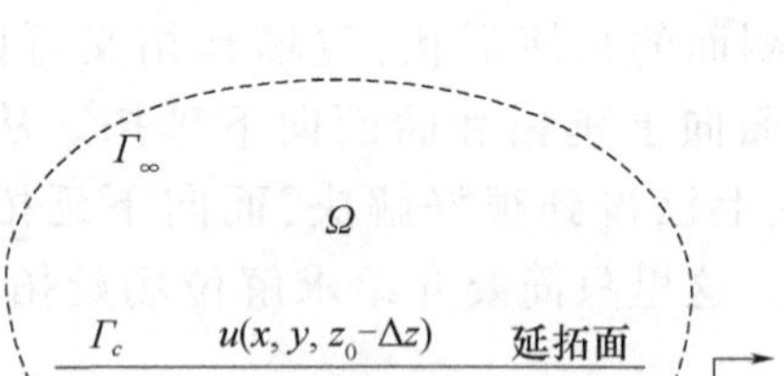

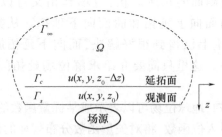

图 5-3-2 位场向上延拓示意图

其中,$\Delta z>0$,z 轴方向垂直向下为正。

根据观测面上位场 $u(x,y,z_0)$,利用式(5-3-3),可以计算无源区域 Ω 内任一点处的位场值 $u(x,y,z_0-\Delta z)$。通常情况下,需要计算某一平面或曲面上的位

场值,该平面或曲面称为延拓面。显然,利用式(5-3-3)逐点计算延拓面上的位场值,计算效率很低。仔细分析式(5-3-3),可以看出,在形式上它是一个二维卷积积分方程。定义核函数 $k(x,y)$ 为

$$k(x,y)=\frac{\Delta z}{2\pi}\cdot\frac{1}{(x^2+y^2+\Delta z^2)^{3/2}} \tag{5-3-4}$$

式(5-3-3)可以表示成卷积方程形式:

$$u(x,y,z_0-\Delta z)=k(x,y)*u(x,y,z_0) \tag{5-3-5}$$

式中:“ * ”为卷积运算。

根据傅里叶卷积定理,式(5-3-5)在频率域可以表示成简洁的乘积形式,关键环节是推导出核函数 $k(x,y)$ 所对应的傅里叶变换 $H_{\mathrm{up}}(k_x,k_y)$,结果为

$$H_{\mathrm{up}}(k_x,k_y)=\mathrm{e}^{-\Delta z\sqrt{k_x^2+k_y^2}} \tag{5-3-6}$$

式中:k_x,k_y分别为 x,y 方向的频率(或称波数)。

$H_{\mathrm{up}}(k_x,k_y)$ 为平面向上延拓频率域算子。式(5-3-5)对应的频率域表达式为

$$U(k_x,k_y,z_0-\Delta z)=U(k_x,k_y,z_0)\mathrm{e}^{-\Delta z\sqrt{k_x^2+k_y^2}} \tag{5-3-7}$$

式中:$U(k_x,k_y,z_0-\Delta z)$、$U(k_x,k_y,z_0)$ 分别为 $u(x,y,z_0-\Delta z)$,$u(x,y,z_0)$ 的二维傅里叶变换。

式(5-3-3)和式(5-3-7)是位场向上延拓的理论基础,也是研究位场延拓数值算法的基本出发点。分别由求解式(5-3-3)和式(5-3-7)出发,对应有位场向上延拓空间域数值方法和频率域数值方法。从理论上讲,式(5-3-3)和式(5-3-7)是等价的,但在数值求解式(5-3-3)和式(5-3-7)时,对应的空间域数值方法和频率域数值方法是不等价的。

实际观测数据是有限区域内的离散值,经网格化处理后,得到规则的网格数据。本节所介绍的位场延拓数值方法,用于处理规则网格数据。简洁起见,将式(5-3-3)和式(5-3-7)重新写为

$$f(x,y)=\frac{\Delta z}{2\pi}\int_{-\infty}^{\infty}\int_{-\infty}^{\infty}\frac{g(x',y')}{[(x-x')^2+(y-y')^2+\Delta z^2]^{3/2}}\mathrm{d}x'\mathrm{d}y' \tag{5-3-8}$$

$$F(k_x,k_y)=G(k_x,k_y)\mathrm{e}^{-\Delta z\sqrt{k_x^2+k_y^2}} \tag{5-3-9}$$

网格数据坐标表示为(x_m,y_n),其中:

$$x_m=x_0+m\Delta x \quad (m=0,1,\cdots,M-1)$$
$$y_n=y_0+n\Delta y \quad (n=0,1,\cdots,N-1)$$

位场延拓数值方法的主要研究内容包括式(5-3-8)和式(5-3-9)的离散化以及离散化后线性代数方程组的快速、稳定求解算法。

1. 向上延拓

对式(5-3-8)离散化的实质是采用数值积分代替积分。例如,采用矩形公式法对式(5-3-8)进行离散化,可得

$$f(x_m,y_n)\approx\frac{\Delta z}{2\pi}\sum_{i=0}^{M-1}\sum_{j=0}^{N-1}\frac{g(\xi_i,\eta_j)\Delta x\Delta y}{[(x_m-\xi_i)^2+(y_n-\eta_j)^2+\Delta z^2]^{3/2}} \tag{5-3-10}$$

式(5-3-10)可以表示成线性代数方程组形式

$$\boldsymbol{f}=\boldsymbol{A}\boldsymbol{g} \tag{5-3-11}$$

位场向上延拓,是指根据 $\boldsymbol{g}$ 和系数矩阵 $\boldsymbol{A}$,求 $\boldsymbol{f}$,实现该过程的方法称为空间域数值方法。空间域向上延拓问题的难点是计算量大。简单分析可知,观测数据维数 $g(x_m,y_n)$ 是 $M\times N$,系数矩阵 $\boldsymbol{A}$ 的维数为 $MN\times MN$。若 $M=N=200$,则系数矩阵 $\boldsymbol{A}$ 的维数为 1.6×10^9。由于 $\boldsymbol{A}$ 不是稀疏矩阵,所以在计算机中存储 $\boldsymbol{A}$ 需要占用大量内存。而计算 $\boldsymbol{Ag}$ 更是需要大量时间。寻找一种快速算法来计算 $\boldsymbol{Ag}$,成为向上延拓空间域数值方法的主要研究内容之一。研究式(5-3-8)的离散化方法同样是空间域数值方法的主要研究内容之一。

位场向上延拓频率域数值方法需要对式(5-3-9)离散化,整个数值方法过程如图5-3-3所示。其中,DFT 和 IDFT 分别表示离散傅里叶变换和反变换。在数值方法方面,可以采用快速傅里叶变换算法(FFT)来提高延拓算法效率。所以,位场向上延拓一般采用频率域方法。在频率域方法实现过程中,存在一些值得思考的问题,例如离散频率 k_{xp} 和 k_{yq} 如何确定,对于不同维数的观测数据,采用哪种 FFT 算法更合适等。另一个值得深入思考的问题是空间域方法和频率域方法之间存在怎样的关系,图5-3-4给出了两种方法实现过程的对比,其中 FT 表示傅里叶变换。

$$g(x_m,y_n)\xrightarrow{\text{DFT}}G(k_{xp},k_{yq})\xrightarrow{\times e^{-\Delta z\sqrt{k_{xp}^2+k_{yq}^2}}}F(k_{xp},k_{yq})\xrightarrow{\text{DFT}}f(x_m,y_n)$$

图5-3-3 向上延拓频率域数值方法过程

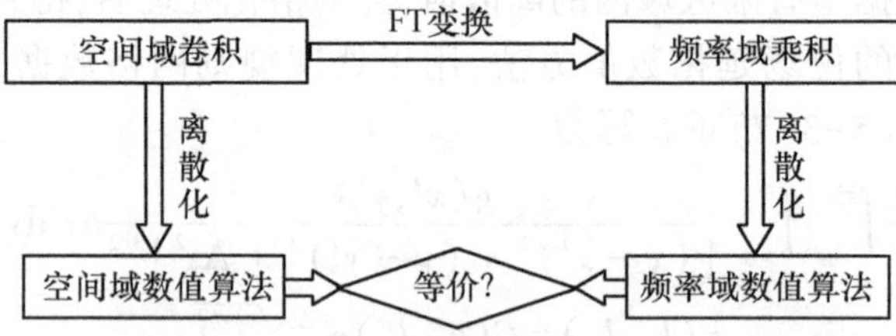

图5-3-4 空间域方法与频率域方法对比

2. 向下延拓

从数学上讲,由式(5-3-8)可知,向下延拓的本质是求解第一类 Fredholm 积分方程,也是一个反卷积的过程,这类问题一般是病态的。向下延拓是不稳定的,观测数据的微小扰动会导致延拓结果产生大的变化。正则化理论是目前解决病态问题的较完善的理论。

向上延拓是向下延拓的基础。对应向上延拓的空间域方法和频率域方法,相应有向下延拓空间域方法和频率域方法。

向下延拓是向上延拓的反过程。就式(5-3-11)而言,位场向下延拓是指根据 $\boldsymbol{f}$ 和系数矩阵 $\boldsymbol{A}$,求 $\boldsymbol{g}$,实现该过程的方法称为向下延拓空间域数值方法。由于系数矩阵 $\boldsymbol{A}$ 维数大,且 $\boldsymbol{A}$ 是病态的(即 $\boldsymbol{A}$ 的条件数很大),空间域向下延拓问题转化求解大维数病态线性代数方程组。显然,通过直接矩阵求逆

$$\boldsymbol{g}=\boldsymbol{A}^{-1}\boldsymbol{f} \tag{5-3-12}$$

或者最小二乘法

$$\boldsymbol{g}=(\boldsymbol{A}^{\mathrm{T}}\boldsymbol{A})^{-1}\boldsymbol{A}^{\mathrm{T}}\boldsymbol{f} \tag{5-3-13}$$

求解 $\boldsymbol{g}$,都是不可取的。一条可行的途径是使用某种合适的迭代法,如 Landweber 迭代法等,迭代过程中避免矩阵 $\boldsymbol{A}$ 的求逆,通过迭代来逼近理论值 $\boldsymbol{g}$。迭代法表现出正则性,所以一般也将迭代法视为正则化方法。迭代法求解病态问题时,会呈现出半收敛的特性,即迭代前期迭代解逼近最优解,而后期远离最优解,趋于发散。因此,使用迭代法求解向下延拓问题时,迭代次数的确定直接影响延拓结果精度,是需要解决的关键问题之一。

由式(5-3-9)可得,向下延拓在频率域的理论解为

$$G(k_x,k_y)=F(k_x,k_y)\mathrm{e}^{\Delta z\sqrt{k_x^2+k_y^2}} \tag{5-3-14}$$

对 $G(k_x,k_y)$ 进行傅里叶反变换,似乎可以直接得到 $g(x,y)$。这样的过程实际是行不通的。由式(5-3-14)可知,从频率域来看,向下延拓是将数据频谱指数放大过程,频率越大,放大倍数越大。实际观测数据中不可避免地含有高频噪声,向下延拓会将噪声过度放大,甚至淹没有用信号,导致向下延拓不稳定。需要采取一定方法,压制向下延拓对高频噪声的放大作用,比如可以串联低通滤波器。另一类解决方法是采用正则化方法。正则化方法解决不适定问题,主要包括 3 方面内容:正则化泛函构造,正则化参数选取,正则化方法快速算法实现。例如可以构造如下 Tikhonov 正则化泛函

$$J[g]=\|k(x,y)*g(x,y)-f(x,y)\|_{L_2}^2+\alpha\|g(x,y)\|_{L_2}^2 \tag{5-3-15}$$

优化泛函 $J[g]$,使得 $J[g]$ 达到最小的解 $g(x,y)$ 便是正则解,其中参数 α 是正则化参数,它是一个大于零的常数,正则解 $g(x,y)$ 同参数 α 有关,所以记正则解为 $g_\alpha(x,y)$。对于泛函 $J[g]$,可以采用变分法,结合 Parseval 等式,推导得到正则解 $g_\alpha(x,y)$ 在频域的解析表达式 $G_\alpha(k_x,k_y)$ 为

$$G_\alpha(k_x,k_y)=\frac{\mathrm{e}^{-\Delta z\sqrt{k_x^2+k_y^2}}}{\alpha+\mathrm{e}^{-2\Delta z\sqrt{k_x^2+k_y^2}}}F(k_x,k_y) \tag{5-3-16}$$

由式(5-3-16)可以看到,当 $\alpha\to 0$ 时,$G_\alpha(k_x,k_y)\to G(k_x,k_y)$(即理论解)。通过调节参数 α,可以使得向下延拓过程稳定。延拓结果精度与参数 α 有密切关系,如何快速准确确定参数 α,是正则化方法研究的重点,也是难点。频率域向下延拓的优势是在算法实现时,可以借助 FFT 算法保证算法效率。

3. 曲面位场延拓

在面向水下地磁导航应用背景中,航空地磁测量时飞机的飞行高度面一般

情况下为曲面,为了将曲面上观测数据向下延拓至水面及其以下空间,需要研究曲面延拓问题,如图5-3-5所示。将平面延拓边界积分方程式(5-3-3)(或者式(5-3-8))稍作改动,可得

$$f(x,y,z(x,y)) = -\frac{z(x,y)}{2\pi}\int_{-\infty}^{\infty}\int_{-\infty}^{\infty}\frac{g(\xi,\eta)}{[(x-\xi)^2+(y-\eta)^2+z(x,y)^2]^{3/2}}\mathrm{d}\xi\mathrm{d}\eta \tag{5-3-17}$$

式(5-3-17)是求解曲面延拓问题的基本出发点。根据平面 $z=0$ 上位场 $g(x,y)$ 计算曲面 $z=z(x,y)$ 上位场 $f(x,y,z(x,y))$,称为平化曲;根据曲面 $z=z(x,y)$ 上位场 $f(x,y,z(x,y))$ 计算平面 $z=0$ 上位场 $g(x,y)$,称为曲化平。两者都属于曲面延拓问题范畴。平化曲属于适定问题,而曲化平属于不适定问题。平化曲是曲化平的基础。

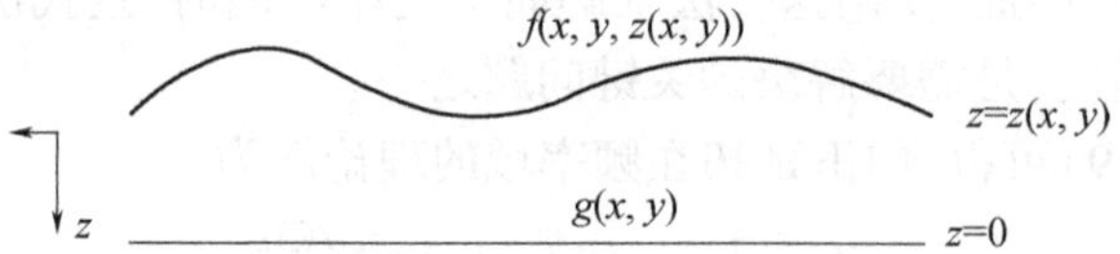

图5-3-5 曲面位场延拓示意图

分析可知,式(5-3-17)在形式上不是卷积积分,因此在频率域不存在类似式(5-3-9)的简洁表达式,所以平化曲比平面向上延拓复杂。显然,利用式(5-3-17),通过逐点计算来实现平化曲,计算代价大。为解决计算量大问题,平化曲一般采用近似方法来实现。例如,借助平面向上延拓快速算法,延拓得到包围曲面的多个平面位场,通过空间插值得到曲面上位场,如图5-3-6所示,这种平化曲近似方法计算量小,效率高,且有较高的精度。另一种近似平化曲方法是基于泰勒级数展开,在频率域实现快速计算。

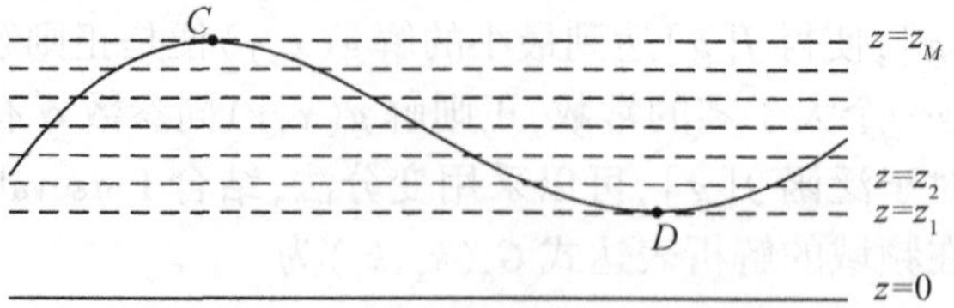

图5-3-6 分层插值逼近平化曲

曲化平的实质是求解积分方程式(5-3-17)。由于式(5-3-17)与式(5-3-8)在形式上是相似的,且曲化平与向下延拓都属于不适定问题,所以,求解曲化平问题时,可以借鉴向下延拓问题的求解思路。目前,求解曲化平问题一般采用迭代法,迭代过程中使用了快速平化曲算法,保证整个算法效率。

5.3.3　地磁测量误差补偿方法

地磁测量误差补偿是实现高精度地磁测量的关键技术。三轴捷联磁力仪在使用过程中受到诸多误差源的影响,这些误差源可以分为两类,一类是由传感器自身结构、材料和电路传输引起的误差,如非正交误差、刻度因子误差、零偏误差等,统称为仪表误差;另一类来自于载体磁场,即载体干扰磁场。分析磁力仪仪表误差和载体干扰磁场的特性发现,可以将二者进行一体化标定。也就是说,建立参数化的测量误差补偿模型,根据地磁测量数据对误差补偿模型进行参数估计。在地磁测量误差建模过程中,可能存在未考虑的误差项。根据磁场的可叠加性原理,只要这些误差项的施加性质等同于模型中已有的某些误差项,那么这些未考虑的误差项也会得到校正。

三轴磁力仪的 3 个敏感轴定义了磁力仪坐标系,用 s 表示。由于磁力仪的 3 个敏感轴在实际中难以严格正交,为便于描述其与载体坐标系之间的关系,引入磁力仪测量坐标系 m,定义为与非正交坐标系 s 足够接近的一个正交坐标系。设 ox^m 轴与 ox^s 轴重合,oy^m 轴位于平面 ox^sy^s 内,且 oy^s 轴绕 oz^m 轴转动 α 角与 oy^m 重合;记 oz^s 轴在平面 ox^mz^m 内的投影为 oz',oz^m 轴绕 oy^m 轴转动 β 角与 oz' 重合,oz^s 轴与 oz' 的夹角为 γ,逆着 ox^m 轴看过去,oz^s 轴在平面 ox^mz^m 的右侧 γ 为正,如图 5-3-7 所示。定义非正交矩阵 $\boldsymbol{C}_{NO}$,满足

$$\begin{pmatrix} x^s \\ y^s \\ z^s \end{pmatrix} = \boldsymbol{C}_{NO} \begin{pmatrix} x^m \\ y^m \\ z^m \end{pmatrix} \tag{5-3-18}$$

则有

$$\boldsymbol{C}_{NO} = \begin{bmatrix} 1 & 0 & 0 \\ \sin\alpha & \cos\alpha & 0 \\ \sin\beta\cos\gamma & \sin\gamma & \cos\beta\cos\gamma \end{bmatrix} \tag{5-3-19}$$

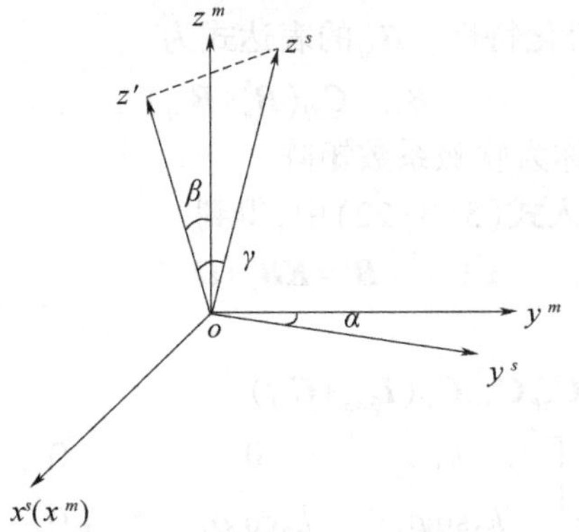

图 5-3-7　三轴磁传感器非正交误差

考虑三轴磁力仪与载体坐标系一致安装的情况,由于磁力仪安装误差难以避免,设磁力仪测量坐标系的坐标轴与载体坐标系坐标轴的误差角为 $[\varepsilon_x \quad \varepsilon_y \quad \varepsilon_z]^{\mathrm{T}}$,当安装误差角足够小时,安装误差矩阵 $\boldsymbol{C}_M$ 可以用下三角矩阵表示:

$$\boldsymbol{C}_M=\begin{bmatrix}1 & 0 & 0\\ -\varepsilon_z & 1 & 0\\ \varepsilon_y & -\varepsilon_x & 1\end{bmatrix} \tag{5-3-20}$$

由于材料和制造工艺水平的限制,磁力仪3个敏感器轴的刻度因子存在细微差异。另外,磁力仪的磁芯会存在剩磁现象,各轴的激励电路也存在零点漂移。定义刻度因子误差矩阵 $\boldsymbol{C}_{SF}$ 和磁力仪零偏 $\boldsymbol{b}_o^s$ 如下:

$$\begin{aligned}\boldsymbol{C}_{SF}&=\mathrm{diag}(s_x,s_y,s_z)^{\mathrm{T}}\\ \boldsymbol{b}^s&=[b_x \quad b_y \quad b_z]^{\mathrm{T}}\end{aligned} \tag{5-3-21}$$

式中:s_i 和 $b_i(i=x,y,z)$ 分别为磁力仪 i 轴的刻度因子和零偏。

综上所述,在三轴磁力仪与载体坐标系一致安装的情况下,磁力仪输出的数学模型为

$$\boldsymbol{B}^s=\boldsymbol{C}_{SF}\boldsymbol{C}_{NO}\boldsymbol{C}_M(\boldsymbol{B}_e^b+\boldsymbol{B}_{HI}^b+\boldsymbol{B}_{SI}^b)+\boldsymbol{b}^s \tag{5-3-22}$$

式中:上标 b 为载体坐标系;上标 s 为磁力仪坐标系;$\boldsymbol{B}^s$ 为磁力仪的测量输出;$\boldsymbol{B}_e^b$ 为真实地磁场场强;$\boldsymbol{B}_{HI}^b$ 为硬磁误差,$\boldsymbol{B}_{SI}^b$ 为软磁误差。

硬磁误差 $\boldsymbol{B}_{HI}^b$ 主要来源于载体的硬磁性材料的磁场。常见的硬磁性材料有永磁体和高碳钢等,其剩磁较高,产生的磁场随时间变化非常缓慢,可认为是时不变的。硬磁性磁场在载体坐标系各轴的投影是常值。

软磁误差 $\boldsymbol{B}_{SI}^b$ 是载体的软磁性材料受到外部磁场的激励产生的,磁场的分布与激励磁场的幅值和方向有关。当载体运动引起载体与外部激励磁场之间的方位关系发生改变时,软磁性磁场的分布会连续变化,其在载体坐标系各轴上的投影是时变的。软磁性磁场幅值与外部激励磁场幅值近似呈线性关系,比例系数取决于软磁性材料的磁化特性。$\boldsymbol{B}_{SI}^b$ 的表达式为

$$\boldsymbol{B}_{SI}^b=\boldsymbol{C}_{SI}(\boldsymbol{B}_e^b+\boldsymbol{B}_{HI}^b) \tag{5-3-23}$$

式中:$\boldsymbol{C}_{SI}$ 为对角矩阵,称为软磁系数矩阵。

将式(5-3-23)代入式(5-3-22)中,得到

$$\boldsymbol{B}^s=\boldsymbol{K}\boldsymbol{B}_e^b+\boldsymbol{O} \tag{5-3-24}$$

其中

$$\begin{aligned}\boldsymbol{K}&=\boldsymbol{C}_{SF}\boldsymbol{C}_{NO}\boldsymbol{C}_M(\boldsymbol{I}_{3\times3}+\boldsymbol{C}_{SI})\\ &=\begin{bmatrix}k_1 & 0 & 0\\ k_2\sin\rho_1 & k_2\cos\rho_1 & 0\\ k_3\sin\rho_2\cos\rho_3 & k_3\sin\rho_3 & k_3\cos\rho_2\cos\rho_3\end{bmatrix}\end{aligned}$$

$$O=KB_{HI}^{b}+b^{s}=\begin{bmatrix}o_1 & o_2 & o_3\end{bmatrix}^{\mathrm{T}}$$

式(5-3-24)表明,磁力仪的两类误差可以统一建模为总非正交误差、总刻度因子误差和总零偏误差。总非正交误差来源于磁力仪的制造工艺误差、磁力仪安装误差以及软磁误差,总非正交误差角用 ρ_1、ρ_2 和 ρ_3 表示;总刻度因子误差来源于磁力仪刻度因子误差和软磁误差,相关参数为 k_1、k_2 和 k_3;总零偏误差由磁力仪零偏和硬磁误差组成,相关参数为 o_1、o_2 和 o_3。上述 9 个参数能够描述三轴捷联磁力仪的输入输出过程。

从几何的角度来看,式(5-3-24)揭示了磁力仪输出矢量 $\boldsymbol{B}^s$ 和待测矢量 $\boldsymbol{B}_e^b$ 之间存在旋转、伸缩和平移的仿射变换关系。其中,参数 $\boldsymbol{K}$ 对 $\boldsymbol{B}_e^b$ 进行旋转和伸缩变换,参数 $\boldsymbol{O}$ 则对 $\boldsymbol{B}_e^b$ 进行平移操作。当不考虑任何地磁测量误差时,改变磁力仪的姿态,恒定地磁场的测量值在欧式空间应该表现为一个圆球体;而磁力仪实际输出的模值则表现为一个椭球体,如图 5-3-8 所示。也就是说,在各项测量误差干扰下,恒定地磁场的测量值将被限制在一个椭球表面。

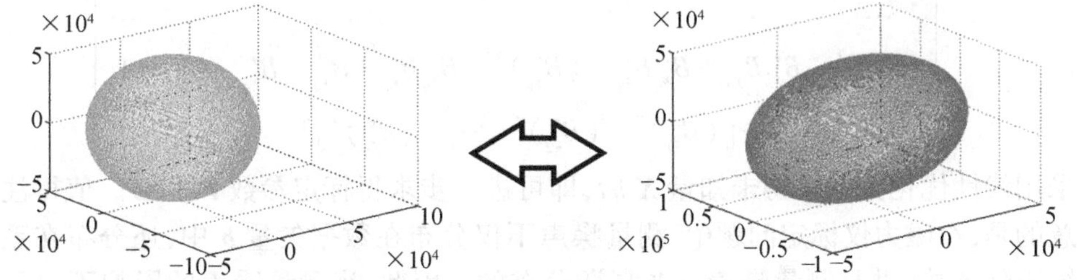

图 5-3-8　恒定地磁测量的椭球面约束

对式(5-3-24)进行逆向映射,即得三轴磁力仪的标定模型

$$\hat{\boldsymbol{B}}^b=\boldsymbol{K}^{-1}(\boldsymbol{B}^s-\boldsymbol{O})=\boldsymbol{P}(\boldsymbol{B}^s-\boldsymbol{O}) \tag{5-3-25}$$

式中:$\hat{\boldsymbol{B}}^b$ 为标定后的地磁测量矢量,投影在载体坐标系中,参数矩阵 $\boldsymbol{P}=\boldsymbol{K}^{-1}$ 是下三角矩阵。磁力仪的标定过程等价于确定公式(5-3-24)中的 9 个标定参数。

标定后的地磁测量矢量 $\hat{\boldsymbol{B}}^b$ 应该分布在一个圆球表面上,圆球的半径为恒定磁场场强的幅值 R,即

$$R^2=\|\hat{\boldsymbol{B}}^b\|_2^2=\|\boldsymbol{P}(\boldsymbol{B}^s-\boldsymbol{O})\|_2^2 \tag{5-3-26}$$

给定一组场强幅值为 R 的某恒定磁场的磁力仪输出 $\boldsymbol{B}_i^s(i=1,2,\cdots,q)$,定义如下优化指标:

$$f(\boldsymbol{P},\boldsymbol{O})=\sum_{i=1}^{q}R^2-\|\boldsymbol{P}(\boldsymbol{B}_i^s-\boldsymbol{O})\|_2^2)^2 \tag{5-3-27}$$

通过最小化该指标,即可实现对磁力仪的标定。由于优化指标是非线性的,因此磁力仪标定问题实质上就是非线性最优化问题。

对于磁力仪标定的非线性最优化问题,可以转化为线性最优化问题进行求解。将式(5-3-26)展开并整理可得观测方程

$$
\begin{aligned}
&a_1(B_x^s)^2+a_2B_x^sB_y^s+a_3B_x^sB_z^s+a_4(B_y^s)^2+a_5B_y^sB_z^s \\
&\quad +a_6(B_z^s)^2+a_7B_x^s+a_8B_y^s+a_9B_z^s+a_{10}=0
\end{aligned}
\tag{5-3-28}
$$

式中:B_x^s,B_y^s和B_z^s为$\boldsymbol{B}^s$的三个分量;$a_i(i=1,2,\cdots,10)$为标定参数$\boldsymbol{P}$和$\boldsymbol{O}$定义的中间变量。给定q个某恒定地磁场的测量值,由这些测量值组成的观测方程联立可得多种以$a_i(i=1,2,\cdots,10)$的组合为变量的线性方程

$$
\boldsymbol{AX}=\boldsymbol{b} \tag{5-3-29}
$$

其中一种构成形式中的变量和系数可选取如下:

$$
\boldsymbol{X}=-\frac{1}{a_6}\begin{bmatrix} a_1 & a_2 & a_3 & a_4 & a_5 & a_7 & a_8 & a_9 & a_{10}\end{bmatrix}^{\mathrm{T}}
$$

$$
\boldsymbol{A}=\begin{bmatrix}
(B_{x_1}^s)^2 & B_{x_1}^sB_{y_1}^s & B_{x_1}^sB_{z_1}^s & (B_{y_1}^s)^2 & B_{y_1}^sB_{z_1}^s & B_{x_1}^s & B_{y_1}^s & B_{z_1}^s & 1 \\
(B_{x_2}^s)^2 & B_{x_2}^sB_{y_2}^s & B_{x_2}^sB_{z_2}^s & (B_{y_2}^s)^2 & B_{y_2}^sB_{z_2}^s & B_{x_2}^s & B_{y_2}^s & B_{z_2}^s & 1 \\
\cdots & \cdots & & & & & & & \cdots \\
(B_{x_q}^s)^2 & B_{x_q}^sB_{y_q}^s & B_{x_q}^sB_{z_q}^s & (B_{y_q}^s)^2 & B_{y_q}^sB_{z_q}^s & B_{x_q}^s & B_{y_q}^s & B_{z_q}^s & 1
\end{bmatrix}
$$

$$
\boldsymbol{b}=\begin{bmatrix}(B_{z_1}^s)^2 & (B_{z_2}^s)^2 & \cdots & (B_{z_q}^s)^2\end{bmatrix}^{\mathrm{T}}
$$

采用线性优化方法求得未知量$\boldsymbol{X}$后,即可进一步求得标定参数$\boldsymbol{P}$和$\boldsymbol{O}$。值得注意的是,在磁力仪标定问题中,测量噪声不仅分布在数据矢量$\boldsymbol{b}$中,还分布在系统矩阵$\boldsymbol{A}$中,并且测量噪声是非高斯分布的。因此,当测量噪声的影响不可忽略时,采用标准最小二乘方法可能得到有偏估计,甚至无解。基于约束总体最小二乘法的标定算法可以解决上述问题,该方法一方面通过定义扩展的随机噪声向量,将矩阵$\boldsymbol{A}$各个列向量相关的测量噪声变换为独立同分布的;另一方面在$\boldsymbol{A}$和$\boldsymbol{b}$中添加相应的最小L2范数扰动项,使得原线性方程是相容的。该方法在水下地磁导航试验中得到了验证。

三轴捷联磁力仪的标定问题实质上是误差模型参数估计问题,即根据观测数据对模型参数进行估计。因此,观测数据包含模型参数的信息量越大,越有利于提高参数估计的精度。由于磁力仪与载体捷联,因此实现最优标定的理想情况是载体能够实现全欧拉空间的转动。但是在现实应用中,除了小型的导航载体外,绝大部分载体如陆用车辆和水下航行器等均无法实现全欧拉空间的姿态转动。这意味着磁力仪只能得到一部分姿态空间的磁测量数据。如果磁测量数据的空间分布不合理,就会导致病态的参数估计问题。所谓病态参数估计问题,是指观测值或系数矩阵发生微小变动,就会导致参数解发生较大变化。正则化方法是处理病态问题的有效手段,通过对病态问题的解估计添加合理约束(先验信息),使得问题的解稳定。截断总体最小二乘方法借鉴截断奇异值正则化方法的思想,通过截断小奇异值对应的解估计,使得解更为稳定。该方法适用于

求解严重病态、系统矩阵和观测向量都存在误差的线性方程，在船载三轴磁力仪测量试验中得到了验证。

当载体的工作状态发生改变时，载体的磁场特性会发生一定的变化。为了取得更好的误差补偿效果，往往需要对载体干扰磁场重新进行标定。例如，磁测卫星需要在轨进行周期性的标定以不断修正发射前标定的误差模型参数。小型无人机在引擎关闭和工作两种状态磁场变化较大，同样需要在飞行时重新补偿。在水下地磁导航试验中，选择地磁基本恒定的区域对磁力仪进行在线标定，并要求水下航行器在地磁匹配区与标定时航速相同。

5.3.4 惯性/地磁匹配组合导航水下试验案例

1. 系统组成

惯性/地磁匹配组合导航试验样机由磁力仪和激光捷联惯性导航系统组成，其中磁力仪选用三轴磁通门磁力仪，偏移误差（25℃）小于 5nT，分辨率为 0.002nT；激光捷联惯性导航系统的惯性测量单元（IMU）由 3 个 90 型二频机抖激光陀螺及其控制电路、3 个石英挠性加速度表和组合框架构成。3 个加速度计、3 个激光陀螺敏感轴正交安装。试验载体为某型水下航行器。

2. 试验方案

样机所搭载的水下航行器外壳为铝合金材料，其参考航迹由水下声纳阵提供，定位精度在米级。试验水域 10km×10km 的地磁图，见图 5-3-9。分析可知，在离西口岸 2km 之内的狭长水域地磁场强变化显著，其余广阔水域地磁场强变化很小。

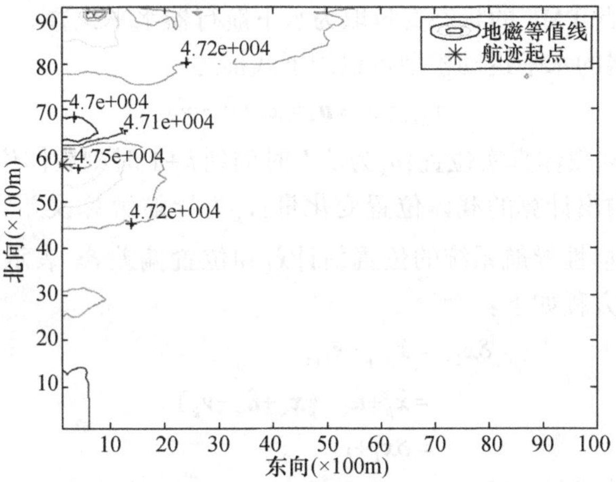

图 5-3-9 试验水域地磁图

地磁测量误差补偿要求水下航行器在一个地磁场强近似为常值的区域作机动，这个区域称为“机动区”；地磁匹配导航则要求水下航行器在地磁场强变化较大的区域航行,这个区域称为“匹配区”。为保障水下航行器安全航行,航迹规划要避开浅水、近岸等危险区域;航迹起点在西口岸。综合以上约束设计了试验航迹(见图5-3-16中的参考航迹),图5-3-10给出了试验航迹上的地磁场强度读图值。

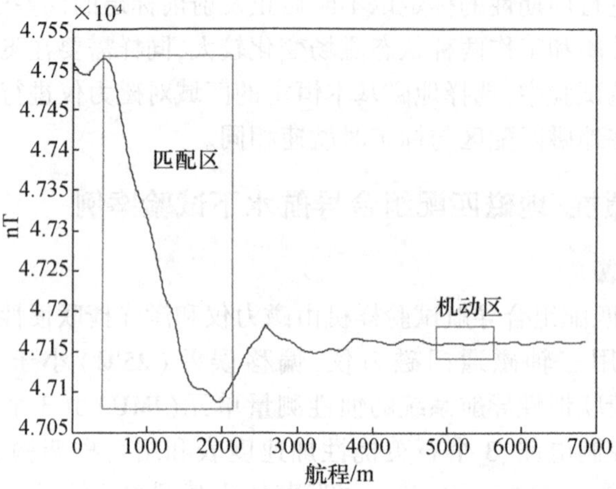

图5-3-10 试验航迹上的地磁场强度

3. 组合导航系统模型

地磁匹配模块采用了非线性、非高斯的PMF算法。考虑到非线性滤波的计算量随系统维数的增加而急剧增加,所以建立滤波模型时希望系统维数尽量低。由于观测量地磁场强度仅与水下航行器的位置相关,且水下航行器在地磁匹配区定深航行,因此PMF的状态变量取为水下航行器水平位置。

水下航行器的水平运动模型可以用下式描述:

$$\boldsymbol{x}_{k+1}=\boldsymbol{x}_k+\boldsymbol{u}_k=\boldsymbol{x}_k+\hat{\boldsymbol{u}}_k-\boldsymbol{v}_k \tag{5-3-30}$$

式中:$\boldsymbol{x}_k$为k时刻载体真实位置;u_k为从k时刻到$k+1$时刻载体位置变化量;$\hat{\boldsymbol{u}}_k$为根据导航系统输出计算的载体位置变化量;$\boldsymbol{v}_k$为导航解算误差。为了简化算法的数学描述,用惯性导航系统的位置估计$\hat{\boldsymbol{x}}_k$和位置偏差$\delta\boldsymbol{x}$表示真实位置,并且用$\delta\boldsymbol{x}$表示运动方程如下:

$$\begin{aligned}\delta\boldsymbol{x}_{k+1}&=\hat{\boldsymbol{x}}_{k+1}-\boldsymbol{x}_{k+1}\\&=\hat{\boldsymbol{x}}_k+\hat{\boldsymbol{u}}_k-(\boldsymbol{x}_k+\hat{\boldsymbol{u}}_k-\boldsymbol{v}_k)\\&=\delta\boldsymbol{x}_k+\boldsymbol{v}_k\end{aligned} \tag{5-3-31}$$

磁力仪测量模型如下:

$$\begin{aligned}z_k&=h^*(x_k)+v_k^*\\&=h(x_k)+v_k'+v_k^*\\&=h(\hat{x}_k-\delta x_k)+w_k\end{aligned} \tag{5-3-32}$$

式中：z_k为磁力仪测量的地磁场强度模值（简称地磁场强度）；$h^*(x_k)$为位置x_k处的地磁场强度真值；v_k^*为磁力仪测量误差；$h(x_k)$为位置x_k处的地磁场强度读图值；v_k'为地磁图读图误差，$w_k=v_k^*+v_k'$。

式(5-3-31)和式(5-3-32)组成 PMF 滤波模型。上述模型通常建立在导航坐标系（如北东地坐标系）中，水下航行器位置用地理纬度和经度描述，即$\delta x=(\delta L,\delta\lambda)^{\mathrm{T}}$。

地磁匹配模块的位置误差估计结果输入到组合导航模块，作为组合导航 EKF 的观测量。在组合导航模块，发挥 EKF 计算量小的优势，可以建立详细的载体运动学模型，对载体位置、速度和姿态误差进行全面估计。若定义状态变量

$$\boldsymbol{X}=[\delta L\quad \delta\lambda\quad \delta v_N\quad \delta v_E\quad \phi_x\quad \phi_y\quad \phi_z]^{\mathrm{T}}$$

式中：ϕ_x、ϕ_y、ϕ_z为姿态角误差；δv_N、δv_E分别为北向、东向速度误差；δL、$\delta\lambda$ 分别为地理纬度、经度误差，则组合导航滤波模型为

$$\begin{cases}\dot{\boldsymbol{X}}(t)=\boldsymbol{F}(t)\boldsymbol{X}(t)+\boldsymbol{W}(t)\\ \boldsymbol{Z}(t)=\boldsymbol{H}\boldsymbol{X}(t)+\boldsymbol{n}(t)\end{cases}\tag{5-3-33}$$

其中，矩阵$\boldsymbol{F}(t)$的元素参见式(2-5-49)，$\boldsymbol{W}(t)$为系统过程噪声，这里假定为高斯白噪声。$\boldsymbol{Z}=(\delta L,\delta\lambda)^{\mathrm{T}}$，$\boldsymbol{H}=\begin{bmatrix}1&0&0&0&0&0&0\\0&1&0&0&0&0&0\end{bmatrix}$，$\boldsymbol{n}(t)$为 PMF 的估计误差。惯性/地磁匹配组合导航系统的信息流程如图 5-3-11 所示。

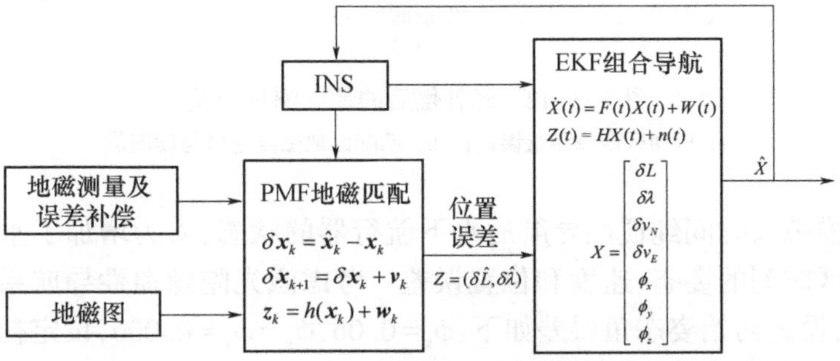

图 5-3-11　惯性/地磁匹配组合导航信息流程

4. 试验结果分析

水下航行器的干扰磁场非常大，磁力仪原始输出数据与地磁真实值的偏差高达 10000nT；在机动区内，磁力仪输出数据峰峰值差异约 20000nT。根据机动区中心点的已知地磁场强及机动区内的磁力仪输出数据，对磁力仪测量误差进行补偿。补偿后，机动区磁力仪输出峰峰值差异减小至 150nT 左右，标准均方差 24. 3nT；匹配区地磁测量误差偏差 40nT，标准均方差 67nT（见图 5-3-12）。

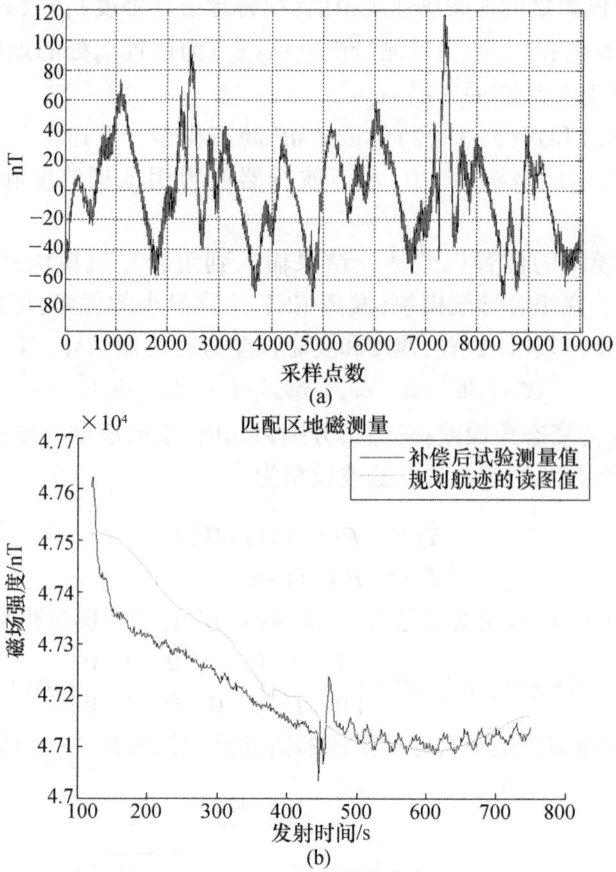

图 5-3-12 经补偿后的地磁测量误差

(a) 机动区地磁测量误差；(b) 匹配区地磁测量值与读图值。

为了模拟长时间纯惯性导航后水下航行器的状态，人为增加了水下航行器进入匹配区时刻的姿态、速度和位置误差。考虑激光陀螺惯性导航系统的姿态误差特性，设定初始姿态角误差如下：$\phi_z=0.06$，$\phi_x=\phi_y=0.006$，设定初始速度分量误差和初始位置分量误差如下：$(\delta v_N,\delta v_E)=(-0.5,0.5)$ m/s，$(\delta L,\delta\lambda)=(-600,600)$ m。纯惯性导航航迹、组合导航航迹与参考航迹见图 5-3-13，组合导航定位误差由图 5-3-14 给出。可见，地磁匹配能够有效修正惯性导航误差，匹配区组合导航定位误差处于 100~250m。

下面进一步分析 PMF 匹配定位算法。保持初始姿态角误差不变，改变初始速度误差和初始位置误差，考核 PMF 匹配定位算法的最大稳态定位误差，结果见表 5-3-1。在表中所列初始误差条件下，PMF 算法的稳态定位误差小于 300m。

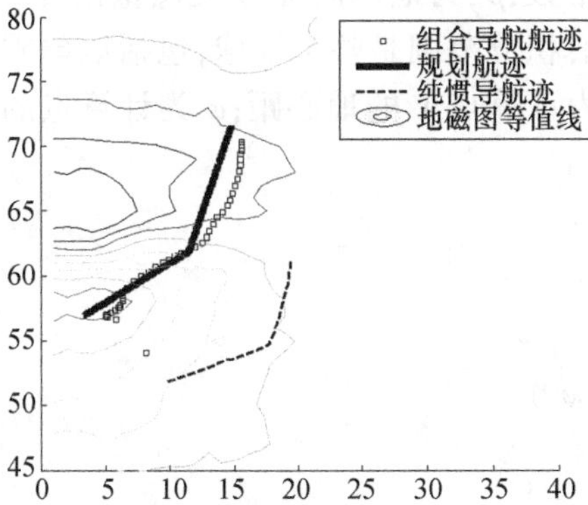

图 5-3-13 航迹

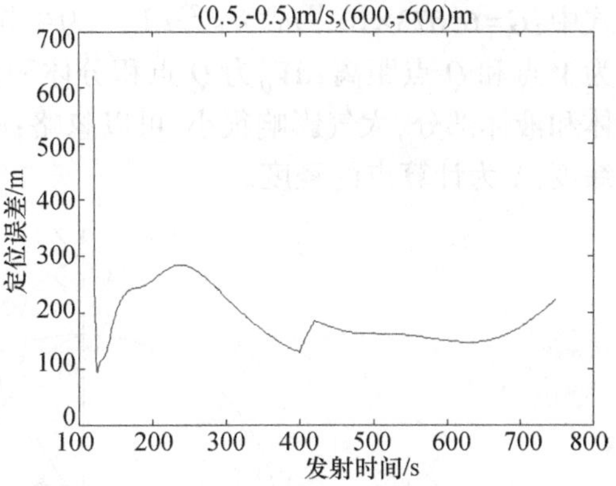

图 5-3-14 组合导航定位误差

表 5-3-1 PMF 算法的稳态定位误差

项目	初始速度误差/m/s (±0.7, ±0.7)	初始速度误差/m/s (±1.4, ±1.4)
初始位置误差/m (±850,±850)	250	300
初始位置误差/m (±5000,±5000)	300	300

试验结果较好地验证了惯性/地磁匹配组合导航技术应用于水下航行器的可行性。应该指出的是,上述试验无论是试验次数,还是试验内容的广度都远远不够,这个领域还有许多理论和工程技术难题值得深入研究。

5.4 惯性/重力匹配组合导航

与地球磁场测量一样,地球重力场测量不需要向外部辐射信号,能够最大程度地保证导航的隐蔽性和自主性。目前对惯性/重力匹配组合导航技术的研究主要集中在高精度重力测量设备研发、高精度重力图构建和全球重力场建模以及组合导航算法等几个方面。

5.4.1 地球重力场

地球重力场是地球周围空间任何一点存在的一种重力作用或重力效应,主要由地球表面地形和地球内部地质组成决定。其中,地形因素决定地球重力场的高频成分,地质因素决定地球重力场的低频成分。

如图 5-4-1 所示,地球表面一点 $V(r,\varphi,\lambda)$ 的引力位函数为

$$V(r,\varphi,\lambda)=G\iiint_{\text{地球}}\frac{\rho_Q}{l}\mathrm{d}V_Q \tag{5-4-1}$$

式中:$G=6.673\times10^{-11}\,\mathrm{m}^3\cdot\mathrm{s}^{-2}\cdot\mathrm{kg}^{-1}$为牛顿常数;$\rho_Q$为地球内部 Q 处质量密度;l 为 V 点和 Q 点距离;$\mathrm{d}V_Q$为 Q 点积分体积元,积分范围是整个地球,包括地球固体和液体部分,大气影响很小,可以忽略;r 为计算点 V 的地心距;φ 为计算点的纬度;λ 为计算点的经度。

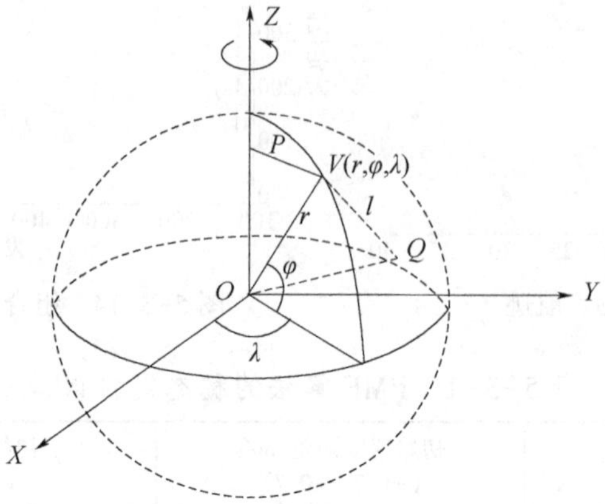

图 5-4-1 地球重力位模型

点 V 除了受到地球引力外,还受到由于地球旋转而产生的离心力。点 V 离心力位函数为

$$\Phi=\frac{1}{2}\omega^2p^2 \tag{5-4-2}$$

式中:p 为计算点 V 到地球自转轴的距离;ω 为地球自转角速度。

重力位是地球质量引力位和离心力位之和,即

$$W=V+\Phi \tag{5-4-3}$$

由此可得重力位为

$$W=G\iiint_{地球}\frac{\rho_Q}{l}\mathrm{d}V_Q\Phi+\frac{1}{2}\omega^2p^2 \tag{5-4-4}$$

重力是重力位的梯度。数学上,重力加速度可以表示为

$$\boldsymbol{g}=\mathrm{grad}W=[g_N,g_E,g_D]^{\mathrm{T}} \tag{5-4-5}$$

物理上,重力加速度是引力加速度和离心加速度的和,即

$$\boldsymbol{g}=\boldsymbol{F}+\boldsymbol{P} \tag{5-4-6}$$

式中:$\boldsymbol{F}$ 为地球质量产生的引力;$\boldsymbol{P}$ 为地球瞬时角速度产生的离心力。

重力梯度定义为重力矢量 $\boldsymbol{g}$ 的梯度,表征重力矢量的空间变化率。重力梯度场直接反映地球表面形状和地质密度的分布状况。重力梯度测量能显示出地质结构的微小差异,它对重力的高频短波分量(主要产生于地下密度的扰动和地表形状)十分敏感。

重力梯度在数学上可以表示为

$$\boldsymbol{\Gamma}=\mathrm{grad}(\mathrm{grad}W)=\frac{\mathrm{d}\boldsymbol{g}}{\mathrm{d}\boldsymbol{e}}=\begin{bmatrix}\dfrac{\partial g_x}{\partial x} & \dfrac{\partial g_x}{\partial y} & \dfrac{\partial g_x}{\partial z}\\ \dfrac{\partial g_y}{\partial x} & \dfrac{\partial g_y}{\partial y} & \dfrac{\partial g_y}{\partial z}\\ \dfrac{\partial g_Z}{\partial x} & \dfrac{\partial g_Z}{\partial y} & \dfrac{\partial g_Z}{\partial z}\end{bmatrix}=\begin{bmatrix}\Gamma_{xx} & \Gamma_{xy} & \Gamma_{xz}\\ \Gamma_{yx} & \Gamma_{yy} & \Gamma_{yz}\\ \Gamma_{zx} & \Gamma_{zy} & \Gamma_{zz}\end{bmatrix} \tag{5-4-7}$$

其中

$$\Gamma_{xx}+\Gamma_{yy}+\Gamma_{zz}=0 \tag{5-4-8}$$

$$\Gamma_{xy}=\Gamma_{yx},\Gamma_{xz}=\Gamma_{zx},\Gamma_{yz}=\Gamma_{zy} \tag{5-4-9}$$

式(5-4-7)中:$\boldsymbol{e}$ 为坐标轴 x、y、z 的单位矢量;$T_{ij}(i,j=x,y,z)$ 为梯度张量的分量,表示重力分量 g_i 在 j 方向上的斜率。重力梯度张量如图 5-4-2 所示。从式(5-4-8)和式(5-4-9)可以看出重力梯度张量 9 个元素中有 5 个是独立分量,这 5 个独立分量体现了地球任意地区独特的重力场特征。

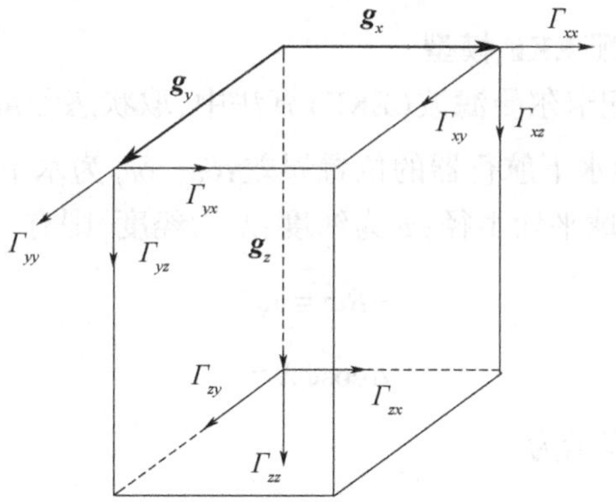

图 5-4-2 重力梯度张量示意图

5.4.2 重力测量

重力测量的方法主要有绝对重力测量和相对重力测量。绝对重力测量通常在地面进行,是利用绝对重力仪进行的静态重力测量,需要操作人员进行逐点作业,可以精确地获得地球重力场的高频信息,但是只能局限于陆地上的部分地区,在深山、密林、沼泽、沙漠等人迹难至的地区难以开展测量。

相对重力测量主要有海洋重力测量、航空重力测量和卫星重力测量。海洋重力测量是利用测量船为载体进行的一种动态重力测量,是采集海洋重力数据的主要方法,能获得较高频段的重力场信息,但是载体的速度较慢且只能限于在海面作业。航空重力测量是以飞机为载体,综合应用重力传感器、GNSS、高度传感器、姿态传感器等设备确定近地空间区域和局部重力场的方法。航空重力测量可以在沙漠、冰川、沼泽、原始森林等难以实施地面重力测量的地区进行作业,并快速获取精度良好、分布均匀、大面积的重力场信息,填补地面重力测量和卫星重力测量之间的频段空白。如今,航空重力测量已经被认为是获取高精度、中高分辨率重力场信息的有效手段。卫星重力测量是将卫星当作地球重力场的探测器或传感器,通过对卫星轨道的摄动及其参数变化观测来研究和了解地球重力场的变化。利用卫星观测资料可以建立全球重力场模型。卫星重力探测技术主要有以下4种模式:地面跟踪观测卫星轨道摄动、卫星测高、卫星跟踪卫星和卫星梯度测量。卫星重力测量可以实现全球覆盖,并且效率很高。但是卫星重力测量只能获得重力场的长波信息(波长大于100km)。

采用上述测量方式获得某区域重力测量数据后,经过误差校正、网格化插值和向下(上)延拓处理后,最终得到归算到大地水准面上的网格化重力异常图或重力梯度图。

5.4.3 重力匹配卡尔曼滤波模型

1. 重力异常匹配EKF模型

在重力异常匹配卡尔曼滤波(EKF)算法中,取状态参量$\boldsymbol{X}=(\delta\varphi,\delta\lambda,\delta h,\delta v_N,\delta v_E)$,其中:$\delta\varphi$、$\delta\lambda$为水下航行器的位置误差;$\delta v_N$、$\delta v_E$为水下航行器在北、东方向的速度误差;$R$为地球平均半径;$\varphi$为纬度;$\lambda$为经度,则有

$$\begin{aligned}-R\dot{\varphi}&=v_N\\ R\cos\varphi\dot{\lambda}&=v_E\end{aligned}\tag{5-4-10}$$

系统状态方程可以表示为

$$\dot{\boldsymbol{X}}=\boldsymbol{F}\boldsymbol{X}+\boldsymbol{W}\tag{5-4-11}$$

式中:$\boldsymbol{F}$为系统的转移矩阵;$\boldsymbol{W}$为系统噪声。有

$$\boldsymbol{F}=\begin{bmatrix}0&0&0&-\dfrac{1}{R}&0\\0&0&0&0&\dfrac{1}{R\cos\varphi}\\0&0&0&0&0\\0&0&0&0&0\\0&0&0&0&0\end{bmatrix}\tag{5-4-12}$$

$$\boldsymbol{W}=\begin{bmatrix}W_\varphi & W_\lambda & W_h & W_{v_N} & W_{v_E}\end{bmatrix}^{\mathrm{T}}\tag{5-4-13}$$

假设滤波周期为Δt,则离散后的状态方程为

$$\boldsymbol{X}_k=\boldsymbol{\Phi}_{k,k-1}\boldsymbol{X}_{k-1}+\boldsymbol{W}_{k-1}\tag{5-4-14}$$

状态转移矩阵 $\boldsymbol{\Phi}_{k,k-1}$ 由系统矩阵 $\boldsymbol{F}$ 通过 Laplace 变换得到

$$\boldsymbol{\Phi}_{k,k-1}=\begin{bmatrix}1 & 0 & 0 & -\frac{1}{R}\Delta t & 0\\ 0 & 1 & 0 & 0 & \frac{1}{R\cos\varphi}\Delta t\\ 0 & 0 & 1 & 0 & 0\\ 0 & 0 & 0 & 1 & 0\\ 0 & 0 & 0 & 0 & 1\end{bmatrix} \tag{5-4-15}$$

对于 t 时刻的重力异常观测量，其量测方程为

$$L=\Delta g_M(\varphi_i,\lambda_i)-[g(\varphi_i,\lambda_i)-\gamma(\varphi_i)+E(\varphi_i,v_N,v_E)] \tag{5-4-16}$$

式中：$\Delta g_M(\varphi_i,\lambda_i)$ 为根据惯性导航的指示位置 (φ_i,λ_i) 从重力图中读取的重力异常；$g(\varphi_i,\lambda_i)$ 为水下航行器在实际位置 (φ_i,λ_i) 处重力仪测得的重力值；$\gamma(\varphi_i)$、$E(\varphi_i,v_N,v_E)$ 为根据惯性导航输出计算的相应椭球面上的正常重力值和厄特弗斯改正。上式经线性化处理后可得

$$L_K=\begin{bmatrix}\frac{\partial\Delta g_M}{\partial\varphi}+\frac{\partial\gamma}{\partial\varphi}-\frac{\partial E}{\partial\varphi} & \frac{\partial\Delta g_M}{\partial\lambda} & 0 & \frac{\partial E}{\partial v_E} & \frac{\partial E}{\partial v_N}\end{bmatrix}\begin{bmatrix}\delta\varphi\\ \delta\lambda\\ \delta h\\ \delta v_E\\ \delta v_N\end{bmatrix}+\Delta_K \tag{5-4-17}$$

式中：Δ_K 为观测误差，包括重力图误差、测量误差与模型线性化误差。正常重力的纬向梯度为

$$\begin{gathered}\frac{\partial\gamma}{\partial\varphi}=\frac{(2k_2+k_1k_3)\sin\varphi\cos\varphi-k_2k_3\sin^3\varphi\cos\varphi}{(1-k_3\sin^2\varphi)^{\frac{3}{2}}}\\ k_1=\gamma_e,k_2=\frac{b\gamma_p-a\gamma_a}{a},k_3=\frac{a^2-b^2}{a^2}\end{gathered} \tag{5-4-18}$$

式中：γ_e、γ_p 为赤道与两极处正常重力；a、b 为地球参考椭球的长短半径。

椭球近似下厄特弗斯改正 $E(\varphi_i,v_N,v_E)$ 可表示为

$$E(\varphi_i,v_N,v_E)=(R_\varphi-h)\left[\frac{2\omega v_E\cos\varphi}{R_\varphi}+\frac{v_E^2}{R_\varphi^2}+\frac{v_N^2}{R_\varphi^2}\right] \tag{5-4-19}$$

式中：R_φ 为纬度 φ 处的地球半径；ω 为地球自转角速度；h 为水下航行器的航行深度。式(5-4-19)对纬度、速度求导可得

$$\begin{cases}\dfrac{\partial E}{\partial \varphi}\approx -2\omega v_E\sin\varphi \\ \dfrac{\partial E}{\partial v_E}\approx 2\omega\cos\varphi+\dfrac{2v_E}{R} \\ \dfrac{\partial E}{\partial v_N}\approx \dfrac{2v_N}{R}\end{cases} \tag{5-4-20}$$

在量测模型式(5-4-17)中,正常重力纬向梯度与厄特弗斯纬向、速度梯度可以依据地球参考椭球参数以及惯性导航输出计算得到。

2. 重力梯度匹配 EKF 模型

根据爱因斯坦在广义相对论中指出的等效原理,在一个封闭系统内的观测者(人或者重力传感器)不能区分作用于他的力是引力还是他所在的系统作变速运动而产生的"重量感"。因此,在仅基于重力信号的重力辅助导航系统中,重力信号与运动加速度信息的分离始终是一个问题。由于重力梯度测量并不感知运动加速度,这样就避免了重力信号与运动加速度信息的分离问题。因此,利用重力梯度进行辅助惯性导航是一种更理想的选择。

重力梯度匹配导航系统的状态方程见式(5-4-11)。对于全张量的重力梯度测量,其量测方程为

$$\begin{bmatrix} y_{g_1} \\ y_{g_2} \\ y_1 \\ y_2 \\ y_3 \\ y_4 \\ y_5 \\ y_6 \end{bmatrix}=\begin{bmatrix} \Delta g_M(\varphi_i,\lambda_i)-[g(\varphi_t,\lambda_t)-\gamma(\varphi_t)+E(\varphi_t,v_N,v_E)] \\ \Delta g_{\text{grad}}(\varphi_t,\lambda_t)-[g(\varphi_t,\lambda_t)-\gamma(\varphi_t)+E(\varphi_t,v_N,v_E)] \\ T_{NN}^M(\varphi_i,\lambda_i)-T_{NN}(\varphi_t,\lambda_t) \\ T_{NE}^M(\varphi_i,\lambda_i)-T_{NE}(\varphi_t,\lambda_t) \\ T_{NU}^M(\varphi_i,\lambda_i)-T_{NU}(\varphi_t,\lambda_t) \\ T_{EU}^M(\varphi_i,\lambda_i)-T_{EU}(\varphi_t,\lambda_t) \\ T_{EE}^M(\varphi_i,\lambda_i)-T_{EE}(\varphi_t,\lambda_t) \\ h_i-h_t \end{bmatrix} \tag{5-4-21}$$

式中:$\Delta g_M(\varphi_i,\lambda_i)$为根据惯性导航指示位置$(\varphi_i,\lambda_i)$从重力图读出的重力异常;$g(\varphi_t,\lambda_t)$为在载体实际位置$(\varphi_t,\lambda_t)$处重力仪输出经预处理后测得的重力值;$\gamma(\varphi_t)$为相应椭球面上的正常重力值;$E(\varphi_t,v_N,v_E)$为厄特弗斯改正;$\Delta g_{\text{grad}}$为根据重力梯度仪测量数据计算出的重力异常值;$T_{NN}^M(\varphi_i,\lambda_i)$、$T_{NE}^M(\varphi_i,\lambda_i)$、$T_{NU}^M(\varphi_i,\lambda_i)$、$T_{EU}^M(\varphi_i,\lambda_i)$、$T_{EE}^M(\varphi_i,\lambda_i)$为根据惯性导航指示位置从重力图读出的重力梯度;$T_{NN}(\varphi_t,\lambda_t)$、$T_{NE}(\varphi_t,\lambda_t)$、$T_{NU}(\varphi_t,\lambda_t)$、$T_{EU}(\varphi_t,\lambda_t)$、$T_{EE}(\varphi_t,\lambda_t)$为在载体实际位置$(\varphi_t,\lambda_t)$处测得的重力梯度;$h_i$为用惯性方法计算出的深度;$h_t$为用测深仪测量出的深度。经线性化处理后,可得

$$
\begin{bmatrix} y_{g_1K} \\ y_{g_2K} \\ y_{1K} \\ y_{2K} \\ y_{3K} \\ y_{4K} \\ y_{5K} \\ y_6 \end{bmatrix} = \begin{bmatrix} \frac{\partial \Delta g_M}{\partial \varphi}+\frac{\partial \gamma}{\partial \varphi}-\frac{\partial E}{\partial \varphi} & \frac{\partial \Delta g_M}{\partial \lambda} & 0 & \frac{\partial E}{\partial v_E} & \frac{\partial E}{\partial v_N} \\ \frac{\partial \gamma}{\partial \varphi}-\frac{\partial E}{\partial \varphi} & 0 & 0 & \frac{\partial E}{\partial v_E} & \frac{\partial E}{\partial v_N} \\ \frac{\partial T_{NN}^M}{\partial \varphi} & \frac{\partial T_{NN}^M}{\partial \lambda} & 0 & 0 & 0 \\ \frac{\partial T_{NE}^M}{\partial \varphi} & \frac{\partial T_{NE}^M}{\partial \lambda} & 0 & 0 & 0 \\ \frac{\partial T_{NU}^M}{\partial \varphi} & \frac{\partial T_{NU}^M}{\partial \lambda} & 0 & 0 & 0 \\ \frac{\partial T_{EU}^M}{\partial \varphi} & \frac{\partial T_{EU}^M}{\partial \lambda} & 0 & 0 & 0 \\ \frac{\partial T_{UU}^M}{\partial \varphi} & \frac{\partial T_{UU}^M}{\partial \lambda} & 0 & 0 & 0 \\ 0 & 0 & 1 & 0 & 0 \end{bmatrix} \begin{bmatrix} \delta\varphi \\ \delta\lambda \\ \delta h \\ \delta v_E \\ \delta v_N \end{bmatrix} + \Delta_K \qquad (5-4-22)
$$

5.4.4　典型系统

1. GAINS 系统

GAINS(gravity aided inertial navigation system)由最多 3 个重力梯度仪、1 个装有垂直加速度计(作为重力仪)的三轴 INS、1 个深度传感器和 1 个最优滤波器构成,充分利用了导航系统的速度误差可观测性,GAINS 采用 Sperry 三维解析重力模型(sperry three dimensional analytic gravity model,STAG)对重力场进行建模,卡尔曼滤波的状态方程采用重力场及标准惯性导航的状态空间模型,两种观测量分别为梯度仪输出和用惯性方法计算出的深度与深度传感器的测量深度之间的差值,其结构框图如图 5-4-3 所示。仿真结果表明,无重力图 GAINS 可达到使纬度误差和东、北向速度误差有界,精度误差无界,但其误差增长速度低于纯惯性导航;有图 GAINS 可以进一步达到使经度误差有界,且纬度误差比无图模式更为理想。

2. UGM 系统

UGM(universal gravity module)系统内同时包含了重力梯度仪和重力仪,主要实现两个功能:

(1) 重力无源导航,使潜艇无须为获得位置或速度校正进行定期上浮或主动发射,为其提供无线长的高精度和隐蔽执行秘密任务的能力。

(2) 地形估计。可为潜艇提供精确的局部地形实时显示,使潜艇可以安全、隐蔽地执行近海底任务,如安全、隐蔽地进出港口。

无源导航算法利用重力测量、存储的数字重力图、导航系统的数据来生成导航误差估计,然后用这些误差估计来连续地校正惯性导航系统。校正可以以开环或闭环形式进行。开环形式只校正导航系统的输出,具有结构简单的特点。而闭环形式充分利用了 UGM 系统的各种功能,不仅使输出误差有界,而且利用校正连续地对导航系统进行重调来保持所需的导航精度,如图 5-4-4 所示。因此,若 UGM 系统设备出现故障时,此时的导航系统仍是完全校准过的系统。无源导航算法共有 4 种观测,前 3 种观测经卡尔曼滤波处理后可以获得惯性导航系统误差估计,第 4 种观测在卡尔曼滤波外部进行处理,之后直接用于修正卡尔曼滤波的状态向量。这 4 种观测分别为

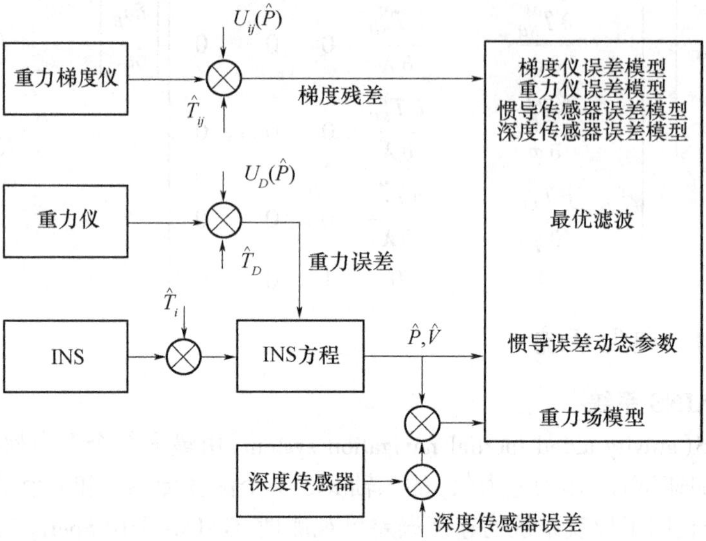

图 5-4-3　GAINS 系统方框图

(1) 测量重力异常与重力异常图上惯性导航指示位置处地图重力异常间的差值。因为该差值与惯性导航位置误差之间的关系是非线性的,所以需要在地图惯性导航指示位置附近进行线性化处理。

(2) 测量对角线梯度/非对角线梯度与梯度图上惯性导航指示位置处地图对角线梯度/非对角线梯度间的差值。由于梯度图数据通常是在地理坐标系下,需要经适当变换转化到梯度仪坐标系下,其卡尔曼观测建模过程与(1)类似。

(3) 利用重力仪信号受厄特弗斯效应影响、而梯度仪不受其影响的特点,首先由梯度仪数据积分得到重力异常值,然后将该值与重力仪测量得到的重力异常值作差,将差值作为卡尔曼滤波的观测,得到东向速度误差估计。

(4) 利用梯度仪测量垂线偏差的能力,转换后直接校正卡尔曼滤波的速度误差状态。

无源导航算法和 UGM 系统的有效性通过了潜艇的实际测试。在 4 天无校正的情况下,导航系统的纬度误差增长到了导航需求指标的 25%,导航经度误差

增长到了 41%；而重力无源导航只用了 24h 多就开始控制误差，其导航系统的纬度和精度误差均降到了导航指标的 10%以下。

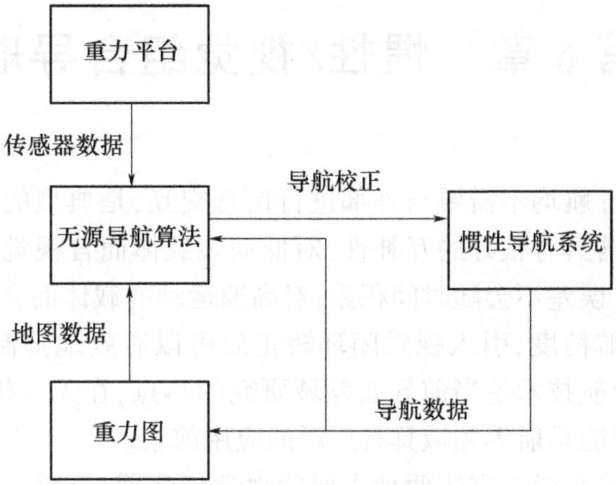

图 5-4-4　闭环无源导航算法

参 考 文 献

[1]　Groves, P. D. Principles of GNSS, Inertial, and Multisensor Integrated Navigation Systems[M]. 2nd Edition, Boston, London, Artech House, 2013.
[2]　罗建军，马卫华，袁建平，等．组合导航原理与应用[M]．西安：西北工业大学出版社，2012.
[3]　胡小平，吴美平，穆华，等．水下地磁导航技术[M]．北京：国防工业出版社，2013.
[4]　陈龙伟．面向地磁导航的位场延拓空间域算法研究[D]．长沙：国防科学技术大学，2013.
[5]　吴志添．面向水下地磁导航的地磁测量误差补偿方法研究[D]．长沙：国防科学技术大学，2013.
[6]　王鹏．水下地磁导航适配性研究[D]．长沙：国防科学技术大学，2014.
[7]　徐文耀．地球电磁现象物理学[M]．合肥：中国科学技术大学出版社，2009.
[8]　黄谟涛，翟国君，管铮，等．海洋重力场测定及其应用[M]．北京：测绘出版社，2005.
[9]　刘凤鸣．重力梯度辅助导航定位技术研究．[D]．哈尔滨：哈尔滨工程大学，2010.
[10]　李姗姗．水下重力辅助惯性导航的理论与方法研究．[D]．郑州：解放军信息工程大学，2010.

第6章 惯性/视觉组合导航

视觉和惯性导航均不需要与外部进行信息交互,是典型的自主导航。惯性器件和视觉传感器具有很好的互补性,对低动态载体而言视觉导航具有较高的位置估计精度,且误差不会随时间积累;对高速运动的载体而言在短时间内惯性导航可以保证导航精度,引入视觉闭环矫正后可以有效地抑制组合导航误差。惯性/视觉组合导航技术是当前导航领域研究的热点,在无人机导航、汽车自主驾驶、武器装备智能导航等领域具有广泛的应用前景。

本章针对相机和激光雷达两种主要的视觉传感器,介绍相关的视觉导航基础知识、视觉导航方法、惯性/视觉组合导航算法,以及典型应用案例。

6.1 视觉导航基础知识

相机和激光雷达感知环境特征信息的方式各不相同,相机是将三维空间特征映射成二维图像特征,激光雷达则是采用三维点云形式表达环境特征信息。本节分别介绍相机成像的多视图几何基础知识和激光雷达成像的三维点云数据处理方法。

6.1.1 多视图几何基础知识

视觉成像将三维场景映射到二维图像上,计算机几何视觉尝试从图像序列恢复出真实的三维场景以及相机运动。2000 年,Richard Hartley 和 Andrew Zisserman 出版的 *Multiple View Geometry in Computer Vision* 一书[1],促进了几何视觉基础理论的发展。

1. 单视图几何

1) 像素坐标系

相机的成像模型是对三维场景到二维成像平面映射关系的描述。为了定量描述成像过程,需要引入图像平面坐标系。

图像在计算机内存储是以离散像素点形式存在的,每一幅数字图像在计算机内为 $m \times n$ 维矩阵。如图 6-1-1 所示,为描述像素点在图像的位置,在图像上定义平面直角坐标系 $O_0\text{-}uv$,每一像素的坐标(u,v)为该像素在图像矩阵的列号与行号。

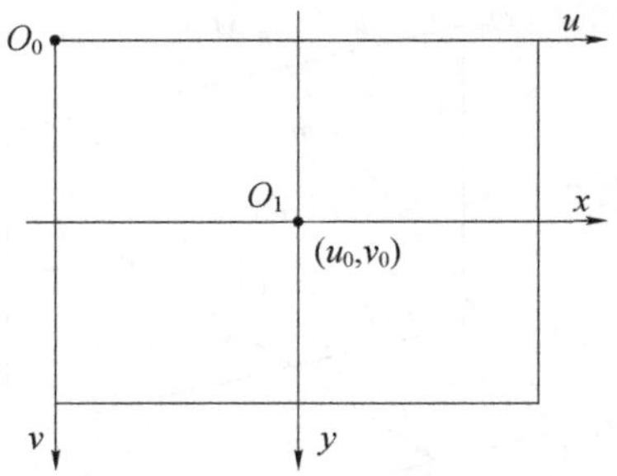

图 6-1-1 像素坐标系与图像平面坐标系

2) 图像平面坐标系

由于像素坐标系没有给出带有物理单位的信息,因此需要建立以物理单位表示的图像坐标系。其原点为光轴与图像平面的交点,x 轴和 y 轴分别平行于 u 轴和 v 轴。其中,原点的像素坐标表示为 (u_0,v_0)。若令 dx,dy 分别表示每一个像素在 x 轴与 y 轴方向的物理尺寸(如 μm),则像素坐标与图像平面坐标的相互关系为

$$\begin{cases} u=\dfrac{x}{dx}+u_0 \\ v=\dfrac{y}{dy}+v_0 \end{cases} \tag{6-1-1}$$

采用齐次坐标,可表示为如下形式:

$$\begin{bmatrix} u \\ v \\ 1 \end{bmatrix} \simeq \begin{bmatrix} \dfrac{1}{dx} & 0 & u_0 \\ 0 & \dfrac{1}{dy} & v_0 \\ 0 & 0 & 1 \end{bmatrix} \begin{bmatrix} x \\ y \\ 1 \end{bmatrix} \tag{6-1-2}$$

式中:符号 $\simeq$ 表示齐次相等,即在相差一个非零常数因子的意义下相等。

3) 理想的相机几何模型

由三维空间到平面的中心投影变换给出的相机针孔模型能够很好地近似描述成像过程,且可以用矩阵来描述。

如图 6-1-2 所示,点 O_c 为相机投影中心,它到投影平面 π 的距离为焦距 f。光轴或主轴为过光心且垂直于图像平面的直线,其与像平面的交点称为主点。空间点 $\boldsymbol{M}$ 在平面 π 上的投影 $\boldsymbol{m}$ 是以点 O_c 为端点并经过点 $\boldsymbol{M}$ 的射线与平面 π 的交点。若令空间点 $\boldsymbol{M}^C=(x_c,y_c,z_c)^{\mathrm{T}}$ 的像点坐标为 $\boldsymbol{m}=(x,y)^{\mathrm{T}}$。根据三角形相似原理,可推知空间点 $\boldsymbol{M}$ 与其像点 $\boldsymbol{m}$ 满足如下关系:

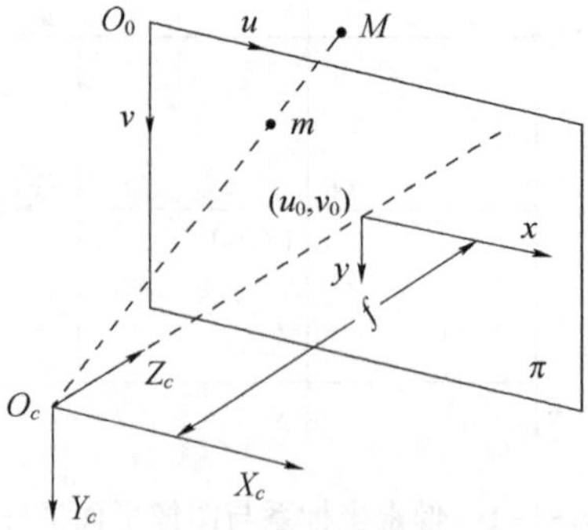

图 6-1-2 相机几何模型

$$\begin{cases} x = \dfrac{fx_c}{z_c} \\ y = \dfrac{fy_c}{z_c} \end{cases} \tag{6-1-3}$$

上式用齐次坐标表示为如下形式：

$$z_c \underline{\boldsymbol{m}} \simeq \begin{bmatrix} fx_c \\ fy_c \\ z_c \end{bmatrix} \simeq \begin{bmatrix} f & 0 & 0 & 0 \\ 0 & f & 0 & 0 \\ 0 & 0 & 1 & 0 \end{bmatrix} \underline{\boldsymbol{M}}^C \tag{6-1-4}$$

其中$\underline{\boldsymbol{M}}^C=(x_c,y_c,z_c,1)^{\mathrm{T}}$与$\underline{\boldsymbol{m}}=(x,y,1)^{\mathrm{T}}$分别为点 $\boldsymbol{M}$ 和点 $\boldsymbol{m}$ 的齐次坐标形式。

令$\underline{\boldsymbol{M}}^W=(x_w,y_w,z_w,1)^{\mathrm{T}}$表示点 $\boldsymbol{M}$ 在世界系下的齐次表示，则$\underline{\boldsymbol{M}}^C$与$\underline{\boldsymbol{M}}^W$的坐标变换关系可表示如下：

$$\underline{\boldsymbol{M}}^C \simeq \begin{bmatrix} \boldsymbol{R}_{CW} & \boldsymbol{T}_{CW}^C \\ \boldsymbol{0}_{1\times3} & 1 \end{bmatrix} \underline{\boldsymbol{M}}^W \tag{6-1-5}$$

结合式(6-1-3)、式(6-1-4)及式(6-1-5)可推得理想相机投影模型如下：

$$\begin{bmatrix} u \\ v \\ 1 \end{bmatrix} \simeq z_c \begin{bmatrix} x_c \\ y_c \\ 1 \end{bmatrix} \simeq \begin{bmatrix} f_u & 0 & u_0 & 0 \\ 0 & f_v & v_0 & 0 \\ 0 & 0 & 1 & 0 \end{bmatrix} \begin{bmatrix} \boldsymbol{R}_{CW} & \boldsymbol{T}_{CW}^C \\ \boldsymbol{0}_{1\times3} & 1 \end{bmatrix} \underline{\boldsymbol{M}}^W \tag{6-1-6}$$

式中：$f_u=\dfrac{f}{\mathrm{d}x}$，$f_v=\dfrac{f}{\mathrm{d}y}$分别为像素单位表示的相机横、纵向焦距。焦距和主点坐标等参数称为**相机内参数**，用矩阵 $\boldsymbol{K}$ 表示：

$$\boldsymbol{K}=\begin{bmatrix} f_u & 0 & u_0 \\ 0 & f_v & v_0 \\ 0 & 0 & 1 \end{bmatrix} \tag{6-1-7}$$

相机投影矩阵可以表示为如下形式：

$$
\boldsymbol{P}\simeq\begin{bmatrix}f_u & 0 & u_0 & 0\\ 0 & f_v & v_0 & 0\\ 0 & 0 & 1 & 0\end{bmatrix}\begin{bmatrix}\boldsymbol{R}_{CW} & \boldsymbol{T}_{CW}^{C}\\ \boldsymbol{0}_{1\times 3} & 1\end{bmatrix}\simeq\boldsymbol{K}[\boldsymbol{R}_{CW}\mid\boldsymbol{T}_{CW}^{C}] \tag{6-1-8}
$$

式中：$[\boldsymbol{R}_{CW}\mid\boldsymbol{T}_{CW}^{C}]$通常被称为相机外参数。

4）镜头畸变模型

由于理想的针孔模型收集光强速度较慢，不能实现快速成像，因此通常使用透镜成像。由于透镜存在加工和装配等误差，从而产生不同程度的图像畸变，需要矫正。用下列公式描述图像的非线性畸变：

$$
\begin{cases}x_u=x+\delta_x(x,y)\\ y_u=y+\delta_y(x,y)\end{cases} \tag{6-1-9}
$$

式中：(x,y)为畸变点在图像平面的原始位置；x_u与y_u为畸变校正后的理想图像点坐标；δ_x与δ_y为非线性畸变值，它与图像点在图像中的位置有关，可以用下列低阶多项式近似：

$$
\begin{cases}\delta_x(x,y)=x(k_1r^2+k_2r^4+k_3r^6)+[2p_1xy+p_2(r^2+2x^2)]\\ \delta_y(x,y)=y(k_1r^2+k_2r^4+k_3r^6)+[p_1(r^2+2y^2)+2p_2xy]\end{cases} \tag{6-1-10}
$$

式中：δ_x与δ_y的第一项称为径向畸变，主要由镜头形状引起；k_1、k_2、k_3称为径向畸变参数；中括号项称为切向畸变，来源于整个相机的组装过程；p_1、p_2称为切向畸变参数。相机的主点、焦距、畸变等内部参数可以通过标定的方式获取，感兴趣的读者可以参考文献[1]。

2. 双视图几何

1）双视图对极几何

两幅视图之间的几何约束满足对极几何关系，它独立于场景结构，只依赖于摄像机的内参数和相对姿态。如果有若干匹配点对，就可以通过这些二维图像点的对应关系，恢复出两张图像之间相机的相对运动。如图6-1-3所示，在求解两帧图像I_1和I_2之间的运动中，设第一帧到第二帧的相机运动为$\boldsymbol{R},\boldsymbol{T}$，两个相机中心分别为$O_1$和$O_2$。现在，考虑$I_1$中有一个特征点$p_1$，它在$I_2$中对应的特征点$p_2$（$p_1$与$p_2$的对应关系可以通过特征匹配算法建立）。对于正确的匹配点对，连线$\overrightarrow{O_1p_1}$和连线$\overrightarrow{O_2p_2}$在三维空间中相交于点P，这时候点O_1、O_2、P三个点可以确定一个平面，称为极平面。O_1O_2称为基线。基线与图像I_1和I_2的交点分别为e_1和e_2，称为极点。极平面与两个图像平面之间的交线l_1和l_2称为极线。

直观上讲，从第一幅视图看，射线$\overrightarrow{O_1p_1}$是某个像素可能出现的空间位置（因为该射线上的所有点都会投影到同一个像素点）。同时，如果不知道P的位置，那么当在第二个图像上看时，连线$\overrightarrow{e_2p_2}$（即第二个图像的极线）就是P可能出现的投影的位置。现在，经过特征点的匹配，确定了p_2的像素位置，所以能够推断P的空间位置以及相机的运动。

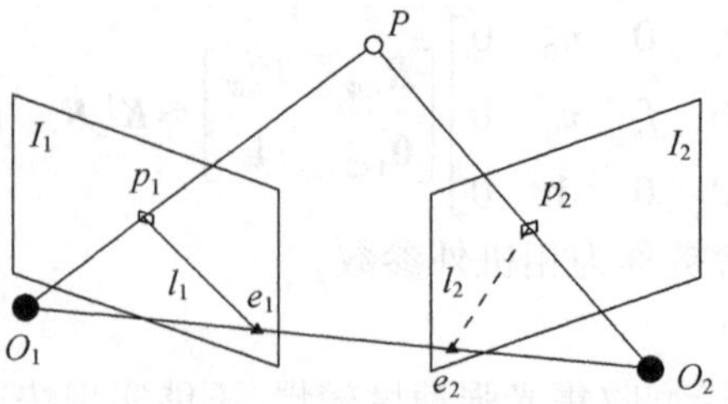

图 6-1-3 对极几何约束

现在,从代数角度来看一下这里出现的几何关系。在第一幅视图的坐标系下,设 P 的空间齐次坐标为

$$\boldsymbol{P}=[X,Y,Z,1]^{\mathrm{T}} \tag{6-1-11}$$

根据针孔相机模型,两个像素点 $\boldsymbol{p}_1,\boldsymbol{p}_2$ 的像素齐次坐标为

$$\boldsymbol{p}_1\simeq\boldsymbol{KP},\quad \boldsymbol{p}_2\simeq\boldsymbol{K}(\boldsymbol{RP}+\boldsymbol{T}) \tag{6-1-12}$$

式中:$\simeq$表示齐次相等;$\boldsymbol{K}$ 为相机内参矩阵;$\boldsymbol{R},\boldsymbol{T}$ 为两个坐标系的相机运动。现在,取

$$\boldsymbol{x}_1\simeq\boldsymbol{K}^{-1}\boldsymbol{p}_1,\quad \boldsymbol{x}_2\simeq\boldsymbol{K}^{-1}\boldsymbol{p}_2 \tag{6-1-13}$$

式中:$\boldsymbol{x}_1,\boldsymbol{x}_2$为两个像素点的归一化图像齐次坐标。代入式(6-1-12),得

$$\boldsymbol{x}_2\simeq\boldsymbol{Rx}_1+\boldsymbol{T} \tag{6-1-14}$$

两边同时左乘[$\boldsymbol{T}\times$](同时对等式两侧与 $\boldsymbol{t}$ 做外积):

$$[\boldsymbol{T}\times]\boldsymbol{x}_2\simeq[\boldsymbol{T}\times]\boldsymbol{Rx}_1 \tag{6-1-15}$$

然后,两侧同时左乘 $\boldsymbol{x}_2^{\mathrm{T}}$:

$$\boldsymbol{x}_2^{\mathrm{T}}[\boldsymbol{T}\times]\boldsymbol{x}_2\simeq\boldsymbol{x}_2^{\mathrm{T}}[\boldsymbol{T}\times]\boldsymbol{Rx}_1 \tag{6-1-16}$$

观察等式左侧,[$\boldsymbol{T}\times$]$\boldsymbol{x}_2$是与 $\boldsymbol{T}$ 和 $\boldsymbol{x}_2$都垂直的向量,把它与 $\boldsymbol{x}_2$ 做内积时,得到 **0** 向量,可得

$$\boldsymbol{x}_2^{\mathrm{T}}[\boldsymbol{T}\times]\boldsymbol{Rx}_1=0 \tag{6-1-17}$$

重新代入 $\boldsymbol{p}_1,\boldsymbol{p}_2$,有

$$\boldsymbol{p}_2^{\mathrm{T}}\boldsymbol{K}^{-\mathrm{T}}[\boldsymbol{T}\times]\boldsymbol{RK}^{-1}\boldsymbol{p}_1=0 \tag{6-1-18}$$

式(6-1-17)和式(6-1-18)都称为对极约束,它的几何意义是 O_1,P,O_2三者共面。对极约束中同时包含了旋转、平移和相机参数。

基本矩阵:当相机内参矩阵 $\boldsymbol{K}$ 未知时,对极几何关系可以用基本矩阵 $\boldsymbol{F}$ 表示为

$$\boldsymbol{F}\simeq\boldsymbol{K}^{-\mathrm{T}}\boldsymbol{EK}^{-1}$$

$$\boldsymbol{x}_2^{\mathrm{T}}\boldsymbol{Ex}_1=\boldsymbol{p}_2^{\mathrm{T}}\boldsymbol{Fp}_1=0$$

本质矩阵:当相机内参矩阵 $\boldsymbol{K}$ 已知时,对极几何关系可以简化为本质矩阵 $\boldsymbol{E}$ 表示为

$$\boldsymbol{E}\simeq[\boldsymbol{T}\times]\boldsymbol{R}$$

$$\boldsymbol{x}_2^{\mathrm{T}}\boldsymbol{Ex}_1=0 \tag{6-1-19}$$

本质矩阵只与姿态和平移相关，与相机内参矩阵无关，因此常用于标定相机的运动估计。

利用本质矩阵估计相机位姿可大致分为以下两步：①根据双视图配对点的像素位置求出 $\boldsymbol{E}$；②根据 $\boldsymbol{E}$，恢复出双视图的相对位姿 $\boldsymbol{R}$ 和双视图平移 $\boldsymbol{T}$。

根据定义，本质矩阵 $\boldsymbol{E}\simeq[\boldsymbol{T}\times]\boldsymbol{R}$，它是一个 3×3 的矩阵。一方面，由于平移和旋转各有 3 个自由度，故 $[\boldsymbol{T}\times]\boldsymbol{R}$ 共有 6 个自由度。另一方面，由于基础矩阵是由对极几何的约束定义的，对极几何的约束是等式为零的约束，所以对 $\boldsymbol{E}$ 乘以任意非零常数后，对极约束仍然满足，这个性质称为尺度等价性，故 $\boldsymbol{E}$ 仅有 5 个自由度。因此最少可以用 5 对点来求解 $\boldsymbol{E}$。但是 $\boldsymbol{E}$ 的内在性质是一种非线性性质，通常使用 8 对点来线性估计 $\boldsymbol{E}$，即经典的八点法。

考虑一对匹配点，它们的归一化坐标为：$\boldsymbol{x}_1=[u_1,v_1,1]^{\mathrm{T}}$，$\boldsymbol{x}_2=[u_2,v_2,1]^{\mathrm{T}}$，根据对极约束，有

$$\begin{bmatrix} u_1 & v_1 & 1 \end{bmatrix}\begin{bmatrix} e_1 & e_2 & e_3 \\ e_4 & e_5 & e_6 \\ e_7 & e_8 & e_9 \end{bmatrix}\begin{bmatrix} u_2 \\ v_2 \\ 1 \end{bmatrix}=0 \tag{6-1-20}$$

把矩阵 $\boldsymbol{E}$ 展开，写成向量的形式：

$$\boldsymbol{e}=\begin{bmatrix} e_1 & e_2 & e_3 & e_4 & e_5 & e_6 & e_7 & e_8 & e_9 \end{bmatrix}^{\mathrm{T}} \tag{6-1-21}$$

那么对极约束可以写成关于 $\boldsymbol{e}$ 的线性形式：

$$[u_1u_2,u_1v_2,u_1,v_1u_2,v_1v_2,v_1,u_2,v_2,1]\cdot\boldsymbol{e}=0. \tag{6-1-22}$$

同理，对于其他点对也有相同的表示，把所有的点都放到一个中，变成线性方程组：

$$\begin{bmatrix} u_1^1u_2^1 & u_1^1v_2^1 & u_1^1 & v_1^1u_2^1 & v_1^1v_2^1 & v_1^1 & u_2^1 & v_2^1 & 1 \\ u_1^2u_2^2 & u_1^2v_2^2 & u_1^2 & v_1^2u_2^2 & v_1^2v_2^2 & v_1^2 & u_2^2 & v_2^2 & 1 \\ \vdots & \vdots & \vdots & \vdots & \vdots & \vdots & \vdots & \vdots & \vdots \\ u_1^8u_2^8 & u_1^8v_2^8 & u_1^8 & v_1^8u_2^8 & v_1^8v_2^8 & v_1^8 & u_2^8 & v_2^8 & 1 \end{bmatrix}\begin{bmatrix} e_1 \\ e_2 \\ e_3 \\ e_4 \\ e_5 \\ e_6 \\ e_7 \\ e_8 \\ e_9 \end{bmatrix}=0 \tag{6-1-23}$$

式(6-1-23)中 $\boldsymbol{e}$ 的系数矩阵由特征点位置构成，维数为 8×9。$\boldsymbol{e}$ 位于该矩阵的零空间中，如果系数矩阵是满秩的（即秩为 8），那么它的零空间维数为 1，也就是 $\boldsymbol{e}$ 构成一条线，这与 $\boldsymbol{e}$ 的尺度等价性是一致的。如果 8 对匹配点组成的矩阵满足秩为 8 的条件，那么 $\boldsymbol{E}$ 的各元素就可以由上述方程解得。

然后对得到的 $\boldsymbol{E}$ 矩阵进行奇异值分解（SVD）：

$$E \simeq U\mathrm{diag}(1,1,0)V^{\mathrm{T}} \tag{6-1-24}$$

则,恢复出相机的运动 R 和 T 可能为如下 4 种形式之一:

$$\begin{aligned}&[R|T] \simeq [UWV^{\mathrm{T}}|+u_3],\quad [R|T] \simeq [UWV^{\mathrm{T}}|-u_3]\\&[R|T] \simeq [UW^{\mathrm{T}}V^{\mathrm{T}}|+u_3],\quad [R|T] \simeq [UW^{\mathrm{T}}V^{\mathrm{T}}|-u_3]\end{aligned} \tag{6-1-25}$$

式中:u_3为 U 的最后一列,且 $W=\begin{bmatrix}0 & -1 & 0\\1 & 0 & 0\\0 & 0 & 1\end{bmatrix}$。

式(6-1-25)对应了 4 种可能的相机矩阵形式,其几何表示如图 6-1-4 所示。

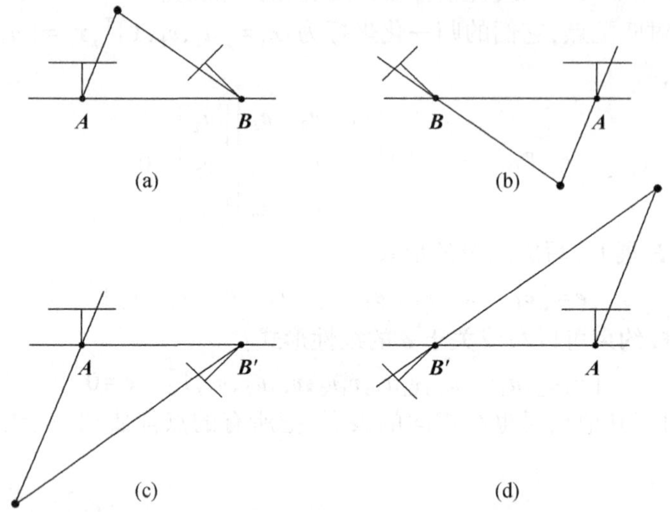

图 6-1-4 由 E 恢复的两幅视图之间相机相对运动的 4 个可能解

以上 4 种可能中,只有图 6-1-4(a)中物点在两个相机前方,而其他 3 种解在物理上是不能成像的。因此可以分别代入 4 组解对物点进行三维重构,仅 $Z>0$ 对应的相机运动参数是正确的。此外,由于式(6-1-25)中是齐次相等,所以恢复的相对位移矢量 t 缺少尺度信息,仅包含运动方向信息。

2) 三角测量

使用对极几何约束可以估计载体运动参数,然后利用这些参数估计特征点的空间位置,即通过三角测量的方法来重构三维场景。

考虑图像 I_1 和 I_2,以如图 6-1-5 左视图作为参考,右视图的相对运动为 R 和 t。相机光心为 O_1 和 O_2。在 I_1 中有特征点 p_1,对应 I_2 中的特征点 p_2。理论上连线 O_1p_1 和连线 O_2p_2 在三维空间中会相交于点 P,该点即是两个特征点所对应的地图点在三维场景中的位置。

按照对极几何中的定义,设 x_1 和 x_2 为两个特征点的归一化坐标,那么它们满足式(6-1-14)。假设对应的深度 s_1 和 s_2，则式(6-1-14)可以由齐次相等改写为等于形式：

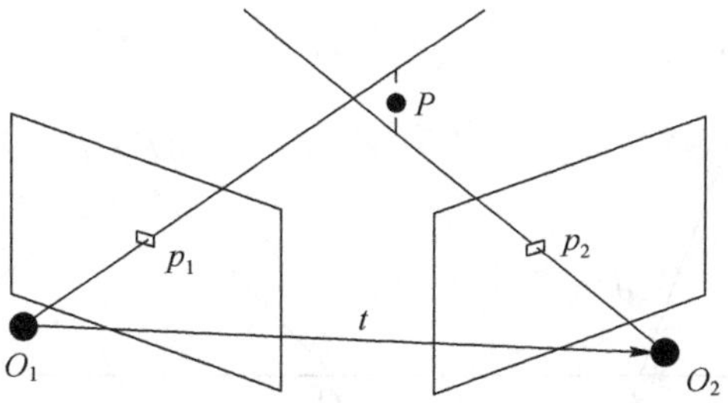

图 6-1-5 三角测量估计特征点的空间位置

$$s_2\boldsymbol{x}_2=s_1\boldsymbol{R}\boldsymbol{x}_1+\boldsymbol{T} \tag{6-1-26}$$

式(6-1-26)的物理意义是将在第一幅视图相机坐标系下的空间点变换到第二幅视图相机坐标系下，即不同坐标系下的空间坐标变换。s_1 和 s_2 两个深度是可以分开求解的，以求解 s_1 为例，先对上式两侧左乘一个 $[\boldsymbol{x}_2\times]$，得

$$s_2[\boldsymbol{x}_2\times]\boldsymbol{x}_2=0=s_1[\boldsymbol{x}_2\times]\boldsymbol{R}\boldsymbol{x}_1+[\boldsymbol{x}_2\times]\boldsymbol{T} \tag{6-1-27}$$

该式左侧为零，右侧可以看成 s_1 的一个方程，可以根据它直接求得 s_1：

$$s_1=\frac{\|[\boldsymbol{x}_2\times]\boldsymbol{T}\|}{\|[\boldsymbol{x}_2\times]\boldsymbol{R}\boldsymbol{x}_1\|} \tag{6-1-28}$$

类似地，对式(6-1-26)两侧左乘一个 $[(\boldsymbol{R}\boldsymbol{x}_1)\times]$，可得

$$s_2[(\boldsymbol{R}\boldsymbol{x}_1)\times]\boldsymbol{x}_2=s_1[(\boldsymbol{R}\boldsymbol{x}_1)\times]\boldsymbol{R}\boldsymbol{x}_1+[(\boldsymbol{R}\boldsymbol{x}_1)\times]\boldsymbol{T} \tag{6-1-29}$$

由于 $[(\boldsymbol{R}\boldsymbol{x}_1)\times]\boldsymbol{R}\boldsymbol{x}_1=0$，通过式(6-1-29)可求得 s_2：

$$s_2=\frac{\|[(\boldsymbol{R}\boldsymbol{x}_1)\times]\boldsymbol{T}\|}{\|[\boldsymbol{x}_2\times]\boldsymbol{R}\boldsymbol{x}_1\|} \tag{6-1-30}$$

于是就得到了两幅视图下特征点的深度，因此确定了它们的空间坐标。当然，由于噪声的存在，估算的 $\boldsymbol{R}$ 和 $\boldsymbol{T}$ 不一定能使式(6-1-27)为零，所以更常见的做法是求最小二乘解。

文献[2]综合式(6-1-26)、式(6-1-28)和式(6-1-30)，建立了双视图的纯位姿约束：

$$\frac{\|[(\boldsymbol{R}\boldsymbol{x}_1)\times]\boldsymbol{T}\|}{\|[\boldsymbol{x}_2\times]\boldsymbol{R}\boldsymbol{x}_1\|}\boldsymbol{x}_2=\frac{\|[\boldsymbol{x}_2\times]\boldsymbol{T}\|}{\|[\boldsymbol{x}_2\times]\boldsymbol{R}\boldsymbol{x}_1\|}\boldsymbol{R}\boldsymbol{x}_1+\boldsymbol{T} \tag{6-1-31}$$

从式(6-1-31)可以看出双视图的纯位姿约束仅与两幅视图之间的相对运动($\boldsymbol{R}$ 和 $\boldsymbol{T}$)以及匹配点对($\boldsymbol{x}_1$ 和 $\boldsymbol{x}_2$)有关，而与特定点对应的空间坐标无关。此外，文献[2]证明了双视图纯位姿约束与双视图对应的投影方程等价。

关于三角测量，还有一个必须注意的地方：三角测量是由平移得到的，有平移才会有对极几何中的三角形，才谈得上三角测量。因此，纯旋转是无法使用三角测量的。此时，$\boldsymbol{T}=0$，本征矩阵 $\boldsymbol{E}=[\boldsymbol{T}\times]\boldsymbol{R}$ 没有定义，不能通过估计 $\boldsymbol{E}$ 来恢复

$\boldsymbol{R}$ 和 $\boldsymbol{T}$。在平移存在的情况下,还需要关心测量的不确定性。当平移很小时,像素上的不确定性将导致较大的深度不确定性,如图 6-1-6 所示。

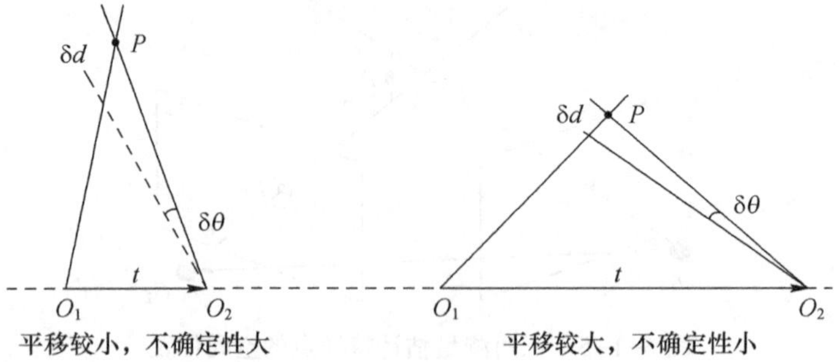

图 6-1-6　三角测量的不确定性

要提升三角测量的精度,其一是提高特征点的精度,也就是提高图像分辨率,但这会导致图像变大,提高计算成本。其二是增大相对平移量,但是平移增大会导致图像的外观发生明显的变化,外观变化会使得特征提取与特征匹配变得困难。总而言之,增大平移会导致匹配失效,而平移太小则三角测量精度不够,这就是三角测量的矛盾。

3) 三视图几何

三个视图间也存在不依赖于场景结构的几何关系,一般用**三焦张量**描述。三焦张量类似于基础矩阵在两视图几何中的作用。正式推导三焦张量的表达式,需要引入张量记号。为了简便,用 3×3×3 维数组来描述三焦张量,它的值只取决于视图与视图间的相对位姿关系以及相机内参数,而与场景结构无关。如图 6-1-7 所示,直线 $\boldsymbol{L}$ 在由光心 O_1、O_2、O_3 定义的三幅视图中的投影分别为直线 $\boldsymbol{l}_1$,$\boldsymbol{l}_2$和 $\boldsymbol{l}_3$。假设三幅视图的相机矩阵分别为 $\boldsymbol{P}_1=[\boldsymbol{I}\mid\boldsymbol{0}]$,$\boldsymbol{P}_2=[\boldsymbol{A}\mid\boldsymbol{a}_4]$,$\boldsymbol{P}_3=[\boldsymbol{B}\mid\boldsymbol{b}_4]$,其中 $\boldsymbol{A}$ 和 $\boldsymbol{B}$ 分别为 3×3 维矩阵,矢量 $\boldsymbol{a}_i$ 和 $\boldsymbol{b}_i$ 分别对应相机矩阵 $\boldsymbol{P}_2$ 和 $\boldsymbol{P}_3$ 的第 i 列,$i=1,2,3,4$。

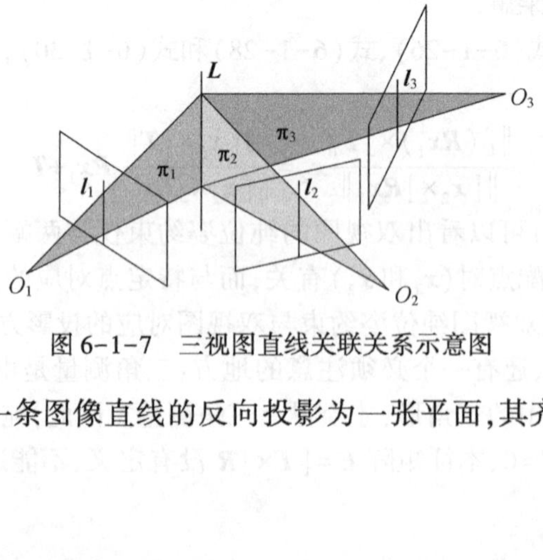

图 6-1-7　三视图直线关联关系示意图

如图所示,每一条图像直线的反向投影为一张平面,其齐次坐标 $\boldsymbol{\pi}_1$,$\boldsymbol{\pi}_2$,$\boldsymbol{\pi}_3$ 可分别表示如下:

$$\boldsymbol{\pi}_1 \simeq \boldsymbol{P}_1^{\mathrm{T}}\begin{pmatrix}\boldsymbol{l}\\0\end{pmatrix},\quad \boldsymbol{\pi}_2 \simeq \boldsymbol{P}_2^{\mathrm{T}}\boldsymbol{l}_2 \simeq \begin{pmatrix}\boldsymbol{A}^{\mathrm{T}}\boldsymbol{l}_2\\ \boldsymbol{a}_4^{\mathrm{T}}\boldsymbol{l}_2\end{pmatrix}),\quad \boldsymbol{\pi}_3 \simeq \boldsymbol{P}_3^{\mathrm{T}}\boldsymbol{l}_3 \simeq \begin{pmatrix}\boldsymbol{B}^{\mathrm{T}}\boldsymbol{l}_3\\ \boldsymbol{b}_4^{\mathrm{T}}\boldsymbol{l}_3\end{pmatrix} \tag{6-1-32}$$

由于 $\boldsymbol{\pi}_1,\boldsymbol{\pi}_2,\boldsymbol{\pi}_3$ 交于直线 $\boldsymbol{L}$,因此 4×3 维矩阵 $\boldsymbol{M}=[\boldsymbol{\pi}_1,\boldsymbol{\pi}_2,\boldsymbol{\pi}_3]$ 有 2 维零空间(秩 2)。因此,矩阵 $\boldsymbol{M}$ 的列是线性相关的,存在非零常数 α,β,使得

$$\begin{bmatrix}\boldsymbol{l}_1\\0\end{bmatrix} \simeq \alpha\begin{bmatrix}\boldsymbol{A}^{\mathrm{T}}\boldsymbol{l}_2\\ \boldsymbol{a}_4^{\mathrm{T}}\boldsymbol{l}_2\end{bmatrix}+\beta\begin{bmatrix}\boldsymbol{B}^{\mathrm{T}}\boldsymbol{l}_3\\ \boldsymbol{b}_4^{\mathrm{T}}\boldsymbol{l}_3\end{bmatrix} \tag{6-1-33}$$

由上式可得

$$\alpha=k(\boldsymbol{b}_4^{\mathrm{T}}\boldsymbol{l}_3),\quad \beta=-k(\boldsymbol{a}_4^{\mathrm{T}}\boldsymbol{l}_2) \tag{6-1-34}$$

式中:k 为非零常数因子,将上式代入式(6-1-38)并整理可得

$$\boldsymbol{l}_1 \simeq (\boldsymbol{b}_4^{\mathrm{T}}\boldsymbol{l}_3)\boldsymbol{A}^{\mathrm{T}}\boldsymbol{l}_2-(\boldsymbol{a}_4^{\mathrm{T}}\boldsymbol{l}_2)\boldsymbol{B}^{\mathrm{T}}\boldsymbol{l}_3 \tag{6-1-35}$$

因此直线 $\boldsymbol{l}_1$ 的第 i 个坐标可以写为如下形式:

$$l_{1,i}=\boldsymbol{l}_3^{\mathrm{T}}(\boldsymbol{b}_4\boldsymbol{a}_i^{\mathrm{T}})\boldsymbol{l}_2-\boldsymbol{l}_2^{\mathrm{T}}(\boldsymbol{a}_4\boldsymbol{b}_i^{\mathrm{T}})\boldsymbol{l}_3=\boldsymbol{l}_2^{\mathrm{T}}(\boldsymbol{a}_i\boldsymbol{b}_4^{\mathrm{T}}-\boldsymbol{a}_4\boldsymbol{b}_i^{\mathrm{T}})\boldsymbol{l}_3 \tag{6-1-36}$$

记

$$\boldsymbol{S}_i \simeq \boldsymbol{a}_i\boldsymbol{b}_4^{\mathrm{T}}-\boldsymbol{a}_4\boldsymbol{b}_i^{\mathrm{T}} \tag{6-1-37}$$

则 3 个矩阵的集合 $\{\boldsymbol{S}_1,\boldsymbol{S}_2,\boldsymbol{S}_3\}$ 构成三焦张量的矩阵表示。根据式(6-1-36)可知,三焦张量仅与相机投影矩阵有关。对于内参数已知的相机,投影矩阵由相机的位置和姿态确定,因此,可以通过三焦张量恢复三视图之间相机的相对运动。同双视图几何中通过本征矩阵恢复相机相对运动类似,通过三焦张量恢复的平移矢量缺乏尺度信息。

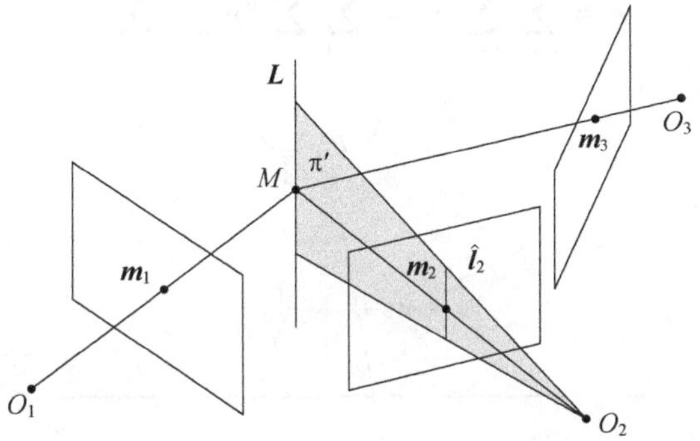

图 6-1-8　三视图点—线—点对应示意图

由式(6-1-36)可知,若已知第二和第三视图内的匹配直线对 $\boldsymbol{l}_2 \leftrightarrow \boldsymbol{l}_3$,则可由三焦张量来预测直线在第一幅视图的位置,这就是所谓的线转移问题。同样,对于点也有类似的转移问题。如图 6-1-8 所示,第二视图上的一条直线反向投影定义了三维空间中的一张平面 $\boldsymbol{\pi}'$,同时这张平面诱导了第一视图和第三视图的一个单应。若已知第一和第二视图的匹配点对 $\boldsymbol{m}_1 \leftrightarrow \boldsymbol{m}_2$,则可以利用三焦张量来预测该匹配点在第三幅视图中的位置。其过程可以概括为以下步骤:

(1) 计算对极线:

$$\boldsymbol{l}_e \simeq \boldsymbol{F}_{21}\boldsymbol{m}_1 \tag{6-1-38}$$

其中,$\boldsymbol{F}_{21}$为第一和第二视图间的基础矩阵。计算经过点$\boldsymbol{m}_2$且垂直于直线$\boldsymbol{l}_e$的直线$\boldsymbol{l}'$,若$\boldsymbol{l}_e=[l_{e1} \quad l_{e2} \quad l_{e3}]^{\mathrm{T}}$,$\boldsymbol{m}_2=[m_{21} \quad m_{22} \quad 1]^{\mathrm{T}}$,则有

$$\hat{\boldsymbol{l}}_2 \simeq [l_{e2} \quad -l_{e1} \quad -m_{21}l_{e2}+m_{22}l_{e1}]^{\mathrm{T}} \tag{6-1-39}$$

(2) 计算转移点$\hat{\boldsymbol{m}}_3$:

$$\hat{\boldsymbol{m}}_3 \simeq \left(\sum_i m_{1i}\boldsymbol{S}_i^{\mathrm{T}}\right)\hat{\boldsymbol{l}}_2 \tag{6-1-40}$$

三视图几何在视觉导航的应用中,可以利用式(6-1-40),计算出$\hat{\boldsymbol{m}}_3$,然后与图像中观测的$\boldsymbol{m}_3$比较,建立误差方程,从而优化求解三焦张量,即相机的相对运动参数。

4) 多视图几何

当视图数$n \geqslant 2$时,通常以重投影误差最小为目标,采用迭代优化的方法求解相机参数和场景三维结构参数。如图6-1-9所示,假设m个3D特征点在n幅视图中观测到,从经典视觉几何的角度看,多视图成像关系可以用投影方程描述为

$$\boldsymbol{p}_{k,i}=\boldsymbol{K}_i[\boldsymbol{R}_i \mid \boldsymbol{T}_i]\boldsymbol{P}_k^w \quad (k=1,2,\cdots,m;i=1,2,\cdots,n) \tag{6-1-41}$$

式中:$\boldsymbol{p}_{k,i}$为第k个3D点在第i幅视图中的投影。因此,可以建立图像预测值$\boldsymbol{p}_{k,i}$和观测值$\hat{\boldsymbol{p}}_{k,i}$之间的误差,即重投影误差:

$$\varepsilon=\sum_{k=1}^{m}\sum_{i=1}^{n}\varepsilon_{ik}=\sum_{k=1}^{m}\sum_{i=1}^{n}\|\boldsymbol{p}_{k,i}-\hat{\boldsymbol{p}}_{k,i}\| \tag{6-1-42}$$

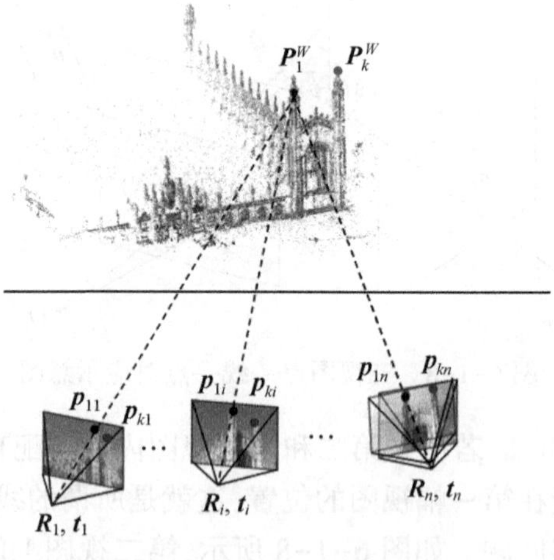

图6-1-9 多视图几何示意图

根据式(6-1-40)和式(6-1-41)可知,重投影误差是相机参数($\boldsymbol{K}_i$、$\boldsymbol{R}_i$、$\boldsymbol{T}_i$)和空间特征点参数($\boldsymbol{P}_k^w$)的函数。如果相机参数已知,求空间特征点参数,则称

为场景三维重构问题；如果空间特征点参数和相机内参数已知，求相机运动参数，则称为运动估计问题；如果空间特征点参数已知，求相机内外参数，则称为标定问题。如果需要同时估计相机参数和空间特征点参数，则称为定位与构图问题。式(6-1-41)优化问题的求解，通常称为集束调整(bundle adjustment, BA)。目前，广泛使用的优化工具有 G2O[3] 和 GTSAM[4] 等。

6.1.2　三维视觉点云数据处理

三维图像的表示方法包括：深度图(以灰度表达物体与相机的距离)、几何模型(由 CAD 软件建立)和点云模型(以 *xyz* 表示空间中点的坐标)。与二维图像相比，三维图像借助第三个维度的信息，实现物体与背景解耦。对于视觉测量来说，物体的二维信息往往随摄影方式而变化，但其三维特征对不同测量方式具有更好的统一性。点云数据是最为常见也最为基础的三维表达数据。点云模型可以由激光雷达等传感器直接测量得到。

在三维激光雷达点云扫描过程中，激光雷达定位信息的准确性决定建图的准确性。激光雷达扫描时，伴随着物体的运动，每个角度的激光数据不是瞬时获得。当激光雷达扫描的频率比较低的时候，无法忽略物体运动带来的激光帧的运动误差。

图 6-1-10 所示，黑线表示激光雷达在起始点扫描一帧得到的数据，起点和终点重合。虚线表示激光雷达随物体运动后的数据。在扫描周期内，前方激光雷达扫描解算距离变小，后方扫描解算距离变大，起点和终点不重合，即产生运动畸变，导致点云数据间错误匹配，对定位和建图都有影响。因此，在使用其数据前需要对激光点云预处理。通过分析激光雷达数据畸变的原因，将三维点云转换至最初时刻的坐标系下，即可认为该帧点云是在同一时刻和坐标系下的扫描结果。

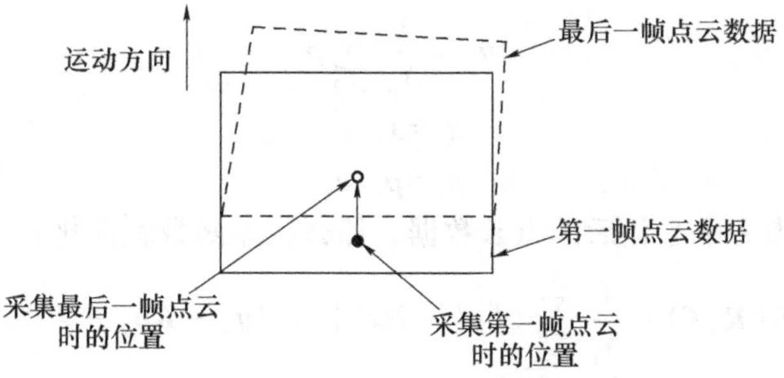

图 6-1-10　激光雷达运动畸变示意图

激光雷达定位是通过激光点云的相邻两帧数据之间的配准，得到点云之间的转换矩阵，该矩阵表示激光雷达自身的运动变化状态。最近点迭代算法(iterative closest point, ICP)是点云配准中的经典算法，它的核心就是通过两帧点云的对应匹配,从中解算出点云之间的位姿变换(旋转矩阵和平移矩阵),从而得到雷达自身的位姿变换。算法框架如图 6-1-11 所示。

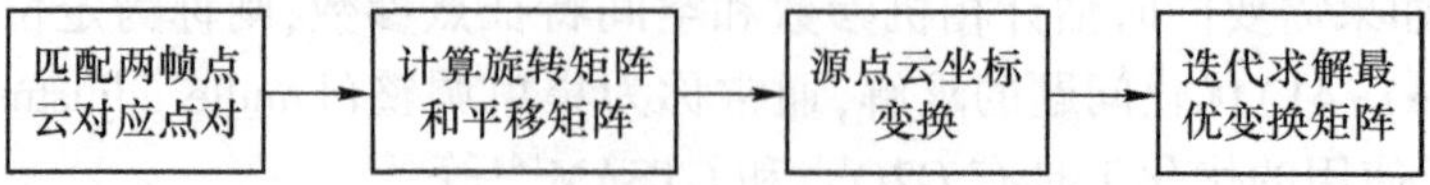

图 6-1-11 最近点迭代算法 ICP 算法

分别在待匹配的点云 $\boldsymbol{X}=\{\boldsymbol{x}_1,\boldsymbol{x}_2,\cdots,\boldsymbol{x}_{N_x}\}$ 和点云 $\boldsymbol{P}=\{\boldsymbol{p}_1,\boldsymbol{p}_2,\cdots,\boldsymbol{p}_{N_p}\}$ 中,$\boldsymbol{x}_i$ 和 $\boldsymbol{p}_i$ 表示点云坐标,N_x 和 N_p 表示点云数量。按照一定约束条件,找到最近邻点($\boldsymbol{x}_i$,$\boldsymbol{p}_i$),然后计算出最优匹配参数 $\boldsymbol{R}$(旋转矩阵)和 $\boldsymbol{t}$(平移向量),使得误差函数最小,目标误差函数为

$$E(\boldsymbol{R},\boldsymbol{T})=\frac{1}{N_x}\sum_{i=1}^{N_p}\|\boldsymbol{p}_i-\boldsymbol{R}\boldsymbol{x}_i-\boldsymbol{T}\|^2 \tag{6-1-43}$$

算法步骤如下:

(1) 寻找两帧点云最近点对。

首先需要确定两帧点云之间的最近对应点,得到对应点对,为下一步计算 $\boldsymbol{R}$ 和 $\boldsymbol{T}$ 提供数据点对。两帧点云中的每一个激光点都有与之最近距离的激光点数据,假设($\boldsymbol{x}_i$,$\boldsymbol{p}_i$)是两帧点云的一个最近点对,则其最近距离满足式(6-1-44)。

$$d(\boldsymbol{p}_i,\boldsymbol{X})=\min_{\boldsymbol{x}_i\in\boldsymbol{X}}\|\boldsymbol{x}_i-\boldsymbol{p}_i\| \tag{6-1-44}$$

(2) 计算两帧点云间旋转矩阵 $\boldsymbol{R}$ 和平移矩阵 $\boldsymbol{T}$。

常用的求解 $\boldsymbol{R}$ 和 $\boldsymbol{T}$ 方法主要有 SVD 分解法和非线性优化法。由于非线性优化的描述比较繁琐,下面只介绍 SVD 分解法。SVD 分解法使用之前先要对两帧点云数据做预处理。首先对点云集合 $\boldsymbol{X}$ 和 $\boldsymbol{P}$ 中的点去中心化:

$$\boldsymbol{u}_x=\frac{1}{N_x}\sum_{i=1}^{N_x}\boldsymbol{x}_i \tag{6-1-45}$$

$$\boldsymbol{u}_p=\frac{1}{N_p}\sum_{i=1}^{N_p}\boldsymbol{p}_i \tag{6-1-46}$$

$$\boldsymbol{x}_i'=\boldsymbol{x}_i-\boldsymbol{u}_x \tag{6-1-47}$$

$$\boldsymbol{p}_i'=\boldsymbol{p}_i-\boldsymbol{u}_p \tag{6-1-48}$$

式中:$\boldsymbol{x}_i'$ 和 $\boldsymbol{p}_i'$ 为去中心化后的点云数据。那么误差函数就简化为

$$E(\boldsymbol{R},\boldsymbol{T})=\frac{1}{N_x}\sum_{i=1}^{N_x}(\|\boldsymbol{p}_i'-\boldsymbol{R}\boldsymbol{x}_i'\|^2+\|\boldsymbol{u}_p-\boldsymbol{R}\boldsymbol{u}_x-\boldsymbol{T}\|^2) \tag{6-1-49}$$

设 $\boldsymbol{R}^*$ 和 $\boldsymbol{T}^*$ 为最优解,则可将最优化问题分为两步:

$$\boldsymbol{R}^*=\underset{\boldsymbol{R}}{\operatorname{argmin}}\frac{1}{N_x}\sum_{i=1}^{N_x}\|\boldsymbol{p}_i'-\boldsymbol{R}\boldsymbol{x}_i'\|^2=\underset{\boldsymbol{R}}{\operatorname{argmin}}\sum_{i=1}^{N_x}(-\boldsymbol{p}_i'^{\mathrm{T}}\boldsymbol{R}\boldsymbol{x}_i') \tag{6-1-50}$$

$$\boldsymbol{T}^*=\boldsymbol{u}_p-\boldsymbol{R}\boldsymbol{u}_x \tag{6-1-51}$$

由此可见问题关键在于 $\boldsymbol{R}^*$ 的求解。令

$$W = \sum_{i=1}^{N_p} p'_i x'^{\mathrm{T}}_i \overset{SVD}{\Rightarrow} U \begin{bmatrix} \sigma_1 & 0 & 0 \\ 0 & \sigma_2 & 0 \\ 0 & 0 & \sigma_3 \end{bmatrix} V^{\mathrm{T}} \tag{6-1-52}$$

则可求得

$$R^* = U \cdot V^{\mathrm{T}} \tag{6-1-53}$$

$$T^* = u_p - R u_x \tag{6-1-54}$$

(3) 源点云坐标变换。

求出 R 和 t 后,可将源点云映射到目标点云坐标系下,变换公式如下式:

$$x_i^{\mathrm{new}} = R x_i + T \tag{6-1-55}$$

式中:x_i^{new}为源点云数据转换到目标点云坐标下的新坐标。

(4) 迭代求解最优变换矩阵。

得到源点云在目标点云坐标系下的新坐标后,对每个点云坐标与目标点云进行距离判断,利用最小化欧氏距离和表示点云配准度,如式(6-1-56)所示:

$$f = \frac{1}{N_x} \sum_{i=1}^{N_x} \| p_i - x_i^{\mathrm{new}} \| \tag{6-1-56}$$

设定最小距离值 $d_{\min}$ 作为 ICP 点云匹配判断标准。在迭代过程中,每求解一次就将 f 值和 $d_{\min}$ 进行比较一次。如果 $f>d_{\min}$,则表明两帧点云的配准结果较差,需要重新进行计算;如果 $f<d_{\min}$,则表示两帧点云的配准效果较优,算法已经收敛,可以停止迭代过程,得到最优变换矩阵。

经典 ICP 算法不需要对处理的点集进行分割和特征提取,在较好的初值情况下,可以达到很好的收敛效果,获得非常精确的配准。然而,由于需要处理两帧点云数据的全部激光点,造成点对点配准搜索时,计算量非常大,配准时间长,实用性较差;再者由于点云数据的相似性,只是简单地考虑欧氏距离最近点作为匹配点对,容易发生错误匹配,干扰配准的收敛过程,使点云配准产生较大误差。因此,组合激光雷达和惯性器件可以实现更精准位姿估计。

6.2　视觉导航方法

视觉导航的任务就是利用图像传感器获取的场景特征信息估计出载体的位置和姿态,特征匹配定位、视觉里程计和视觉同时建图与定位等是常用的视觉导航方法。

6.2.1　二维/三维特征匹配估计载体位姿

在视觉导航中相机通常与载体固联,因此,估计出相机的位姿也就确定了载体的位姿。根据相机的成像模型式(6-1-6)可知,成像方程建立了相机内参数、外参数(旋转和平移)、三维特征点坐标以及二维图像点坐标之间的关系。对于已经通过标定获取到内参数的相机,当知道 n 个三维特征点以及它们对应的二维图像点坐标时,可以估计出相机外参数,即相机的姿态矩阵 $\boldsymbol{R}$ 和位置向量 $\boldsymbol{T}$,这个问题称为 PnP(perspective-n-point)问题。根据式(6-1-6)可知,一个二维/三维特征匹配对可以建立2维约束。对于标定相机而言,待估计的相机外参数含6个参数(3个参数用于描述旋转,3个参数用于描述平移),因此,最少只需要知道3组二维/三维特征匹配对应关系,即可估计出相机的位置和姿态,即P3P问题[5]。下面简要介绍P3P问题的求解方法。

求解P3P问题,需要利用给定的三个点的几何关系,它的输入数据为三对经过匹配了的三维特征点和二维图像点。令三维特征点分别为 A、B、C,对应的二维图像点为 a、b、c,其中小写字母代表的点对应大写字母代表的点在图像中的投影,如图6-2-1所示,相机光心为 O。

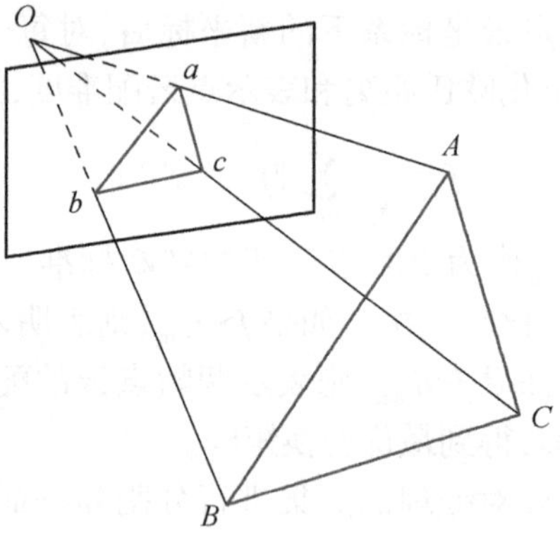

图6-2-1　P3P问题示意图

首先,三角形之间存在着对应关系:

$$\triangle Oab \sim \triangle OAB,\ \triangle Obc \sim \triangle OBC,\ \triangle Oac \sim \triangle OAC \tag{6-2-1}$$

通过三角形之间的相似关系,利用余弦定理,有

$$\begin{cases} OA^2+OB^2-2OA\cdot OB\cdot\cos\langle a,b\rangle=AB^2 \\ OB^2+OC^2-2OB\cdot OC\cdot\cos\langle b,c\rangle=BC^2 \\ OA^2+OC^2-2OA\cdot OC\cdot\cos\langle a,c\rangle=AC^2 \end{cases} \tag{6-2-2}$$

对于以上三式左右两边均除以 OC^2,并且记 $x=OA/OC$,$y=OB/OC$,得

$$\begin{cases} x^2+y^2-2xy\cos\langle a,b\rangle=AB^2/OC^2 \\ y^2+1^2-2y\cos\langle b,c\rangle=BC^2/OC^2 \\ x^2+1^2-2x\cos\langle a,c\rangle=AC^2/OC^2 \end{cases} \tag{6-2-3}$$

记 $v=AB^2/OC^2$,$uv=BC^2/OC^2$,$wv=AC^2/OC^2$,有

$$\begin{cases} x^2+y^2-2xy\cos\langle a,b\rangle-v=0 \\ y^2+1^2-2y\cos\langle b,c\rangle-uv=0 \\ x^2+1^2-2x\cos\langle a,c\rangle-wv=0 \end{cases} \tag{6-2-4}$$

把第一个式子中的 v 放到等式一边,并代入其后两式,得

$$\begin{cases}(1-u)y^2-ux^2-\cos\langle b,c\rangle y+2uxy\cos\langle a,b\rangle+1=0\\(1-w)x^2-wy^2-\cos\langle a,c\rangle x+2wxy\cos\langle a,b\rangle+1=0\end{cases}\tag{6-2-5}$$

由于二维图像点坐标、三个余弦角 $\cos\langle a,b\rangle$,$\cos\langle b,c\rangle$,$\cos\langle a,c\rangle$ 是已知的,同时,$u=BC^2/AB^2$,$w=AC^2/AB^2$ 可以通过 A,B,C 在世界坐标系下的坐标算出,变换到相机坐标系下之后,这个比值并不改变。该式中的 x,y 是未知的,随着相机移动会发生变化。因此,该方程组是关于 x,y 的一个二元二次方程。求解该方程组便可恢复出相机的位置和姿态。

当 $n>3$ 时,可以先利用 P3P 求解初值,然后以重投影误差最小做为优化目标,然后采用迭代优化技术求解相机的位置和姿态。

6.2.2　视觉里程计

根据利用的信息不同,可将视觉里程计分为直接法和间接法两种。直接法是以最小化光度误差为目标函数,而间接法则是以最小化几何误差为目标函数,本章主要介绍间接法视觉里程计。间接法里程计主要分为利用二维像点的 2D-2D 法,以及利用三维物点与二维像点之间映射关系的 3D-2D 法。

1. 2D-2D 视觉里程计

根据 6.1.1 节内容可知,同一个三维特征点在不同的视图中的像点位置与相机的位置和姿态相关。2D-2D 视觉里程计技术就是通过对特征点在多个视图中的坐标进行跟踪,利用跟踪信息计算各视图之间的相对姿态与位置关系,进而积分得到相机在参考坐标系下的位置和姿态,表达式如下:

$$\begin{bmatrix}\boldsymbol{R}^w_{c(k)} & \boldsymbol{T}^w_{c(k)}\\0 & 1\end{bmatrix}=\begin{bmatrix}\boldsymbol{R}^w_{c(k-1)} & \boldsymbol{T}^w_{c(k-1)}\\0 & 1\end{bmatrix}\begin{bmatrix}\boldsymbol{R}^{c(k-1)}_{c(k)} & \boldsymbol{T}^{c(k-1)}_{c(k)}\\0 & 1\end{bmatrix}\tag{6-2-6}$$

式中:$\boldsymbol{R}^w_{c(k-1)}$ 和 $\boldsymbol{T}^w_{c(k-1)}$ 分别为上一时刻相机的姿态矩阵和位置向量;$\boldsymbol{R}^{c(k-1)}_{c(k)}$ 与 $\boldsymbol{T}^{c(k-1)}_{c(k)}$ 则分别为在一个更新周期内,相机姿态矩阵和位置向量的变化量,对该变化量的求解是视觉里程计的核心。

当已知一组双视图中的匹配对及其二维像素坐标 $\{\boldsymbol{x}_{i,k-1}\leftrightarrow\boldsymbol{x}_{i,k}\}$ 时,可以利用 6.1.1 节中介绍的对极几何约束求解本质矩阵 $\boldsymbol{E}$,并利用式(6-1-30)从本质矩阵中恢复出 $\boldsymbol{R}^{c(k-1)}_{c(k)}$ 与 $\boldsymbol{t}^{c(k-1)}_{c(k)}$,该解为求解本质矩阵得到的解析解。

为提升算法精度,通常还需要在解析解的基础上最小化投影误差,其目标函数可以表示为

$$\boldsymbol{R}^{c(k-1)}_{c(k)},\boldsymbol{T}^{c(k-1)}_{c(k)}=\underset{\boldsymbol{R},\boldsymbol{t}}{\operatorname{argmin}}\sum_i\left(\|\boldsymbol{x}_{i,k-1}-\hat{\boldsymbol{x}}_{i,k-1}\|^2+\|\boldsymbol{x}_{i,k}-\hat{\boldsymbol{x}}_{i,k}\|^2\right)\tag{6-2-7}$$

式中:$\hat{\boldsymbol{x}}_{i,k-1}$ 与 $\hat{\boldsymbol{x}}_{i,k}$ 分别为根据投影关系计算得到的像素坐标。

2D-2D 视觉里程计即可用于双目/多目系统,也可以用于单目视觉系统。需要指出的是,基于 2D-2D 的单目视觉里程计会丢失尺度信息,这是由相机成

像原理造成的。

2. 3D-2D视觉里程计

3D-2D视觉里程计是通过一组已知的三维特征点与其在图像中的二维像点匹配关系计算载体位姿的一种算法。与6.1.1节中的PnP算法相比,在里程计中使用三维点坐标是通过三维重构得到的,其本身也是待优化的参数,而不是作为已知量出现的。3D-2D视觉里程算法有多种实现形式,典型的3D-2D视觉里程计算法包含以下几个步骤:

(1) 计算相机当前时刻的位置和姿态。设根据上一时刻已构建出一组三维特征点,其在导航系下的三维坐标为$\boldsymbol{X}_i$,这些三维点在当前视图中的像素坐标为$\boldsymbol{x}_{i,k}$。根据6.1.1节可知,当$\{\boldsymbol{X}_i \leftrightarrow \boldsymbol{x}_{i,k}\}$匹配对个数不少于3个时,就可以通过P3P算法求解相机的位置和姿态矩阵。

(2) 利用6.1.1节中的三角测量方法,对新观测到的特征点进行三维重构,其中新观测点需要在不小于两幅视图中出现。

(3) 通过最小化得投影误差,对三维点坐标和相机位置、姿态进行迭代优化,优化目标函数可以表示为

$$\boldsymbol{R}_k^*, \boldsymbol{T}_k^*, \boldsymbol{X}^* = \underset{\boldsymbol{R},t,\boldsymbol{X}}{\operatorname{argmin}} \sum_i \|\boldsymbol{x}_{k,i} - \boldsymbol{K}[\boldsymbol{R}_k \mid \boldsymbol{T}_k]\boldsymbol{X}_i\|^2 \tag{6-2-8}$$

通过以上三个步骤,视觉里程计能够利用已构建的三维特征点估计相计位置和姿态,同时又能够利用计算得到的位姿信息对新观测到的特征点进行三维重建,从而形成递推。

3D-2D视觉里程计即可用于单目视觉系统,也可用于多目视觉系统。在单目视觉系统中,往往需要一组已知的三维点作为初始化,当没有已知三维点初始化时可以用2D-2D的里程计算法作为初始化,但这会造成里程计尺度的丢失。在多目视觉系统中,3D-2D视觉里程计可以利用多目的视差信息对三维点进行初始化,这样可以不用已知的三维点进行初始化,并且可以获得尺度信息。

6.2.3 视觉同时建图与定位

在视觉里程计算法中,通常需要在估计相机位姿的同时对观测特征点的三维坐标进行重构。由于观测到的特征会随着运动范围的增大而增大,为了保障里程计的实时性,通常在视觉里程计中会采用滑动窗口法,以减少待优化状态数量。此外,视觉里程计是一种递推算法,其计算误差会不断累积,导致建图和定位精度下降。

视觉同时建图与定位(SLAM)技术结合了视觉里程计和闭环优化两个模块。当没有检测到闭环时,视觉SLAM系统工作于里程计递推模式;当检测到当前视图中的特征与地图中某一区域的特征相同时,闭环优化算法将首先估计相于对地图的位置,然后对运动轨迹和地图信息进行全局优化。

在 6.2.1 节和 6.2.2 节中已经介绍了视觉里程计和 PnP 算法,因此本节主要介绍两种利用视觉里程计和闭环信息对 SLAM 中的位姿信息和地图信息进行优化的方法:位姿图(pose graph)算法和光束法平差(bundle adjustment,BA)算法。

1. 位姿图优化算法

设相机在运动过程中,根据里程计递推得到的位置和姿态可以用欧氏矩阵 $\hat{\boldsymbol{S}}_i$ 表示为

$$\hat{\boldsymbol{S}}_i = \begin{bmatrix} \hat{\boldsymbol{R}}_i & \hat{\boldsymbol{T}}_i \\ \boldsymbol{0} & 1 \end{bmatrix} \tag{6-2-9}$$

式中:$\hat{\boldsymbol{R}}_i$ 与 $\hat{\boldsymbol{T}}_i$ 分别为姿态矩阵与位置向量。

若通过闭环检测算法,检测出两个不相邻帧 i,j 之间具有一个闭环,则可以用 6.2.1 节中 PnP 算法估计出这两个视图的相互位姿关系为 $\boldsymbol{S}_{i,j}$。同时,可以根据里程计推算结果对两个视图的位姿关系进行估计,得到估计值 $\hat{\boldsymbol{S}}_{i,j}$:

$$\hat{\boldsymbol{S}}_{ij} = \hat{\boldsymbol{S}}_i^{-1} \hat{\boldsymbol{S}}_j \tag{6-2-10}$$

由于里程计具有累积误差,因此根据式(6-2-10)计算得到的相对位姿 $\hat{\boldsymbol{S}}_{ij}$ 与利用闭环识别得到的位置 $\boldsymbol{S}_{i,j}$ 之间会有不同。位姿图算法就是对各个视图的位置和姿态进行调整,从而使通过里程计递推得到的 $\hat{\boldsymbol{S}}_{ij}$ 与通过闭环计算得到的 $\boldsymbol{S}_{i,j}$ 之间具有最小的差异,优化目标函数为

$$\{\boldsymbol{S}^*\} = \underset{S}{\operatorname{argmin}} \sum_i \sum_j \frac{1}{2} \| \boldsymbol{S}_{ij} - \hat{\boldsymbol{S}}_{ij} \| \tag{6-2-11}$$

式中:$\{\boldsymbol{S}^*\}$ 为优化后,所有视图的位姿和位置信息集合。

2. 光束法平差算法

式(6-2-11)仅对各视图的位姿信息进行优化,而没有考虑对地图点的三维坐标进行优化,而一个完整的 SLAM 算法往往需要同时对相机的位姿和地图点坐标进行全局优化。光束法平差就是一种以最小化地图点在所有视图中的重投影误差为目标的优化算法,其目标函数与式(6-1-46)相同。

随着运动范围的扩大,观测到的环境特征增多,这时待优化的状态量会迅速增加。大范围下的 BA 优化是实时化 SLAM 算法需要解决的重要问题,在本书中不对 BA 算法的细节进行讲述,读者可查阅相关参考文献。

6.2.4 基于深度学习的视觉导航

近年来,深度学习技术的快速发展给视觉图像处理提供了解决问题的新思路和新方法,在物体识别、检测和语义分割等领域得到应用。深度学习技术通过构建多层神经网络,从数据中学习和发现数据内在规律和表示层次。其中,有监督学习从带有标签(真实数据)的训练数据集中推断出映射函数,通过调整神经

网络参数不断使模型输出逼近期望的输出值(标签)。自监督学习不再需要训练数据带有标签,而是利用数据的特性来生成自监督的信号,从而代替人类注释。6.2.2节与6.2.3节讨论的视觉导航算法,可以看作基于几何模型由算法设计者手动建模,而基于深度学习的视觉导航算法通过数据驱动自动构建模型,这得益于日益增长的数据量与算力,这种方法为视觉导航提供了另一种解决方案。

1. 基于有监督学习的视觉导航方法

首先讨论有监督学习的视觉里程计,通过在有标签的数据集上训练一个深度神经网络模型,从而构造出从连续的图像到运动位姿变换的函数。深度神经网络模型的输入是连续的图像帧,输出两图像帧之间的位置、速度与姿态。

典型的基于端对端有监督学习的深度视觉里程计[6]如图6-2-2所示,其设计了基于卷积神经网络(convolutional neural networks,CNN)和循环神经网络(recurrent neural networks,RNN)的算法框架,该模型主要由视觉特征提取、时序建模与位姿估计和模型训练学习四部分构成,具有优异性能和端到端的学习能力。

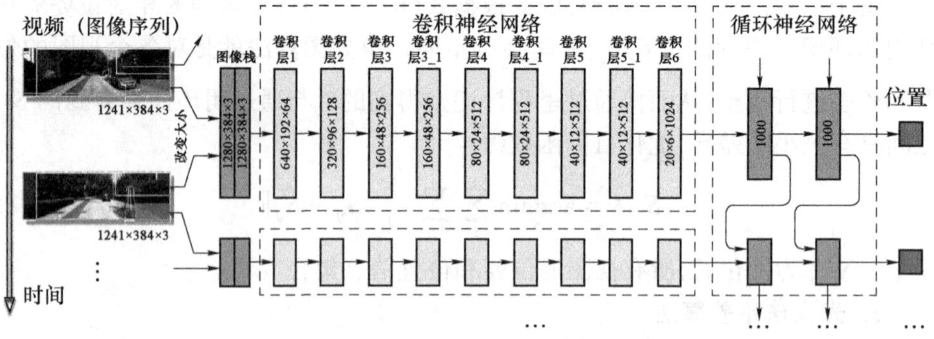

图6-2-2 典型有监督学习视觉里程计算法框架

1)视觉特征提取

将两帧图像合并后,通过卷积神经网络提取在视觉场景中稳定性较强的关键特征,这样有利于在新的场景中泛化。该模型视觉的特征提取模块基于光流网络进行构建,提取适用于光流跟踪和运动状态估计的特征,在一定程度上抑制了训练过拟合。

$$a = f_{\text{RNN}}(X) \tag{6-2-12}$$

式中:X为两帧图像;a为卷积神经网络提取的视觉特征。

2)循环神经网络时序建模与载体位姿估计

循环神经网络将历史信息传送到隐藏层中去,因而输出层所输出的信息包含了历史经验信息和当前时刻卷积神经网络从传感器观测值中提取到的相关特征信息。将提取出的视觉特征,传给循环神经网络,与隐藏变量一起迭代更新后输出新的特征变量。随后经过全连接网络输出 6 个自由度的载体位姿估计$[\hat{p},\hat{\phi}]$，$\hat{p}$为位置变换，$\hat{\phi}$为姿态变换。

$$[\hat{p},\hat{\phi}]=f_{\mathrm{RNN}}(a) \tag{6-2-13}$$

3）模型训练与学习

为获得深度神经网络的最优参数 θ^*，视觉里程计学习模型在有标签的大规模数据集上进行训练，使用以位置变换$\hat{p}\in R^3$和欧拉角$\hat{\phi}\in R^3$的均方根误差作为损失函数来进行框架优化：

$$\theta^* = \arg\min_{\theta} \frac{1}{N}\sum_{i=1}^{N}\sum_{t=1}^{N}\|\hat{p}_t - p_t\|_2^2 + \|\hat{\phi}_t - \phi_t\|_2^2 \tag{6-2-14}$$

式中：$(\hat{p}_t,\hat{\phi}_t)$为深度神经网络在时刻 t 估计获得的相对位姿；(p,ϕ)为相对应的位姿真实值；θ 为深度神经网络的参数；N 为样本的数量。

上述数据驱动的解决方案被应用于车辆导航，在地面导航数据集上进行测试，取得较好的结果，相较于 VISO2 和 ORB-SLAM 等传统视觉里程计展示了明显的优势。由于深度神经网络从大量的图像中能够学习到全局尺度信息，有监督的深度学习视觉里程计从单目相机中能够学习到有绝对尺度的轨迹。视觉里程计学习模型的性能表现依然没有经过大规模数据和实验检验。后续研究通过引入知识蒸馏技术，能够压缩视觉里程计学习模型的大小，实现在移动设备端上的实时运算。此外，视觉里程计也可以被转化为一种分类问题，用卷积神经网络来预测图像帧间的位置与速度变化。

2. 基于自监督学习的视觉导航方法

为解决部分场景下难以提供高精度位姿真实结果作为训练标签的问题，基于自监督学习的视觉导航方法被提出。自监督深度学习能够在没有标签的数据集上训练，因而省去制作标签数据集的时间和精力，同时能够更好地在新场景下适应和泛化。基于自监督学习的视觉导航算法[7]利用视图合成作为自监督信号，构建自监督学习框架来获取相机的运动以及场景深度信息。

图 6-2-3 展示了典型的自监督学习视觉里程计算法框架，包括一个深度信息估计网络来预测场景的深度图像和一个位姿估计网络来预测图像帧之间的位姿变换。

1）深度信息估计网络

输入单帧的图像，通过编码器-解码器（encoder-decoder）结构的卷积网络层，提取与深度信息相关的特征，再经过多尺度深度信息预测，最终输出目标图像的深度信息 D_t。

2）位姿估计网络

输入两帧图像，经过基于卷积层网络的位姿估计模块，输出两帧图像间的位姿变换 $T_{t\mapsto s}$。

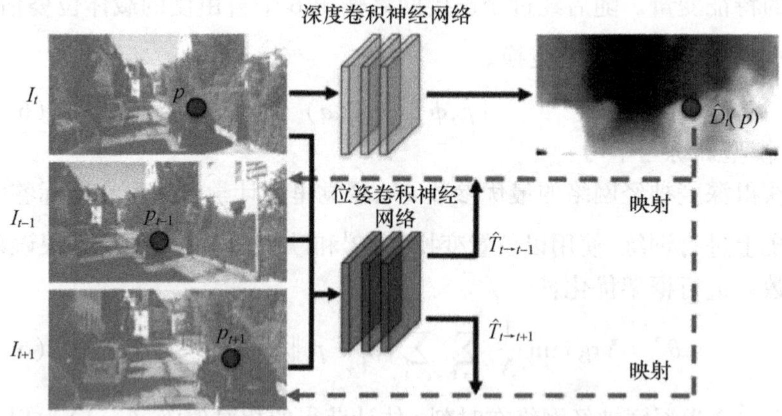

图 6-2-3 自监督学习的视觉导航算法框架

3）模型自监督训练

算法框架输入图像序列,利用新合成视图作为自监督信号,即源图像 I_s 合成目标图像 I_t,源图像中的一个像素 $I_s(p_s)$,通过式(6-4-4)映射为目标图像中的一个像素 $I_t(p_t)$：

$$p_s \sim KT_{t\to s}D_t(p_t)K^{-1}p_t \qquad (6-2-15)$$

式中:K 为相机的内参矩阵;$T_{t\to s}$ 为从目标图像帧到源图像帧的位姿转换矩阵;$D_t(p_t)$ 为每个像素在目标图像中的深度信息。为确保场景的一致性,训练优化目标被设定为真实目标图像 $\hat{I}_t$ 和视图合成光度重建损失函数:

$$L_{\text{photo}} = \sum_{<I_1,\cdots,I_N>\in S}\sum_{p}\left|I_t(p) - \hat{I}_s(p)\right| \qquad (6-2-16)$$

式中:p 为像素的坐标;I_t 为目标图像;$\hat{I}_s$ 为从源图像 I_s 中合成的目标图像。然而在此工作中依然存在两个问题:一是这种基于单目图像的方法无法提供与全局尺度保持一致的位姿估计。由于尺度信息的缺失,无法构建出具有实际物理意义的全局轨迹,限制了该方法的实际应用。二是光度损失函数前提是假定外部世界静止并且相机没有遮挡。

为解决全局尺度问题,在上述工作的基础上,引入双目图像来学习获取绝对的姿态估计尺度。由于双目图像基线(左右图像间的运动变换)是固定值并且可提前获得,引入左右图像间的空间光度损失作为损失函数,保证了绝对尺度的获得。此外,可以通过引入几何一致性损失的方式来解决轨迹的尺度问题,这种损失函数表示预测的深度图像和重建的深度图像之间的一致性。通过这种方式,图像帧之间的深度预测保持尺度一致性,因而位姿估计也可以保持尺度一致性。

光度一致性条件假设整个场景只包含静态刚体结构,如建筑、车道等等。然而在真实的应用场景中,环境总会动态变化,如场景中行人、车辆等运动物体会影响光度投影,进而影响位姿估计的准确度。为解决该问题,后续工作将学习过程分成两部分,第一部分是使用刚体结构重构模块来估计静态场景结构,第二部分是使用非刚体运动定位模块来估计动态场景结构。此外,通过在深度信息估计网络中引入生成性对抗学习网络(generative adversarial networks,GAN)提升深度信息预测的能力,引入时序循环模块进行位姿回归,从而进一步提升位姿估计的性能。

6.3 惯性/视觉组合导航

惯性/视觉组合导航系统由惯性传感器、视觉传感器和导航计算机组成。惯性传感器与视觉传感器采用固连方式安装,可以通过离线标定或在线标定算法获得安装关系。对于高动态运动载体,通常还要求惯性传感器和视觉传感器保持时间同步,保证不同传感器之间的时空一致性。目前,惯性/视觉组合导航算法主要是以滤波方法、非线性优化方法和机器学习方法等为基础构建。

6.3.1 基于滤波的惯性/视觉组合导航算法

惯性/视觉组合导航是一个非线性系统,常用拓展卡尔曼滤波(Extended Kalman Filter)方法求解,本节将对基于 EKF 的惯性/视觉组合导航模型进行介绍。

1. 惯性器件测量模型

陀螺和加表的输出分别可以描述为如下形式:

$$\begin{aligned} \boldsymbol{\omega}_m &= \boldsymbol{\omega}+\boldsymbol{b}_g+\boldsymbol{n}_g \\ \boldsymbol{a}_m &= \boldsymbol{a}+\boldsymbol{b}_a+\boldsymbol{n}_a \end{aligned} \tag{6-3-1}$$

式中:$\boldsymbol{\omega}_m$ 和 $\boldsymbol{a}_m$ 为陀螺和加表测量的角速率和比力值;$\boldsymbol{\omega}$ 和 $\boldsymbol{a}$ 为角速率和比力的真值;$\boldsymbol{b}_g$ 和 $\boldsymbol{b}_a$ 分别为陀螺和加表的零偏,其是受高斯白噪声 $\boldsymbol{n}_{wg}$,$\boldsymbol{n}_{wa}$ 驱动的随机游走误差;$\boldsymbol{n}_g$ 和 $\boldsymbol{n}_a$ 则为高斯随机噪声。

2. 状态微分方程

惯性/视觉组合导航系统的状态变量包括微惯性相关的向量以及与特征点相关的向量组成,表示如下:

$$\boldsymbol{x}(t)=[\boldsymbol{x}_I,\boldsymbol{x}_F]^{\mathrm{T}} \tag{6-3-2}$$

式中:$\boldsymbol{x}$ 为状态向量,包括用于描述惯性相关的状态 $\boldsymbol{x}_I$ 和与描述地标位置的状态量 $\boldsymbol{x}_F(t)$。其中 $\boldsymbol{x}_I(t)$ 包含惯性传感器坐标系 I 到固定的参考坐标系 W 的姿态、速度、位置和惯性器件的零偏,定义如下:

$$\boldsymbol{x}_I=[\boldsymbol{q}_{WI};\boldsymbol{v}_I^W;\boldsymbol{p}_I^W;\boldsymbol{b}_g;\boldsymbol{b}_a] \tag{6-3-3}$$

式中:$\boldsymbol{q}_{WI}$ 为一个 4×1 的单位四元数,表示 I 系到 W 系的姿态关系;$\boldsymbol{v}_I^W$ 为相对于 W 系的线速度;$\boldsymbol{p}_I^W$ 为 I 系相对于 W 系的位置向量;$\boldsymbol{b}_g$ 和 $\boldsymbol{b}_a$ 分别为陀螺零偏和加速

度计零偏。

根据6.1节可知,相机位置可以通过最小化式(6-1-46)中的重投影误差得到,而重投影误差则与物点坐标紧密相关。因此,物点坐标通常也作为惯性/视觉组合导航系统待估计的状态向量,记为$\boldsymbol{x}_F^{\mathrm{T}}(t)$,具体表达式为

$$\boldsymbol{x}_F=[\boldsymbol{l}_1;\boldsymbol{l}_2;\cdots;\boldsymbol{l}_m] \tag{6-3-4}$$

式中:$\boldsymbol{l}_i$为第i个物点在W系下的位置向量。

根据惯性导航知识,可以列出与惯性相关状态的微分方程,具体如下:

$$\begin{aligned}
\dot{\boldsymbol{q}}_{WI}&=\frac{1}{2}\boldsymbol{q}_{WI}\otimes[0\quad \boldsymbol{\omega}^{\mathrm{T}}]\\
\dot{\boldsymbol{v}}_I^W&=R(\boldsymbol{q}_{WI})\boldsymbol{a}+\boldsymbol{g}^W\\
\dot{\boldsymbol{p}}_I^W&=\boldsymbol{v}_I^W\\
\dot{\boldsymbol{b}}_g&=\boldsymbol{n}_{wg}\\
\dot{\boldsymbol{b}}_a&=\boldsymbol{n}_{wa}
\end{aligned} \tag{6-3-5}$$

式中:$\otimes$为四元数乘法;$\boldsymbol{g}^W$为当地重力向量在W系的投影;$R(\boldsymbol{q})$为与单位四元数$\boldsymbol{q}$相关联的方向余弦矩阵。注意到式(6-3-5)中的微分方程与惯性导航微分方程相比忽略了地球自转的影响,这是由于多数惯性视觉组合导航系统中使用的是低精度的微惯性器件,地球运动的影响与器件噪声相比可以忽略。

由于在运动估计中,我们假设了观测到的物点是静止不动的。因此,所有与特征点相关的状态不随时间变化,即有

$$\dot{\boldsymbol{x}}_F=\boldsymbol{0} \tag{6-3-6}$$

卡尔曼滤波不能直接用于解决非线性系统滤波问题,因此需要对非线性模型作泰勒展开进行线性近似。泰勒级数展开后的零次项称为标称状态(nominal state)。惯性相关标称状微分方程与式(6-3-5)具有相同的形式,具体为

$$\begin{aligned}
\dot{\hat{\boldsymbol{q}}}_{WI}&=\frac{1}{2}\hat{\boldsymbol{q}}_{WI}\otimes[0\quad (\boldsymbol{\omega}_m-\hat{\boldsymbol{b}}_g)^{\mathrm{T}}]\\
\dot{\hat{\boldsymbol{v}}}_I^W&=\boldsymbol{R}(\hat{\boldsymbol{q}}_{WI})(\boldsymbol{a}_m-\hat{\boldsymbol{b}}_a)+\boldsymbol{g}^W\\
\dot{\hat{\boldsymbol{p}}}_I^W&=\hat{\boldsymbol{v}}_I^W\\
\dot{\hat{\boldsymbol{b}}}_g&=\boldsymbol{0}\\
\dot{\hat{\boldsymbol{b}}}_a&=\boldsymbol{0}
\end{aligned} \tag{6-3-7}$$

当取一阶泰斩近似时,可得到关于状态误差的线性模型,其微分方程具有如下形式:

$$\begin{bmatrix}\delta\dot{\boldsymbol{\theta}}_I\\ \delta\dot{\boldsymbol{v}}_I^W\\ \delta\dot{\boldsymbol{p}}_I^W\\ \delta\dot{\boldsymbol{b}}_g\\ \delta\dot{\boldsymbol{b}}_a\end{bmatrix}=\begin{bmatrix}-\hat{\boldsymbol{\omega}} & \boldsymbol{0} & \boldsymbol{0} & -\boldsymbol{I} & \boldsymbol{0}\\ -R(\hat{\boldsymbol{q}}_{WI})\hat{\boldsymbol{a}} & \boldsymbol{0} & \boldsymbol{0} & \boldsymbol{0} & -R(\hat{\boldsymbol{q}}_{WI})\\ \boldsymbol{0} & \boldsymbol{I} & \boldsymbol{0} & \boldsymbol{0} & \boldsymbol{0}\\ \boldsymbol{0} & \boldsymbol{0} & \boldsymbol{0} & \boldsymbol{0} & \boldsymbol{0}\\ \boldsymbol{0} & \boldsymbol{0} & \boldsymbol{0} & \boldsymbol{0} & \boldsymbol{0}\end{bmatrix}\begin{bmatrix}\delta\boldsymbol{\theta}_I\\ \delta\boldsymbol{v}_I^W\\ \delta\boldsymbol{p}_I^W\\ \delta\boldsymbol{b}_g\\ \delta\boldsymbol{b}_a\end{bmatrix}+\begin{bmatrix}-\boldsymbol{I} & \boldsymbol{0} & \boldsymbol{0} & \boldsymbol{0}\\ \boldsymbol{0} & \boldsymbol{0} & -R(\hat{\boldsymbol{q}}_{WI}) & \boldsymbol{0}\\ \boldsymbol{0} & \boldsymbol{0} & \boldsymbol{0} & \boldsymbol{0}\\ \boldsymbol{0} & \boldsymbol{I} & \boldsymbol{0} & \boldsymbol{0}\\ \boldsymbol{0} & \boldsymbol{0} & \boldsymbol{0} & \boldsymbol{I}\end{bmatrix}\begin{bmatrix}\boldsymbol{n}_g\\ \boldsymbol{n}_{wg}\\ \boldsymbol{n}_a\\ \boldsymbol{n}_{wa}\end{bmatrix} \tag{6-3-8}$$

$$\delta\dot{\boldsymbol{x}}_I=\boldsymbol{F}_I\delta\boldsymbol{x}_I+\boldsymbol{G}\boldsymbol{n}_I$$

待估状态与标称状态和误差状态的关系为

$$\begin{cases}\boldsymbol{q}_{WI}=\hat{\boldsymbol{q}}_{WI}\otimes\begin{bmatrix}0 & \frac{1}{2}\delta\boldsymbol{\theta}_I^{\mathrm{T}}\end{bmatrix}\\ \boldsymbol{v}_I^W=\hat{\boldsymbol{v}}_I^W+\delta\boldsymbol{v}_I^W\\ \boldsymbol{p}_I^W=\hat{\boldsymbol{p}}_I^W+\delta\boldsymbol{p}_I^W\\ \boldsymbol{b}_g=\hat{\boldsymbol{b}}_g+\delta\boldsymbol{b}_g\\ \boldsymbol{b}_a=\hat{\boldsymbol{b}}_a+\delta\boldsymbol{b}_a\end{cases} \tag{6-3-9}$$

设状态向量中包含 M 个物点坐标。则可得误差状态向量的过程模型如下：

$$\begin{bmatrix}\delta\dot{\boldsymbol{x}}_I\\ \delta\dot{\boldsymbol{x}}_F\end{bmatrix}=\begin{bmatrix}\boldsymbol{F}_I & \boldsymbol{0}_{15\times3M}\\ \boldsymbol{0}_{3M\times15} & \boldsymbol{0}_{3M\times3M}\end{bmatrix}\begin{bmatrix}\delta\boldsymbol{x}_I\\ \delta\boldsymbol{x}_F\end{bmatrix}+\begin{bmatrix}\boldsymbol{G}_I\\ \boldsymbol{0}\end{bmatrix}\begin{bmatrix}\boldsymbol{n}_I\\ \boldsymbol{0}_{3M\times1}\end{bmatrix} \tag{6-3-10}$$

将上式进行离散化，可得状态转移方程：

$$\begin{bmatrix}\delta\boldsymbol{x}_{I_k}\\ \delta\boldsymbol{x}_{F_k}\end{bmatrix}=\begin{bmatrix}\boldsymbol{I}+\boldsymbol{F}_I\Delta t & \boldsymbol{0}_{15\times3M}\\ \boldsymbol{0}_{3M\times15} & \boldsymbol{I}_{3M\times3M}\end{bmatrix}\begin{bmatrix}\delta\boldsymbol{x}_I\\ \delta\boldsymbol{x}_F\end{bmatrix}+\begin{bmatrix}\boldsymbol{G}_I\Delta t\\ \boldsymbol{0}\end{bmatrix}\begin{bmatrix}\boldsymbol{n}_I\\ \boldsymbol{0}_{3M\times1}\end{bmatrix} \tag{6-3-11}$$

$$\delta\boldsymbol{x}_k=\boldsymbol{F}_d\delta\boldsymbol{x}_{k-1}+\boldsymbol{G}_d\boldsymbol{n}$$

记高斯噪声 $\boldsymbol{n}$ 的方差为 $\boldsymbol{Q}$。

3. 观测方程

在滤波过程中，利用惯性器件输出求解标称状态微分方程(6-3-7)可对载体位置、姿态进行预测。由于惯性器件存在测量误差，预测位置与实际位置之间具有差异，这种差异可以通过投影误差反映出来，如图 6-3-1 所示。

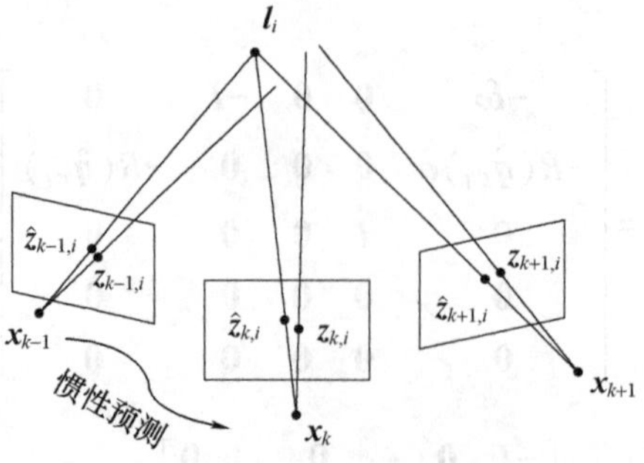

图 6-3-1 观测示意图

与状态方程类似,将观测方程进行泰勒级数展开可得

$$\boldsymbol{z}=\boldsymbol{h}(\boldsymbol{x})\mid_{\hat{x}}+\frac{\partial \boldsymbol{h}(\boldsymbol{x})}{\partial \boldsymbol{x}}\mid_{\hat{x}}\delta\boldsymbol{x}+\boldsymbol{v} \tag{6-3-12}$$

式中:$\boldsymbol{h}(\boldsymbol{x})\mid_{\hat{x}}$为根据标称状态计算的观测值;$\boldsymbol{v}$ 为方差为 $\boldsymbol{R}$ 测量噪声。在惯性/视觉组合导航中,观测信息就是物点在图像中的投影,根据式(6-1-6)中的相机成像模型,可根据标称状态计算物点在图像中的投影点:

$$\hat{z}_i=\boldsymbol{h}(\hat{\boldsymbol{x}}_t)=\frac{1}{Z^C}\begin{bmatrix} f_u & 0 & u_0 & 0 \\ 0 & f_v & v_0 & 0 \\ 0 & 0 & 1 & 0 \end{bmatrix}\begin{bmatrix} R(\hat{\boldsymbol{q}}_{WI}^{-1})\boldsymbol{R}_I^C & \boldsymbol{T}_I^C \end{bmatrix}\begin{bmatrix} \boldsymbol{l}_i-\hat{\boldsymbol{p}}_I^W \\ 1 \end{bmatrix} \tag{6-3-13}$$

式中:z_i为第 i 个地标点成像点坐标;$\boldsymbol{R}_I^C$和 $\boldsymbol{T}_I^C$为 I 系相对于相机坐标系 C 的安装关系,可通过离线标定得到。

将所有投影点的误差记为

$$\delta \boldsymbol{z}=[\delta z_1;\delta z_2;\cdots;\delta z_M]=\boldsymbol{z}-\hat{\boldsymbol{z}} \tag{6-3-14}$$

则可以得到误差状态的线性观测方程:

$$\delta \boldsymbol{z}=\frac{\partial \boldsymbol{h}(\boldsymbol{x})}{\partial \boldsymbol{x}}\mid_{\hat{x}}+\boldsymbol{v}(t)=\boldsymbol{H}\delta\boldsymbol{x}+\boldsymbol{v}(t)=[\boldsymbol{H}_I,\boldsymbol{H}_f]\begin{bmatrix}\delta\boldsymbol{x}_I \\ \delta\boldsymbol{x}_F\end{bmatrix}+\boldsymbol{v}(t) \tag{6-3-15}$$

将观测矩阵分块,按照与 $\delta\boldsymbol{x}_I$和 $\delta\boldsymbol{x}_F$相关分块;同时根据与 δz_i的顺序按行分块。分块后观测矩阵转化为如下形式:

$$\begin{bmatrix}\delta z_1 \\ \cdots \\ \delta z_M\end{bmatrix}=\begin{bmatrix}\boldsymbol{H}_1 \\ \cdots \\ \boldsymbol{H}_M\end{bmatrix}\delta\boldsymbol{x}=\begin{bmatrix}\boldsymbol{H}_{1I},\boldsymbol{H}_{1f} \\ \cdots, \quad \cdots \\ \boldsymbol{H}_{MI},\boldsymbol{H}_{Mf}\end{bmatrix}\begin{bmatrix}\delta\boldsymbol{x}_I \\ \delta\boldsymbol{x}_F\end{bmatrix}+\boldsymbol{v}(t) \tag{6-3-16}$$

注意到,在式(6-1-6)中的相机成像模型中,首先将物点从 W 系转到了相机坐标系 C,然后再投影到图像中。因此,可采用链式法则对 $\boldsymbol{H}_i$进行分步求导,过程如下:

$$\boldsymbol{H}_i=\frac{\partial z_i}{\partial \boldsymbol{x}}\bigg|_{\hat{x}}=\frac{\partial z_i}{\partial \boldsymbol{p}_i^C}\frac{\partial \boldsymbol{p}_i^C}{\partial \boldsymbol{x}}\bigg|_{\hat{x}} \tag{6-3-17}$$

上式中第一部分是观测信息在相机坐标系下对物点坐标求导，根据式(6-1-3)可得到

$$\left.\frac{\partial z_i}{\partial \boldsymbol{p}_i^C}\right|_{\hat{x}} = \boldsymbol{H}_{iC} = \frac{f}{\hat{z}_i^2}\begin{bmatrix} \hat{z}_i & 0 & -\hat{x}_i \\ 0 & \tilde{z}_i & -\hat{y}_i \end{bmatrix} \tag{6-3-18}$$

由于有

$$\boldsymbol{l}_i^C = \boldsymbol{R}_{CI}\boldsymbol{R}_{BW}(\boldsymbol{l}_i^W - \hat{\boldsymbol{p}}_I^W) + \boldsymbol{T}_I^C \tag{6-3-19}$$

因此，对上式进行微分可得

$$\left.\frac{\partial \boldsymbol{p}_i^C}{\partial \boldsymbol{x}}\right|_{\hat{x}} = \boldsymbol{R}_{CI}(-\boldsymbol{R}_{IW}[\boldsymbol{l}_i^I \times])\boldsymbol{R}_{CI}\boldsymbol{R}_{IW} \tag{6-3-20}$$

基于 EKF 的惯性视觉组合滤波流程总结如下：

步　　骤	基于 EKF 的视觉惯性组合导航
步骤 1：预测	$\hat{\boldsymbol{x}}_{k\mid k}, \boldsymbol{P}_{0\mid 0}$，且设状态误状 $\delta\boldsymbol{x}_{0\mid 0}=\boldsymbol{0}$
	根据式(6-3-7)计算标称状态 $\hat{\boldsymbol{x}}_{k\mid k-1}$
	$\boldsymbol{P}_{k\mid k-1}=\boldsymbol{F}_d\boldsymbol{P}_{k-1\mid k-1}\boldsymbol{F}_d^{\mathrm{T}}+\boldsymbol{G}_d\boldsymbol{Q}\boldsymbol{G}_d^{\mathrm{T}}$
步骤 2：增益计算	根据式(6-3-17)~式(6-3-20)，计算观测矩阵 $\boldsymbol{H}$
	根据式(6-3-14)计算观测误差
	观测信息协方差矩阵为 $\boldsymbol{S}=\boldsymbol{H}\boldsymbol{P}_{k\mid k-1}\boldsymbol{H}^{\mathrm{T}}+\boldsymbol{R}$
	$\boldsymbol{K}=\boldsymbol{P}_{k\mid k-1}\boldsymbol{H}^{\mathrm{T}}(\boldsymbol{H}\boldsymbol{P}_{k\mid k-1}\boldsymbol{H}^{\mathrm{T}}+\boldsymbol{R})^{-1}$
步骤 3：状态更新	$\delta\boldsymbol{x}=\boldsymbol{K}(z-\hat{z})$
	$\boldsymbol{P}_{k\mid k}=(\boldsymbol{I}-\boldsymbol{K}\boldsymbol{H})\boldsymbol{P}_{k\mid k-1}$
	根据式(6-3-9)对状态进行更新，得到 $\hat{\boldsymbol{x}}_{k\mid k}$ 及方程 $\boldsymbol{P}_{k\mid k}=(\boldsymbol{I}-\boldsymbol{K}\boldsymbol{H})\boldsymbol{P}_{k\mid k-1}$

6.3.2 基于最大后验概率的惯性/视觉组合导航算法

载体在运动过程中 IMU 测得一系列惯性信息，相机则观察到沿途的地标特征；这些信息都与导航参数密切相关，可以建立为如下的一个条件概率描述问题：

$$\boldsymbol{X},\boldsymbol{L} = \underset{\boldsymbol{X},\boldsymbol{L}}{\operatorname{argmax}}\, p(\boldsymbol{x}_0)\prod_{k=1}^{M} p(z_{k,i}\mid \boldsymbol{x}_k, \boldsymbol{l}_i)\prod_{k=1}^{N} p(\boldsymbol{x}_k\mid \boldsymbol{x}_{k-1}, \boldsymbol{u}_k) \tag{6-3-21}$$

式中：$\boldsymbol{X}=\{\boldsymbol{x}_1,\boldsymbol{x}_2,\cdots,\boldsymbol{x}_k\}$ 为沿途采样点的惯性状态，如式(6-3-3)所示；$\boldsymbol{L}=\{\boldsymbol{l}_1,\boldsymbol{l}_2,\cdots,\boldsymbol{l}_m\}$ 为地标位置的集合。估计这些状态的先验条件为惯性测量 $\boldsymbol{U}=\{\boldsymbol{u}_1,\boldsymbol{u}_2,\cdots,\boldsymbol{u}_k\}$ 和在图像中检测到的地标点坐标。

将式(6-3-21)中的条件概率采用高斯噪声模型描述后，可将求解问题改写为如下形式：

$$X^*, L^* = \underset{X,L}{\operatorname{argmin}}\left\{ \sum_{k=1}^{N} \| f(x_{k-1}, u_k) - x_k \|_{P_{k|k-1}} + \sum_{k=1}^{N}\sum_{i=1}^{M} \| \pi(x_k, l_i) - z_{ik} \|_{P_l} \right\} \tag{6-3-22}$$

上式中等号右侧括号中第一项被称为惯性残差;第二项被称为视觉残差或重投影误差。

惯性残差的计算方法就是根据上一时刻的惯性导航状态 x_{k-1} 和当前获得的 IMU 输出 u_k 积分得到 x_k 的过程。具体计算方法可参见第 3 章中惯性导航算法。视觉残差即为式(6-1-46)中的重投影误差,z_{ik} 表示第 i 地标点在第 k 个关键帧中的坐标。式(6-3-22)中的 $P_{k|k-1}$ 和 P_l 分别表示惯性残差量和视觉残差的协方差矩阵。式(6-3-22)广泛采用了迭代优化的方式进行求解。常用的迭代求解方法包括高斯-牛顿法(Guass-Neton)和列文柏格-马夸尔特法(Levenberg-Marquart)等。

6.3.3 基于深度学习的惯性/视觉组合导航算法

本节讨论基于深度学习的视觉/惯性组合导航算法。与基于深度学习的视觉导航算法相似,基于深度学习的视觉惯性组合导航算法通过深度神经网络,从视觉和惯性数据中直接学习并得到位置和姿态。本节介绍一种基于有监督学习的惯性/视觉组合导航算法框架[8]。图 6-3-2 所示为算法架构,该算法框架输入为图像和惯性测量序列,输出为位姿变换,由视觉场景特征和惯性运动特征提取、特征融合、时序建模和位姿估计模块组成。

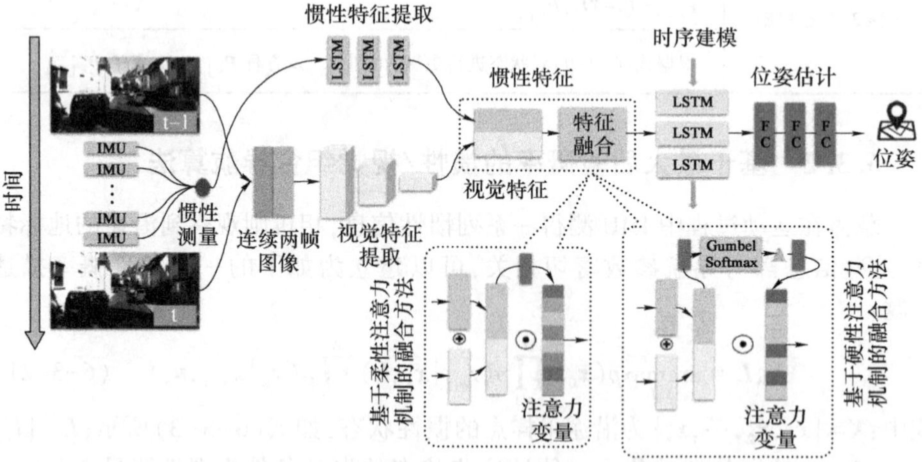

图 6-3-2 基于有监督学习的惯性/视觉组合导航算法框架

1. 视觉场景特征与惯性运动特征提取

视觉场景特征提取模块从连续的两个单目图像帧 x_V 中提取出视觉场景特征表达。采用光流估计网络从图像中提取适用于光流预测的视觉场景特征。网络总共由九个卷积层组成。感受野的大小从 7×7 逐渐缩小到 5×5,最后缩小到 3×3。除了最后一层,每层后有一个 ReLU 非线性激活函数,使用最后一层卷积层的特征 $\boldsymbol{a}_V$作为视觉特征:

$$\boldsymbol{a}_V = f_{\text{vision}}(\boldsymbol{x}_V) \tag{6-3-23}$$

惯性运动特征提取模块从惯性数据中提取惯性运动特征,由于惯性数据比图像采样频率更高。采用具两层双向长短时记忆网络(long short term memory, LSTM)作为惯性运动提取模块 f_{inertial}。从惯性测量序列 x_I提取特征向量 $\boldsymbol{a}_I$:

$$\boldsymbol{a}_I = f_{\text{inertial}}(\boldsymbol{x}_I) \tag{6-3-24}$$

2. 视觉场景特征与惯性运动特征融合

将视觉和惯性提取模块中提取的特征进行融合,通过融合函数 g 将来自视觉场景特征 $\boldsymbol{a}_V$和惯性运动特征 $\boldsymbol{a}_I$结合,为后续的位姿估计提供融合后的特征 $\boldsymbol{z}$:

$$\boldsymbol{z} = g(\boldsymbol{a}_V, \boldsymbol{a}_I) \tag{6-3-25}$$

以下分别介绍 3 种融合方式,以实现融合函数 g。

1) 特征直接融合

在特征层面实现信息融合,一种直接的方式是使用多层感知器(multilayer perceptron, MLPs)来融合视觉场景和惯性运动特征。通过数据训练,模型自主学习到相关特征。直接融合 g_{direct}可以写做:

$$g_{\text{direct}}(\boldsymbol{a}_V, \boldsymbol{a}_I) = [\boldsymbol{a}_V; \boldsymbol{a}_I] \tag{6-3-26}$$

式中:$[\boldsymbol{a}_V; \boldsymbol{a}_I]$为融合 $\boldsymbol{a}_V$和 $\boldsymbol{a}_I$的多层感知器函数。

2) 基于柔性注意力的特征融合

柔性注意力融合通过生成注意力变量 $\boldsymbol{s}_V$和 $\boldsymbol{s}_I$,对视觉场景和惯性运动特征重新加权:

$$\boldsymbol{s}_v = \text{sigmoid}_V([\boldsymbol{a}_V; \boldsymbol{a}_I]) \tag{6-3-27}$$

$$\boldsymbol{s}_I = \text{sigmoid}_I([\boldsymbol{a}_V; \boldsymbol{a}_I]) \tag{6-3-28}$$

式中:$\boldsymbol{s}_V$和 $\boldsymbol{s}_I$为视觉特征和惯性特征的注意力变量。通过将特征选择模块与其他模块联合训练,选择出适用于导航任务的特征。sigmoid 函数确保每个特征将在[0,1]范围内重新加权。然后,将视觉场景和惯性运动特征与相应的柔性注意力变量点乘,生成重新加权后的融合向量:

$$g_{\text{soft}}(\boldsymbol{a}_V, \boldsymbol{a}_I) = [\boldsymbol{a}_V \odot \boldsymbol{s}_V; \boldsymbol{a}_I \odot \boldsymbol{s}_I] \tag{6-3-29}$$

3) 基于刚性注意力机制的特征融合

与柔性注意力融合不同,机遇刚性注意力的特征融合不是用连续值重新加权每个特征,而是学习一个随机函数来生成一个二进制注意力变量,选择使用或者遗弃该特征。该方法通过深度神经网络来参数化表达伯努利分布,基于视觉场景特征和惯性运动特征 $\boldsymbol{\alpha}_V$和 $\boldsymbol{\alpha}_I$,刚性注意力变量 $\boldsymbol{s}_V$和 $\boldsymbol{s}_I$从参数化的伯努利分布中重采样得到

$$\begin{cases} \boldsymbol{s}_V \sim p(\boldsymbol{s}_V | \boldsymbol{a}_V, \boldsymbol{a}_I) = \text{Bernoulli}(\boldsymbol{\alpha}_V) \\ \boldsymbol{s}_I \sim p(\boldsymbol{s}_I | \boldsymbol{a}_V, \boldsymbol{a}_I) = \text{Bernoulli}(\boldsymbol{\alpha}_I) \end{cases} \tag{6-3-30}$$

然后将特征变量与其对应的刚性注意力向量点乘,生成融合后的特征向量:

$$g_{\text{hard}}(\boldsymbol{a}_V,\boldsymbol{a}_I)=[\boldsymbol{a}_V\odot\boldsymbol{s}_V;\boldsymbol{a}_I\odot\boldsymbol{s}_I] \tag{6-3-31}$$

由于伯努利分布的随机层不能通过反向传播直接训练,采用 Gumbel-Softmax 重采样来推断随机层,因此刚性注意力融合可以端到端进行训练。基于特征$[\boldsymbol{a}_V;\boldsymbol{a}_I]$,刚性注意力向量$\boldsymbol{\alpha}_V$和$\boldsymbol{\alpha}_I$从随机函数中生成:

$$\begin{aligned}\boldsymbol{\alpha}_V&=\text{sigmoid}_V([\boldsymbol{a}_V;\boldsymbol{a}_I])\\ \boldsymbol{\alpha}_I&=\text{sigmoid}_I([\boldsymbol{a}_V;\boldsymbol{a}_I])\end{aligned} \tag{6-3-32}$$

式中:概率变量为 n 维向量 $\boldsymbol{\alpha}=[\pi_1,\cdots,\pi_n]$,表示每个位于位置 n 处的特征被选择与否的概率。sigmoid 函数使每个向量能够在[0,1]范围内重新加权。Gumbel-max 允许通过一个给定的概率分类分布变量 π_i 和随机变量 ϵ_i,生成 s,并用 one-hot 编码进行"二值化":

$$s=\text{one\_hot}(\arg\max_i[\epsilon_i+\log\pi_i]) \tag{6-3-33}$$

对于任何 $\boldsymbol{B}\subset[1,\cdots,n]$:

$$\arg\max_i[\epsilon_i+\log\pi_i]\sim\frac{\pi_i}{\sum_{i\in B}\pi_i} \tag{6-3-34}$$

该过程可以看作是在离散概率变量中加入独立的 Gumbel 扰动 ϵ_i。实际上,随机变量 ϵ_i是从 Gumbel 分布中采样得到,Gumbel 分布是形式上的连续分布,近似分类样本:

$$\epsilon=-\log(-\log(u)),u\sim\text{Uniform}(0,1) \tag{6-3-35}$$

在式(6-3-34)中,由于 argmax 运算不可微分,因此将 Softmax 激活函数用于函数的近似估计:

$$h_i=\frac{\exp((\log(\pi_i)+\epsilon_i)/\tau)}{\sum_{i=1}^{n}\exp((\log(\pi_i)+\epsilon_i)/\tau)},\quad i=1,\cdots,n \tag{6-3-36}$$

式中:$\tau>0$ 为调节重采样过程的参数。

3. 时序建模与位姿估计

位姿估计需要对数据的时间相关性进行建模。利用双层长短时记忆网络(LSTM)对融合后的特征向量 $\boldsymbol{x}$ 进行时序建模,将当前时刻的特征向量 z_t 与历史信息相关联 $\boldsymbol{h}_{t-1}$,得到新的特征向量 $\boldsymbol{y}_t$。

$$\boldsymbol{y}_t=\text{RNN}(z_t,\boldsymbol{h}_{t-1}) \tag{6-3-37}$$

使用基于全连接层的位姿估计模块将特征映射到位姿变换,表示在当前时刻上的运动变换,得到载体的位置和姿态。

现阶段,在性能上,基于深度学习的惯性/视觉导航算法无法与基于滤波和非线性优化的惯性/视觉导航算法比拟。由于深度神经网络在场景和运动特征提取方面的优势,基于深度学习的惯性/视觉导航方法在高测量噪声、时间不同步等情况下更具鲁棒性。

此外，与基于自监督学习的视觉导航算法类似，基于自监督学习的视觉惯性里程计通过新视图生成的几何关系作为自监督信号进行深度神经网络模型的训练学习。相关工作从惯性数据学习到姿态变换，通过相机矩阵和深度场景信息把源图像转换到目标图像。也有工作将惯性数据和双目图像融入到自监督学习框架中，设计损失函数进行训练，学习得到带全局尺度的位姿估计。

6.3.4　基于卡尔曼滤波的微惯性/双目视觉组合导航案例

微惯性/双目视觉组合导航系统是一种典型的惯性/视觉组合方式，其具有体积重量小、导航精度高、可感知场景深度等优点，因而广泛应用于移动机器人无人车、单兵等导航对象。图 6-3-3 为案例中使用的微惯性/双目视觉系统的实物图和示意图。应用案例中，行人将手持该系统在不使用卫星导航信号的情况下进行导航，组合导航算法的主要工作流程包括惯性/视觉标定、视觉特征处理和运动状态估计三个主要部分。

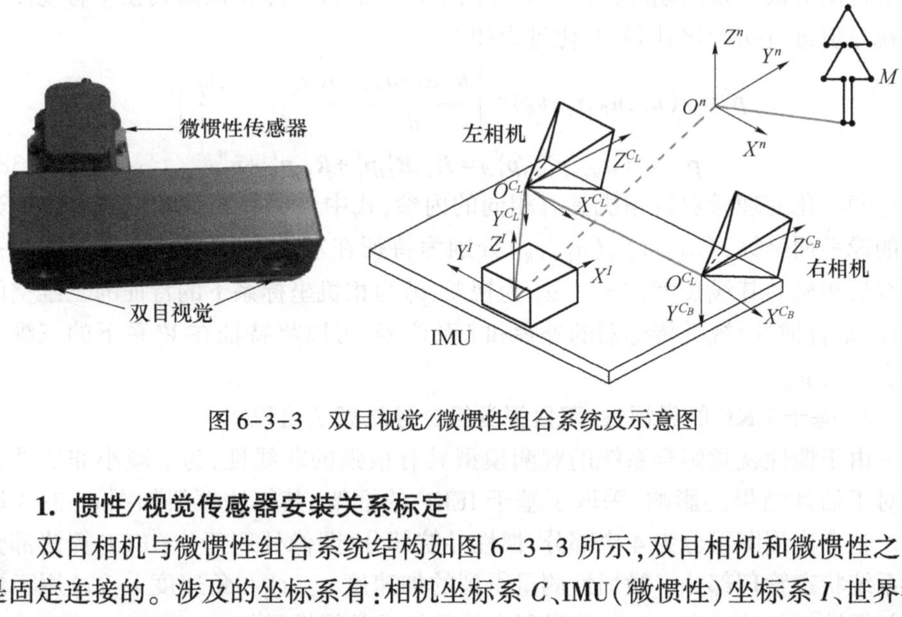

图 6-3-3　双目视觉/微惯性组合系统及示意图

1. 惯性/视觉传感器安装关系标定

双目相机与微惯性组合系统结构如图 6-3-3 所示，双目相机和微惯性之间是固定连接的。涉及的坐标系有：相机坐标系 C、IMU（微惯性）坐标系 I、世界参考坐标系 W 和图像平面坐标系 i。

C 系和 I 系间是固联的；I 系和 W 系之间随着载体的移动在变化。图中点 M 为世界坐标系下静止不动的特征点。组合的目的是通过融合 IMU 和相机的测量值，估计 I 系相对于 W 系的相对位移和姿态关系。在进行组合导航之前，首先需要估计双目相机的内参、双目相机之间的安装关系进行标定，常用的方法是将双目相机对准标定棋盘格，然后通过最小化 6.1.1 节中的多视图重投影误差，得到两个相机的内参和两个相机之间的安装关系。

此外,还需要估计主相机与惯性传感器之间的安装关系 $\boldsymbol{p}_{CI}^{I}$ 和 $\boldsymbol{R}_{CI}$,这两个参数也被称之为外参。常用的惯性/视觉外参标定方法是将相机对准已知的视觉标定板,保持标定板在相机视野范围中并移动惯性/视觉系统,将移动过程中的数据采集后进行标定。Calibr 工具箱[9]是目前广泛使用的一种惯性/视觉外参标定工具。

2. 视觉特征处理方法

组合导航算法需要对视觉特征点进行检测、剔除和初始化,然后根据视觉观测信息对惯性导航误差进行校正。在图像处理过程中,为了高效地找到图像中显著的特征点,使用了快速角点提取算法(fast corner detection,FAST)。左右视图的特征点匹配和图像流中的特征跟踪均采用了 KLT 跟踪器(Kanade Lucas Tomasi),其中左右视图匹配的特征点用于初始化特征点的坐标,而当前时刻与上一时刻跟踪的特征点用于滤波器的状态更新。

在图像处理中,由于图像的噪声、模糊以及视角变化等原因,图像匹配结果存在着一些错误的匹配对,这些错误的匹配对被称为野值,可以使用 6.1.1 节中的双视图对极约束来剔除野值。剔除后保留下的特征点将根据其在左右视图中的视差值进行初始化,则初始化过程如下:

$$\boldsymbol{p}_f^C = g(u_L, u_R, v_L, v_R) = \left[\frac{b(u_L-u_0)}{d}, \frac{b(v_L-v_0)}{d}, \frac{bf}{d}\right]^{\mathrm{T}}$$

$$\boldsymbol{p}_{3D} = f(\boldsymbol{q}_{WI}, \boldsymbol{p}_{IW}^W, \boldsymbol{p}_f^C) = \boldsymbol{R}_{WI}\boldsymbol{R}_{CI}^{\mathrm{T}}\boldsymbol{p}_f^C + \boldsymbol{R}_{WI}\boldsymbol{p}_{CI}^I + \boldsymbol{p}_{IW}^W \tag{6-3-38}$$

经过归一化处理后双目相机具有相同的内参,式中:f 为相机焦距;(u_0, v_0) 为光轴的像平面坐标;(u_L, v_L)、(u_R, v_R) 分别为特征在左右视图中的像平面坐标;b 为双目相机的基线长度;$d=u_L-u_R$ 为视差;$\boldsymbol{p}_f^C$ 为相机坐标系下的特征的三维空间坐标,结合惯性/视觉传感器的外参和 I 系位姿,可以将特征在 W 系下的三维坐标表示为 $\boldsymbol{p}_{3D}$。

3. 基于 EKF 的微惯性/双目视觉组合导航算法流程

由于惯性视觉组合系统的观测模型具有很强的非线性,为了减小非线性误差对于估计结果的影响,采取了基于 IEKF 的框架,其算法框架如图 6-3-4 所示。整个流程图可分为 4 个部分:惯性导航部分、图像处理部分、IEKF 算法部分和系统状态管理部分。微惯性测量得到的加速度 $\boldsymbol{a}_m(t)$ 和角速度 $\boldsymbol{\omega}_m(t)$ 用于预测与惯性相关的状态 $\boldsymbol{x}_I(t)$,该过程也就是标准的惯性导航。

在图像处理部分,从双目相机中获得序列图像,用于特征点的跟踪和检测新的特征点。在特征点跟踪过程中,根据预测得到的状态及其协方差,对跟踪到的特征点进行野值剔除。系统的状态管理部分主要有 3 个任务:首先,根据图像处理结果,管理和更新特征点;其次,根据滤波器估计的误差结果,补偿估计状态;最后,输出导航参数。EKF 部分是整个算法的核心,用于融合惯性测量和视觉图像,如图 6-3-5 所示。

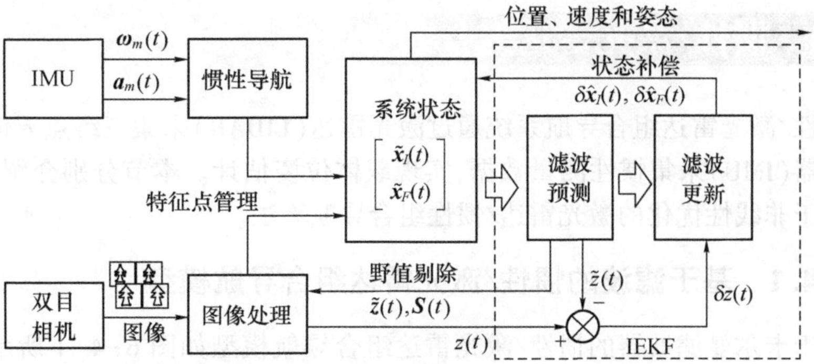

图 6-3-4　基于 IEKF 的双目惯性/视觉组合算法框图

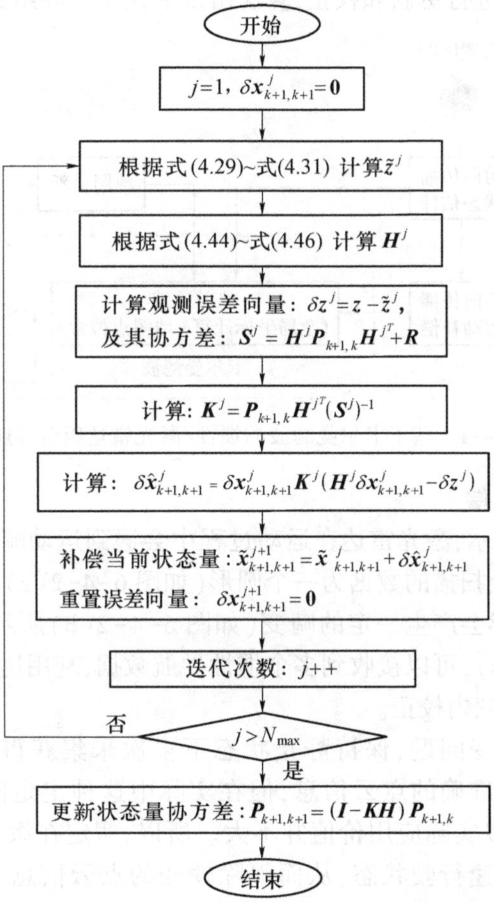

图 6-3-5　基于 IEKF 的观测更新流程图

6.4 惯性/激光雷达组合导航算法

惯性/激光雷达组合导航系统通过激光雷达(LIDAR)采集三维点云信息、惯性传感器(IMU)采集惯性测量数据,实现载体位姿估计。本节分别介绍基于滤波和基于非线性优化的激光雷达/惯性组合导航算法。

6.4.1 基于滤波的惯性/激光雷达组合导航模型

基于卡尔曼滤波器的惯性/激光雷达组合导航模型如图 6-4-1 所示,将激光雷达帧间匹配定位信息和 IMU 惯性导航位姿信息进行有效融合,得到更加精确的定位信息以及建图。在这里,惯性测量提供位姿预测信息,激光雷达根据测量数据对预测信息进行更新和校正,算法由以下几个步骤组成:

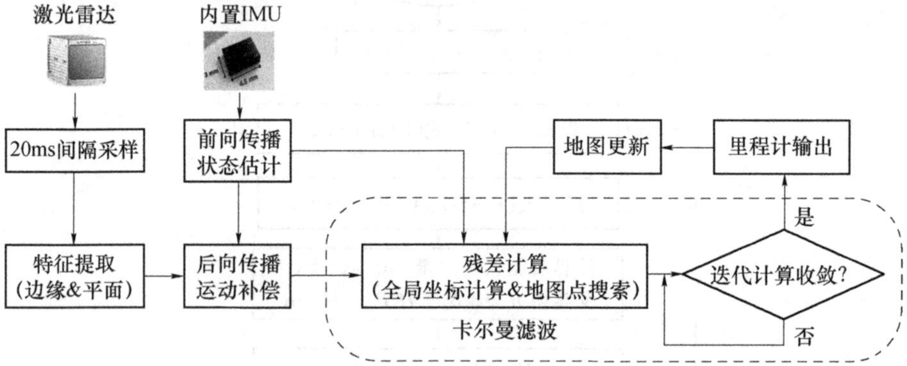

图 6-4-1 基于卡尔曼滤波的惯性/激光雷达组合导航算法

1. 运动畸变补偿

如图 6-4-2 所示,激光雷达在运动过程中会遇到运动畸变问题。当载体静止时,雷达在地面上扫描的数据为一个圆形(如图 6-4-2(a)所示),当载体体向前运动时,这个圆形会产生一定的畸变(如图 6-4-2(b)所示)。在雷达采样周期内(通常为 100ms),可以接收到多个惯性导航数据,利用这些惯性导航数据可以对雷达数据进行帧内校正。

为解决运动畸变问题,保持静止状态下多次采集获得此刻的点云数据。虽然这样可以获得准确的点云信息,但在实际中这种走走停停的状态不符合正常运动情况,所以实际应用价值并不大。所以,假定在激光雷达的一个采集周期中一直保持匀速行驶状态,从而消除畸变的点云信息。这种情况下也能得到比较好的点云匹配信息,但匀速状态很难保持。分析以上两种情况,在一个点云数据采集周期内,可借助高频率的 IMU 惯性导航数据对其线性插值进行运动补偿。

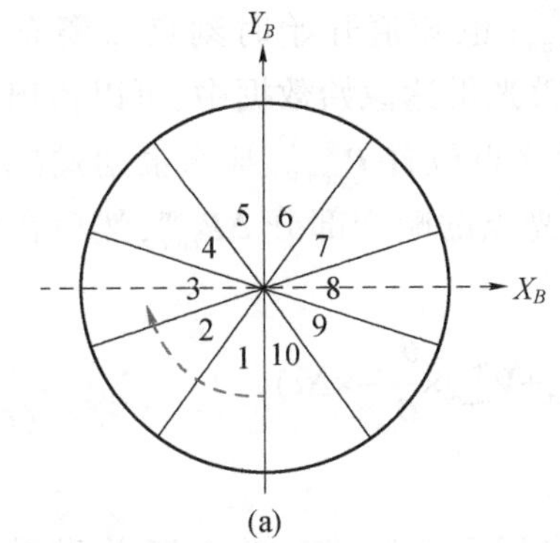

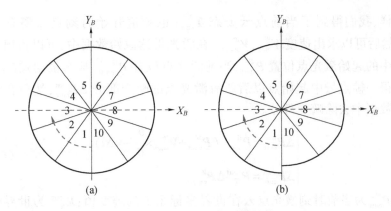

图 6-4-2 线性插值运动补偿

如图 6-4-2 所示,一个扫描周期开始时刻为一帧激光点云中的第一个激光点,设定此刻时间为 t_{start},一个扫描周期结束时刻为激光点云中的最后一个激光点,设定此刻时间为 t_{end}。结束时刻的旋转角度 θ_{end} 表示开始时刻和结束时刻之间的旋转角度差。激光雷达静止时,其扫描数据中心的起始点和终止点之间的旋转角度为 360°,但对于运动的激光雷达来说,其一帧激光点云数据中的起始点和终止点之间的旋转角度会小于 360°。当前扫描时刻的激光点对应的旋转角度为 θ_{curr},可得到当前扫描时刻:

$$t_{\text{curr}}=t_{\text{start}}+\frac{\theta_{\text{curr}}}{\theta_{\text{end}}}\times\Delta t \tag{6-4-1}$$

式中:Δt 为激光雷达一次扫描的时间间隔。

得到当前扫描时刻 t_{curr} 后,对于一帧激光点云的扫描时间段[$k,k+1$],找到最接近时间戳 t_{curr} 的 IMU 惯性导航数据,获得 IMU 坐标系分别在 k 时刻、$k+1$ 时刻相对世界坐标系 W 下的位姿:

$$\boldsymbol{T}_k^W=[p_x,p_y,p_z,v_x,v_y,v_z,\theta_x,\theta_y,\theta_z] \tag{6-4-2}$$

根据式(6-4-3),采用线性插值可求出当前时刻 t_{curr} 下 IMU 坐标系在世界坐标系中的姿态,即当前时刻的点云数据在世界坐标系 W 中的姿态 T_{curr}^W:

$$\begin{cases}ratio_{\text{front}}=\dfrac{t_{\text{curr}}-t_k}{t_{k+1}-t_k}\\ ratio_{\text{back}}=\dfrac{t_{k+1}-t_{\text{curr}}}{t_{k+1}-t_k}\\ \boldsymbol{T}_{\text{curr}}^W=\boldsymbol{T}_{k+1}^W\times ratio_{\text{front}}+\boldsymbol{T}_k^W\times ratio_{\text{back}}\end{cases}. \tag{6-4-3}$$

式中:$ratio_{\text{front}}$ 为当前时刻到开始时刻所占扫描间隔的比重;$ratio_{\text{back}}$ 为当前时刻到结束时刻所占扫描间隔的比重;$\boldsymbol{T}_{k+1}^W$ 为结束时刻激光点云在世界坐标系下的姿态;$\boldsymbol{T}_k^W$ 为开始时刻激光点云在世界坐标系下的姿态矩阵。

这样,我们得到了当前点云姿态 $\boldsymbol{T}_{\text{curr}}^{W}$,也知道开始时刻点云姿态 $\boldsymbol{T}_{k}^{W}$(即 $\boldsymbol{T}_{\text{start}}^{W}$),然后可以求出速度 $\boldsymbol{V}_{\text{curr}}^{W}$,$\boldsymbol{V}_{\text{start}}^{W}$。在激光雷达原始数据中,可以找出一帧点云数据中的起始激光点位置 $\boldsymbol{P}_{\text{start}}^{W}$,当前激光点位置 $\boldsymbol{P}_{\text{curr}}^{W}$。那么根据式(6-4-4)就可求得一帧点云中起始点以后所有激光点的畸变部分 $\Delta\boldsymbol{P}_{\text{curr}}^{\text{start}}$,然后在激光点云原始数据中去除畸变部分。

$$\begin{cases}\Delta\boldsymbol{P}_{\text{curr}}^{W}=\boldsymbol{P}_{\text{curr}}^{W}-\left(\boldsymbol{P}_{\text{start}}^{W}+\boldsymbol{V}_{\text{start}}^{W}\times\dfrac{\boldsymbol{\theta}_{\text{curr}}}{\boldsymbol{\theta}_{\text{end}}}\times\Delta t\right)\\ \Delta\boldsymbol{P}_{\text{curr}}^{\text{start}}=\boldsymbol{R}_{W}^{\text{start}}\Delta\boldsymbol{P}_{\text{curr}}^{W}\end{cases}\tag{6-4-4}$$

式中:$\Delta\boldsymbol{P}_{\text{curr}}^{W}$ 为当前时刻激光点云在世界坐标系下的畸变值;$\boldsymbol{R}_{W}^{\text{start}}$ 为世界坐标系到起始时刻激光雷达坐标系的转换矩阵。

2. 惯性积分

惯性传感器包括陀螺仪和加速度计,对陀螺仪测得的角速度进行积分可得旋转角度,从而求得旋转矩阵;对加速度计测得的加速度进行积分求得运动位移。激光雷达数据采集的频率较低,为几十 Hz 左右,而惯性测量的频率为上百 Hz,这就导致激光雷达采集的两帧数据之间有多个惯性测量数据。如图 6-4-3 所示。

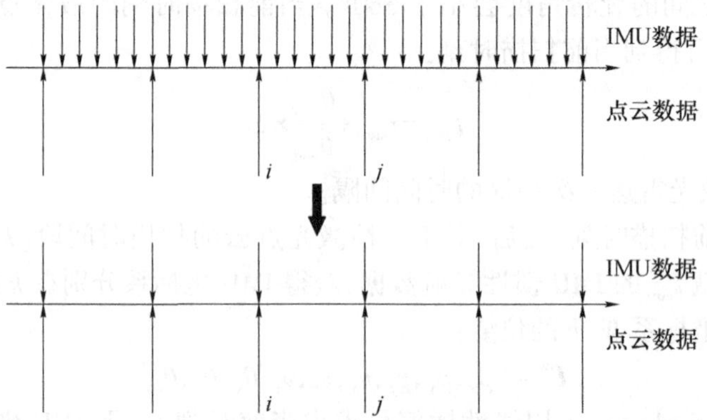

图 6-4-3 惯性测量预积分

以图 6-4-3 中激光雷达 i 时刻点云数据和 j 时刻点云数据为例,对两帧数据之间的惯性数据进行惯性导航解算得到两帧点云之间的转换矩阵。但由于后帧点云依赖于前帧点云才可以进行点云匹配以计算位姿转换矩阵,所以该过程需要对前面的惯性数据进行重复积分,这就造成计算资源和时间上的浪费。因此在进行惯性和激光雷达融合前,需要对惯性数据进行预处理,目前较为广泛使用的处理方法就是惯性预积分处理。

由于随机高斯噪声和零偏值的存在,惯性测量出的角速度和加速度信息存在误差。惯性运动模型如下:

$$\begin{cases}\boldsymbol{R}(t+\Delta t)=\boldsymbol{R}(t)Exp((\widetilde{\boldsymbol{w}}(t)-\boldsymbol{b}^{g}(t)-\boldsymbol{\eta}^{gd}(t))\Delta t)\\ \boldsymbol{V}(t+\Delta t)=\boldsymbol{V}(t)+\boldsymbol{g}\Delta t+\boldsymbol{R}(t)(\widetilde{\boldsymbol{a}}(t)-\boldsymbol{b}^{a}(t)-\boldsymbol{\eta}^{ad}(t))\Delta t\\ \boldsymbol{p}(t+\Delta t)=\boldsymbol{p}(t)+\boldsymbol{V}(t)\Delta t+\frac{1}{2}\boldsymbol{g}\Delta t^{2}+\frac{1}{2}\boldsymbol{R}(t)(\widetilde{\boldsymbol{a}}(t)-\boldsymbol{b}^{a}(t)-\boldsymbol{\eta}^{ad}(t))\Delta t^{2}\end{cases} \tag{6-4-5}$$

式中：$\widetilde{\boldsymbol{w}}(t)$和$\widetilde{\boldsymbol{a}}(t)$分别为角速度和加速度；$\boldsymbol{b}^{g}(t)$和$\boldsymbol{\eta}^{gd}(t)$分别为陀螺仪的零偏和高斯白噪声；$\boldsymbol{b}^{a}(t)$和$\boldsymbol{\eta}^{ad}(t)$分别为加速度计的零偏和高斯白噪声；$\boldsymbol{R}(t)$为旋转矩阵；$\boldsymbol{V}(t)$为速度向量；$\boldsymbol{p}(t)$为位置向量；$Exp(\cdot)$为向量映射的旋转矩阵；$\Delta t$为两帧 IMU 数据时间间隔。

假定惯性和激光雷达的时间同步，离散时间为 k。以激光雷达的采样间隔为基准，对 i 时刻和 j 时刻点云数据，在时间间隔$[t_i, t_j]$内求得多个惯性数据积分值，则由上述运动方程得到

$$\begin{cases}\boldsymbol{R}_j=\boldsymbol{R}_i\prod_{k=i}^{j-1}Exp((\widetilde{\boldsymbol{w}}_k-\boldsymbol{b}_k^{g}-\boldsymbol{\eta}_k^{g})\Delta t)\\ \boldsymbol{V}_j=\boldsymbol{V}_i+\boldsymbol{g}\Delta t_{ij}+\sum_{k=i}^{j-1}\boldsymbol{R}_k(\widetilde{\boldsymbol{a}}_k-\boldsymbol{b}_k^{a}-\boldsymbol{\eta}_k^{a})\Delta t\\ \boldsymbol{p}_j=\boldsymbol{p}_i+\sum_{k=i}^{j-1}\left[\boldsymbol{V}_k\Delta t+\frac{1}{2}\boldsymbol{g}\Delta t^{2}+\frac{1}{2}\boldsymbol{R}_k(\widetilde{\boldsymbol{a}}_k-\boldsymbol{b}_k^{a}-\boldsymbol{\eta}_k^{a})\Delta t^{2}\right]\end{cases} \tag{6-4-6}$$

这样由上式就可得到$\boldsymbol{R}_j$、$\boldsymbol{V}_j$和$\boldsymbol{p}_j$。从而得到从 i 时刻到 j 时刻的相对变化：

$$\begin{cases}\Delta\boldsymbol{R}_{ij}=\boldsymbol{R}_i^{\mathrm{T}}\boldsymbol{R}_j=\prod_{k=i}^{j-1}Exp((\widetilde{\boldsymbol{w}}_k-\boldsymbol{b}_k^{g}-\boldsymbol{\eta}_k^{g})\Delta t)\\ \Delta\boldsymbol{V}_{ij}=\boldsymbol{R}_i^{\mathrm{T}}(\boldsymbol{V}_j-\boldsymbol{V}_i-\boldsymbol{g}\Delta t_{ij})=\sum_{k=i}^{j-1}\Delta\boldsymbol{R}_{ik}(\widetilde{\boldsymbol{a}}_k-\boldsymbol{b}_k^{a}-\boldsymbol{\eta}_k^{a})\Delta t\\ \Delta\boldsymbol{p}_{ij}=\boldsymbol{R}_i^{\mathrm{T}}\left(\boldsymbol{p}_j-\boldsymbol{p}_i-\boldsymbol{V}_i\Delta t_{ij}-\frac{1}{2}\boldsymbol{g}\Delta t_{ij}^{2}\right)=\sum_{k=i}^{j-1}\left[\Delta\boldsymbol{V}_{ik}\Delta t+\frac{1}{2}\Delta\boldsymbol{R}_{ik}(\widetilde{\boldsymbol{a}}_k-\boldsymbol{b}_k^{a}-\boldsymbol{\eta}_k^{a})\Delta t^{2}\right]\end{cases} \tag{6-4-7}$$

式中：$\Delta\boldsymbol{R}_{ik}=\boldsymbol{R}_i^{\mathrm{T}}\boldsymbol{R}_k$；$\Delta\boldsymbol{V}_{ik}=\boldsymbol{V}_k-\boldsymbol{V}_i$；$\Delta\boldsymbol{R}_{ij}$为旋转矩阵预积分量；$\Delta\boldsymbol{V}_{ij}$为速度预积分量；$\Delta\boldsymbol{p}_{ij}$为位置预积分量。为避免重复积分，将两帧点云数据间的惯性数据单独积分，得到预积分项，如式(6-4-7)所示，该预积分项表示两帧点云间的状态转换。

3. 基于卡尔曼滤波的融合算法

卡尔曼滤波融合算法的思路可参考 6.3.1 节，这里不再赘述。思路为利用惯性导航解算的角速度和加速度数据，对数据进行积分处理，得到状态变换矩阵，对系统的误差状态和误差协方差矩阵进行预测。通过激光雷达的点云配准求解载体位姿变换状态，从外界获得量测信息，对误差状态和其协方差矩阵进行更新，从而更新预测状态，得到最优估计。

6.4.2 基于非线性优化的惯性/激光雷达组合导航算法

本节介绍一种典型的基于非线性优化的激光雷达与惯性组合导航算法 LOAM(LIDAR odometry and mapping),如图 6-4-4 所示。定位与建图问题分为两个算法模块并行运行:一个是里程计估计(odometry)算法模块,另一个是建图(mapping)算法模块。两个算法模块都使用点云提取角点和平面点作为特征点进行特征匹配,估计激光雷达点云的位姿并进行优化位姿。

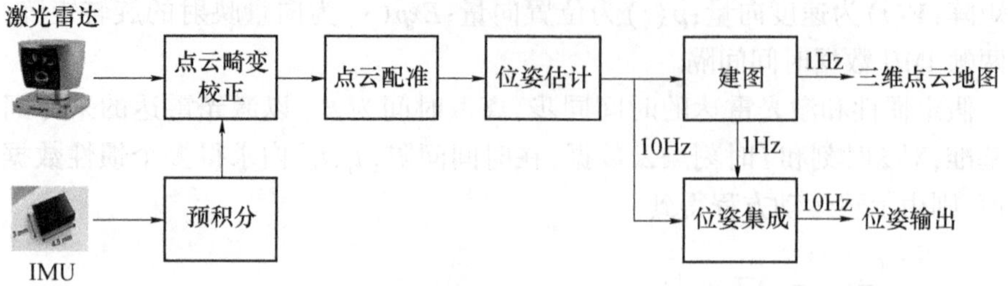

图 6-4-4 基于非线性优化的惯性/激光雷达组合导航算法示意图

1. 里程计模块

里程计模块包括特征点提取、寻找对应特征点和运动估计三部分。

1) 特征点提取

提取特征点时根据曲率公式(式(6-4-8))选择角点(大曲率)和平面点(小曲率),同时避免选取选择点周围的点,在与激光线接近平行的平面上的点和遮挡点也应舍弃。

$$c=\frac{1}{|S|\cdot\left\|\boldsymbol{X}_{(k,i)}^{L}\right\|}\left\|\sum_{j\in S,j\neq i}\left(\boldsymbol{X}_{(k,i)}^{L}-\boldsymbol{X}_{(k,j)}^{L}\right)\right\| \tag{6-4-8}$$

式中:$\boldsymbol{X}_{(k,i)}^{L}$ 为 k 时刻点 i 的位置;$\boldsymbol{X}_{(k,j)}^{L}$ 为 k 时刻点 j 的位置;S 为包含点 i 的扫描点的集合。

2) 点云配准

寻找对应特征点时,获取一帧点云的时间内,扫描开始时刻为 t_k,扫描结束时刻为 t_{k+1},将该扫描周期内获得的点云投影到 t_{k+1} 时刻的坐标系下,记为点云 $\overline{\boldsymbol{P}}_k$。在下一次扫描时使用 $\overline{\boldsymbol{P}}_k$ 与新接收的点云 $\boldsymbol{P}_{k+1}$ 一起用于估计激光雷达的运动。接下来就要开始寻找对应关系,也就是匹配两帧点云的特征点,$\boldsymbol{P}_{k+1}$ 的边角点集合 $\boldsymbol{E}_{k+1}$ 与 $\overline{\boldsymbol{P}}_k$ 的对应线匹配,$\boldsymbol{P}_{k+1}$ 的平面点集合 $\boldsymbol{H}_{k+1}$ 与 $\overline{\boldsymbol{P}}_k$ 的对应平面匹配。

对于边角点到边角线的匹配,利用向量叉乘,获取点到直线的距离:

$$d_{\varepsilon}=\frac{\left|\left(\widetilde{\boldsymbol{X}}_{(k+1,i)}^{L}-\widetilde{\boldsymbol{X}}_{(k,j)}^{L}\right)\times\left(\widetilde{\boldsymbol{X}}_{(k+1,i)}^{L}-\widetilde{\boldsymbol{X}}_{(k,l)}^{L}\right)\right|}{\left|\widetilde{\boldsymbol{X}}_{(k,j)}^{L}-\widetilde{\boldsymbol{X}}_{(k,l)}^{L}\right|} \tag{6-4-9}$$

式中:$\widetilde{\boldsymbol{X}}_{(k+1,i)}^{L}$ 为 $\boldsymbol{P}_{k+1}$ 的边角点 i;$\overline{\boldsymbol{P}}_k$ 的边角点 j($\widetilde{\boldsymbol{X}}_{(k,j)}^{L}$)和 l($\widetilde{\boldsymbol{X}}_{(k,l)}^{L}$)构成了对应边角线。

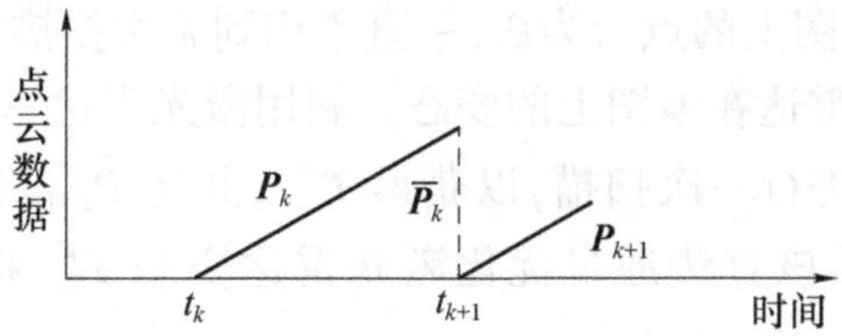

图 6-4-5　点云投影

对于平面点到对应平面的匹配,同样可以获取点到平面的距离:

$$d_{\mathcal{H}}=\frac{\left|\begin{array}{c}(\widetilde{\boldsymbol{X}}^L_{(k+1,i)}-\widetilde{\boldsymbol{X}}^L_{(k,j)})\\ (\widetilde{\boldsymbol{X}}^L_{(k,j)}-\widetilde{\boldsymbol{X}}^L_{(k,l)})\times(\widetilde{\boldsymbol{X}}^L_{(k,j)}-\widetilde{\boldsymbol{X}}^L_{(k,m)})\end{array}\right|}{\left|(\widetilde{\boldsymbol{X}}^L_{(k,j)}-\widetilde{\boldsymbol{X}}^L_{(k,l)})\times(\widetilde{\boldsymbol{X}}^L_{(k,j)}-\widetilde{\boldsymbol{X}}^L_{(k,m)})\right|} \tag{6-4-10}$$

式中:$\widetilde{\boldsymbol{X}}^L_{(k+1,i)}$ 为 $\boldsymbol{P}_{k+1}$ 的平面点 i;$\overline{\boldsymbol{P}}_k$ 的平面点 $j(\widetilde{\boldsymbol{X}}^L_{(k,j)})$ 和 $l(\widetilde{\boldsymbol{X}}^L_{(k,l)})$ 共线,与平面点 $\boldsymbol{m}(\widetilde{\boldsymbol{X}}^L_{(k,m)})$ 构成了对应平面。

3) 运动估计

运动估计是里程计算法的核心。这里假设激光雷达匀速运动。已知一帧数据终止点相对于起始点的转换矩阵,就对这一帧数据中的任意点按照其获得时刻相对于起始点的时间进行插值,获得每个点的位姿。

$$\boldsymbol{T}^L_{(k+1,i)}=\frac{t_i-t_{k+1}}{t-t_{k+1}}\boldsymbol{T}^L_{k+1} \tag{6-4-11}$$

进而获得用于优化的误差函数(式(6-4-12))

$$\begin{bmatrix} f_{\varepsilon}(\boldsymbol{X}^L_{(k+1,i)},\boldsymbol{T}^L_{k+1})\\ \vdots\\ f_{\varepsilon}(\boldsymbol{X}^L_{(k+1,i)},\boldsymbol{T}^L_{k+1})\\ f_{\mathcal{H}}(\boldsymbol{X}^L_{(k+1,i)},\boldsymbol{T}^L_{k+1})\\ \vdots\\ f_{\mathcal{H}}(\boldsymbol{X}^L_{(k+1,i)},\boldsymbol{T}^L_{k+1}) \end{bmatrix}=\begin{bmatrix} d_{\varepsilon}\\ \vdots\\ d_{\varepsilon}\\ d_{\mathcal{H}}\\ \vdots\\ d_{\mathcal{H}} \end{bmatrix} \tag{6-4-12}$$

式中:f 的每一行对应一个特征点;d 为相应的距离。

接下来就要求解雅可比(Jacobian)矩阵,利用 LM(Levenberg-Marquardt)方法或者高斯牛顿(Gauss-Newton)法来优化整体的距离最小得到一个较优的位姿变换。

2. 建图模块

建图模块的运行频率低于里程计估计模块,每次扫描仅调用一次,如图 6-4-6 所示。虚线箭头轨迹为输出的位姿 $\boldsymbol{T}^W_k$,每次扫描生成一次;虚直线轨迹表示激光雷达在当前扫描范围内的运动 $\boldsymbol{T}^L_{k+1}$,激光雷达相对于地图的姿态就是这两种变换的组合,输出频率与里程计算法的频率相同。在 $k+1$ 次扫描结束时,激光雷达里程计生成未失真的点云 $\overline{\boldsymbol{P}}_{k+1}$。建图模块在世界坐标系 W 中匹配

并定位 $\overline{\boldsymbol{P}}_{k+1}$。定义地图上的点云为 Q_k，一直累积到 k 次扫描为止，$\boldsymbol{T}_k^W$ 是第 k 次扫描结束时 t_{k+1} 处激光雷达在地图上的姿态。利用激光雷达里程计的输出，建图模块从 t_{k+1} 到 t_{k+2} 对 $\boldsymbol{T}_k^W$ 进行一次扫描，以获得 $\boldsymbol{T}_{k+1}^W$，并将 $\overline{\boldsymbol{P}}_{k+1}$ 投影到世界坐标系 W 中，表示为 $\overline{Q}_{k+1}$。然后该算法通过优化激光雷达姿态 $\boldsymbol{T}_{k+1}^W$ 将 $\overline{Q}_{k+1}$ 匹配到整个地图中。

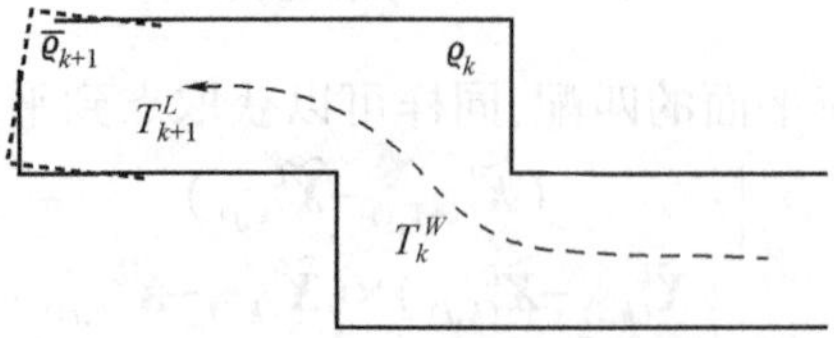

图 6-4-6 激光雷达建图匹配示意图

参考文献

[1] HARTLEY R, ZISSERMAN A. Multiple view geometry in computer vision [M]. England: Cambridge University Press, 2000.

[2] CAI Q, WU Y, ZHANG L, et al. Equivalent Constraints for Two-View Geometry: Pose Solution/Pure Rotation Identification and 3D Reconstruction [J]. International Journal of Computer Vision, 2018.

[3] KUMMERLE R, GRISETTI G, STRASDAT H, et al. G2o: A general framework for graph optimization; proceedings of the IEEE International Conference on Robotics & Automation, F, 2011 [C].

[4] KAESS M, JOHANNSSON H, ROBERTS R, et al. iSAM2: Incremental smoothing and mapping using the Bayes tree [J]. The International Journal of Robotics Research, 2011.

[5] GAO X S, HOU X R, TANG J, et al. Complete solution classification for the perspective-three-point problem [J]. IEEE Transactions on Pattern Analysis Machine Intelligence, 2003, 25(8): 930-43.

[6] WANG S, CLARK R, WEN H, et al. DeepVO: Towards end-to-end visual odometry with deep Recurrent Convolutional Neural Networks; proceedings of the 2017 IEEE International Conference on Robotics and Automation (ICRA), F, 2017 [C].

[7] SHARMA A, NETT R, VENTURA J. Unsupervised Learning of Depth and Ego-Motion from Cylindrical Panoramic Video with Applications for Virtual Reality [J]. Int J Semantic Comput, 2020, 14(3): 333-56.

[8] CHEN C, ROSA S, MIAO Y, et al. Selective Sensor Fusion for Neural Visual-Inertial Odometry [M]. 2019: 10542-51.

[9] FURGALE P, REHDER J, SIEGWART R. Unified temporal and spatial calibration for multi-sensor systems; proceedings of the IEEE/RSJ International Conference on Intelligent Robots & Systems, F, 2013 [C].

[10] CIVERA J, GRASA O G, DAVISON A J, et al. 1-Point RANSAC for extended Kalman filtering: Application to real-time structure from motion and visual odometry [J]. 2010, 27(5):

[11] XU W, CAI Y, HE D, et al. FAST-LIO2: Fast Direct LiDAR-Inertial Odometry [J]. 2022, 4): 38.

[12] JI Z, SINGH S. LOAM: Lidar Odometry and Mapping in Real-time; proceedings of the Robotics: Science and Systems Conference, F, 2014 [C].

第7章 仿生导航

以卫星导航系统为核心的导航定位与授时(PNT)体系是国家的战略资源,在国防和国民经济发展中发挥着不可或缺的支撑作用。众所周知,卫星导航信号易受干扰,对卫星导航的过度依赖在紧急状态下将面临巨大的风险。因此,如何不断提升各类载体在卫星导航信号拒止环境下的自主导航能力,是导航领域面临的重大难题。传统的惯性导航、天文导航、视觉导航等是比较成熟的自主导航技术,是目前解决这个难题的主要手段,仿生导航则为解决这个难题提供了一种新的技术途径。仿生导航属于基础性前沿交叉技术,涉及动物行为学与生理学、声学、光学、电磁学、人工智能、微纳米制造、高性能芯片、计算机视觉等多学科技术领域,目前尚处在基础理论探索和关键技术攻关阶段。本章主要介绍仿生导航的概念内涵、仿生导航传感器和仿生导航方法等内容。

7.1 仿生导航的概念与内涵

何谓仿生导航?顾名思义就是一种"借鉴+模仿"动物导航本领的新型导航技术的统称。"借鉴"动物器官的感知机理,研究仿生导航传感器,将自然界的光场、地磁场、声源以及地物特征等信息转化为导航信息,"模仿"动物大脑导航细胞的信息处理机制,研究仿生导航方法,实现导航行为的智能决策与引导。仿生导航是智能导航的一个分支,有的学者也将仿生导航称为"仿生智能导航"。

1. 动物导航能力给人类的启示

大自然中许多动物具有惊人的导航本领,例如,北极燕鸥每年往返南北两极地区,飞行距离达5万~6万千米;信鸽能够从距离饲养鸽房数百千米远的陌生地方顺利返回;海龟往返栖息地与产卵地之间数千千米从不迷航。动物行为学和生理学的研究成果,给我们研究仿生导航技术带来了诸多有益的启示。

1)动物行为学研究成果的启示

动物行为学研究发现:将同一信鸽在同一地点多次释放后,虽然每次返回鸽房的飞行路线各不相同,但是都会经过某些相同的地标节点,其飞行路线可以看成是将这些地标节点按某种方式连通起来的"拓扑路线图",如图7-1-1所示。生理学研究表明,信鸽是靠鼻孔感知地球磁力线方向来确定飞行方向(有的文献认为信鸽的眼睛也能够感知地球磁力线方向),当飞行到地标节点上空时,则是靠视觉确定自身与地标的相对位置。从导航策略的角度推测:信鸽好像是按照大脑记忆中的导航拓扑路线图,采用"节点递推"导航模式完成归巢飞行。我们能否把信鸽的这种导航模式提炼为:"航向约束+环境感知+某种推断"呢?人类如果不借助现代导航工具,自主步行导航也大致遵循这个模式,只是人类具有很强的学习能力,可以根据经验知识"举一反三"。其实,信鸽也具有较强的学习能力,我们可以大胆地将这种推断称为"学习推断"。北京雨燕和某些候鸟的迁徙轨迹也大致遵循这种规律。

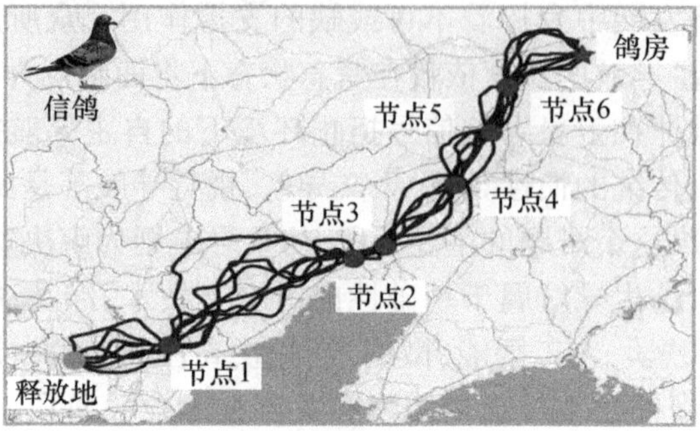

图 7-1-1 信鸽归巢路线示意图

非洲沙蚁外出一千米觅食后,能够沿直线返回巢穴,如图 7-1-2 所示。沙漠中,既无地标,也没法留下体味,沙蚁的导航信息源于何处?研究发现:如果将沙蚁腿增长或缩短,它都无法准确回到巢穴,这说明沙蚁的腿起着"里程计"的作用。进一步研究证实:沙蚁的导航信息来源于太阳偏振光、腿部"里程计"和脑部"惯性倾角传感器",其导航策略可以归纳为"全局矢量+场景搜索"。受此启发,导航技术领域的学者提出了"偏振光导航"的概念。

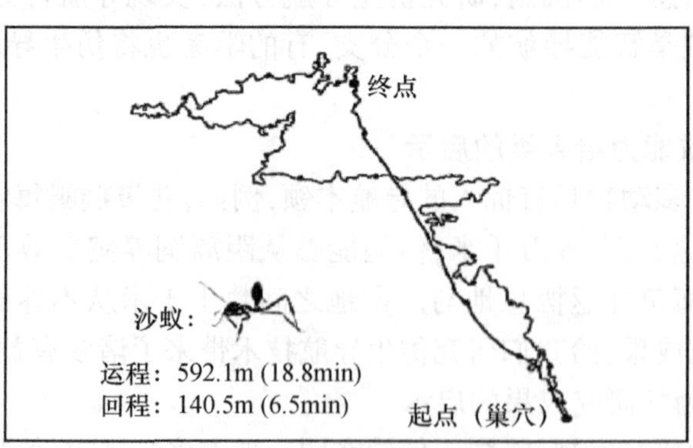

图 7-1-2 沙蚁觅食轨迹图

2)动物生理学研究成果的启示

在 19 世纪 40 年代,Tolman 发现放在迷宫试验中的老鼠能够迅速找到通往食物的捷径,并且当熟悉的路径被阻挡后还能够找到新的路径。据此,Tolman

提出了“认知地图”的概念，认为认知地图中包含有产生复杂导航行为的经验知识，动物可以通过视觉、声觉和嗅觉等器官获取环境特征信息，进而积累导航经验知识。近年来，对啮齿类动物的研究成为人们探索动物导航行为的热点之一，其中海马体(Hippocampus)成为研究的重点。海马体被认为是大脑学习和记忆的重要区域。1971 年，美国科学家 John O' Keefe 在研究鼠类导航时发现，当小白鼠在运动过程中，海马体中有一类神经细胞会随着运动区域的变化呈明显的激活状态，称为位置细胞(Place cell)。他认为位置细胞的激活对应环境中某一个特定的位置区域，如果海马体中所有的位置细胞以合适的方式相互联结，将会形成环境的空间认知地图。1984 年，Ranck 发现大脑中存在方向细胞(head direction cell)，当动物的头朝向某个方向时，一些方向细胞被激活，且一直维持同样的状态，直到动物把头转向另一个方向。2005 年，挪威科学家夫妇 Edvard Moser 和 May-Britt Moser 发现了大脑定位机制中另一个关键的组成部分，即网格细胞“Grid cell”。该细胞能够在特定的外部环境下激活，并呈现均匀且有规则的六边形网格状响应结构，不同网格细胞的空间尺度是不相同的，链接多种尺度的网格细胞可以对动物所在位置进行精确编码。关于网格细胞中网格样式的形成机制，许多学者提出了假设模型，认为网格细胞的形成与星状细胞膜电位振荡频率间的相互作用有关，并以此为基础，给出了基于细胞体(soma)和树突(dentrite)的振荡频率之间的相关干涉的网格细胞形成机制的假设模型，也就是振荡干涉模型；位置细胞的形成源自不同网格间距的网格细胞的线性求和，也就是说，位置细胞激活对应的是不同尺度的网格细胞对环境多重尺度的表达之后的综合结果。这些与导航相关的神经细胞共同组成了动物大脑内的“GPS”，这一重大发现既为进一步揭示动物导航机理提供了有力支撑，也给予研究仿生导航技术有益启示。

最新研究还表明，多个位置细胞的联合激活机制与动物认知运动环境的拓扑结构以及拓扑空间中的路径规划有关。虽然现有研究还没有完全解释大脑神经活动与动物导航行为之间的相互作用机制，但相关研究成果仍然开阔了人类对动物导航方式的理解思路。例如，动物行为学研究发现：埃及水果蝙蝠每天晚上能够沿固定路线飞行到 30 千米之外的同一棵果树上觅食，然后直线返回，如图 7-1-3 所示。此外，如果将埃及水果蝙蝠按照不同方向、不同距离从它们的巢穴转移到不同地方释放，它们几乎都可以直线返回巢穴或者飞到它们最喜欢的水果树上。研究还发现：水果蝙蝠能够利用回声、视觉和气味来感知环境，拥有一个在它们生存环境约 100 千米范围内由大量“地标”信息构成的认知地图。据此可以推测：蝙蝠在远距离飞行中通过识别认知地图中这些特定的“地标”来达到位置约束的目的，借助大脑中对环境的认知地图和器官中的“方向罗盘”，使用自身感知的气味梯度或磁场梯度等位置信息来引导飞行。

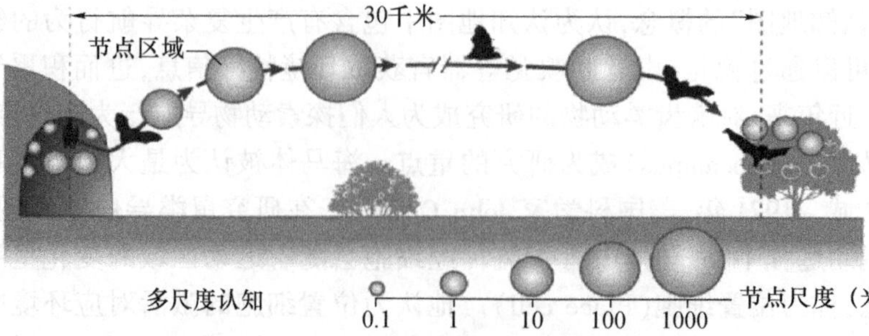

图 7-1-3　埃及水果蝙蝠觅食路线示意图

2. 仿生导航的概念内涵

动物大脑神经系统具有感知和度量空间的功能。在哺乳动物大脑皮层中，不同区域的神经细胞通过规律性激活，能够构建一个描述外部环境的多尺度认知地图，通过对地图节点的识别来引导自身的导航活动。哺乳动物(以老鼠为例)在整个运动轨迹中，相关神经细胞通过放电激活在大脑中形成对外部空间环境的认知地图，如图 7-1-4(a)所示。受此启发，可以把视觉导航领域的拓扑地图类比为动物的认知地图，如图 7-1-4(b)所示，导航拓扑图的节点对应动物细胞的激活区域，节点之间的运动路径为连通边。因此，从上述角度看可以把仿生导航看成是一种基于导航拓扑图的节点递推导航。

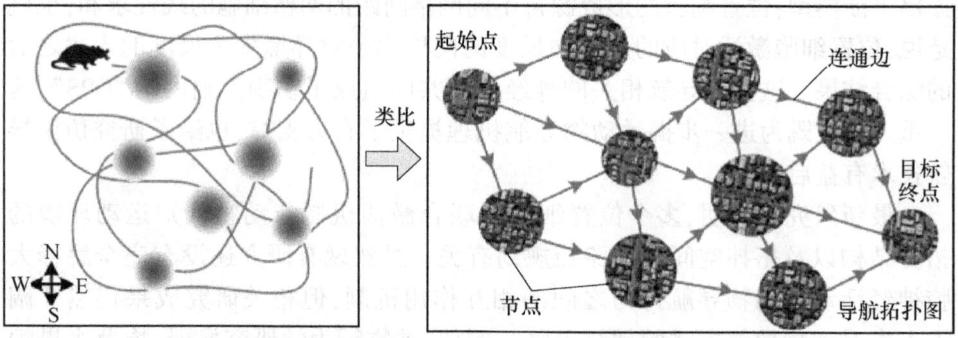

(a) 动物认知地图　　(b) 视觉导航拓扑图

图 7-1-4　导航拓扑图结构示意图

传统的自主导航是在几何空间内进行的，通常以惯性导航为主，辅以视觉导航、天文导航、地磁导航等构成组合导航。惯性导航系统采用航位推算方法获得载体的导航参数，是一种基于路径积分的“时间递推导航”，如图 7-1-5(a)所示。因此，惯性导航误差随时间累积，需要利用其他辅助导航信息在某些时间节点处修正其积累误差，如图 7-1-5(b)所示。

仿生导航可以认为是传统的组合导航的智能化，两者的主要区别是：首先，从导航信息源层面看，传统的组合导航主要利用惯性、天文、地表特征、地球位场等,仿生导航除了利用惯性、天空大气光场、地磁场、地表特征等信息外,还可以利用导航经验知识和语义地理空间信息等;其次,从信息处理方法层面看,传统的组合导航通常是在几何空间内采用数字滤波方法,而仿生导航则是在混合空间内将传统的信息融合方法与人工智能的方法相结合,对多源异质信息进行柔性融合;再者,从导航输出层面看,传统的组合导航通常只能给出载体的导航参数(包括位置、速度、姿态等),而仿生导航还可以给出载体的导航行为决策和引导指令。因此,以传统的自主导航技术架构为基础,借鉴动物导航机制和人工智能技术的研究成果,可以构建仿生导航的技术架构,如图 7-1-6 所示。

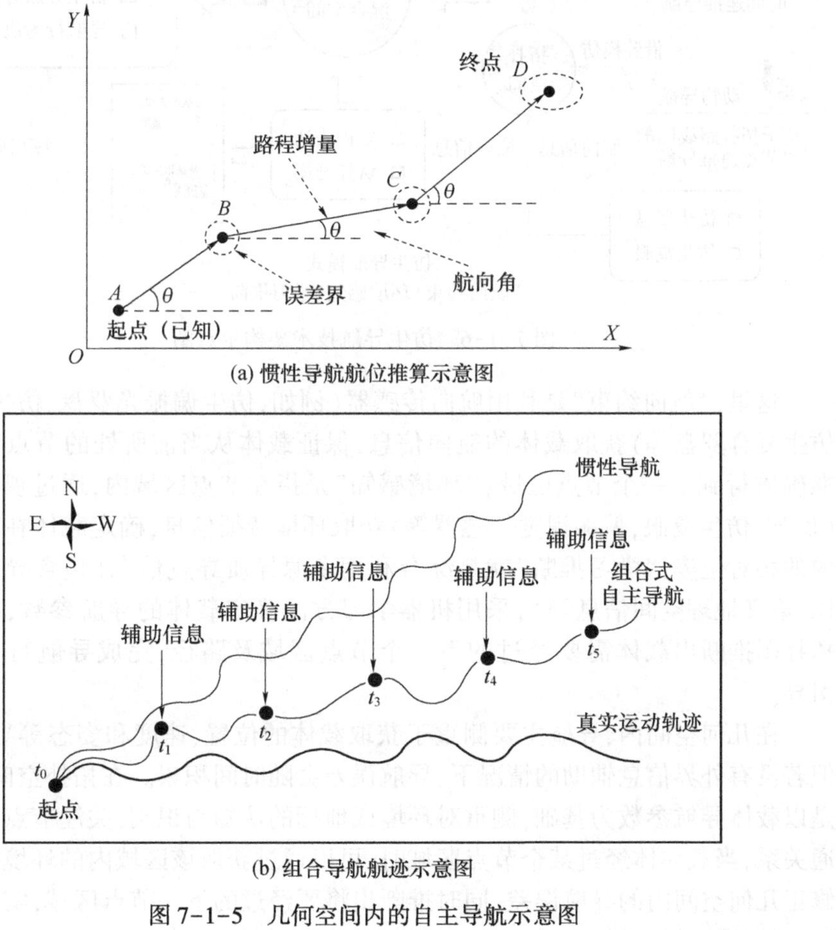

图 7-1-5 几何空间内的自主导航示意图

综上所述,仿生导航是智能导航的一个分支,其概念内涵比较丰富,还处在不断深化和完善的过程中。根据图 7-1-6 所示的技术架构,仿生导航的概念内涵可以概括为:借鉴动物器官的感知机理和内脑的导航机制,综合利用光场、地磁场、视觉、声觉、嗅觉和惯性等多源导航信息,以及环境特征语义和导航经验知识等,在几何空间/拓扑空间组成的混合空间内采用“航向约束+环境感知+学习推断"模式,完成载体运动感知和导航行为智能决策与引导。因此,仿生导航可以认为是传统组合导航的仿生智能化。

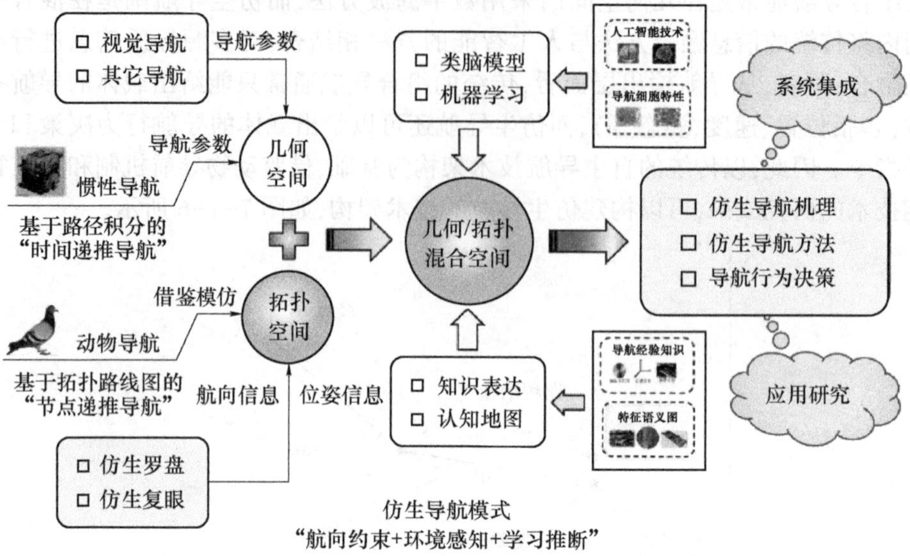

图 7-1-6 仿生导航技术架构示意图

这里,"航向约束"是利用航向传感器(例如,仿生偏振光罗盘、仿生磁罗盘、仿生复合罗盘等)获取载体的航向信息,保证载体从当前所处的节点区域能够准确航行到下一个节点区域;"环境感知"是指在节点区域内,通过视觉传感器(例如,仿生复眼,偏振视觉传感器等)获取环境特征信息,确定载体在节点区域内的相对位姿;"学习推断"就是综合利用多源异质导航信息(包含导航经验知识、语义地理空间信息等),采用机器学习方法确定载体的导航参数,根据导航拓扑图推断出载体需要经过的下一个节点区域及路径,完成导航行为决策和引导。

在几何空间内,导航主要侧重于获取载体的位置、速度和姿态等导航参数,但若没有外界信息辅助的情况下,导航误差会随时间积累。在拓扑空间内,导航是以载体导航参数为基础,侧重对环境或地标的认知与识别,关注节点之间的连通关系,当载体体经过某个节点区域时,可以通过获取该区域内的环境特征信息修正几何空间内的导航误差,同时推断出将要经过的下一节点区域,实现混合空间内的节点递推导航。

仿生导航系统应具有终生学习的功能。随着载体在同一区域运动次数增加,通过自学习或监督学习机制,导航系统对拓扑节点区域所包含的地标或场景特征的识别会越来越精准,相应的导航精度和计算效率也会逐步提高。从查到的文献资料看,这方面的研究还处于理论与方法探索阶段,还没有实际应用的案例。

仿生导航传感器、仿生导航方法、仿生导航专用芯片是仿生导航系统的核心,下面主要介绍前两部分内容。

7.2　仿生导航传感器

仿生导航传感器是指一类借鉴动物器官的感知机理和大脑导航细胞的信息处理机制,将自然环境中的光场、地磁场、声波和场景特征等信息转化为载体导航参数的传感器,按感知的信息源和导航作用可分为航向传感器和视觉传感器两类。航向传感器通过感知光场、地磁场、声波等获取载体的航向信息,主要有仿生光罗盘、仿生磁罗盘、仿生声学定向仪等。仿生视觉传感器主要通过感知场景特征信息获取载体的速度、位置、姿态等运动信息,仿生复眼是最典型的视觉传感器。本章重点介绍仿生光罗盘和仿生复眼。

7.2.1　仿生光罗盘

太阳光进入后大气经过粒子散射产生偏振光,形成特殊的分布模式,是天然的导航信息源。自然界中有许多动物能够利用大气偏振光定向,沙漠蚂蚁在觅食后能够利用偏振光定向沿直线准确返回巢穴,许多两栖动物和鱼类在迁徙过程中可以通过感知太阳光在水下散射所形成的偏振态进行定向,海龟甚至能够使用较弱的月球偏振光导航。仿生光罗盘是一种模仿动物器官结构和感知大气偏振光的机理,将大气偏振光信息转化为载体航向信息的导航传感器。

1. 偏振光与大气偏振光分布

波动光学认为光是一种横波,振动矢量 $\boldsymbol{E}$ 与传播速度方向垂直,振动方向相对于传播方向的不对称性称为偏振。偏振度和偏振角是描述偏振光的两个重要参数,偏振度是描述光波偏振程度的参数,偏振角是描述光波振动方向($\boldsymbol{E}$ 矢量方向)的参数,如图 7-2-1 所示。

太阳光在进入大气层后由于气体分子和悬浮粒子(气溶胶粒子、云层等)的散射作用改变了振动状态,产生了天空偏振光。因此,太阳光中除了包含光强和光谱信息外,还包含了偏振度、偏振角、椭圆率等偏振模态信息。

天空太阳光偏振模态(偏振度和偏振方向)的分布具有特定的规律,理想大气条件下(例如晴朗无云天气),大气分子对太阳光的散射起主要作用,散射特性可以用瑞利散射来描述,如图 7-2-2(a)所示。图中,O 为观测点位置,OZ 为天顶方向,OS 表示太阳方向,OP 表示观测方向。瑞利散射认为天空中任何一点的 $\boldsymbol{E}$ 矢量方向都垂直于太阳、观测者和散射点所确定的平面(即 OS 与 OP 所确定的平面),偏振度与散射点距离太阳的远近有关。理想大气条件下的偏振模态的分布模型称为瑞利散射模型,如图 7-2-2(b)所示,图中同一虚线圆上的点具有等偏振度,其切线方向为 $\boldsymbol{E}$ 矢量方向,偏振态相对于太阳子午线具有对称性。

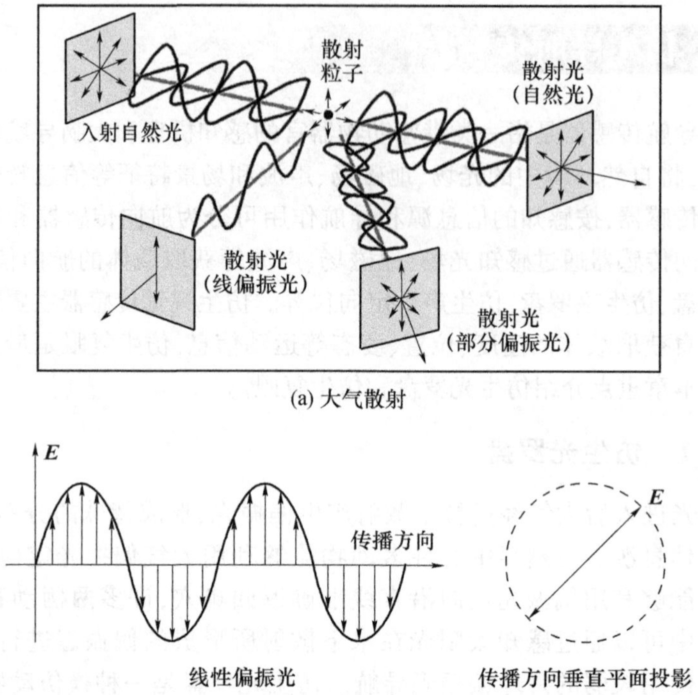

(a) 大气散射

(b) 线偏振光

图 7-2-1　大气偏振光产生示意图

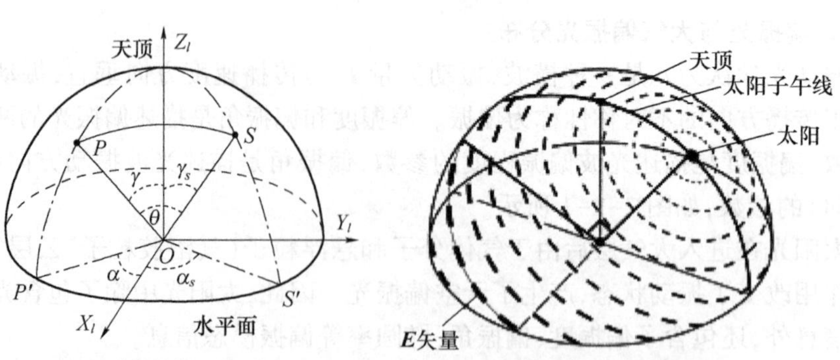

(a) 瑞利散射示意图　　(b) 瑞利散射模型示意图

图 7-2-2　瑞利散射与大气偏振模式分布示意图

将太阳位置投影至坐标原点,沿天球中心与太阳位置的连线方向对瑞利散射模型作平面垂直投影,偏振度与偏振角均关于坐标轴对称分布,如图 7-2-3 所示。以原点为中心的圆上偏振度大小一致,且越靠近太阳,偏振度越小,图中短虚线的切线方向代表偏振方向,短虚线的粗细代表偏振度大小。

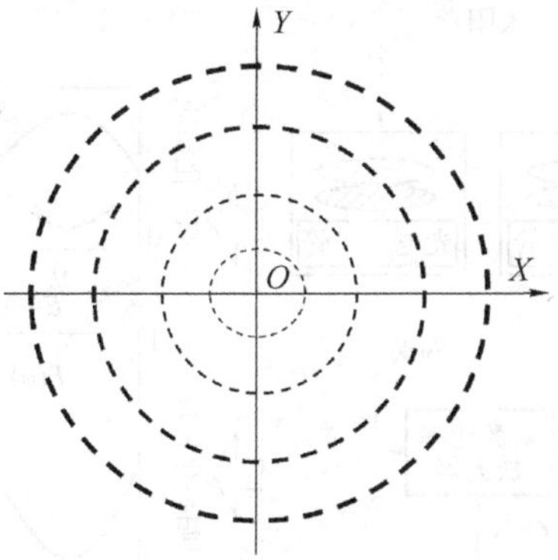

图 7-2-3 偏振模式的平面投影规律

对于实际观测者而言,受所在区域天气条件、地面反射和季节变化等诸多复杂因素的影响,特别是云层、气流等随机因素的影响,局部天空的偏振模态分布相对复杂,与瑞利散射模型也会有差异,但其变化规律相似。因此,利用偏振光传感器获取大气偏振模态信息,可供导航之用。

2. 大气偏振光信息测量

测量大气偏振光信息的方式分有点源式测量和面阵式测量两种,前者的偏振光探测器设计为多个"光电二极管+偏振片"的阵列结构,后者的偏振光探测器设计为 CCD(或 CMOS)片上集成纳米光栅阵列结构,统称偏振成像芯片。

1) 点源式测量

点源式偏振光探测器通常由多个偏振光检测单元组成,每个检测单元包含一对偏振光探测单元和一个对数放大器,将偏振光模态信息转化为电信号,如图 7-2-4(a)所示。

偏振光探测单元由滤光片、线性偏振片和光电二极管等组成,两个偏振片的偏振方向相互垂直,构成了两路相互正交的偏振光检测通道。

研究发现,动物器官的偏振光敏感单元由三个敏感神经元组成,敏感方向分别为 10°、60°和 130°。借鉴动物的这种结构,点源式偏振光探测器可以设计为由三对检测单元构成的等边三角形结构,每个通道敏感角度分为别 0°、60°和 120°,如图 7-2-4(b)所示。理论分析和仿真实验表明,这种结构不仅布局简单易于实现,而且测量精度最高。图中箭头方向为探测器的基准方向,6 个通道的入射光经过滤光片后,产生光强相同的部分偏振光,经过不同偏振方向的偏振片后,到达光电二极管的光强不同,通过光电转换检测出不同通道的光强信息,进而解算出入射光的 $\boldsymbol{E}$ 矢量方向,得到偏振角和偏振度。

根据检测原理,单个偏振检测单元的输出电流强度与偏振角和偏振度有如下函数关系:

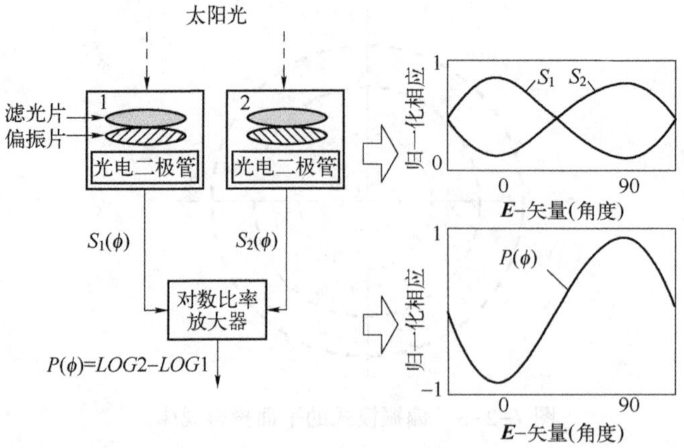

(a) 检测单元工作原理

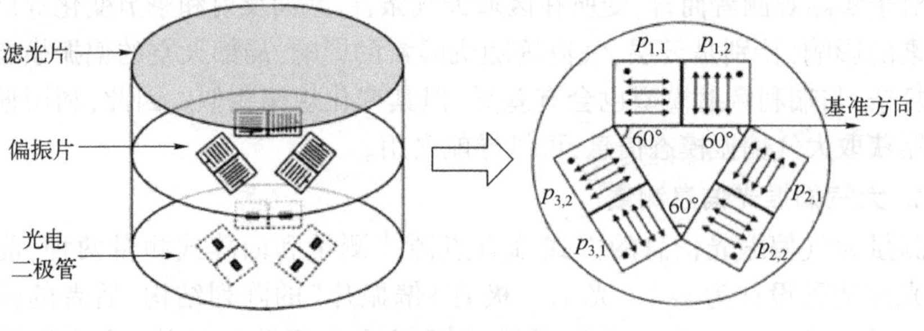

(b) 偏振光探测器结构示意图

图 7-2-4 点源式偏振光传感器

$$S_{i,j}(\phi,d)=KI(1+d\cos(2\phi-2\alpha_{i,j}))\quad(i=1,2,3;j=1,2)\qquad(7-2-1)$$

式中：$S_{i,j}(\phi,d)$ 为输出电流强度；K 为光电二极管比例因子(常数)；I 为入射光的总光强；ϕ 为偏振角；d 为偏振度；$\alpha_{i,j}$ 为偏振片安装角。

对数放大器输出电信号可以表示为

$$V_i(\phi,d)=\frac{1}{2}\log\left(\frac{1+d\cos(2(\phi-\alpha_{i,1}))}{1-d\cos(2(\phi-\alpha_{i,2}))}\right)\quad(i=1,2,3)\qquad(7-2-2)$$

偏振片安装角可以用以下公式计算

$$\alpha_{i,j}=\frac{\pi}{3}(i-1)+\frac{\pi}{2}(j-1)\quad(i=1,2,3;j=1,2)\qquad(7-2-3)$$

根据式(7-2-2)和式(7-2-3)，三组方程联立可以解算出偏振角 ϕ 和偏振度 d。

2）面阵式测量

面阵式偏振光探测器的核心器件是偏振成像芯片，由 CCD(或 CMOS)片上集成纳米光栅阵列而成，每个像元表面有偏振光膜片，相邻 4 个像元(也可以设计为 3 个)对应的偏振光膜片起偏方向与基准方向之间的角度分别为

0°,45°,90°和135°,如图7-2-5所示。这四个像元组成一个偏振信息测量单元,如果偏振光膜片制备工艺的一致性足够好的话,可以假设四个像元的入射光是一致的。

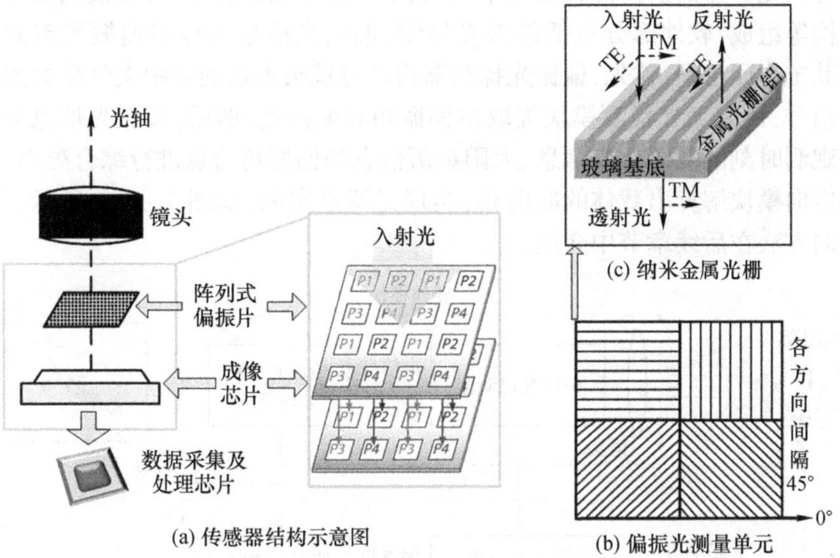

图7-2-5　偏振光检测阵列示意图

根据马吕斯定律,偏振光通过不同角度检偏器后的光强响应为

$$F_j=\frac{1}{2}K_0I[1+d\cos(2\phi-2\varphi_j)]\quad(j=1,2,\cdots,N)\tag{7-2-4}$$

式中:K_0为感光系数;I为入射光总光强;φ_j为检偏器角度(已知);N为偏振成像芯片总像素。

测量单元的4个像元可同时进行偏振信息测量,定义矩阵$\boldsymbol{D}$、$\boldsymbol{X}$、$\boldsymbol{F}$如下:

$$\boldsymbol{D}=\begin{bmatrix}\cos(2\varphi_1) & \sin(2\varphi_1) & 1\\ \cos(2\varphi_2) & \sin(2\varphi_2) & 1\\ \cos(2\varphi_3) & \sin(2\varphi_3) & 1\\ \cos(2\varphi_4) & \sin(2\varphi_4) & 1\end{bmatrix},\quad \boldsymbol{X}=\frac{1}{2}K_0I\begin{bmatrix}d\cos(2\phi)\\ d\sin(2\phi)\\ 1\end{bmatrix},\quad \boldsymbol{F}=\begin{bmatrix}F_1\\ F_2\\ F_3\\ F_4\end{bmatrix}$$

将上式写成矩阵相乘形式:

$$\boldsymbol{DX}=\boldsymbol{F}\tag{7-2-5}$$

当偏振信息测量单元的角度为[0°　45°　90°　135°]时,容易验证$\boldsymbol{D}$为列满秩矩阵,并且偏振成像芯片的像素$N>4$(例如$N=520\times520$),可以采用最小二乘法估计偏振角和偏振度,即

$$\boldsymbol{X}=(\boldsymbol{D}^{\mathrm{T}}\boldsymbol{D})^{-1}\boldsymbol{D}^{-1}\boldsymbol{F}\tag{7-2-6}$$

令$\boldsymbol{X}=[x_1\quad x_2\quad x_3]^{\mathrm{T}}$,偏振角和偏振度分别为

$$\phi=\frac{1}{2}\arctan(x_2/x_1)\quad d=(\sqrt{x_1^2+x_2^2})/x_3 \tag{7-2-7}$$

3. 仿生光罗盘组成及工作原理

仿生光罗盘的硬件部分由光学镜头、偏振光探测器、信息处理模块和安装机械结构等组成,软件部分包括偏振光检测、偏振光信息处理和偏振光定向算法等。其工作原理是:首先,偏振光探测器将经过镜头入射的空中大气偏振光转换为电信号,由偏振光检测模块提取出偏振角和偏振度;然后,偏振光信息处理模块对观测时刻的载体位姿信息、太阳星历信息和偏振角信息进行综合处理,由偏振光定向模块解算出载体的航向角,实现光罗盘定向,如图 7-2-6 所示。偏振光定向方法在后续章节中介绍。

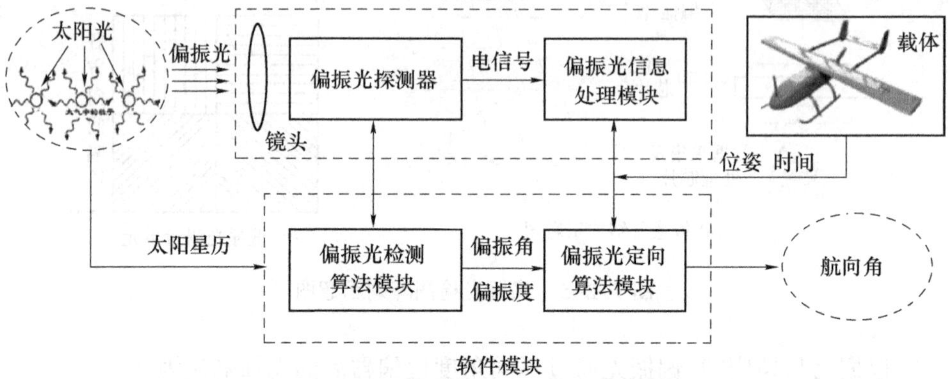

图 7-2-6 光罗盘工作原理框图

偏振光探测器分为点源式和面阵式两种不同类型,相应地,光罗盘也分为点源测量型和面阵测量型两种类型。点源测量型光罗盘具有成本低、测量动态范围大、计算量小等优势,但由于仅能够获取单点或多离散点的偏振信息,地面应用时容易因外界遮挡或天气云层变化而导致定向精度下降,甚至无法定向。面阵测量型光罗盘是通过获取观测天空区域的偏振图像信息解算载体航向角,具有测量信息丰富、大气环境适应强、定向精度高等优势,是偏振光罗盘发展的主流。

目前,仿生光罗盘质量在 100g 量级的小型化产品已经面市。2022 年美国偏振传感技术公司(polaris sensor technologies)在官网上公布了该公司研制的 SkyPass 系列光罗盘产品,声称在晴朗天气下光罗盘的定向精度可以达到 0.1°量级,如图 7-2-7(b)所示。据文献资料报道,中国研制的光罗盘在体积重量和定向精度方面也达到了这个水平,如图 7-2-7(a)和(c)所示。

微小型化是研制仿生光罗盘技术追求的目标,在微小型飞行器导航、单兵导航、手机定向等领域有着广泛的应用前景,从微光学器件、偏振成像芯片和微纳米制造技术的发展现状看,在不久的将来,实现这个目标已经没有技术瓶颈。

面阵测量型光罗盘
(中国)
(a)

面阵测量型光罗盘
(美国)
(b)

点源测量型光罗盘
(中国)
(c)

图 7-2-7 光罗盘典型样机

7.2.2 仿生复眼

仿生复眼是一种模仿昆虫复眼器官结构和感知机理的视觉传感器,其基本工作原理是:通过多个面向不同方向的孔径,对大视场内的场景进行成像,然后集成到同一探测器上进行图像输出。在此基础上,通过仿生光流测速、场景识别等方法,获得载体的运动速度和在环境中的相对位置等导航参数。仿生复眼与传统的视觉传感器比较,具有体积小、视场大、畸变小、灵敏度高、动态范围大等优点。

1. 生物复眼

复眼视觉在动物界很常见,拥有复眼器官最多的物种是节肢动物,此外很多甲壳类动物、软体动物、螯足动物等也都有复眼。生物复眼可以看作由许多结构和功能相同的子眼以曲面阵列方式排列而构成的一种特殊成像系统,每个子眼都可以看作一个单独的成像系统,通常由微透镜、晶体锥和横纹体构成。不同动物复眼的子眼数量从数十个到数万个不等。在生物学研究领域通常把生物复眼分为并置复眼、光学叠加复眼和神经叠加复眼三类。

1)并置复眼

并置复眼集成的子眼数从几百到数万不等,每个子眼聚焦来自单通道的光,并且两个相邻通道之间没有光串扰。每个子眼都是一个独立的视觉单元,是一种单对单的关系,如图 7-2-8 所示。具体说,每组微透镜、晶体锥和横纹体形成一个单独的光通道构成子眼。相邻的子眼被不透明壁光学隔离避免光串扰。每个子眼成像一小部分,大视场由每个子眼的成像拼接而成。并置复眼体积小,视野大,但是空间分辨率和灵敏度比较低,通常出现在典型的日间活动的昆虫身上,如苍蝇、蜜蜂和蜻蜓等。

2)光学叠加复眼

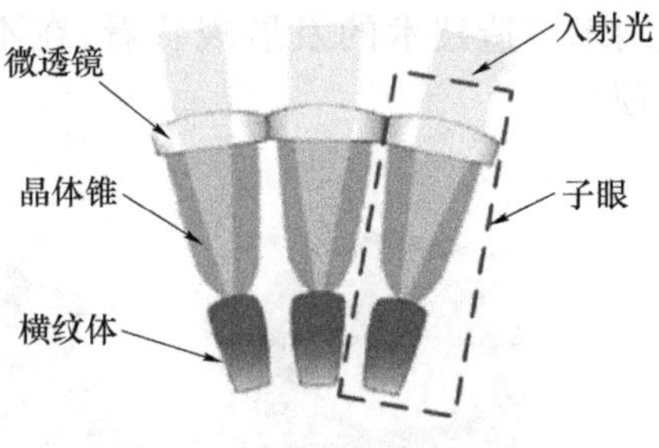

图 7-2-8　并置复眼示意图

光学叠加复眼与并置复眼不同,入射光进入多个微透镜,并叠加到同一个横纹体上,是一种多对多的关系,众多子眼并行工作叠加形成图像,如图 7-2-9 所示。因此,光学叠加复眼的入瞳比并置复眼大,成像分辨率也比并置复眼高。光学叠加复眼主要是生活在昏暗光线条件下的节肢动物,自然选择进化出的适应性复眼。常见于夜间活动的蛾子和水中的昆虫。根据晶体中光路不同,光学叠加复眼可分为折射、反射和抛物线叠加复眼三大类。

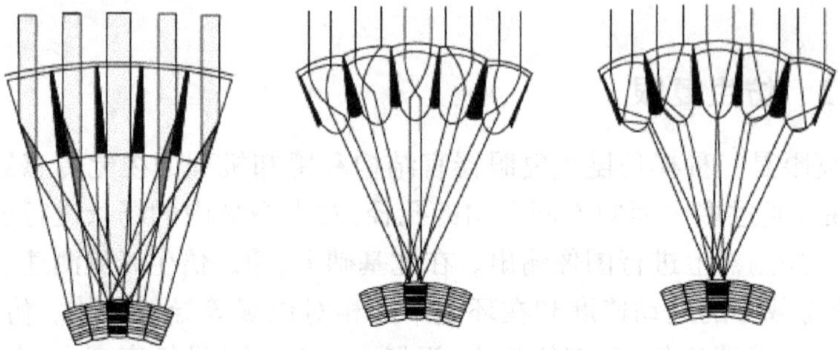
图 7-2-9　光学叠加复眼示意图

3)神经叠加复眼

神经叠加复眼的一个子眼内有多个晶体锥,一个视神经将众多子眼连接在一起,每个子眼中有多个横纹肌,它们叠加在同一个视觉神经上,如图 7-2-10 所示。与其他叠合式复眼相比,虽然神经叠加复眼的结构比复杂,但它在不增加小眼数量的情况下提供了更高的分辨率。

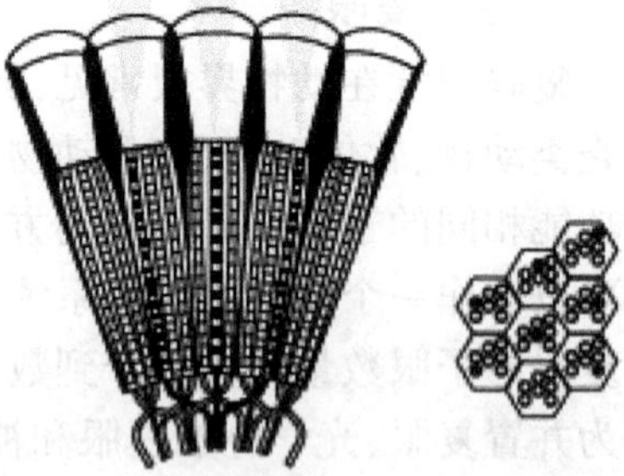
图 7-2-10　神经叠加复眼示意图

2. 仿生复眼研究现状

仿生复眼的研究始于 20 世纪 90 年代,由于加工和制造技术的局限性,早期的研究大多数仿生复眼是采用用平面结构,会导致大入射角以及大像差畸变。随着微电子技术特别是柔性微电子材料技术和多晶硅制造技术的发展进步,21 世纪人们开始研究弯曲结构的仿生复眼。目前,仿生复眼主流结构是主镜/微透镜阵列耦合重叠式,不仅结构紧凑,还可以实现大视场角成像。此外,通过设计相邻子眼之间视场的大比例重叠率,还可以构成立体视觉,实现载体自主定位和对运动目标探测。

重叠形仿生复眼主要有微透镜阵列结构和分段传感器结构两类,如图 7-2-11 所示。前者采用微型透镜来模仿生物复眼中的小眼,通过微透镜阵列实现成像,设计生产难度大;后者采用有限数目复眼与多个或单个光电探测器匹配,降低了复眼镜头设计和制造难度,图像处理也相对简单。

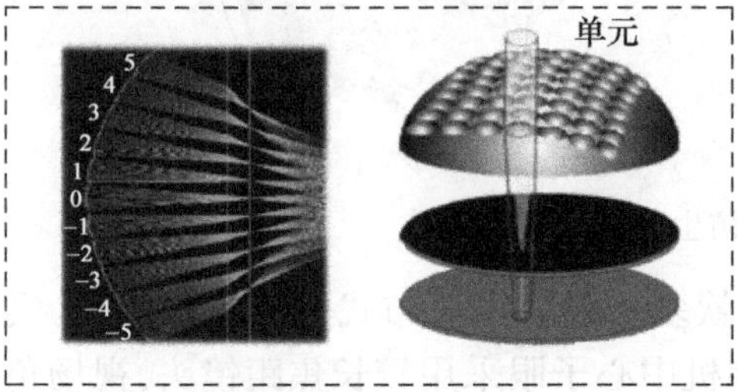

(a) 球面微透镜阵列结构

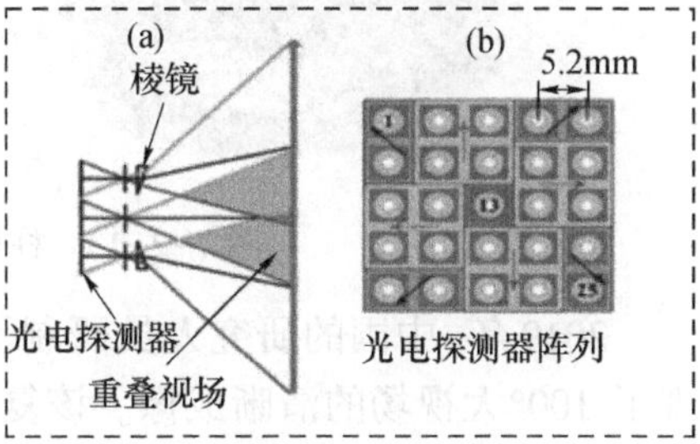

(b) 分段传感器结构

图 7-2-11 重叠形仿生复眼结构示意图

曲面流形耦合成像是小型化多孔径大视场角仿生复眼的核心技术,复眼结构设计与制备、微光学耦合成像工艺与图像校正、高动态与超分辨图像处理方法等是关键技术。

2011 年,美国伊利诺伊大学、科罗拉多大学等 9 家研究机构合作,采用球面微纳加工工艺,模仿沙蚁的复眼结构,研制成功一款微球面形复眼相机,如图 7-2-12(a)所示,相关研究论文发表在《自然》杂志上。该相机在半径为 2cm 的半球上排列了 180 个微透镜,具有 180°×180°的大视场角,能够同时聚焦物体的不同深度,分辨率与沙蚁相当,可应用于液体药物杂质检测等一些特殊行业。

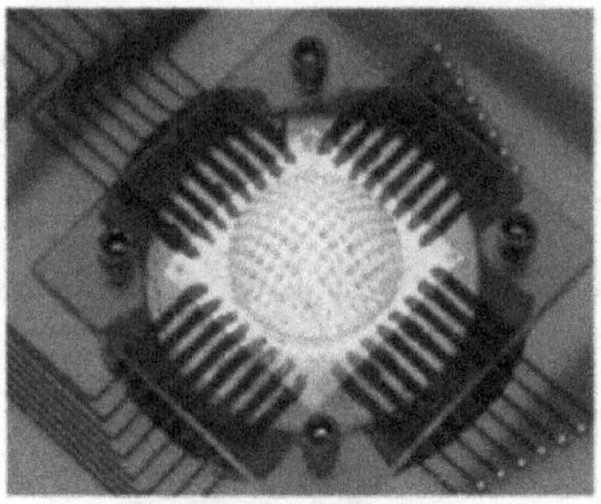

(a) 仿生复眼设计图

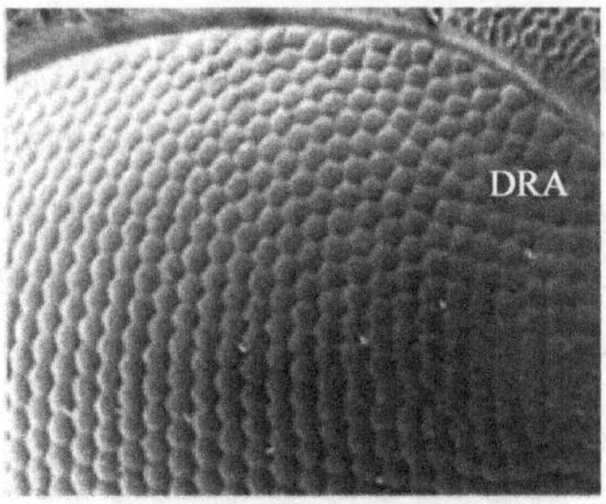

(b) 沙蚁复眼显微图像

图 7-2-12 球面形仿生复眼相机示意图

2013 年,法国、德国和瑞士等多国科研人员采用平面微纳加工工艺,联合开发了一款圆柱面微型仿生复眼相机,在半径约 6mm 的圆柱面上排列了 630 个小眼,具有 180°×60°的大视场角,在军事和民用领域具有广泛应用前景,如图 7-2-13 所示。

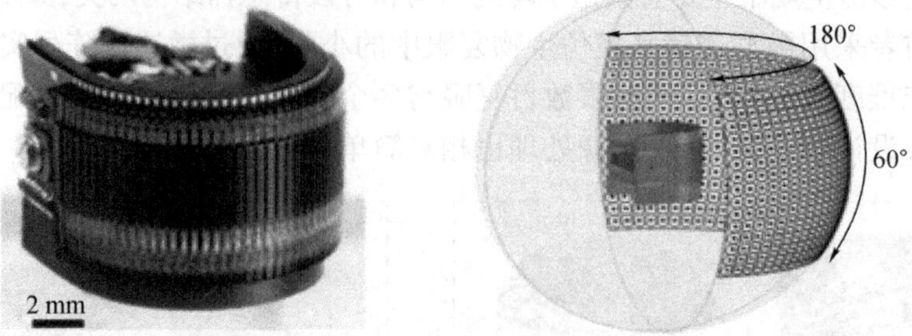

图 7-2-13　柱面形仿生复眼相机示意图

2019 年,中国的研究人员研制了一款多子眼球面分布式仿生复眼相机,实现了 100°大视场的清晰成像。该复眼相机中心子眼采用较长焦距镜头,视场角较小,但图像分辨率较高,周边子眼采用短焦距镜头,分辨率较低,如图 7-2-14 所示。

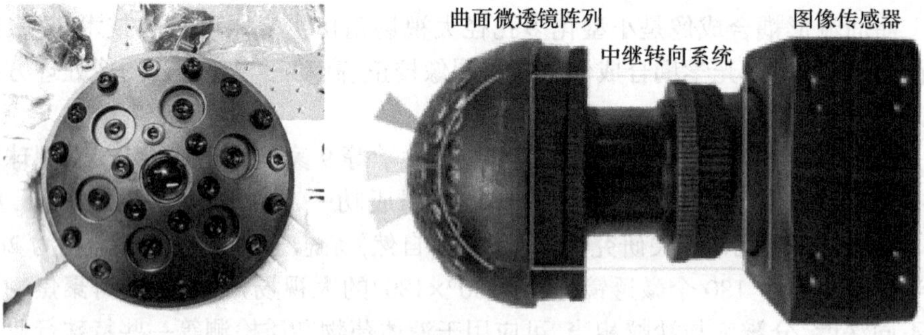

图 7-2-14　球面分布式仿生复眼相机示意图

仿生复眼在安全监控、三维目标检测、生物医学成像、视觉导航等领域具有广泛的应用前景。例如,美军无人机“蜂鸟”上面配备了一部 18 亿像素的高分辨率仿生复眼相机,有 4 个主镜头和 368 个微图像传感器(子眼),其中,92 个子眼为一组,共用一个主镜头,可同时监控和跟踪地面 65 个目标,在 6000m 高空,能够分辨地面 15cm 的物体,如图 7-2-15 所示。

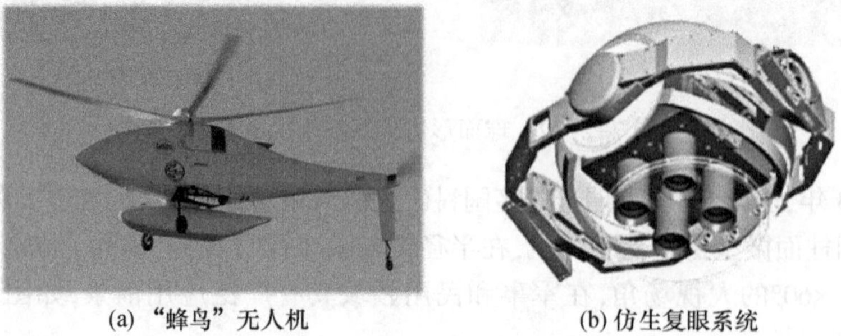

(a) “蜂鸟” 无人机　　(b) 仿生复眼系统

图 7-2-15　美国“蜂鸟”无人机配备的仿生复眼系统

目前,仿生复眼在我国还处于理论方法研究和系统样机研制阶段,在微小型化设计与集成制造技术、微光学耦合成像工艺、高动态/超分辨图像处理方法、快速/高精度运动测量等方面还有许多技术难题需要突破。

3. 光流测速方法

昆虫复眼通过小叶复合体接收来自众多局部运动检测器的输入信号,产生可以估计飞行过程的全局光流场的特定输出信号,从而确定出自身相对于物体的速度。计算机图像学研究发现,当相机与成像物体之间产生相对运动时,图像平面中像素的灰度值也会随时间变化,描述像素随时间在不同帧图像上的变化量称为光流,可以看作三维运动场在二维平面的投影。不同的光流模式代表不同的运动形态,在光流矢量图中,每条线段代表一个光流矢量,线条的长度和方向分别代表对应点图像特征运动的速度和方向,如图 7-2-16 所示给出了几种典型运动形态的光流分布示意图。

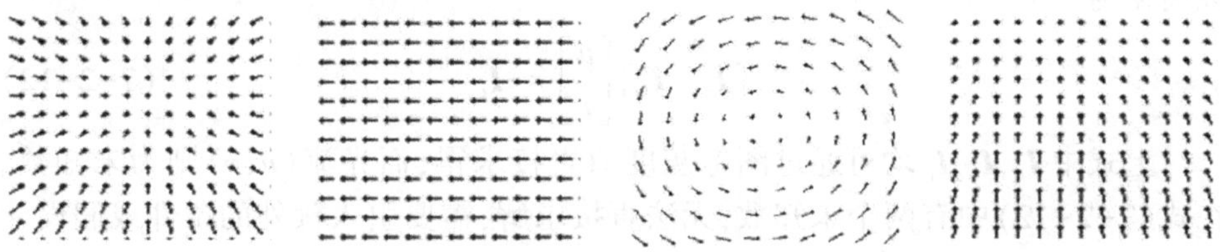

(a)　(b)　(c)　(d)

图 7-2-16　几种典型运动的光流分布示意图

图 7-2-16 中(a)显示的是一个由四周向极点汇聚的光流场,当相机朝着一个静态的环境运动且在移动时不发生旋转,就会在光流场上出现极点,它表明了相机运动的方向(接近还是远离),如果相机保持直线运动的话,极点也是将会发生碰撞的点;(b)表示相机位于一侧的运动,运动方向与成像平面平行;(c)显示的是相机旋转时的光流场:(d)表示相机在平地上空的前进运动。应该强调是所有运动形态得到的光流场都可以看成是平移分量与旋转分量合成的结果。

由于光流与相机模型参数、载体相对于物体间的距离和运动速度等有关,因此,通过计算光流可以确定载体相对于物体的速度。根据所采用的像素范围不同,光流可分为稠密光流和稀疏光流,前者描述了图像中所有像素的运动,后者只描述图像中特定像素的运动。

在计算光流时,图像中的像素灰度值可以看作是时间的函数。设某个空间物点在 t 时刻的图像坐标为(x,y),其灰度值可以表示为

$$I(x,y,t) \tag{7-2-8}$$

当相机与物点之间产生相对运动时,它的图像坐标也会产生变化,而变化的速度就是需要求解的光流。

设在 $t+\mathrm{d}t$ 时,物点的图像坐标变化为$(x+\mathrm{d}x,y+\mathrm{d}y)$,则坐标变化随时间的微分就是需要求解的光流。光流法有一个基本的假设,即认为短时间内同一个空

间物点的像素灰度值,在各个图像中是固定不变的。

基于灰度不变假设,可以写出不同时刻的灰度等式:

$$I(x,y,t)=I(x+\mathrm{d}x,y+\mathrm{d}y,t+\mathrm{d}t) \tag{7-2-9}$$

对上式中等号右侧求时间微分可得

$$I(x,y,t)=I(x,y,t)+\frac{\partial I}{\partial x}\mathrm{d}x+\frac{\partial I}{\partial y}\mathrm{d}y+\frac{\partial I}{\partial t}\mathrm{d}t \tag{7-2-10}$$

对上式进行移项,并除以时间微分即可得到光流的表达式:

$$\frac{\partial I \mathrm{d}x}{\partial x \mathrm{d}t}+\frac{\partial I \mathrm{d}y}{\partial y \mathrm{d}t}=-\frac{\partial I}{\partial t} \tag{7-2-11}$$

式中:$\left(\frac{\partial I}{\partial x},\frac{\partial I}{\partial y}\right)$为像素灰度梯度,记为$(\boldsymbol{I}_x,\boldsymbol{I}_y)$;$(\mathrm{d}x/\mathrm{d}t,\mathrm{d}y/\mathrm{d}t)$即为待求解的光流,简化记为$(u,v)$;$\partial I/\partial t$表示灰度随时间的变化量,简化记为$\boldsymbol{I}_t$。此时,上式可以简化为

$$\begin{bmatrix}\boldsymbol{I}_x & \boldsymbol{I}_y\end{bmatrix}\begin{bmatrix}u\\v\end{bmatrix}=-\boldsymbol{I}_t \tag{7-2-12}$$

上式中$\boldsymbol{I}_x,\boldsymbol{I}_y,\boldsymbol{I}_t$均可通过图像灰度值直接求得,而光流$(u,v)$则为未知数。在式(7-2-12)中有两个未知数,无法直接求解,需要引入额外的条件或假设才能进一步求解。由于同一物体的运动趋势相同,因此可以假设在某一个窗口内的像素具有相同的光流。利用这个假设,可列出若干与式(7-2-12)相同的方程,构成方程组:

$$\boldsymbol{A}=\begin{bmatrix}\boldsymbol{I}_{x,1} & \boldsymbol{I}_{y,1}\\ \cdots & \cdots\\ \boldsymbol{I}_{x,k} & \boldsymbol{I}_{x,k}\end{bmatrix},\quad \boldsymbol{b}=\begin{bmatrix}\boldsymbol{I}_{t,1}\\ \cdots\\ \boldsymbol{I}_{t,k}\end{bmatrix} \tag{7-2-13}$$

$$\Downarrow$$

$$\boldsymbol{A}\begin{bmatrix}u\\v\end{bmatrix}=\boldsymbol{b}$$

式中:k表示窗口内的第k个像素,求解上式即可得到光流。

在同一相机拍摄的视频流中,光流与相机和物点间的相对运动,以及物点与相机的距离相关。式(7-2-13)的解是求得一个像素变化的速度,使两帧之间的光度误差最小化;在运动估计中,则可以类似的策略直接以光度误差最小化为目标估计相机的运动速度。

设两帧图像与第i个物点的几何关系如图7-2-17所示。

物点P在两帧图像中的灰度值分别表示为$\boldsymbol{I}_1(p_1)$,$\boldsymbol{I}_2(p_2)$,其中物点在第二帧图像中的像素位置p_2表示为p_1的函数:

$$p_2=\pi(p_1) \tag{7-2-14}$$

式中:映射函数π与物点和相机的相对运动、物点深度等相关。

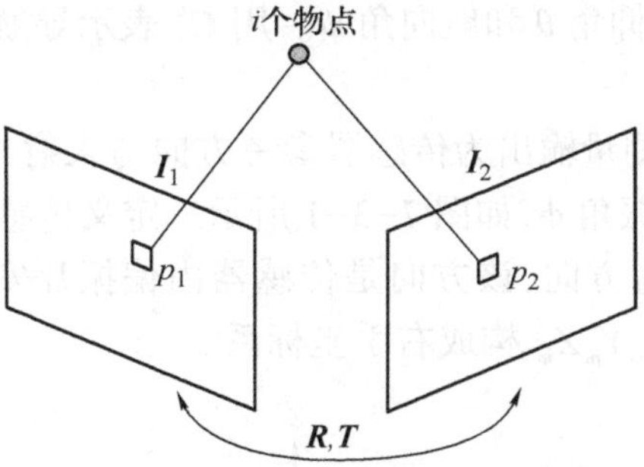

图 7-2-17　两帧图像与物点的几何关系示意图

基于灰度不变假设,计算相机的运动量就是搜索相对姿态变化矩阵 $\boldsymbol{R}$ 和位置平移矢量 $\boldsymbol{T}$,使得两帧之间的光度误差最小,即:

$$\boldsymbol{R}^*, \boldsymbol{T}^* = \underset{R,T}{\operatorname{argmin}} \sum_{i=1}^{N} \left(\boldsymbol{I}_1(p_{1,i}) - \boldsymbol{I}_2(p_{2,i})\right)^2 \tag{7-2-15}$$

t 时刻相机(载体)在图像坐标系内相对参考物体的速度矢量为

$$\boldsymbol{v}(t) = \boldsymbol{T}^* / dt \tag{7-2-16}$$

根据上式,利用图像坐标系与导航坐标系的转换关系,可以解算出载体在导航坐标系内的运动速度。光流法测速的精度与诸多因素有关,这里不再作详细的误差分析,试验数据表明,在目前的技术条件下测速相对精度在 0.5%~1.0%。

7.3　仿生导航方法

仿生导航方法涉及偏振光定向方法、偏振光导航方法、基于拓扑图的节点递推导航方法、导航经验知识的表达与机器学习、多源异质导航信息柔性融合、基因类脑模型的导航行为智能决策与引导等方面的内容,这里主要介绍前三种相对成熟的方法。

7.3.1　偏振光定向方法

偏振光定向是利用偏振光传感器获取的偏振角,解算出载体在导航坐标系下的航向角,有几何法定向和图像法定向两种方法。偏振光定向还需知道观测时刻太阳的高度角和方位角、载体的水平姿态角、偏振光传感器相对于载体的安装关系等。

1. 几何法定向

选择北-东-地地理坐标系为导航系(n 系)、前-右-下坐标系为载体系(b 系)。导航系到载体系的旋转关系如下:先绕 Z_n 轴转动 ψ 角,再绕 Y_n'转动 θ 角,最后绕 X_n''转动 γ 角。载体系相对导航系的方位即为载体的姿态,相应的三个姿

态角称为滚动角 γ、俯仰角 θ 和航向角 ψ。用 $\boldsymbol{C}_n^b$ 表示导航系到载体系的方向余弦矩阵。

偏振光传感器的测量输出为传感器参考方向与入射光 $\boldsymbol{E}$ 矢量方向(最大偏振方向)的夹角,即偏振角 ϕ,如图 7-3-1 所示。定义传感器测量坐标系(m 系)如下:X_m 为传感器参考方向,该方向是传感器内偏振片安装方向的基准,Z_m 为传感器观测方向,$O-X_mY_mZ_m$ 构成右手坐标系。

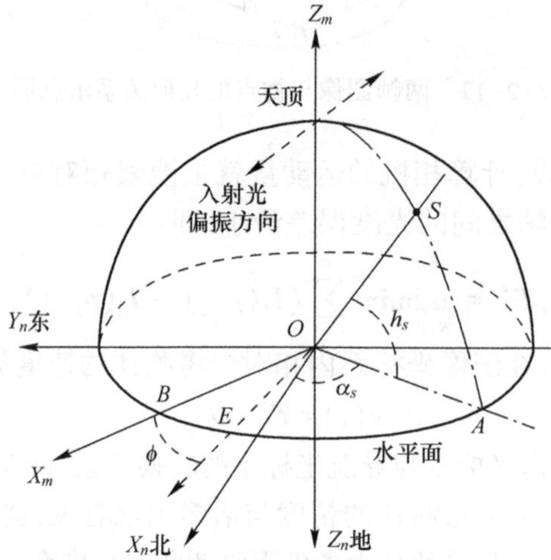

图 7-3-1 偏振光导航传感器定向示意图

偏振光传感器与载体固联安装,$\boldsymbol{C}_b^m$ 为载体系到测量系的方向余弦矩阵。取 X_m 与 X_b 重合,Z_m 沿 Z_b 的反方向,即传感器的视线方向沿载体系 Z 轴的反方向,当载体水平时,传感器视线方向竖直向上。则 $\boldsymbol{C}_b^m$ 表示为

$$\boldsymbol{C}_b^m=\begin{bmatrix}1&0&0\\0&-1&0\\0&0&-1\end{bmatrix}\tag{7-3-1}$$

根据偏振光传感器测量的偏振角 ϕ 可以得到入射光 $\boldsymbol{E}$ 矢量方向在 m 系中的表示为

$$\boldsymbol{a}_p^m=[\cos\phi,\sin\phi,0]^{\mathrm{T}}\tag{7-3-2}$$

传感器的视线方向在 m 系中可以表示为

$$\boldsymbol{a}_l^m=[0,0,1]^{\mathrm{T}}\tag{7-3-3}$$

根据瑞利散射模型,$\boldsymbol{E}$ 矢量垂直于视线方向和太阳所确定的平面,即有

$$\boldsymbol{a}_p^m=k[\boldsymbol{a}_l^m\times]\boldsymbol{a}_s^m\tag{7-3-4}$$

式中:k 为常数,使得等式两边模值相等;$[\boldsymbol{a}_l^m\times]$ 为由 $\boldsymbol{a}_l^m$ 生成的反对称矩阵;$\boldsymbol{a}_s^m$ 为太阳视线方向在 m 系中的单位矢量。

太阳位置用方位角 α_s 和高度角 h_s 来描述,如图 7-3-1 所示,可通过太阳星历获取。

太阳视线方向在导航系下的投影可以表示为

$$\boldsymbol{a}_s^n=[\cos h_s\cos\alpha_s \quad -\cos h_s\sin\alpha_s \quad -\sin h_s]^{\mathrm{T}} \tag{7-3-5}$$

因此可以得到

$$\boldsymbol{a}_p^m=k[\boldsymbol{a}_l^m\times]\boldsymbol{C}_b^m\boldsymbol{C}_n^b\boldsymbol{a}_s^n \tag{7-3-6}$$

为方便起见，假设偏振光导航传感器水平放置，观测方向为竖直向上。图 7-3-1 中，$\overline{OZ_m}$方向为观测方向，$\overline{OS}$为太阳方向，太阳的高度角和方位角分别为 α_s 和 h_s。偏振光传感器的输出偏振角为载体参考方向与 E 矢量的夹角 $\angle BOE$，E 矢量$\overline{OE}$垂直于观测方向$\overline{OZ_m}$与太阳方向$\overline{OS}$所在的平面，即有

$$\overline{OE}=k\overline{OS}\times\overline{OZ_m} \tag{7-3-7}$$

式中：k 为一个实数，目的是使得两边模相等。

对于水平放置的偏振光传感器，这里有 $\angle AOE=90°$。考虑到求解航向角时存在一个相差 180°的模糊解，可以得到导航系下的载体航向角 ψ 为

$$\psi=-(\alpha_s-\phi-90°) \quad 或 \quad \psi=-(\alpha_s-\phi+90°) \tag{7-3-8}$$

偏振光传感器通常与载体固联安装，载体的水平姿态角已知时，由上式可以得到

$$\frac{\cos\phi}{\sin\phi}=\frac{\sin r\sin\theta\cos(\psi+\alpha_s)-\cos\gamma\sin(\psi+\alpha_s)-\sin\gamma\cos\theta\tan h_s}{\cos\theta\cos(\psi+\alpha_s)+\sin\theta\tan h_s} \tag{7-3-9}$$

为求解该式，令

$$\begin{aligned} A&=\cot\phi\cos\theta-\sin\gamma\sin\theta \\ B&=\cos\gamma \\ C&=(\cot\phi\sin\theta+\sin\gamma\cos\theta)\tan h_s \end{aligned} \tag{7-3-10}$$

可得

$$A\cos(\psi+\alpha_s)+B\sin(\psi+\alpha_s)+C=0 \tag{7-3-11}$$

即

$$\sin(\psi+\alpha_s+\beta)=\frac{-C}{\sqrt{A^2+B^2}} \tag{7-3-12}$$

式中：$\beta=\arctan(A/B)$。

求解上式可得

$$\begin{cases} \psi_1=\arcsin\left(\dfrac{-C}{\sqrt{A^2+B^2}}\right)-\beta-\alpha_s \\ 或 \\ \psi_2=\pi-\arcsin\left(\dfrac{-C}{\sqrt{A^2+B^2}}\right)-\beta-\alpha_s \end{cases} \tag{7-3-13}$$

当两个水平角均为 0 时，$C=0$，有 $\arcsin\left(\dfrac{-C}{\sqrt{A^2+B^2}}\right)=0$，此时 ψ_1 与 ψ_2 相差 180°；然而当两个水平角不为 0 时，该模糊度不一定是 180°，如果两个水平角均

不大,ψ_1 与 ψ_2 的差值在 180°附近。

2. 图像法定向

图像法定向是利用大气偏振模态关于太阳子午线呈对称分布这一特点,从天空偏振图像中提取大气偏振模态的对称线,获取太阳方位角,进而实现载体定向。因为偏振角与偏振度都具有对称分布的特点,提取天空偏振图像的对称线即可得到太阳子午线方向,如图 7-3-2(a)所示。理论分析和大量实测数据表明,偏振角的对称性更加稳定,因此,通常利用偏振角的分布数据来提取对称线。

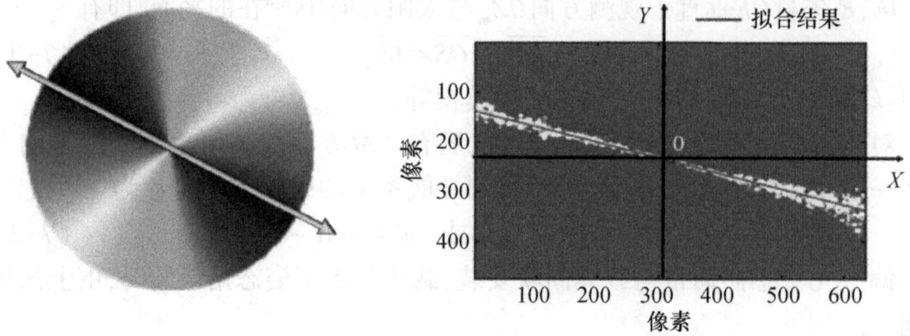

(a) 偏振图像对称性　　(b) 对称线提取

图 7-3-2　偏振角对称性分布示意图

偏振角关于太阳子午线和反太阳子午线的投影呈反对称性,对称线上的偏振角为 90°,两边符号相反,对称线上具有最大的偏振角梯度,因此,利用偏振角图像的梯度值来提取对称线可以获得更好的精度。首先,使用 Sobel 滤波核进行 X、Y(成像坐标系)方向的梯度提取,合成得到各像素点的梯度矢量,如图 7-3-2(b)中浅色区域带部分所示;然后,在偏振角图像中选取偏振角梯度大于阈值的点作为特征点,采用最小二乘法进行直线拟合,得到的直线即为偏振角图像的对称线,如图 7-3-2(b)中斜浅色区域带中实线所示。

设太阳子午线的投影直线 $y=kx+b$,此时有

$$b = \frac{1}{n}\sum_{i=1}^{n} y_i - k\frac{1}{n}\sum_{i=1}^{n} x_i \tag{7-3-14}$$

式中:(x_i, y_i)为所提取的特征点在传感器坐标系内的坐标。

经过标定后的偏振光传感器,传感器光轴经过图像中心,当传感器光轴指向天顶时,则太阳子午线投影也经过图像中心,因此,可以将直线通过图像中心点作为约束条件,即 $b=0$。

代入式(7-3-14)可得到

$$k = \frac{\sum_{i=1}^{n} y_i}{\sum_{i=1}^{n} x_i} \tag{7-3-15}$$

进一步可以求得太阳子午线投影与 X 轴的夹角为

$$\beta=\arctan k \tag{7-3-16}$$

当偏振光传感器与载体固联时，X_b 轴与 Y_m 轴重合，Y_b 轴与 X_m 轴重合、Z_b 轴与 Z_m 轴成相反方向，从 b 系至 m 系的姿态转移矩阵为

$$\boldsymbol{C}_b^m=\begin{bmatrix}0 & 1 & 0\\ 1 & 0 & 0\\ 0 & 0 & -1\end{bmatrix} \tag{7-3-17}$$

通过方向余弦矩阵，可将 $\boldsymbol{a}_s^n$ 投影至偏振光传感器坐标系内，即

$$\boldsymbol{a}_s^m=\boldsymbol{C}_b^m\boldsymbol{C}_n^b\boldsymbol{a}_s^n \tag{7-3-18}$$

式中：姿态转移矩阵 $\boldsymbol{C}_n^b$ 为

$$\boldsymbol{C}_n^b=\begin{bmatrix}\cos\theta\cos\psi & \cos\theta\sin\psi & -\sin\theta\\ -\cos\gamma\sin\psi+\sin\gamma\sin\theta\cos\psi & \cos\gamma\cos\psi+\sin\gamma\sin\theta\sin\psi & \sin\gamma\cos\theta\\ \sin\gamma\sin\psi+\cos\gamma\sin\theta\cos\psi & -\sin\gamma\cos\psi+\cos\gamma\sin\theta\sin\psi & \cos\gamma\cos\theta\end{bmatrix} \tag{7-3-19}$$

式中：γ、θ、ψ 分别为载体的滚动、俯仰和航向角。载体的滚动角与俯仰角通常可由微惯性测量组件获得，航向角为需要求解的参数。

太阳方向矢量在传感器坐标系下的坐标与太阳子午线投影的关系为

$$\tan\beta=\frac{\boldsymbol{a}_s^m(2)}{\boldsymbol{a}_s^m(1)} \tag{7-3-20}$$

将对称线提取结果代入上式，整理得到

$$k_{s1}\cos(\psi-a_s)+k_{s2}\sin(\psi-a_s)+k_{s3}=0 \tag{7-3-21}$$

式中：

$$\begin{cases}k_{s1}=\cos h_s\sin\gamma\sin\theta\sin\beta-\cos\theta\cos h_s\cos\beta\\ k_{s2}=-\cos h_s\cos\gamma\sin\beta\\ k_{s3}=-\cos\theta\sin\gamma\sin h_s\sin\beta-\sin\theta\sin h_s\cos\beta\end{cases} \tag{7-3-22}$$

求解式(7-3-21)可以得到

$$\psi=a_s+\phi_s-\varphi_s \quad 或 \quad \psi=a_s-\phi_s-\varphi_s+\pi \tag{7-3-23}$$

式中：a_s 为太阳方位角；$\phi_s=\arcsin\left(\dfrac{-k_{s3}}{\sqrt{k_{s1}^2+k_{s2}^2}}\right)$；$\varphi_s=\operatorname{arctan2}(k_{s1},k_{s2})$。

航向角计算结果存在模糊度，当载体的滚动角与俯仰角为0时，式中 $k_{s3}=0$，$\phi_s=0$，此时模糊度为180°。

7.3.2 仿生偏振光导航方法

仿生偏振光导航方法主要是借鉴非洲沙蚁或蜜蜂等昆虫利用天空偏振光引导返巢的导航方式，载体通过偏振光罗盘获取航向，利用惯性导航和里程计等导航传感器获取位置信息，采用路径积分方法构建全局矢量，实现载体在陌生环境

中的自主归位导航。下面以地面移动机器人(简称载体)为应用背景,介绍全局矢量构建方法、基于全局矢量的归位导航与控制等内容。

1. 全局矢量构建方法

构建全局矢量的基础是路径积分,载体利用偏振光罗盘/惯性/里程计组合导航系统,获得航向角和行驶的里程,如图7-3-3所示。设θ_i为t_i时刻载体的航向角,S_i为里程矢量,$\Delta\theta_i$为t_i时刻航向相对于t_{i-1}时刻的变化量($\Delta\theta_i=\theta_i-\theta_{i-1}$),此时位置和航向角的更新量可以表示为

$$\begin{cases} e_1=|\boldsymbol{S}_1|\sin\theta_1 \\ n_1=|\boldsymbol{S}_1|\cos\theta_1 \\ \theta_1=0+\Delta\theta_1 \\ e_2=e_1+|\boldsymbol{S}_2|\sin\theta_2=|\boldsymbol{S}_1|\sin\theta_1+|\boldsymbol{S}_2|\sin\theta_2 \\ n_2=n_1+|\boldsymbol{S}_2|\cos\theta_2=|\boldsymbol{S}_1|\cos\theta_1+|\boldsymbol{S}_2|\cos\theta_2 \\ \theta_2=\theta_1+\Delta\theta_2 \end{cases} \tag{7-3-24}$$

通过路径积分可以得到载体在t_k时刻的位置和航向角:

$$\begin{cases} e_k=\sum\limits_{i=1}^{k}|\boldsymbol{S}_i|\sin\theta_i \\ n_k=\sum\limits_{i=1}^{k}|\boldsymbol{S}_i|\cos\theta_i \\ \theta_k=\sum\limits_{i=1}^{k}\Delta\theta_i \end{cases} \tag{7-3-25}$$

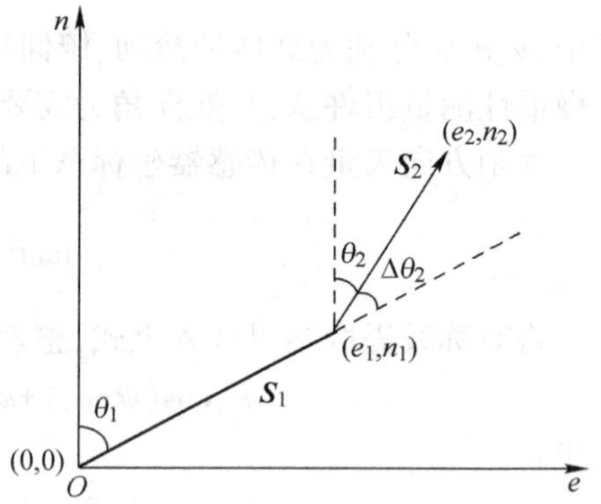

图7-3-3 路径积分原理示意图

设θ_i和$S_i(i=1,2,3,\cdots,k)$分别为从t_i时刻位置(x_i,y_i)到t_{i+1}时刻位置(x_{i+1},y_{i+1})的航向角和位移矢量,则t_k时刻载体的位置(x_k,y_k)可以表示为

$$\begin{cases} x_k=x_0+\sum\limits_{i=1}^{k-1}|\boldsymbol{S}_i|\cos\theta_i \\ y_k=y_0+\sum\limits_{i=1}^{k-1}|\boldsymbol{S}_i|\sin\theta_i \end{cases} \tag{7-3-26}$$

式中:(x_0,y_0)为t_0时刻的起始点位置。

t_k时刻导航载体的航向角θ_k和位移矢量S_k为

$$\theta_k=\sum_{i=0}^{k}\Delta\theta_i \tag{7-3-27}$$

$$S_k=\sum_{i=0}^{k}S_i \tag{7-3-28}$$

路径积分的过程也是全局矢量的构建过程,在每一次矢量叠加的过程中,载

体都需要实时更新全局矢量 S_k(始终指向初始位置方向),并且记录下距离信息,如图 7-3-4 所示。当载体需要在 t_k 时刻返航归位时,提取出这个全局矢量和航向角用于自主返航控制。显然,由于导航传感器存在测量误差,航向角 θ_k 和全局矢量 S_k 的误差是随路径积分而积累的,如果载体从 t_k 时刻开始返航归位,那么两者的误差将作为起始误差影响归位精度。

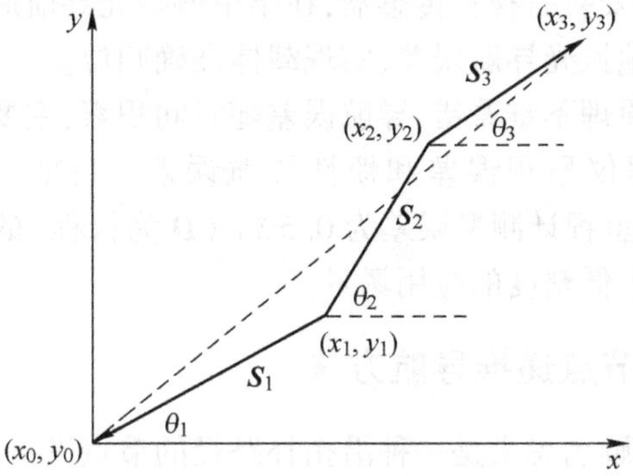

图 7-3-4　全局矢量构建示意图

2. 基于全局矢量的归位导航与控制

模仿非洲沙蚁觅食后利用太阳偏振光返回巢穴的导航行为,载体自主归位导航与控制可以设计为如图 7-3-5 所示的架构。设载体在时刻 t_k 开始返航归位,如果不考虑可通行性约束,理论上载体返航的路径为连接当前位置与起始点的一条直线,即由(θ_k,S_k)确定的直线。此时,导航与控制的目标是保持 θ_k 为常数、控制 $|S_k|\to 0$,因此,可以采用"航向保持+速度控制"的策略。设定(θ_k,$|S_k|$)为返航初始状态,导航与控制的步骤如下:

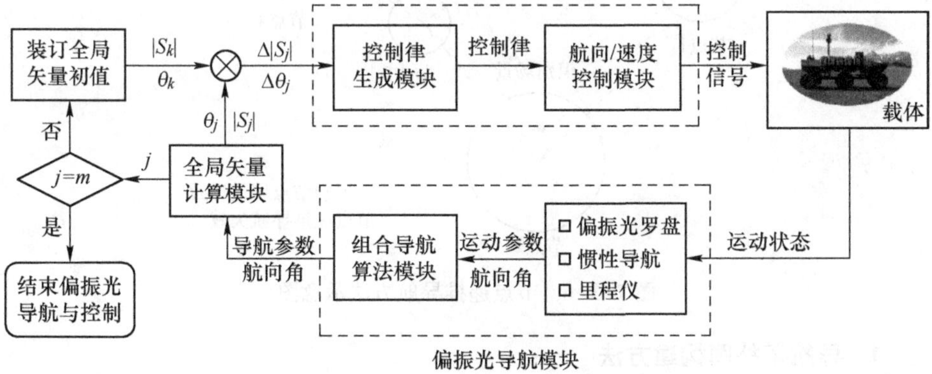

图 7-3-5　归位导航与控制框图

(1) 首先,利用偏振光罗盘、惯性导航系统和里程仪等导航传感器获取载体的航向角和运动参数;其次,经过组合导航算法和全局矢量计算,得到当前时刻

(t_j,$j=1,2,3,\cdots,m$)的航向角 θ_j 和位移$|S_j|$,这里,m 由控制律确定,可以取 $m=k$;

(2) 将(θ_k,$|S_k|$)与(θ_j,$|S_j|$)求差,用$\Delta\theta_j=\theta_k-\theta_j$ 和$|\Delta S_j|=|S_k|-|S_j|$作为输入信号,根据控制律,由航向/速度控制模块形成控制信号,驱动载体的航向保持和速度控制;

(3) 当载体返回到出发点附近,即 $j=m$ 时,结束偏振光导航。

此外,如果载体安装有视觉传感器,在结束偏振光导航后,可以利用惯性/视觉组合导航来修正偏振光导航误差,实现载体准确归位。

从偏振光导航原理不难看错,导航误差随时间积累,主要误差源包括偏振光罗盘测量误差、里程仪累积误差和惯性导航误差。目前,光罗盘测量误差在 0.1°的量级,常用的里程计测量误差为 0.5%D(D 为行程)的水平,由此可见,偏振光导航只适用于中低精度的应用场景。

7.3.3 仿生节点递推导航方法

节点递推导航,顾名思义是一种沿拓扑路径的节点进行递推的导航方法,如图 7-3-6 所示。首先,离线构建包含起点和目标点的任务区域的导航拓扑图,规划载体航迹,确定拓扑路径(节点及其相应的连通关系);其次,根据航迹规划数据,完成沿拓扑路径中连通边的导航,当载体进入节点区域后,利用节点区域的环境特征信息(可以添加特征语义和导航经验知识),修正导航误差(包括航向误差),推断出当前节点与下一个节点的连通边;如此向前递推,直至到达目标点。这里主要介绍导航拓扑图构建方法和递推导航算法设计。

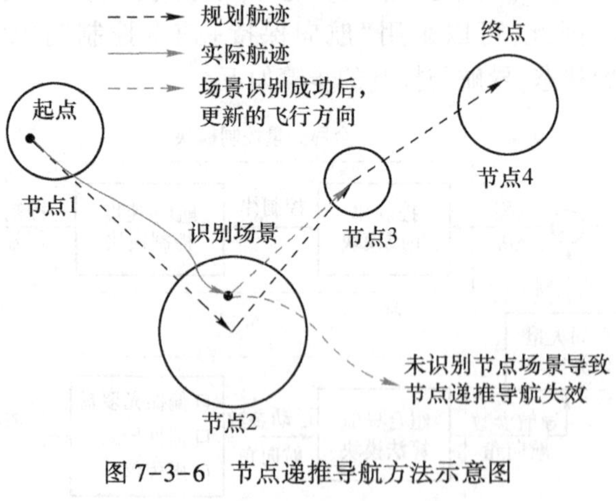

图 7-3-6　节点递推导航方法示意图

1. 导航拓扑图构建方法

导航拓扑图是指在引导载体按照一定路径从起始点准确到达目标终点的过程中,对运动空间环境的图形化结构表达,主要由节点和节点连通边组成,节点表示载体在运动环境中所经过的空间区域,节点连通边则描述了节点之间的连接关系。

1)导航拓扑图的定义

由于导航拓扑图的组织表达形式精简,计算量与存储量也较低,比较适用于远距离、大范围的自主导航和路径规划。

导航拓扑图的定义:导航拓扑图 G 由两个有限集合构成,一个是表示导航环境中所有节点的集合,即拓扑节点集合 V_G,另一个是表示连接各节点的边集合,即连通边集合 E_G。导航拓扑图 G 的数学表达式如下所示:

$$G=\{(V^1,V^2,\cdots,V^N),(E^1,E^2,\cdots,E^M)\}=\{V_G,E_G\} \tag{7-3-29}$$

式中:$V^I\in V_G$,为单个节点;N 为节点的总个数;$E^K\in E_G$,为两个节点(V^I,V^J)之间的一条连通边;M 为连通边的总个数。为了表述简洁,如无特殊说明,直接称 V_G 为节点集,称 E_G 为连通边集。

扑节点的定义:在导航拓扑图中,描述载体在运动环境中所经过的包含有效导航信息的空间区域,称为节点。在节点所表示的空间区域内具有若干子节点,每个子节点包含多种形式的导航经验信息,用于描述和表达节点区域的环境结构,具体的数学模型定义如下:

$$\begin{cases}V^I=\{(v^1,v^2,\cdots,v^n),\boldsymbol{P}^I,S^I\}, & V^I\in V_G\\ v^i=\{u^i,\boldsymbol{p}^i,s^i\}, & v^i\in V^I\end{cases} \tag{7-3-30}$$

式中:V^I 为拓扑导航图 G 的第 I 个节点;$\boldsymbol{P}^I$ 为节点的空间位置;S^I 为节点的空间尺度(以下简称节点尺度);v^i 为区域内的子节点;$u_G^i=\{u_{G1}^i,u_{G2}^i,\cdots,u_{Gm}^i\}$,为 m 种不同形式的导航经验信息、如惯性传感器的惯性信息、视觉传感器的图像信息、典型场景的语义信息以及指示运动的路标信息等;$\boldsymbol{p}_G^i$ 为子节点的空间位置信息;s_G^i 为子节点的空间尺度。

节点与子节点的空间位置与尺度是决定导航拓扑图是否有效的关键,表示了载体导航系统在未进行误差补偿情况下可到达的区域,其大小与载体的运动状态、运动环境以及导航系统精度等因素有关。在拓扑节点之间,载体的运动仅受航向约束,运动位置会存在累积误差,需要能够到达节点所表示的空间区域,通过对子节点的正确识别,获取有效的导航经验信息,从而补偿导航系统的累积误差。

连通边的定义:在拓扑导航图中,描述载体运行轨迹中两个邻近节点或子节点按照一定约束形成的运动连接关系,称为连通边。本文中所涉及的约束主要是距离约束和航向约束。连通边的数学表达如下所示:

$$\begin{cases}E^K=(R_I^J,D_I^J), & E^K\in E_G\\ e^k=(r_i^j,d_i^j), & e^k\in E^K\end{cases} \tag{7-3-31}$$

式中:E^K 为导航拓扑图中节点 V^I 与 V^J 之间的连通边;R_I^J 与 D_I^J 分别为邻近节点(V^I,V^J)之间的航向约束和距离约束;e^k 为节点区域内子节点之间的连通边;r_i^j

与 d_i^j 为相应的航向和距离约束。若干连通边的有序连接则构成了载体的运动轨迹,航向约束由载体的方向传感器决定,距离约束与节点(子节点)的空间尺度有关。

2)导航拓扑图的结构与适构性

对导航拓扑图的总体要求是不仅能够完整表达环境特征信息,而且还要求对节点网格的组织方式要有利于载体的自主定位和导航行为决策。构建导航拓扑图的总体思路是:借鉴动物大脑网格细胞离散的空间激活特性,定义网格顶点所对应的空间区域为拓扑节点;仿照网格细胞以不同的激活尺度编码环境特征的功能,设计多尺度的节点网格拓扑结构;仿照网格细胞具有规则稳定的结构特性,选择易于准确度量且稳定的环境特征区域构图。拓扑图的形状可以是包含起点和目标点在内的扇形区域、带形区域和矩形区域,如图 7-3-7 所示。拓扑图的形状和尺寸大小主要根据载体遂行的任务来确定,合理选择拓扑图的尺寸,有利于降低导航计算机的资源开销。

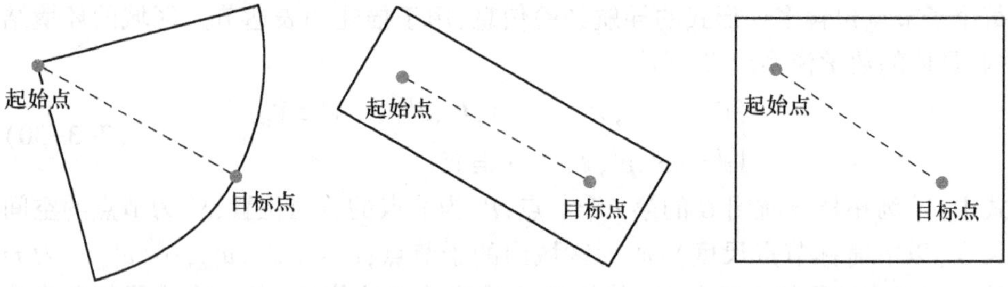

(a) 扇形区域　(b) 带形区域　(c) 矩形区域

图 7-3-7　导航拓扑图形状示意图

导航拓扑图的图层结构可以是单层、两层和多层,在满足导航精度要求的前提下,为了提高导航计算机的运行效率,一般采用两层结构,如图 7-3-8 所示。顶层结构主要由稀疏的节点组成,利于高效地组织和表达环境结构,每个节点的底层由若干子节点组成,包含有具体的环境特征信息或导航经验知识等,用于度量环境特征的空间结构。为了构图方便,通常把节点(包括子节点)设计为圆形区域。

适构性是指载体遂行任务区域的场景图像和数字地图是否适合构建导航拓扑图,主要由节点的适配性和节点之间的连通性决定。例如,森林、草原、沙漠、山地等区域,由于场景信息单一、纹理特征不明显或随季节变化大,不适合作为导航拓扑图的节点区域。因此,对场景图像的适构性分析,是构建导航拓扑图的基础性工作。场景图像适构性分析的主要工作是图像特征分类,目前常用的分类方法有监督分类方法,如支持向量机(support vector machines,SVM)[144]、神经网络分类方法[145]等,以及无监督分类方法,如聚类算法[146]。

这里以 SVM 方法为例,简要介绍适构性分析的主要过程。首先,选取一定数量的训练样本,在离线获取的经验图像集(场景图像或数字地图)中,选取具

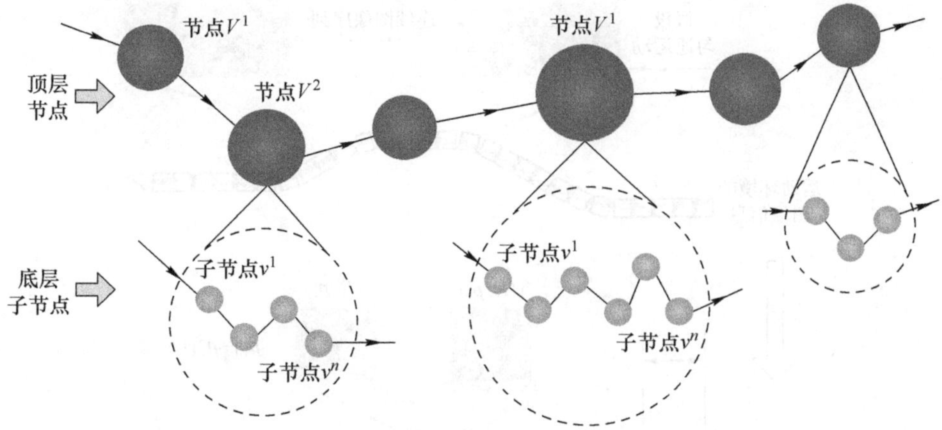

图 7-3-8　导航拓扑图的两层结构示意图

有丰富场景信息和明显纹理特征的图像为正样本,其他森林、沙漠、湖泊等单一场景的图像为负样本;其次,求解最优分类函数 $f(\boldsymbol{I})$,以训练 $\{\boldsymbol{I}_i, y_i\}_{i=1}^{\overline{N}}$ 为输入,其中:$\boldsymbol{I}_i$ 为图像特征向量,对于场景图像(无人车),$\boldsymbol{I}_i$ 为提取图像的全局特征,对于数字地图(无人机),$\boldsymbol{I}_i$ 为单个像素的局部特征,$y_i \in \{+1, -1\}$,分别为正负样本,分类函数的具体求解过程请参考文献[6];最后,基于训练的分类器,对其他经验图像集进行分类,结果如下式所示,并依此进行导航拓扑图的构建。

$$f(\boldsymbol{I}_i) \geqslant 1 \rightarrow \boldsymbol{I}_i \in G_p \quad (i=1,2,\cdots,\overline{N}) \tag{7-3-32}$$

式中:G_p 为适合构建拓扑图的经验图像集合。

3)一维导航拓扑图的构建

对于地面载体而言,运动受到道路的约束,如不考虑重合或交叉的情形,其运动轨迹可以简化为一维线型结构,此时只需要构建一维导航拓扑图,可以按照先底层后顶层的次序进行,主要有三个步骤:首先构建拓扑子节点,其次重组子节点,最后构建拓扑节点与连通边。

(1) 构建子节点。

拓扑子节点是构成导航拓扑图的基本单元,包含有场景信息和位置信息,是导航经验信息的主要载体。这里依据载体的空间位置信息,采取等间隔的原则构建子节点,这样可以使导航拓扑图具有规则的稳定结构,避免了因运动变化而对导航拓扑图结构产生的影响,保证了导航拓扑图对外部空间的度量能力,同时也可以压缩导航拓扑图的场景容量,有利于提高建图效率。具体构图过程如图 7-3-9 所示。

假设载体以匀速运动,采集了运动环境的图像信息以及对应的位置信息,即

$$\boldsymbol{I}_v = \{\boldsymbol{I}_v^1, \boldsymbol{I}_v^2, \cdots, \boldsymbol{I}_v^N\}, \quad \boldsymbol{p}_v = \{\boldsymbol{p}_v^1, \boldsymbol{p}_v^2, \cdots, \boldsymbol{p}_v^N\} \tag{7-3-33}$$

式中:$\boldsymbol{I}_v$ 为场景图像的特征矢量;$\boldsymbol{p}_v$ 为对应的场景位置矢量;N 为采集图像的总数。

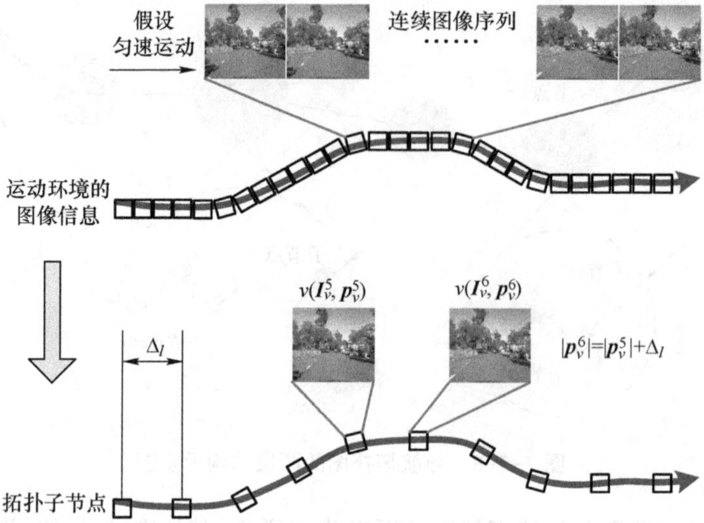

图 7-3-9　构建栅格图像单元的示意图

以 $\boldsymbol{p}_r^1$ 为起始点,根据图像的位置信息,按照固定间隔 Δ_l 选取相应的图像信息和位置信息,根据拓扑节点的定义,子节点 v 的建立表示和各子节点之间的位置关系如下:

$$v^i=\{\boldsymbol{I}_v^i,\boldsymbol{p}_v^i,s^i\},|\boldsymbol{p}_v^i|=|\boldsymbol{p}_v^1|+(i-1)\Delta_l\quad(i=1,2,\cdots,n(n<N))\tag{7-3-34}$$

式中:$\boldsymbol{I}_v^i\in I_v$;$\boldsymbol{p}_v^i\in p_v$;$s$ 为子节点的尺度。

在一维导航拓扑图中,位置间隔 Δ_l 是构建拓扑子节点 v 的关键,与载体的导航传感器精度和运动状态有关,此处所涉及的导航传感器主要是惯性传感器。在未到达子节点的空间区域之前,系统主要依靠惯性传感器进行导航,由于惯性器件零偏导致算法存在积分误差,为了保证系统的度量精度,惯性导航在间隔周期内的累积误差应该不大于子节点间隔。根据文献[8],速度误差主要与惯性器件的加速度计精度有关,据此构建拓扑子节点所需的位置间隔应满足如下边界条件:

$$\Delta_l\geqslant\left|\int_0^T\int_0^T([\boldsymbol{f}^n\times]\boldsymbol{\psi}+\boldsymbol{C}_b^n\delta\boldsymbol{f}^b)\,\mathrm{d}\tau\,\mathrm{d}t\right|\tag{7-3-35}$$

式中:$|\cdot|$为向量的模长;$\boldsymbol{f}^n$为惯性系统所承受的比力;$\boldsymbol{\psi}$ 为姿态误差;$\boldsymbol{C}_b^n$ 为姿态转移矩阵;$\delta\boldsymbol{f}^b$为加速度计的比力测量误差。根据载体惯性传感器精度以及运动状态,确定合适的间隔周期 T,进而确定 Δ_l。

(2) 重组子节点。

拓扑子节点的重组是指依据节点所包含的图像信息和位置信息对节点进行分类和组织,主要有两步:先依据子节点中场景图像特征的相似程度进行分类,然后再按照区域位置信息重组为子节点序列。子节点的重组过程如图 7-3-10 所示。

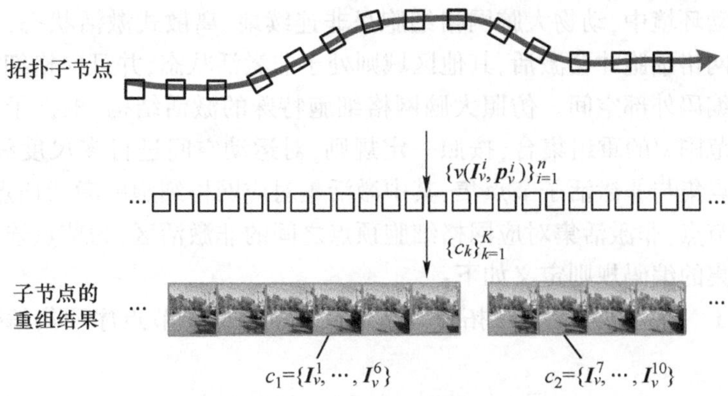

图 7-3-10 拓扑子节点的重组示意图

首先所有子节点所包含的场景图像$\{\boldsymbol{I}_v^i\}_{i=1}^n$，依据特征相似程度进行分类，然后再根据对应的位置信息$\{\boldsymbol{p}_v^i\}_{i=1}^n$重组为子节点序列集$\{c_k\}_{k=1}^K$，每个集合中由若干相似图像单元构成，其包含图像的数目仅与区域场景结构有关，与平台的运动无关。

在完成子节点图像聚类后，根据对应的位置信息$p_v=\{\boldsymbol{p}_v^1,\boldsymbol{p}_v^2,\cdots,\boldsymbol{p}_v^n\}$，按照位置顺序将同类图像单元重组为同一图像序列集，则将n个图像单元重组为K个子节点集$\{c_k\}_{k=1}^K$，每个子节点集表示一定空间范围内具有相似图像特征的区域，表示的空间范围s_k'可由栅格图像单元间的固定间隔Δ_l获得，即

$$c_k=\{\boldsymbol{I}_v^i,\boldsymbol{I}_v^{i+1},\cdots,\boldsymbol{I}_v^{i+n_k}\},\quad s_k'=\Delta_l\cdot n_k,\quad \forall i\in[1,n-n_k-1] \tag{7-3-36}$$

(3) 构建拓扑节点与连通边。

构建拓扑节点与连通边的过程就是对拓扑子节点重组结果的编码过程，如图 7-3-11 所示。

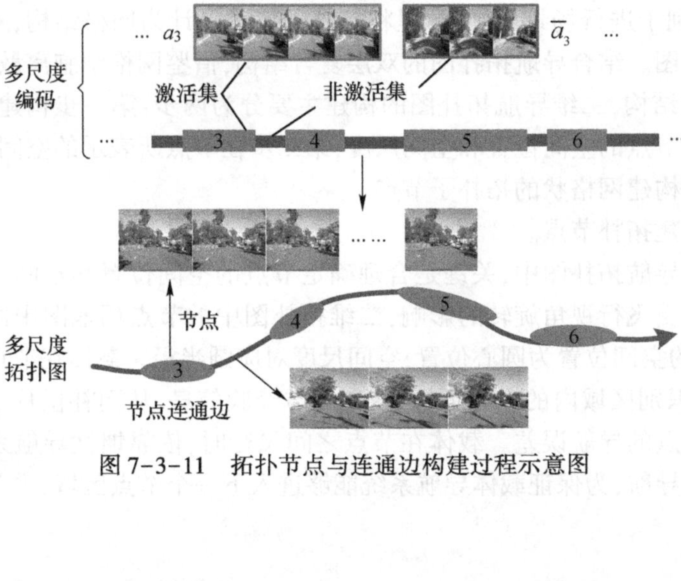

图 7-3-11 拓扑节点与连通边构建过程示意图

在运动环境中,动物大脑网格细胞呈非连续地、离散式激活状态,在特定空间区域内网格细胞才会激活,其他区域则处于非激活状态,并且网格细胞以多种激活尺度编码外部空间。仿照大脑网格细胞特殊的激活结构,根据子节点序列集的空间范围 s' 的重组集合,按照一定规则,对运动空间进行多尺度编码,得到激活子节点集与非激活子节点集,其中激活集对应网格细胞的激活顶点,为导航拓扑图的节点,非激活集对应网格细胞顶点之间的非激活区,为节点连通边。子节点序列集的编码规则定义如下:

规则1 将空间尺度小于拓扑节点的尺度下限的子节点序列集编码为非激活集,即

$$\bar{a}_j=\{c_k|(|c_k|-1)\cdot\Delta_l<s_{G\min}\}\tag{7-3-37}$$

式中:$|c_k|$ 为集合中图像的个数;$s_{G\min}$ 为导航拓扑图的节点尺度下限,是利用导航拓扑图进行识别定位的最小空间尺度。

规则2 将位于子节点序列集连接处的图像单元编码至非激活集,剩余所有子节点序列集均编码为激活集,即

$$\bar{a}_j=border(c_k),\quad a_i=non-border(c_k)\tag{7-3-38}$$

式中:$border(c_k)$ 为集合两端的图像;$non-border(c_k)$ 为集合内的图像,子节点序列集的首尾端处为相邻不同位置的过渡区域,对应的图像场景会涉及两个不同位置区域,适合描述连接区域。

在编码完成后,以激活集 a_i 所在的空间区域建立拓扑图的节点,以非激活集 $\bar{a}_j$ 所在的空间区域建立节点连通边,则构建的导航拓扑图 G 的节点 V_G 与连通边 E_G 为

$$V_G=\{a_1,a_2,\cdots,a_n\},\quad E_G=\{\bar{a}_1,\bar{a}_2,\cdots,\bar{a}_{n-1}\}\tag{7-3-39}$$

4) 二维导航拓扑图的构建

对于空中载体而言,理论上可以沿任意方向飞行,为了充分表达节点区域的环境结构,利于进行场景识别,这里将拓扑子节点设计为网格结构,对应的是二维导航拓扑图。结合导航拓扑图的双层复合结构,借鉴网格细胞离散式、多尺度的环境表达结构,二维导航拓扑图的构建主要分为两步:第一步构建拓扑节点,关键是确定节点的空间位置和空间尺度;第二步在节点所表示的空间区域内,按照一定规则构建网格状的拓扑子节点。

(1) 构建拓扑节点。

在二维导航拓扑图中,关键是合理确定节点的空间位置和空间尺度。为克服节点场景受飞行视角旋转的影响,二维拓扑图中的节点用地图中圆形区域来描述,节点的空间位置为圆心位置,空间尺度对应圆半径。载体在节点区域内飞行时,通过识别区域内的空间环境,获取导航经验信息,从而补偿从上一个节点飞行到该节点的导航误差。载体在节点之间飞行时,依靠惯性导航系统和航向传感器进行导航,为保证载体导航系统能够进入下一个节点区域,需要将导航系

统精度性能作为确定拓扑节点的空间位置和空间尺度的约束条件，二维导航拓扑图节点的构建过程如图 7-3-12 所示。

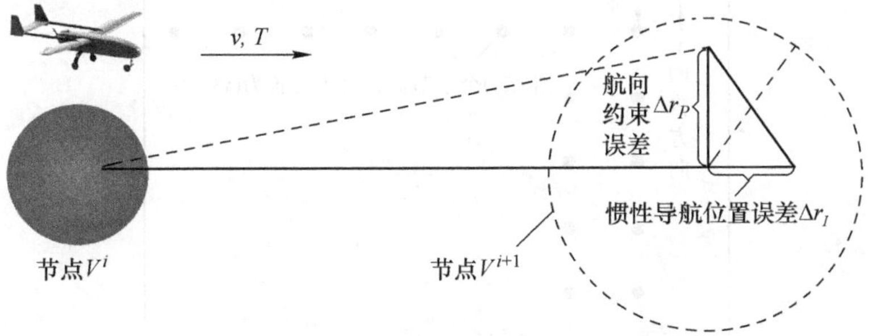

图 7-3-12 二维导航拓扑图中节点的构建示意图

假设载体以匀速 v 运行，飞行时间为 T_V，则在节点间飞行时，导航系统的累积误差主要包括惯性导航位置误差和航向约束位置误差。惯性导航位置误差主要与加速度计精度有关，由式(7-3-37)可得

$$\Delta r_I = \left| \int_0^{T_V} \int_0^{T_V} ([\boldsymbol{f}^n \times]\boldsymbol{\psi} + \boldsymbol{C}_b^n \delta \boldsymbol{f}^b)\, d\tau\, dt \right| \tag{7-3-40}$$

航向约束位置误差来源于偏振光传感器的航向误差(小角度)，则对应的航向位置误差可表示为

$$\Delta r_p = |\boldsymbol{v} T_V \cdot \Delta\psi| \tag{7-3-41}$$

为保证载体在未进行误差补偿下到达构建节点的空间区域，则构建节点的空间尺度 S_V 应大于或等于惯性导航位置误差与航向约束误差的平方和，即

$$S_V \geqslant \sqrt{\Delta r_I^2 + \Delta r_P^2} \tag{7-3-42}$$

此外，节点的空间尺度不应超过节点间距，即

$$S_V \leqslant |\boldsymbol{v} T_V| \tag{7-3-43}$$

则拓扑节点的空间尺度需满足如下约束关系式：

$$\sqrt{\Delta r_I^2 + \Delta r_P^2} \leqslant S_V \leqslant |\boldsymbol{v} T_V| \tag{7-3-44}$$

根据上述的约束关系，结合导航系统的精度性能和载体的飞行状态，选定合适飞行时间 T_V，确定节点的空间位置和空间尺度。

(2) 构建拓扑子节点与连通边。

载体通过识别节点区域内的子节点，获取相应的导航经验信息，进而实现导航系统误差的修正。在拓扑节点所表示的空间区域内，按照固定间隔 Δ_r，分别沿相互垂直的 x 网格方向和 y 网格方向均匀地构建拓扑子节点 $v^{ij}(x,y)$，具体过程如图 7-3-13 所示。拓扑子节点之间的间隔 Δ_r 是导航拓扑图进行度量的基本单位，其由载体的运动速度 $\boldsymbol{v}$ 和系统识别更新时间 T_v 决定，即

$$\Delta_r = |\boldsymbol{v}| T_v \tag{7-3-45}$$

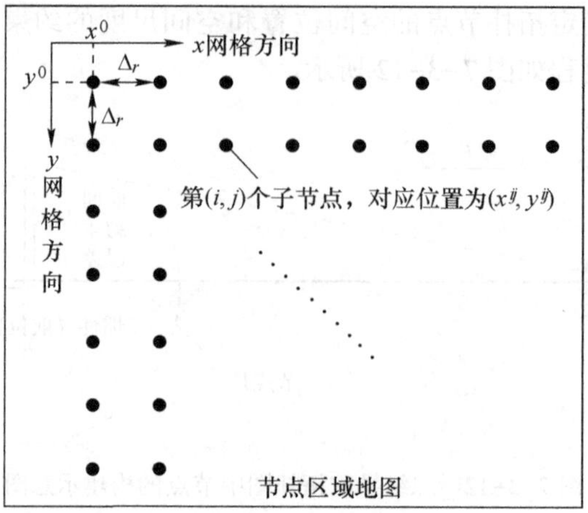

图 7-3-13　拓扑子节点的网格分布示意图

图 7-3-14 给出了拓扑子节点与连通边的构建示意过程。与节点的描述形状类似,子节点也采用圆形区域进行描述。仿照网格细胞的多尺度编码结构,利用不同半径的子节点圆对节点空间区域进行多尺度编码,以充分表达节点区域的环境结构,利于场景识别。

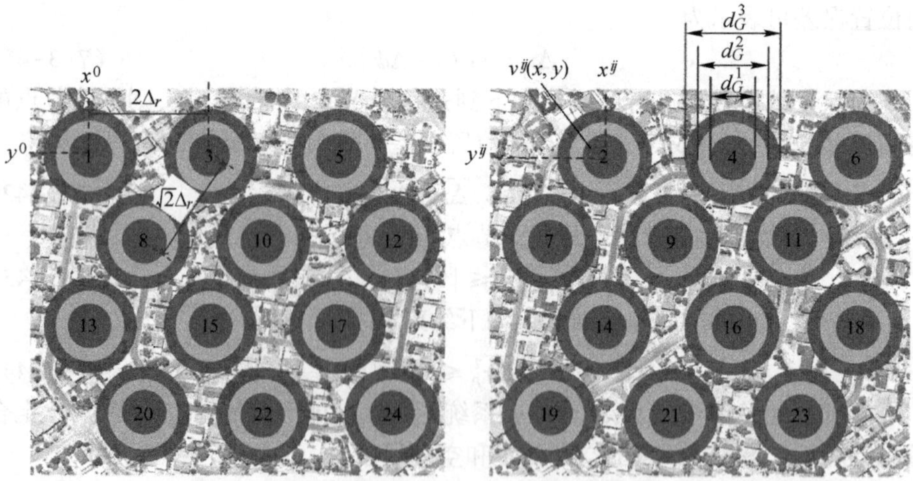

图 7-3-14　二维拓扑子节点与连通边的构建示意图

假设有 N 个空间尺度(半径)的子节点圆对节点区域进行描述,按递增顺序表示为$\{d_G^1, d_G^2, \cdots, d_G^N\}$,相同尺度的子节点圆构成一个子拓扑图,则对应有 N 个子拓扑图 $G_n(n=1,2,\cdots,N)$。在节点区域内,所构建的拓扑子节点可表示为

$$\begin{cases} V_{G_n}^I = \{v_{G_n}^{ij}\} \quad (i=1,2,\cdots,\overline{X}; j=1,2,\cdots,\overline{Y}) \\ v_{G_n}^{ij} = S(v^{ij}, d_G^n) \end{cases} \tag{7-3-46}$$

式中：$V_{G_n}^I$为第I个拓扑节点；$v_{G_n}^{ij}$为第ij个子节点；$S(g^{ij},d_G^n)$为由子节点$g^{ij}(x,y)$的空间位置与尺度半径d_G^n决定的节点区域；$\overline{X}$、$\overline{Y}$分别为沿x、y方向的最大网格个数。

在二维导航拓扑图中，节点或子节点的连通边与空间尺度无关，仅与它们之间的方向约束和距离约束有关，可表示为

$$E_G=\{V(e_G)\} \tag{7-3-47}$$

$$e_G=\{r(v^{ij},v^{i'j'}),d(v^{ij},v^{i'j'})\} \tag{7-3-48}$$

式中：E_G为所有节点的连通边集合；e_G为子节点连通边集合；V和v分别为拓扑节点与子节点；r与d分别为方向约束和距离约束。

则所构建的二维导航拓扑图可表示为

$$G_n=\{V_{G_n},E_G\} \quad (n=1,2,\cdots,N) \tag{7-3-49}$$

2. 节点递推导航算法设计

节点导航算法设计主要包括拓扑路径规划、节点递推导航算法总体架构设计、节点区域导航算法架构设计等。

1）拓扑图路径规划

规划拓扑路径即是确定相关拓扑节点之间的连通关系，包括可连通性和方位关系。首先，依据规划的运动轨迹，在导航拓扑图中选择出相关的拓扑节点和连通边，如图7-3-15(a)所示，采用连通边矩阵来描述节点之间的可连通性，矩阵元素取值为非0(比如取1)时表示对应的两个节点具有连通性，否则表示没有连通性，图7-3-15(b)中的连通边矩阵就描述了图7-3-15(a)中各节点的可连通性。其次，采用节点区域中心点之间连线的方位角来描述节点之间的方位关系，如图7-3-15(c)所示。最后，将连通边矩阵中取值为非0的元素替换为对应的方位角，此时的连通边矩阵可以完整地表述拓扑节点路径规划的结果。如果拓扑图是两层结构，拓扑路径也应该是两层结构。拓扑路径规划一般是离线完成，根据载体遂行任务的临时变化，有时候也需要在线完成，因此，在设计节点递推导航算法时，应该留有相应的软件接口。

2）节点递推导航算法框架设计

节点递推导航算法架构分为离线部分和在线部分，如图7-3-16(a)所示。离线部分包括基于地理空间信息的场景特征地图构建(包含场景特征语义地图)、路径规划、拓扑图构建、拓扑路径规划等，输出的导航信息有基图数据(包括导航拓扑图)、拓扑路径和载体规划轨迹数据等。在线部分包括连通边导航算法、节点区域导航算法、拓扑路径推断(形成引导指令)等，其输入信息包括仿生导航系统感知的载体运动参数和环境特征信息，以及离线模块输出的相关导航信息等，输出信息包括载体导航参数和引导指令。应该指出的是，为了适应载体遂行任务的临时改变，节点递推导航算法的在线部分中还应该包含拓扑路径在线规划模块，图7-3-16(a)中没有包括该模块。

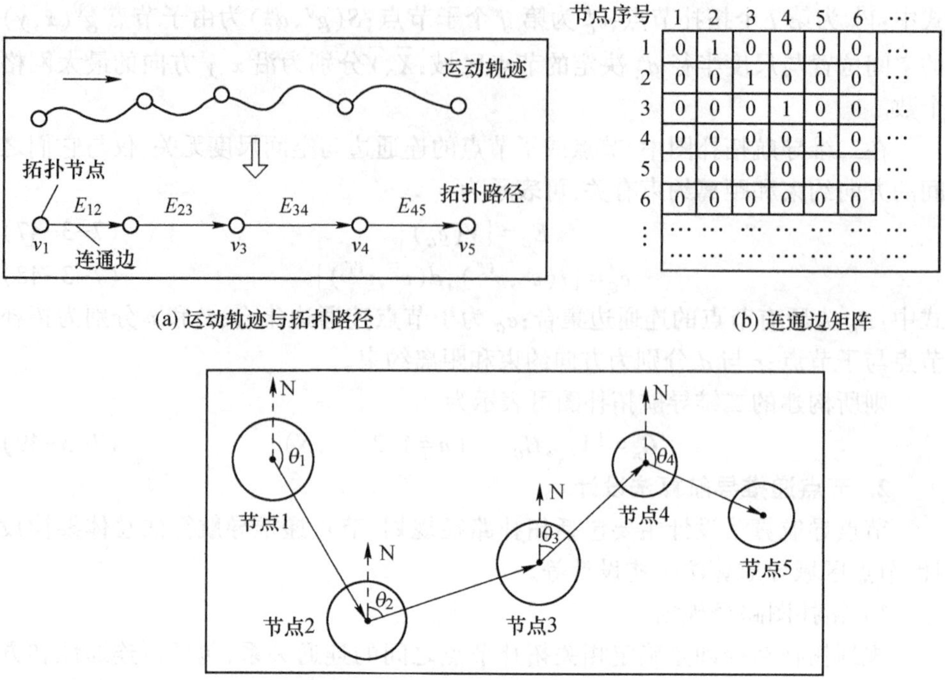

(a) 运动轨迹与拓扑路径 (b) 连通边矩阵

(c) 节点连通方位关系

图 7-3-15 拓扑路径规划示意图

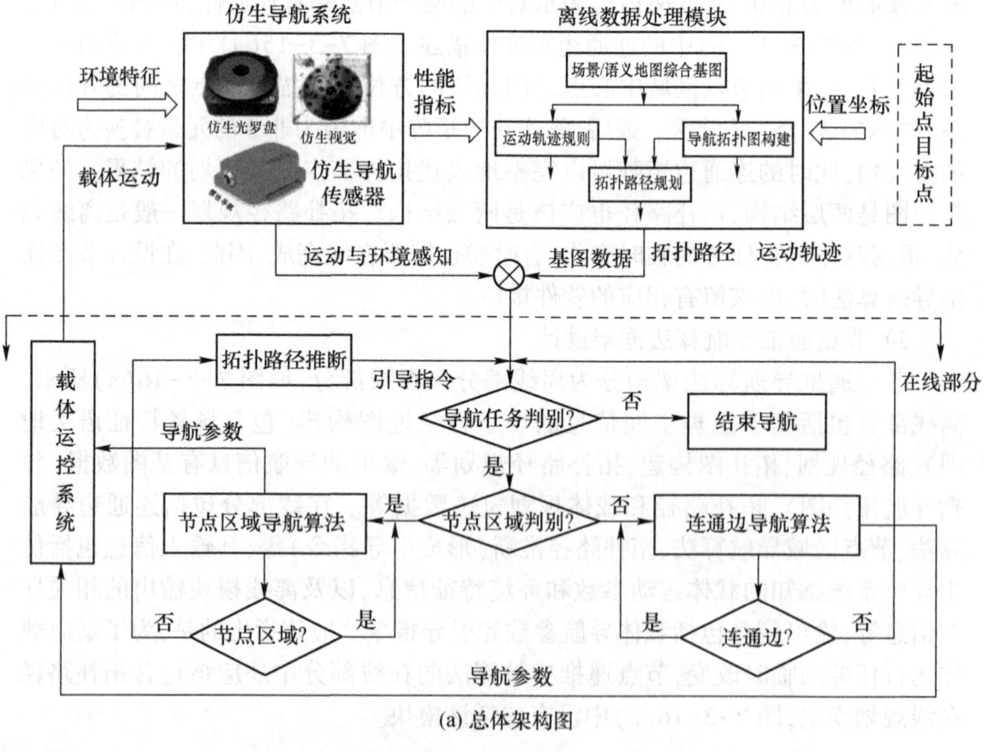

(a) 总体架构图

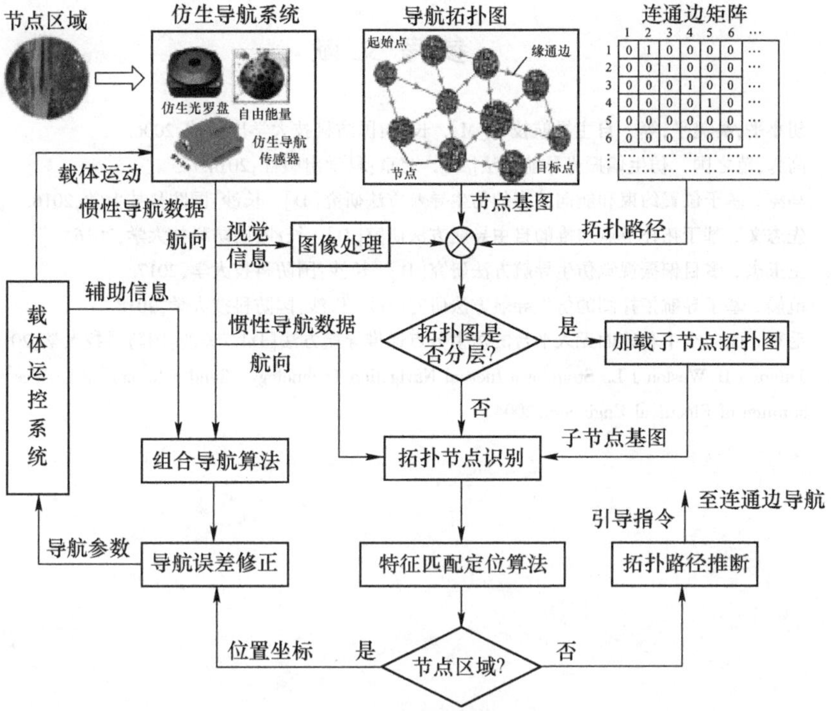

(b) 节点区域算法架构图

图 7-3-16 节点递推导航算法架构图

在导航拓扑图构建过程中,通常将载体需要跨越的海面、沙漠、草原等环境特征不明显的区域规划为连通边,此时仿生视觉传感器的信息不可用,连通边导航算法可以采用传统的组合导航算法,这里不再赘述。

在节点区域内,连通边导航算法切换为节点区域导航算法,其架构如图 7-3-16(b)所示。仿生导航系统的光罗盘感知载体航向、惯性组件测量载体运动参数、仿生视觉系统获取场景特征信息;为了增强节点区域导航算法的鲁棒性,将惯性/偏振光/辅助信息组合导航算法与特征匹配定位算法进行了解耦,用后者修正前者的累积误差。在对于具有二层结构的导航拓扑图而言,节点区域内的子节点呈网格状分布,子节点的连通边可以多向连接,如何利用载体的概略位置和航向信息以及连通边矩阵数据来提高子节点识别的正确率和计算效率,这是实现节点递推导航的关键。

关于拓扑节点识别方法,感兴趣的读者可阅读参考文献[6]和[7],这里不再赘述。

参考文献

[1] 胡小平,吴美平,等.自主导航技术[M].长沙:国防科技大学出版社,2006.
[2] 高隽,范之国.仿生偏振光导航方法[M].北京:科学出版社,2014.
[3] 马涛.基于位置约束和航向约束的仿生导航方法研究[D].长沙:国防科技大学,2016.
[4] 先志文.基于拓扑节点递推的自主导航方法研究[D].长沙:国防科技大学,2016.
[5] 王玉杰.多目偏振视觉仿生导航方法研究[D].长沙:国防科技大学,2017.
[6] 范晨.基于导航拓扑图的仿生导航方法研究[D].长沙:国防科技大学,2018.
[7] 毛军.面向空中和地面无人平台的仿生节点递推导航方法[D].长沙:国防科技大学,2019.
[8] Titterton D, Weston J L. Strapdown Inertial Navigation Technology (2end Edition)[M]. Weston: The Institution of Electrical Engineers, 2004.

第 8 章　自主导航应用案例

武器装备的发展对导航技术提出新的更高的需求，要求导航系统在长时间航行（短者几个小时，长者几十天）的情况下，仍然保持高精度、全自主、抗干扰、抗欺骗的性能。任何单一导航方式都无法完全满足这样的要求。因此，基于惯性导航的多传感器组合导航技术成为研究的热点。

惯性/多传感器组合导航系统的应用非常广泛。典型的陆用车载自主导航系统一般由“惯性+里程计”组合而成，必要的时候，辅助以卫星或地标信息。单兵自主导航系统一般采用“惯性+零速修正”的方法，惯导系统安装于足部，通过零速修正抑制误差发散，必要时，辅助以地磁、视觉或卫星等信息进行多源融合。“惯性+多普勒”组合导航系统则是水下潜航器的主要导航手段之一。水面舰艇可资利用的导航手段更加多样，除了必备的惯性导航系统之外，还可采用天文导航、卫星导航、无线电导航、电子海图、重力场匹配等手段，共同构成可靠、适用的组合导航系统，满足水面舰艇的导航需求。无人机常用导航手段是“惯性+卫星（或无线电）”组合，拒止环境下可采用“地图+视觉”辅助导航的方式。制导弹药的惯导系统一般借助飞机主惯导信息进行传递对准，并与卫星进行组合导航。

本章首先介绍了几种常见的多传感器组合导航结构，然后针对不同的应用环境，介绍了几种典型的组合导航应用案例及各自的一些关键技术，主要包括陆用车辆自主导航、单兵自主导航、水下潜航器自主导航、水面舰艇自主导航、无人机自主导航以及制导弹药自主导航等。

8.1　组合导航算法

针对不同的应用需求和设计目标，多传感器信息的组合有多种不同方式。组合结构的设计过程需要在导航精度、系统鲁棒性、复杂性和处理效率等各个指标之间，努力寻求一种平衡。此外，还必须考虑到不同的传感器、不同的导航技术的各自特点、优势和不足。惯性导航的误差都会随时间积累，可以利用卫星导航、地标点、零速条件等予以修正；卫星导航、无线电导航的位置精度较高，且误差不积累，但容易受遮挡、干扰及多路径效应的影响，如果与惯性导航结合，可以获得性能更高的组合导航系统。

8.1.1　最小二乘算法

1795 年，德国数学家高斯（Carl Friedrich Gauss）为测定行星运动轨道，最早提出了最小二乘估计方法。所谓估计,是根据测量数据 $\boldsymbol{Z}(t)$,解算出状态 $\boldsymbol{X}(t)$ 的估计值 $\hat{\boldsymbol{X}}(t)$。通过各种不同的传感器直接测量得到的数据 $\boldsymbol{Z}(t)$,都是与状态 $\boldsymbol{X}(t)$ 有着直接或间接的关系,可以表示为[1]

$$\boldsymbol{Z}(t)=\boldsymbol{H}[\boldsymbol{X}(t)]+\boldsymbol{V}(t) \tag{8-1-1}$$

式中:$\boldsymbol{V}(t)$ 为测量误差,而状态 $\boldsymbol{X}(t)$,一般由导航参数组成。

测量数据的估计记为 $\hat{\boldsymbol{Z}}(t)$,如果以测量估计的偏差 $[\boldsymbol{Z}(t)-\hat{\boldsymbol{Z}}(t)]$ 的平方和达到最小为指标,即

$$\boldsymbol{J}=\min\{[\boldsymbol{Z}(t)-\hat{\boldsymbol{Z}}(t)]^{\mathrm{T}}[\boldsymbol{Z}(t)-\hat{\boldsymbol{Z}}(t)]\} \tag{8-1-2}$$

那么,所得到的估计值 $\hat{\boldsymbol{X}}(t)$ 为 $\boldsymbol{X}(t)$ 的最小二乘估计。

如果以状态估计 $\hat{\boldsymbol{X}}(t)$ 的均方误差达到最小为指标,即

$$\boldsymbol{J}=\min\{E\{[\boldsymbol{X}(t)-\hat{\boldsymbol{X}}(t)]^{\mathrm{T}}[\boldsymbol{X}(t)-\hat{\boldsymbol{X}}(t)]\}\} \tag{8-1-3}$$

那么,所得到的估计值 $\hat{\boldsymbol{X}}(t)$ 为 $\boldsymbol{X}(t)$ 的最小方差估计。著名的卡尔曼滤波,就是一种递推线性最小方差估计。

最小二乘估计方法的特点是计算比较简单,不必知道状态量和测量量的统计信息(与此不同的是,卡尔曼滤波则需要知道有关的统计信息)。

记由导航参数及其他辅助变量构成的状态 $\boldsymbol{X}(t)$,维数为 n。一般情况下,多个传感器对 $\boldsymbol{X}$ 有多种不同的直接或间接测量值,记为 $\boldsymbol{Z}$,维数为 m。$\boldsymbol{V}$ 为观测噪声。如果一共有 r 次测量,则

$$\begin{cases}\boldsymbol{Z}_1=\boldsymbol{H}_1\boldsymbol{X}+\boldsymbol{V}_1\\ \boldsymbol{Z}_2=\boldsymbol{H}_2\boldsymbol{X}+\boldsymbol{V}_2\\ \vdots\\ \boldsymbol{Z}_r=\boldsymbol{H}_r\boldsymbol{X}+\boldsymbol{V}_r\end{cases} \tag{8-1-4}$$

联立上述方程,可以得到 r 次测量的测量方程为

$$\boldsymbol{Z}=\boldsymbol{H}\boldsymbol{X}+\boldsymbol{V} \tag{8-1-5}$$

那么,状态 $\boldsymbol{X}$ 的最小二乘估计 $\hat{\boldsymbol{X}}(t)$ 为

$$\hat{\boldsymbol{X}}=(\boldsymbol{H}^{\mathrm{T}}\boldsymbol{H})^{-1}\boldsymbol{H}^{\mathrm{T}}\boldsymbol{Z} \tag{8-1-6}$$

利用上式,可以实现对各个不同传感器测量的综合利用,解算得出测量估计的偏差 $[\boldsymbol{Z}(t)-\hat{\boldsymbol{Z}}(t)]$ 的平方和最小意义下的最优导航结果。

最小二乘组合算法不需要知道导航系统误差怎样随时间变化,而且估计过程没有反馈环节,因此,该组合导航结构适合于“黑箱”导航系统。如果对不同的组合导航参数进行优化,设计者还需要知道各状态分量、各测量分量之间准确的协方差信息。

此外,最小二乘组合不能处理不同的时间点上的导航数据,因而也不适合于快速移动的载体。

8.1.2　卡尔曼滤波算法

简单的“黑箱”组合结构，不能对导航参数进行优化，也不能满足快速移动的载体对长时间连续导航的需求。20 世纪 40 年代，维纳（N. Weaner）根据有用信号和干扰信号的功率谱确定出线性滤波器的频率特性，首次将数理统计理论和线性系统理论联系起来，创立了维纳滤波。采用频域设计法的维纳滤波，使用范围很窄。人们逐渐转向寻求时域内直接设计最优滤波器的新方法。

卡尔曼、布西等于 20 世纪 60 年代初提出的卡尔曼滤波器是经典的对随机信号作估计的算法。与最小二乘、维纳滤波等诸多估计算法相比，卡尔曼滤波具有显著的优点：采用状态空间法在时域内设计滤波器，用状态方程描述任何复杂多维信号的动力学特性，不必在频域内对信号作功率谱分析，滤波器设计简单易行；不要求保存过去的测量数据，当前数据测得之后，根据新数据和前一时刻的估计值，借助系统本身的状态转移方程，按照一套递推公式，即可算出新的估计值。所以，卡尔曼滤波能适用于白噪声激励的任何平稳和非平稳随机向量过程的估计。卡尔曼滤波本质上是一种递推线性最小方差估计方法[1]。

1. 集中式组合

全状态滤波器（直接型）只适用于定位系统组合。如果需要进行航迹推算，或者需要姿态、速度等更加丰富的导航信息，则需要采用误差状态滤波器（间接型）。图 8-1-1 给出了误差状态集中式组合结构的示意图[2]。

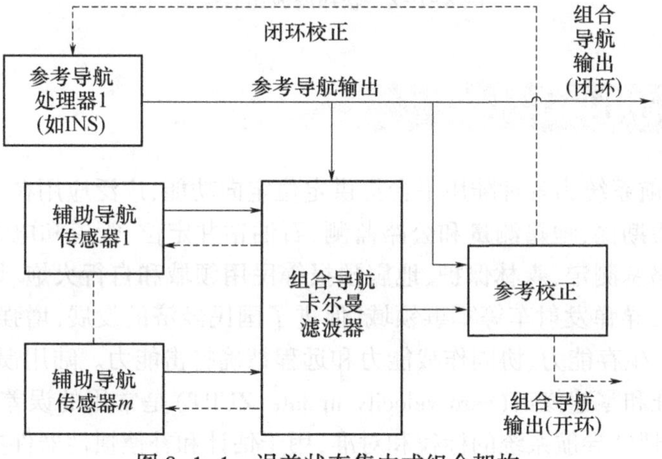

图 8-1-1　误差状态集中式组合架构

在集中式组合结构中，需要对所有的导航传感器系统误差和噪声进行建模。从精度和鲁棒性上来说，集中式组合结构提供了最优导航参数。集中式架构的缺点是处理器负荷高。由于没有独立的子系统导航参数，对于有完整性需求的应用，就需要大量处理器来进行并行滤波器的处理。由于集中式架构需要原始测量及其误差特性信息，因此，并不适用于“黑箱”导航系统。

2. 联邦式结构

在联邦式组合结构中,惯性导航系统的结果与其他各辅助导航系统,均分别形成一个局部卡尔曼滤波器,每个局部卡尔曼滤波器中导航传感器的组合可以是集中式或级联式的。设计一个主卡尔曼滤波对局部滤波器的输出进行组合,形成一个导航输出。典型的联邦滤波器结构如图 8-1-2 所示。

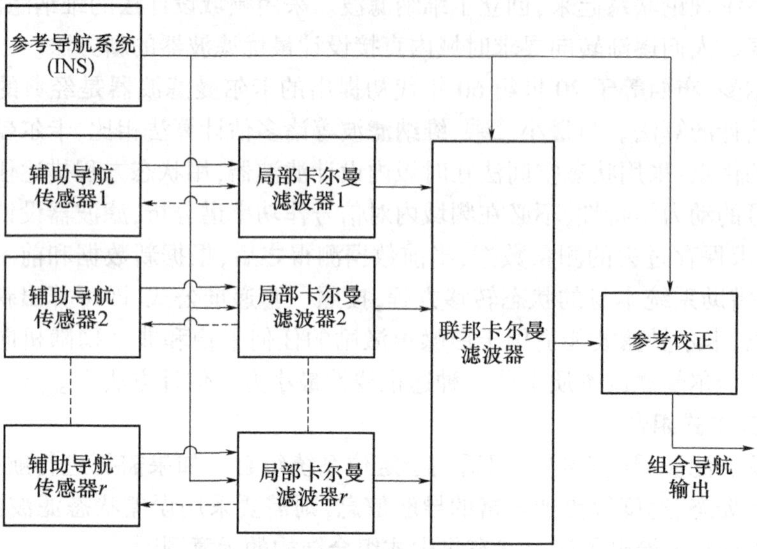

图 8-1-2 联邦滤波组合架构

8.2 陆用自主导航

陆用导航系统为各种陆用平台提供定位定向功能,广泛应用在大地测量、地图测绘、地质勘探、地籍测量和公路监测、石油钻井定位、管道和电缆铺设、隧道定向、铁路路基测定、森林保护、地震预报等民用领域和自行火炮、炮兵侦察车、射击指挥车、导弹发射车等军事领域,促进了国民经济的发展,增强了地面部队的机动能力、生存能力、协同作战能力和远程精确打击能力。陆用惯性导航系统的标校、对准和零速修正(zero velocity update,ZUPT)是常用的误差参数估计和补偿手段。惯性导航系统的标校和对准,用于估计和补偿惯性器件参数、初始对准误差,零速修正用于在线估计补偿惯性导航系统速度、位置等误差。

国外陆用惯性导航系统的研究较早,20 世纪 60 年代末第一台陆用惯性导航定位定向系统(position and azimuth determination system,PADS)在美国工程兵测绘研究所(USAETL)负责下研制成功,应用于炮兵师阵地联测。美国 PADS 设计指标为:平面位置 20m(CEP),高程 10m(VEP),零速修正时间间隔 10min。1975 年 Litton 公司在 PADS 基础上研制出第一台民用定位定向系统 LASS I。随后英国 Ferranti 公司的 FILS 系列、美国 Honeywell 公司的 GEOSPIN 系列、法国 SAGEM 公司的 ULISS30、俄罗斯的 И21 型系统等陆用惯性导航系统相继投放市场。早期的陆用惯性导航系统都采用平台式惯性导航,20 世纪 80 年代,第一台捷联式惯性导航系统——美国 Honeywell 公司的激光陀螺 H-726 组件式方位位置系统(modular azimuth position system,MAPS)问世。随后美国、英国、德国、法国、加拿大等国的多家公司研制、生产了多种型号的陆用捷联式导航系统,配备在自行榴弹炮、炮兵观察车、测地车、侦察车、机动导弹发射架上,如美国 Litton 公司的 LLN-80 系统、英国 GEC-Ferranti 防卫系统公司的 FIN5500 型地面导航和姿态基准系统、法国 SAGEM 公司于 90 年代推出的 SIGMA30 型环形激光陀螺惯性导航系统、德国 BGT 公司的 FNA615 型导航系统等[3]。

本书主要研究基于激光陀螺捷联 IMU 的陆用自主导航系统。零速修正技术应用于激光陀螺捷联惯性导航系统,需要解决如下两个问题:一是国内外零速修正技术多用于平台惯性导航系统,而激光陀螺惯性导航系统是捷联系统动态性更强、误差的传播规律更为复杂,零速修正精度受到影响;二是传统零速修正的停车时间间隔过短(一般要求为 3~6min),严重降低了系统的机动性和战场环境下的生存能力,延长零速修正停车时间间隔对于提升军用陆基平台的战技指标具有重要意义。

陆用惯性导航系统的标校、对准和零速修正,是陆用高精度激光陀螺捷联惯性导航系统的关键技术,也是本书讨论的重点。本书讨论的成果,期望能提高惯性基陆用自主导航系统的性能,并为其他类型惯性导航系统提供误差参数估计方法参考,为惯性导航和组合导航系统提供新的理论指导和实践参照。

8.2.1 陆用惯性导航系统的零速修正

零速修正是陆用高精度定位定向系统误差抑制和补偿的主要技术手段之一。所谓零速修正,就是利用陆用车辆停车于一固定点时载体的实际速度为零,以此作为速度观测,对导航误差进行修正。零速修正是一种简洁而有效的实时误差控制手段,在相同硬件条件下,定位精度可比纯惯性导航提高 2~3 个数量级。许多陆用惯性导航系统都采用了零速修正技术,如美国 Litton 公司的 LASS、IPS、RGSS;美国 Honeywell 公司的 GEO-SPIN、TALINTM、H-726 系统;英国 Ferranti 公司的 FILS 系统;法国的 SIGMA30、ULISS30 系统等。近年来,零速修正技术还被应用于深海环境惯性导航系统、钻井测量系统、基于 MEMS 的个人定位系统以及跟踪用户笔迹的笔型输入装置等。

零速修正可以使惯性导航系统大部分误差得到抑制。由于零速修正技术的应用,1nm/h 量级的惯性导航系统在工作数小时后可以获得几米的实时导航定位精度。常用的零速修正方法有曲线拟合法和卡尔曼滤波法。曲线拟合法根据停车点的零速观测值,将各个通道的速度误差拟合成二次曲线或 Schule 周期正弦曲线,或者拟合估计惯性导航系统初始误差,进而补偿导航误差。曲线拟合法一般将各通道分开处理,忽略了通道间的耦合,不能精确跟踪物理系统内部状态变化,适用于信噪比低的场合。卡尔曼滤波法利用系统误差和测量误差统计特性的先验信息给出系统状态的最优估计,由于考虑了惯性导航系统的误差模型,零速修正效果一般好于曲线拟合法,因此获得大量应用。传统零速修正技术要求频繁停车(一般停车间隔为3~10min),严重限制了陆用车辆的机动性和快速性,是作战平台难以接受的。在保证定位精度的前提下延长零速修正停车间隔(10min以上),对于陆用惯性导航系统具有重要意义。

这里讨论零速修正的卡尔曼滤波法。由于只有在停车时才有速度误差观测,如果停车时间间隔约为10min,常用惯性导航系统卡尔曼滤波器难以保证两次停车间的惯性导航误差估计精度。若设置滤波器状态仅包含姿态角误差、速度误差和位置误差,即$\boldsymbol{X}=[\boldsymbol{\varphi}^{\mathrm{T}}\quad \delta\boldsymbol{v}_e^{n\mathrm{T}}\quad \delta\boldsymbol{p}^{\mathrm{T}}]^{\mathrm{T}}$,根据惯性导航方程可以建立滤波器状态方程(参考第4章)。在停车时进行零速观测,滤波器观测方程为

$$\boldsymbol{Z}=[\tilde{\boldsymbol{v}}_e^n-\boldsymbol{0}_{3\times1}]=[\boldsymbol{0}_{3\times3}\quad \boldsymbol{I}_3\quad \boldsymbol{0}_{3\times3}]\boldsymbol{X}+\boldsymbol{V} \tag{8-2-1}$$

这种滤波器的状态方程是将惯性导航系统误差模型线性化而得到的,这在短时间滤波周期时近似程度较高,但由于零速修正的时间间隔可能长达10min,状态方程给出的误差模型和真实系统会有较大差别,尤其对于捷联惯性导航系统,车辆行驶中的动态性会进一步增大滤波器状态方程的误差。因此采用这种滤波器模型时,难以保证两次停车点观测之间的惯性导航系统误差状态预测精度,大大影响滤波和零速修正的效果。

如图8-2-1所示为某型激光陀螺捷联惯性导航系统零速修正某次跑车试验的水平速度误差估计效果。可见由于长时间没有观测,两次停车间的速度误差估计精度很差,这种滤波器模型不适用长时间停车间隔的捷联惯性导航系统零速修正。

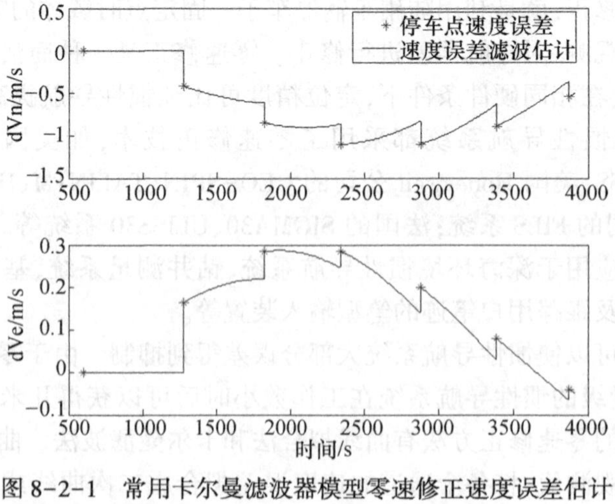

图8-2-1 常用卡尔曼滤波器模型零速修正速度误差估计

两个水平通道滤波器状态都选为 $\boldsymbol{X}=[v \quad \dot{v} \quad g\varepsilon \quad g\mu]^{\mathrm{T}}$，其中 v、$\dot{v}$ 为分别为速度误差和加速度误差，g 为重力加速度大小，陀螺漂移速率为斜坡函数 $\dot{\varepsilon}(t)=\mu$，μ 为随机常数，则滤波器状态方程为

$$\dot{\boldsymbol{X}}=\boldsymbol{F}\boldsymbol{X}+\boldsymbol{w}(t) \tag{8-2-2}$$

式中：$\boldsymbol{F}=\begin{bmatrix} 0 & 1 & 0 & 0 \\ -\omega^2 & 0 & 1 & 0 \\ 0 & 0 & 0 & 1 \\ 0 & 0 & 0 & 0 \end{bmatrix}$；$\omega=\sqrt{g/R}$ 为 Schuler 振荡频率；$\boldsymbol{w}(t)$ 为模型噪声。

式(8-2-2)的离散形式可写成

$$\boldsymbol{X}_k=\boldsymbol{\Phi}(t_k,t_{k-1})\boldsymbol{X}_{k-1}+\boldsymbol{W}_d(t_k) \tag{8-2-3}$$

式中：$\boldsymbol{W}_d(t_k)$ 为离散化后的噪声，时间状态转移矩阵为

$$\boldsymbol{\Phi}(t_k,t_{k-1})=\begin{bmatrix} \cos(\omega\Delta t) & \dfrac{\sin(\omega\Delta t)}{\omega} & \dfrac{1-\cos(\omega\Delta t)}{\omega^2} & \dfrac{\omega\Delta t-\sin(\omega\Delta t)}{\omega^3} \\ -\omega\sin(\omega\Delta t) & \cos(\omega\Delta t) & \dfrac{\sin(\omega\Delta t)}{\omega} & \dfrac{1-\cos(\omega\Delta t)}{\omega^2} \\ 0 & 0 & 1 & \Delta t \\ 0 & 0 & 0 & 1 \end{bmatrix} \tag{8-2-4}$$

式中：$\Delta t=t_k-t_{k-1}$。

观测连续三个停车点时刻 t_{k-1}、t_k、t_{k+1} 的速度 v_{k-1}、v_k、v_{k+1} 和第一个停车点的速度导数 $\dot{v}_{k-1}$（滤波器状态之一，滤波 t_k 时刻状态时已知），平滑估计 t_k 时刻的状态 $\boldsymbol{X}_k$ 作为滤波器观测。即

$$\begin{bmatrix} v_{k-1} \\ \dot{v}_{k-1} \\ v_k \\ v_{k+1} \end{bmatrix}=\begin{bmatrix} \boldsymbol{I}_2 & \boldsymbol{0}_{2\times2} \\ \boldsymbol{A} & \boldsymbol{B} \end{bmatrix}\boldsymbol{X}_{k-1}+\boldsymbol{\xi}(t_{k-1}) \tag{8-2-5}$$

式中：$\boldsymbol{A}=\begin{bmatrix} \boldsymbol{\Phi}_{11}(t_k,t_{k-1}) & \boldsymbol{\Phi}_{12}(t_k,t_{k-1}) \\ \boldsymbol{\Phi}_{11}(t_{k+1},t_{k-1}) & \boldsymbol{\Phi}_{12}(t_{k+1},t_{k-1}) \end{bmatrix}$；$\boldsymbol{B}=\begin{bmatrix} \boldsymbol{\Phi}_{13}(t_k,t_{k-1}) & \boldsymbol{\Phi}_{14}(t_k,t_{k-1}) \\ \boldsymbol{\Phi}_{13}(t_{k+1},t_{k-1}) & \boldsymbol{\Phi}_{14}(t_{k+1},t_{k-1}) \end{bmatrix}$；$\boldsymbol{\Phi}_{ij}(t_k,t_{k-1})$ 为矩阵 $\boldsymbol{\Phi}(t_k,t_{k-1})$ 的第 i 行第 j 列个分量；$\boldsymbol{\xi}(t_{k-1})$ 为观测噪声。由式(8-2-5)得到滤波器观测向量

$$\boldsymbol{Z}_k=\boldsymbol{X}_k=\boldsymbol{\Phi}(t_k,t_{k-1})\boldsymbol{X}_{k-1}=\begin{bmatrix} \boldsymbol{I}_2 & \boldsymbol{0}_{2\times2} \\ -\boldsymbol{B}^{-1}\boldsymbol{A} & \boldsymbol{B}^{-1} \end{bmatrix}\begin{bmatrix} v_{k-1} \\ \dot{v}_{k-1} \\ v_k \\ v_{k+1} \end{bmatrix}+\boldsymbol{V}(t_k) \tag{8-2-6}$$

式中：$\begin{bmatrix} \boldsymbol{I}_2 & \boldsymbol{0}_{2\times2} \\ -\boldsymbol{B}^{-1}\boldsymbol{A} & \boldsymbol{B}^{-1} \end{bmatrix} = \begin{bmatrix} \boldsymbol{I}_2 & \boldsymbol{0}_{2\times2} \\ \boldsymbol{A} & \boldsymbol{B} \end{bmatrix}^{-1}$；$\boldsymbol{V}(t_k)$为平滑估计得到的观测向量噪声。

初始状态可根据刚由对准转入导航状态5min的速度误差和位置误差估计得到。式(8-2-2)、式(8-2-6)建立了零速修正滤波器的状态方程和观测方程，利用此滤波器可对两个水平通道的惯性速度误差做出估计，进而积分补偿位置误差。

此卡尔曼滤波器的另一个好处是对停车修正时间要求比较短，一个停车点只需要一个零速观测值，因此每次停车数秒就完全满足滤波器的观测性要求。

8.2.2 陆用惯性导航系统行进间初始对准

1. 行进间对准原理

自行火炮、阵地测量车等武器装备在作战之前需要获取准确的初始方位和水平姿态，即进行初始对准。车载SINS实现初始对准的方法主要有两类：①停车状态下寻北；②行驶状态下依赖外部位置、速度测量实现初始对准。解析寻北过程需要数分钟的停车时间，不利于车辆的快速反应和机动。行驶状态中的SINS动基座对准，虽然不需要停车，但对外测位置、速度的精度和时间同步有严格要求。如何提供精度高、实时性好的位置、速度信息，是车载捷联系统初始对准中较为棘手的难题：一方面，需要添加新的速度传感器，会显著增加系统的复杂程度；另一方面，就目前国内的技术水平而言，在不依赖GNSS的情况下，很难获取精度高、实时性好的地理系外测速度[4]。

不依赖卫星导航信息的条件下，实现车载SINS行进间高精度、快速自对准具有重要的意义。下面讨论一种惯性系行进间对准算法，并给出试验验证结果。

根据惯性系对准的基本原理，载体系b和惯性系i(定义为初始时刻的载体坐标系)之间的相对姿态关系$\boldsymbol{C}_b^i$可以由3个捷联陀螺的输出直接实时计算得到。如果同时能够确定出惯性系i与导航系n之间的相对姿态关系$\boldsymbol{C}_i^n$，那么就可以间接计算出$\boldsymbol{C}_b^n$，即实现捷联惯性导航系统初始对准。下面以车载捷联系统对准为应用背景，借助于两次零速条件的中间时刻过渡坐标系，分两步求解$\boldsymbol{C}_i^n$。

2. 惯性系i与中间过渡坐标系m的关系

为了便于分析，先假定载体的对地速度为零。从惯性系看，载体系跟随地球一起自西向东运动，IMU测量重力矢量$\boldsymbol{g}^i$。从起始时刻t_0到当前时刻t_k，地球自转导致$\boldsymbol{g}^i$的轨迹形成一个锥面，锥顶为O。可以将半锥角近似为当地纬度L的余角，如图8-2-2所示。注意到：将t_0时刻的重力矢量$\boldsymbol{g}_{t_0}^i$与t_k时刻的重力矢量$\boldsymbol{g}_{t_k}^i$进行叉乘，可以得到中间时刻t_m的北向矢量$\boldsymbol{m}_x$，其中$t_m=(t_0+t_k)/2$；将$\boldsymbol{g}_{t_0}^i$与$\boldsymbol{g}_{t_k}^i$相减，得到中间时刻t_m的东向矢量$\boldsymbol{m}_y$。惯性系原点O_i、锥顶O以及当前t_k时刻的地理系原点O_n三点连线构成一个平面三角形$\triangle O_iOO_n$。北向矢量$\boldsymbol{m}_x$垂直于$\triangle O_iOO_n$，东向矢量$\boldsymbol{m}_y$与弦$\overline{O_iO_n}$平行。将$\boldsymbol{m}_x$与$\boldsymbol{m}_y$叉乘，得到指向锥顶的矢量$\boldsymbol{m}_z$。以弦$\overline{O_iO_n}$的中点O_m作为原点，分别以$\boldsymbol{m}_x$、$\boldsymbol{m}_y$、$\boldsymbol{m}_z$作为坐标轴，构成右手

正交坐标系 m。

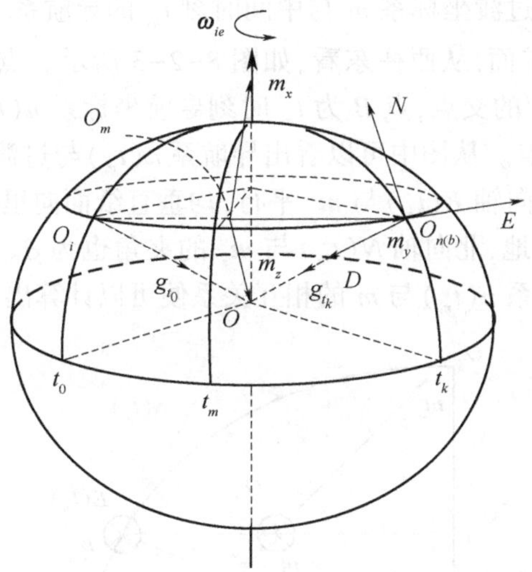

图 8-2-2 惯性系 i、中间时刻坐标系 m 及导航坐标系 n 的关系

载体对地静止不动的状态下,加速度计测量的比力 $\boldsymbol{f}^b$ 与当地重力矢量大小相等、方向相反。

由于受到阵风、发动机振动或人为干扰影响,零速状态下,载体虽然没有线运动,但仍然存在角运动,因此不能以加速度计的直接测量值作为重力加速度。考虑在重力矢量测量时,引入快速调平方案:先利用零速条件下的速度误差反馈计算出水平姿态角,再根据水平姿态角将当地重力在载体系进行分解,得到扰动条件下的重力矢量投影 $\boldsymbol{g}^b$。

利用捷联陀螺仪的输出,可以实时地计算当前载体系 b 与惯性系 i 之间的姿态变化。

$$\dot{\boldsymbol{C}}_b^i=\boldsymbol{C}_b^i\boldsymbol{\Omega}_{ib}^b \tag{8-2-7}$$

t 时刻的重力矢量在惯性系 i 中的投影表示为

$$\boldsymbol{g}_t^i=\boldsymbol{C}_b^i\boldsymbol{g}_t^b \tag{8-2-8}$$

中间过渡坐标系 m 三个轴向的单位矢量在惯性系中表示为

$$\boldsymbol{m}_{x,0}^i=\frac{\boldsymbol{g}_{t_0}^i\times\boldsymbol{g}_{t_k}^i}{\|\boldsymbol{g}_{t_0}^i\times\boldsymbol{g}_{t_k}^i\|} \tag{8-2-9}$$

$$\boldsymbol{m}_{y,0}^i=\frac{(\boldsymbol{g}_{t_0}^i-\boldsymbol{g}_{t_k}^i)}{\|\boldsymbol{g}_{t_0}^i-\boldsymbol{g}_{t_k}^i\|} \tag{8-2-10}$$

$$\boldsymbol{m}_{z,0}^i=\boldsymbol{m}_{x,0}^i\times\boldsymbol{m}_{y,0}^i \tag{8-2-11}$$

惯性系 i 与中间过渡坐标系 m 之间的方向余弦矩阵 $\boldsymbol{C}_i^m$ 可以表示为

$$\boldsymbol{C}_i^m=[\boldsymbol{m}_{x,0}^i\quad\boldsymbol{m}_{y,0}^i\quad\boldsymbol{m}_{z,0}^i]^{\mathrm{T}} \tag{8-2-12}$$

3. 中间过渡坐标系 m 与当前导航系 n 之间的关系

首先,确定中间过渡坐标系 m 与中间时刻 t_m 的导航系 $n(t_m)$ 的关系。截取 t_m 时刻的北半球子午面,从西往东看,如图 8-2-3 所示。点 A 为当地纬圈构成的小圆面与地轴 OO' 的交点,点 B 为 t_m 时刻导航坐标系 $n(t_m)$ 的原点,点 O_m 为过渡坐标系 m 的原点。从图中可以看出导航系 $n(t_m)$ 与过渡系 m 的坐标轴有如下关系:导航系的东向轴 $\boldsymbol{E}(t_m)$ 与 $\boldsymbol{m}_y$ 平行,均垂直纸面向里;而地向轴 $\boldsymbol{D}(t_m)$ 与 $\boldsymbol{m}_z$ 的夹角为 β,相应地,北向轴 $\boldsymbol{N}(t_m)$ 与 $\boldsymbol{m}_x$ 的夹角也为 β。只要确定出 β 角的大小,两个正交坐标系 $n(t_m)$ 与 m 的相互关系便可以计算出来。

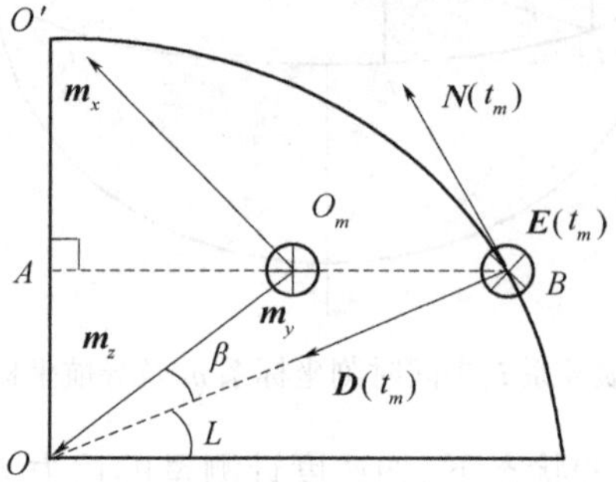

图 8-2-3 t_m 时刻截取的子午面

设地球半径为 R,则有 $|AB|=R\cos L$, $|AO|\approx R\sin L$。地球自转角速度为 ω_{ie},从 t_0 时刻到 t_k 时刻,子午面转动的角度 α 为

$$\alpha=\omega_{ie}(t_k-t_0) \tag{8-2-13}$$

则有 $|AO_m|=|AB|\cos(\alpha/2)=R\cos L\cos(\alpha/2)$。据此。可以得出 β 角:

$$\beta\approx\frac{\pi}{2}-L-\arctan\frac{|AO_m|}{|AO|}=\frac{\pi}{2}-L-\arctan\{\cot L\cos[\omega_{ie}(t_k-t_0)/2]\} \tag{8-2-14}$$

β 角确定之后,两个正交系 $n(t_m)$ 与 m 的相对姿态关系可表示为

$$\boldsymbol{C}_m^{n(t_m)}=\begin{bmatrix}\cos\beta & 0 & -\sin\beta\\ 0 & 1 & 0\\ \sin\beta & 0 & \cos\beta\end{bmatrix} \tag{8-2-15}$$

其次,t_m 时刻的导航坐标系 $n(t_m)$ 与当前 t_k 时刻的导航系 n 之间的相互关系可以通过四元数表述为

$$\boldsymbol{Q}_{n(t_m)}^n=[\cos(\alpha/4)\quad \cos L\sin(\alpha/4)\quad 0\quad -\sin L\sin(\alpha/4)]^{\mathrm{T}} \tag{8-2-16}$$

将四元数转化为方向余弦矩阵,即可求出 $\boldsymbol{C}_{n(t_m)}^n$。

利用 t_m 时刻的导航坐标系 $n(t_m)$ 作为过渡,确定出了中间过渡坐标系 m 与当前导航系 n 之间的关系,即 $\boldsymbol{C}_m^n=\boldsymbol{C}_{n(t_m)}^n\boldsymbol{C}_m^{n(t_m)}$;借助于中间过渡坐标系 m,确定出了惯性系 i 与当前导航系 n 之间的关系,即 $\boldsymbol{C}_i^n=\boldsymbol{C}_m^n\boldsymbol{C}_i^m$;将初始时刻的载体系

定义为惯性系，当前载体系 b 与惯性系 i 之间的关系 C_i^b 可以实时计算。因此，载体系 b 与导航系 n 之间的关系可以表述为

$$C_b^n = C_i^n C_b^i = C_m^n C_i^m C_b^i = C_{n(t_m)}^n C_m^{n(t_m)} C_i^m C_b^i \tag{8-2-17}$$

从上述惯性系对准原理可以看出：①中间过渡坐标系的北向和东向是通过惯性系中两个重力矢量叉乘、相减的方法确定的，这就要求两个重力矢量不能近似平行，需要构成一定夹角，否则将引入较大的北向和东向误差。相应地，要求从起始时刻到当前时刻的时间差不能过短，从而利用这段时间的地球自转使得两个重力矢量形成一定夹角。②实现对准计算的各个环节，只用到起始和当前两个时刻的重力矢量以及从起始时刻到当前时刻的时间差。中间过程利用陀螺仪记录载体姿态变化，并不需要对中间过程的运动方式加以特别的限制。这给设计车载 SINS 行进间对准方案提供了实现条件。结合辅助位置传感器，可以将上述零速状态下的惯性系对准扩展为行进状态下的对准。

8.2.3　典型案例

1. 零速修正试验

对某型激光陀螺捷联惯性导航系统进行零速修正试验（图 8-2-4），惯性导航系统中激光陀螺精度为 0.003(°)/h，石英加速度计精度为 $1\times10^{-5}g$，采样频率为 100Hz。试验共进行两组，试验过程都为：车辆首先停止 10min 用于惯性导航系统对准，对准转入导航后继续停车 5min，用于估计滤波器初始状态，然后车辆启动，每隔约 10min 停车一次，每次停车约 20s。试验中惯性导航运算天向速度置零，抑制高度通道发散，只对水平通道进行零速修正。

(a)

(b)

图 8-2-4　零速修正跑车试验设备

(a) 惯性导航安装；(b) 试验车辆。

试验总时间约为 1.7h，共 8 次停车，停车时间间隔依次为：12min、12.67min、10.33min、7min、12.33min、10.67min、10.17min、13.15min，每次停车 20s。

1) 间隔约 10min 的零速修正

每个停车点都进行零速修正，修正时间间隔约 10min。纯惯性导航和零速

修正的水平位置结果对比如图 8-2-5 所示。与 GPS 位置比较,跑车终点纯惯性导航位置误差约为 350m。

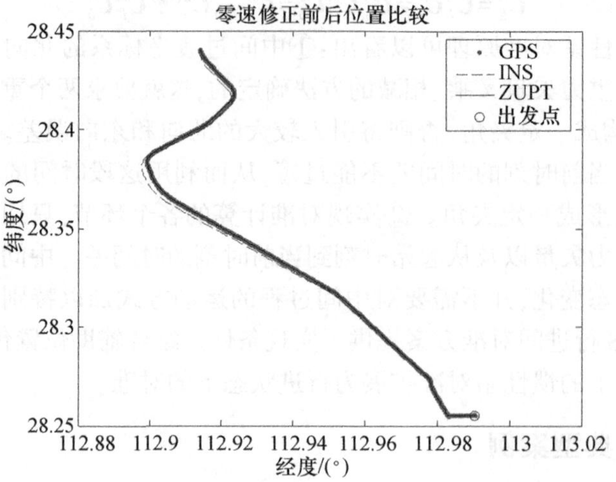

图 8-2-5 零速修正试验—修正前后水平位置结果比较

零速修正将停车点的速度误差作为观测,滤波估计速度误差,估计结果如图 8-2-6所示。利用估计后的速度误差积分补偿位置误差,补偿后停车点的水平位置误差如图 8-2-7 所示。停车点的东向位置误差均方差为 5.14m,北向位置误差均方差为 4.29m,水平位置圆概率误差(CEP)为 5.53m。零速修正定位精度比纯惯性导航提高约两个量级。

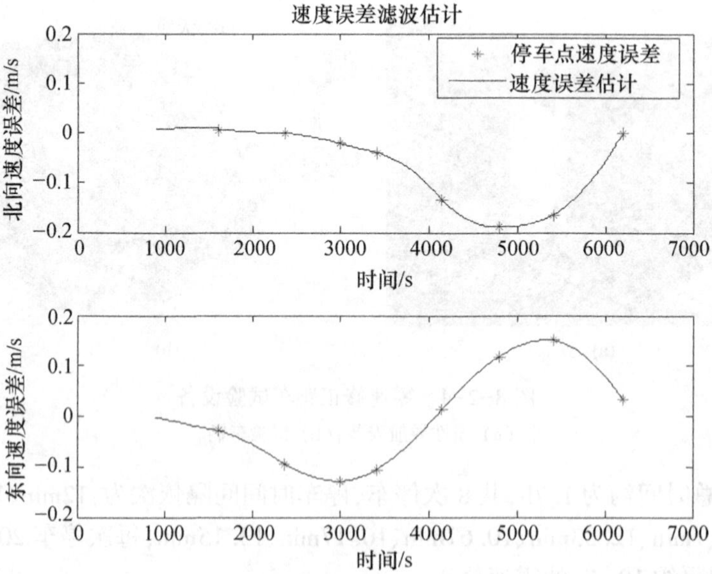

图 8-2-6 零速修正试验—速度误差估计(零速修正间隔约 10min)

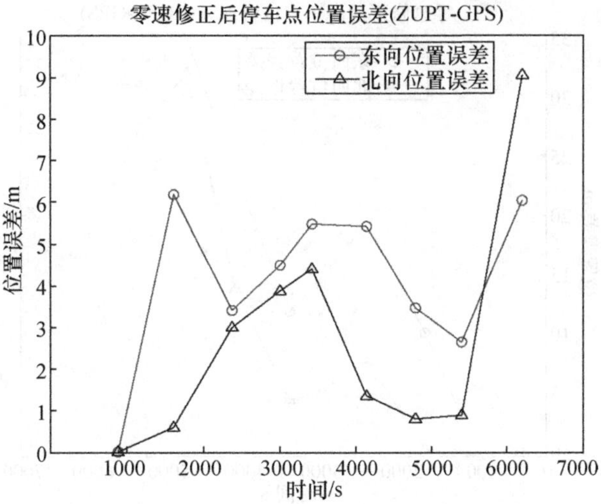

图 8-2-7　零速修正试验—停车点位置误差(零速修正间隔约 10min)

2）间隔约 20min 的零速修正

每隔一个停车点零速修正一次,修正时间间隔依次为 24. 67min、17. 33min、23min、23. 32min。速度误差的滤波估计结果如图 8-2-8 所示。利用估计后的速度误差积分补偿位置误差,补偿后所有停车点的水平位置误差如图 8-2-9 所示。停车点的东向位置误差均方差为 25. 44m,北向位置误差均方差为 18. 29m,水平位置圆概率误差(CEP)为 25. 54m。

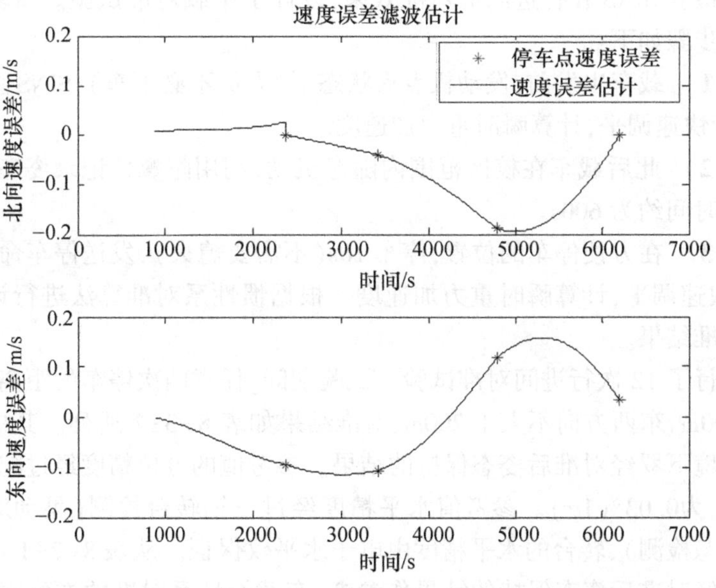

图 8-2-8　零速修正试验—速度误差估计(零速修正间隔约 20min)

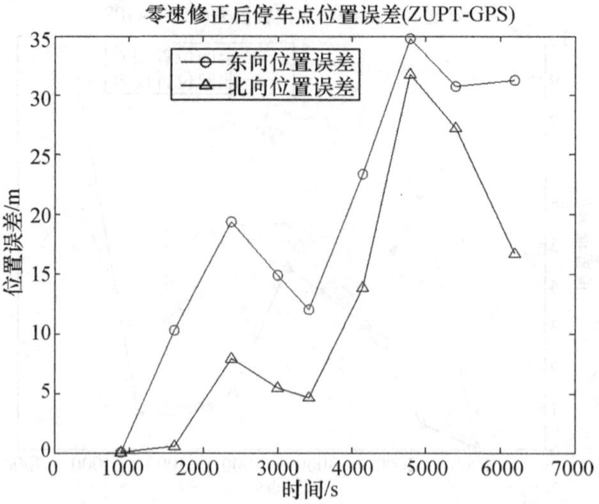

图 8-2-9 零速修正试验—停车点位置误差(零速修正间隔约 20min)

2. 行进间对准试验

行进间对准方案如下:在载体出发前的起始时刻 t_0,SINS 加电,反馈调平测量重力矢量;中间过程载体机动行驶,利用捷联陀螺仪记录载体系的姿态变化;机动行驶一段时间以后,短时停车,反馈调平,测量当前 t_k 时刻的重力矢量,导航计算机同时根据前述对准原理计算载体系与导航系的关系,并结合起停两处的相对位移对方位角进行补偿,从而实现行进间对准。

为了检验 SINS 在行进间的对准效果,设计了车载对准试验。试验过程中,机动对准步骤如下:

步骤 1 载车出发前,发动机点火状态下(人员不必下车),SINS 上电,停车 20s。进行快速调平,计算瞬时重力加速度。

步骤 2 此后载车在校区范围内随意机动,利用陀螺仪记录姿态变化。机动行驶的时间约为 600s。

步骤 3 在方便停车的位置,停车 10s(不需要熄火),发送停车命令给导航计算机,快速调平,计算瞬时重力加速度。根据惯性系对准算法进行计算,得到当前的对准结果。

共进行了 12 次行进间对准试验。试验期间,任意两次停车的距离南北方向不大于 300m,东西方向不大于 200m,对准结果如表 8-3-1 所列。其中,参考值是静态环境下罗经对准后姿态保持的结果。参考值的方位精度经过陀螺经纬仪多次检测,为0.03°(1σ)。参考值水平精度经过三轴转台检测(晃动对准,对准结束后静态检测),转台的水平精度由电子水平仪保证。从表 8-2-1 可以看出,以静态罗经对准后姿态保持的结果作参考,车载惯性系对准的方位精度可以达到0.029°(1σ),水平对准精度优于0.005°(1σ),可以实现车载 SINS 行进间的高精度自对准。

表8-2-1 车载行进间惯性系对准结果

次数	偏航/(°)			俯仰/(°)			滚动/(°)		
	机动对准	参考值	误差	机动对准	参考值	误差	机动对准	参考值	误差
1	57.407	57.406	0.001	-0.125	-0.124	-0.001	0.145	0.147	-0.002
2	61.820	61.795	0.025	-0.985	-0.985	0.000	0.428	0.435	-0.007
3	58.087	58.051	0.036	-1.022	-1.018	-0.004	0.373	0.376	-0.003
4	58.946	58.894	0.052	-0.924	-0.923	-0.001	0.204	0.216	-0.012
5	-121.586	-121.606	0.020	0.085	0.085	0.000	0.076	0.074	0.002
6	61.723	61.728	-0.005	-1.111	-1.112	0.001	0.616	0.614	0.002
7	58.647	58.612	0.035	-1.096	-1.096	0.000	0.526	0.527	-0.001
8	58.571	58.545	0.026	-1.107	-1.105	-0.002	0.524	0.528	-0.004
9	58.731	58.755	-0.024	-1.134	-1.134	0.000	0.560	0.563	-0.003
10	57.987	58.039	-0.052	-1.131	-1.133	0.002	0.597	0.601	-0.004
11	-11.063	-11.088	0.025	-0.551	-0.554	0.003	-1.220	-1.220	0.000
12	-3.288	-3.279	-0.009	-0.698	-0.698	0.000	-1.054	-1.050	-0.004
STD	航向对准精度/(1σ)		0.029	俯仰对准精度/(1σ)		0.002	滚动对准精度/(1σ)		0.004

8.3 潜航器自主导航

水下航行器的种类有很多种,一般可以分为载人水下航行器和无人水下航行器(unmaned underwater vehicle,UUV),而UUV又包含了遥控水下航行器(remotely operated vehicles,ROV)和自主水下航行器(autonomous underwater vehicle,AUV)。无论对于军用还是民用的水下航行器,高精度的导航定位信息是水下航行器安全有效执行任务的前提保障。然而,在水下实现导航相比陆地和空中,具有环境结构复杂、工作时间更长、通信实时性差、可用信源少以及隐蔽性要求高等难点,加之受到航行器本身体积、重量、能源等多方面因素的限制,水下导航具有更大的难度[5]。

目前,水下航行器采用的导航手段有3类:惯性导航、声学导航和地球物理场导航。声学导航是水下短距离导航的一个常用方式,声学导航一般采用信号应答器把从基站得到的定位信息传输到水下航行器,包含长基线导航(LBL)和超短基线导航(ultrashort baseline,USBL)。虽然声学导航可以达到较高的定位精度(厘米级),由于其需要基站提供定位信息,因此其作用范围往往十分有限。USBL的作用范围甚至比LBL更短,通常只有4km。在浅水区,作用范围甚至会降到500m。声学导航的限制在于:①它需要在海底或者水面舰船上固定好定位的基站。②它需要精确地知道声音的速度,而声音的速度随着海水的温度和密度变化很大。③受到声速的影响,定位信息更新率低。

所谓的地球物理场导航是根据已知的地球物理场信息(如:不同区域的地形起伏变化、地磁场、重力场等),通过特征匹配来确定当前位置的导航方式。这些地球的物理特征可以根据已知的地理信息或者通过AUV测量得到。地球物理场导航的缺点在于:①它通常需要一个已知的地图(地形图、地磁场图、重力场图等)。在大多数水下任务中,先验地图往往是不可知的。②地球物理场往往比较弱,容易受到干扰而导致导航匹配失败。

惯性导航有着出色的自主能力,但是由于其导航误差随时间积累,通常采用多普勒辅助的方式。在安装了信号应答设备和水面基站的条件下,可以采用声学定位来校准惯性导航误差。或通过上浮到水面的方式,用GNSS提供的位置、速度信息来校正惯性导航误差。

表8-3-1列出了几种常用AUV的主要导航方式,可以看到,国外AUV导航技术发展趋势是以光学INS/DVL组合导航为主要的自主导航方式,同时采用地球物理场辅助导航来提高自主导航能力。

表8-3-1 几种常用AUV导航方式

AUV名称	导航系统	研究机构
REMUS 100	INS、LBL、USBL、GPS(标准配置) DVL、侧扫声纳、深度计、摄像机(可选)	美国NUWC
REMUS 600	INS、DVL、GPS、侧扫声纳、深度计(标准配置) LBL、USBL、Wi-Fi、摄像机(可选)	美国NUWC
HUGIN 1000	INS、DVL、合成孔径声纳(SAS)、GPS、 DGPS-USBL、地形匹配导航	挪威Konsberg
Talisman	INS、DVL、测深和测高传感器、GPS	英国AEB
AUTOSUB	INS、DVL、GPS、LBL、USBL	英国SOC

针对水下航行器,当无主惯性导航数据时,在动基座情况下采用"惯性系粗对准+罗经精对准"的两步对准方案;当有主惯性导航数据时,采用传递对准的方案。相关的内容参考前面相应的章节。

8.3.1 多普勒计程仪测速原理

多普勒效应是指当声源与接收器间存在相对运动时,接收的信号频率会高于或低于声源发射信号的频率的现象。若船以水平速度 v_x 向前运动,在船底安装的收发共用换能器以俯角 α 的波束向斜下方发射频率为 f_T 的信号，如图 8-3-1(a) 所示[6]。船与被照射海底区域的相对运动速度为 $v_x\cos\alpha$，接收信号频率为

$$f_r = f_T\left(1+\frac{2v_x}{c}\cos\alpha\right) \tag{8-3-1}$$

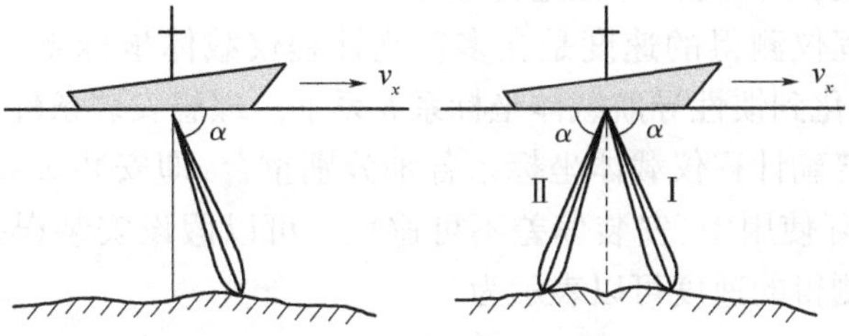

图 8-3-1　多普勒计程仪测速原理

(a) 单波束发射；(b) 双波束发射。

式中：c 为声速。当已知 f_T，α，c 时，测出接收信号频率 f_r，便可算出船相对于地的速度

$$v_x = \frac{c}{2f_T\cos\alpha}(f_r - f_T) \tag{8-3-2}$$

实际多普勒声纳用两个俯角相同的波束向前下方和后下方发射信号，如图 8-4-1(b)所示，接收到达信号频率分别为 f_{r1} 和 f_{r2}，则水平速度为

$$v_x = \frac{c(f_{r1} - f_{r2})}{4f_T\cos\alpha} \tag{8-3-3}$$

如再用两个换能器向船两边侧下方发射，便可测出船的横向速度。

8.3.2　多普勒计程仪参数标定

多普勒计程仪(DVL)测速精度是影响组合导航精度的决定性因素。多普勒计程仪的测速误差主要由两部分组成：标度因数误差和安装偏差。

多普勒计程仪的标度因数受到水下的声速、多普勒计程仪安装结构、温度、水下地貌等多重因素的影响。若不对它进行修正，它将产生线性增长的位置误差。另一个重要因素是惯组与多普勒计程仪的安装偏差。多普勒计程仪测量得到的是多普勒计程仪载体系下的速度，它通过惯性导航系统的姿态转换到导航坐标系下。在生产制造和安装过程中，很难保证惯性导航系统的载体系与多普勒计程仪的载体系完全重合，若不对惯性导航系统与多普勒计程仪的安装偏差进行标定，将产生一定的测速误差，进而影响自主导航定位精度。因此，多普勒计程仪标度因数误差及安装偏差的标定是提高惯性/多普勒计程仪组合导航精度的关键。

在 DVL 测量坐标系下,DVL 测速输出模型为

$$\tilde{\boldsymbol{v}}^d=(1+k)\boldsymbol{v}^d+\delta\boldsymbol{v}^d \tag{8-3-4}$$

式中:$\tilde{\boldsymbol{v}}^d$ 为多普勒计程仪速度测量值;k 为标度因数误差;$\delta\boldsymbol{v}^d$ 为测量噪声,可以近似为高斯白噪声。标度因数在不同的使用条件下有一定的波动,为进行远程长航时精确导航,需要对该参数进行估计。

多普勒计程仪测得的速度是在多普勒计程仪载体坐标系下。在实际使用中,需要把它转化到惯性导航载体坐标系 b 系下。理想安装条件下,惯性导航载体坐标系和多普勒计程仪载体坐标系各轴分别重合,即安装参数矩阵为单位阵 $\boldsymbol{I}_3$。但是,在实际使用中,安装偏差不可避免。可以假设安装误差角为小角度。多普勒计程仪测得的速度可以表示为

$$\tilde{\boldsymbol{v}}^b=\boldsymbol{C}_d^b\tilde{\boldsymbol{v}}^d \tag{8-3-5}$$

式中:$\tilde{\boldsymbol{v}}^b$ 为多普勒计程仪速度测量值在惯性导航载体系下的表示;$\boldsymbol{C}_d^b$ 为多普勒计程仪载体系到惯性导航载体系的转换矩阵,在小角度的情况下可以近似为

$$\boldsymbol{C}_d^b=\boldsymbol{I}_3-\begin{bmatrix}0 & -\varepsilon_z & \varepsilon_y\\ \varepsilon_z & 0 & -\varepsilon_x\\ -\varepsilon_y & \varepsilon_x & 0\end{bmatrix} \tag{8-3-6}$$

式中:ε_x、ε_y、ε_z 分别为滚动、俯仰、航向安装偏差角。所谓的多普勒计程仪测速误差标定就是求式(8-3-4)和式(8-3-6)中的标度因数误差、安装偏差角,以得到准确的 b 系下的载体速度用于 INS/DVL 组合导航。

8.3.3 惯性/多普勒计程仪自主导航滤波器模型

惯性/多普勒计程仪(INS/DVL)自主导航算法原理如图 8-3-2 所示。当能够接收 GNSS 信号时,可对 INS/DVL 组合导航误差进行校正。

1. 系统方程

选取北-东-地(NED)地理坐标系为导航参考坐标系,记为 n 系。SINS 误差的状态量选择如下:北向、天向和东向的速度误差为 δV_N、δV_E 和 δV_D;北向、东向、地向的姿态误差角为 ϕ_N、ϕ_E、ϕ_D。DVL 误差包括两个方面,安装角误差和标度因数误差。把标度因数 k 视为常量。取标度因数 k、安装角误差 α,β,γ 作为卡尔曼滤波器的状态量,并把它视为常数。

即系统的状态量:

$$\boldsymbol{X}(t)=[\delta V_N,\delta V_E,\delta V_D,\phi_N,\phi_E,\phi_D,\delta\lambda,\delta L,\alpha,\beta,\gamma,k] \tag{8-3-7}$$

则系统的状态方程:

$$\dot{\boldsymbol{X}}(t)=\begin{bmatrix}F_{SINS} & 0_{8\times4}\\ 0_{4\times8} & 0_{4\times4}\end{bmatrix}\boldsymbol{X}(t)+\boldsymbol{W} \tag{8-3-8}$$

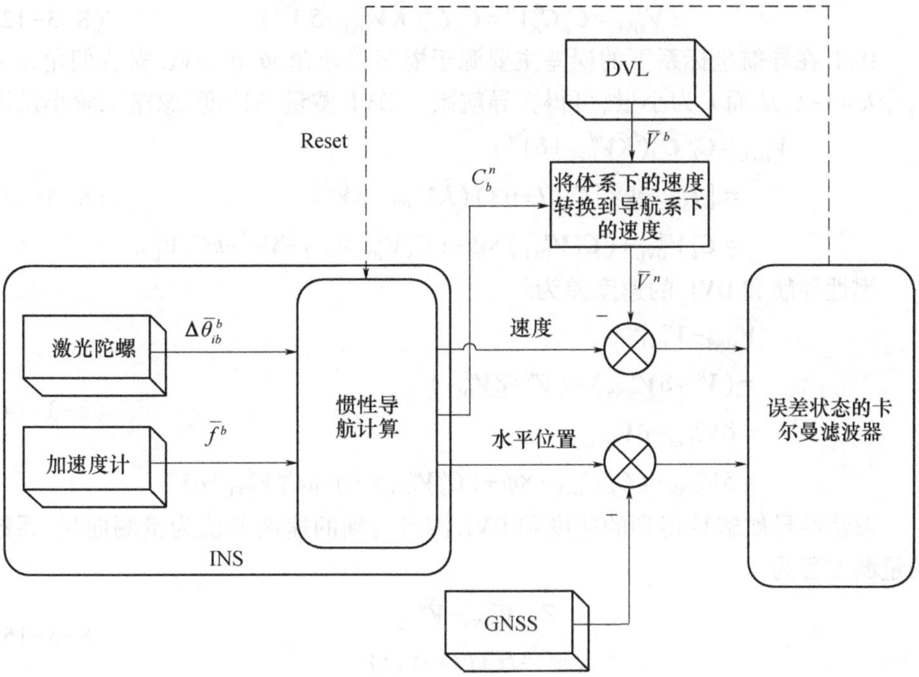

图 8-3-2 INS/DVL/GNSS 组合导航框图

式中：$\boldsymbol{F}_{\text{SINS}}=\begin{bmatrix} \boldsymbol{F}_{11} & \boldsymbol{F}_{12} & \boldsymbol{F}_{13} \\ \boldsymbol{F}_{21} & \boldsymbol{F}_{22} & \boldsymbol{F}_{23} \\ \boldsymbol{F}_{31} & \boldsymbol{F}_{32} & \boldsymbol{F}_{33} \end{bmatrix}$，根据惯性导航速度误差方程、姿态误差方程和位置误差方程推导得出。

2. 观测方程

设 DVL 的测量坐标系即为 d 系，则 DVL 在 d 系的投影写成矢量形式为

$$\boldsymbol{V}_{\text{DVL}}^d = K\boldsymbol{V}^d + \delta\boldsymbol{V}^d \tag{8-3-9}$$

式中：$\boldsymbol{V}^d=\begin{bmatrix} V_x^d \\ V_y^d \\ V_z^d \end{bmatrix}$为真实值；$\delta\boldsymbol{V}^d=\begin{bmatrix} \delta V_x^d \\ \delta V_y^d \\ \delta V_z^d \end{bmatrix}$为 DVL 测量噪声误差；$K$ 为标度因数。

从而有

$$\boldsymbol{V}^d = \widetilde{K}\boldsymbol{V}_{\text{DVL}}^d + \delta\,\widetilde{\boldsymbol{V}}^d \tag{8-3-10}$$

式中：$\widetilde{K}=1/K$。

假设 DVL 测量坐标系和惯性组合载体坐标系之间的方向余弦矩阵为 $\boldsymbol{C}_d^b$，假定：

$$\boldsymbol{C}_d^b = 1+\boldsymbol{\eta} \tag{8-3-11}$$

可得 $\boldsymbol{V}_{\text{DVL}}^d$ 在导航坐标系上的投影为

$$\boldsymbol{V}^n_{\mathrm{DVL}}=\boldsymbol{C}^n_b\boldsymbol{C}^b_d\boldsymbol{V}^d=\boldsymbol{C}^n_b\boldsymbol{C}^b_d(\widetilde{K}\boldsymbol{V}^d_{\mathrm{DVL}}+\delta\widetilde{\boldsymbol{V}}^d) \tag{8-3-12}$$

DVL 在导航坐标系下的误差主要源于姿态误差角 $\boldsymbol{\psi}$ 和 DVL 安装偏角误差 $\boldsymbol{\eta}$,令$\widetilde{K}=1+k$,从而 k 为小量,可得在导航系下 DVL 测量的速度,忽略二阶小量得

$$\begin{aligned}\widetilde{\boldsymbol{V}}^n_{\mathrm{DVL}}&=\widetilde{\boldsymbol{C}}^n_b\widetilde{\boldsymbol{C}}^b_d(\widetilde{K}\boldsymbol{V}^d_{\mathrm{DVL}}+\delta\widetilde{\boldsymbol{V}}^d)\\&=[\boldsymbol{I}_{3\times3}-\boldsymbol{\psi}\times]\boldsymbol{C}^n_b(\boldsymbol{I}+\boldsymbol{\eta}\times)(\widetilde{K}\boldsymbol{V}^d_{\mathrm{DVL}}+\delta\widetilde{\boldsymbol{V}}^d)\\&=\boldsymbol{C}^n_b\boldsymbol{V}^d_{\mathrm{DVL}}+(\boldsymbol{C}^n_b\boldsymbol{V}^d_{\mathrm{DVL}})\times\boldsymbol{\psi}-(\boldsymbol{C}^n_b\boldsymbol{V}^d_{\mathrm{DVL}}\times)\boldsymbol{\eta}+\delta\boldsymbol{V}^d+k\boldsymbol{C}^n_b\boldsymbol{V}^d_{\mathrm{DVL}}\end{aligned} \tag{8-3-13}$$

惯性导航和 DVL 的速度差为

$$\begin{aligned}&\widetilde{\boldsymbol{V}}^n_{\mathrm{SINS}}-\widetilde{\boldsymbol{V}}^n_{\mathrm{DVL}}\\&=(\boldsymbol{V}^n+\delta\boldsymbol{V}^n_{\mathrm{SINS}})-(\boldsymbol{V}^n+\delta\boldsymbol{V}^n_{\mathrm{DVL}})\\&=\delta\boldsymbol{V}^n_{\mathrm{SINS}}-\delta\boldsymbol{V}^n_{\mathrm{DVL}}\\&=\delta\boldsymbol{V}^n_{\mathrm{SINS}}-(\boldsymbol{C}^n_b\boldsymbol{V}^d_{\mathrm{DVL}})\times\boldsymbol{\psi}+(\boldsymbol{C}^n_b\boldsymbol{V}^d_{\mathrm{DVL}}\times)\boldsymbol{\eta}-k\boldsymbol{C}^n_b\boldsymbol{V}^d_{\mathrm{DVL}}+\delta\boldsymbol{V}^d\end{aligned} \tag{8-3-14}$$

取惯性导航解算得到的速度和 DVL 测量得到的速度差值为量测向量,系统的量测方程为

$$\begin{aligned}\boldsymbol{Z}&=\widetilde{\boldsymbol{V}}^n_{\mathrm{SINS}}-\widetilde{\boldsymbol{V}}^n_{\mathrm{DVL}}\\&=\boldsymbol{HX}(t)+\boldsymbol{v}(t)\end{aligned} \tag{8-3-15}$$

式中:$\boldsymbol{H}$ 为量测矩阵。

$$\boldsymbol{H}=[\boldsymbol{I}_{3\times3},\boldsymbol{M}_3,\boldsymbol{0}_{3\times2},\boldsymbol{M}_4,\boldsymbol{M}_5] \tag{8-3-16}$$

式中:$\boldsymbol{M}_3=-(\boldsymbol{C}^n_b\boldsymbol{V}^d_{\mathrm{DVL}})\times$;$\boldsymbol{M}_4=(\boldsymbol{C}^n_b\boldsymbol{V}^d_{\mathrm{DVL}}\times)$;$\boldsymbol{M}_5=-\boldsymbol{C}^n_b\boldsymbol{V}^d_{\mathrm{DVL}}$;$\boldsymbol{v}(t)$为量测噪声矢量。

8.3.4 典型案例

某型水下航行器自主导航系统基本功能为:

(1) 测量功能。实时测量系统载体沿体坐标系三个轴的角速度和视加速度,经误差补偿后,提供以下数值信息:体坐标系下的三轴角增量 $\mathrm{d}\theta_x$、$\mathrm{d}\theta_y$ 和 $\mathrm{d}\theta_z$,三轴视速度增量 $\mathrm{d}V_x$、$\mathrm{d}V_y$、$\mathrm{d}V_z$。

(2) 导航功能。实时进行惯性导航解算,与多普勒计程仪和卫星定位信息组合,提供系统载体的状态信息:位置、速度、航向和姿态等。根据外部信息状态自动或按照指令切换组合导航方式。

(3) BIT 功能。实时监测系统内部组件和外部辅助传感器的工作状态,支持组件级故障定位功能。

根据功能要求,部分指标为:

(1) 姿态角误差(1σ)。航向角:不大于 0.15°secφ,φ 为纬度。俯仰角:不大于 0.05°。横滚角:不大于 0.05°。

(2) 自主导航精度。CEP0.5%航程(要求多普勒计程仪测速精度不低于 0.5%V±0.5cm/s)。

1. 水下航行器自主导航的总体设计

1）设计准则

设计基于以下准则进行：

（1）关键元件及技术，如激光陀螺、加速度计、导航软件等，采用国内成熟技术自行研制，减小研制技术风险，加快研制进度。

（2）注意产品的继承性，采用通用化、系列化、模块化设计，提高样机的可靠性和可维修性，降低样机开发成本。

（3）在满足武器总体对系统样机的性能、可靠性和环境条件要求的前提下，综合考虑系统样机的成本、重量、体积和功耗等因素，使其性价比最优。

2）系统的构成方案

根据设计原则，由激光陀螺、加速度计、IF 板、安装结构件、数据采集板等构成激光陀螺捷联惯性单元（IMU），由 IMU、导航计算机等构成激光陀螺捷联惯性导航组件。

硬件组成与主要部件选型如下：

（1）激光陀螺捷联惯性导航组件（IMU）。IMU 由三个激光陀螺及其控制电路、三个石英挠性加速度表及其组合框架构成。三个加速度表、三个激光陀螺敏感轴正交安装。可以根据不同的应用背景选择不同精度陀螺和加速计。

（2）导航计算机系统。①数据采集板。数据采集板主要完成对惯性传感器输出、惯性仪表温度、陀螺工作状态等信息的采集，同时兼备采集卫星导航数据等外部辅助导航设备数据采集功能。②导航计算模块。导航计算模块完成惯性导航算法，包括对准、惯性导航解算，完成惯性/卫星组合导航算法、惯性/DVL 组合导航算法。

3）对惯性传感器精度的要求

根据指标对惯性传感器精度的要求计算如下。在组合导航或者初始对准中，加速度计零偏、陀螺漂移和姿态角的关系可表示如下：

$$\phi_N = \frac{\nabla_E}{g} \tag{8-3-17}$$

$$\phi_E = \frac{-\nabla_N}{g} \tag{8-3-18}$$

$$\phi_D = -\frac{\varepsilon_E}{\omega_{ie}\cos L} \tag{8-3-19}$$

在罗经对准中，航向角误差除了和东向陀螺漂移有关之外，还和北向速度误差有关，可表示如下：

$$\phi_D(°) = \frac{V}{5\pi\cos L} \tag{8-3-20}$$

式中：北向速度的单位为节（kn）。

自对准航向角精度还和初始纬度误差相关,但是影响比较小,如当初始位置误差为 1000m 时,在纬度为 30°时,自对准航向角误差约为 0.0005°,可以忽略不计。

根据性能指标和式(8-3-17)、式(8-3-21)、式(8-3-22)可以近似地折算出陀螺,加速度计精度。

(1) 对陀螺精度的要求。自对准中,当初始速度误差为±0.25Kn 时,根据式(8-3-23),自对准由初始速度误差引起的最大航向误差为 0.0159secφ(°)。按照式(8-3-24),根据系统方位角误差指标优于 0.15°secφ,要求陀螺精度优于 0.0352(°)/h。

INS/DVL 组合导航过程中,速度误差所引起的最大航向误差可忽略不计,按照式(8-3-25),根据系统方位角误差指标优于 0.15°secφ,要求陀螺精度优于 0.0394(°)/h。

综上分析,按照一定的裕量,陀螺精度应优于 0.03(°)/h。

(2) 对加速度计精度的要求。

根据式(8-3-26)和式(8-3-27)可由姿态角误差折算出加速度计精度:

$$\nabla=\phi=0.05/57.3=8.7\times10^{-4}g$$

按照 1 个数量级的裕量,加速度计精度应优于 $10^{-4}g$。

因此陀螺和加速度计选项如下:

① 陀螺指标。测量范围:±200°/s。精度等级:优于 0.02°/h(1σ)。标度因子稳定性:≤30×10^{-6}。

② 加速度计指标。测量范围:±15g。精度等级:$5\times10^{-5}g$。标度因子稳定性:≤50×10^{-6}。

2. 试验验证

为了验证所设计算法的有效性,利用激光陀螺捷联惯性导航组件和相控阵 DVL 进行组合导航试验。试验中采用 50 型激光陀螺精度等级优于 0.03(°)/h;加速度计精度等级优于 $5\times10^{-5}g$;相控阵 DVL 精度为 0.5%V±0.5cm/s,其中 V 为载体的速度。基于某河段航行试验和某海域海试试验,对所设计的算法进行了验证。

水上试验采用匀速直航对准,120km 的自主导航定位精度测试结果如下:

如图 8-3-3 所示,前 15min 为自对准阶段,对准完之后,发再装订参数,并开始记录自主导航的精度。基于匀速直航对准后,系统 120km 处自主导航精度为 3.09‰D(D 为航程),满足原设计需求。

为了进一步验证 SINS/DVL 自主导航精度,在南海某海域进行水下航行器的航行试验。采用试验船布放及回收水下航行器,航行时间大概 90min,2 次 GPS 位置校准。

SINS/DVL 自主导航试验结果如图 8-3-4 所示。

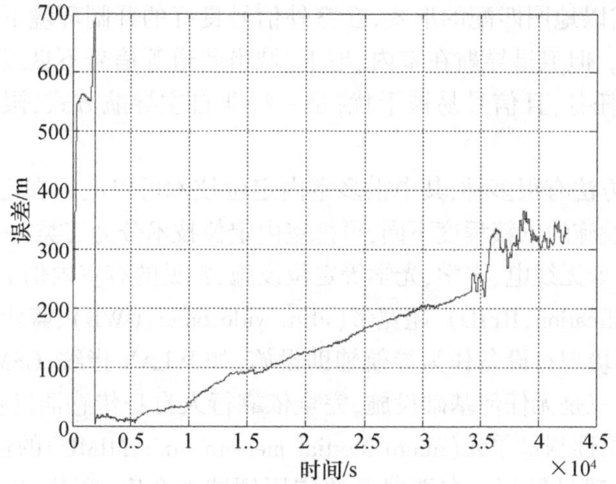

图 8-3-3　航程误差

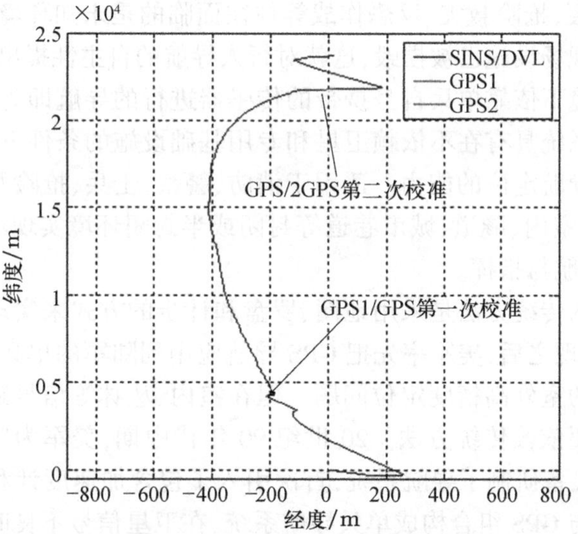

图 8-3-4　水下航行器航行轨迹图

17.6km 的自主导航精度为 46.1m 精度为 2.63‰D（D 为航程），因此海试结果表明 SINS/DVL 自主导航精度优于 3‰D（D 为航程）。

8.4　单兵自主导航

行人导航是指对行人进行导航定位的技术，而单兵导航通常是指面向单兵作战的这类行人导航技术，要求在未知环境下具有无需提前铺设基础设施，仅依靠自身传感器进行自主导航定位的能力。当前常用的单兵导航系统一般以卫星导航为核心,辅以地图匹配的形式,在室外信号良好的开阔环境下可以实现高精度的导航定位。但卫星导航在室内、地下、城市巷道等信号不良或缺失的环境下难以完成导航任务,且信号易被干扰,是一种非自主导航方式,限制了单兵导航的应用范围。

室内定位方法有很多种,其中很多室内定位技术可以应用在行人导航上。根据对导航基础设施的依赖程度不同,可把室内定位技术分为三类:一是需要铺设专用的导航设施,如无线电、声学、光学等定位设施,常见的有室内伪卫星、射频(radio frequency identification,RFID)、超宽带(ultra wide band,UWB)、蓝牙和ZigBee定位等;二是利用环境现有设备作为导航辅助设施,如WLAN指纹、GSM定位、地理信息辅助定位等;三是无任何基础设施,完全依靠行人自身传感器进行的导航,代表方式为基于微惯性测量单元(micro inertial measure unit,MIMU)的惯性导航,并可辅助以视觉、地磁导航等。在消费级的应用领域如仓库、商超、机场、展览馆等,具备提前铺设基础设施的条件,行人导航可直接采用第一或第二类导航方式。而对于消防救援、抢险救灾、反恐作战等往往面临的是未知环境,不能提前铺设基础设施或者现场设施已被损毁,这就对行人导航的自主性提出了更高的要求,这种在未知环境下依靠单兵自身携带的传感器进行的导航即为单兵自主导航。单兵自主导航系统具有在不依赖卫星和专用基础设施的条件下,仅依靠自身传感器自主完成导航定位的能力。适用于消防、警察、士兵、抢险及其他需要室内定位的人员,在室内、隧道、城市巷道等封闭或半封闭环境实现单兵或班组人员的实时定位、导航与指挥。

单兵定位的传统方法是采用地图、罗盘和计步的方式来实现,直到20世纪90年代GPS出现之后,美军率先把GPS导航应用到陆军的单兵定位装备中,基本解决了单兵的室外高精度定位问题。但在室内、丛林等信号缺失环境下的单兵导航依然需要依赖传统方法。20世纪90年代中期,美军为"陆地勇士(land warrior)"单兵装备研制了导航系统,首次引入了包含加速度计和磁强计的步行航位推算模块与GPS组合构成单兵导航系统,在卫星信号不良时可切换为航位推算模式。2006年,美军在新一代单兵装备"未来勇士(future force warrior)"中升级了器件和步行航位推算(pedestrian dead reckoning,PDR)算法,可以适应更复杂的战场状况。

PDR方法需要对人体进行运动学建模,根据步频、腿长等参数来计算步长,并结合计步信息及航向信息推算得到位置。其误差不随时间发散,仅与累计的步行路程相关,但不同单兵个体的模型参数差异较大,精度提高有限,有一定应用局限性。PDR方法中MIMU原则上可以安装于胸、腰、足等不同部位来进行建模和计步。随着MIMU精度的进一步提高,单兵导航系统出现另外一种方案,把MIMU安装于足部,利用脚落地时的零速特点作为导航滤波算法中的虚拟观测,通过周期性的速度约束,达到比PDR方法更好的精度和更好的适应性,这就是单兵的零速修正(zero velocity update,ZUPT)算法。

微惯性技术的快速发展为单兵自主导航的实现创造了条件,微惯性测量单元 MIMU 在成本、尺寸、重量、功耗等方面能够很好地满足单兵导航系统的应用需求。但 MIMU 精度较低,直接用惯性导航算法得到的单兵导航结果会迅速发散,不能完成导航任务。因此,在基于 MIMU 微惯性导航的基础上,寻求各种主动或被动的方法来抑制误差发散提高导航精度,成为解决单兵自主导航问题的主要思路。为了进一步提高精度和环境适应性,单兵导航可以借助地磁、视觉、小型激光雷达等导航信息进行组合导航,如视觉/惯性组合 SLAM、激光雷达/惯性组合建图与定位等,本节案例主要研究基于 MIMU 的单兵自主导航方法。

8.4.1　步行航位推算方法

PDR 算法的基本思路是通过加速度信息或计步测量装置对行走时的步数和步长进行估计,结合磁敏感器或陀螺获得的航向信息逐步推算出行人的位置、行走距离和方向信息,如图 8-4-1 所示。算法可以分为 4 个阶段:步态探测、步长估计、航向估计和位置推算。

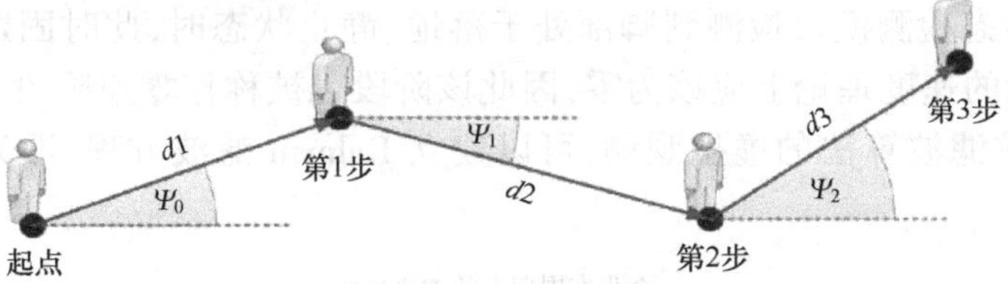

图 8-4-1　PDR 算法过程示意图

步态检测是通过 MIMU 识别人在行走过程中的步伐状况,主要包括步频检测、步伐判断。步态检测主要完成对步行期间内的步态周期划分,输出一个完整的步态周期的起始和结束时间,用于后续的步长估计和航向估计。步态检测一般通过陀螺和加速度计输出数据进行判别,也可以采用支持向量机方法(support vector machine,SVM)对动作进行识别。步态检测的准确性直接影响 PDR 算法的精度。

步长估计是指估算单兵每一步的长度。步长指同一只脚相邻两次触地所迈过的距离,也就是一个步态周期走过的长度。步长估计一般通过步长建模完成。步长模型常用的有伪常数步长模型、线性步长模型、非线性步长模型和基于神经网络的步长模型等多种。一般步长模型都需要事先标定,模型参数随使用者的身体特征、步行习惯而存在差异。

航向估计是估算行人的实时航向。步行推算中的航向估计至关重要,航向角的准确性直接关系到最终导航轨迹与实际运动轨迹的差异。航向角的初始对准一般基于磁罗盘完成,在步行过程中,航向角依靠陀螺仪和磁罗盘共同维持。

位置推算是基于步长和航向递推行人的位置坐标。步行推算主要依靠每一步估算出的步长和航向角递推更新完成,导航精度受步长估计和航向估计的精度影响。定位误差随着步行的距离即步数的增加而逐渐累积。

PDR 方法实现简单,安装应用方便,早期只需要磁罗盘和加速度计即可完成,后来随着 MIMU 技术的发展,一般直接用集成的 MIMU 模块实现,可安装于人体腰部、背部、脚上等不同位置。但其步长模型与人体的身体特征和运动习惯等相关性较大,精度有限。

8.4.2 基于步态检测的零速修正算法

随着 MIMU 精度的进一步提高,单兵导航系统出现另外一种方案,把 MIMU 安装于足部,利用脚落地时的零速特点作为导航滤波算法中的虚拟观测,通过周期性的速度约束,达到比 PDR 方法更好的精度和更好的适应性,这就是单兵的零速修正 ZUPT 算法。

人在步行过程中,脚部会往复出现离地、摆动、触地、静止 4 个阶段,且呈周期性变化,如图 8-4-2 所示。固定在鞋上的 MIMU 器件能够敏感到脚部的运动状态。当步态检测模块检测到脚部处于落地、静止状态时,此时固定在脚部的 MIMU 单元的速度理论上应该为零,因此该阶段也被称作零速阶段。把速度为零作为导航滤波算法的虚拟观测,可以建立 Kalman 滤波方程,即为零速修正算法。

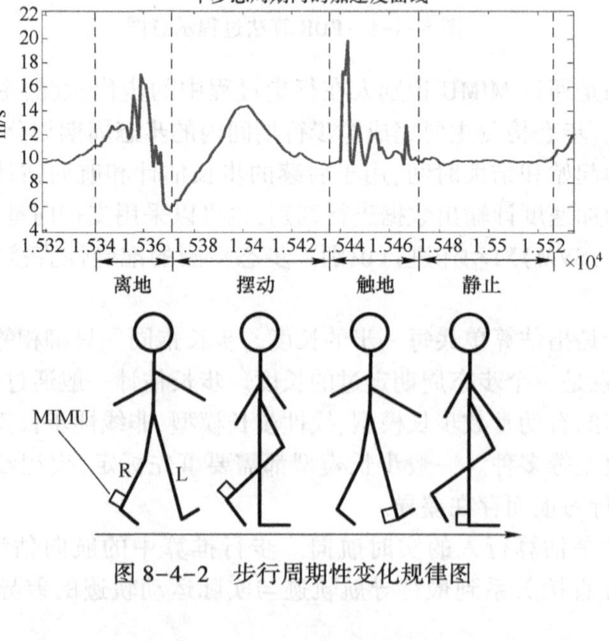

图 8-4-2 步行周期性变化规律图

根据惯性导航的误差方程建立 INS-EKF-ZUPT 单兵导航算法,EKF 滤波方程可设计不同的滤波状态。以常用的 15 状态滤波器为例,设该模型的系统状态为导航系统误差 $\delta \boldsymbol{x}$:

$$\delta \boldsymbol{x}=[\delta \boldsymbol{\varphi} \quad \delta \boldsymbol{v} \quad \delta \boldsymbol{r} \quad \Delta_b \quad \boldsymbol{\eta}_b]^{\mathrm{T}} \tag{8-4-1}$$

式中:$\delta \boldsymbol{\varphi}=[\phi_N \quad \phi_E \quad \phi_D]$为姿态角误差;$\delta \boldsymbol{v}=[\delta v_N \quad \delta v_E \quad \delta v_D]$为速度误差;$\delta \boldsymbol{r}=[r_N \quad r_E \quad r_D]$为位置误差;$\Delta_b=[\Delta_{b_x} \quad \Delta_{b_y} \quad \Delta_{b_z}]$为加速度计零偏;$\boldsymbol{\eta}_b=[\eta_{b_x} \quad \eta_{b_y} \quad \eta_{b_z}]$为陀螺零偏。

卡尔曼滤波状态方程和量测方程分别为

$$\delta \dot{\boldsymbol{x}}=\boldsymbol{F}\delta \boldsymbol{x}+\boldsymbol{G}\boldsymbol{w} \tag{8-4-2}$$

$$\boldsymbol{z}=\boldsymbol{H}\boldsymbol{x}+\boldsymbol{v} \tag{8-4-3}$$

系统的观测量 $\boldsymbol{z}$ 如下:

$$\boldsymbol{z}=[\delta \boldsymbol{v}_k]=\boldsymbol{v}_k-[0,0,0] \tag{8-4-4}$$

式中:$\delta \boldsymbol{v}_k$ 为第 k 时刻的速度误差;$\boldsymbol{v}_k$ 为第 k 时刻的速度。

则观测矩阵为

$$\boldsymbol{H}=[\boldsymbol{0}_{3\times3} \quad \boldsymbol{I}_{3\times3} \quad \boldsymbol{0}_{3\times3} \quad \boldsymbol{0}_{3\times3} \quad \boldsymbol{0}_{3\times3}] \tag{8-4-5}$$

这就是零速修正算法的基本原理,而其中零速状态的检测是影响算法精度的主要因素之一。

零速检测是步态检测中的一个核心环节。步态检测主要包括步频检测、步态判断和零速检测。当 MIMU 被固定在鞋上时,内置的加速度计和陀螺仪能够敏感脚部的变化状况,实时检测抬起、迈步、落地、静止等周期性的动态变化。而加速度和角速度是直接反映脚部动态性的量值,大多数步态检测算法借助了它们的统计学特征,利用其周期性变化规律完成。基于 MIMU 的步态检测算法大致可以分为三类:基于加速度信息的步态检测、基于角速度信息的步态检测和融合了加速度和角速度信息的步态检测算法[46]。这些算法都是基于数据的模值、方差和周期性变化特征,通过设定阈值,判断当前时刻处于零速时刻(落地、静止)或抬起迈步时刻,而阈值一般要根据使用者的体态特征和步行习惯事先设定。测试表明,在参数设计得当的条件下,同时融合陀螺和加速度计输出的角速度和加速度信息的检测模型精度一般要优于单独使用角速度或加速度的检测模型,可靠性更高。

为了提高零速检测精度,除了用 MIMU 直接检测外,也可以通过附加其他传感器来提高测量精度,如在鞋底增加压力传感器,通过测量鞋底与地面的压力变化来更加精确地判断脚步落地时刻。Ozkan Bebek 在鞋上安装了一组地面反作用力感应器,通过压力数据分析行人的步行状态,进而更加精准地找到了零速修正时刻,使得校正过程更加及时和准确。田晓春等也通过在鞋底安装薄膜压力传感器的方法提高了零速检测精度。相比 MIMU 检测,压力传感器检测精度更高,但需要在鞋底额外安装压力传感器,增加了系统复杂性和应用难度。

通过零速检测,就可以在惯性导航解算过程中,在每一步的脚落地时刻施加零速修正算法,对速度误差、位置误差和水平姿态角误差进行修正,提高导航定位精度。但是,零速修正算法中航向角是不可观的,意味着算法并不能对航向角漂移进行修正。因此,由于陀螺漂移误差,单兵航向角误差逐渐积累,成为单兵导航的主要误差源。

8.4.3 运动约束方法

零速修正算法是单兵导航中最基本的一种运动约束算法,实际上,为了进一步提高精度,单兵的其他一些规律性运动也可以利用来设计为运动约束算法。

类似于零速检测,在设计运动约束算法之前,首先要准确检测和识别单兵的运动模式,总结运动规律。单兵的运动模式,除了步频、步长等步态动作外,还有诸如走、跑、转弯等行进动作,上下坡、上下楼梯等与环境相关的动作,立、坐、趴和躺等一系列与身体姿态相关的动作等。单兵运动模式识别,是指从 MIMU 采集到的数据中,处理分析得到当前单兵的动作状态。基于单兵不同运动模式下的人体运动规律,根据识别出的步态、动作及姿势等信息研究设计运动学约束条件,利用有效的非完整约束作为虚拟观测,通过扩展卡尔曼滤波组合导航算法来提高导航精度,并能对导航误差和器件误差进行在线估计和修正。常用的运动约束有航向约束和高度约束方法。

1. 航向约束

如前所述,零速修正算法并不能对航向角漂移进行修正,考虑到大多数建筑物的走廊是直线的和直角弯的,在室内步行时,对于较长距离的直行和转弯路线,一般对应的是楼道直线和楼道拐角。通过算法中的运动判断模块识别每一步的航向角,基于连续步伐的航向角变化序列判断单兵的行走状态如直行和转弯等。如图 8-4-3 所示。当判断状态为直线行走时,可认为此段路线理想航迹角均值不变;当判断状态为转弯(90°或 180°)时,可认为航迹角理想变化量应为 90°或 180°,把输出航迹角与理想航迹角的偏差作为观测量放入卡尔曼滤波中,起到基于运动特征进行航向约束的作用。

2. 高度约束

惯性导航的高度通道是发散的,如果在室内需要提供楼层信息,常用的方法是利用气压高度计输出作为高度约束。但在一些特殊情况如消防救火、士兵作战等条件下,现场的大火或爆炸可能瞬间改变气压,影响气压与高度的关系。此时可以利用上下楼梯的运动规律进行高度和楼层估计。

每一级台阶的高度在建筑规范里大多为定值,而每一步所踏台阶的数量,决定着当前这一步高度更新的大小。因此,动作的准确识别和误判的及时排除,决

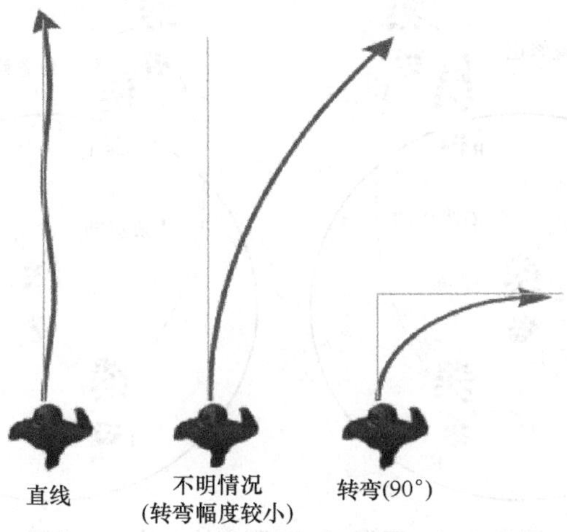

图 8-4-3 直行/转弯示意图

定着高度方向上的位置估计精度。固定在鞋上的 MIMU 能够有效地感知高度变化引起的加速度和角速度变化,通过动作判断一步的台阶数量来估算高度变化量。为了减小误判,可用一系列高度变化量建立高度序列,建立隐藏马尔可夫模型(hidden markov model,HMM)生成概率最大的动作序列,排除动作误判后被用于高度误差修正算法中。谷阳,陈昶昊等基于此思路设计高度约束算法,测试得到较好的楼层判定效果。

3. 双脚 MIMU 距离约束

针对 MIMU 普遍精度不高的问题,可以采用两个或多个 MIMU 共同导航的方式来提高导航的精度和可靠性。即在人体安装多个 MIMU,每个 MIMU 都进行导航解算,然后对多个传感器信息或导航结果进行信息融合和优化,得到更优的导航解。

当两个或多个 MIMU 安装于人体不同位置时,任何一个 MIMU 都可以进行导航解算,得到导航结果,每个导航结果代表的是安装位置的导航信息。虽然人体不是刚体,不同位置的 MIMU 之间的距离可能是相对变化的,但人体的高度和四肢伸展范围是有限的,即不同位置的 MIMU 之间的距离是有上限的。在多个 MIMU 导航滤波模型中,加入距离上限约束,可以优化导航结果。其中最常用的是双脚分别安装 MIMU 进行双脚距离约束,如图 8-4-4 所示。

双脚 MIMU 距离约束算法是将每个 MIMU 子系统独立进行惯性导航解算和零速检测,再经过零速修正和距离最大值约束分别对两 MIMU 系统间的位置关系、速度和角速率进行观测,针对双 MIMU 系统设计带不等式约束的扩展卡尔曼滤波算法,对导航解算的结果进行优化。实际上,除了双脚距离约束外,安装于身体其他部位如肩部、腰部等的 MIMU 也可以用于距离约束。

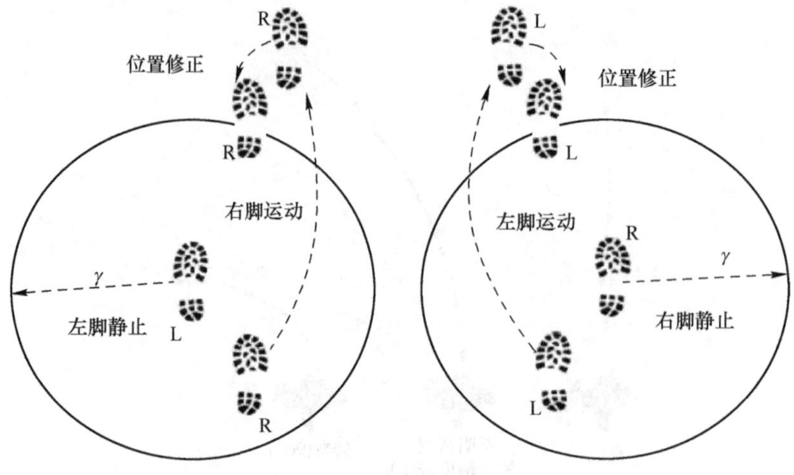

图 8-4-4 双脚 MIMU 距离约束关系示意图

8.4.4 视觉/惯性组合方法

单兵视觉/惯性组合导航算法是应用于单兵导航的一种常见的组合导航算法,通过将固定于人员胸部或头部的视觉传感器与足部惯性传感器信息组合实现多源融合,有效提高单兵导航的定位精度与鲁棒性。典型的视觉惯性融合算法大都基于相机和 MIMU 之间的刚性连接,而人员身体是一个柔性体,在相同的时刻,人员的头部、身体和足部的坐标系是相对变化的,不能直接用传统的视觉惯性 SLAM 算法,但可以挖掘单兵行走时候步态的运动特性对导航误差进行修正,或基于全身不同部位位置相近的特点作组合。考虑到视觉传感器很多本身包含固联的 MIMU,因此,视觉/惯性组合可分为视觉/固联惯性的组合和视觉/足部惯性的组合两层。其算法框架如图 8-4-5 所示,主要包括 4 个模块:SINS 位姿估计、视觉/惯性 SLAM 位姿估计、局部位姿融合和全局位姿优化。

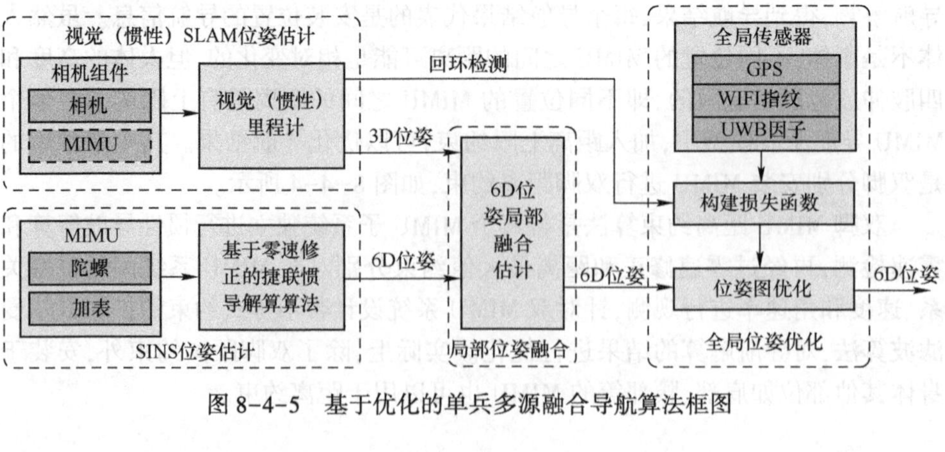

图 8-4-5 基于优化的单兵多源融合导航算法框图

单兵导航的局部位姿由惯性因子和视觉位姿估计因子组成。惯性通过连续积分来估计相邻采样点间的位姿增量,进而提供惯性约束。视觉里程计使用连续帧之间的运动关系求解相邻图像间的位姿增量,提供视觉位姿估计约束。SINS 位姿估计与视觉 SLAM 位姿估计模块是导航系统的基础,可以分别提供单兵足部与身体的位姿估计。位姿融合与优化是单兵多源融合导航算法的核心,采用因子图优化的方式对视觉惯性传感器进行联合优化,提供更加准确鲁棒的单兵导航估计。另外得益于因子图即插即用的优势,单兵视觉惯性导航算法可以在视觉惯性融合的基础上引入 GPS、WiFi 指纹、UWB 等全局传感器因子以对位姿估计进一步修正,提高系统全局定位精度。

首先,足部 MIMU 数据经捷联惯性导航解算后获得初始位姿,视觉(惯性)SLAM 位姿估计也求得单兵相对于已知起点的位姿。结合二者的位姿信息,对单兵的局部位姿进行融合估计。此外,全局参考优化融合了视觉回环信息和其他传感器,如 WiFi 指纹、GPS 和 UWB 测距信息,以评估导航系统的全局误差,并批量优化位姿图。

设 $\boldsymbol{K}_g \in \mathbb{R}$ 为截止到 $t_g \in \mathbb{R}$ 时刻的步态索引。假设相邻脚部落地时间 t_i 和 $t_{i-1}(i \in \boldsymbol{K}_g)$ 之间存在多个视觉关键帧 C_j,其中 $j \in \boldsymbol{M}_i$,$\boldsymbol{M}_i$ 代表关键帧的数量。则可以将状态估计问题的目标函数 $\mathcal{X}_l$ 定义为截止到 K_g 时,单兵运动状态 $\boldsymbol{x}_i$ 和视觉关键帧 C_j。单兵导航算法主要关注其在运动过程中的位置 $\boldsymbol{p}_i^g$ 和航向 y_i^g,考虑到一个新的步态 i 和一个先前的步态 j,全局传感器仅包含相对位置和相对航向变化。因此,本书将变量 $\mathcal{X}_g$ 定义为所有步态的全局位姿:

$$\mathcal{X}_g = \{\boldsymbol{x}_0, \boldsymbol{x}_1, \cdots, \boldsymbol{x}_n\} \quad \boldsymbol{x}_i = \{\boldsymbol{p}_i^g, y_i^g\} \tag{8-4-6}$$

假设测量的不确定度是具有均值和协方差的高斯分布。以下等式将因子图的成本函数作为一个整体最小化:

$$\mathcal{X}_g \stackrel{\triangle}{=} \bigcup_{i=0}^{K_g} \left[\{\boldsymbol{x}_i\}, \bigcup_{\forall j \in \boldsymbol{M}_i} \{C_j\} \right] \tag{8-4-7}$$

该问题的本质是最大后验估计问题,即

$$\mathcal{X}_g^* = \underset{\mathcal{X}_l}{\operatorname{argmax}} \prod_{t=0}^{K_g} \prod_{\tau \in \boldsymbol{F}} P(z_t^\tau \mid \mathcal{X}) \tag{8-4-8}$$

式中:$\boldsymbol{F}$ 为测量集,包括 VO/VIO 测量、MIMU 测量以及全局传感器测量;τ 为输入数据源的类型;z_t^τ 为系统在 t 时刻传感器 τ 的测量值。如果测量值是条件独立的,并且噪声为零均值高斯噪声,则最大后验估计值可以写成残差平方和的形式:

$$\mathcal{X}_l^* = \underset{\mathcal{X}_l}{\operatorname{argmin}} \sum_{i=0}^{K_g} \sum_{\tau \in \boldsymbol{F}} \|\boldsymbol{r}_{\tau_i}\|_{\sum_{\tau_i}}^2 \tag{8-4-9}$$

式中:$\boldsymbol{r}_{\tau_i}$ 为关键帧索引的预测值和测量值之间的误差残差。

以下等式使整个系统的能量最小化：

$$
\begin{aligned}
\chi_g^* &= \underset{\chi_s}{\operatorname{argmax}} \prod_{t=0}^{K_s} \prod_{k \in S} P(z_t^k \mid \chi) \\
&= \underset{\chi_g}{\operatorname{argmin}} \sum_{\tau} \sum_{i \in K_g} \| r\tau_i \|_{\Sigma\tau_i}^2 \\
&= \min\Big(\sum_{i \in K_g} \| r_0 \|_{\Sigma 0}^2 + \sum_{i \in K_g} \| r_{I_i} \|_{\Sigma\tau_I}^2 + \sum_{(l,j) \in C} \| r_{C_j} \|_{\Sigma_l^{C_j}}^2 + \sum_{i \in K_g} \| r_G(\hat{z}_g^G, \chi) \|_{\Sigma\tau_i^q}^2 \Big)
\end{aligned}
\tag{8-4-10}
$$

式中：残差 r_0 为先验因子；r_{I_i} 为 IMU 因子；r_{C_j} 为视觉(惯性)里程计因子；r_G 为全局传感器残差因子。

基于优化的多源信息融合因子图结构如图 8-4-6 所示。因子图节点为每一步落地时刻的相对于初始点的位置和方向。两个相邻节点之间的边通过 IMU 因子和视觉位姿估计因子约束，提供局部位姿约束。而全局误差因子，如视觉回环因子、UWB 因子、WiFi 指纹因子、GPS 因子等，为位姿优化提供全局位姿约束。

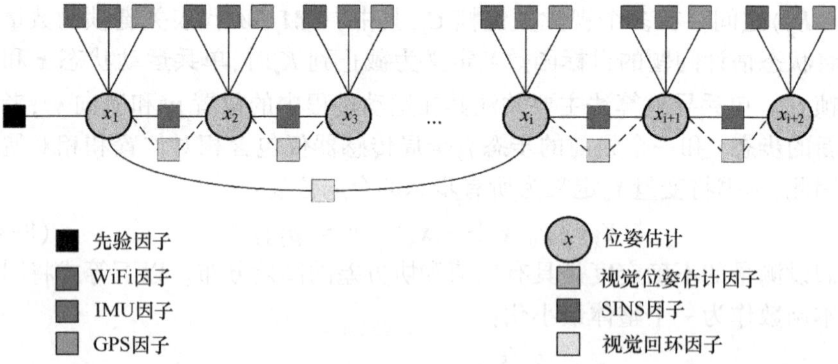

图 8-4-6　基于优化的多源信息融合算法因子图结构

8.4.5　典型案例

1. 基于 MIMU 的单兵导航系统设计

基于 MIMU 的单兵自主导航系统典型实现方案如图 8-4-7 所示。基于 MIMU 的惯性导航模块安装于足部，不需要与外界进行任何信息交换，实现全自主导航，是单兵自主导航的核心模块，即使没有任何其他辅助信息，也可在一定条件下满足单兵自主导航性能需求。手持终端可实时接收惯性导航模块的定位信息并实时显示。单兵电台可实现单兵班组之间的自组网信息传输，以及单兵和指挥控制中心的远程信息无线传输，指挥员可通过指挥显控端实时监控每个单兵的导航信息并发送指挥指令。以惯性导航模块为核心，在条件具备的场景下，可增加卫星、视觉、小型激光雷达等可穿戴传感器，实现惯性与多种信息的组合导航。

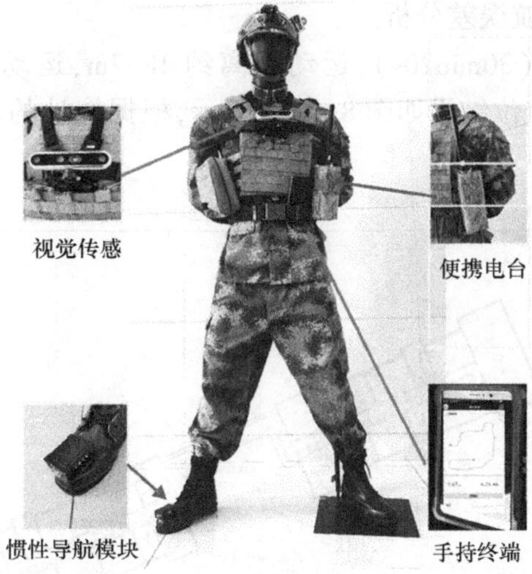

图 8-4-7　基于 MIMU 的单兵自主导航系统

系统主要功能有：

(1) 单兵在室内外多种环境下的无缝自主定位；

(2) 手持终端实时显示自身导航定位信息及其他成员信息；

(3) 便携电台可以发送接收其他成员信息及发送指挥指令。

2. 试验验证

1) 室内走廊、房间场景试验

在大楼二楼进行正常行走试验，行走路线为折线，中间穿插教研室、会议室、装备室、厕所、楼梯间等，正常行走 5 圈，试验的起点和终点为同一标记点。室内二楼平面地图如图 8-4-8 所示，浅色线段是试验的轨迹路线，轨迹路线上设立 3

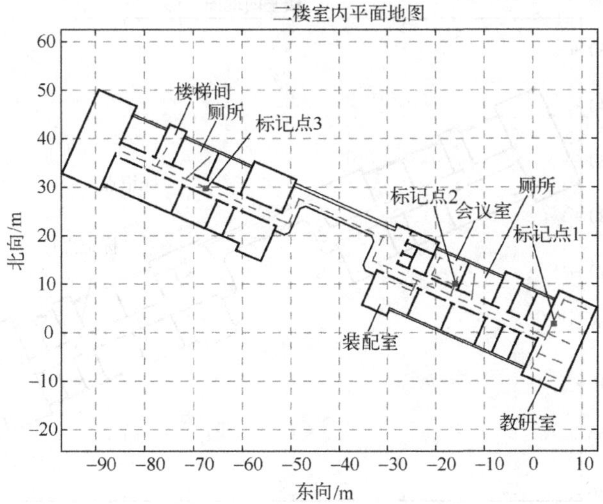

图 8-4-8　楼层平面图

个标记点,以进行导航误差分析。

测试时长 1820s(30min20s),运动距离约 1857m,运动过程中平均速度约 1.2m/s。导航解算定位结果如图 8-4-9 所示,根据统计的标记点误差,多点评估定位误差 0.91m。

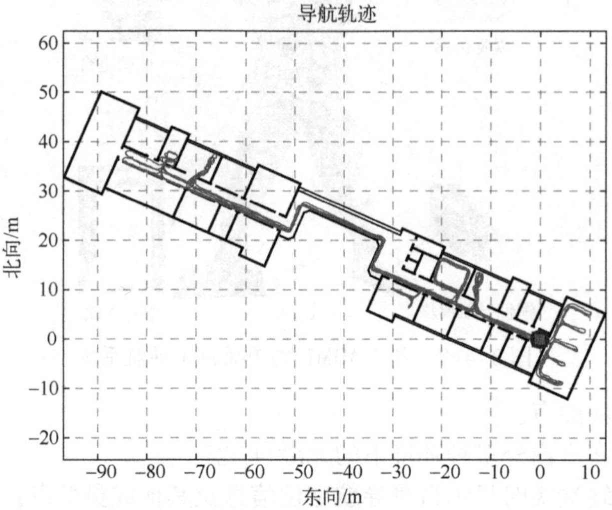

图 8-4-9 室内定位轨迹

2) 室内外场景试验

测试内容:室内+室外测试。图 8-4-10 是测试路线图,浅色线段是测试设计线路,从二楼右侧出发,在二楼左侧下楼梯至一楼,从一楼左侧门出大楼,沿公路进入篮球场,在篮球场外围走 4 圈,返回大楼,从一楼右侧门进入大楼,从一楼

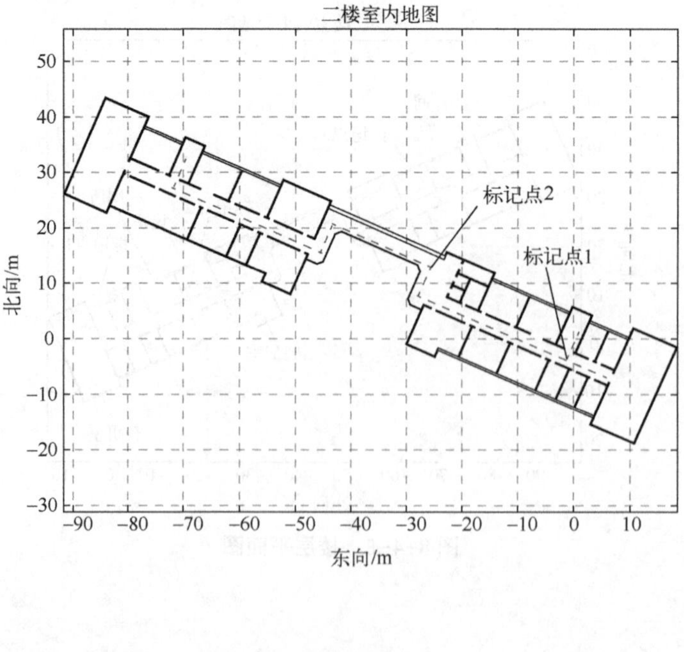

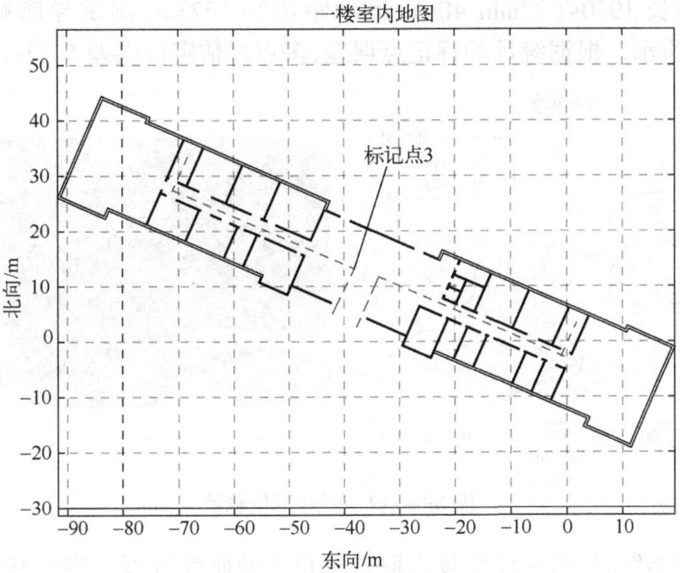

图 8-4-10　楼层平面图

右侧楼梯上二楼，到达测试终点，测试的起点和终点为同一标记点，设立 6 个标记点，进行误差分析。

测试时长 1678s（27min58s），运动距离约 1718m，运动过程中平均速度约 1.2m/s，测试导航解算结果如图 8-4-11 所示，根据统计的标记点误差，多点评估定位误差 5.23m。

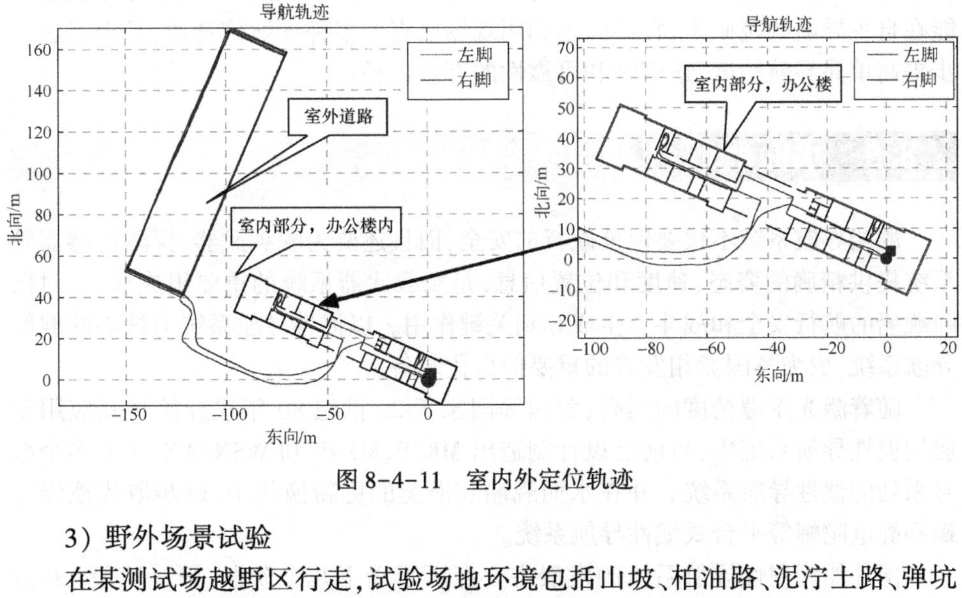

图 8-4-11　室内外定位轨迹

3）野外场景试验

在某测试场越野区行走，试验场地环境包括山坡、柏油路、泥泞土路、弹坑路、石子路。试验的起点和终点为同一地点。

测试时长 1960s(32min 40s),运动距离约 1723m,测试导航解算结果如图 8-4-12所示。根据统计的标记点误差,多点评估定位误差 5.23m。

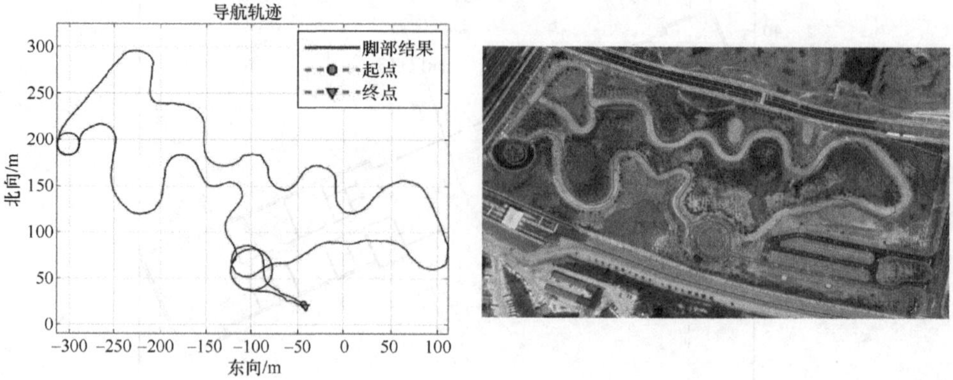

图 8-4-12 野外定位轨迹

经过多年发展,单兵导航技术取得了很大的研究进展。当前基于 MIMU 的单兵导航技术在一定环境条件下可以满足导航需求,但其导航性能依然受到外部环境条件和单兵运动条件的影响,在复杂条件下的导航普适性和可靠性还有待加强。在条件具备的场景下,以惯性导航为基础,采用多种导航信息进行多源信息融合导航是合理的方案,其难点在于不同环境下信息源的不确定性,可能存在不同的信号形式、不同的更新率、不同的定位解算方法,这对信息融合算法提出了很高的自适应要求。相比普通行人导航,单兵导航面临更复杂的动作模式和行进模式,更复杂多变的外部环境,更多临时的意外状态。单兵全源导航技术能在自主导航的基础上,自适应地利用现场已有的多种导航信息源,是未来进一步提高单兵导航精度、适应性和可靠性的有效途径。

8.5 水面舰艇自主导航

舰船导航系统不仅要保证航行的安全,而且还要为舰载武器、探测传感器等系统提供精确的姿态、速度和位置信息,是舰载武器系统的重要组成部分,对保障舰船的航行安全和战斗力生成起到关键作用。以惯性导航系统为核心的舰船导航系统,成为各国竞相发展的重要信息化装备。

随着激光陀螺精度的提高,美国等国家于 20 世纪 80 年代开始将其应用于船用惯性导航系统中,目前已设计制造出 MK39、MK49 和 WSN/AN-7 等多个型号系列的惯性导航系统。并在水面舰船和潜艇的更新换代中,逐步取代液浮陀螺和静电陀螺等平台式惯性导航系统。

国外船用惯性导航系统的发展主要经历了以下几个阶段:第一阶段:20 世纪 20 年代至 50 年代末期。这一阶段为惯性导航技术的起步阶段,为船用惯性导航系统的研制奠定了理论和工程基础。第二阶段:20 世纪 50 年代末至 90 年代初期。这一阶段为船用惯性导航系统的快速发展阶段,液浮陀螺和静电陀螺惯性导航系统得到了大量装备,激光陀螺等新型船用惯性导航系统也得到迅速发展。第三阶段:20 世纪 90 年代初期至今。这一阶段为船用激光陀螺惯性导航系统的深入发展和大量装备阶段。这一时期,激光陀螺惯性导航系统的精度和可靠性进一步提高,随着液浮陀螺和静电陀螺惯性导航系统达到服役年限,激光陀螺惯性导航系统得到大量装备,逐渐占据了船用惯性导航系统的主导地位,成为各国海军舰船和潜艇装备的主要平台。表 8-5-1 列出了几种比较著名的船用激光陀螺惯性导航系统。

表 8-5-1　主要的船用激光惯性导航系统

系统型号	惯性器件	主要性能	应用概况
MK49	3 个 GG-1342 和 QA2000 加速度计	定位精度优于 1n mile/24h	北约的水面舰艇和潜艇
MK39	3 个 GG-1342 和 QA2000 加速度计	航向精度<3.28′secφ(RMS) 纵横摇精度 1.75′(RMS)	供美国及相关国家海军使用
AN/WSN-7	3 个 GG-1342 和 QA2000 加速度计	定位精度 1n mile/24h 启动校准时间 4h	美国的水面舰艇和潜艇,美国各级攻击型核潜艇
PL-41/MK4	3 个腔长 28cm 的激光陀螺	定位精度 1n mile/24h	潜艇和水面舰艇

8.5.1　惯性导航系统初始对准和标校

与车载和机载惯性导航系统相比,船载惯性导航系统对准比较困难,其中最大的难点在于没有准确的速度参考。不管是系泊还是锚泊,船体都受浪涌、阵风等环境影响,对地瞬时速度是变化的随机量。在对准时,通常选择位置信息作为观测量。

针对水面舰艇应用背景,略去高度通道,以北东地当地地理系作为导航坐标系,选取如下的变量作为状态:

$$\boldsymbol{X}=[\psi_N \quad \psi_E \quad \psi_D \quad \delta V_N \quad \delta V_E \quad \delta L \quad \delta\lambda \quad \varepsilon_x \quad \varepsilon_y \quad \varepsilon_z \quad \nabla_x \quad \nabla_y \quad \nabla_z]^{\mathrm{T}} \tag{8-5-1}$$

推导得到系统的状态方程如式(8-5-3)。

系统观测方程为

$$\begin{aligned}\boldsymbol{Z}&=\begin{bmatrix}\delta L\\ \delta\lambda\end{bmatrix}\\ &=\boldsymbol{HX}+\boldsymbol{V}\\ &=[\boldsymbol{0}_{2\times5} \quad \boldsymbol{I}_2 \quad \boldsymbol{0}_{2\times6}]\\ &\quad[\psi_N \quad \psi_E \quad \psi_D \quad \delta V_N \quad \delta V_E \quad \delta L \quad \delta\lambda \quad \varepsilon_x \quad \varepsilon_y \quad \varepsilon_z \quad \nabla_x \quad \nabla_y \quad \nabla_z]^{\mathrm{T}}+\boldsymbol{V}\end{aligned} \tag{8-5-2}$$

$$
\begin{bmatrix} \dot{\psi}_N \\ \dot{\psi}_E \\ \dot{\psi}_D \\ \delta\dot{V}_N \\ \delta\dot{V}_E \\ \delta\dot{L} \\ \delta\dot{\lambda} \\ \dot{\varepsilon}_x \\ \dot{\varepsilon}_y \\ \dot{\varepsilon}_z \\ \dot{\nabla}_x \\ \dot{\nabla}_y \\ \dot{\nabla}_z \end{bmatrix}
=
\begin{bmatrix}
0 & \begin{pmatrix} -\Omega\sin L \\ -V_E\tan L/R \end{pmatrix} & V_N/R & 0 & 1/R & -\Omega\sin L & 0 & -c_{11} & -c_{12} & -c_{13} & 0 & 0 & 0 \\
\begin{pmatrix} \Omega\sin L \\ +V_E\tan L/R \end{pmatrix} & 0 & \begin{pmatrix} \Omega\cos L \\ +V_E/R \end{pmatrix} & -1/R & 0 & 0 & 0 & -c_{21} & -c_{22} & -c_{23} & 0 & 0 & 0 \\
-V_N/R & -(\Omega\cos L+V_E/R) & 0 & 0 & -\tan L/R & -\begin{pmatrix} \Omega\cos L \\ +V_E\sec^2 L/R \end{pmatrix} & 0 & -c_{31} & -c_{32} & -c_{33} & 0 & 0 & 0 \\
0 & f_U & -f_E & 0 & \begin{pmatrix} -2(\Omega\sin L \\ +V_E\tan L/R) \end{pmatrix} & \begin{pmatrix} -V_E(2\Omega\cos L \\ +V_E\sec^2 L/R) \end{pmatrix} & 0 & 0 & 0 & 0 & c_{11} & c_{12} & c_{13} \\
-f_U & 0 & f_N & \begin{pmatrix} 2\Omega\sin L \\ +V_E\tan L/R \end{pmatrix} & V_N\tan L/R & \begin{pmatrix} 2\Omega V_N\cos L \\ +V_N V_E\sec^2 L/R \end{pmatrix} & 0 & 0 & 0 & 0 & c_{31} & c_{32} & c_{33} \\
0 & 0 & 0 & 1/R & 0 & 0 & 0 & 0 & 0 & 0 & 0 & 0 & 0 \\
0 & 0 & 0 & 0 & \sec L/R & V_E\sec L\tan L/R & 0 & 0 & 0 & 0 & 0 & 0 & 0 \\
 & & & & & & 0_{6\times 13} & & & & & &
\end{bmatrix}
\begin{bmatrix} \psi_N \\ \psi_E \\ \psi_D \\ \delta V_N \\ \delta V_E \\ \delta L \\ \delta\lambda \\ \varepsilon_x \\ \varepsilon_y \\ \varepsilon_z \\ \nabla_x \\ \nabla_y \\ \nabla_z \end{bmatrix}
\qquad (8\text{–}5\text{–}3)
$$

在舰船惯性导航系统进行初始对准的过程中,实际操作时需要注意以下几个方面:

(1) 首先估计最大的误差源。在最主要的位置误差激励因素被准确分离、补偿之后,起初被认为相对次要的误差源成为主要的位置误差激励源,然后再对它进行估计。

(2) 对准和标校的时间长短选择要合理。时间短了,不足以分离误差源;时间长了,原本起主要作用的误差源可能会慢慢削弱,转而变为慢变项起作用。

(3) 采用迭代的方式,逐步估计器件误差。对准和标校相互迭代,逐步逼近真值。

(4) 对于旋转惯性导航系统,可以结合转动方式激励出各种误差源。

8.5.2 典型案例

船用激光陀螺惯性导航系统的旋转调制技术,是将整个激光陀螺 IMU 安装在转位机构上,通过转位机构绕一个轴或多个轴进行旋转,使陀螺和加速度计的误差得到调制,从而将惯性器件的误差平均掉。由于系统包含旋转机构,体积、重量、功耗等都比较大,目前主要用于高精度的舰载导航应用。某型舰载惯性导航系统主要性能指标如下。

系统定位精度应满足以下要求:

(1) 码头初始对准时间 2h,对准后,24h 的纯惯性导航定位最大误差小于 2n mile;

(2) 码头初始对准时间 30min,对准后,8h 的纯惯性导航定位最大误差小于 2n mile;

(3) 码头初始对准时间 15min,对准后,系统能提供 0.8°航向精度;之后舰船匀速航行 2h,并提供外部辅助经纬度信息和计程仪信息,12h 的纯惯性导航定位最大误差小于 2n mile;

(4) 综校时间 2h,综校之后仍保证 24h 的导航精度,即 24h 的纯惯性导航定位最大误差小于 2n mile。

系统航向、姿态精度应满足以下要求:

(1) 航向精度:$\leqslant 3'\sec\varphi$ (RMS)。

(2) 纵摇精度:$\leqslant 1'$(RMS)。

(3) 横摇精度:$\leqslant 1'$(RMS)。

1. 旋转调制对误差抑制的机理及结构设计

惯性导航系统的误差源有很多,其中主要有惯性器件误差、初始对准误差、计算误差和各种干扰引起的误差等。不同类型的惯性器件包括不同的误差,对于激光陀螺和石英挠性加速度计,主要包括随机常值零偏、慢变漂移、快变误差和比例因子误差。除此之外,由于机械加工和安装等原因,惯性器件之间还存在安装误差。

为了尽量抑制惯性导航系统误差,同时兼顾导航系统实现的复杂程度,单轴旋转补偿方案是最为常见的方案。与双轴或三轴转动方案相比,单轴转动方案既能够有效抑制导航误差,又大大降低了实现难度,提高了可靠性。

单轴旋转式激光陀螺惯性导航系统主要包括激光陀螺IMU、单轴转动机构、减振器和显控装置。IMU包括三个近似正交的机抖激光陀螺、三个近似正交的石英挠性加速度计、机械结构、二次电源、陀螺的控制电路、加速度计的I/F转换电路、陀螺和加速度计的数据采集电路、其他设备接口和导航计算机。系统结构如图8-5-1所示。

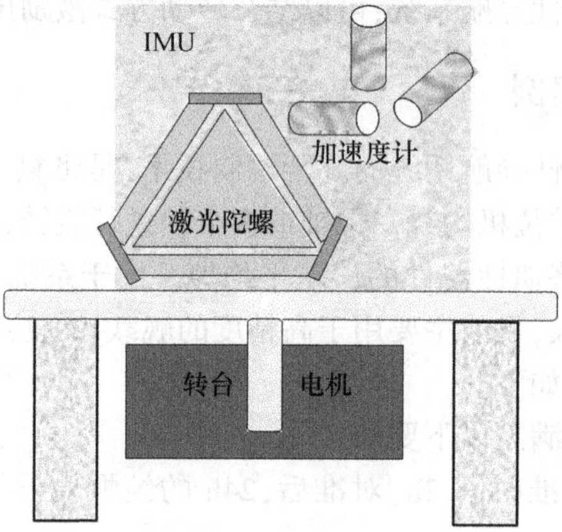

图8-5-1 船用惯性导航系统结构图

(1) 旋转机构(RU)。旋转机构主要用来旋转IMU以平均掉惯性器件的误差,应具备测角和控制功能。

(2) 惯性测量单元(IMU)。惯性测量单元包括激光陀螺、加速度计、外部信息接收模块、电源模块、数据采集电路和导航计算机。激光陀螺采用90型二频机抖激光陀螺,加速度计采用石英挠性加速度计。

(3) 温控单元(TC)。温度控制设备包括位于IMU框架内部的加热片、贴于防护罩内部的半导体加热制冷片以及5个搅拌风扇。此外,转台台面还要采取隔热措施。

(4) 显控柜(DCU)。显控设备用来远程控制和显示系统输出信息。

(5) 相关组件。相关组件包括航海用接插件、电缆。考虑到样机的兼容性,备留了外部信息接口。考虑到卫星信号相当微弱且易受干扰,传输距离有限且线路需要良好的屏蔽,设计将卫星导航接收机安装在DCU中,而不是和IMU放置在转动台面上,以避免转台滑环传输微弱信号。

为提高系统性能,系统的设计应基于以下准则进行:

(1) 系统样机关键元件,如激光陀螺、加速度计等,采用成熟产品。此外,高精度专用加速度计采样电路、转动机构和减振器等重要部件,均采用国内现有成熟产品,加快研制进度。

(2) 底层导航软件、转台控制软件采用成熟、稳定、实时性好的开发平台进行开发,上层显控软件采用可靠性好、界面友好、通用性强的集成开发环境进行开发。

(3) 注重惯性元器件和电路板的测试工作,对惯性器件和电路模块进行长时间测试,进而提高器件的可靠性和精度。

(4) 注意产品的继承性,采用通用化、系列化、模块化设计,提高可靠性和可维修性,降低开发成本。

(5) 在满足武器总体对系统样机的性能、可靠性和环境条件要求的前提下,综合考虑系统的成本、重量、体积和功耗等因素,使其性价比最优。

2. 舰载旋转调制惯性导航系统的试验方案

单轴旋转式激光陀螺惯性导航系统试验的主要目的是评估旋转式惯性导航系统的在线标校性能和采用旋转技术后惯性导航系统的导航精度。为了验证不同外界条件下惯性导航系统的标校和导航性能,试验一般需要包含静止试验、摇摆台试验、车载试验、船载试验等环节,从而在不同的动态情况和外界环境下验证系统的标校和导航性能。

这里给出一组代表性的试验结果。整个试验过程分两个阶段:前 3h 为 GPS/INS 组合导航;后 23h 为纯惯性导航(GPS 只提供速度、位置的参考比对,不引入组合导航滤波器)。如图 8-5-2~图 8-5-4 所示。

试验时间:2010 年 6 月;试验地点:舟山群岛海域;全体运行时间:26h。

试验结果表明,旋转调制技术能够显著提高惯性导航系统的导航精度。

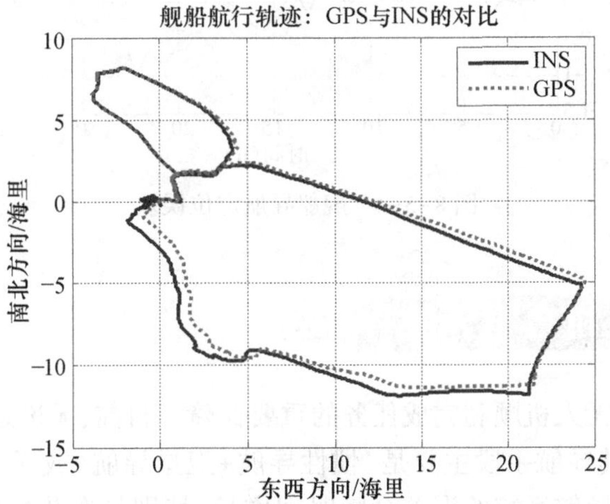

图 8-5-2 航迹对比

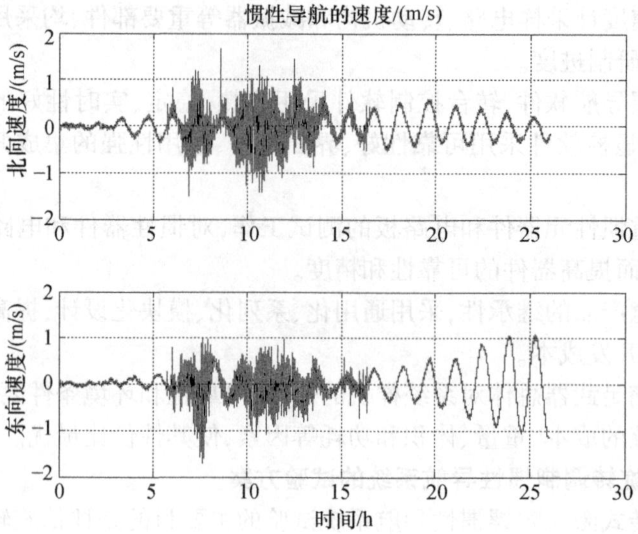

图 8-5-3 速度结果

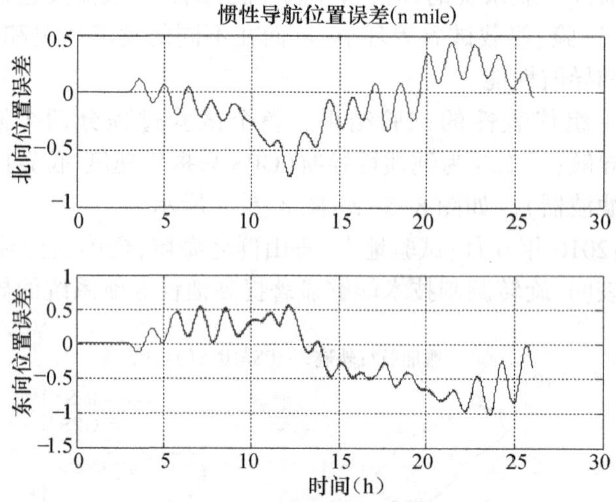

图 8-5-4 舰船导航定位误差

8.6 无人机自主导航

导航系统是无人机顺利完成任务的重要保障。目前,无论是大型无人机,还是小型无人机,其导航手段主要是“惯性导航+卫星导航(或无线电导航)”组合导航。由于惯性导航系统的误差会随时间增长,特别是在装配微惯性器件的小型无人机中惯性导航系统的误差发散更加明显,这就导致了大多数无人机过分依赖于卫星导航或无线电导航。众所周知,卫星导航和无线电导航信号极易被干扰，这种过分的依赖在战时将面临巨大的风险，换句话说，如果卫星导航信息或无线电导航受到严重干扰或拒止，无人机将成为断线的“风筝”。据报道，全世界每年都有数十架大型无人机“失联”。尽管原因诸多，但与过分依赖卫星导航不无关系。此外，恶意的干扰和欺骗也是威胁无人机安全的重要隐患，例如，2011 年年底美国一架 RQ-170 隐身无人机被伊朗截获，各国技术人员分析认为这主要是由于无人机的卫星导航接收机受到宽频谱电子干扰和 GPS 欺骗干扰所致。因此，如何提高无人机导航系统的自主性和安全性，是各无人机导航面临的重大难题。

8.6.1　地图辅助的视觉/惯性组合导航方法

采用第 6 章所述的视觉/惯性组合导航可以在无卫星导航信号下对无人机的位置、姿态和速度进行估计，并且可以重构出观测地标点的三维坐标。然而在没有闭环的情况下，视觉/惯性组合导航本质上仍然是一种航迹递推算法，其误差会不断累积，导致精度下降。具有位置标签的地图可以为无人机自主导航提供参考信息。将机载相机拍摄的图像与地图进行匹配，可以获得无人机的位置。由于匹配定位不具有累积误差，因此可以将匹配定位信息用于修正视觉/惯性组合导航，提升无人机自主导航精度。

无人机匹配定位大致可以分为特征提取、特征匹配和位置解算三个部分。特征提取是从地图和机载相机图中提取出特征信息。在大多数应用中，地图特征可以通常过离线提取然后预加载到导航计算机中。记提取的地图特征为如下形式：

$$\begin{cases}\boldsymbol{F}^M=\{\boldsymbol{f}_1^M,\boldsymbol{f}_2^M,\cdots,\boldsymbol{f}_n^M\}\\ \boldsymbol{L}^M=\{\boldsymbol{l}_1^M,\boldsymbol{l}_2^M,\cdots,\boldsymbol{l}_n^M\}\end{cases}\tag{8-6-1}$$

式中：$\boldsymbol{F}^M$ 含有所有地图特征的描述子；$\boldsymbol{L}^M$ 则包含有所有地图特征的地理位置。

对机载相机拍摄的图像进行实时特征提取，记为

$$\begin{cases}\boldsymbol{F}^C=\{\boldsymbol{f}_1^C,\boldsymbol{f}_2^C,\cdots,\boldsymbol{f}_m^C\}\\ \boldsymbol{L}^C=\{\boldsymbol{l}_1^C,\boldsymbol{l}_2^C,\cdots,\boldsymbol{l}_m^C\}\end{cases}\tag{8-6-2}$$

式中：$\boldsymbol{F}^C$ 包含探测出的相机图特征描述子；$\boldsymbol{L}^C$ 则包含特征在图像中的位置。

提取出特征后，将相机图特征描述子在特征空间中搜索最近邻的地图特征描述子并建立匹配对关系 $\{\boldsymbol{l}_i^C\leftrightarrow\boldsymbol{l}_j^M\}$。根据匹配关系，可以建立相机图和地图之间的对应关系，从而估计出无人机的位置信息。在装有稳定云台的无人机中，云台可保持机载相机下视；这时可以认为相机图像中心点对应的地图匹配点即是无人机所处的位置，如图 8-6-1 所示。然而，在没有稳定平台的无人机中，当机体水平角较大时，图像中心点在地图中对应的位置将不再是无人机的位置，如图 8-6-2 所示。这时需要根据机体姿态，将斜视图校正为下视图或者通过配准视觉/惯性组合导航重构的三维点与地图特征点来解算无人机位置。

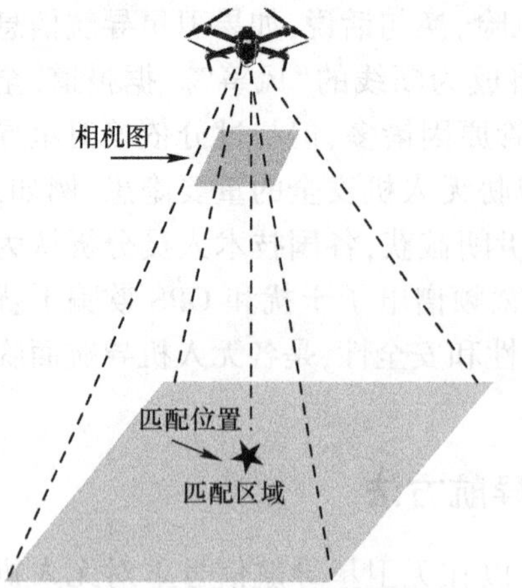

图 8-6-1 下视图定位解算示意图

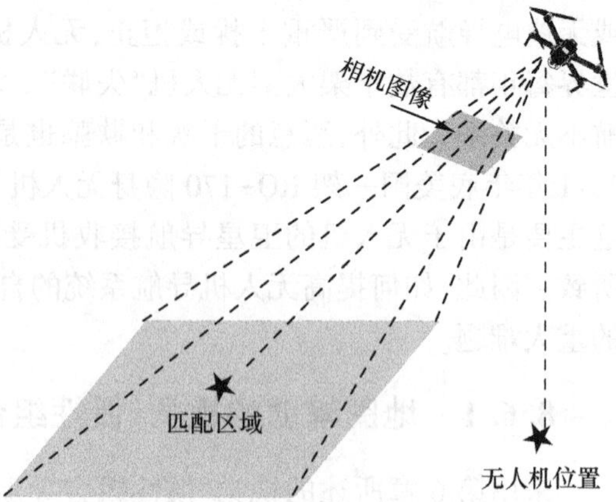

图 8-6-2 斜视图定位解算示意图

匹配定位获得的位置信息不具有累积误差,但匹配定位结果并不连续,仅在匹配成功时才能为无人机提供位置信息。为获得连续、高精度的导航参数输出,可将匹配定位结果作为观测信息与视觉/惯性组合导航结果进行融合。常用的融合方法有基于卡尔曼滤波的融合方法和基于因子图的融合方法。

8.6.2 基于节点递推的无人机导航方法

动物行为学研究表明,信鸽在返巢时会主动借助熟悉的地标引导返航(图 8-6-3)。受此启发,可以利用先验信息将特征显著的区域或沿途的关键区域建立为拓扑节点;然后根据节点之间的相互连接关系进行递推,引导无人机依次经过一系列节点到达目标区域,从而实现类似鸟类的"节点递推"导航机制。节点递推的导航方法包括导航拓扑图构建、拓扑节点识别、导航决策等主要模块。

导航拓扑图构建包括拓扑节点构建和连通边构建两个过程。在节点递推导航中,拓扑节点主要为无人机提供参考信息,引导无人机准确到达目标点。因此,拓扑节点中包含的信息应具有一定的参考性和鲁棒性。根据不同的应用场景,可以将先验地图中包含有显著特征的区域或者在运动过程中记录的关键帧信息作为拓扑节点。节点之间的连通边表示节点的相互连接关系。在节点递推导航中,这种连通性表示无人机可以从一个节点出发到达邻接节点区域。因此,在构建连通边时要综合考虑节点的分布和无人机导航系统的性能。

节点识别是无人机在导航过程中将观测到的环境信息与拓扑节点做对比,判断是否到达某个拓扑节点,并利用节点信息进行导航参数校正。例如 8.5.1 节中所述的匹配定位方法就可以作为节点识别的一种方式。当无人机通过节点识别获得位置约束信息后,可通过组合导航方法对导航参数进行修正。

由于无人机的组合导航系统存在导航误差,在飞行过程中会偏离规划路线。

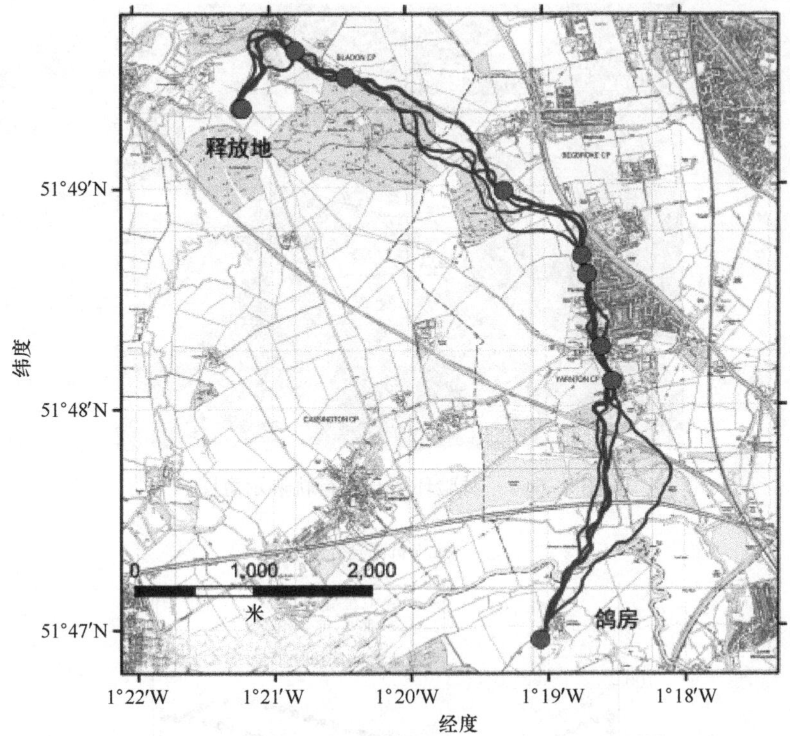

图 8-6-3 信鸽返巢路线沿途节点区域示意图[1]

经过节点识别对导航误差进行修正后,无人机将对飞行路线进行重规划。在重规划过程中无人机将利用导航拓扑图结构,根据自身所述的节点位置和拓扑地图结构,规划出到达目标节点的拓扑路线图。

8.6.3 典型案例

1. 地图辅助的无人机自主导航试验

采用六旋翼无人机进行飞行试验,无人机搭载的导航传感器有与机身固连的下视相机、IMU 和磁罗盘;同时,无人机上还搭载有卫星导航接收机,将惯性/卫星组合导航结果作为参考基准。无人机的先验地图为一幅航拍地图,地图分辨率为 0.3m/像素。无人机飞行轨迹和试验环境如图 8-6-4 所示。试验过程无人机平均飞行高度为 110m,飞行距离为 1.18km,总计飞行 448s。飞行过程中机身保持平稳。

采用基于滑动窗口的视觉/惯性组合导航算法[2]对无人机导航参数进行估计。由于组合导航系统误差会不断累积,其运动轨迹与卫星导航轨迹之间的差异逐渐增大,如图 8-6-5 所示,视觉/惯性组合导航的定位误差(RMSE)为 18.58m。

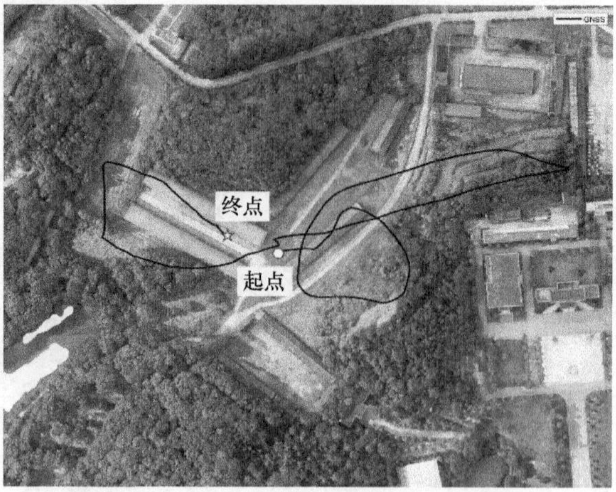

图 8-6-4　试验环境与飞行轨迹示意图

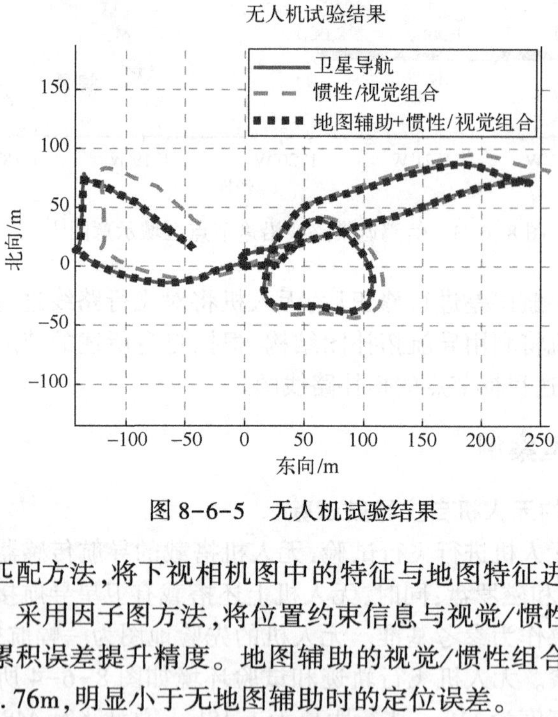

图 8-6-5　无人机试验结果

通过特征匹配方法,将下视相机图中的特征与地图特征进行匹配可以获得位置约束信息。采用因子图方法,将位置约束信息与视觉/惯性组合导航结果进行融合可修正累积误差提升精度。地图辅助的视觉/惯性组合导航方法定位误差(RMSE)为 3.76m,明显小于无地图辅助时的定位误差。

2. 陌生环境下的无人机节点递推返航试验

在陌生环境下,无人机需要利用自身的经验信息构建导航拓扑图。一旦遇到紧急情况需要返航时,可利用导航拓扑图信息进行节点递推引导安全返航。采用了小型四旋翼无人机进行试验。无人机搭载的导航传感器有双目相机、IMU 和卫星导航接收机,其中卫星导航不参与导航,仅作为评估基准。试验无人机平台如图 8-6-6 所示。

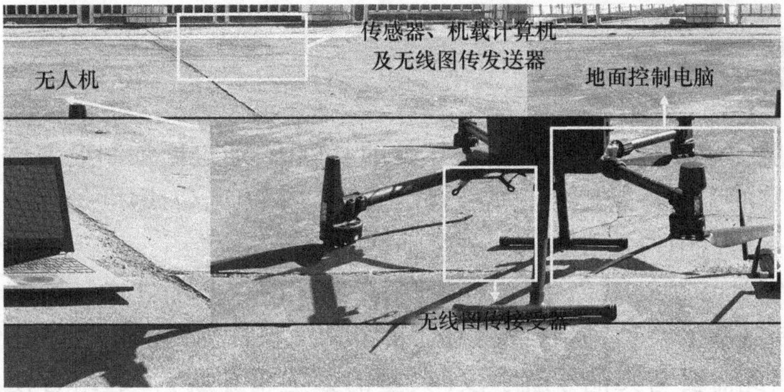

图 8-6-6　无人机试验系统示意图

试验过程中无人机去程时利用视觉/惯性组合导航估计导航参数，并建立导航拓扑图。导航拓扑图的节点由关键帧构成，节点信息包括关键帧的位置、姿态和图像特征信息；关键帧之间的连通边则表示无人机途经关键帧的顺序。当无人机进入返航状态时，将根据组合导航结果引导到最近邻的节点。由于视觉/惯性组合导航具有累积误差，并且无人机也存在控制误差，将导致难以准确到达目标位置；但当无人机成功识别出节点特征后，就可以利用节点特征信息进行导航修正，然后校正引导指令引导无人机到下一节点。无人机按照节点顺序依次递推，最终到达起始点，完成节点递推返航，如图 8-6-7 所示；在没有末端降落标志物情况下，无人机自主返航的落点精度小于 2m。

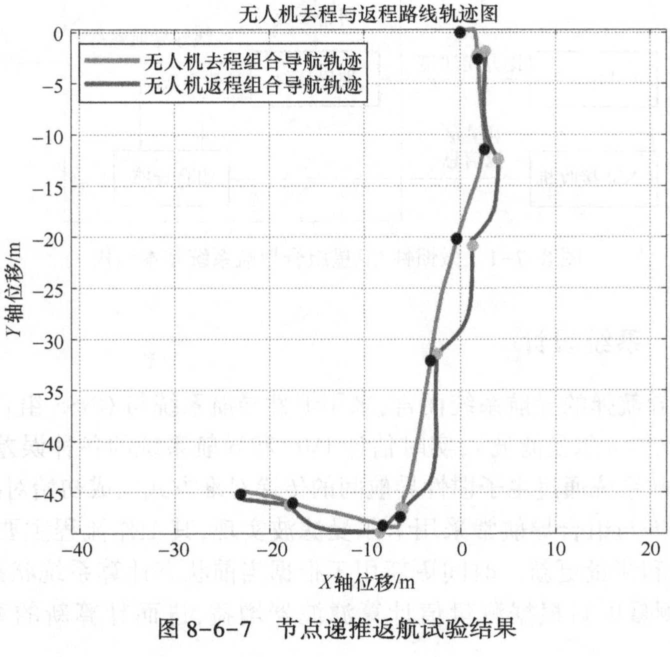

图 8-6-7　节点递推返航试验结果

8.7 制导航弹组合导航

制导航弹是在自由降落式普通炸弹的基础上,通过增加制导部件构成的新型炸弹。它的主要特点是命中精度高、造价低、效费比高,因而是世界各国机载高精度制导武器中列装最多的一种空地武器。

基于惯性导航的组合导航系统是制导航弹的核心部件之一。为了降低成本、减小导航系统质量,惯性传感器通常采用微惯性器件。由于微惯性器件精度较低,因此需要与其他导航手段(典型的如卫星导航)一起组合使用。对于机载制导航弹使用的微惯性/卫星组合导航系统而言,应该包括以下主要功能:

(1) 运动测量:使用陀螺和加速度计,测量载体线运动和角运动信息。

(2) 惯性导航解算:根据输入的IMU数据,计算载体位置、速度和姿态。

(3) 传递对准:利用主惯性导航信息,实现子惯性导航的初始化。

(4) 组合导航:利用GNSS测量信息,与惯性导航结果进行信息融合,提高载体位置、速度以及姿态的测量精度。

制导航弹典型的导航系统的主要构成及信息流如图8-7-1所示。

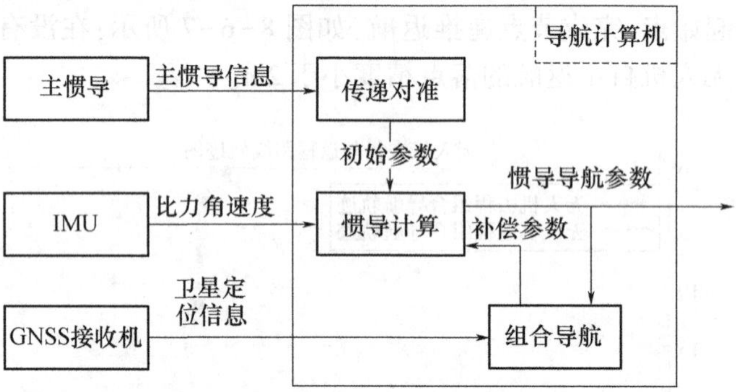

图8-7-1 微惯性/卫星组合导航系统基本结构

8.7.1 系统设计

对于制导航弹的导航系统而言,采用惯性导航系统与GNSS组合,利用最优估计技术(比如卡尔曼滤波),实时估计IMU和导航系统的各种误差参数,并进行修正。导航系统通过主子惯性导航间的传递对准方式完成初始对准。

传递对准与组合导航常采用卡尔曼滤波实现,其工作流程主要分为两步,即时间更新和测量更新。时间更新用于根据当前状态计算系统状态和方差的一步估计,测量更新根据测量值计算滤波器增益,进而计算新的系统状态和方差。

传递对准和组合导航滤波器通常采用卡尔曼滤波器,系统方程的离散化过程要求实现卡尔曼滤波器系统方程与状态方程的同步。例如采用惯性导航系统为 50Hz 输出、GNSS 为 1Hz 输出构成组合导航系统,则离散化频率为 50Hz,滤波频率为 1Hz。则完成一次完整的组合导航计算包括:50 次离散化;1 次卡尔曼滤波。对于此类型的卡尔曼滤波器,可以有两种处理策略:

(1) 对时间更新的输入(如惯性/卫星组合中的惯性导航输出)进行缓存,直到获得测量输入时,再进行一次完整的离散化和滤波;

(2) 根据每次时间更新的输入(如惯性/卫星组合中的惯性导航输出)进行当前时刻的离散化计算,获得测量输入时进行一次滤波计算。

由于离散化也存在大量矩阵运算,因此策略(1)将所有的计算累积到测量获得后,将导致卡尔曼滤波需要较长的时间才能获得当前状态的估计,导致状态估计输出延时过长。另一方面,对输入进行缓存,策略(2)也需要大量的内存。与此相反,策略(2)将离散化的计算放到每个时间更新输入获得后,从而在测量更新获得后,只需要滤波计算,因此花费较少的时间,就可以获得当前状态的估计。在传递对准和组合导航中应采用策略(2),即在惯性导航计算完成后进行当前时刻传递对准或组合导航滤波器的离散化。

8.7.2　制导航弹组合导航算法

1. 传递对准算法

制导航弹在离开飞机平台前通常需要对其惯性导航系统进行初始对准。由于机载惯性导航系统精度较高,因而可以根据机载主惯性导航与航弹子惯性导航之间的观测偏差,构造滤波模型,从而实现传递对准。

取 11 维滤波器状态:

$$\begin{aligned}\boldsymbol{X} &= [\delta\boldsymbol{v}_{(1,2)} \quad \boldsymbol{\psi} \quad \boldsymbol{\theta} \quad \boldsymbol{b}_g]^{\mathrm{T}} \\ &= [\delta v_N \quad \delta v_E \quad \psi_N \quad \psi_E \quad \psi_D \quad \theta_X \quad \theta_Y \quad \theta_Z \quad b_{gX} \quad b_{gY} \quad b_{gZ}]^{\mathrm{T}}\end{aligned} \tag{8-7-1}$$

$$\boldsymbol{W} = [\boldsymbol{B}_a \quad \boldsymbol{W}_g]^{\mathrm{T}} \tag{8-7-2}$$

$$\boldsymbol{Z} = [\delta\boldsymbol{v}_{m(1,2)} \quad \boldsymbol{\vartheta}_m]^{\mathrm{T}} \tag{8-7-3}$$

$$\boldsymbol{\upsilon} = [\boldsymbol{\upsilon}_{\delta v_m} \quad \boldsymbol{\upsilon}_{\vartheta_m}]^{\mathrm{T}} \tag{8-7-4}$$

式中:$\delta\boldsymbol{v}_{(1,2)}$ 为取 $\delta\boldsymbol{v}$ 的第一和第二个分量,即水平速度误差;$\delta\boldsymbol{v}_{m(1,2)}$ 为取 $\delta\boldsymbol{v}_m$ 的第一和第二个分量,即主子惯性导航水平速度差。

矩阵形式的系统方程为

$$\dot{\boldsymbol{X}} = \boldsymbol{F}\boldsymbol{X} + \boldsymbol{G}\boldsymbol{W} \tag{8-7-5}$$

观测方程为

$$\boldsymbol{Z} = \boldsymbol{H}\boldsymbol{X} + \boldsymbol{\upsilon} \tag{8-7-6}$$

其中

$$F=\begin{bmatrix}[(2\boldsymbol{\omega}_{ie}^{n}+\boldsymbol{\omega}_{en}^{n})\times]_{2\times2} & [\boldsymbol{f}^{n}\times]_{2\times3} & \boldsymbol{0}_{2\times3} & \boldsymbol{0}_{2\times3}\\ \boldsymbol{0}_{3\times3} & -\boldsymbol{\omega}_{in}^{n}\times & -\boldsymbol{C}_{b}^{n} & \boldsymbol{0}_{3\times3}\\ \boldsymbol{0}_{3\times3} & \boldsymbol{0}_{3\times3} & \boldsymbol{0}_{3\times3} & \boldsymbol{0}_{3\times3}\\ \boldsymbol{0}_{3\times3} & \boldsymbol{0}_{3\times3} & \boldsymbol{0}_{3\times3} & \boldsymbol{0}_{3\times3}\end{bmatrix} \tag{8-7-7}$$

$$G=\begin{bmatrix}[\boldsymbol{C}_{b}^{n}]_{2\times3} & \boldsymbol{0}_{2\times3}\\ \boldsymbol{0}_{3\times3} & -\boldsymbol{C}_{b}^{n}\\ \boldsymbol{0}_{3\times3} & \boldsymbol{0}_{3\times3}\\ \boldsymbol{0}_{3\times3} & \boldsymbol{0}_{3\times3}\end{bmatrix} \tag{8-7-8}$$

$$H=\begin{bmatrix}\boldsymbol{I}_{2\times2} & \boldsymbol{0}_{2\times3} & \boldsymbol{0}_{2\times3} & \boldsymbol{0}_{2\times3}\\ \boldsymbol{0}_{3\times2} & \boldsymbol{I}_{3\times3} & \boldsymbol{C}_{b}^{n} & \boldsymbol{0}_{3\times3}\end{bmatrix} \tag{8-7-9}$$

2. 组合导航算法

组合导航滤波器采用惯性导航系统的线性误差方程作为滤波器的状态方程,以惯性导航系统与 GPS 接收机的位置和速度偏差(位置和速度残差)作为观测量。滤波器对惯性导航系统的位置误差、速度误差、姿态误差以及惯性器件误差做出最优估计,从而对惯性导航系统进行反馈校正。

记系统状态为

$$\boldsymbol{X}=[\delta L \quad \delta\lambda \quad \delta h \quad \delta V_N \quad \delta V_E \quad \delta V_D \quad \psi_N \quad \psi_E \quad \psi_D \quad b_{ax} \quad b_{ay} \quad b_{az} \quad b_{gx} \quad b_{gy} \quad b_{gz}]^{\mathrm{T}} \tag{8-7-10}$$

则有系统状态方程:

$$\dot{\boldsymbol{X}}=\boldsymbol{F}\boldsymbol{X}+\boldsymbol{G}\boldsymbol{W} \tag{8-7-11}$$

其中

$$F=\begin{bmatrix}\boldsymbol{0}_{3\times3} & \boldsymbol{M}_p & \boldsymbol{0}_{3\times3} & \boldsymbol{0}_{3\times3} & \boldsymbol{0}_{3\times3}\\ \boldsymbol{0}_{3\times3} & \boldsymbol{0}_{3\times3} & \boldsymbol{f}^{n}\times & \boldsymbol{C}_{b}^{n} & \boldsymbol{0}_{3\times3}\\ \boldsymbol{0}_{3\times3} & \boldsymbol{0}_{3\times3} & -\boldsymbol{\omega}_{in}^{n}\times & \boldsymbol{0}_{3\times3} & -\boldsymbol{C}_{b}^{n}\\ \boldsymbol{0}_{3\times3} & \boldsymbol{0}_{3\times3} & \boldsymbol{0}_{3\times3} & \boldsymbol{0}_{3\times3} & \boldsymbol{0}_{3\times3}\\ \boldsymbol{0}_{3\times3} & \boldsymbol{0}_{3\times3} & \boldsymbol{0}_{3\times3} & \boldsymbol{0}_{3\times3} & \boldsymbol{0}_{3\times3}\end{bmatrix} \tag{8-7-12}$$

$$G=\begin{bmatrix}\boldsymbol{0}_{3\times3} & \boldsymbol{0}_{3\times3}\\ \boldsymbol{C}_{b}^{n} & \boldsymbol{0}_{3\times3}\\ \boldsymbol{0}_{3\times3} & -\boldsymbol{C}_{b}^{n}\\ \boldsymbol{0}_{3\times3} & \boldsymbol{0}_{3\times3}\\ \boldsymbol{0}_{3\times3} & \boldsymbol{0}_{3\times3}\end{bmatrix} \tag{8-7-13}$$

$$
\boldsymbol{M}_p=\begin{bmatrix} \dfrac{1}{R_m+h} & 0 & 0 \\ 0 & \dfrac{1}{(R_n+h)\cos L} & 0 \\ 0 & 0 & -1 \end{bmatrix} \tag{8-7-14}
$$

测量方程写成向量形式有

$$
\boldsymbol{Z}=\boldsymbol{HX}+\boldsymbol{v} \tag{8-7-15}
$$

其中

$$
\boldsymbol{H}=\begin{bmatrix} \boldsymbol{I}_{3\times3} & \boldsymbol{0}_{3\times3} & \boldsymbol{0}_{3\times3} & \boldsymbol{0}_{3\times3} & \boldsymbol{0}_{3\times3} \\ \boldsymbol{0}_{3\times3} & \boldsymbol{I}_{3\times3} & \boldsymbol{0}_{3\times3} & \boldsymbol{0}_{3\times3} & \boldsymbol{0}_{3\times3} \end{bmatrix} \tag{8-7-16}
$$

式(8-7-11)和式(8-7-15)构成完整的组合导航滤波器模型。

根据系统中制导控制率的设计，全弹投放后在空中典型弹道的速度曲线和加速度曲线分别如图 8-7-2 和图 8-7-3 所示。

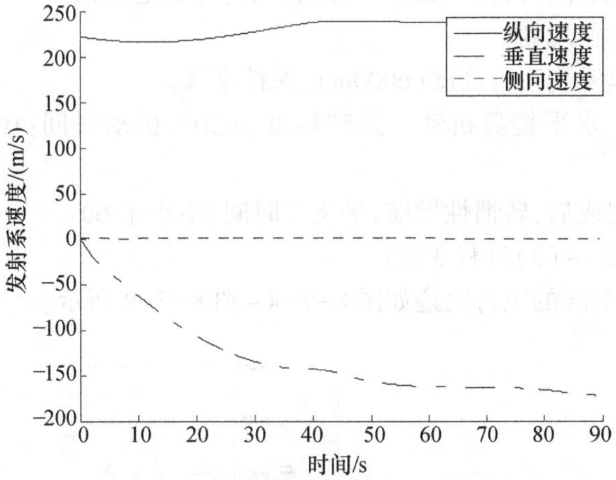

图 8-7-2 典型弹道的发射系速度

由图中可见，整个弹道具有发射面，其水平速度变化很小，即水平加速度很小。对系统进行可观性分析可知，系统的方位误差可观性较差。因此系统反馈采用“半姿态”反馈策略，具体为：对系统位置和速度进行反馈校正，对估计的姿态误差，仅进行水平姿态角修正，不进行方位误差修正。

8.7.3 典型案例

1. 挂飞传递对准案例

挂飞试验的目的主要是在获取参试设备数据的基础上，对设计的传递对准算法做进一步的验证。主惯性导航采用机载导航系统，机载导航系统通过航电总线(1553B)送给弹载计算机上的 1553B 接口，MIMU 数据也通过 422 接口送给

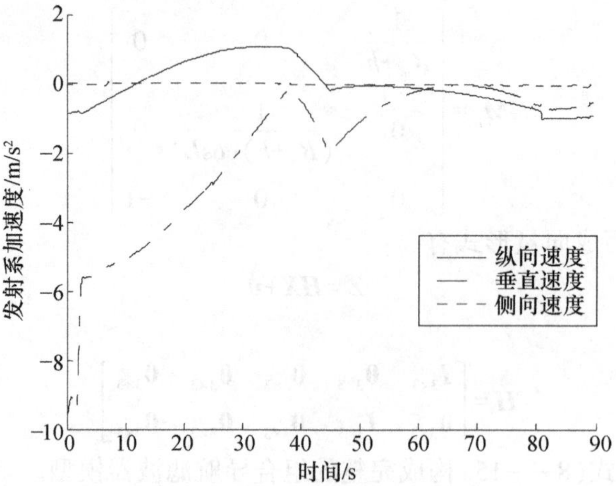

图 8-7-3 典型弹道的加速度

弹载计算机,弹载计算机在对数据进行同步后,写到记录仪。

载机飞行路径规划:

(1) 载机爬升到飞行高度(6000m),保持平飞。

(2) 对准。水平振翼机动。滚转幅度:±20°,机动时间:10s(约 2 个振翼周期)。

(3) 对准完成后,转惯性导航,平飞。时间:不小于 60s。

(4) 重复(2)~(3)过程 3 次。

其中,某次对准的飞行轨迹如图 8-7-4~图 8-7-9 所示。

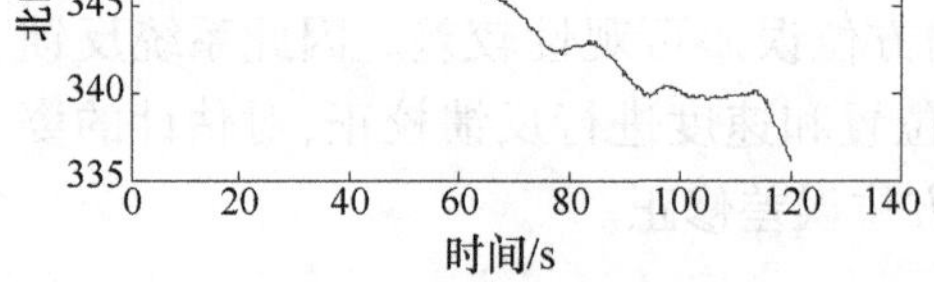

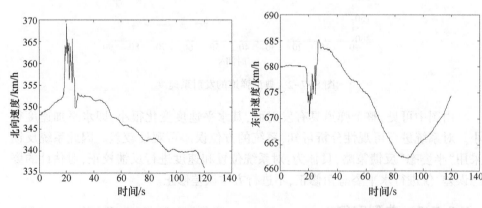

图 8-7-4 某次传递对准飞行北向速度

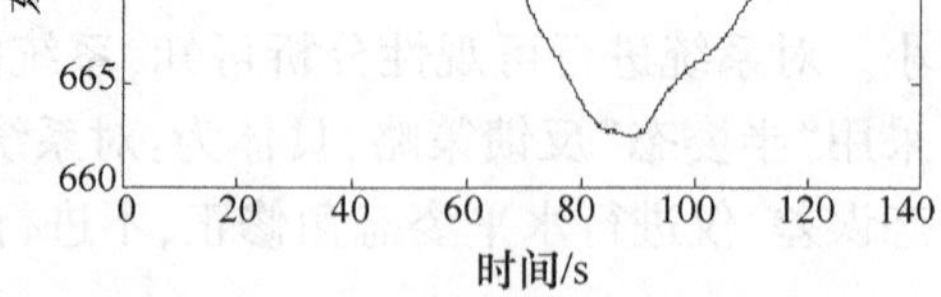

图 8-7-5 某次传递对准飞行东向速度

下面给出了传递对准完成后,转入惯性导航 60s 的导航系统误差图形(0 时刻为开始导航时刻),如图 8-7-10~图 8-7-15 所示。较为光滑的是拟合后的曲线;变化丰富、毛刺较多的,则是原始记录数据。

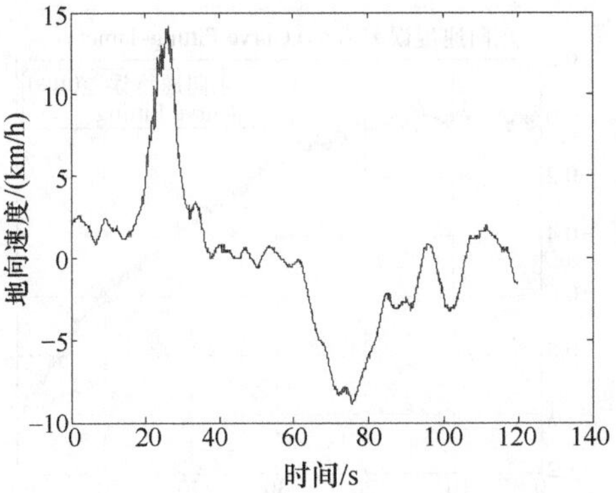

图 8-7-6 某次传递对准飞行地向速度

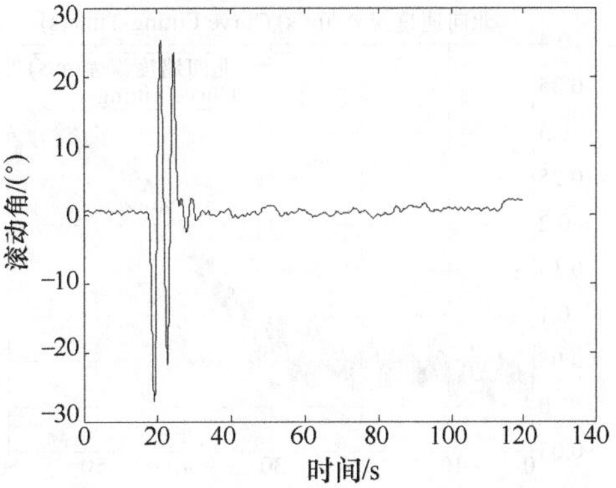

图 8-7-7 某次传递对准飞行滚动角

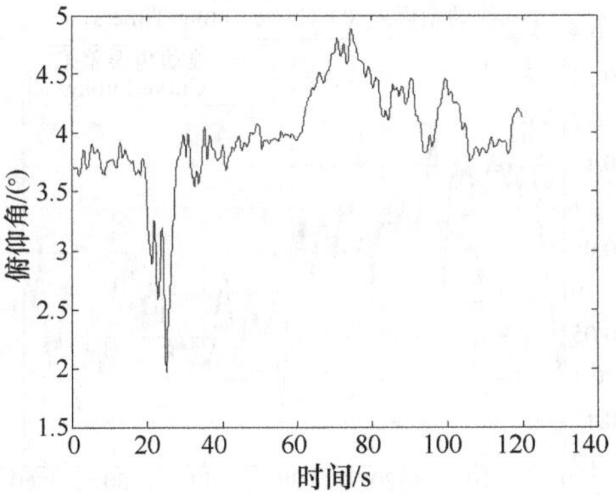

图 8-7-8 某次传递对准飞行俯仰角

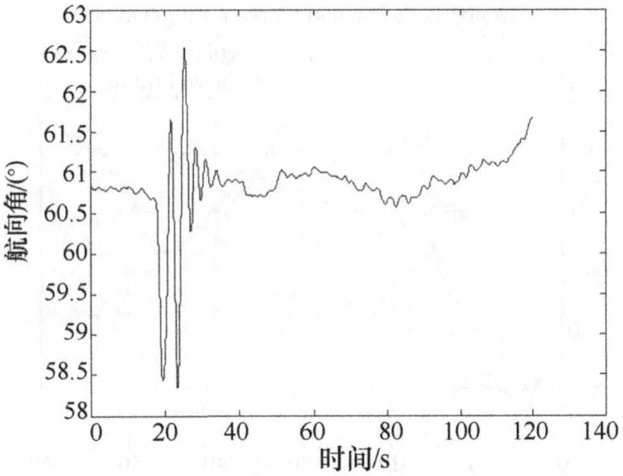

图 8-7-9 某次传递对准飞行航向角

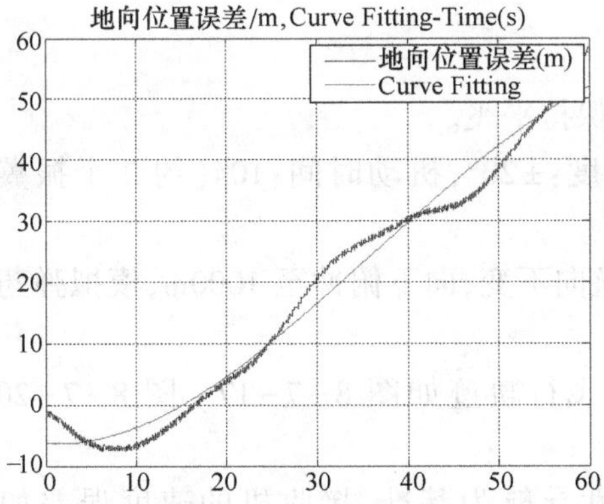

图 8-7-10 地向位置误差及其拟合图

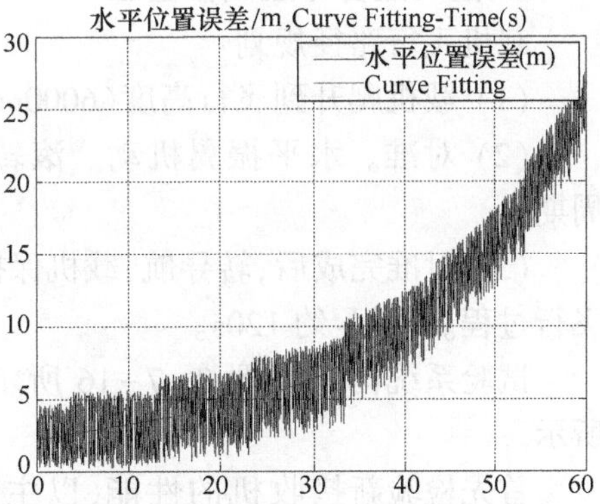

图 8-7-11 水平位置误差及其拟合图

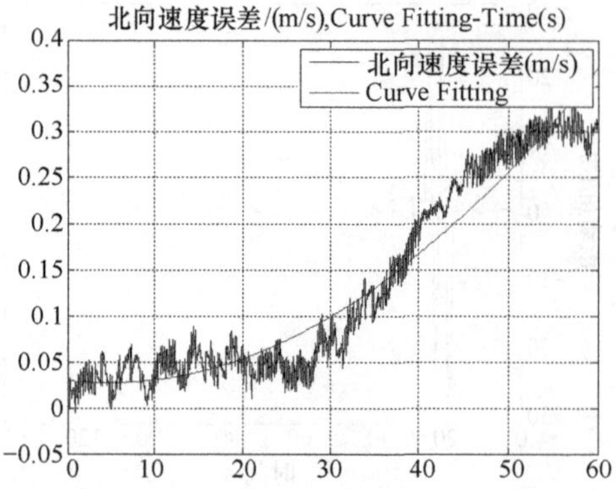

图 8-7-12 北向速度误差及其拟合图

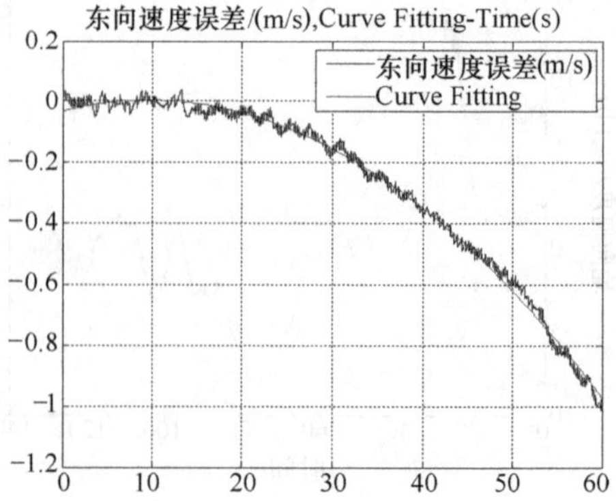

图 8-7-13 东向速度误差及其拟合图

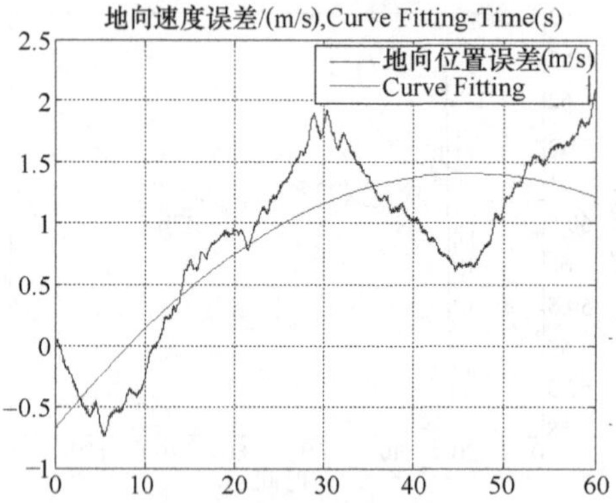

图 8-7-14 地向速度误差及其拟合图

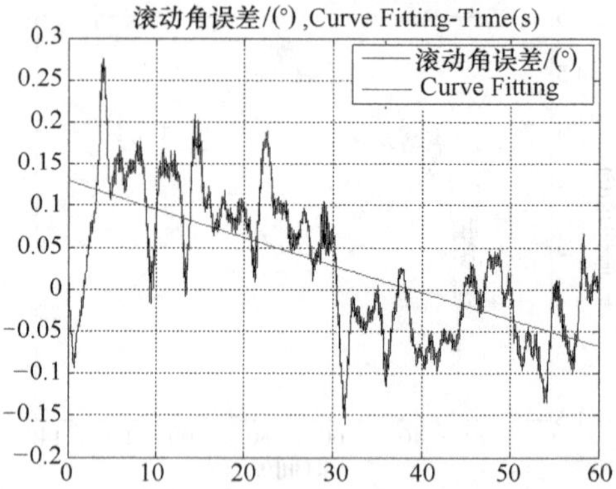

图 8-7-15 滚动角误差及其拟合图

2. 挂飞组合导航试验验证

载机飞行路径规划:

(1) 载机爬升到飞行高度(6000m),保持平飞。

(2) 对准。水平振翼机动。滚转幅度:±20°,机动时间:10s(约 2 个振翼周期)。

(3) 对准完成后,转导航,载机保持航向不变,向下俯冲至 1000m,模拟弹药飞行过程。时间:约 120s。

试验系统构成如图 8-7-16 所示。飞行轨迹如图 8-7-17 ~ 图 8-7-20 所示。

首先检验新接收机的性能,以主惯性导航为基准,接收机的速度误差如图 8-7-21 所示。尽管在加速度较大时,仍然有突变误差,但所有误差均已控制在 3m/s 之内。

半姿态反馈策略的组合导航结果如图 8-7-22 ~ 图 8-7-24 所示。其中

图 8-7-22 为位置误差,图 8-7-23 为速度误差,图 8-7-24 为惯性导航的姿态误差。

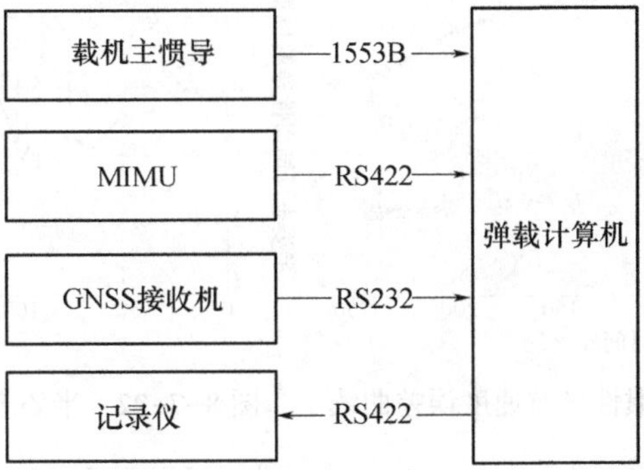

图 8-7-16　模拟投放试验系统组成

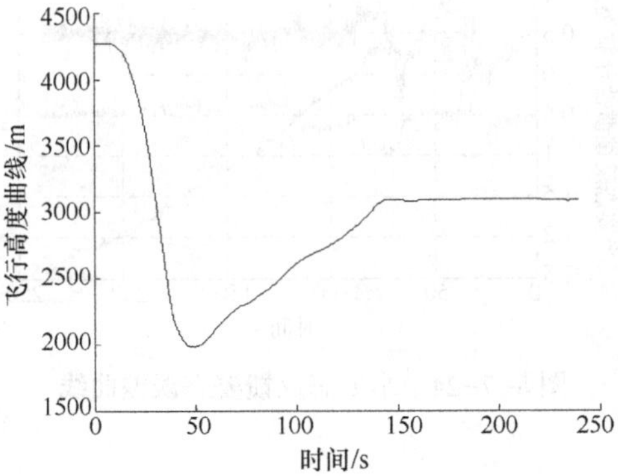

图 8-7-17　飞行试验的高度曲线

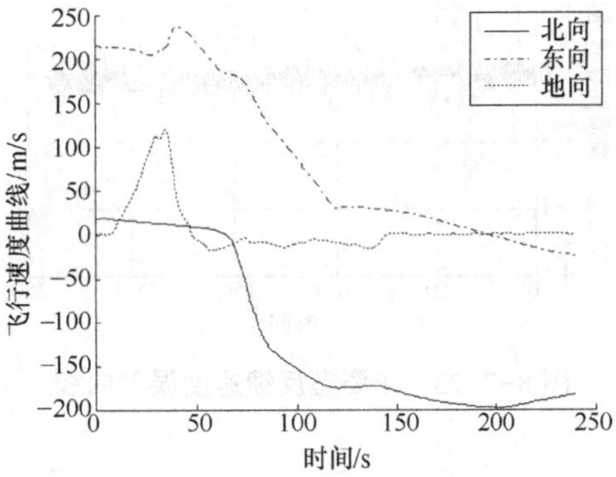

图 8-7-18　飞行试验的速度曲线

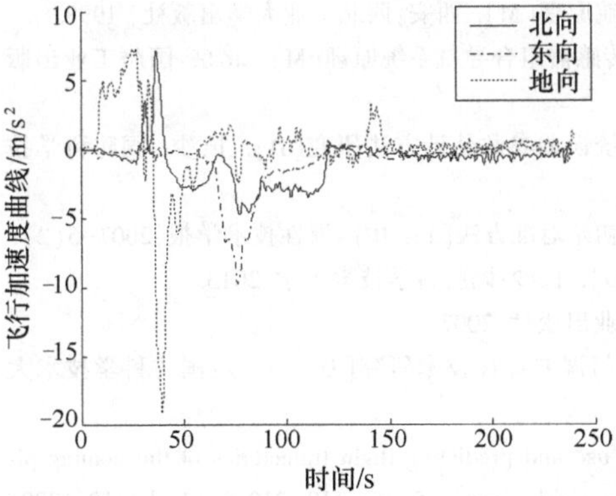

图 8-7-19　飞行试验的加速度曲线

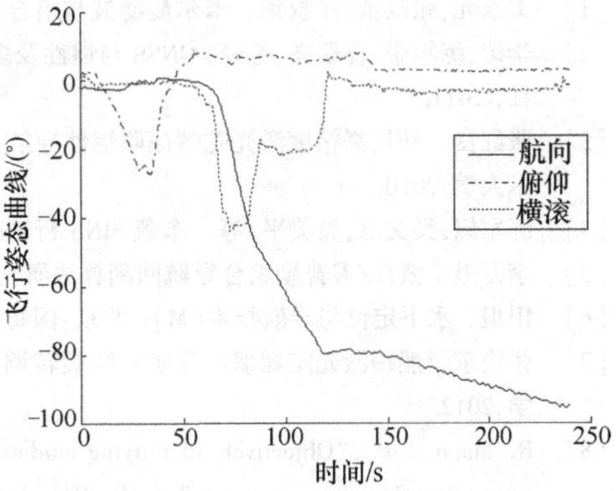

图 8-7-20　飞行试验的姿态曲线

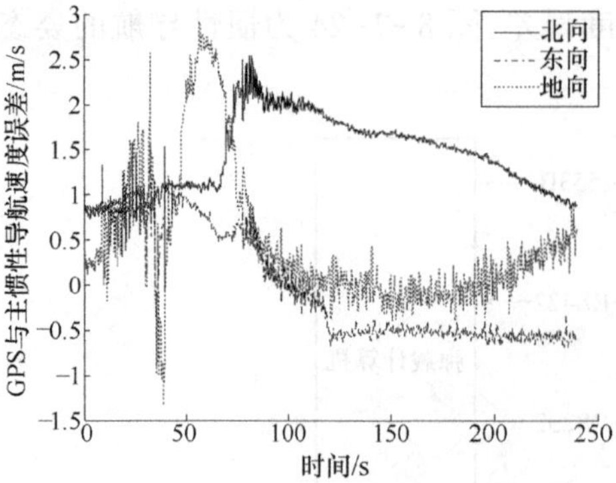

图 8-7-21　GPS 与主惯性导航速度误差曲线

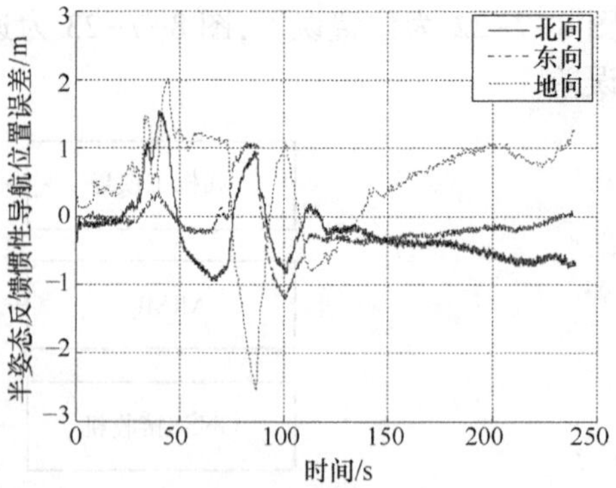

图 8-7-22　半姿态反馈位置误差曲线

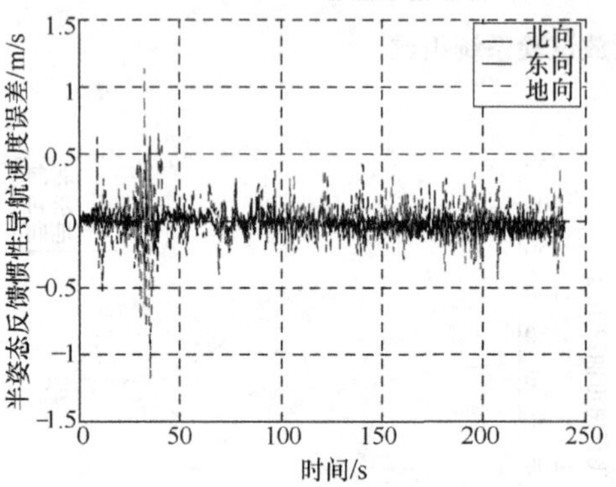

图 8-7-23　半姿态反馈速度误差曲线

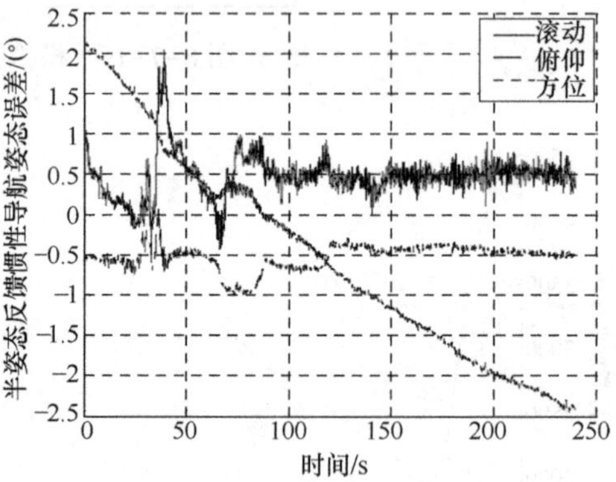

图 8-7-24　半姿态反馈姿态误差曲线

参 考 文 献

[1]　秦永元,张洪钺,汪叔华．卡尔曼滤波与组合导航原理[M]．西安:西北工业大学出版社, 1998.

[2]　李涛,练军想,曹聚亮,等译．GNSS 与惯性及多传感器组合导航系统原理[M]．北京:国防工业出版社, 2011.

[3]　张红良．陆用高精度激光陀螺捷联惯性导航系统误差参数估计方法研究[D]．长沙: 国防科学技术大学,2010.

[4]　练军想,吴文启,吴美平,等．车载 SINS 行进间初始对准方法[J]．中国惯性技术学报,2007-5(2).

[5]　李万里．惯性/多普勒组合导航回溯算法研究[D]．长沙:国防科学技术大学,2013.

[6]　田坦．水下定位与导航技术[M]．北京:国防工业出版社,2007.

[7]　张伦东．船用激光陀螺惯性导航系统旋转调制与误差标校技术研究[D]．长沙:国防科学技术大学,2012.

[8]　R. Mann *et al.*,"Objectively identifying landmark use and predicting flight trajectories of the homing pigeon using Gaussian processes," *J. R. Soc. Interface*,vol. 8,no. 55,pp. 210-219,2011,doi:10. 1098/rsif. 2010. 0301.

[9]　T. Qin,P. Li,and S. Shen,"VINS-Mono:A Robust and Versatile Monocular Visual-Inertial State Estimator," *IEEE Trans. Robot.*,vol. 34,no. 4,pp. 1004-1020,2018,doi:10. 1109/TRO. 2018. 2853729.